中国国家标准汇编

2013年修订-18

中国标准出版社　编

中国标准出版社
北　京

图书在版编目(CIP)数据

中国国家标准汇编:2013年修订.18/中国标准出版社编.—北京:中国标准出版社,2014.9
ISBN 978-7-5066-7637-3

Ⅰ.①中… Ⅱ.①中… Ⅲ.①国家标准-汇编-中国-2013 Ⅳ.①T-652.1

中国版本图书馆CIP数据核字(2014)第187406号

中国标准出版社出版发行
北京市朝阳区和平里西街甲2号(100029)
北京市西城区三里河北街16号(100045)

网址 www.spc.net.cn
总编室:(010)64275323 发行中心:(010)51780235
读者服务部:(010)68523946

中国标准出版社秦皇岛印刷厂印刷
各地新华书店经销

*

开本 880×1230 1/16 印张 37.25 字数 1 146 千字
2014年9月第一版 2014年9月第一次印刷

*

定价 220.00 元

出 版 说 明

1.《中国国家标准汇编》是一部大型综合性国家标准全集。自1983年起，按国家标准顺序号以精装本、平装本两种装帧形式陆续分册汇编出版。它在一定程度上反映了我国建国以来标准化事业发展的基本情况和主要成就，是各级标准化管理机构，工矿企事业单位，农林牧副渔系统，科研、设计、教学等部门必不可少的工具书。

2.《中国国家标准汇编》收入我国每年正式发布的全部国家标准，分为“制定”卷和“修订”卷两种编辑版本。

“制定”卷收入上一年度我国发布的、新制定的国家标准，顺延前年度标准编号分成若干分册，封面和书脊上注明“20××年制定”字样及分册号，分册号一直连续。各分册中的标准是按照标准编号顺序连续排列的，如有标准顺序号缺号的，除特殊情况注明外，暂为空号。

“修订”卷收入上一年度我国发布的、被修订的国家标准，视篇幅分设若干分册，但与“制定”卷分册号无关联，仅在封面和书脊上注明“20××年修订-1,-2,-3,……”字样。“修订”卷各分册中的标准，仍按标准编号顺序排列(但不连续)；如有遗漏的，均在当年最后一分册中补齐。需提请读者注意的是，个别非顺延前年度标准编号的新制定的国家标准没有收入在“制定”卷中，而是收入在“修订”卷中。

读者配套购买《中国国家标准汇编》“制定”卷和“修订”卷则可收齐由我社出版的上一年度我国制定和修订的全部国家标准。

3. 由于读者需求的变化，自1996年起，《中国国家标准汇编》仅出版精装本。

4. 2013年我国制修订国家标准共1 979项。本分册为“2013年修订-18”，收入新制修订的国家标准25项。

中国标准出版社

2014年8月

目　　录

GB/T 16717—2013　包装容器　重型瓦楞纸箱 …… 1
GB/T 16801—2013　织物调理剂抗静电性能的测定 …… 15
GB/T 16831—2013　基于坐标的地理点位置标准表示法 …… 22
GB/T 16865—2013　变形铝、镁及其合金加工制品拉伸试验用试样及方法 …… 49
GB/T 16886.16—2013　医疗器械生物学评价　第16部分:降解产物与可沥滤物毒代动力学研究设计 …… 67
GB/T 16901.2—2013　技术文件用图形符号表示规则　第2部分:图形符号(包括基准符号库中的图形符号)的计算机电子文件格式规范及其交换要求 …… 81
GB/T 16902.3—2013　设备用图形符号表示规则　第3部分:应用导则 …… 153
GB/T 16903.2—2013　标志用图形符号表示规则　第2部分:理解度测试方法 …… 164
GB/T 16903.3—2013　标志用图形符号表示规则　第3部分:感知性测试方法 …… 188
GB/T 16927.2—2013　高电压试验技术　第2部分:测量系统 …… 202
GB/T 16934—2013　电能计量柜 …… 261
GB/Z 16935.2—2013　低压系统内设备的绝缘配合　第2-1部分:应用指南　GB/T 16935系列应用解释,定尺寸示例及介电试验 …… 283
GB/T 16988—2013　特种动物纤维与绵羊毛混合物含量的测定 …… 337
GB/T 16989—2013　土工合成材料　接头/接缝宽条拉伸试验方法 …… 349
GB/T 17044—2013　钢丝绳芯输送带　覆盖层与带芯层粘合强度试验 …… 359
GB 17168—2013　牙科学　固定和活动修复用金属材料 …… 363
GB/T 17215.302—2013　交流电测量设备　特殊要求　第2部分:静止式谐波有功电能表 …… 385
GB/T 17215.303—2013　交流电测量设备　特殊要求　第3部分:数字化电能表 …… 407
GB/T 17263—2013　普通照明用自镇流荧光灯　性能要求 …… 426
GB/T 17320—2013　小麦品种品质分类 …… 455
GB/T 17361—2013　微束分析　沉积岩中自生粘土矿物鉴定　扫描电子显微镜及能谱仪方法 …… 467
GB/T 17389—2013　潜油电泵电缆系统的应用 …… 483
GB/T 17398—2013　铅冶炼防尘防毒技术规程 …… 509
GB/T 17444—2013　红外焦平面阵列参数测试方法 …… 517
GB/T 17519—2013　化学品安全技术说明书编写指南 …… 542

ICS 55.160
A 82

中华人民共和国国家标准

GB/T 16717—2013
代替 GB/T 16717—1996

包装容器　重型瓦楞纸箱

Packing containers—Heavy duty corrugated box

2013-12-31 发布　　　　2014-10-01 实施

中华人民共和国国家质量监督检验检疫总局
中国国家标准化管理委员会　发布

前　言

本标准按照 GB/T 1.1—2009 给出的规则起草。

本标准代替 GB/T 16717—1996《包装容器　重型瓦楞纸箱》。

本标准与 GB/T 16717—1996 相比，除编辑性修改外主要技术变化如下：

——对重型瓦楞纸箱的箱型、结构和分类进行了修改，取消了重型瓦楞纸箱的分等，并对所用纸板的物理性能作了修改；
——修改了重型瓦楞纸箱内尺寸公差的要求；
——修改了压痕线的规定；
——修改了裁切刀口裂损的规定；
——增加了手挽孔或提手的规定；
——增加了摇盖的具体规定；
——修改了搭接舌的宽度、所用钉线或粘合剂的要求，以及钉合或粘合的质量要求；
——增加了对Ⅱ类重型瓦楞纸箱的规定和加强的要求；
——修改了摇盖的耐折要求和试验方法；
——修改了所用纸板边压强度的试验方法；
——修改了重型瓦楞纸箱耐冲击强度试验方法；
——修改了检验规则的要求；
——修改了包装、标志、运输和贮存的要求；
——修改了重型瓦楞纸箱耐冲击强度试验方法；
——修改了重型瓦楞纸箱抗压强度的安全系数；
——增加了附录 A Ⅱ类重型瓦楞纸箱的结构示例。

本标准由全国包装标准化技术委员会(SAC/TC 49)提出并归口。

本标准起草单位：上峰集团有限公司、厦门合兴包装印刷股份有限公司、江苏吉春集团有限公司、福建省晋江市大自然彩色印刷有限公司、东莞市美盈森环保科技有限公司、武汉华艺柔印环保科技有限公司、苏州王子包装有限公司、中国包装联合会。

本标准主要起草人：蔡少龄、黄雪、羌燕明、张波涛、石义伟、俞波、彭建平、金志伟、陈利科、彭新斌。

本标准的历次版本发布情况为：

——GB/T 16717—1996。

包装容器 重型瓦楞纸箱

1 范围

本标准规定了重型瓦楞纸箱的术语和定义、分类、要求、检验与试验、检验规则、标志、包装、运输和贮存。

本标准适用于运输包装用重型瓦楞纸箱(以下简称纸箱)的设计、生产制造、使用与监督检验。

2 规范性引用文件

下列文件对于本文件的应用是必不可少的。凡是注日期的引用文件，仅注日期的版本适用于本文件。凡是不注日期的引用文件，其最新版本(包括所有的修改单)适用于本文件。

GB/T 191 包装储运图示标志

GB/T 2679.7 纸板 戳穿强度的测定

GB/T 2679.17 瓦楞纸板边压强度的测定(边缘补强法)

GB/T 2828.1 计数抽样检验程序 第1部分:按接收质量限(AQL)检索的逐批检验抽样计划

GB/T 4857.4 包装 运输包装件基本试验 第4部分:采用压力试验机进行的抗压和堆码试验方法

GB/T 4857.5 包装 运输包装件 跌落试验方法

GB/T 4857.11 包装 运输包装件基本试验 第11部分:水平冲击试验方法

GB/T 4857.15 包装 运输包装件 可控水平冲击试验方法

GB/T 4892 硬质直方体运输包装尺寸系列

GB/T 6543 运输包装用单瓦楞纸箱和双瓦楞纸箱

GB/T 6544 瓦楞纸板

GB/T 6545 瓦楞纸板耐破强度的测定法

GB/T 12464 普通木箱

GB/T 13384—2008 机电产品包装通用技术条件

GB/T 18926 包装容器 木构件

GJB 2555 军用木框架瓦楞纸箱规范

3 术语和定义

下列术语和定义适用于本文件。

3.1

综合内尺寸 inside dimensions of length plus width and depth

纸箱内尺寸的长、宽、高之和。

3.2

重型瓦楞纸箱 heavy duty corrugated box

内装物质量大于55 kg或综合内尺寸大于2 500 mm，主要以瓦楞纸板为箱体材料的包装箱。

4 分类

4.1 Ⅰ类纸箱

4.1.1 A型(开槽型)

可由一片或两片瓦楞纸板组成,见图1。由两片瓦楞纸板组成时,箱体的结合部应在两个相对的棱上。外摇盖对接需重叠时,重叠部分的瓦楞可先压溃。

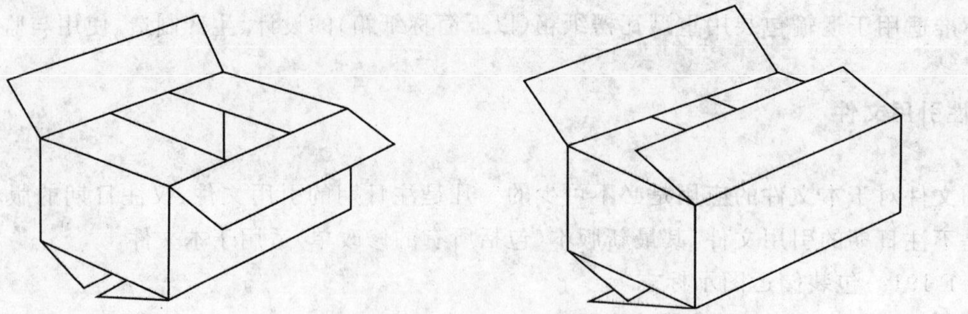

图1 A型纸箱

4.1.2 B型(套合型)

由两片瓦楞纸板组成,见图2,箱盖的内尺寸深度等于箱体的高度,箱盖和箱体的搭接部分应互相错开。

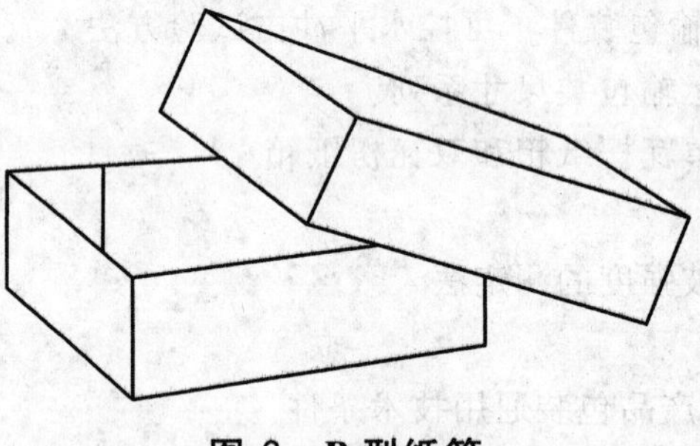

图2 B型纸箱

4.1.3 C型(半开槽型箱体加箱盖)

箱体可由一片或两片瓦楞纸板组成,见图3。由两片瓦楞纸板组成时,箱体的结合部应在两个相对的棱上。外摇盖对接需重叠时,重叠部分的瓦楞可先压溃。

箱盖的深度不小于100 mm,也可采用无须钉合或粘合的具有自锁结构的折叠式箱盖。

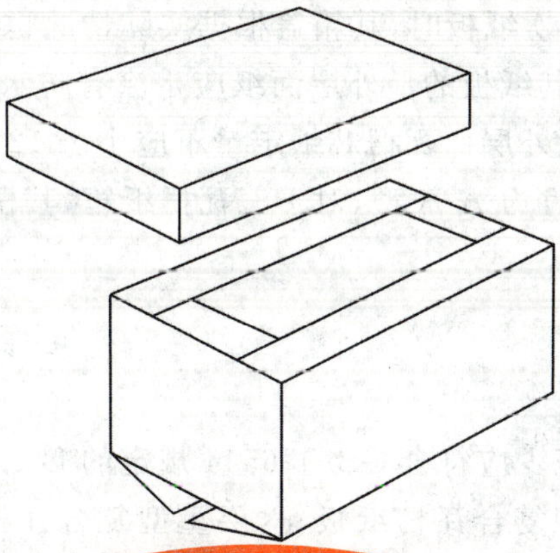

图 3　C 型纸箱

4.2　Ⅱ类纸箱

除Ⅰ类纸箱之外的其他纸箱。Ⅱ类纸箱的结构示例如附录 A 所示。

5　要求

5.1　外观

5.1.1　箱面印刷图文正确、清晰，墨色深浅一致，位置准确。不应有明显偏斜。

5.1.2　箱体方正，表面不允许有明显的损坏和污迹，各箱面不得有拼接。

5.1.3　箱角无明显的漏洞或包角。除异型箱外，构成纸箱各面的切断部及棱应互成直角。

5.1.4　根据需要，在适当位置印刷纸箱的种类或代号、生产日期及制造厂等信息。

5.2　材料

5.2.1　Ⅰ类纸箱

5.2.1.1　Ⅰ类纸箱的种类及其纸板的物理性能如表 1 所示。成箱后取样进行检测的纸板强度指标可比表 1 的规定值低 10%。

表 1　Ⅰ类纸箱的种类及其纸板的物理性能

种类		内装物最大质量[a]/kg	最大综合内尺寸/mm	瓦楞纸板最小综合定量[b]/(g/m²)	最小耐破强度/MPa	最小戳穿强度/J	最小边压强度/(kN/m)
双瓦楞	第 1 种	55	2 700	878	2.60	—	11.0
	第 2 种	65	2 820	1 083	3.30	—	14.0
	第 3 种	75	2 950	1 317	4.00	—	17.0
三瓦楞	第 1 种	100	2 700	820	—	20.0	12.0
	第 2 种	105	2 820	1 080	—	25.0	15.0
	第 3 种	110	2 950	1 290	—	30.0	18.0
	第 4 种	115	3 070	1 760	—	35.0	21.0

[a] 如果内装物的实际质量小于表中规定的内装物最大质量，则纸箱的最大综合内尺寸可以增加，但增加的尺寸不得大于表中规定的最大综合内尺寸乘以(1－内装物实际质量÷规定的内装物最大质量)×0.5。否则应采用高一档的纸板；

[b] 表中的瓦楞纸板最小综合定量是为达到戳穿强度/耐破强度的要求而规定的，根据流通环境或客户的要求，可以选择按照戳穿强度/耐破强度的要求，或者按照边压强度的要求生产纸箱。

5.2.1.2　C 型纸箱的箱体采用三瓦楞纸板时，其箱盖根据实际情况也可以用有强度的双瓦楞纸板制作。

5.2.1.3　对于有防水要求的纸箱，其纸板的最外层面纸应是涂有防水树脂的防水纸板。

5.2.1.4　定量最高的面纸应置于最外层。瓦楞芯纸定量不应小于 127 g/m^2。

5.2.1.5　对于双瓦楞纸箱，其楞型宜为 A-A 型，对于三瓦楞纸箱，其楞型宜为 C-A-A 型或 A-A-A 型。

5.2.2　Ⅱ类纸箱

5.2.2.1　纸板

Ⅱ类纸箱用纸板的物理性能至少应符合 GB/T 6544 规定的 D-1.5 以上的双瓦楞纸板或 T-1.2 以上的三瓦楞纸板。亦可采用四层重型复合瓦楞纸板、六层重型复合瓦楞纸板或七层重型复合瓦楞纸板。对于有防水要求的纸箱，其纸板的最外层面纸应是涂有防水树脂的防水纸板。Ⅱ类纸箱也可以采用Ⅰ类纸箱用的瓦楞纸板。

5.2.2.2　纸箱的加强材料

纸箱的加强材料要求如下：

a)　纸箱加强用的箱档、立柱或托盘等木构件，其材质应符合 GB/T 18926 规定的 2 等以上，含水率应不大于 20%，需要时木构件应进行防虫害处理。

b)　木框架纸箱(参见附录 A 的 A.1)箱档的截面尺寸按 GJB 2555 的规定。

c)　裹包式纸箱(参见 A.2)的端面是一整块木板时，其厚度为 50 mm；由两层木板或木质箱档构成时，每层木板或箱档的厚度各为 25 mm，每块木板或箱档的宽度至少为 65 mm(参见的图 A.5)。

d)　需要时也可以使用其他加强材料，但应符合 GB/T 13384—2008 的 5.1 的规定。

5.3　尺寸与公差

5.3.1　纸箱的外尺寸应符合 GB/T 4892 的规定，纸箱的长、宽之比一般不大于 2.5∶1，高宽之比一般不大于 2∶1，一般不小于 0.15∶1。

5.3.2　纸箱的规格通常用内尺寸、展开尺寸(或制造尺寸)或外尺寸表示(单位为毫米)，关于这三种尺寸及这三种尺寸的关系，按 GB/T 6543 的规定。

5.3.3　纸箱的内尺寸公差，双瓦楞纸箱为±6 mm，三瓦楞纸箱为±10 mm。

5.4　压痕

5.4.1　压痕深浅一致，折线居中，不得有破裂或断线。箱壁不得有多余的压痕线。

5.4.2　压痕线有横压痕线(垂直于瓦楞方向)和纵压痕线(平行于瓦楞方向)，将纸板按 6.2 规定的方法沿压痕线折叠时，纸板的面纸或底纸出现的裂缝不得大于 70 mm。

5.4.3　需要时，可采用模压的方法，使内摇盖的横压痕线低于外摇盖横压痕线一个纸板厚的距离。

5.5　开槽与裁切刀口

开槽与裁切的刀口光洁，切断部位不得有显著的缺陷，切断口表面裂损不超过 10 mm。

5.6　手挽孔或提手

为搬运方便可在纸箱侧面的中部开手挽孔或加装提手。需要时可采用适当的方法对开手挽孔或装提手的纸板进行加强。

5.7 摇盖

5.7.1 纸箱封箱时，纸箱的外摇盖一般不得重叠或有大于 10 mm 的缝隙。但是，需要重叠时可以有约 35 mm 的重叠，重叠部分的瓦楞可先被压溃。

5.7.2 内外摇盖的横压痕线处于同一高度的纸箱，沿横压痕线摇盖一侧的瓦楞可先被压溃约 65 mm 宽。

5.8 钉合

5.8.1 纸箱钉合应使用宽度 2 mm 以上的经防锈处理的带镀层(铜、锌)的低碳钢钉线，钉线不应有锈斑、剥层、龟裂或其他使用上的缺陷。

5.8.2 纸箱钉合的搭接舌宽度为 45 mm 以上，纸箱的搭接部分的瓦楞可先被压溃。

5.8.3 箱钉的间距不大于 60 mm。采用斜钉(与纸箱立边所成角度约为 45°)沿搭接部分中线钉合。箱钉应排列整齐、均匀，头尾钉距顶、底面压痕线距离不超过 20 mm±7 mm。纸箱的钉合应钉牢、钉透，不得有叠钉、缺钉、翘钉、断钉、不转角等缺陷。

5.8.4 Ⅰ类 B 型的箱体或箱盖的每个钉合处应用不少于四个箱钉固定，箱钉离纸板边缘为 30 mm±5 mm，每个钉合处围绕边缘的箱钉的中心距不得大于 130 mm。

5.9 粘合

5.9.1 纸箱的粘合应使用有粘合强度的粘合剂。对于有防水要求的纸箱，其所用的粘合剂应是耐水的。

5.9.2 纸箱粘合的搭接舌宽度为 50 mm 以上，搭接部分的瓦楞可先被压溃。粘合剂涂布充分、均匀，不得有多余的粘合剂溢出现象。粘合应牢固，剥离时至少有 75%的粘合面被破坏。

5.10 Ⅱ类纸箱的加强

5.10.1 除了可以在纸箱内使用瓦楞纸板隔板、套筒、衬板、衬垫等纸箱附件之外，还可以采用托盘、木构件、胶合板、纸护角、瓦楞纸板垫、塑料件甚至金属件等，以提高其承载能力和抵御储运中各种外力的能力。

5.10.2 加强用木构件的尺寸、瓦楞纸板与木构件连接的用钉以及钉钉的方法按 GJB 2555 的规定。

5.11 抗压能力

纸箱的抗压能力按 6.7 规定的方法进行平面压力试验，其强度值应大于规定值。具体参数的确定可参见附录 B 或由供需双方协商确定。

5.12 抗机械冲击能力及其他

纸箱的抗机械冲击能力应从其内装物的性质、包装防护方式以及流通环境等综合考虑。具有特殊要求(如：防潮、防火等)的纸箱性能要求由供需双方协商确定。

6 检验与试验

6.1 纸箱的外观、开槽与裁切、摇盖、钉合或粘合的质量采用目测或用尺子测量的方法进行检验。

6.2 对压痕线的质量进行检验时，将纸板沿每条横压痕线先向内折叠 90°，然后向外折 180°一次，以及沿每条纵压痕线向内折 180°一次。

6.3 对尺寸的检验按 GB/T 6543 的规定进行。

6.4 瓦楞纸板的耐破强度按 GB/T 6545 的规定进行。

6.5　瓦楞纸板的戳穿强度按 GB/T 2679.7 的规定进行。

6.6　瓦楞纸板的边压强度按 GB/T 2679.17 的规定进行。

6.7　纸箱的空箱抗压能力按 GB/T 4857.4 的规定进行。试验时纸箱应按拟采取的实际运输状态进行封合。

6.8　纸箱的抗冲击能力包括跌落冲击、水平冲击和可控水平冲击三种试验。具体试验方法由供需双方根据实际情况进行。分别按 GB/T 4857.5、GB/T 4857.11 和 GB/T 4857.15 规定的试验项目进行，并确定试验强度值。

7　检验规则

7.1　检验分类

纸箱的检验分为出厂检验和型式检验。

7.1.1　出厂检验

按 5.1、5.3～5.9 的要求对产品的外观、尺寸、压痕、开槽与裁切、摇盖、钉合或粘合的质量进行出厂检验。

7.1.2　型式检验

型式检验项目为第 5 章规定的全部项目。当有下列情况之一时，应进行型式检验：

a)　新产品投产的鉴定；

b)　当结构、工艺、材料有较大改变时；

c)　产品停产 6 个月以上，恢复生产时；

d)　出厂检验结果与上次型式检验有较大差异时；

e)　国家质量监督机构或用户提出要求时。

7.2　组批与抽样方案

7.2.1　一般情况下，以相同材料、相同工艺、相同规格、同时交付的产品为一批。

7.2.2　除空箱抗压能力试验和抗机械冲击能力试验外，所有项目按照 GB/T 2828.1 正常检验两次抽样方案，一般检验水平Ⅰ，AQL=6.5，见表 2。

表 2　抽样与合格判定方案

批　量	第一次			第二次		
	抽样数	接收数 Ac	拒收数 Re	抽样数	接收数 Ac	拒收数 Re
＜150	5	0	2	5(10)	1	2
150～280	8	0	3	8(16)	3	4
281～500	13	1	3	13(26)	4	5
501～1 200	20	2	5	20(40)	6	7
1 201～3 200	32	3	6	32(64)	9	10
3 201～10 000	50	5	9	50(100)	12	13
＞10 000	80	7	11	80(160)	18	19

7.2.3 空箱抗压能力试验，从一批中任意抽取 3 个样品进行试验。

7.2.4 抗机械冲击能力试验的样品数量由供需双方协商确定。

7.3 判定规则

7.3.1 按 5.1、5.3～5.9 检验项目的要求对纸箱进行单项判定，其中有两项不合格，则该纸箱为不合格。

7.3.2 摇盖耐折性能不合格，则该纸箱不合格。

7.3.3 瓦楞纸板的戳穿强度（耐破强度）或边压强度不合格，则该批纸箱不合格。

7.3.4 空箱抗压试验若有一个样品不合格，则该批纸箱不合格。

8 标志、包装、运输和贮存

8.1 包装标志应符合 GB/T 191 的规定。

8.2 纸箱的包装方式和要求由供需双方商定。

8.3 纸箱在储运过程中应避免雨雪、曝晒、受潮和污染，不得采用有损纸箱质量的运输、装卸方式及工具。

8.4 纸箱应贮存在通风干燥的库房内，底层距地面高度不小于 100 mm。短期露天存放时，应有必要的防雨防晒等措施。

附 录 A
（资料性附录）
Ⅱ类纸箱的结构示例

A.1 木框架纸箱

A.1.1 木框架纸箱基本箱型与代号见图 A.1。

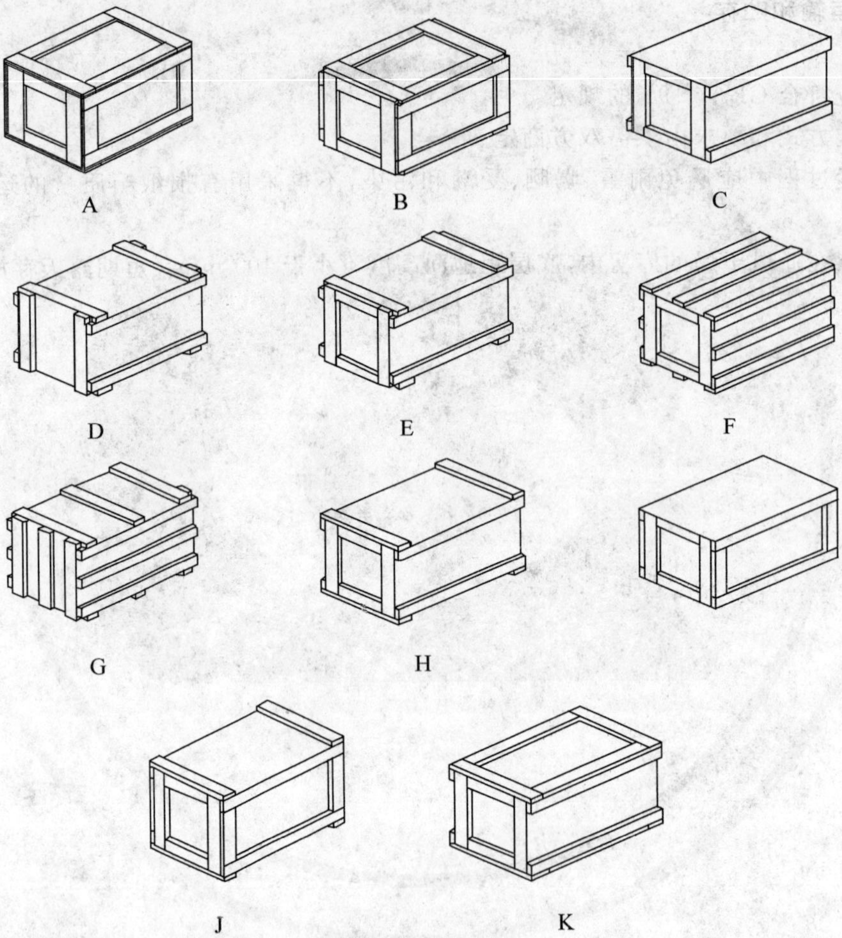

图 A.1 木框架纸箱基本箱型与代号

A.1.2 木框架纸箱底面的加强见图 A.2。

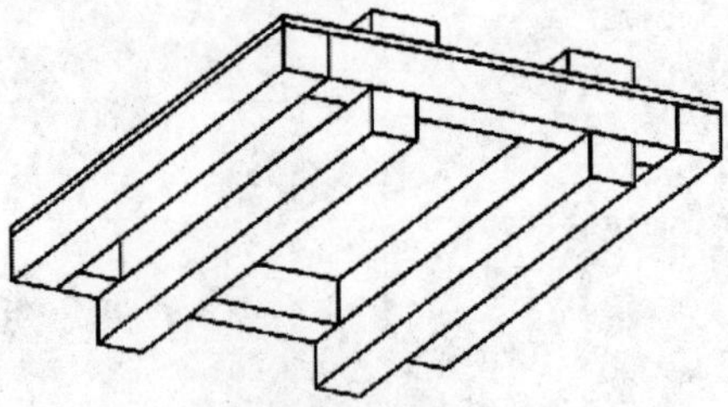

图 A.2 木框架纸箱底面的加强

A.1.3 木框架纸箱的A型、B型和K型箱箱盖上的排水孔见图A.3。

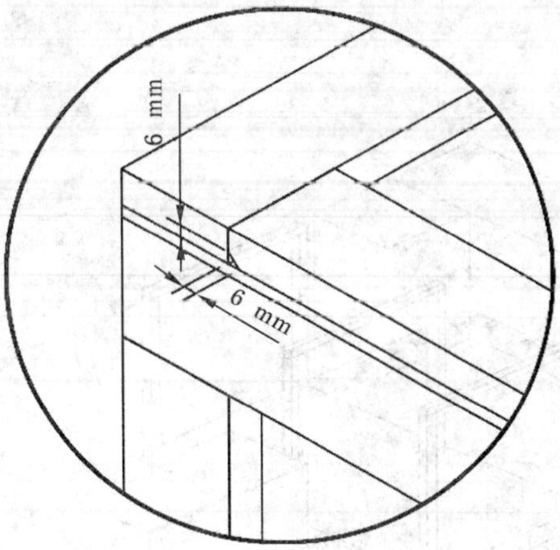

图A.3 木框架纸箱的A型、B型和K型箱箱盖上的排水孔

A.2 裹包式纸箱

A.2.1 裹包式纸箱如图A.4。

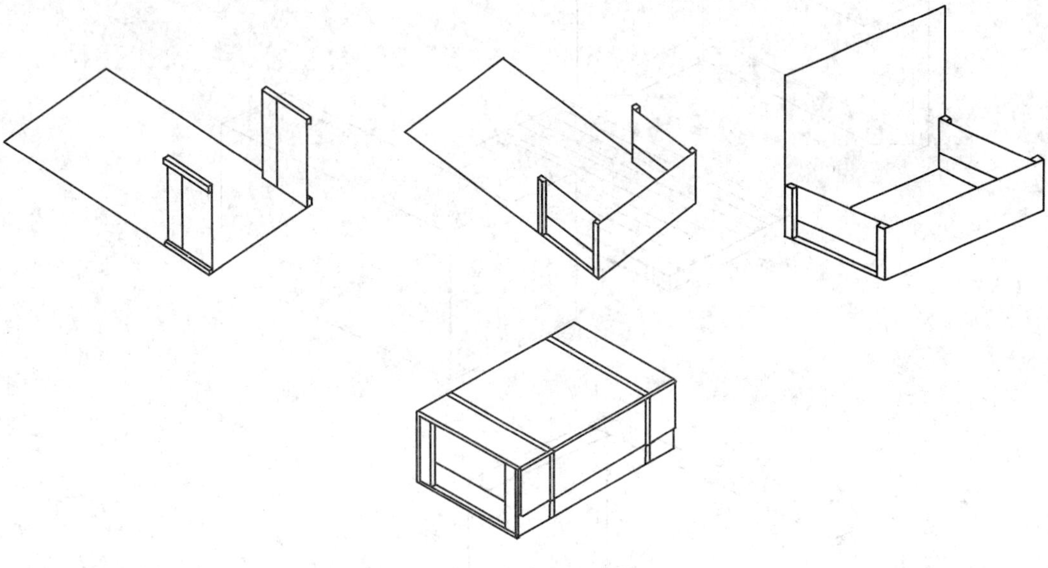

图A.4 裹包式纸箱

A.2.2 裹包式纸箱的端面如图A.5。

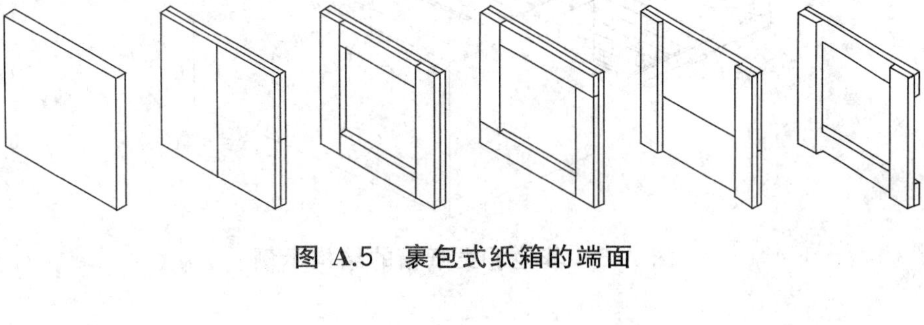

图A.5 裹包式纸箱的端面

A.3 其他Ⅱ类纸箱的结构示例

示例图见图 A.6。

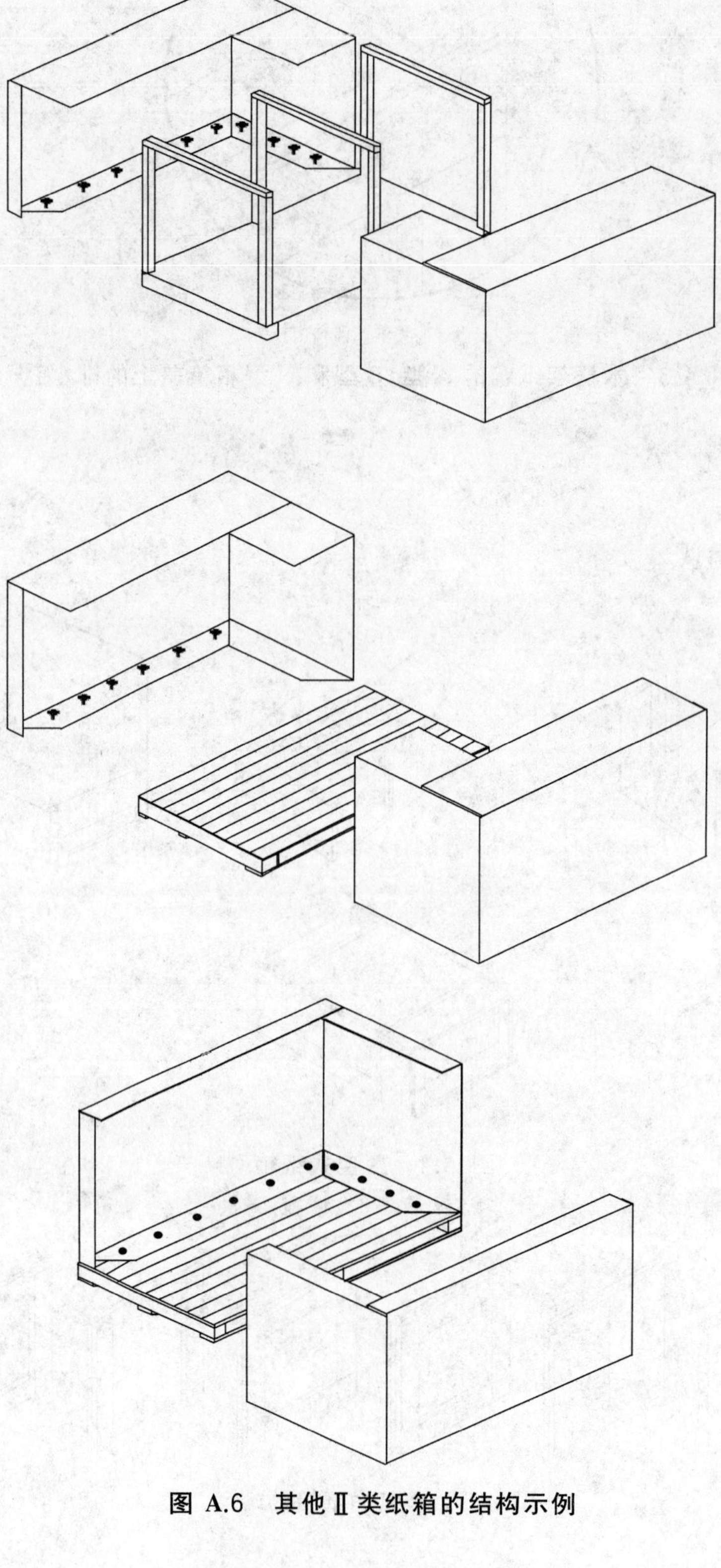

图 A.6 其他Ⅱ类纸箱的结构示例

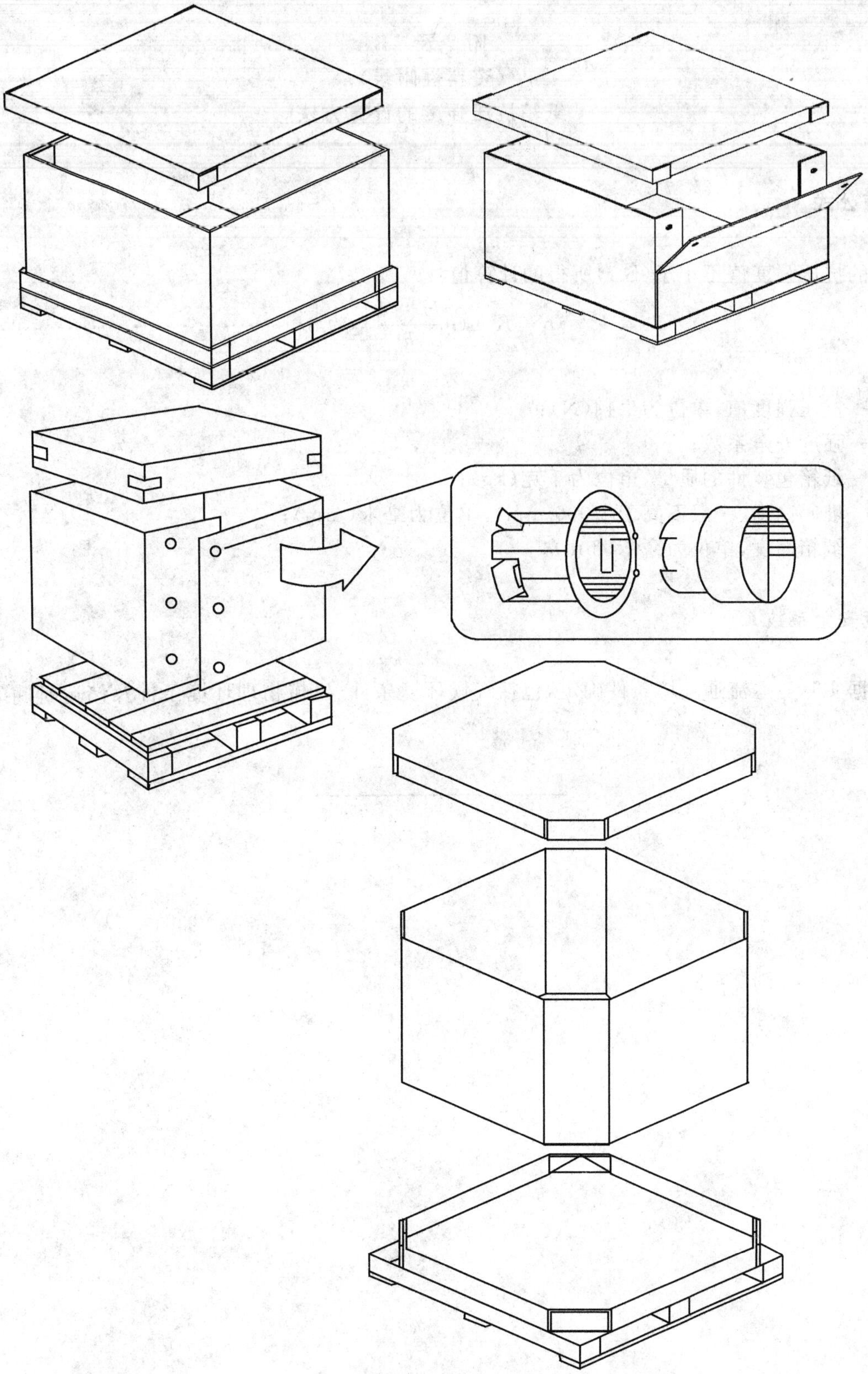

图 A.6　其他Ⅱ类纸箱的结构示例(续)

附 录 B
（资料性附录）
纸箱抗压强度的计算方法

B.1 计算公式

纸箱的抗压强度值不小于(B.1)所得的计算值：

$$p = K \cdot G \frac{H-h}{h} \times 9.8 \quad \cdots\cdots\cdots(\text{B.1})$$

式中：

p ——抗压强度值，单位为牛顿(N)；

K ——强度安全系数；

G ——纸箱包装件的质量，单位为千克(kg)；

H ——堆码高度（一般不高于 3 000 mm），单位为毫米(mm)；

h ——纸箱高度，单位为毫米(mm)。

B.2 强度安全系数 *K*

应根据实际储运流通环境条件确定，包括气候环境条件、机械物理环境条件及储运时间等，一般取 3 以上。

ICS 71.100.40
Y 43

中华人民共和国国家标准

GB/T 16801—2013
代替 GB/T 16801—1997

织物调理剂抗静电性能的测定

Determination of antistatic performance for fabric conditioners

2013-12-31 发布　　2014-12-01 实施

中华人民共和国国家质量监督检验检疫总局
中国国家标准化管理委员会　发布

前　言

本标准按照 GB/T 1.1—2009 给出的规则起草。

本标准代替 GB/T 16801—1997《织物调理剂抗静电性能的测定》。

本标准与 GB/T 16801—1997 相比主要变化如下：

——修改了测试仪器的型号(见 5.1,1997 年版 5.1)；

——修改了试片的制备方法,包括所用仪器、洗涤浓度(见 6.1,1997 年版 6.1)；

——增加了织物表面比电阻降($\Delta\rho_s$)的计算内容(见 7.1.3)。

本标准由中国轻工业联合会提出。

本标准由全国表面活性剂和洗涤用品标准化技术委员会(SAC/TC 272)归口。

本标准起草单位:西安开米股份有限公司、表面活性剂和洗涤剂行业生产力促进中心、石家庄威纳邦日化有限公司、深圳市妍倩科技有限公司、中国日用化学工业研究院[国家洗涤用品质量监督检验中心(太原)]、大连洁仕清洁用品有限公司。

本标准主要起草人:于文、张宝莲、梁红艳、贺春良、张士敏、蔡剑波、李秋梅。

本标准首次发布于 1997 年。

织物调理剂抗静电性能的测定

1 范围

本标准规定了测定织物调理剂消除织物静电性能的方法。

本标准适用于评价织物调理剂、抗静电剂消除织物静电的性能。

2 定义

下列定义适用于本文件。

2.1

织物静电　fabric electrostatic

受某种外界作用(如摩擦)后，织物上积累相对稳定的电荷。

2.2

织物表面电阻　the fabric surface resistance

R_s

电流通过织物表面时的电阻。

2.3

织物表面比电阻　the fabric surface resistance coefficient

ρ_s

两电极置于织物表面，两电极的长度和相互距离都为单位长度(cm)时，该织物所具有的表面电阻，又称表面电阻系数。

2.4

抗静电剂　antistatic agent

用于处理织物，能使织物消除静电现象的制品。

2.5

织物调理剂　fabric conditioners

兼具抗静电、柔软功能的产品通称。通常是含阳离子表面活性剂的制品。

3 原理

织物静电效应不但取决于其产生的静电量，更取决于静电荷散逸能力，织物表面电阻是表征织物静电衰减速度的物理量。本方法在规定条件下，将聚酯布用织物调理剂试验溶液浸泡处理，用超高电阻计测定聚酯布处理前后的表面电阻，以表面比电阻降低($\Delta\rho_s$)或表面比电阻对数值降低($\Delta\lg\rho_s$)评价织物调理剂抗静电性能的优劣。

4 材料

聚酯布：白色或乳白色斜纹机织面料布，经线 428 根/dm，纬线 242 根/dm。

注：也可用其他规格的聚酯布，或其他材质的布，但只能给出不同织物调理剂的抗静电性能比较试验结果，并应在试验报告中说明。

5 仪器

5.1 数字超高电阻计:具有同轴三电极系统,测量范围:1×10^{3} Ω～1×10^{16} Ω,在有效限量内基本误差应不超过指示值的10%。电极施予试样的压力为100 g/cm²。同轴三电极系统结构尺寸见图1。

注:可采用PC68型数字高阻计,或ZC36型、ZC43型指针式高阻计。

5.2 烘箱:可控制温度于45 ℃±2 ℃。

单位为毫米

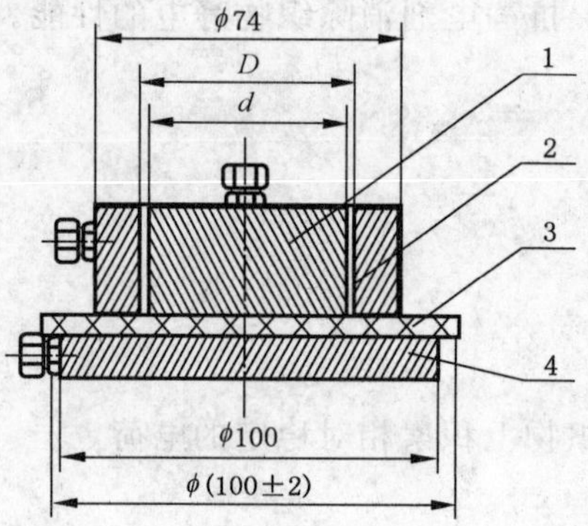

说明:

1——测量电极;

2——保护电极;

3——被测试样;

4——高压电极。

图1 同轴三电极系统结构

5.3 恒湿器:可用玻璃干燥器,隔板下放饱和氯化钙水溶液,与溶液平衡的空气相对湿度列于表1。

表1 与饱和氯化钙水溶液平衡的空气相对湿度

温度/℃	10	15	20	25	30
湿度/%	38	35	32	29	26

5.4 漂洗器:采用蔬果离水器或蔬菜脱水器(如图2),外筐上缘直径26 cm±3 cm,高17 cm± 2 cm。

图2 漂洗器

5.5　其他工具：剪刀、尺子、滤纸、塑料镊子、塑料夹、温度计。

6　试验程序

6.1　试片的制备

6.1.1　试片洗涤处理

将试验用的聚酯布裁去 10 cm 宽的布边，裁取 100 mm×100 mm 测试布片。

用蒸馏水或去离子水溶解皂片(或皂粒、皂粉、皂基均可，干钠皂含量 54%以上)，配制成 1 g/L(以干钠皂计)皂溶液，温度 40 ℃～45 ℃。

向漂洗器(5.4)里加入 40 ℃～45 ℃的皂溶液 2 L，放入 20 块 100 mm × 100 mm 的测试布片，加盖转动洗涤 15 min。转动洗涤方式为顺时针 5 圈，逆时针 5 圈，转动 3 min，停止 2 min，转动速率保持为 18 r/min～22 r/min，如此重复。时间到后弃去废水，快速转动脱水 30 s。

向漂洗器(5.4)里加入 40 ℃～45 ℃蒸馏水或去离子水 2 L，搅动漂洗 3 min，转动方式为顺时针 5 圈，逆时针 5 圈，时间到后弃去废水，快速转动脱水 30 s。如此漂洗 3 次。

6.1.2　试片干燥

用塑料镊子夹取洗好的布片，用塑料夹夹住两角吊挂，室温晾干 2 h～3 h。晾干后取下，平放在滤纸上，上面再用滤纸包盖，放入搪瓷盘，于 45 ℃烘箱中干燥 4 h，取出放在恒湿器(5.3)内，保存备用。

6.2　试片用调理剂试验溶液处理

称取 8.5 g 试样至 1 000 mL 烧杯中，加蒸馏水或去离子水配制成 850 mL 试样浓度为 10.0 g/L 的溶液，分盛于 4 个 400 mL 烧杯内，每个烧杯 200 mL 试样溶液，供平行试验用。

对每个试样取 4 块 100 mm×100 mm 的试片(6.1)，室温下分别放入 4 个 200 mL 试样溶液中浸泡 10 min，并用玻璃棒不时翻动。取出浸泡好的试片，用塑料夹夹住两角吊挂晾干 3 h，然后同 6.1.2 放入 45 ℃烘箱内干燥 4 h。

对同时进行试验的一个或多个试样，取 4 块试片(6.1)平行作空白试验(不经调理剂试验溶液浸泡)。将干燥后的不同试样的试片间和空白试片间用滤纸隔开，使彼此不相接触，放入恒湿器(5.3)内，于室温下放置 15h 以上。

6.3　表面电阻的测定

6.3.1　高阻计仪器准备

按照高阻计使用说明书操作，仪器预热 10 min。

6.3.2　表面电阻的测量

将测量转换开关旋钮置于测表面电阻 R_s 处(这时环形保护电极加上测试电压，高压电极接地)。

将已在恒湿器调节好湿度的样品试片和空白试片逐一用镊子夹放在高压电极上，放好保护电极和测量电极，盖上屏蔽盖。

按面板上“R”键测电阻，再按“充电”键，根据需要调节“▲”或“▼”，选择测试电压(一般情况下选择测试电压为 250 V)，再按面板上“自动”键、“测量”键，显示屏将显示测试试片电阻值，约 1 min 数值稳定后直接读出。

一个样品试片测试完毕，先按“放电”键，经 1 min 左右的放电，再按“复位”键，方能取出试片。然后进行下一个试片的测试。

高阻计使用完毕后,应先切断电源,复原所有接线。

7 结果表示

7.1 结果计算

7.1.1 织物表面电阻(R_s)

由显示器直接读出的电阻值即为织物表面电阻(R_s),单位欧姆(Ω)。

7.1.2 织物表面比电阻(ρ_s)

为了比较用不同电极参数的高阻计测量的结果,可按式(1)计算织物表面比电阻(ρ_s),单位欧姆(Ω)。

$$\rho_s = R_s \times \frac{2\pi}{\ln \frac{D}{d}} \qquad \cdots\cdots(1)$$

式中:

R_s —— 7.1.1 中的织物表面电阻,单位为欧姆(Ω);

D —— 环形保护电极内径,单位为厘米(cm);

d —— 测量电极的直径,单位为厘米(cm);

π —— 取 3.1416。

当 D = 5.4 cm,d = 5.0 cm 时,$\rho_s = R_s \times 81.6$。

7.1.3 织物表面比电阻降低($\Delta\rho_s$)

按式(2)计算织物表面比电阻降低($\Delta\rho_s$)。

$$\Delta\rho_s = \rho_{sB} - \rho_{sC} \qquad \cdots\cdots(2)$$

式中:

ρ_{sB}——四片空白试片的平均表面比电阻值;

ρ_{sC}——四片经调理剂试液处理后的试片的平均表面比电阻值。

7.1.4 织物表面比电阻对数值降低($\Delta \lg\rho_s$)

按式(3)计算织物表面比电阻对数值降低($\Delta \lg\rho_s$)。

$$\Delta \lg\rho_s = \lg\rho_{sB} - \lg\rho_{sC} = \lg R_{sB} - \lg R_{sC} \qquad \cdots\cdots(3)$$

式中:

$\lg\rho_{sB}$—— 四片空白试片的平均表面比电阻对数值;

$\lg\rho_{sC}$—— 四片经调理剂试液处理后的试片的平均表面比电阻对数值;

$\lg R_{sB}$—— 四片空白试片的平均表面电阻对数值;

$\lg R_{sC}$—— 四片经调理剂试液处理后的试片的平均表面电阻对数值。

7.2 结果表示

织物调理剂抗静电性能的评定,采用经织物调理剂处理过的织物的表面比电阻降低($\Delta\rho_s$)或表面比电阻对数值降低($\Delta \lg\rho_s$)来表示,$\Delta\rho_s$或 $\Delta \lg\rho_s$越大,抗静电性能越好。

8 试验报告

试验报告应说明如下内容：

a) 试样名称；

b) 试验日期；

c) 用作试验介质的聚酯布规格；

d) 所用超高阻计的型号、规格、电极参数；

e) 处理试片的调理剂试验溶液浓度；

f) 试片调理恒湿器内和测量电阻环境的相对湿度及温度；

g) 试验结果：$\Delta\rho_s$或 $\Delta\lg\rho_s$值；

h) 试验人姓名；

i) 其他需要说明的试验细节和现象。

ICS 35.240.70；07.040
A 75

中华人民共和国国家标准

GB/T 16831—2013/ISO 6709:2008
代替 GB/T 16831—1997

基于坐标的地理点位置标准表示法

Standard representation of geographic point location by coordinates

(ISO 6709:2008,IDT)

2013-12-17 发布　　　　2014-04-01 实施

中华人民共和国国家质量监督检验检疫总局
中国国家标准化管理委员会　发布

前 言

本标准依据GB/T 1.1—2009给出的规则起草。

本标准代替GB/T 16831—1997《地理点位置的纬度、经度和高程的标准表示法》，本标准与GB/T 16831—1997相比主要变化如下：

——名称变更：从“地理点位置的纬度、经度和高程的标准表示法”变更为“基于坐标的地理点位置标准表示法”；

——增加了“2 一致性”“3 规范性引用文件”“4 术语和定义”“5 缩略语”“6.1 地理点位置概念模型”“6.2 地理点位置基本元素”“6.3 坐标参照系标识”“6.6 坐标分辨率”“7.1UML 模型”“7.2XML表示法”，以及附录A～C、附录E～G等内容；

——GB/T 16831—1997的第2章和第3章内容改为本标准的6.4、6.5和附录D、附录H等相关内容；

——GB/T 16831—1997用术语“高程(altitude，本标准中将其定义为海拔高程)”描述垂直位置，本标准使用了更一般化的术语“高程(height)”，并允许对垂直位置使用术语“深度”来描述。

本标准使用翻译法等同采用国际标准ISO 6709:2008《基于坐标的地理点位置标准表示法》。

与本标准中规范性引用的国际文件有一致性对应关系的我国文件如下：

——GB/T 19710—2005 地理信息 元数据(ISO 19115:2003，MOD)

——GB/T 23707—2009 地理信息 空间模式(ISO 19107:2003，IDT)

——GB/T 30170—2013 地理信息 基于坐标的空间参照(ISO 19111:2007，IDT)

——GB/T 30168—2013 地理信息 大地测量代码与参数(ISO/TS 19127:2005，IDT)

本标准作了下列编辑性修改：

——删除了ISO 6709:2008范围中第三段“考虑到与本标准前一版本ISO 6709:1983兼容的需要”的字句；

——ISO 6709:2008的规范性引用文件中的ISO/IEC 8859-1和ISO 19118仅出现在资料性附录D和资料性附录G中，不属于规范性引用，本标准将这两个文件从“规范性引用文件”移至“参考文献”中；

——ISO 6709:2008在图1和图2中的ETRS89被本标准用CGCS2000替代。

本标准由国家测绘地理信息局提出。

本标准由全国地理信息标准化技术委员会(SAC/TC 230)归口。

本标准起草单位：中国标准化研究院。

本标准主要起草人：李小林、佟文会、江洲、原健菲。

本标准所代替标准的历次版本发布情况为：

——GB/T 16831—1997。

引　言

对位于地表、空中或地下的地理点位置数据进行有效交换，需要能被广泛解释和识别的数据格式。对此不同学科的用户可能会有不同的要求。例如，在记录经度和纬度时，有些采取度和十进制小数度格式，有些则采取传统的度、分、秒格式；用户也可能要求不同的精度级别，或者只使用经度和纬度而不用高程。

使用本标准将能够：

a）降低数据交换的成本；

b）通过提供标准交换格式的预备知识，减少在准备交换时因转换非标准编码结构造成的时间延迟；

c）为地理点的表示法提供灵活的支持。

基于坐标的地理点位置标准表示法

1 范围

本标准适用于描述地理点位置的坐标交换。本标准规定了用于数据交换的坐标表示法，包括纬度和经度；还规定了除纬度和经度之外水平地理点位置所使用的坐标参照系的表示法；也规定了可能与水平坐标相关联的高程和深度的表示法。表示法包括度量单位和坐标顺序。

本标准不适用于计算机存储器在处理期间及其在大地测量代码与参数注册簿中的信息表示。

本标准支持通过可扩展置标语言(XML)的点位置表示，并允许使用单一的字母数字的字符串来描述点位置。

对于经度和纬度的计算机数据交换，本标准建议一般使用度和十进制小数度；允许使用六十进制记法：度、分和十进制小数分或者度、分、秒和十进制小数秒。

本标准在实施过程中不需要特殊的内部程序、文件组织技术、存储媒介、程序语言等。

2 一致性

为与本标准相一致，基于坐标的点位置坐标表示法应满足抽象测试套件(见附录A)中规定的所有条件。

3 规范性引用文件

下列文件对于本文件的应用是必不可少的。凡是注日期的引用文件，仅注日期的版本适用于本文件。凡是不注日期的引用文件，其最新版本(包括所有的修改单)适用于本文件。

ISO/TS 19103 地理信息 概念模式语言(Geographic information—Conceptual schema language)

ISO 19107 地理信息 空间模式(Geographic Information—Spatial schema)

ISO 19111:2007 地理信息 基于坐标的空间参照(Geographic Information—Spatial referencing by coordinates)

ISO 19115:2003 地理信息 元数据(Geographic Information—Metadata)

ISO/TS 19127 地理信息 大地测量编码与参数(Geographic Information—Geodetic codes and parameters)

ISO 19133 地理信息 基于位置的跟踪和导航服务(Geographic Information—Location based services—Tracking and navigation)

4 术语和定义

下列术语和定义适用于本文件。

4.1

准确度 accuracy

测试结果或量测结果与真值之间的接近程度。

[ISO 3534-2:2006]

4.2

海拔高程 altitude

以平均海平面为基准面的高程。

4.3

坐标 coordinate

表示 n 维空间中点位置的某一序列 n 个数之一。

注：在一个坐标参照系中，坐标数值取决于所选单位。

[ISO 19111:2007]

4.4

坐标集 coordinate set

相对于同一坐标参照系的坐标元组的集合。

[ISO 19111:2007]

4.5

坐标元组 coordinate tuple

由有顺序的坐标所构成的坐标串。

注：在坐标元组中，坐标个数等同于坐标系的维数，坐标的顺序等同于坐标系轴的顺序。

[ISO 19111:2007]

4.6

深度 depth

某点从选定的基准面沿垂线向下量测的距离。

注：高于基准面的深度为负值。

[ISO 19111:2007]

4.7

高程 height

h，H

某点沿一条垂直于基准面的垂线到该基准面的距离。

注：低于基准面的高程为负值。

[ISO 19111:2007]

4.8

元数据 metadata

关于数据的数据。

[ISO 19115:2003]

4.9

精度 precision

观测值集合再现性的度量。

[ISO 19116:2004]

4.10

分辨率 resolution

〈坐标〉与坐标最小有效数字相联系的单位。

注：坐标分辨率可能是长度单位和角度单位，依赖于坐标系的特征。

4.11

六十进制度 sexagesimal degree

以度、分、秒序列值表示的角。

注：在纬度和经度表示时，可能包含表示(南北)半球的符号。

示例：50.079 572 5°表示为六十进制度的 50°04′46.461″。

4.12

元组 tuple

值的有序排列。

[ISO 19136:2007]

5 缩略语

下列缩略语适用于本文件。

CRS:坐标参照系(Coordinate Reference System)

GPL:地理点位置(Geograhic Point Location)

GML:地理置标语言(Geography Markup Language)

UML:统一建模语言(Unified Modeling Language)

XML:可扩展置标语言(eXtensible Markup Language)

6 地理点位置表示法的要求

6.1 地理点位置概念模型

坐标是描述点位置的数值组成的有序数之一。坐标元组是描述一个点位置的坐标序列。

示例:由经度、纬度和高程组成的坐标元组表示 3 维地理位置。

只有标识了坐标参照系(CRS),坐标元组才可以无歧义地表示一个地点。没有这种坐标参照系的标识,位置的不确定性可导致地点相差几百米,参见附录 B。在 ISO 19111 中定义了描述坐标参照系所需要的元素。

坐标集合是坐标元组的集合。ISO 19111 要求在一个坐标集合中的坐标元组应参照同一个坐标参照系。如果仅描述一个点,坐标元组与坐标参照系之间的关联可以是直接的。就坐标集合而言,一个坐标参照系的标识或者定义是与坐标集合相关联的,并且在此参照系中的所有坐标元组都继承这种关联。坐标元组、坐标集合和坐标参照系之间的概念关系如图 1 所示,其 UML 形式化描述见附录 C。

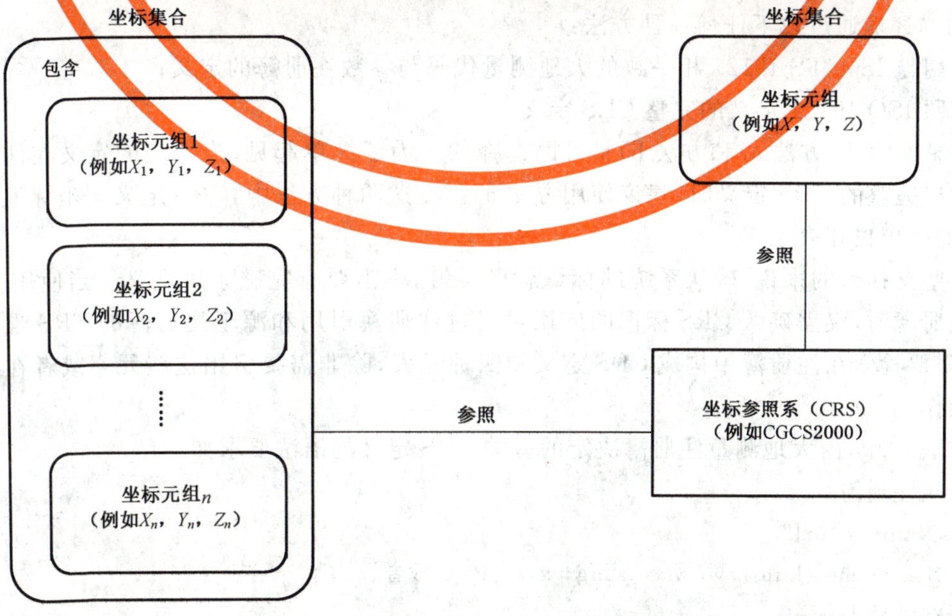

图 1 坐标与坐标参照系(CRS)的概念关系

2 维 CRS 中的坐标描述水平位置。鉴于在现代系统中集成垂直维度的重要性,本标准也允许坐标表示3维位置。3维地理点位置描述可由3维CRS或由水平CRS和垂直CRS组成的复合CRS进行描述。坐标参照系由坐标系和基准组成,如图2所示。

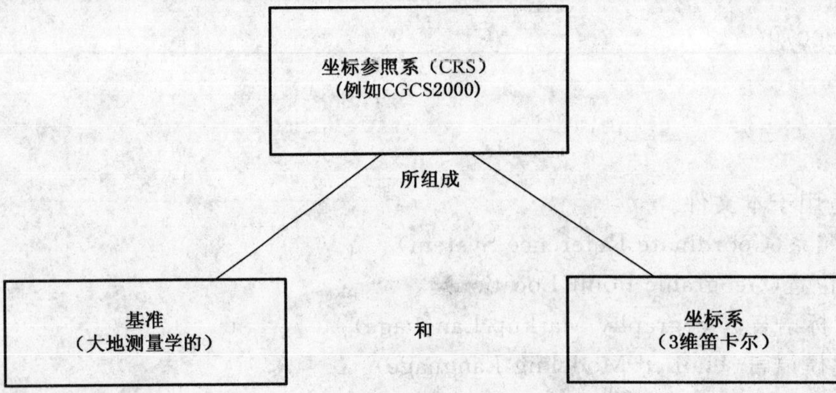

图2 坐标参照系的概念模型

6.2 地理点位置基本元素

在本标准中,地理点位置应由以下4个元素组成:

——表示水平位置经度的坐标“x”;

——表示水平位置纬度的坐标“y”;

——在3维地理点位置中用高程或者深度表示该点垂直位置的数值;

——坐标参照系标识。

6.3 坐标参照系标识

为明确描述地理点位置,应给出CRS标识。如果地点包括垂直位置,应给出复合CRS标识;此复合CRS标识应涵盖水平位置和垂直位置。公认地,在缺少CRS标识时,会引起地理点位置的不确定性,这种地理位置的偏移可与实际点位置的偏差达1 km,如附录B所示。

CRS的描述应通过以下任何一种方法:

a) 引用与ISO/TS 19127相一致的大地测量代码与参数注册簿的定义;

b) 按照ISO 19111定义的完整CRS定义。

提供完整CRS的方法a)和方法b)是可以选择的。为了简单起见,当系统的定义在注册簿中不适用且不必给出完整的CRS定义时,建议使用方法a)。在这两种方法中,CRS定义了坐标元组中坐标的顺序,以及值的单位和表示。

对于一些交换目的来说,确认系统的标识就已足够,不需要有完整系统定义。当使用方法a)参照大地测量注册簿时,仅需确认CRS标识的应用可通过注册簿引用和源于注册簿的CRS唯一标识符即可达到,不需要检索在注册簿中构成CRS定义的四种元素,除非需要引用这些元素或者在坐标集合中执行坐标操作。

上述方法a)中,由大地测量注册簿决定的有关CRS定义的语法要求如下:

1) 在线注册簿:

crsName=“url”

示例:crsName=http://www.xxxx.org#xxxx:1234;或者

2) 不在线注册簿:

crsName=[registerID]:[register's CRS ID]

示例:crsName=xxxx:1234。

6.4 水平位置表示法

水平位置应通过坐标元组来描述。任何按照 ISO 19111 所描述的坐标参照系类型都可以使用。当提供 CRS 时,每个坐标轴正方向、坐标的顺序及其单位应如坐标参照系定义中描述的那样。当没有规定 CRS 时,采用以下方式:

a) 在一个坐标元组中,纬度值在前,经度值在后。

b) 在赤道上及赤道以北的纬度为正值,在赤道以南的纬度为负值。

c) 在本初子午线上及其以东的经度为正值,在本初子午线以西的经度为负值。180 度经线为负值。本初子午线位于格林尼治。

d) 为了数字数据交换,十进制度应为首选表示法。然而,为与本标准第一版兼容,也可以使用六十进制度。在人机界面上显示经度和纬度的建议由附录 D 给出。

6.5 垂直位置表示法

垂直位置应为坐标参照系定义所描述的高程或深度。原点向上测量的高程为正值,原点向下测量的高程为负值;原点向下测量的深度为正值,原点向上测量的深度为负值。

如果已给出高程或深度:

a) 无论数值为高程或深度,均应在 CRS 的定义中规定;

b) 坐标元组中坐标值的位置,应在 CRS 的定义中给出;

c) 高程或深度的单位,应在 CRS 的定义中给出;

d) 高程或深度的原点,应在 CRS 的定义中规定。

6.6 坐标分辨率

坐标应给出与位置准确度相匹配的分辨率。准确度可通过 ISO 19115 定义的元数据来描述。角度坐标(纬度和经度)的线性等价数值由附录 E 给出。

6.7 地理点位置的应用

ISO 19115 给出了 ISO 描述地理空间信息元数据的详尽要求。附录 F 描述了地理点位置的应用示例,包括坐标及日期邮戳或与地理点位置相关联的描述信息等属性值。

7 地理点位置表示法

7.1 UML 模型

地理点位置表示法的 UML 模型的描述见附录 C。

7.2 XML 表示法

本标准支持 GML,一种按 XML 模式编写的 XML 语法,用于应用模式描述以及地理信息传送和储存,但它也灵活支持通过注册系统表述的地理点位置表示法。附录 G 给出了基于 GML 的地理点位置示例。

7.3 文本字符串表示法

本标准上一版本所定义的以纬度、经度以及可选的高程或深度表示的地理点位置文本字符串表示法,在本版本中已扩展到使用 CRS 标识。如果使用这种可选的文本字符串表示法交换地理点位置信息,应符合附录 H 所描述的要求。

附 录 A
（规范性附录）
一致性与抽象测试套件

A.1 本标准的一致性

A.1.1 一致性要求

一致性要求：任何用坐标表示的地理点位置应能通过以下抽象测试套件描述的所有要求。

A.1.2 一致性抽象测试套件

A.1.2.1 测试用例标识符：地理点位置要求的元素

a) 测试目的：验证地理点位置要求的所有元素是齐全的。
b) 测试方法：检验所描述的元素，确定所有的元素都是存在的。
c) 引用：6.2。
d) 测试类型：基本测试。

A.1.2.2 测试用例标识符：注册系统中 CRS 的描述

a) 测试目的：验证描述是否完整和明确。
b) 测试方法：检验给定描述，确定 CRS 充分定义并适用于点位置。
c) 引用：6.3 以及 ISO/TS 19127。
d) 测试类型：基本测试。

A.1.2.3 测试用例标识符：CRS 定义

a) 测试目的：验证完整 CRS 定义符合 ISO 19111 的要求。
b) 测试方法：检验定义与 ISO 19111 要求信息的不符之处，确保所有必要信息按照要求的格式和顺序提供。
c) 引用：6.3 以及 ISO 19111。
d) 测试类型：基本测试。

A.1.2.4 测试用例标识符：水平位置表示方法

a) 测试目的：验证水平位置表示方法符合 6.4 中的描述。
b) 测试方法：检验 6.4 中的要求，确保所有必要信息按照要求的格式和顺序提供。
c) 引用：6.4。
d) 测试类型：基本测试。

A.1.2.5 测试用例标识符：垂直位置表示方法

a) 测试目的：验证垂直位置表示方法符合 6.5 中的描述。
b) 测试方法：检验 6.5 中的要求，确保所有必要信息按照要求的格式和顺序提供。
c) 引用：6.5。
d) 测试类型：基本测试。

A.1.2.6 测试用例标识符:字符串表示方法

a) 测试目的:验证字符串表示方法符合本标准的要求。

b) 测试方法:检验附录 H 中的要求,确保所有必要信息按照要求的格式和顺序提供。

c) 引用:7.3。

d) 测试类型:基本测试。

附 录 B
（资料性附录）
经纬度坐标的不唯一性

经度和纬度用于度量地球模型，该模型一般是椭球体。迄今已定义了数百种模型，大约四十种不同的模型现在仍在使用。大地测量中定义了模型的选择以及与地球的方位关系。如果模型或方位改变，即如果大地基准改变，该点的经纬度值通常会改变。相同的经纬度值相对于不同的基准意味着不同的位置（见图 B.1）。反之，对于确定的坐标值，应标识它们参照的基准。

注："WGS 84"、"ED 50"和"OSGB 1936"是坐标参照系的标识符。

图 B.1 三个不同基准下相同经纬度值的位置

投影坐标来源于地理（经度和纬度）坐标。因此对于确定的投影坐标，应标识它们的源地理坐标基准。

由大地测量基准改变引起的一个点坐标值的差异大约达 50 m～500 m，但是在极端情况下可能更大。当处理准确度近似为 1 km 或更低的坐标时，这种差异并不重要。对于精度要求高于 1 km 的情况，想要使坐标无歧义，就必须标识其基准。

附 录 C
（规范性附录）
地理点位置表示法的 UML 描述

C.1 概述

本附录给出了坐标元组和坐标集合的形式化描述。本标准使用了两种几何结构，并依赖于其他地理信息标准，如图 C.1 所示。该几何结构细节的 UML 标注如图 C.2 所示，其文档描述见ISO/TS 19103。

本 UML 描述的目的在于提供并且支持不同方式的地理点位置表示。UML 图的主要类别包含了转换地理点位置和标识坐标表示的功能要求。

C.2 UML 包依赖

UML 类图的依赖如图 C.2 所示。每一种依赖都包含了由本标准复用的类，如下所示：

——ISO/TS 19103：概念模式语言；

——ISO 19107：空间模式；

——ISO 19111：基于坐标的空间参照；

——ISO 19115：元数据；

——ISO 19133：基于位置服务-跟踪与导航。

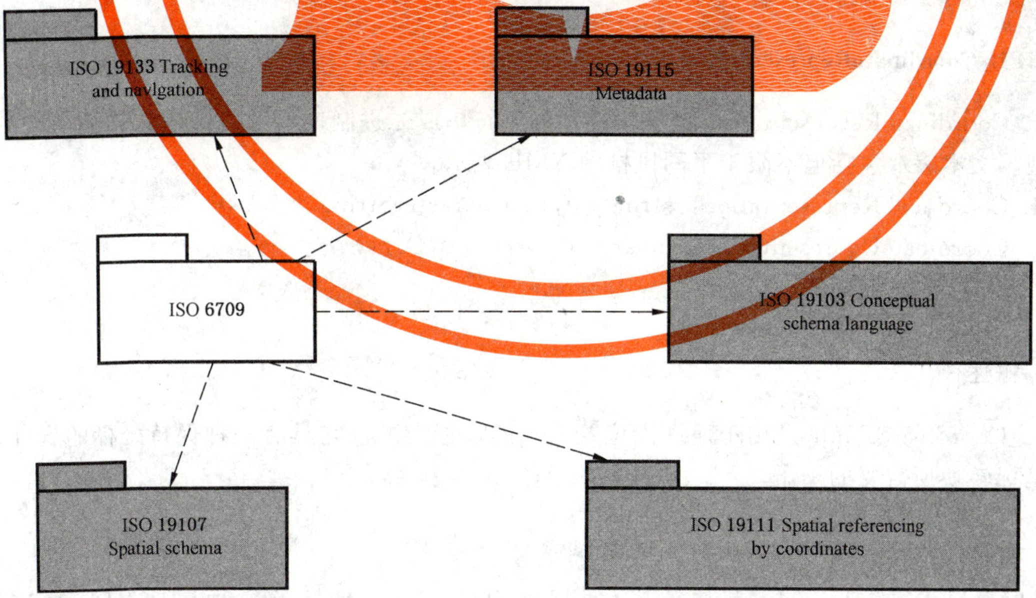

图 C.1 文档依赖

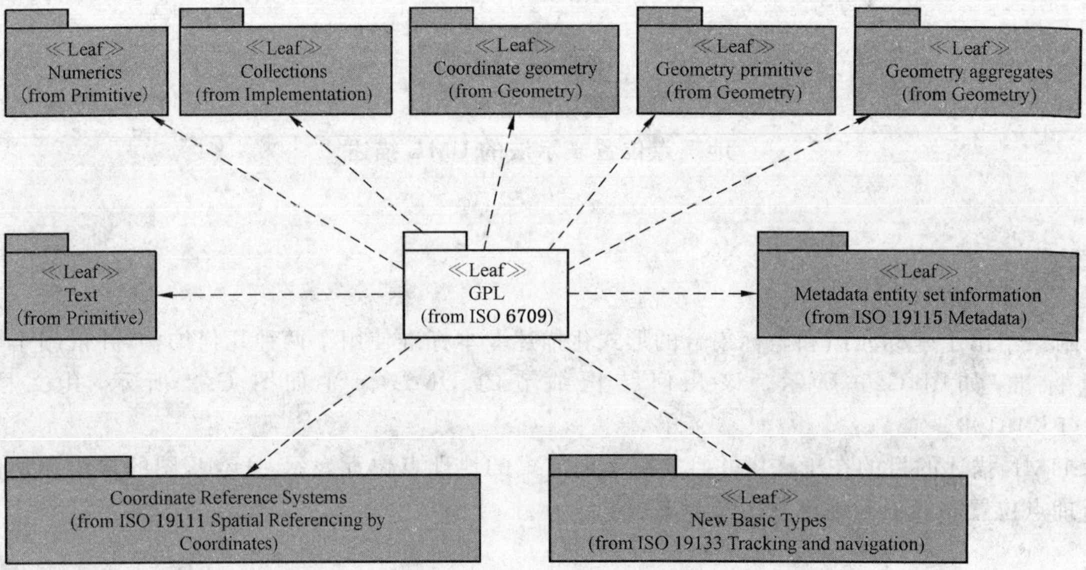

图 C.2 UML 包依赖

C.3 UML 地理点位置(GPL)包内容描述

C.3.1 概述

本条详细描述了图 C.3 中 UML 类图，该类图具有支持多重坐标表示的 3 个类：GPL_CoordinateRepresentation(地理点位置_坐标表示)、GPL_CoordinateTuple(地理点位置_坐标元组)、GPL_CoordinateSet(地理点位置_坐标集合)。

C.3.2 GPL_CoordinateRepresentation

GPL_CoordinateRepresentation 是文本表示的字符串或二进制表示的二进制数据两者之一的联合数据类型。文本表示包括但不限于不同风格的 XML 表示。

GPL_CoordinateRepresentation::string [0,1]:CharacterString

GPL_CoordinateRepresentation::binary [0,1]:BinaryData

C.3.3 GPL_CoordinateTuple

C.3.3.1 概述

GPL_CoordinateTuple 是用于地理点位置表示的数据类型。它具有一种保持坐标的属性，并且执行某点坐标转换所需要的操作。

C.3.3.2 Tuple(元组)

Tuple 是按 DirectPosition(直接位置)数据类型保存位置坐标的一种属性。DirectPosition 在 ISO 19107 中描述，它给出了点与坐标参照系关联的机制。

GPL_CoordinateTuple::tuple: DirectPosition

C.3.3.3 Encode(编码)

操作“encode”执行 GPL_CoordinateRepresentation 中 GPL_CoordinateTuple 的表示。

GPL_CoordinateTuple::encode(repType:CharacterString):
    GPL_CoordinateRepresentation

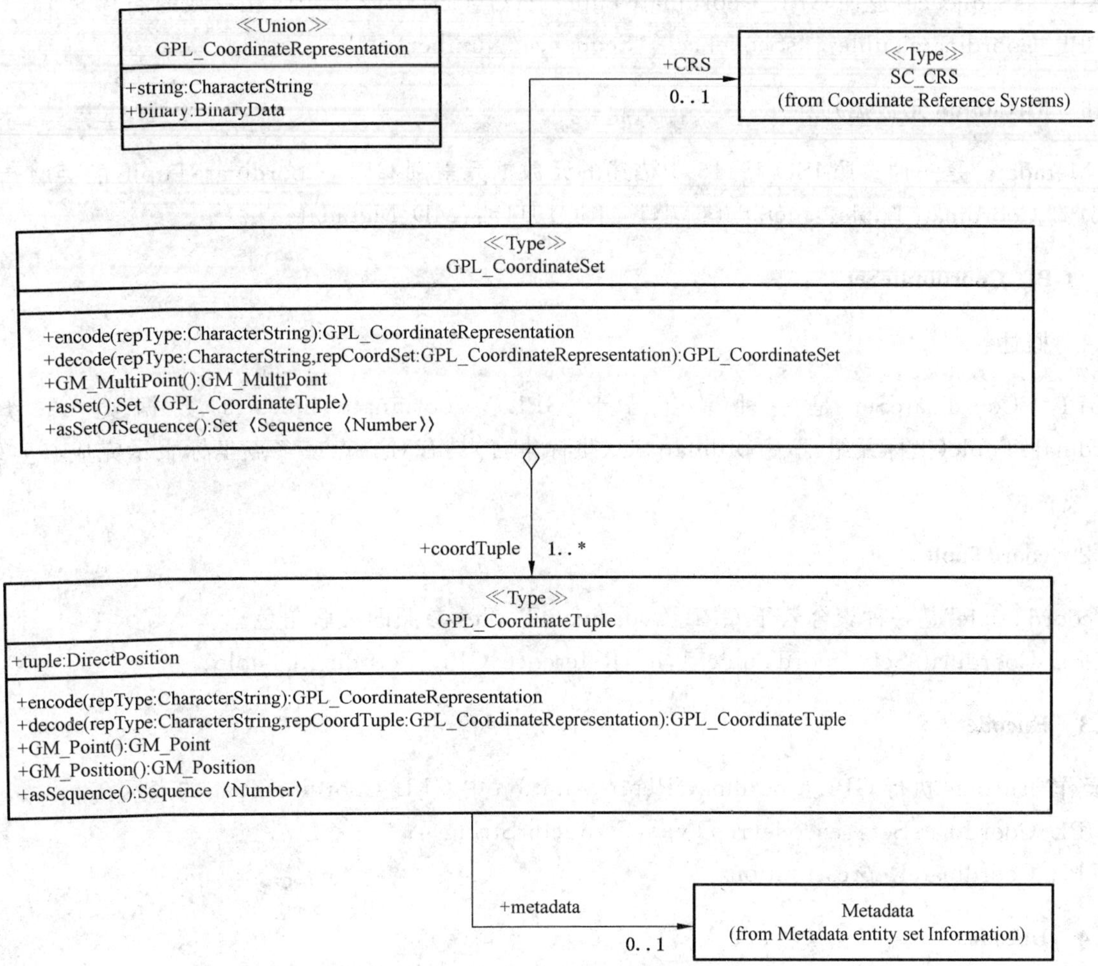

图 C.3 UML 类图

C.3.3.4 Decode(解码)

操作“decode”执行 GPL_CoordinateRepresentation 到 GPL_CoordinateTuple 的解译。如果 GPL_CoordinateRepresentation 包含了一个以上的点的表示,则该操作将仅对第一个进行解码。

GPL_CoordinateTuple::decode(repType:CharacterString, repCoordTuple:
    GPL_CoordinateRepresentation):GPL_CoordinateTuple

C.3.3.5 GM_Point(几何_点)

操作“GM_Point”返回 GPL_CoordinateTuple 作为与 ISO 19107 相一致的 GM_Point 数据类型。

GPL_CoordinateTuple::GM_Point():GM_Point

C.3.3.6 GM_Position(几何_位置)

操作“GM_Position”返回 GPL_CoordinateTuple 作为与 ISO 19107 相一致的 GM_ Position 数据类型。

GPL_CoordinateTuple::GM_Position():GM_Position

C.3.3.7 AsSequence(按顺序)

操作“asSequence”返回 GPL_CoordinateTuple 作为与 ISO/TS 19103 相一致的有序数值。

GPL_CoordinateTuple::asSequence():Sequence〈Number〉

C.3.3.8 Metadata(元数据)

“Metadata”是一种参照 ISO 19115 中描述的元数据元素到 GPL_CoordinateTuple 的关联角色。

GPL_CoordinateTuple::metadata [0,1]:ISO19115::MD_Metadata

C.3.4 GPL_CoordinateSet

C.3.4.1 概述

GPL_CoordinateSet 是一种聚合若干 GPL_CoordinateTuples 的数据类型。类似于“CoordinateTuple(坐标元组)”,CoordinateSet(坐标集合)具有对一点或多点坐标表示完成必要转换的操作。

C.3.4.2 coordTuple

“coordTuple”是一种聚合若干 GPL_CoordinateTuples 参照的关联角色。

GPL_CoordinateSet::coordTuple[1,n]:Reference〈GPL_CoordinateTuple〉

C.3.4.3 Encode

操作“Encode”执行 GPL_CoordinateRepresentation 中 GPL_CoordinateSet 的表示。

GPL_CoordinateSet::encode(repType:CharacterString):

GPL_CoordinateRepresentation

C.3.4.4 Decode

操作“Decode”执行 GPL_CoordinateRepresentation 到 GPL_CoordinateSet 的解译。如果 GPL_CoordinateRepresentation 仅包含单个点的表示,则该操作只将一个 GPL_CoordinateTuple 生成 GPL_CoordinateSet。

GPL_CoordinateSet::decode(repType:CharacterString, repCoordTuple:

GPL_CoordinateRepresentation):GPL_CoordinateSet

C.3.4.5 GM_MultiPoint(几何_多点)

操作“GM_MultiPoint”返回与 ISO 19107 相一致的 GM_MultiPoint 表示。

GPL_CoordinateSet::GM_MultiPoint():GM_MultiPoint

C.3.4.6 asSet(按集合)

操作“asSet”返回作为一组 GPL_CoordinateTuples 的 GPL_CoordinateSet。

GPL_CoordinateSet::asSet():Set〈GPL_CoordinateTuple〉

C.3.4.7 asSetOfSequence(按顺序集合)

操作“asSetOfSequence”返回作为与 ISO/TS 19103 相一致的有序数值集合的 GPL_CoordinateSet。

GPL_CoordinateSet::asSet():Set〈Sequence〈Number〉〉

C.3.4.8 CRS(坐标参照系)

"CRS"是一种依据 ISO 19111 的属性"name(名称)"关联相应坐标参照系与 CoordinateSet 的角色。

GPL_CoordinateSet::CRS [0,1]:ISO19111::SC_CRS

附 录 D
（资料性附录）
人机界面中经度和纬度的表示法

在人机界面中不宜全部采用十进制度。每个用户群体对记法都有各自的要求，包括度、分、秒，以及六十进制和十进制记法的不同组合：度和十进制小数度；度、分和十进制小数分；度、分、秒和十进制小数秒。

坐标的顺序非常关键。习惯上将纬度值置于经度值之前。航海航空导航领域以及应对突发事件的用户习惯于这样的经纬度顺序。如果给出高程或深度，则应置于经度值之后。按其他顺序表示坐标值则出于生命安全方面的考虑。

按顺序排列坐标值可以便于理解。用户群体对坐标排列方法有他们自己特定的要求。在用户群体规范缺省的情况下，提出如下建议：

a） 坐标元组内的每一个坐标宜用空格分开；

b） 坐标值整数和小数部分的分隔符通常应在用户的操作系统中设置；

c） 每个坐标元组宜显示成独立一行；

d） 纬度和经度宜采用六十进制度；

e） 当分或秒的值小于 10，在相应的位置补 0；

f） 度、分、秒的单位宜由符号标识：

——推荐符号为°、′和″（见 ISO/IEC 8859-1，分别为代码表比特组合 11/00、02/07 和 02/02 或十六进制的 B0、27 和 22）；

——符号应位于值之后；

——度、分、秒的值之间不应留空格；

g） 北半球或南半球纬度应分别由字母 N 或 S 表示（见 ISO/IEC 8859-1，分别为代码表比特组合 04/14 和 05/03 或十六进制的 4E 和 53）；

——纬度值和其所属半球符号之间不应留空格；

h） 东半球或西半球经度应分别由字母 E 或 W 表示（见 ISO/IEC 8859-1，分别为代码表比特组合 04/05 和 05/07 或十六进制的 45 和 57）；

——经度值和其所属半球符号之间不应留空格；

i） 高程或深度单位由符号标识：

——值后紧跟符号；并且

——值和单位符号之间不应留空格；

j） 相对于基准面负方向的高程或深度，应由负号（—）标识。

示例 1：50°40′46.461″ N 95°48′26.533″ W 1 123.45 m。

示例 2：50°03′46.461″ S 125°48′26.533″ E 978.90 m。

附 录 E
（资料性附录）
经纬度分辨率

建议坐标采用与准确度相适应的分辨率。坐标的分辨率只是一个准确度指标；坐标或位置的准确度应按照ISO 19115以元数据的形式给出。

当实施坐标变换和转换时（例如，平面直角坐标转换为地理坐标），分辨率应该保持不变。对地球来说，在赤道地区经度或纬度的1°大约相当于110 km；1′大约相当于1海里（1 852 m）；1″大约相当于30 m。

表E.1和表E.2给出了经纬度与各种等价线性分辨率转换的推荐分辨率。表E.1转换整数线性单位到近似的角度等价数值，表E.2转换六十进制度数到近似的线性等价数值。

表E.1 准确线性单位与近似角度分辨率的等价数值

线性分辨率（准确值）	十进制度数（近似值）	六十进制度数（近似值）
100 km	1	1°
1 km	0.01	30″
100 m	0.001	3″
10 m	0.000 1	0.3″
1 m	0.000 01	0.03″
10 cm	0.000 001	0.003″
1 cm	0.000 000 1	0.000 3″

表E.2 准确六十进制度数与近似线性分辨率的等价数值

线性分辨率（近似值）	十进制度数（近似值）	六十进制度数（准确值）
100 km	1	1°
1海里	0.016 7	1′
30 m	0.000 3	1″
3 m	0.000 03	0.1″
0.3 m	0.000 003	0.01″
0.03 m	0.000 000 3	0.001″
0.003 m	0.000 000 03	0.000 1″

附 录 F
（资料性附录）
地理点位置的应用

本附录以示例图解说明了用于定位要素和相关特性（性质）的地理点位置的重要性，显示了地理点位置表示法如何用于一种应用模式中。

示例 1：联合运输和后勤运作。

在联合运输和后勤运作中，地理点位置及其相关特性（性质）是非常重要的。在本示例中，有工厂和大门两个类。工厂交付零件到其他工厂，并且由“交付”关系表示，工厂是由名称、地点描述的，并且具有交付零件的大门，大门也由带有工厂内特定地点的名称来描述（见图 F.1）。

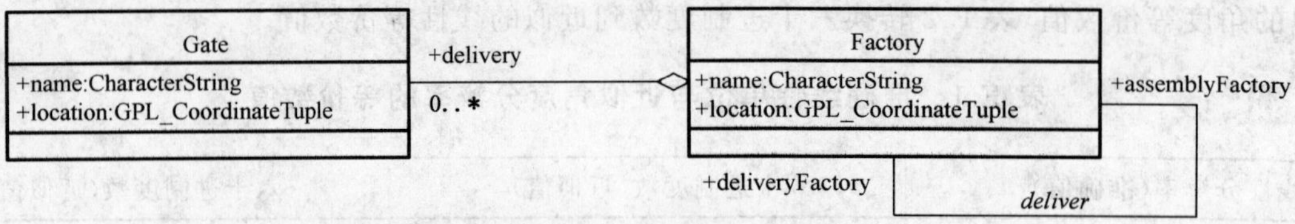

图 F.1 联合运输和后勤运作 UML 类图示例

联合运输和后勤运作 GML 编码示例：

命名空间 http://www.isotc211.org/2006/gpl 被用作由附录 C 规定概念模型进行编码的 GML 应用模式命名空间。

```
〈Features xmlns = "http://www.someorg.org/example1"
xmlns:gpl = "http://www.isotc211.org/2006/gpl"
xmlns:gml = http://www.opengis.net/gml/3.2
schemaLocation = "http://www.someorg.org/example1.xsd"〉
    〈member〉
        〈Factory gml:id = "factoryA"〉
            〈name〉Factory A〈/name〉
            〈location〉
                〈gpl:GPL_CoordinateTuple〉
                    〈gpl:tuple srsName = "urn:ogc:def:crs:EPSG:6.6:4326"〉
                        35.89421911 139.94637467
                    〈/gpl:tuple〉
                〈/gpl:GPL_CoordinateTuple〉
            〈/location〉
            〈deliveryGate xlink:href = "＃gate1"/〉
            〈deliveryGate xlink:href = "＃gate2"/〉
        〈/Factory〉
    〈/member〉
    〈member〉
        〈Gate gml:id = "gate1"〉
            〈name〉Delivery Gate 1〈/name〉
```

```
            〈location〉
                〈gpl:GPL_CoordinateTuple〉
                    〈gpl:tuple srsName = "urn:ogc:def:crs:EPSG:6.6:4326"〉
                        35.89367744 139.94313278
                    〈/gpl:tuple〉
                〈/gpl:GPL_CoordinateTuple〉
            〈/location〉
        〈/Gate〉
    〈/member〉
    〈member〉
        〈Gate gml:id = "gate2"〉
            〈name〉Delivery Gate 2〈/name〉
            〈location〉
                〈gpl:GPL_CoordinateTuple〉
                    〈gpl:tuple srsName = "urn:ogc:def:crs:EPSG:6.6:4326"〉
                        35.896583 139.952425〈/gpl:tuple〉
                    〈/gpl:GPL_CoordinateTuple〉
                〈/location〉
            〈/Gate〉
        〈/member〉
    〈/Features〉
```

示例 2：基于位置服务(LBS)的跟踪应用。

跟踪在目标监控和定位中被客户普遍使用。移动用户的地理点位置(纬度和经度)以及标识目标的特性被发送到客户。例如，移动用户发送自己当前位置和特性(姓名和单元号码)到其跟踪请求的客户，然后移动用户返回跟踪位置的序列号。图 F.2 给出基于位置服务(LBS)的跟踪应用的 UML 类图示例。

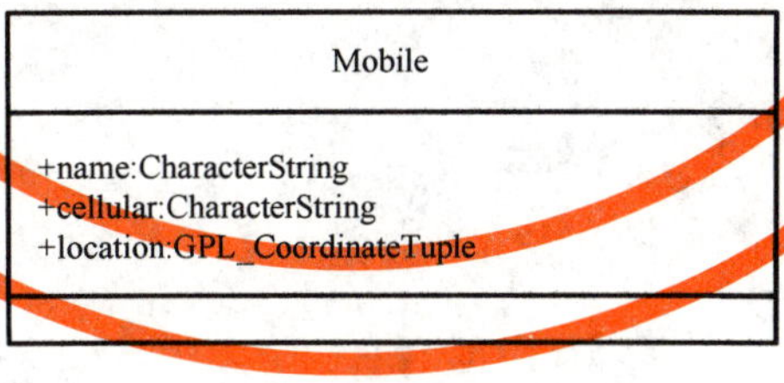

图 F.2　基于位置服务(LBS)的跟踪应用 UML 类图示例

基于位置服务的(LBS)跟踪应用的 GML 编码示例：

命名空间 http://www.isotc211.org/2006/gpl 再次被用作由附录 C 规定概念模型进行编码的 GML 应用模式命名空间。

```
〈Features xmlns = "http://www.someorg.org/example2"
xmlns:gpl = "http://www.isotc211.org/2006/gpl"
xmlns:gml = "http://www.opengis.net/gml/3.2"
schemaLocation = "http://www.someorg.org/example2.xsd"〉
    〈member〉
```

```
        <Mobiler gml:id="mobiler1">
            <name>Ichiro Suzuki</name>
            <cellular>090-XXXX-XXXX</cellular>
            <location>
                <gpl:GPL_CoordinateTuple>
                    <gpl:tuple srsName="urn:ogc:def:crs:EPSG:6.6:4326">
                        35.68497219 139.75321667
                    </gpl:tuple>
                </gpl:GPL_CoordinateTuple>
            </location>
        </Mobiler>
    </member>
</Features>
```

附 录 G
（资料性附录）
XML 表示示例

XML（可扩展置标语言）是一种在万维网、内联网以及其他地方建立公共信息格式并且共享格式与数据的灵活方法。XML 能够用于任何想要用相容方式共享信息的个人或者单个集团或者公司。

地理置标语言（GML）是用 XML 模式写成的 XML 语法，用于描述应用模式，以及地理信息的传输和存储。它被定义在 ISO 19136 中。地理置标语言（GML）用于对世界建模的关键概念是从地理信息系列国际标准和开放 GIS 抽象规范中提取出来。因此，GML 规定了与 ISO 19118 一致的被地理信息系列国际标准和开放 GIS 抽象规范定义的几个 XML 编码。

本附录提供了地理点位置交换研发的 XML 和 GML 表示示例。前 4 个示例基于附录 C 所规定的概念模型，且命名空间“http://www.isotc211.org/2006/gpl”是用作 GML 应用模式编码的概念模型的命名空间。第 5 个示例是基于附录 H 给出的字符串表示的 XML 表示。

示例 1：出自离线注册系统的带有 CRS 标识的十进制度（DD.DD）的表示。

```
〈gpl:GPL_CoordinateTuple〉
    gpl:tuple srsName = "...URI reference to CRS with lat/lon..."〉
        50.42  -22.59
    〈/gpl:tuple〉
〈/gpl:GPL_CoordinateTuple〉
```

示例 2：出自离线测地注册系统的十进制度（DD.DD）和深度的表示。

```
〈gpl:GPL_CoordinateTuple〉
    〈gpl:tuple srsName = "...URI reference to CRS with lat/lon/depth..."〉
        50.42  -22.59 543.43
    〈/gpl:tuple〉
〈/gpl:GPL_CoordinateTuple〉
```

示例 3：格网坐标的 GML 表示。

```
〈gpl:GPL_CoordinateTuple〉
    〈gpl:tuple srsName = "...URI reference to CRS with northing/easting..."〉
        1259753 18503245
    〈/gpl:tuple〉
〈/gpl:GPL_CoordinateTuple〉
```

示例 4：带有高程的格网坐标的 GML 表示。

```
〈gpl:GPL_CoordinateTuple〉
    〈gpl:tuple srsName = "...URI reference to CRS with northing/easting/height..."〉
        503245.81 125906.56 43.43
    〈/gpl:tuple〉
〈/gpl:GPL_CoordinateTuple〉
```

示例 5:带有 CRS(=坐标参照系)的度和十进制度(字母-数字表示)。

```
〈point〉
    +50.42   -022.59   -543.43  CRSWGS84/
〈/point〉
```

附 录 H
（资料性附录）
点位置的文本字符串表示法

H.1 概述

ISO 6709:1983 中的纯文本字符串表示法由于表示方法简单、易于理解和相对较小的内存需求，已在许多信息系统中得到应用。本标准中将 ISO 6709:1983 格式的使用范围扩展到高程和深度以及坐标参照系标识。

H.2 纬度

H.2.1 赤道及赤道以北的纬度应由正号（＋）或（N）标识。赤道以南的纬度应由负号（－）或（S）标识。在人机界面中宜选用（N）或（S）。

H.2.2 纬度字符串的前两位数字表示度，其后的各位数字分别表示分、秒或符合下列约定的十进制小数，其中十进制标记（小数点）表示从六十进制到十进制的换算结果。

度和十进制小数度：

DD.DD

度、分和十进制小数分：

DDMM.MMM

度、分、秒和十进制小数秒：

DDMMSS.SS

H.2.3 度数小于 10 时，应在相应位置补零；并且当分或秒的数值小于 10 时，也应在相应位置补零。

H.3 经度

H.3.1 本初子午线及其以东的经度应由正号（＋）或（E）标识。本初子午线以西的经度应由负号（－）或（W）标识。在人机界面中宜选用（E）或（W）。

H.3.2 经度字符串的前三位数字表示度，其后的各位数字分别表示分、秒或符合下列约定的十进制小数，其中十进制标记（小数点）表示从六十进制到十进制的换算结果。

度和十进制小数度：

DDD.DD

度、分和十进制小数分：

DDDMM.MMM

度、分、秒和十进制小数秒：

DDDMMSS.SS

H.3.3 度数小于 100 时，应在相应位置补零；并且当分或秒的数值小于 10 时，也应在相应位置补零。

H.4 高程和深度

H.4.1 高程和深度的表示方法是可选的。但应符合 H.4.2～H.4.5 的要求。

H.4.2 如果要表示高程和深度,应提供 CRS 标识符。

H.4.3 相对于基准面正方向的高程和深度应由正号(+)标识,相对于基准面负方向的高程和深度应由负号(—)标识,基准面上的高程和深度应由正号(+)标识。

H.4.4 引用的 CRS 应说明是高程值还是深度值。

H.4.5 高程和深度的单位通过引用的 CRS 定义。

H.5 坐标参照系标识符

H.5.1 crsName 前使用 CRS 来标识 CRS 类。

H.5.2 crsName 根据下面描述的记录由 CRS 唯一标识符识别:

a) 对于在线注册系统:"〈url〉"(url 表达式加括弧〈〉);

b) 对于非在线注册系统:"registerID":"register's CRS ID";

c) 对于按照 ISO 19111 定义的完整 CRS 定义(本标准 6.3):crsName 在 ISO 19111 应由"〈CRS identifier (CRSID or CCRSID)〉"标识(CRSID or CCRSID 加括弧)。

H.6 格式

H.6.1 点位置字符串中要素应按下列顺序排列:

a) 纬度;

b) 经度;

c) 高程和深度(如果表示);

d) 坐标参照系标识符。

H.6.2 纬度、经度和高程(深度)的数值位数应表明有效数据的精度。

H.6.3 纬度、经度、高程(深度)和 CRS 这些要素之间应没有分隔符号。

注:要素值前的标识符"+""—"和"CRS"可以作为每个元素的起始标志和前一个元素的终结标志。

H.6.4 点位置字符串应有终止符号,除非在与交换有关的文件中另作规定,终止符号用斜线符号"/"表示。

H.7 示例

H.7.1 无高程和深度的经纬度表示方法示例:

a) 度　　+40—075CRSWGS_84/

b) 度　　+40—075/

注:由于没有标明 CRS,因此位置不明确。

c) 度和十进制小数度　　+40.20361—75.00417CRSWGS_84/

d) 度和分　　+4012—07500CRSWGS_84/

e) 度、分和十进制小数分　　+4012.22—07500.25CRSWGS_84/

f) 度、分和秒　　+401213—0750015CRSWGS_84/

g) 度、分、秒和十进制小数秒　　+401213.1—0750015.1CRSWGS_84/

H.7.2 有高程和深度的经纬度表示方法示例:

a)	度	+40－075+350CRSWGS_84/
b)	度和十进制小数度	+40.20361－75.00417+350.517CRSWGS_84/
c)	度和分	+4012－07500－169.2CRSWGS_84/
d)	度、分和十进制小数分	+4012.22－07500.25－169.2CRSWGS_84/
e)	度、分和秒	+401213－0750015+2.79CRSWGS_84/
f)	度、分、秒和十进制小数秒	+401213.1－0750015.1+2.79CRSWGS_84/

注：+2.79 是通过 CRS 定义的高程或深度。

参 考 文 献

[1] ISO 3534-2:2006 Statistics—Vocabulary and symbols—Part 2: Applied statistics

[2] ISO/IEC 8859-1 Information technology—8-bit single-byte coded graphic character sets—Part 1: Latin alphabet No. 1

[3] ISO 19116:2004 Geographic Information—Positioning services

[4] ISO 19118 Geographic information—Encoding

[5] ISO 19136:2007 Geographic information—Geography Markup Language (GML)

ICS 77.040.10
H 22

中华人民共和国国家标准

GB/T 16865—2013
代替 GB/T 16865—1997

变形铝、镁及其合金加工制品拉伸试验用试样及方法

Test pieces and method for tensile test for wrought aluminium and magnesium alloys products

2013-09-06 发布　　2014-05-01 实施

中华人民共和国国家质量监督检验检疫总局
中国国家标准化管理委员会　发布

前　言

本标准按照 GB/T 1.1—2009 给出的规则起草。

本标准代替 GB/T 16865—1997《变形铝、镁及其合金加工制品拉伸试验用试样》，与GB/T 16865—1997 相比，主要技术变化如下：

——删除了原 d_0 为 14 mm 的圆形试样；

——增加了 d_0 为 15 mm、10 mm、6.25 mm、5 mm、3 mm 的圆形标准试样；

——删除了原 L_0 为 50 mm、100 mm 的定标距矩形试样；

——增加了 L_0 为 50 mm、80 mm 的定标距矩形标准试样；

——增加了 b_0 为 15 mm 的短比例和长比例矩形标准试样；

——增加了试验方法内容。

本标准使用重新起草法参考 ASTM B 557M-2010《变形及铸造铝、镁拉伸试验方法》编制，与 ASTM B 557M-2010 的一致性程度为非等效。

本标准由全国有色金属标准化技术委员会(SAC/TC 243)归口。

本标准主要起草单位：西南铝业(集团)有限责任公司、中国有色金属工业标准计量质量研究所、北京有色金属研究总院、广州有色金属研究院、东北轻合金有限责任公司、中铝西北铝加工分公司、中铝瑞闽铝板带有限公司、南南铝业股份有限公司、山东兖矿轻合金有限公司、龙口市丛林铝材有限公司、辽宁忠旺集团有限公司、广东兴发铝业有限公司、广东凤铝铝业有限公司、镇江鼎胜铝业股份有限公司。

本标准主要起草人：陈杰、李瑞山、葛立新、陈文、张钰、王福生、詹浩、赵胜强、周霞、郭振武、周文标、秦剑、王惠勇、王周冰、夏秀群、黄志其、万宝伟、衷雯娟。

本标准所代替标准的历次版本发布情况为：

——GB/T 16865—1997。

变形铝、镁及其合金加工制品
拉伸试验用试样及方法

1 范围

本标准规定了变形铝、镁及其合金加工制品室温拉伸试验的术语和定义、方法概述、试样与试验方法及试验结果和试验报告。

本标准适用于变形铝、镁及其合金板、带、箔、管、棒、型、线、锻件等加工制品的室温拉伸试验用试样及其测试方法。

2 规范性引用文件

下列文件对于本文件的应用是必不可少的。凡是注日期的引用文件，仅注日期的版本适用于本文件。凡是不注日期的引用文件，其最新版本(包括所有的修改单)适用于本文件。

GB/T 8170 数值修约规则与极限数值的表示和判定

GB/T 10623 金属材料 力学性能试验术语

GB/T 12160 单轴试验用引伸计的标定

GB/T 16825.1 静力单轴试验机的检验 第1部分：拉力和(或)压力试验机测力系统的检验与校准

GB/T 22638.1 铝箔试验方法 第1部分:厚度的测定 重量法

3 术语和定义

GB/T 10623 确立的术语和定义适用于本文件。

4 方法概述

对试样施加轴向拉力(如图1所示)，测定材料的抗拉强度、规定非比例延伸强度、断后伸长率、断面收缩率中的1项或几项力学性能。如图1所示。

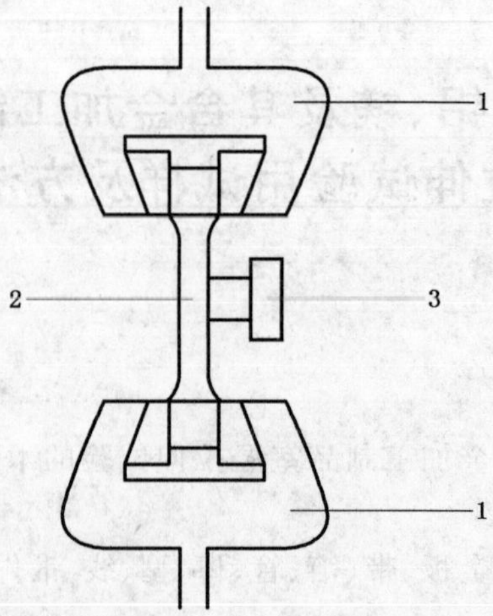

说明：

1——夹具；

2——试样；

3——引伸计。

图 1 拉伸试验示意图

5 试样

5.1 试样的分类

试样按截面形状可分为全截面试样和非全截面试样，非全截面试样又可分为圆形试样（如图 2 所示）、矩形试样（如图 3 所示）、弧形试样（如图 4 所示），试样按标距可分为比例试样和非比例试样（非比例试样通常称定标距试样），各类试样说明见表 1。

表 1 试样类别与说明

试样类别	试样说明	备注
全截面试样	试样的断面为产品的原始横截面，且表面不经机加工的试样	全截面试样均为不带头部的试样，为使试样断裂在试样标距中间，允许在试验区内轻微削减其表面，但削减部分与原始部分过渡圆弧形不宜过小
非全截面试样	非全截面试样是指试样经机械加工后，试样横截面为矩形、圆形和弧形（由管材纵向剖开后加工而成）的试样	非全截面试样应为带头部的试样，当材料的尺寸或加工条件受限制而不能加工出带头部的试样时，可采用不带头部的试样
比例试样	试样的原始标距（L_0）与横截面积（S_0）有关的试样，即 $L_0=k\sqrt{S_0}$	通常采用比例系数（k）为 5.65 的比例试样。当原始标距（L_0）小于 15 mm 或试样横截面积（S_0）太小时，宜采用（k）为 11.3 的比例试样
定标距试样	试样的原始标距（L_0）与原始横截面积（S_0）无关的试样	定标距试样的原始标距（L_0）应不小于 20 mm，若小于 20 mm 时，可能使测量结果不准确

5.2 试样的型号及尺寸

5.2.1 圆形试样

5.2.1.1 圆形试样(如图 2 所示)均为比例试样,标准的圆形试样型号及尺寸应符合表 2 和表 3 的规定。

单位为毫米

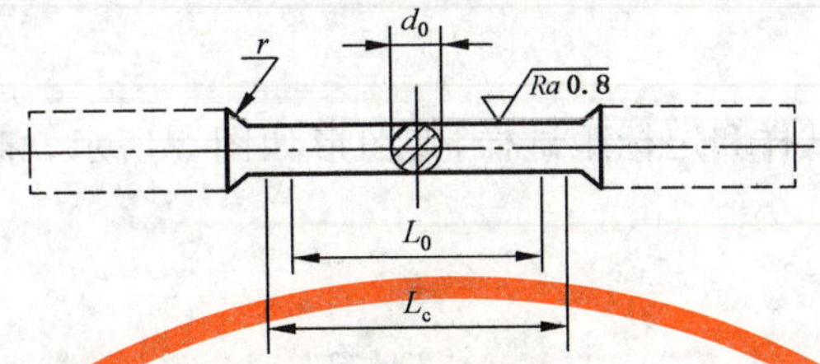

说明:

r ——从头部到平行部分的过渡圆弧半径;

L_0 ——原始标距;

L_c ——试样平行长度;

d_0 ——圆形试样平行长度的原始直径。

图 2 圆形试样示意图

表 2 圆形试样的标准试样型号及尺寸

r/mm	d_0/mm	L_c/mm	K=5.65		K=11.3		K=4.515	
			L_0/mm	试样型号	L_0/mm	试样型号	L_0/mm	试样型号
	20		100	R1	200	R01	—	—
	15		75	R2	150	R02	—	—
	12.5		62.5	R3	125	R03	50	R003
	10		50	R4	100	R04	—	—
	9		45	R5	90	R05	—	—
≥0.75d_0	6.25	≥(L_0+d_0)	—	—	—	—	25	R006
	6		30	R7	60	R07	—	—
	5		25	R8	50	R08	—	—
	4		20	R9	40	R09	—	—
	3		15	R10	30	R010	—	—
	2.5		12.5	R11	25	R011	—	—

表 3 圆形标准试样 d_0 的允许偏差

单位为毫米

d_0	尺寸偏差	试样平行部分内 d_0 的最大值与最小值的允许偏差
≤3	±0.05	0.02
>3~6	±0.06	0.03
>6~10	±0.07	0.04
>10	±0.09	0.04

5.2.1.2　为使试样断裂在试样标距中间，对于带头部的试样，允许在标距范围内加工成两端尺寸稍大、中间尺寸稍小的一个均匀的小斜度。

5.2.1.3　试样的夹持部分长度应不少于楔形夹具长度的 3/4。

5.2.1.4　机械加工带头部试样的平行部分至头部过渡必须缓和，圆形试样的圆弧半径(r)应不小于 $0.75d_0$。

5.2.2　矩形试样

5.2.2.1　矩形试样分为比例试样和定标距试样，其图形如图 3 所示，标准的试样型号及尺寸应符合表 4 和表 5 的规定。

单位为毫米

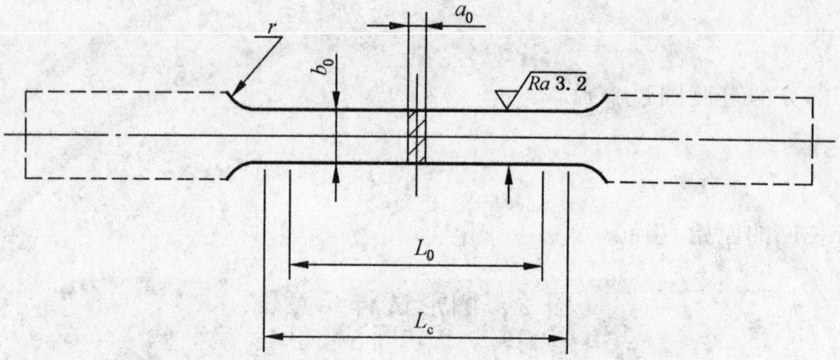

说明：

r ——从头部到平行部分的过渡圆弧半径；

L_0 ——原始标距；

L_c ——试样平行长度；

a_0 ——矩形试样平行部分的原始厚度；

b_0 ——矩形试样平行部分的原始宽度。

图 3　矩形试样示意图

表 4　矩形标准试样的型号及尺寸

试样类型	试样型号	a_0/mm	b_0/mm	L_0/mm	L_c/mm	r/mm	备　注
k=5.65 比例试样	P1	>6～12.5	20	$5.65\sqrt{S_0}$	$\geqslant L_0+b_0/2$	$\geqslant b_0$	L_0 取值为最接近 5 的倍数的数值，当 $L_0 \leqslant 25$ mm 时，应选用 k =11.3 的标准试样
	P2	>0.2～6	15			$\geqslant b_0$	
	P3	>0.2～6	12.5			$\geqslant b_0$	
k=11.3 比例试样	P01	>6～12.5	20	$11.3\sqrt{S_0}$	$\geqslant L_0+b_0/2$	$\geqslant b_0$	L_0 取最接近 5 的倍数的数值，当 $L_0<25$ mm 时，应取 $L_0=25$ mm
	P02	>0.2～6	15			$\geqslant b_0$	
	P03	>0.2～6	12.5			$\geqslant b_0$	
定标距试样	P001	≤0.1	15	100	≥130	—	箔材不带头试样
	P002	>0.1～12.5	12.5	50	≥57	$\geqslant b_0$	—
	P003	>0.2～12.5	20	80	≥90	$\geqslant b_0$	—
	P004	>0.2～6	6	25	≥32	$\geqslant b_0$	—

表 5　矩形标准试样 b_0 的允许偏差

单位为毫米

b_0	尺寸偏差	试样平行部分内 b_0 的最大值与最小值的允许偏差
≤10	±0.10	0.10
>10～15	±0.20	0.10
>15	±0.50	0.20

5.2.2.2　当试样平行部分宽度(b_0)为 6 mm 时，试样同心度偏差不得大于 0.1 mm。

5.2.2.3　当试样平行部分宽度(b_0)≥12.5 mm 时，试样同心度偏差不得大于 0.2 mm。

5.2.2.4　试样的夹持部分长度应不少于楔形夹具长度的 3/4。

5.2.2.5　机械加工带头部试样的平行部分至头部过渡必须缓和，矩形试样的圆弧半径(r)应不小于 b_0。

5.2.3　弧形试样

5.2.3.1　弧形试样均为定标距试样，其图形如图 4 所示，标准的弧形试样型号及尺寸应符合表 6 及表 7 的规定。

单位为毫米

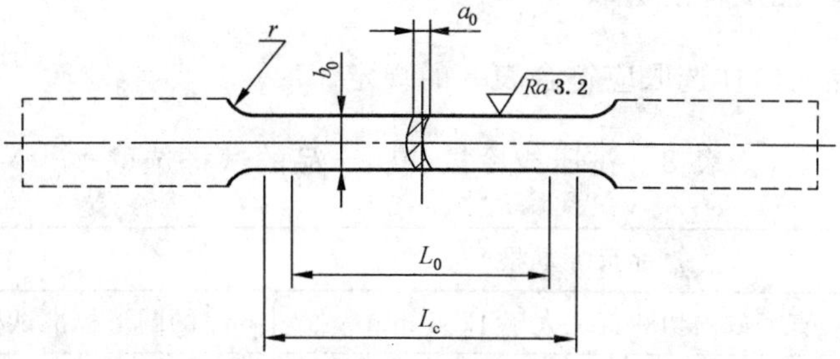

说明：

r ——从头部到平行部分的过渡圆弧半径；

L_0 ——原始标距；

L_c ——试样平行长度；

a_0 ——弧形试样平行部分的原始厚度；

b_0 ——弧形试样平行部分的原始宽度。

图 4　弧形试样示意图

表 6　弧形标准试样的型号及尺寸

试样型号	a_0/mm	b_0/mm	L_0/mm	L_c/mm	r/mm	备　注
S1	原始厚度	12.5	50	≥57	≥b_0	50 mm 的定标距弧形标准试样
S2	原始厚度	10	50	≥57	≥b_0	50 mm 的定标距弧形标准试样

表 7　弧形标准试样 b_0 的允许偏差

单位为毫米

b_0	尺寸偏差	试样平行部分内 b_0 的最大值与最小值的允许偏差
≤10	±0.10	0.10
>10	±0.20	0.10

5.2.3.2　试样同心度偏差不得大于 0.2 mm。

5.2.3.3　试样的夹持部分长度应不少于楔形夹具长度的 3/4。

5.2.3.4　机械加工带头部试样的平行部分至头部过渡必须缓和，弧形试样的圆弧半径(r)应不小于 b_0。

5.3　试样的选取

5.3.1　试样的选取原则

根据有关产品技术标准或双方协议选取。当产品标准、订货单(或合同)中无特殊规定时，应优先选用尺寸大的试样。各种型号试样所测得的伸长率不能相互比较。

5.3.2　轧制板、带、箔产品试样的选取

5.3.2.1　厚度不大于 0.1 mm 的箔材，应选用 100 mm 的定标距矩形不带头标准试样。

5.3.2.2　厚度为 0.1 mm～12.5 mm 的板、带、箔材，应选用 50 mm 的定标距矩形标准试样。若不能加工成 50 mm 的定标距矩形标准试样时，可采用 25 mm 的定标距矩形标准试样。

5.3.2.3　厚度大于 12.5 mm 时，应选用 $5d_0$ 的圆形标准试样。

5.3.3　挤压或冷拉(轧)产品试样的选取

挤压或冷拉(轧)产品的试样选取应符合表 8 的规定。

表 8　挤压或冷拉(轧)产品的试样选取

品　种	产品尺寸规格		试样选取
棒材[a]、线材[b]	直径或内切圆直径大于 12.5 mm		$5d_0$ 的圆形标准试样
	直径或内切圆直径不大于 12.5 mm		原始直径大于 4.0 mm 时，应采用标距为 $5d_0$ 的全截面试样；原始直径不大于 4.0 mm 时，应采用标距为 50 mm 的定标距全截面试样
管材	壁厚大于 12.5 mm		$5d_0$ 的圆形标准试样
	壁厚不大于 12.5 mm	直径大于 25 mm	直径 50 mm 的定标距标准弧形试样
		直径不大于 25 mm	采用 50 mm 的定标距全截面试样
型材	壁厚大于 12.5 mm		$5d_0$ 的圆形标准试样
	壁厚不大于 12.5 mm		50 mm 的定标距矩形标准试样。不能加工成 50 mm 的定标距矩形标准试样时，采用 25 mm 的定标距矩形标准试样；不能加工成 25 mm 的定标距矩形标准试样时，采用 50 mm 的定标距全截面试样

[a] 拉制线材用线坯应采用标距为 100 mm 的全截面试样。

[b] 导电用线材，应采用标距为 250 mm 的全截面试样。

5.3.4　锻件产品试样的选取

锻件产品的试样选取应符合表 9 的规定。

表 9　锻件产品的试样选取

品　　种	截面厚度/mm	试 样 选 取
模锻件	≤8.0	50 mm 的定标距矩形标准试样，不能加工成 50 mm 的定标距矩形标准试样时，应采用 25 mm 的定标距矩形标准试样
	>8.0~12.5	$5d_0$ 的圆形标准试样。不能加工成 $5d_0$ 的圆形标准试样时，可加工成 50 mm 的定标距矩形标准试样；不能加工成 50 mm 的定标距矩形标准试样时，应采用 25 mm 的定标距矩形标准试样
	>12.5	$5d_0$ 的圆形标准试样
自由锻件、轧制锻环	所有	$5d_0$ 的圆形标准试样

5.4　试样的切取部位和方向

5.4.1　一般规定

当产品标准、订货(或合同)单中无规定时，试样的切取部位和方向应符合本标准规定。

5.4.2　轧制板、带、箔材试样的切取部位和方向

5.4.2.1　镁合金、纯铝及热处理不可强化铝合金的轧制板、带、箔材，试样的纵轴应平行于轧制方向；热处理可强化的铝合金，其试样的纵轴应垂直于轧制方向。当因产品宽度太窄不能加工成标准试样时，试样的纵轴可以平行于轧制方向，但应在报告中注明取样方向。

5.4.2.2　厚度不大于 40 mm 时，试样应在厚度的中心部位切取；厚度大于 40 mm 时，试样应在厚度中心到表面的 1/2 处切取。

5.4.3　挤压或冷拉(轧)产品试样的切取部位和方向

试样沿挤压方向在挤压前端切取。挤压或冷拉(轧)产品的试样选取应符合表 10 的规定。

表 10　挤压或冷拉(轧)产品的试样切取部位和方向

品　　种	产品尺寸规格	试样选取部位
圆形棒材或线材	直径大于 40 mm	挤压前端横截面上的 1/2 半径处切取
	直径不大于 40 mm	挤压前端横截面上的圆心处切取
矩形棒材或线材、椭圆形棒材或线材	厚度(a)和宽度(b)均不大于 40 mm	挤压前端横截面上，宽度平分线与厚度平分线的交点处切取。如图示： 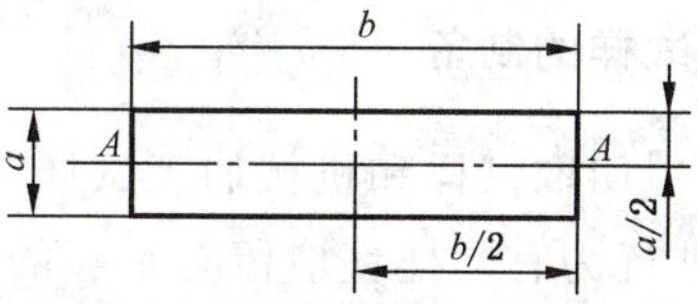
	矩形棒、线材厚度(a)或椭圆形棒、线材的短轴(a)不大于 40 mm，矩形棒、线材的宽度(b)或椭圆形棒、线材的长轴(b)大于 40 mm	挤压前端横截面上，靠边缘 1/2 宽度的平分线与厚度平分线的交点处切取。如图示： 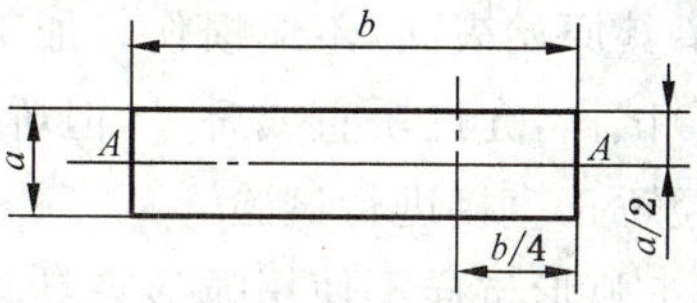

表 10（续）

品　种	产品尺寸规格	试样选取部位
矩形棒材或线材、椭圆形棒材或线材	矩形棒、线材厚度(a)或椭圆形棒、线材的短轴(a)大于 40 mm，矩形棒、线材的宽度(b)或椭圆形棒、线材的长轴(b)大于 40 mm	挤压前端横截面上，靠边缘 1/2 宽度的平分线与靠边缘的 1/2 厚度平分线的交点处切取。如图示：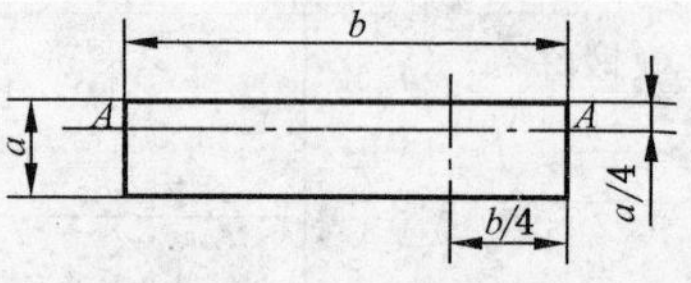
其他棒材或线材	内切圆直径、两平行边距离大于 40 mm	挤压前端横截面上的 1/2 半径处切取
	内切圆直径、两平行边距离不大于 40 mm	挤压前端横截面上的圆心处切取
管材	壁厚不大于 40 mm	挤压前端壁厚的中心处
	壁厚大于 40 mm	挤压前端壁厚中心至制品表面的 1/2 处
型材	厚度不大于 12.5 mm	挤压前端壁厚最厚的部位切取。当宽度不满足时，可在壁厚薄的部位切取
	厚度＞12.5 mm～40 mm	试样取自挤压前端厚度的中心处
	厚度大于 40 mm	试样取自挤压前端厚度中心至制品表面的 1/2 处

5.4.4　锻件试样的切取部位和方向

5.4.4.1　模锻件和自由锻件的试样分为纵向、横向和高向，其纵向试样的轴线应平行于晶粒流向。其试样应分别从纵向、横向或高向的最厚部位中心处切取。

5.4.4.2　轧制锻环的试样分为切向、径向和轴向(亦称高向)，其试样应分别从切向、径向或轴向的中心部位切取。

5.5　试样的标识与制备

5.5.1　试样的标识

每个试样都应有明确的标志，以鉴别取样的样品。如果采用打印法标志，打印的位置和方法应不影响随后的试验。若试样上做标志不方便，也可挂标示牌。

5.5.2　试样的制备

5.5.2.1　切取试样和机械加工试样时，均应预防冷加工或受热而影响材料的力学性能。通常以在切削机床上进行为宜。样坯应留有足够的加工余量。机械加工时，切削深度应适当，并进行充分的冷却(如用煤油)。最后一道切削深度不宜过大，以免影响性能。

5.5.2.2　从表面质量检查合格的板、带、型材上切取的矩形试样样坯和管材上切取的弧形试样样坯，一般应保留其原始表面，不应损伤。加工完后试样的毛刺应削除，尖锐棱边应倒圆。由盘卷上切取的线和薄板(带)试样，允许矫直或矫平，但矫正不得对试样的力学性能有显著影响。对不测定伸长率的试样，则可不经矫正直接进行试验。

5.5.2.3　弧形试样不使用弧形夹具时，应将夹持部分压平，但压平时应保证平行部分不产生变形。

5.5.2.4 对箔材试样的加工，可将样坯集装成一叠，样坯两边垫入较硬的铝合金或其他材料薄片，必要时可在每片试样间垫入薄膜或其他薄片，在机床上用铣刀进行加工；也可用刀片切取或用双刀剪切机逐个进行制备。

5.5.2.5 管材选用全截面试样时，为便于夹紧试样，可按管材尺寸及管材材质制作塞头塞于试样两端或将其夹持部分压扁，塞于试样内部的塞头不能伸到试样测量伸长率的标距范围内，全截面管材试样的塞头形状、尺寸及压扁的具体规定如图5所示。

单位为毫米

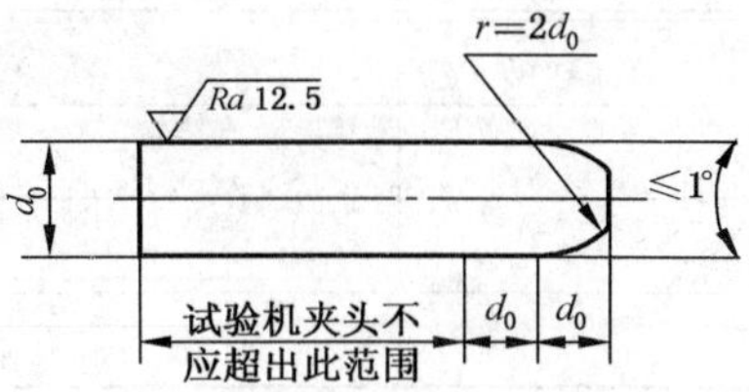

a) 塞头

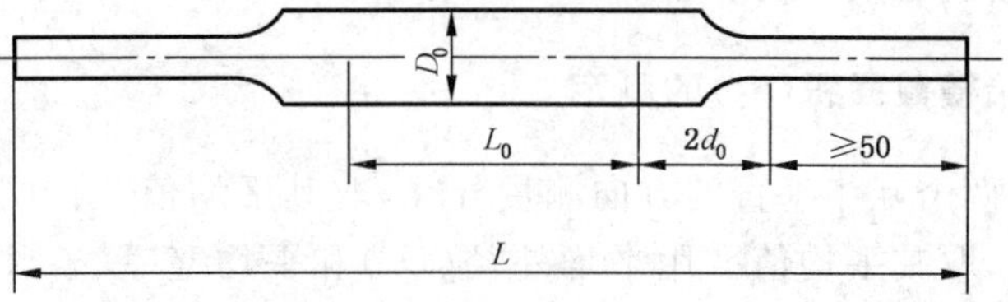

b) 压扁试样

说明：

r ——塞头的圆弧半径；

d_0 ——塞头的直径；

D_0 ——圆管原始外径；

L_0 ——原始标距；

L ——试样总长度。

图5 全截面管材试样的塞头及压扁的示意图

5.5.2.6 表面有显著横向刀痕、机械损伤、明显的淬火变形、裂纹或肉眼可见的冶金缺陷的试样，以及表面有皱褶、砂眼、局部密集的小孔、棱边不连续的箔材试样，均不可用于试验。

6 试验方法

6.1 试验设备

6.1.1 试验机的测力系统应按照GB/T 16825.1进行校准，并且其准确度应为1级或优于1级。

6.1.2 引伸计的准确度级别应符合GB/T 12160的要求。

6.1.3 试验用夹具应选用楔形夹头、螺纹夹头、平推夹头或套环夹具。

6.2 试验温度

除非另有规定，试验一般在室温10 ℃～35 ℃范围内进行。

6.3 试样原始横截面积(S_0)的测定

6.3.1 试样检查

试样应符合第5章的要求。

6.3.2 量具或测量装置分辨力的规定

横截面尺寸的测量应按表11选用量具或测量装置。根据测量的原始尺寸计算原始横截面积(S_0),并至少保留4位有效数字。

表11 测量横截面尺寸时量具或测量装置的分辨力 单位为毫米

试样横截面尺寸	分辨力,不大于
0.1～0.5	0.001
>0.5～2.5	0.002
>2.5～5.0	0.010
>5.0	0.025

6.3.3 全截面试样原始横截面积(S_0)的测定

6.3.3.1 整拉管试样原始横截面积(S_0)的测定

整拉管试样应在管的两个互相垂直的方向测量外径,取其平均值。在同一管端圆周上互相垂直的方向上测量四处管壁厚度,取其平均值。用平均外径(D_0)和平均壁厚(a_0)按式(1)计算工作部分原始横截面积。

$$S_0 = \pi a_0 (D_0 - a_0) \quad \cdots\cdots (1)$$

式中:

S_0——试样的原始横截面积,单位为平方毫米(mm^2);

π——圆周率;

a_0——试样的平均壁厚,单位为毫米(mm);

D_0——试样的平均外径,单位为毫米(mm)。

6.3.3.2 非整拉管试样原始横截面积(S_0)的测定

非整拉管全截面试样的原始横截面积(S_0),用测量的实测尺寸计算。不能测量尺寸时,应采用质量法按式(2)进行计算:

$$S_0 = \frac{m}{\rho L} \times 1\,000 \quad \cdots\cdots (2)$$

式中:

S_0——试样的原始横截面积,单位为平方毫米(mm^2);

m——试样质量,测量精度为0.5%,单位为克(g);

ρ——试样材料的密度,取三位有效数字,单位为克每立方厘米(g/cm^3);

L——试样总长度,测量精度为0.1 mm,单位为毫米(mm)。

6.3.4 圆形试样原始横截面积(S_0)的测定

应在标距的两端及中间部位两个互相垂直的方向上各测一次直径,取其算术平均值,选用三处中最小的平均直径(d)按式(3)计算面积。

$$S_0 = \pi d^2 / 4 \quad \cdots\cdots (3)$$

式中:

S_0——试样的原始横截面积,单位为平方毫米(mm^2);

π ——圆周率；

d ——试样的平均直径，单位为毫米(mm)。

6.3.5 矩形试样原始横截面积(S_0)的测定

6.3.5.1 厚度小于 0.1 mm 铝箔试样原始横截面积(S_0)的测定

根据 GB/T 22638.1 的规定，测量铝箔试样的厚度及计算原始横截面积。

6.3.5.2 其他矩形试样原始横截面积(S_0)的测定

应在标距两端及中间三处进行厚度(a_0)和宽度(b_0)的测量，按式(4)计算原始横截面积。选三处中面积最小值为试样工作部分横截面积(S_0)。

$$S_0 = a_0 \cdot b_0 \qquad \cdots\cdots\cdots\cdots (4)$$

式中：

S_0——试样的原始横截面积，单位为平方毫米(mm^2)；

a_0——试样的厚度，单位为毫米(mm)；

b_0——试样的宽度，单位为毫米(mm)。

6.3.6 弧形试样原始横截面积(S_0)的测定

管材剖开的纵向试样，应在标距两端及中间三处进行厚度和宽度的测量，按式(5)计算原始横截面积。选用三处中面积最小值作为试样工作部分横截面积(S_0)。

$$S_0 = \frac{b_0}{4}(D_0^2 - b_0^2)^{1/2} + \frac{D_0^2}{4}\arcsin\left(\frac{b_0}{D_0}\right) - \frac{b_0}{4}\left[(D_0 - 2a_0)^2 - b_0^2\right]^{1/2} - \left(\frac{D_0 - 2a_0}{2}\right)^2 \arcsin\left(\frac{b_0}{D_0 - 2a_0}\right) \quad \cdots (5)$$

当 $b_0/D_0 < 0.25$ 时，试样工作部分的横截面积可按式(6)计算。

$$S_0 = a_0 \cdot b_0 \left[1 + \frac{b_0^2}{6D_0(D_0 - 2a_0)}\right] \qquad \cdots\cdots\cdots\cdots (6)$$

式中：

S_0——试样的原始横截面积，单位为平方毫米(mm^2)；

a_0——试样的厚度，单位为毫米(mm)；

b_0——试样的宽度，单位为毫米(mm)；

D_0——圆管原始外径，单位为毫米(mm)。

当 $b_0/D_0 < 0.1$ 时，试样工作部分的横截面积(S_0)也可按式(4)计算。

6.3.7 试样横截面积的修约及误差要求

6.3.7.1 试样横截面积的计算值按 GB/T 8170 的法则修约到 4 位有效数字。计算圆面积时，常数 π 至少取 4 位有效数字。

6.3.7.2 试样横截面积的测定误差应控制在不大于±1%，对于厚度为 a(0.1 mm≤a<0.3 mm)的薄板，试样横截面积的测定误差应在±2%内。

6.4 试样原始标距(L_0)的标记

6.4.1 应用小标记、细划线或细墨线标记原始标距，但不得用引起过早断裂的缺口作标记。

6.4.2 对于比例试样，应将原始标距的计算值修约至最接近 5 的倍数，中间值向较大一方修约。

6.4.3 原始标距的标记应准确到±1%。

6.5 夹具选择

根据试样规格选用 6.3 中适合的夹具，并安装在满足 6.1 规定的试验机上。

6.6 设定试验力零点

在试验加载链装配完成后，试样两端被夹持之前，应设定力测量系统的零点。一旦设定了力值零点，在试验期间力测量系统不能再发生变化。

6.7 试样的装夹

将试样夹持在试验机上，并确保夹持的试样受轴向拉力的作用。为了得到直的试样和确保试样与夹头对中，可以施加不超过规定强度5%的预拉力。

6.8 试验速率

6.8.1 速率选择

试验时可根据设备能力选用应变速率或应力速率。

6.8.2 应变速率

在测定规定非比例延伸强度范围内，应变速率（$\dot{e}_{L_e}$）为 0.000 25 s^{-1}，相对误差为±20%，并保持恒定。

在规定非比例延伸强度测定后，应根据试样平行部分长度的估计应变速率（$\dot{e}_{L_c}$）为 0.006 7 s^{-1}（0.4 min^{-1}），相对误差为±20%。

6.8.3 应力速率

在测定规定非比例延伸强度范围内，试验机夹头的分离速率应尽可能保持恒定，并将应力速率（$\dot{R}$）控制在 2 MPa/s～12 MPa/s 的范围内。在规定非比例延伸强度测定后，拉伸速率不应超过0.48L_0/min。

6.9 试样力学性能的测定

6.9.1 规定非比例延伸强度（$R_{p0.2}$）的测定

6.9.1.1 对于具有明显弹性直线段的材料用图解法：用自动记录方法绘制力-标距部分伸长曲线图，如图 6 所示。在图 6 曲线图上，从弹性直线段与伸长轴交点 O 起，在伸长轴上截取一相当于规定非比例延伸 0.2%的 OC 段，$OC=0.2\%\cdot n\cdot L_e$，这里 n 为引伸计的放大倍数，L_e 为引伸计标距。然后过 C 点作弹性直线段的平行线，交曲线于 A 点，A 点对应的力 F_p 为所测规定非比例延伸 0.2%时的力，按 $R_{p0.2}=F_p/S_0$ 求出规定非比例延伸强度。

注：日常一般试验允许采用绘图制力-夹头位移曲线的方法测定规定非比例延伸不小于 0.2%的规定非比例延伸强度（$R_{p0.2}$）。但仲裁不采用此方法。

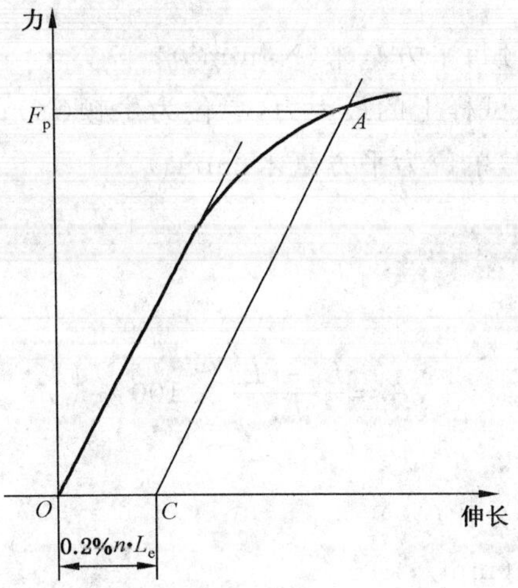

说明：

F_p ——达到规定非比例延伸强度时所对应的拉伸力；

n ——引伸计的放大倍率；

L_e ——引伸计标距。

图 6　具有明显弹性直线段的伸长曲线示意图

6.9.1.2　无明显弹性直线段的材料，这种材料难于准确确定规定非比例延伸强度($R_{p0.2}$)，可采用滞后环法测量。即试验时，当已超过预期的规定非比例延伸强度($R_{p0.2}$)后，将其卸至约为已达到的力的10%，然后再加力直至超过原已达到的力。为了测定规定非比例延伸强度($R_{p0.2}$)，过滞后环划一直线。然后经过横轴上与曲线原点的距离等效于所规定的规定非比例延伸长度的点，作平行与此直线的平行线。平行线与曲线的交点就为规定非比例延伸长度时的力。此力除以试样原始横截面积得到规定非比例延伸强度。如图 7 所示。

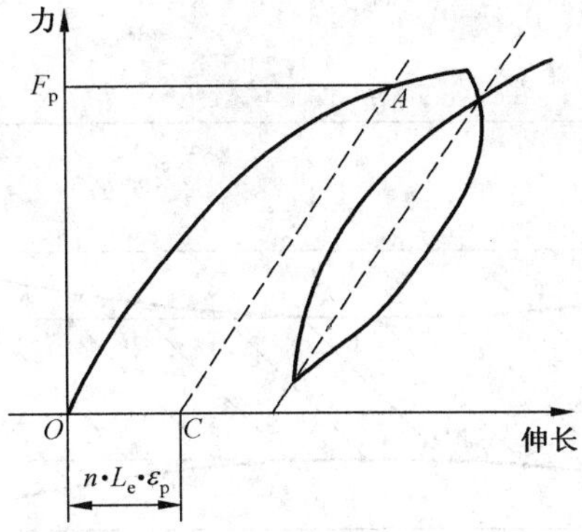

说明：

ε_p——规定非比例延伸率。

图 7　无明显弹性直线段的伸长曲线示意图

6.9.2　抗拉强度(R_m)的测定

从记录的力-延伸或力-位移曲线图，或从测力度盘，读取拉伸测试过程中加在试样上的最大力(F_b)。按式(7)计算抗拉强度。

$$R_m = F_b / S_o \quad \cdots\cdots (7)$$

式中：

R_m ——抗拉强度，单位为牛顿每平方毫米（N/mm^2）；

F_b ——拉伸测试过程中加在试样上的最大力，单位为牛顿（N）；

S_0 ——试样的原始横截面积，单位为平方毫米（mm^2）。

6.9.3 断后伸长率(A)的测定

6.9.3.1 断后伸长率按式(8)计算。

$$A=\frac{L_u-L_0}{L_0}\times 100\% \qquad \cdots\cdots(8)$$

式中：

A ——断后伸长率，单位为百分比（%）；

L_u——断后标距，单位为毫米（mm）；

L_0——原始标距，单位为毫米（mm）。

6.9.3.2 测定断后标距（L_u）时，应将试样断裂的部分仔细地配接在一起使其轴线处于同一直线上。若断口有影响对接的碎屑，可以清除。对于紧密对接后仍有缝隙，这缝隙应计入拉断后的标距内。

6.9.3.3 断后标距（L_u）用游标卡尺进行测量，测量精确到 0.1 mm。

6.9.3.4 如果断裂发生在标距中部二分之一以外的部位，或者发生在减缩截面内打点或刻标记处，所得的延伸率值不能代表材料的延伸率值。如果测得的延伸率满足了所规定的最低要求，那么不再需要进行进一步的测试，但是必须注明断裂的位置。如果延伸率低于最低要求，则该测试无效，需取样重新测试。

6.9.4 断面收缩率(Z)的测定

6.9.4.1 断后缩颈处最小横截面积（S_u）的测定：圆形试样在缩颈断裂最小处两个相互垂直方向测量直径，取算术平均值计算最小横截面积。矩形试样在缩颈断裂处测得最大宽度（b_u）和最小厚度（a_u）计算最小横截面积，见图 8。

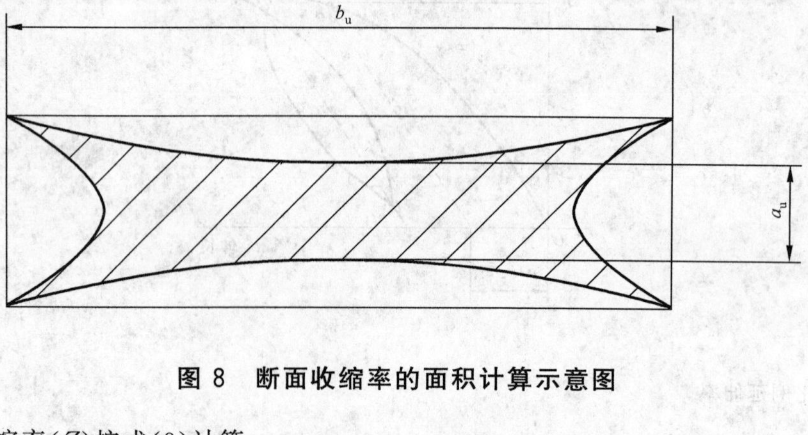

图 8 断面收缩率的面积计算示意图

6.9.4.2 断面收缩率（Z）按式(9)计算。

$$Z=\frac{S_o-S_u}{S_o}\times 100\% \qquad \cdots\cdots(9)$$

式中：

Z ——断面收缩率，单位为百分比（%）；

S_0——试样的原始横截面积，单位为平方毫米（mm^2）；

S_u——断后缩颈处的最小横截面积，单位为平方毫米（mm^2）。

7 试验结果

7.1 若相关产品标准中无规定时，试验测定的力学性能结果值应按照 GB/T 8170 的规定进行如下修约：

a) 抗拉强度和规定非比例延伸强度的性能值修约至 1 MPa；

b) 断后伸长率修约至 0.5%；

c) 断面收缩率修约至 1%。

7.2 当试验出现下列情况之一时，试验结果无效，应从材料的相同批次上重取同样数量的试样重新试验：

a) 试样具有不良的机加工表面，尺寸不符合要求，或由于不良的加工方式而使其性能发生变化。

b) 试验方法不正确或试验设备发生故障。

c) 试样断裂处发生在图 9 所示的断裂区内，且断后伸长率低于产品标准规定值。若试样断裂处发现有裂纹、破断、卷层、疏松等缺陷时，不能重新取样试验。

图 9 试样断裂区示意图

8 试验报告

试验报告应包括以下内容：

a) 材料和试样标识；

b) 试样类型；

c) 试样测试断面尺寸；

d) 试验速率方法；

e) 抗拉强度、规定非比例延伸强度、断后伸长率、断面收缩率中的一种或几种；

f) 测试设备；

g) 试验温度；

h) 补充试验的理由；

i) 重复试验的理由；

j) 测试人员和测试时间。

ICS 11.100
C 30

中华人民共和国国家标准

GB/T 16886.16—2013/ISO 10993-16:2010
代替 GB/T 16886.16—2003

医疗器械生物学评价 第16部分:降解产物与可沥滤物毒代动力学研究设计

Biological evaluation of medical devices—
Part 16: Toxicokinetic study design for degradation products and leachables

(ISO 10993-16:2010,IDT)

2013-12-17 发布 2014-08-01 实施

中华人民共和国国家质量监督检验检疫总局
中国国家标准化管理委员会 发布

前言

GB/T 16886《医疗器械生物学评价》由下列部分组成：

——第1部分：风险管理过程中的评价与试验；
——第2部分：动物福利要求；
——第3部分：遗传毒性、致癌性和生殖毒性试验；
——第4部分：与血液相互作用试验选择；
——第5部分：体外细胞毒性试验；
——第6部分：植入后局部反应试验；
——第7部分：环氧乙烷灭菌残留量；
——第9部分：潜在降解产物定性与定量构架；
——第10部分：刺激与迟发型超敏反应试验；
——第11部分：全身毒性试验；
——第12部分：样品制备与参照样品；
——第13部分：聚合物降解产物定性与定量；
——第14部分：陶瓷降解产物定性与定量；
——第15部分：金属与合金降解产物定性与定量；
——第16部分：降解产物与可沥滤物毒代动力学研究设计；
——第17部分：可沥滤物允许限量的建立；
——第18部分：材料化学表征；
——第19部分：材料物理化学、形态学和表面特性表征；
——第20部分：医疗器械免疫毒理学试验原则和方法。

本部分为GB/T 16886的第16部分。

本部分按照GB/T 1.1—2009给出的规则起草。

本部分代替GB/T 16886.16—2003《医疗器械生物学评价　第16部分：降解产物与可沥滤物毒代动力学研究设计》，与GB/T 16886.16—2003相比，主要技术变化如下：

——修改了“3 术语和定义”；
——修改了“5 试验方法指南”；
——修改了“附录A 毒代动力学研究中应考虑的情况”，引入ISO 10993-17、ISO 10993-18和ISO 14971的内容。

本部分使用翻译法等同采用ISO 10993-16:2010《医疗器械生物学评价 第16部分：降解产物和可沥滤物的毒代动力学研究设计》。

与本部分中规范性引用的国际文件有一致性对应关系的我国文件如下：

——GB/T 16886.1—2011　医疗器械生物学评价　第1部分：风险管理过程中的评价与试验(ISO 10993-1:2009,IDT)；
——GB/T 16886.2—2011　医疗器械生物学评价　第2部分：动物福利要求(ISO 10993-2:2006,IDT)；
——GB/T 16886.12—2005　医疗器械生物学评价　第12部分：样品制备与参照样品(ISO 10993-12:2002,IDT)；
——GB/T 16886.17—2005　医疗器械生物学评价　第17部分：可沥滤物允许限量的建立

(ISO 10993-17:2002,IDT);

——GB/T 16886.18—2011 医疗器械生物学评价 第18部分:材料化学表征(ISO 10993-18:2005,IDT);

——YY/T 0316—2008 医疗器械 风险管理对医疗器械的应用(ISO 14971:2007,IDT)。

本文件的某些内容可能涉及专利。本文件的发布机构不承担识别这些专利的责任。

本部分由国家食品药品监督管理局提出。

本部分由全国医疗器械生物学评价标准化技术委员会(SAC/TC 248)归口。

本部分主要起草单位:国家食品药品监督管理局济南医疗器械质量监督检验中心。

本部分参加起草单位:上海生物材料研究测试中心、北京大学前沿交叉学科研究院生物医用材料与组织工程研究中心。

本部分主要起草人:由少华、孙皎、奚廷斐、刘成虎、华楠、冯克然。

引　言

毒代动力学描述了外来化合物随着时间的变化在体内吸收、分布、代谢和排泄的情况。医疗器械安全性评价的关键是要考虑材料在体内的稳定性以及预期和非预期的可沥滤物与降解产物的去向。毒代动力学研究在评价医疗器械开发中所用材料的安全性或阐明所观察到的不良反应的机理方面是有价值的。毒代动力学研究可能也适用于含活性组分的医疗器械。宜根据器械与人体接触的性质与时间，慎重考虑进行毒代动力学研究的必要性和范围(见附录A)。现有的毒理学文献和毒代动力学数据可以满足这方面的考虑。

医疗器械引起的潜在危害可能是由于器械成分或其代谢物与生物系统之间的相互作用而产生的。医疗器械能从其材料中释放的可沥滤物(如残留催化剂、加工助剂、残留单体、填充物、抗氧化剂、增塑剂)和/或迁移出的降解产物在体内有可能产生不良作用。

关于采用毒代动力学方法研究化学物在体内去向的出版文献很多(见参考文献)，这些研究中使用的方法学和技术构成了GB/T 16886本部分指南的基础。附录A给出了GB/T 16886的本部分的使用说明。

医疗器械生物学评价 第16部分:降解产物与可沥滤物毒代动力学研究设计

1 范围

GB/T 16886 的本部分给出了设计和实施医疗器械毒代动力学研究的原则。附录 A 描述了医疗器械生物学评价中毒代动力学研究应考虑的问题。

2 规范性引用文件

下列文件对于本文件的应用是必不可少的。凡是注日期的引用文件,仅注日期的版本适用于本文件。凡是不注日期的引用文件,其最新版本(包括所有的修改单)适用于本文件。

ISO 10993-1 医疗器械生物学评价 第1部分:风险管理过程中的评价与试验(Biological evaluation of medical devices —Part 1: Evaluation and testing within a risk management process)

ISO 10993-2 医疗器械生物学评价 第2部分:动物福利要求(Biological evaluation of medical devices—Part 2: Animal welfare requirements)

ISO 10993-12 医疗器械生物学评价 第12部分:样品制备与参照样品(Biological evaluation of medical devices—Part 12: Sample preparation and reference materials)

ISO 10993-17 医疗器械生物学评价 第17部分:可沥滤物允许限量的建立(Biological evaluation of medical devices—Part 17: Establishment of allowable limits for leachable substances)

ISO 10993-18 医疗器械生物学评价 第18部分:材料化学表征(Biological evaluation of medical devices—Part 18:.Chemical characterization of materials)

ISO 14971 医疗器械 风险管理对医疗器械的应用(Medical devices—Application of risk management to medical devices)

3 术语和定义

ISO 10993-1 界定的以及下列术语和定义适用于本文件。

3.1

吸收 absorption

物质进入血液和/或淋巴系统的过程。

3.2

生物利用度 bioavailability

给定物质被系统吸收的程度。

3.3

生物降解 biodegradation

生物环境引起的降解。

注：可采用体外试验模拟生物降解。

3.4

生物吸收　bioresorption

生物材料在生理环境中发生降解以及降解产物消除和/或吸收的过程。

3.5

清除率　clearance

通过代谢和/或排泄从机体或机体某些部位排出特定物质的速率。

3.6

c_{max}

血浆中给定物质的最高浓度，以质量每单位体积表示。

注：在提到体液或组织中的最高浓度时，宜具有一合适的标识，比如 c_{max}、肝，以质量每单位体积或质量表示。

3.7

降解产物　degradation product

由于原材料化学损坏而产生的材料产物。

3.8

分布　distribution

被吸收的物质和/或其代谢物在体内循环和分散的过程。

3.9

排泄　excretion

被吸收的物质和/或其代谢物从机体排出的过程。

3.10

浸提液　extract

试验物质或对照品经过浸提过程得到的液体。

3.11

半衰期　half-life

$t_{1/2}$

在相同的体液或组织内，给定物质的浓度降为其初始值的50%所需的时间。

3.12

可沥滤物　leachable

在贮存条件或使用条件下能从器械或组件中迁移出的化学物。

注：可沥滤物(如添加剂、聚合材料中的单体或低聚成分)在模拟正常接触条件的实验室条件下可以被浸提出。

3.13

平均驻留时间　mean residence time

与半衰期有关的统计矩参数，用于定量估计给定物质在体内的存留时间。

3.14

代谢　metabolism

被吸收物在体内因酶促反应和/或非酶促反应导致结构变化的过程。

注：最初反应的产物在排泄之前能通过酶促反应或非酶促反应而发生改变。

3.15

试验物质　test substance

用于毒代动力学研究的降解产物或可沥滤物。

3.16

t_{max}

观测到 c_{max} 的时间。

3.17

表观分布容积　volume of distribution

V_d

单室模型的参数，如果试验物质在体内分布是均匀的，该参数用来表述体内试验样品含量的表观体积。

4　毒代动力学研究的设计原则

4.1　宜根据具体情况设计毒代动力学研究。

4.2　研究开始之前应写出研究方案，该方案应明确包括方法在内的研究设计。4.3～4.8 和第 5 章给出了研究中的一些具体要求。

4.3　宜考虑沥滤物研究的结果，以便确定用于毒代动力学研究的方法。还要考虑材料的化学、理化性能、表面形态以及可沥滤物的生化性能方面的信息。

注：可沥滤物的释放速度和程度取决于其表面浓度、从材料内部向表面的迁移以及在生理环境中的溶解度和流速。

4.4　进行毒代动力学研究时，推荐使用已确定具有潜在毒性的可沥滤物或降解产物。但对混合物的毒代动力学的研究可能需要在特定条件下进行。在特殊情况下可使用材料或器械的浸提液（见 ISO 10993-12）、研磨物或粉状物，并应在研究设计中加以论证。

4.5　分析方法应能检出并表征生物体液或组织中的降解产物、可沥滤物和代谢物。应使用 ISO 10993 的其他部分中相应的分析方法，并在研究报告中应对该方法进行充分的描述（见 5.1.11）。定量分析方法应有特异性、灵敏性和重现性，在预期的分析浓度范围内得出的数据应是线性的。研究报告中应描述对检测方法的确认。

4.6　研究设计应说明生理体液、组织或排泄物要测定的分析水平。

注：血液易于取样，所以经常用于动力学参数和吸收研究，必须明确分析是用全血、血清还是血浆，并提供这种选择有效性的证明。体外方法可测定与循环血液蛋白或红细胞的结合物。

4.7　研究报告宜包括被分析物在样品内的结合情况（例如含量和亲和性）的信息，并证实这种结合不会导致低估被分析物的浓度。

4.8　要测定动力学参数，宜测取足够多的数据点，各数据间的间隔要合适。理论上数据点宜覆盖数个半衰期，但实际上受分析方法的限制，可能达不到这一要求。

5　试验方法指南

5.1　一般考虑

5.1.1　宜采用一种适当的物种与性别进行研究。使健康、初成年的动物在实验室条件下至少适应 7 d。使用时宜将动物转移到单独的代谢笼中，适应期至少 24 h。环境条件宜符合护理和使用动物导则中建议的条件（见 ISO 10993-2）。在研究期间，除非方案中另有规定，动物饮食和饮水宜不受限制。在每次研究期间，动物应随机进行分组，小动物每组至少三只，大动物每组至少两只。在进行完规定的试验次数后宜采用人道方式处死动物。

5.1.2　如果已有合适的经过确认的用于相应样品中的试验物质的分析方法，且对该试验物质的代谢作用已有充分的了解，则可以使用未经放射性标记的试验物质。

5.1.3　如果必要，在代谢稳定部位最好用具有足够放化纯度（＞97％）的 ^{14}C 或 ^{3}H 对试验物质进行放射性标记，在使用 ^{3}H 时应考虑氚交换的可能性。如适宜，宜采用未经放射性标记的物质稀释放射性标记化合物。

5.1.4　当使用放射性同位素标记过的混合物时，对试验物质的特异性活性和放化纯度应有所了解。

5.1.5　试验物质宜通过适当的途径给入体内，其给入途径宜与医疗器械的应用相关联。试验物质的制备宜考虑其理化特性(可沥滤物或降解产物)，选择适宜的介质，采用适当的途径和给入剂量。宜了解并报告在拟定接触条件下样品的稳定性。

注：该研究设计可能还需要包括其他途径来比较吸收百分率。

5.1.6　在剂量平衡研究中，动物只能置于代谢笼中。

5.1.7　尿液和粪便宜收集在一低温容器内(或放入含有对分析无干扰的防腐剂的容器)，防止排泄后微生物引起的或自发性改变。采集用于全血或血浆分析的血液时宜加入适宜的抗凝剂。

5.1.8　宜尽量从试验前的动物上采集对照物，如果在有些研究中不可能从试验动物中采集到对照物(如组织)，则宜从对照组中采集。

5.1.9　采集时间宜根据所进行的研究类型来确定，采集期根据需要可以是几分钟、几小时、几周甚至是几个月。例如研究排泄物，在至少 96 h 内每隔 24 h 收集一次。如果研究需要采集血样，应在 72 h 内按照规定的时间表(在几分钟到几小时的范围内)进行采血。

5.1.10　毒代动力学研究宜按相应的良好实验室质量管理规范要求进行。

5.1.11　试验报告应包括下列相关信息：

a)　动物品系和来源、年龄、性别、环境条件、饮食；
b)　试验物质和试验样品、纯度、稳定性、组成、给入量；
c)　试验条件，包括给入途径；
d)　检测方法、浸提法、检出法、确认方法；
e)　材料回收率；
f)　按每一时间点所对应的结果绘制坐标图；
g)　质量标准或良好实验室质量管理规范符合性声明；
h)　结果讨论；
i)　结果解释。

5.2　具体试验类型指南

5.2.1　总则

5.2.1.1　在设计研究时，宜注意能为风险评定提供必要的信息。通常，不必对所有的方面都进行研究。

5.2.1.2　在吸收、分布、代谢、排泄一系列研究中，可进行单项研究，即选择其中的一项进行研究，也可进行多项研究，即对其中的几个项目进行研究。

5.2.1.3　根据研究的设计，可测定若干动力学参数，包括吸收率、血浆浓度时间曲线下面积、一阶矩血浆浓度时间曲线下面积、表观分布容积、$c_{\max}$、$t_{\max}$、半衰期、平均驻留时间、消除率和清除率。

5.2.1.4　因只能对某一特定的分子类型测定动力学参数，所以测定方法必须对该分子类型具有特异性和灵敏性。只有在静脉内给药后，才能测得某一相关化合物真实的动力学参数。因此在动力学参数研究中，可能要有一次短期静脉给药研究，这样可计算出吸收的剂量部分，并以此来校准其他研究中估算出的参数。

5.2.1.5　在测定动力学参数时宜采用适当的动力学模型。一些计算机程序可用于评价动力学参数，软件在使用之前宜进行确认并对这种确认形成文件。对输入到程序的设定条件及模型的选择也宜形成文件。

5.2.2　吸收

吸收取决于给入途径、试验物质和介质的物理化学形态，可从血液、血清、排泄物和组织浓缩物中对吸收进行估算，可考虑采用完全生物利用度研究。要根据其他所需信息、放射标记材料的利用率以及检测方法来选择合适的研究类型。在动力学参数研究中，只有在吸收期采集足够多的样本，才能可靠地估算吸收速率常数。

注：现有的体外法可提供胃肠和皮肤吸收化学物的重要信息。

5.2.3 分布

5.2.3.1 分布研究通常需要放射性标记的化合物，研究可包括：

——定量研究：被切取组织内的测定水平；

——定性研究：使用全身放射自显影术（WBA）；

——半定量研究：使用分级的 WBA 参照剂量。

5.2.3.2 在分布研究中采样时间通常宜在 t_{max}=24 h 和 168 h 之间或更长，这取决于试验物质的消除情况。当需要这些附加数据时可增加区间采样。一般在吸收和消除的早期采样次数要多一些，但消除期的采样应尽量多一些(3～4 个半衰期比较理想)，这样才能得出动力学参数的最佳估计值。测定方法的灵敏性通常是分布研究中的主要决定因素。

5.2.4 代谢和排泄

5.2.4.1 在整个研究过程中代谢笼宜能分别收集尿液和粪便。如果研究进行 14 d，每隔 24 h 分别收集尿液和粪便，一直持续到试验结束为止。有些研究中，在研究中途可能要将动物处死，如可能，在试验物质或其代谢物快速排泄 24 h 之前采集样品。对于较长周期的研究，初期采样宜与短期研究的采样相同，以后在每一评定期宜连续采样 24 h。

注：在长期研究期间使用代谢笼不利于动物福利，因此长期研究中可间断采集有代表性的样品，从这些样品的研究结果中推导出连续采样的结果。

5.2.4.2 宜保留每只动物尸体和/或靶器官用于分析，并采集血液用于分析血浆和全血浓缩物。在处死动物时从代谢笼中采集样品之后，宜用适宜的溶剂清洗笼子和固定动物的器械，收集洗涤液并保留有代表性的部分以用于分析。

5.2.4.3 当使用放射性标记过的化合物时，试验物质的回收率或计算出的回收率在(100±10)％为宜(见下注)。宜采用适当确认过的步骤，对适宜环境中的每部分试验物质(无论是经放射性标记还是未经放射性标记的化合物)的含量都应进行分析。当使用放射性标记化合物时，除非采用特定的检测方法，否则母体成分和代谢物都应被评定。如果用放射性标记化合物的排泄物(粪便和/或尿液)中或体内都不能充分回收时，宜考虑采集动物的呼出气体。

注：在所有情况下试验物质的回收率都在规定范围之内是不可能的，宜在试验报告中阐述和讨论产生偏差的原因。

5.2.4.4 宜测定生物环境中的放射活度(例如用液体闪烁计数)，但必须强调此放射活度代表的是化合物和代谢物混合浓度，不能从中导出动力学参数。当认为有必要分离代谢物时，可能需进行多次提取和多种色谱程序(如高压液相色谱、薄层色谱、气-液色谱)，并宜采用化学方法和各种物理化学技术(如质谱学、核磁共振光谱法)来表征最终材料。

将组织、细胞、组织匀浆和分离酶用于体外代谢研究已经形成了文件，这些方法识别出的潜在代谢在体内不会发生，除非化合物已存在于相应位点，体内外代谢的速率和程度通常是不同的。

附 录 A
（规范性附录）
毒代动力学研究中应考虑的情况

A.1 大多数医疗器械在使用中都存在潜在危害。化学表征可识别化学危害(潜在风险)(见 ISO 10993-18 和 ISO 14971),宜在毒代动力学研究之前考虑。然而,对所有识别出预期和非预期的可沥滤物、降解产物以及所有的医疗器械都进行毒代动力学研究既不必要也不实际。

A.2 毒代动力学研究作为医疗器械生物学评价的一部分,其必要性应结合器械的预期使用并考虑最终产品及其化学组成成分、预期和非预期的可沥滤物及降解产物。

还宜考虑活性组分与可沥滤物和/或降解产物之间可能的毒代动力学相互作用。

A.3 考虑采用经适当确认、具有合理性、可操作性、可靠性和重现性的体外方法(ISO 10993-1),应优先于体内试验。如适宜,宜采用体外试验(例如组织、匀浆或细胞)研究很可能有的降解产物,而不是或许有的降解产物。ISO 10993-2 适用于任何体内试验。

A.4 在下列情况下应考虑毒代动力学研究:

a) 器械设计为生物可吸收的;

b) 器械是永久接触植入物,并已知或很可能有明显的腐蚀(金属材料)或生物降解,和/或可沥滤物从器械中迁移出;

c) 在临床使用中,很可能或已知从医疗器械中释放出大量具有潜在毒性或反应性降解产物和可沥滤物进入人体;

d) 很可能或已知从医疗器械中释放出大量活性组分。

注:术语“大量”的含义取决于该化学物的性质。

A.5 在下列情况下不需进行毒代动力学研究:

a) 已经有与降解产物和可沥滤物相关的充分的毒理学数据或毒代动力学数据;

b) 已经有与活性组分相关的充分的毒理学数据或毒代动力学数据;

c) 某一特定器械降解产物和可沥滤物达到的或期望的释放速率已经被判定为满足临床接触安全水平(见 ISO 10993-17);

d) 根据历史经验,证明降解产物和可沥滤物的临床接触是安全的。

A.6 一般情况下,从金属、合金和陶瓷中释出的可沥滤物和降解产物浓度太低,不能进行毒代动力学研究。

A.7 材料为复合物且含有的产物是内源性的或类似于内源性的产物,两者不能通过分析加以区别时,毒代动力学研究一般不可行。

参 考 文 献

[1] AFZELIUS, L., et al., *State-of-the-art tools for computational site of metabolism predictions: Comparative analysis, mechanistic insights and future applications*. Drug. Metab. Revs., 39, pp. 61-86, 2007

[2] BAILLIE, T. A., et al., *Contemporary Issues in Toxicology: Drug Metabolites in Safety Testing*, Toxicol. Appl. Pharmacol., 182, pp. 188-196, 2002

[3] WINTER, M. E. (ed), *Basic clinical pharmacokinetics, 4th edition*. Lippincott, Williams & Wilkins, 2003

[4] BEATTY, D. A. and PIEGORSCH, W. W., *Optimal statistical design for toxicokinetic studies*, Statist. Meth. Med. Res., 6, pp. 359-376, 1997

[5] BLAAUBOER, B. J., BARRATT, M. D. and HOUSTON, J. B., *The Integrated Use of Alternative Methods in Toxicological Risk Evaluation. ECVAM Integrated Testing Strategies Task Force Report 1*, ATLA, 27, pp. 229-237, 1999

[6] BOKKERS, B. G. and SLOB, W., *Deriving a data-based interspecies assessment factor using the NOAEL and the benchmark dose approach*, Crit. Rev. Toxicol., 37, pp. 355-373, 2007

[7] BOOBIS, A. R., et al., *Interlaboratory comparison of the assessment of P 450 activities in human hepatic microsomal samples*, Xenobiotica, 28, pp. 493-506, 1998

[8] CLARK, D. E., (Theme ed), *Computational methods for the prediction of ADME and toxicity*, Adv. Drug. Deliv. Rev., 4, pp. 253-451, 2002

[9] COSSON, V. F., FUSEAU, E., EFTHYMIOPOULOS, C. and BYE, A., *Mixed Effect Modeling of Sumatriptan Pharmacokinetics During Drug Development. I, Interspecies Allometric Scaling*, J. Pharmacokin. Pharmacod., 25, pp. 149-167, 1997

[10] CROSS, D. M. and BAYLISS, M. K., *A commentary on the use of hepatocytes in drug metabolism studies during drug discovery and drug development*, Drug. Metab. Revs., 32, pp. 219-240, 2000

[11] DIXIT, R., *Toxicokinetics: Fundamentals and applications in drug development and safety assessment*. in Biological Concepts and Techniques in Toxicology, Chapter 8, pp. 117-160, Marcel Dekker 2006

[12] DORNE, J. L., WALTON, K. and RENWICK, A. G., *Human variability in xenobiotic metabolism and pathway-related uncertainty factors for chemical risk assessment: a review*, Food Chem. Toxicol., 43, pp. 203-216, 2005

[13] DORNE, J. L., WALTON, K., SLOB, W. and RENWICK, A. G., *Human variability in polymorphic CYP2D6 metabolism, is the kinetic default uncertainty factor adequate?* Food Chem. Toxicol., 40, pp. 1633-1656, 2002

[14] DORNE, J. L., *Human variability in hepatic and renal elimination: implications for risk assessment*. J. Appl. Toxicol., 27, pp. 411-420, 2007

[15] DORNE, J. L., *Impact of inter-individual differences in drug metabolism and pharmacokinetics on safety evaluation*, Fundam. Clin. Pharmacol., 18, pp. 609-620, 2004

[16] *Drug discovery and evaluation: safety and pharmacokinetic assays*. VOGEL, H. G., et al. (eds), Springer Verlag, Berlin, 2006

[17] EKINS, S., et al., *Present and future in vitro approaches for drug metabolism*, J.

Pharmacol.Toxicol. Methods,44,pp.313-324,2000

[18] ENGLISH,J.C.,DEISINGER,P.J.and GUEST,D.,*Metabolism of 2-ethylhexanoic acid administered orally or dermally to the female Fischer 344 rat*,Xenobiotica,28,pp.699-714,1998

[19] FDA guideline for industry.*Pharmacokinetics: Guidance for repeated dose tissue distribution studies*.Federal Register,60 (40),pp.11274-11275,1995

[20] FORKERT,P.-G.,*Mechanisms of 1,1-dichloroethylene-induced cytotoxicity in lung and liver*.Drug Metab.Revs.,33,pp.49-80,2001

[21] FRANTZ,S.W.,et al.,*Pharmacokinetics of ethylene glycol* Ⅱ.*Tissue distribution,dose dependent elimination, and identification of urinary metabolites following single intravenous, peroral or percutaneous doses in female Sprague-Dawley rats and CD-1* ® mice,Xenobiotica,26,pp. 1195-1220,1996

[22] FUHR,U.,*Induction of Drug Metabolising Enzymes: Pharmacokinetic and Toxicological Consequences in Humans*,Clin.Pharmacokin.,38,pp.493-504,2000

[23] GOTT,D.,*Biodegradation and toxicokinetic studies*,in BRAYBROOK,J.H.(ed).,*Biocompatibility assessment of medical devices and materials*,John WILEY,Chichester 1997

[24] GUNDERT-REMY, U. and SONICH-MULLIN, C., IPCS *Uncertainty and Variability Planning Workgroup and Drafting Group (International Program on Chemical Safety).The use of toxicokinetic and toxicodynamic data in risk assessment: an international perspective*.Sci.Total Environ.,288,pp.3-11,2002

[25] KWON,Y.(ed),*Handbook of essential pharmacokinetics,pharmacodynamics and drug metabolism for industrial scientists*,Springer Verlag,2001

[26] HANSCH,C.,MEKAPATI,S.B.,KURUP,A.and VERMA,R.P.,*QSAR of Cytochrome P 450*,Drug Metab.Revs.,36,pp.105-156,2004

[27] *Harmonised Tripartite Guideline—Note for Guidance on Toxicokinetics: The Assessment of Systemic Exposure in Toxicity Studies*,ICH S3A,1994

[28] *Harmonised Tripartite Guideline—Pharmacokinetics: Guidance for Repeated Dose Tissue Distribution Studies*,ICH S3B,1994

[29] HEDAYA,M.A.,*Basic pharmacokinetics.CRC Press pharmacy education series*,CRC Press,Boca Raton,FL,2007

[30] HEINONEN,M.,OILA,O.and NORDSTRÖM,K.,*Current issues in the regulation of human tissue-engineering products in the European Union*,Tissue Eng.,11,pp.1905-1911,2005

[31] HENGSTLER,J.G.,et al.,*Cryopreserved primary hepatocytes as a constantly available in vitro model for the evaluation of human and animal drug metabolism and enzyme induction*.Drug Metab.Revs.,32,pp.81-118,2000

[32] HOUSTON,J.B.and GALETIN,A.,*Progress towards prediction of human pharmacokinetic parameters from in vitro technologies*,Drug Metab.Revs.,35,pp.393-415,2003

[33] GUENGERICH,F.P.and RENDIC,S.,(eds),*Human cytochrome P 450 enzymes,a status report summarizing their reactions,substrates,inducers and inhibitors - 1st update.Special issue on Human cytochromes P 450 (Human CYPs)*,Drug Metab.Revs.,34,pp.1-450,2002

[34] *Human cytochrome P450s: assessment,regulation and genetic polymorphisms*,Xenobiotica (special issue),28,pp.1093-1291,1998

[35] ICH S3A *Toxicokinetic guidance reference ——Note for Guidance on Toxicokinetics: A Guidance for Assessing Systemic Exposure in Toxicity Studies* (CPMP/ICH/384/95.)

[36] *International Programme On Chemical Safety.Environmental Health Criteria 57: Principles of toxicokinetic studies*, World Health Organization, Geneva, 1986

[37] TOZER, T.N.and ROWLAND, M.(eds)., *Introduction to pharmacokinetics and pharmacodynamics: the quantitative basis of drug therapy*, Lippincott, Williams & Wilkins, 2006

[38] KEEGAN, G.M., LEARMONTH, I.D.and CASE, C.P., *Orthopaedic metals and their potential toxicity in the arthroplasty patient.A review of current knowledge and future strategies*, J. Bone Joint Surg.[Br], 89-B, pp.567-573, 2007

[39] KIRMAN, C.R., SWEENEY, L.M., CORLEY, R.and GARGAS, M.L., *Using physiologically-based pharmacokinetic modeling to address nonlinear kinetics and changes in rodent physiology and metabolism due to aging and adaptation in deriving reference values for propylene glycol methyl ether and propylene glycol methyl ether acetate*, Risk Anal., 25, pp.271-284, 2005

[40] KRISHNAN, K.and JOHANSON, G., *Physiologically-based pharmacokinetic and toxicokinetic models in cancer risk assessment*, J. Environ. Sci. Health, Part C: Environ. Carcinogen. Ecotox. Rev., 23, pp.31-53, 2005

[41] LEWIS, D. F. V. and DICKINS, M., *Baseline lipophilicity relationships in human cytochromes P 450 associated with drug metabolism*, Drug Metab.Revs., 35, pp.1-18, 2003

[42] LINHART, I., *Stereochemistry of styrene biotransformation*. Drug Metab. Revs., 33, pp. 353-368, 2001

[43] LUU, H.M.L., HUTTER, J.C.and BUSHAR, A., *Physiologically based pharmacokinetic model (PBPK) model for 2,4-toluenediamine leached from polyurethane foam-covered breast implants*, Envir.Health Perspectives 106(7), pp.393-400, 1998

[44] MAHMOOD, I., GREEN, M.D.and FISHER, J.E., *Selection of the first-time dose in humans: comparison of different approaches based on interspecies scaling of clearance*, J.Clin.Pharmacol., 43, pp.692-697, 2003

[45] MEEK, B., RENWICK, A. and SONICH-MULLIN, C., *International Programme on Chemical Safety: Practical application of kinetic data in risk assessment—an IPCS initiative*. Toxicol.Lett., 138, pp.151-60, 2003

[46] MIZUTANI, T., *PM frequencies of major CYPs in Asians and Caucasians*, Drug Metab. Revs., 35, pp.99-107, 2003

[47] NESTOROV, I., *Whole Body Pharmacokinetic Models: Review Article*, Clin. Pharmacokin., 42, pp.883-908, 2003

[48] OECD Guideline for Testing of Chemicals, 417: *Toxicokinetics*, Adopted: 4 April 1984

[49] ÖRN, U.and KLASSON-WEHLER, E., *Metabolism of 2,2',4,4'-tetrabromodiphenylether in rat and mouse*, Xenobiotica, 28, pp.199-211, 1998

[50] POULIN, P.and THEIL, F-P., *Prediction of pharmacokinetics prior to In Vivo studies. II.Generic physiologically based pharmacokinetic models of drug disposition*, J.Pharm.Sci., 91, pp. 1358-1370, 2002

[51] RENWICK, A.G.and LAZARUS, N.R., *Human variability and noncancer risk assessment —An analysis of the default uncertainty factor*, .Regul.Toxicol.Pharmacol., 27, pp.3-20, 1998

[52] ROFFEY, S.J., OBACH, R.S., GEDGE, J.I.and SMITH, D.A., *What is the objective of the mass balance study? A retrospective analysis of data in animal and human excretion studies employing radiolabelled drugs*, Drug Metab.Revs., 39, pp.17-44, 2007

[53] ROSSO, F., MARINO, G., GIORDANO, A., BARBARISI, M., PARMEGGIANI, D. and BARBARISI, A., *Smart materials as scaffolds for tissue engineering*, J. Cell Physiol., 203, pp. 465-470, 2005

[54] SCARFE, G. B., et al., *[19] F-NMR and directly coupled HPLC-NMR-MS investigations into the metabolism of 2-bromo-4-trifluoromethylaniline in rat: a urinary excretion balance study without the use of radiolabelling*, Xenobiotica, 28, pp.373-388, 1998

[55] SHEINER, L. B. and STEIMER, J-L, *Pharmacokinetic/pharmacodynamic modelling in drug development*. Ann. Rev. Pharmacol. Toxicol., 40, pp.67-95, 2000

[56] SKORDI, E., WILSON, I.D., LINDON, J.C. and NICKOLSON, J.K., *Characterization and quantification of metabolites of racemic ketoprofen excreted in urine following oral administration to man by ^{1}H-NMR spectroscopy, directly coupled HPLC-MS and HPLC-NMR, and circular dichroism*, Xenobiotica, 34, pp.1075-1089, 2004

[57] SLATTER, J.G., et al., *Pharmacokinetics, toxicokinetics, distribution, metabolism and excretion of linezolid in mouse, rat and dog*,. Xenobiotica, 32, pp.907-924, 2002

[58] SMITH, D.A., WALKER, D.K. and VAN de WATERBEEMD, H., *Pharmacokinetics and metabolism in drug design. Methods and principles in medicinal chemistry*, 31, Wiley-VCH, Weinheim, 2006

[59] SMITH, D.A., HUMPHREY, M.J., and CHARUEL, C., *Design of toxicokinetic studies*, Xenobiotica, 20, pp.1187-1199, 1990

[60] SMITH, D.A., *Pharmacokinetics and pharmacodynamics in toxicology*, *Xenobiotica*, 27, pp.513-525, 1997

[61] SUN, H.F., MEI, L., CUNXIAN, S., CUI, X., and WANG, P., *The in vivo degradation, absorption and excretion of PCL-based-implant*, Biomaterials, 27, pp.1735-1740, 2006

[62] LIPSCOMB, J. C. and OHANIAN, E. V. (eds.), *Toxicokinetics and risk assessment*, Informa, 2006

[63] CLAYSON, D.B., et al. (eds.), *Toxicology*, Elsevier, New York, 1996

[64] TOZER, T.N. and ROWLAND, M., *Introduction to Pharmacokinetics and Pharmacodynamics—The Quantitative Basis of Drug Therapy*, Lippincott, WILLIAMS & WILKINS, 2006

[65] VENKATAKRISHNAN, K., VON MOLTE, L.L. and GREENBLATT, D.J., *Human drug metabolism and cytochromes P 450: Application and relevance of in vitro models*, J. Clin. Pharmacol., 41, pp.1149-1179, 2001

[66] WALKER, D.K., *The use of pharmacokinetic and pharmacodynamic data in the assessment of drug safety in early drug development*, Br.J.Clin.Pharmacol., 58, pp.601-608, 2004

[67] YACOBI, A., SKELLY, J.P., and BATRA, V.K., *Toxicokinetics and new drug development*, Pergamon Press, 1989

[68] YAN, Z. and CALDWELL, G.W., *Metabolism profiling, and cytochrome P 450 inhibition & induction in drug discovery*, Curr. Top. Med. Chem., 1, pp.403-425, 2001

[69] YANNAS, I.V., *Synthesis of Tissues and Organs*, Chem.Bio.Chem., 5, pp.26-39, 2004

[70] ZHOU, S., et al., *Drug bioactivation, covalent binding to target proteins and toxicity relevance*, Drug Metab.Rev., 37, pp.41-214, 2005

ICS 01.080.01
A 22

中华人民共和国国家标准

GB/T 16901.2—2013
代替 GB/T 16901.2—2000

技术文件用图形符号表示规则 第2部分:图形符号(包括基准符号库中的图形符号)的计算机电子文件格式规范及其交换要求

Rules for design of graphical symbols for use in the technical documentation—Part 2: Specification for graphical symbols in a computer sensible form, including graphical symbols for a reference library, and requirements for their interchange

(IEC 81714-2:2006, MOD)

2013-12-17 发布　　2014-04-09 实施

中华人民共和国国家质量监督检验检疫总局
中国国家标准化管理委员会　发布

前　言

GB/T 16901《技术文件用图形符号表示规则》分为3个部分：

——第1部分：基本规则；

——第2部分：图形符号(包括基准符号库中的图形符号)的计算机电子文件格式规范及其交换要求；

——第3部分：连接点、网络的分类及其编码。

本部分为GB/T 16901的第2部分。

本部分按照GB/T 1.1—2009给出的规则起草。

本部分使用翻译法重新修改采用IEC 81714-2:2006《产品技术文件用图形符号表示规则　第2部分：图形符号包括基准符号库中的图形符号的计算机电子文件格式规范及其交换要求》。

与本标准中规范性引用的国际文件有一致性对应关系的我国文件如下：

——GB/T 1988—1998　信息技术　信息交换用七位编码字符集(ISO/IEC 646:1991,eqv)

——GB/T 2659—2000　世界各国和地区名称代码(ISO 3166-1:1997,eqv)

——GB/T 4880.1—2005　语种名称代码　第1部分:2字母代码(ISO 639-1:2002,MOD)

——GB/T 14691—1993　技术制图　字体(ISO 3098-1:1974,eqv)

——GB/T 17151.1—1997　计算机图形信息处理系统程序员分层交互图形系统　第1部分：功能描述(ISO/IEC 9592-1:1989,eqv)

——GB/T 16901.1—2008　技术文件用图形符号表示规则　第1部分　基本规则(ISO 81714-1:1999,MOD)

——GB/T 17564.1—2011　电气项目的标准数据元素类型和相关分类模式　第1部分：定义　原则和方法(IEC61360-1:2009,IDT)

本部分代替GB/T 16901.2—2000《图形符号表示规则　产品技术文件用图形符号　第2部分：图形符号(包括基准符号库中的图形符号)的计算机电子文件格式规范及其交换要求》。

本部分还做了编辑性修改，具体有如下变化：

——前言去掉了系列标准的说明；

——前言增加了与上版标准的变化；

——删除了IEC前言；

——术语3.1.2定义后增加了注；

——调整了术语的顺序，删除了2000版的3.4术语，依次排序；

——术语3.4.1“图原”，修改为“图元”；

——6.2.2和6.2.3的“注”有所修改；

——6.4的内容有较大改动；

——6.6的标题改为“创建图形符号的结构”；

——图12的标题改为“图形符号中的一般标记及其排列”；

——对6.16、6.17和6.18的内容进行了较大的改动；

——对附录D内容进行了较大的改动。

本部分由全国电气信息结构文件编制和图形符号标准化技术委员会和全国图形符号标准化技术委员会(SAC/TC 27和SAC/TC 59)提出并归口。

本部分负责起草单位：中机生产力促进中心、机械科学研究总院、中国标准研究院、中国电子技术标准化研究院。

本部分主要起草人：高永梅、强毅、白殿一、张亮、陈永权、董连续、徐云驰。

本部分所代替标准的历次版本发布情况为：

——GB/T 16901.2—2000。

技术文件用图形符号表示规则 第2部分:图形符号(包括基准符号库中的图形符号)的计算机电子文件格式规范及其交换要求

1 范围

GB/ 16901的本部分规定了基准符号库中以计算机电子文件格式描述的图形符号的要求及其在计算机辅助工具间的交换要求。

本部分适用于基准符号库可用作技术文件编制、计算机辅助工具间文件和图形符号库的交换基础。

本部分不包含交换所需的物理文件格式规范。

2 规范性引用文件

下列文件对于本文件的应用是必不可少的。凡是注日期的引用文件,仅注日期的版本适用于本文件。凡是不注日期的引用文件,其最新版本(包括所有的修改单)适用于本文件。

GB/T 4728(所有部分) 电气简图用图形符号[IEC 60617(all pants)]

GB/T 5094.1—2002 工业系统、装置与设备以及工业产品结构原则与参照代号 第1部分:基本规则(IEC 61346-1:1996,IDT)

GB/T 5094.2—2003 工业系统、装置与设备以及工业产品 结构原则与参照代号 第2部分:项目的分类与分类码(IEC 61346-2:2000,IDT)

GB/T 6988.1 电气技术用文件的编制 第1部分:规则(IEC 61082-1,IDT)

GB/T 10609.4—2009 技术制图 对缩微复制原件的要求(ISO 6428:1982,IDT)

GB/T 16656.201—1998 工业自动化系统与集成 产品数据表达与交换 第201部分:应用协议:显式绘图(ISO 10303-201:1994,IDT)

GB/T 16901.3—2009 技术文件用图形符号表示规则 第3部分:连接点、网络的分类及其编码(IEC 81714-3:2004,IDT)

GB/T 17450—1998 技术制图 图线(ISO 128-20:1996,IDT)

GB/T 17564.1—2005 电气元件标准数据元素类型和相关分类模式 第1部分:定义 原则和方法(IEC 61360-1:2004,IDT)

GB/T 17564.4 电气元器件的标准数据元素类型和相关分类模式 第4部分:IEC标准数据元素类型和元器件类别基准集(IEC 61360-4,IDT)

GB/T 18594—2001 技术产品文件 字体 拉丁字母、数字和符号的CAD字体(ISO 3098-5:1997,IDT)

GB/T 18656—2002 工业系统、装置与设备以及工业产品 系统内端子的标识(IEC 61666:1997,IDT)

GB/T 18686—2002 技术制图 CAD系统用图线的表示(ISO 128-21:1997,IDT)

GB/T 19679—2005 信息技术 用于电工技术文件起草和信息交换的编码图形字符集(IEC 61286:2001,IDT)

IEC 61966-2-1:1999 多媒体系统与设备 色彩测量和管理 第2-1部分:色彩管理 缺省RGB色彩空间(Multimedia systems and equipment—Colour measurement and management—Part 2-1: Colour management—Default RGB colour space—sRGB)

ISO/IEC 646:1991 信息技术 信息交换用七位编码字符集(Information technology—ISO 7-bit coded character set for information Interchange)

ISO/IEC 7942-1:1994 信息技术 计算机图形和图像处理 图形核心系统(GKS) 第1部分:功能描述(Information technology—Computer graphics and image processing—Graphical Kernel System (GKS)—Part 1: Functional description)

ISO/IEC 9592-1:1997 计算机图形信息处理系统程序员分层交互图形系统 第1部分:功能描述(Information technology—Computer graphics and image processing—Programmer's Hierarchical Interactive Graphics System (PHIGS)—Part 1: Functional description)

ISO 639-1:2002 语种名称代码 第1部分:2字母代码(Codes for the representation of names of languages—Part 1: Alpha-2-code)

ISO 3098-0:1997 技术产品文件 字体 第0部分:总体要求(Technical product documentation—Lettering—Part 0: General requirements)

ISO 3166-1:1997 世界各国和地区名称代码(Codes for the representation of names of countries and their subdivisions—Part 1: Country codes)

ISO 6428:1982 技术制图对缩微复制原件的要求(Technical drawings—Requirements for micro copying)

ISO 6523-1:1998 信息技术 组织机构及其下属部门的标识结构 第1部分:组织识别流程图的识别(Information technology—Structure for the identification of organizations and organization parts—Part 1: Identification of organization identification schemes)

ISO 81714-1:1999 技术文件用图形符号表示规则 第1部分 基本规则(Design of graphical symbols for use in the technical documentation of products—Part 1: Basic rules)

3 术语和定义

GB/T 16901.1 和 GB/T 5094.1 界定的术语和定义及下列术语和定义适用于本文件。

3.1 文件用图形符号

3.1.1

功能符号 function symbol

表示一个具有明确性能的对象,并具有输入、输出功能节点的图形符号。

注:功能符号的示例:GB/T 4728 中符号 S01567,"与"元件。

3.1.2

产品符号 product symbol

表示一个具有明确性能的对象,并具有节点的图形符号,尤其在硬件或软件上实现。

注:产品符号示例:GB/T 4728 中符号 S01579,有非输出的与门(与非门)。

3.1.3

图形符号实例 graphical symbol occurrence

呈现于简图中,并包含与所表示对象相关联的数据表达的图形符号。

3.1.4

基准符号 reference symbol

具有与简图中图形符号实例所表示对象相关联的数据表达空位并有明确标识的图形符号。

注:图12和图13给出了带有空位的图形符号示例。

3.2 节点

3.2.1

连接点　connect node

端口　port

端子　terminal

供对象连接用的出入点。

注：连接是指：

1) 提供导体和(或)触点，或者管道和(或)管路系统间信号、能量或物流路径的某种物理界面联系。

2) 逻辑单体、软件模块等之间用于传输信息所建立的某种功能特性联系。

3.2.2

(示意性)连接点　(schematic) connect node

供图形符号连接用的位置。

注1：(示意性)连接点表示所关注对象的端子。

注2：(示意性)连接点可以没有图形形状，而只是一个与图形符号相关联的虚构点。

3.2.3

节点名称　node name

连接点的标识。

3.2.4

连接点分类代码　coded connect node class

连接点的分类编码。

3.2.5

(示意性)电节点　(schematic) electrical node

供连接电气网络表达的连接点。

3.2.6

(示意性)功能节点　(schematic) function node

供连接功能网络表达的连接点。

3.2.7

(示意性)联结点　(schematic) linkage node

供连接机械联结网络表达的连接点。

注：图1是一个联结点与网络的示例。

a) 继电器元件的机械联结

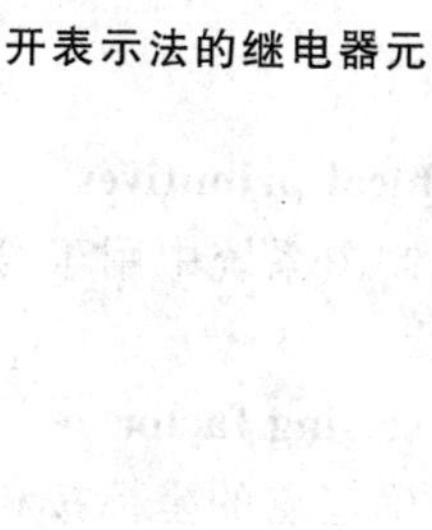

b) 采用半分开表示法的继电器元件的机械联结

图1　连接点联结表示法示例

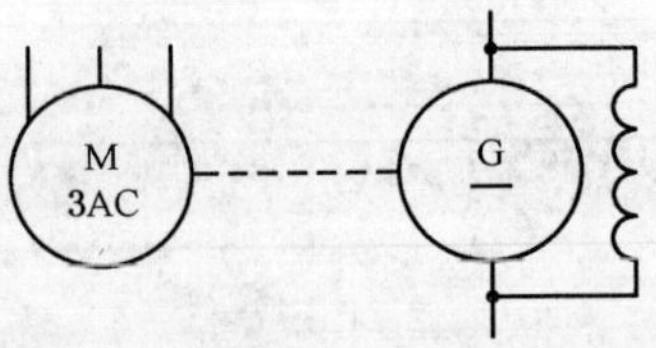

c) 电动机和发电机之间的机械联结

图1(续)

3.2.8

(示意性)物质节点 (schematic) matter node

供连接物质传输网络表达的连接点。

注:物质指气体、液体或固体。

3.2.9

(示意性)光节点 (schematic) optical node

供连接光纤网络表达的连接点。

3.2.10

(示意性)波节点 (schematic) wave node

供连接波传播网络表达的连接点。

注:波传播网络的例子如红外线(辐射)、无线电发射。

3.3 空位使用

3.3.1

空位 opening

写入与图形符号实例所表示对象相关联信息的一种可能性界定。

3.3.2

描述块 descriptive block

供表达描述信息的空位。

3.3.3

标识块 identifying block

供表达检索代号的空位。

3.3.4

连接块 connect block

供表达与连接点相关联数据的空位。

3.3.5

文本 text

传递读者可理解信息的字母、数字和(或)其他字符的集合。

3.4 图形构造

3.4.1

图元 graphical primitives

计算机辅助制图系统中用于绘图的元素,如直线、圆弧、折线、省略符号等。

3.4.2

比例因子 scaling factor

符号上所有确定点的坐标按相对于符号基准点的尺寸被放大或缩小的因子。

3.5 简图中图形符号的布置

3.5.1

嵌入区　embedded area

包含图形符号的区域。

3.5.2

连接线方向　connecting line directions

与示意性连接点相连的连接线绘制方向的规定。

3.6 图形符号管理

3.6.1

层　layer

能够单独操作或显示的独立数据组。

3.6.2

符号分类　symbol classification

图形符号所表示对象的分类。

3.6.3

符号分类代码　symbol classification code

图形符号所表示对象的分类编码。

3.6.4

符号描述　symbol description

图形符号含义的文字描述。

3.6.5

符号名称　symbol name

基准符号库中某图形符号的标识。

3.6.6

符号类型　symbol type

图形符号的分类属性(如用于简化 CAE 系统中的符号管理),该属性允许赋予具体值(例如,端子、器件、分开表示法、集中表示法等)。

3.6.7

变式名称　variant name

符号变式的名称标识。

3.7 文本

3.7.1

字符框　character body

定义单个字符的水平和垂直边界的矩形。

注:同一铅字字体的所有字符框具有相同的高度(见 ISO/IEC 7942-1)。

3.7.2

字符外观比　character aspect ratio(GB/T 16656.201)

字符扩展因子　character expansion factor

字符框的宽高比。

3.7.3

字符对准　character justification

字符在其字符框内对齐。

3.7.4

字符间距因子　character spacing factor

相邻字符框间的间距。

3.7.5

表式字体　tabular lettering

所有字符的字符框具有统一宽度的字符字体。

注：字符框的宽度由其宽高比(宽/高，b/h)确定。

3.7.6

比例字体　proportional lettering

各字符的字符框具有各自宽度的字符字体。

注：字符框的宽度由字符外形确定。

3.7.7

行间距因子　line distance factor

确定相邻文本基线间距相对于字符的字体高度的因子。

4　标记

4.1　基准点和连接点的标记

下列标记供本部分编排之用：

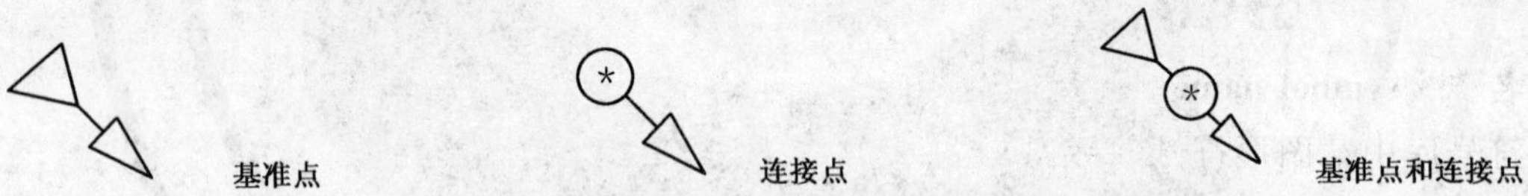

在需要表明(示意性)连接点类型时，本部分使用 GB/T 16901.3 规定的表示连接点类型的字母代码替代上述标记中的星号(*)。

4.2　文本对齐标记

按照 GB/T 18594—2001 的规定，每个对齐应按图 2 所示的编号编码，见附录 G。

本部分中，下列标记用于连接块、描述块、标识块和文本区的对齐及阅读方向的编排。

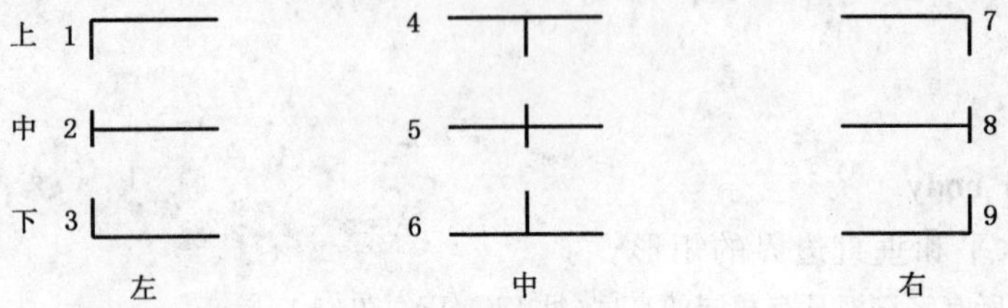

图 2　文本对齐编码

5 基准符号

为了以较低的成本用最短的时间编制出稳定的高质量产品技术文件，需注意以下几方面：

a) 简图中含有许多图形符号，每个符号都涉及所表示对象的其他信息的表达，为了使这些信息具有可读性，在制作图形符号时需注意简图中信息和(或)能量的不同流向以及对简图的全面理解。为了减少简图绘制工作的负荷，可以将图形符号储存于基准符号库中。

b) 为了使简图数据量最小，在一幅简图中，应仅使用一个基准符号库中某图形符号定义的一个实例，藉此系统无需并入在简图中作为一个嵌入对象的某图形符号，而只需简单引用相关基准符号库中的相应符号定义。

c) 由于基准符号库中图形符号定义的应用环境的不确定性，因此，在简图中使用图形符号时，需将图形符号所表示对象的有关数据变量赋予具体值，以便使图形符号与该简图具体相联，此时，通常以简图中图形符号实例的有关数据替代基准符号库中图形符号定义所设定的缺省值。

d) 只有按协调一致的方法制作图形符号，在简图的绘制和图形符号的使用方面才能满足日益增强的跨领域互操作、多供应商环境和数据共享需要(见附录 B)。为获得协调一致的图形符号，可以引用基准符号和基准符号库。GB/T 4728 和 ISO 14617 中的大多数图形符号均可作为此类基准符号的基础。由于被引用标准中的图形待号并不对其在计算机辅助设计系统中的有效使用规定补充要求，本部分为此而规定了需满足的 CAx 要求，详见附录 A。

e) 使用基准符号有助于

——共同理解应用软件内基准符号库的使用；

——在多供应商环境下工作时重复使用通用的功能或产品概念；

——简图用符号的有效交换机制；

——符号定义的有效性；

——在增加支持自动化设计概念的同时保持较好且足够的质量；

——支持以最小的尺寸变化和图形符号调整等方式在一系列过程的不同阶段重复使用图形符号；

——扩大 CAx 系统的现有功能。

6 符号(包括基准符号库中的符号)规定

6.1 总则

应按照 GB/T 16901.1 和本部分的下述补充规则确定基准符号。本部分的规则同样亦适用于基准符号库之外的图形符号制作。

一个基准符号可配备一些具有确定位置的空位以表达与简图中图形符号所表示对象相关联的数据。本部分中，这些空位的内容将在文本区内被形象化地表示。附录 E(标准的附录)给出了本部分所确定的空位的有关数据类型和长度推荐值。

注 1：如不作其他说明，本部分中所给定的尺寸均按图线中心线、圆心等确定。

注 2：本部分所指最小距离符合 GB/T 16901.1 规定的要求，同时考虑到了打印设备和绘图设备现存的机械误差。

6.2 图形符号变式

6.2.1 通则

考虑到图形符号自身的控制(信息、信号)流和过程(物质、能量)流，假如与图形符号相关联的字符或其他标号的阅读方向平行于控制流，在简图中则可能需要使用该图形符号多达八个不同的变式。在确定这些变式时，本部分对此八个变式在简图中的使用方法未作进一步规定。

不论使用与否，这些变式都独自地按字母顺序从 A～H 被一一命名。

图 3 描述了这些变式的定义。

为了明确规定变式名称，需遵守以下规则：

——如果只有一个流动方向，并且无法确定是控制流还是过程流(如：电阻器、电容器、接触器)，则应按控制流考虑；

——如果控制流与过程流方向平行，则应优先给出控制流；

——如果两个或更多的变式在图形上相同，则应将这些变式的名称按字母顺序从 A 开始进行排列，按排列的结果选用最前面的那一个变式。

注：上述规则可作为图形符号变式定义的基本规则。基于不确定性或经济方面的原因等，具体的变式可能要排除在外。此时确定有关图形符号的相关国家标准宜按照本部分所确定的规则列出允许使用的变式。

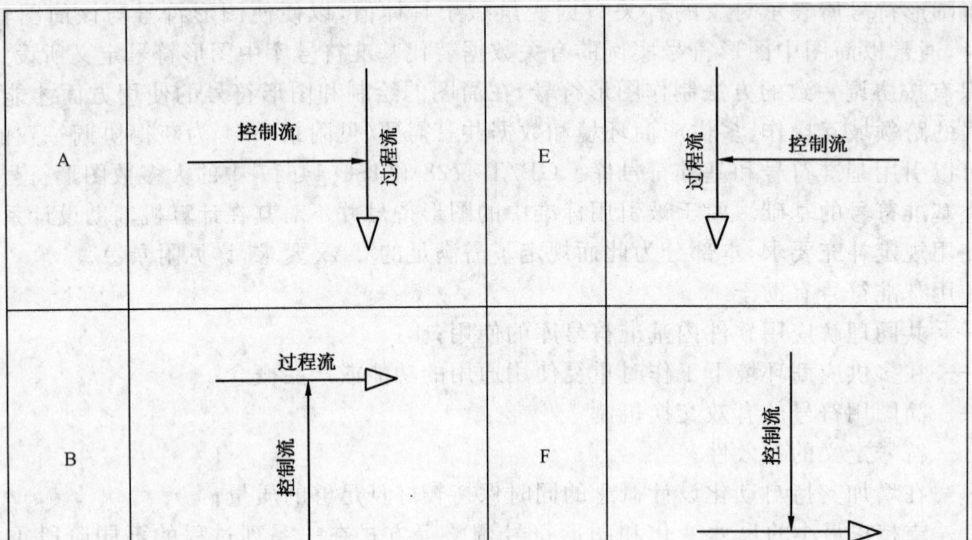

图 3　图形符号的各种变式

6.2.2 图形符号的变式示例

图 4、图 5 和图 6 列出了图形符号的变式示例。

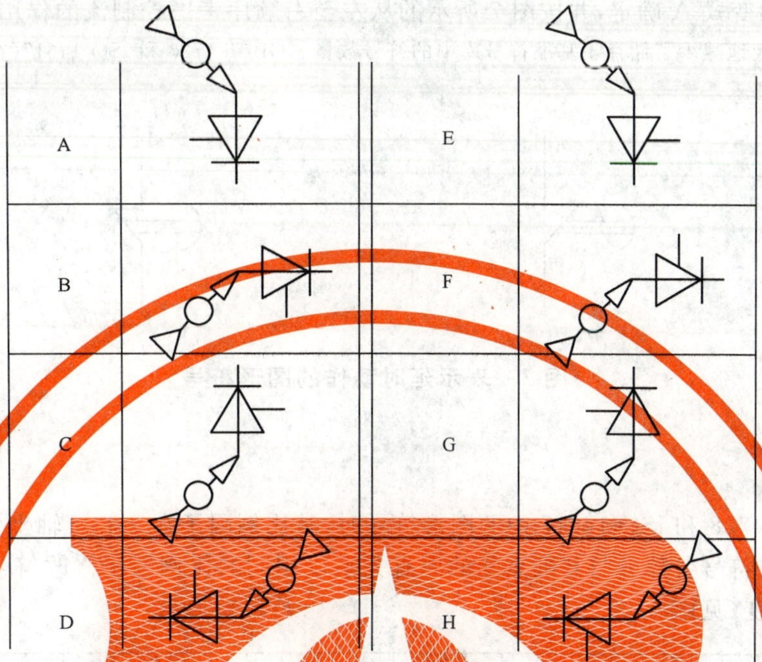

图 4 表示晶闸管的图形符号的各种变式示例

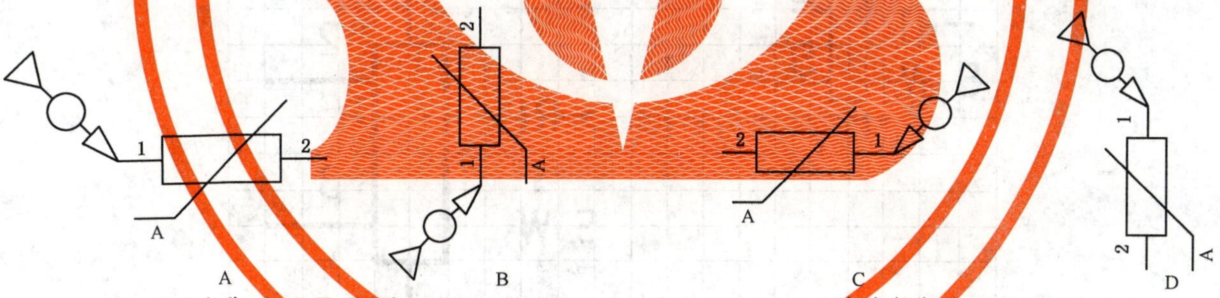

变式名称：A、C、E、G→A　　变式名称：B、D、F、H→B

图 5 可变电阻图形符号的各种变式示例，该符号列出了产品方面的端子代号

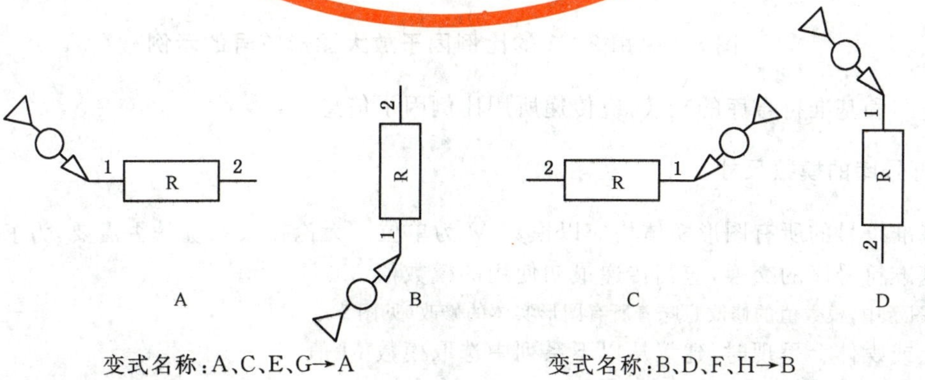

变式名称：A、C、E、G→A　　变式名称：B、D、F、H→B

图 6 表示电阻器的图形符号的各种变式示例

注：GB/T 4728 和 ISO 14617（在本部分制定时）对每个图形符号提供了一个变式，但没有说明变式名称。

6.2.3 复合图形符号变式

包含操作器件、操作方法和机械控制的联动(如机械的、气动的、液压的联结等)表达的复合图形符号,应按带有联结的变式A确定,并按图7所示的从左至右顺序考虑控制流的作用。

注:这种方式极大地减少了储存于基准符号库中的符号数量。GB/T 4728 和 ISO 14617(在本部分制定时)并未完全遵守这些要求。

图7 表示延时动作的图形符号

6.3 比例

在缩放 GB/T 4728 和 ISO 14617 中的图形符号时,其比例因子在 x 和 y 轴坐标方向应相同。当修改符号尺寸时,应按符号各部分与基准点间的原有关系以相同的比例因子修改符号整体。图线宽度和网格模数必保持不变(见图8)。

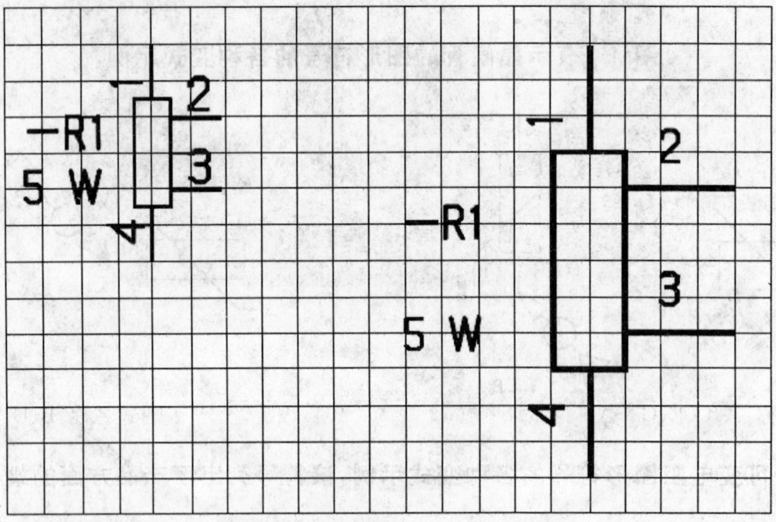

图8 采用2:1的比例因子放大图形符号的示例

为了简图和基准符号库的交换,应传递所用比例因子信息。

6.4 基准符号库的模数尺寸

同一基准符号的所有图形实体均应以模数M为单位。无论接收系统是否需要,为了支持在系统中的实现和基准符号库的交换,应当传递最初使用的模数值M。

注:在图示中,模数值的修改意味着所有图形实体的修改(见图9)。

在纸上或媒体上呈现时,建议从以下系列中选取模数M值:

系列模数M值　　单位:mm

1.8(2.0);2.5;3.5;5;7;10;14;20

模数2.0已被使用,并认为和1.8 mm相当,并相近,所以也被列入上表中。

不建议使用小于 2.5 mm 的模数，如果用 1.8(2.0)，要确保文件的识别度。

注：在实际应用中，须为模数 M 选定一个物理值。由于诸如缩微胶片、缩小/不缩小影印、传真等类文件的处理采用不同形式，因此还需考虑文件的易读性。对于缩微胶片，需按 GB/T 10609.4 的规定。

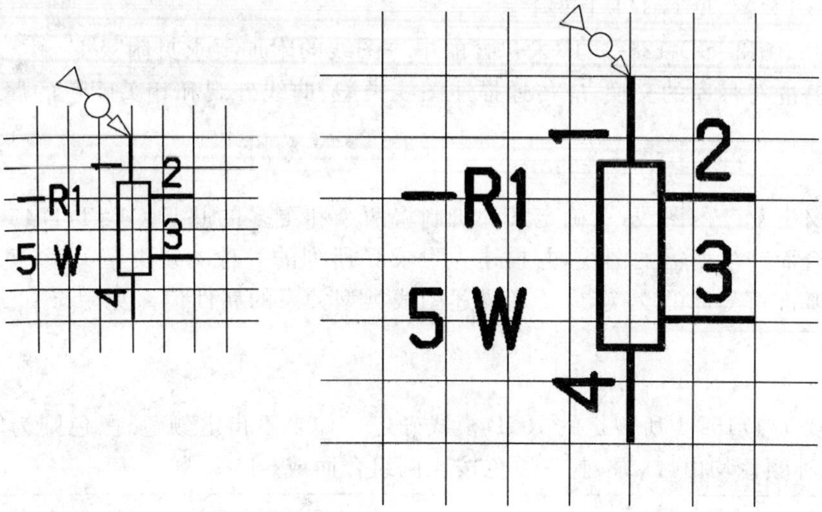

图 9　改变模数值示例

6.5　层技术应用

本部分并不规定有关层的要求。但是，层的使用可便于管理某项设计所涉及的不同要求的相关信息。指定给每层的信息可被视为区别于其他要求的一个限定的区域。在一个涉及多项要求的设计中，不同层的应用须协调一致。

6.6　创建图形符号的结构

6.6.1　总则

创建图形符号时，建议使用下列图元：

——折线；

——椭圆弧；

——图案；

——文本。

注 1：直线可视为折线的子类。

注 2：椭圆、圆和圆弧可视为椭圆弧的子类。

注 3：矩形和多边形(封闭折线)可视为折线的子类。

6.6.2　样条

对于支持样条函数性的计算机辅助工具来说，样条函数可用于描述诸如图形符号内过程、器件和系统的瞬时反应和瞬时环境条件(见图 10)。

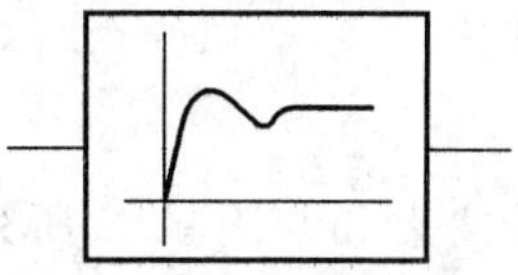

图 10　样条函数使用示例

如果样条函数用于曲线表达，基于经济原因，曲线宜作为折线传递。

6.6.3 图线

图线宽度为 0.1×M，见 GB/T 16901.1。

有关 ISO 128-20 和 ISO 128-21 中未包含的单一图线的附加要求见附录 F。

为了简图和基准符号库的交换，应传递描述图线类型、曲线外观和相关颜色的属性值，见附录 C。

6.6.4 图线组

为了准确定义更复杂的图线，可确定某种机制将两个和更多的基于 GB/T 17450 和 ISO 128-21 的单一图线进行组合而产生所需的图线，并描述为附录 C 所列的一种图线类型关系，见附录 F。

为了简图和基准符号库的交换，应传递描述图线类型关系的属性值。见附录 C。

6.6.5 颜色

颜色应按 GB/T 17151.1 所规定的 RGB 模式确定。如果不指定颜色，黑色则为默认颜色。推荐的颜色见图 11。每种颜色均由红、绿、蓝三原色按比例组合而成。

名　称	颜色百分配比		
	R(红)	G(绿)	B(蓝)
黑色(black)	0	0	0
红色(red)	100	0	0
绿色(green)	0	100	0
蓝色(blue)	0	0	100
黄色(yellow)	100	100	0
品红色(magenta)	100	0	100
青色(cyan)	0	100	100
白色(white)	100	100	100
灰色(grey)	50	50	50

图 11　推荐的颜色

注 1：本部分不涉及颜色的定义。

注 2：GB/T 16656.201 所用颜色配比，每一配比均包含在 0～1 范围内。

注 3：关于 RGB 色彩空间实际外观的定义，参考 IEC 61966-2-1。

为了简图和基准符号库的交换，应传递组成颜色的颜色配比，见附录 C。

6.6.6 填充区

如果需要填充区，则应仅用于具有封闭轮廓的图元，如多边形、矩形、圆和椭圆。

本部分中填充区是指剖面线图案或填实区。

6.6.6.1 剖面线图案

单一剖面线图案应由下文所述的属性集和与附录 C 所列的曲线外观及颜色实体有关的属性集确定。

为了简图和基准符号库的交换，应传递与剖面线图案有关的属性，见附录 C。

6.6.6.2 剖面线图案组

为了准确定义更复杂的图案，可确定某种机制将两个或更多的单一剖面线图案组合产生所需的剖面线图案，并描述为附录C所列的一种剖面线图案关系。

附录H提供了一套预定义图案以便用于设计图形符号，每个预定义图案至少由两个剖面线图案组合成。每个预定义图案应由其图案名称标识，并与其制图职能相关联，且提及图案和制图职能所采用的引用源。

注：通过使用附录C所述的剖面线图案关系，附录H中的所有图案都可以被准确无误地复制。

为了简图和基准符号库的交换，应传递与剖面线图案关系有关的属性，见附录C。

6.6.6.3 填实区

对于人的视觉来说，一个填实区的印象可从以下几个方面获得：

——使用剖面线图案结构，设定与线宽相等的位移(垂线)值，并选取实线图线类型；

——使用填实区结构。

剖面线图案结构和填实区结构都提供了改变颜色的可能性。

6.7 文本

6.7.1 缺省值

可根据实际应用需要，确定文本区最终次序、位置和内容。应传递所有简图用文本区的信息。如果图形符号文本区缺省值存在，则应与符号数据一起传递。但是在简图数据传递过程中，简图所用各数据值将覆盖基准符号库中相应的缺省值。

6.7.2 字体

可以使用符合ISO 3098-5规定的表式字体和比例字体。比例字体以P为代码，表式字体以T为代码。

如果使用表式字体，字符外观比率应为0.81。

字符间距应符合GB/T 17151.1的规定。

注1：工业调查表明，该确定的字符外观比率最适合字符的快速显示。

注2：作为GB/T 16656.201中的字符外观比率的替代术语，GB/T 17151.1使用了术语“字符扩展因子”。

注3：如果使用ISO 3098-5所规定的文本字型，字符间距因子则可以设为0。

6.7.3 文本字型

字符的文本字型应与ISO 3098中规定的笔画式样一致。

6.7.4 字符集

应按GB/T 16901.1的规定选择图形符号设计所用字符。

注1：设计图形符号时应仅使用GB/T 1988—1998中表5(国际参考版IRV)和GB/T 19679—2005中的字符。

注2：GB/T 19679—2005中所列字符已纳入GB/T 13000[2]中。GB/T 19679—2005提供了一个与GB/T 13000的相互对照表。

注3：通过应用GB/T 13000而使用GB/T 1988—1998中表5(国际参考版IRV)和GB/T 19679中的字符，符合本部分的要求。

6.7.5 字符对准

文本字符串中所用字符应居中并对齐在每个字符框体内，见附录G。

6.7.6 文本字符串控制功能

如果需要控制功能,例如为了使用斜体字母、上标或下标符号,则应使用 ISO/IEC 6429 中所规定的控制功能。

6.7.7 图形符号中的总标号

如果需要总标号,这些标号的空位则应按 LBL_ l 至 LBL_n 命名,在这里 n 代表一个序列数(见图 12)。见 GB/T 16901.1—1997 中 5.14.4。应使用标准化的标号,示例见图 13。

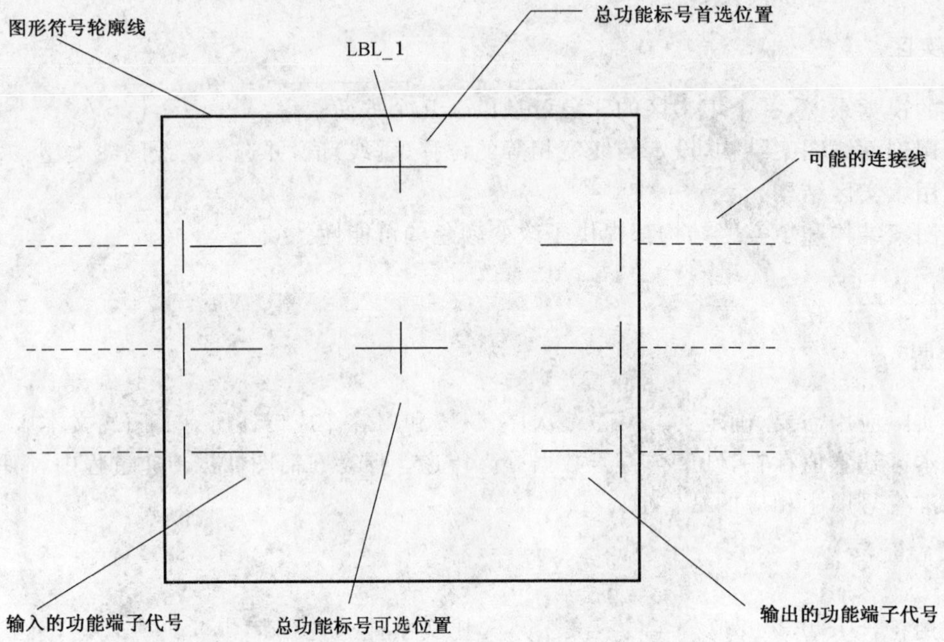

图 12 图形符号中的一般标记及其排列

注:在 GB/T 16901.1 中,总标号被称为与图形符号整体有关的文本。在 GB/T 4728 中,使用术语"总限定符号"。

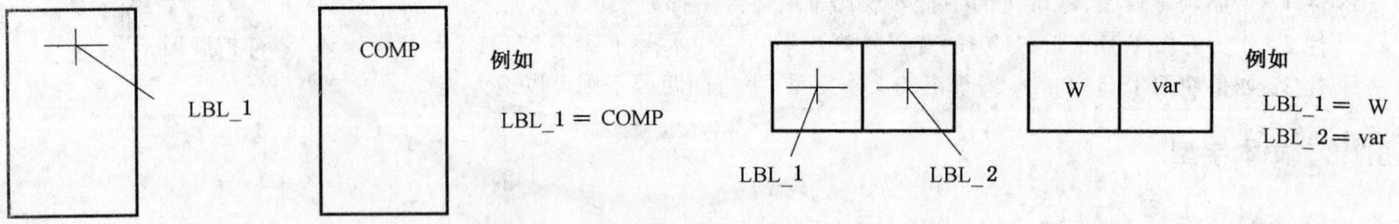

图 13 图形符号中总标号的使用

6.7.8 与数据元素类型定义有关的图形符号

宜在图形符号的上下文中(如 GB/T 4728 和 ISO 14617)提供可按照 GB/T 17564.1 中确定的术语确认数据元素类型的信息。如果合适,则应尽可能采用 GB/T 17564.4 的 IEC 基准集中的数据元素类型。应按照 GB/T 17564.1 确定的规则分别依据图形符号定义确定和证实新的数据元素类型。

例如,附录 K 给出了与两个数据元素("颜色代码"和"光源代码")有关的符号示例见 GB/T 4728 中的 S00965(灯,通用符号)。

6.8 连接点

6.8.1 连接点分类

图形符号应提供合适的示意性连接点编号,每一连接点应提供其类型分类。GB/T 16901.3 规定了连接点分类及其字母代码。

为了简图和基准符号库的交换,应传递连接点分类代码,见附录 C。

6.8.2 示意性连接点位置

考虑到可能的产品端子代号表达,所有示意性电节点或功能节点均应位于 1M(两节点之间的间距最好是 2M 或 2M 的倍数,见图 14 和图 15 网格的网格交点上。

注:其他类型连接点位置见 GB/T 16901.1。

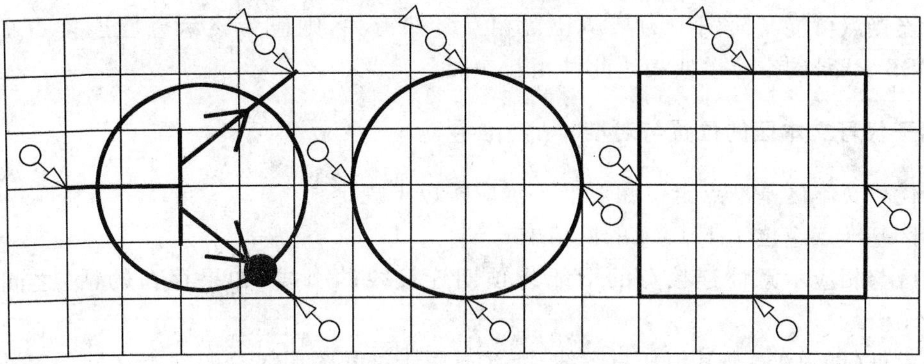

图 14 示意性连接点位置示例

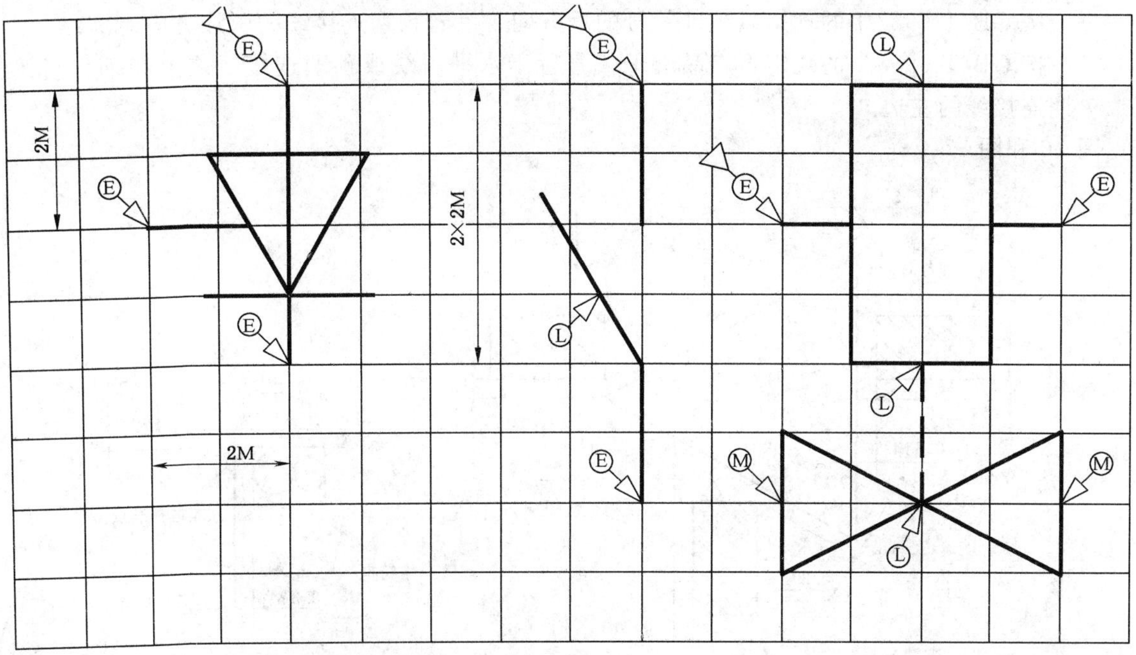

图 15 示意性连接点位置示例

6.8.3 连接块

可以给一个示意性连接点提供多个空位，印一个连接块，以便容纳与 IEC 61666 规定一致的端子代号集。

——如果功能端子代号可能出现在某示意性连接点处，则应为该示意性连接点提供一个或多个空位以便表达与该示意性连接点所表示的端子相关的功能端子代号。这些空位应命名为 FCTN_TERM_ DES_n，在这里 n 表示一个序列数。功能端子代号应采用标准化标号。

——如果产品端子代号可能出现在某示意性连接点处，则应为该示意性连接点提供一个名为 PROD_TERM_DES 的空位以便表达与示意性连接点所表示的端子相关的产品端子代号。

注：在 GB/T 16901.1 中，端子代号和功能端子代号归类为与输入或输出相关的文本。

——如果位置端子代号可能出现在某示意性连接点处，则应为该示意性连接点提供一个空位以便表达与连接点所表示的端子相关的位置端子代号。该空位应命名为 LOC_TERM_DES。

——如果连接点可能与简图中的某个位置相互参照有关，则应为该示意性连接点提供一个名为 CROSS_REF 的空位以便表达此种相互参照。

6.8.4 产品端子代号文本区的位置与对准

产品端子代号文本区基准点定位和对准布置应按以下规定：

——文本区基准点应位于 1/10M 的网格上；

——文本区与相应示意性连接点的引线或预期连接线的引线（如果存在的话）之间的间距应为 0.3M；

——字符串框（见图 15）与其他任意图线、弧线或属于符号图形部分的文本之间的最小间距应尽可能接近 0.3M，但不能小于 0.3M；

——文本区基准点不应位于确定相应示意性连接点位置的网格线上；

——应按 GB/T 6988.1 的规定以基准符号的反方向且沿着预期连接线的引线方向对准；

——应按 GB/T 6988.1 的规定将产品端子代号置于水平引线或预期连接线之上和垂直引线或预期连接线的左边。

见图 16 和图 17。

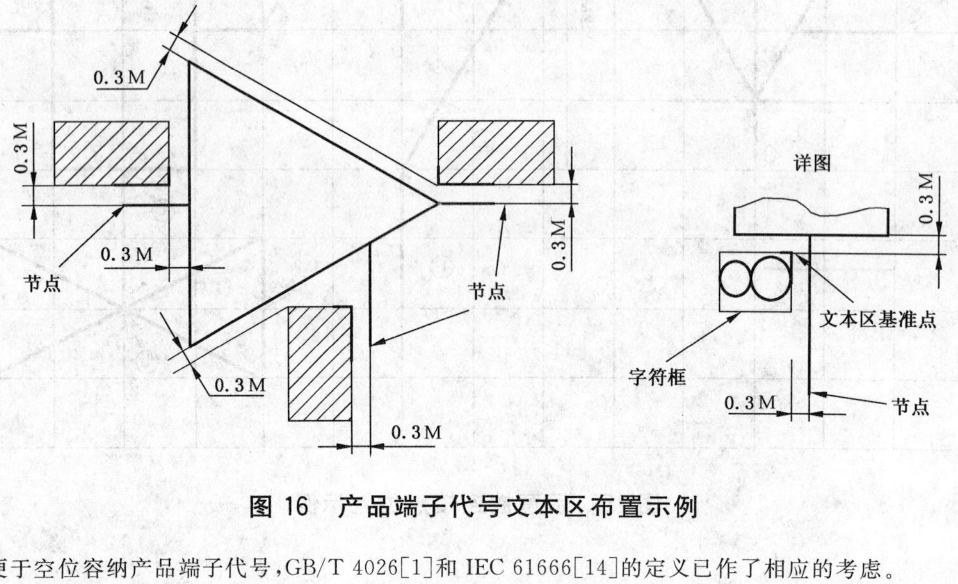

图 16　产品端子代号文本区布置示例

注：为便于空位容纳产品端子代号，GB/T 4026[1]和 IEC 61666[14]的定义已作了相应的考虑。

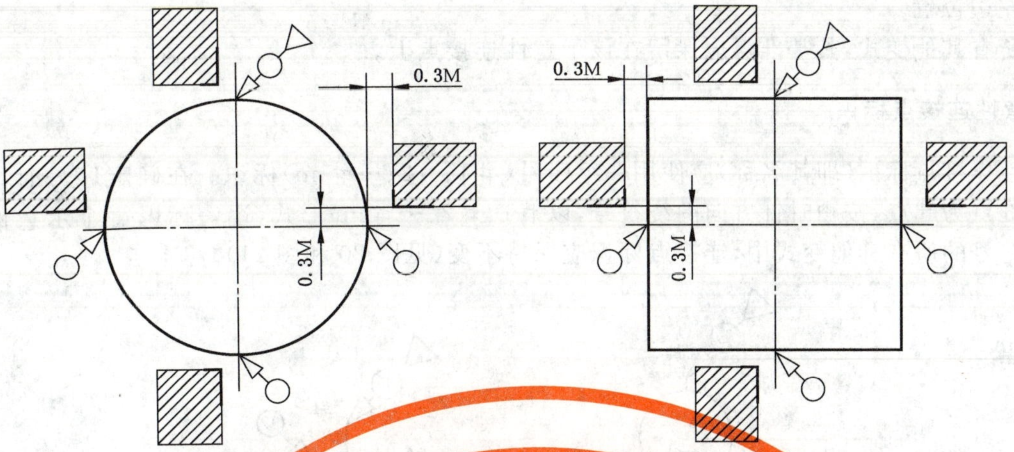

图 17　不带引线的符号的产品端子代号文本区布置示例

6.8.5　功能端子代号文本区的位置与对准

拟表达功能端子代号的文本区的位置和对准应按 GB/T 16901.1 确定(见图 18)。

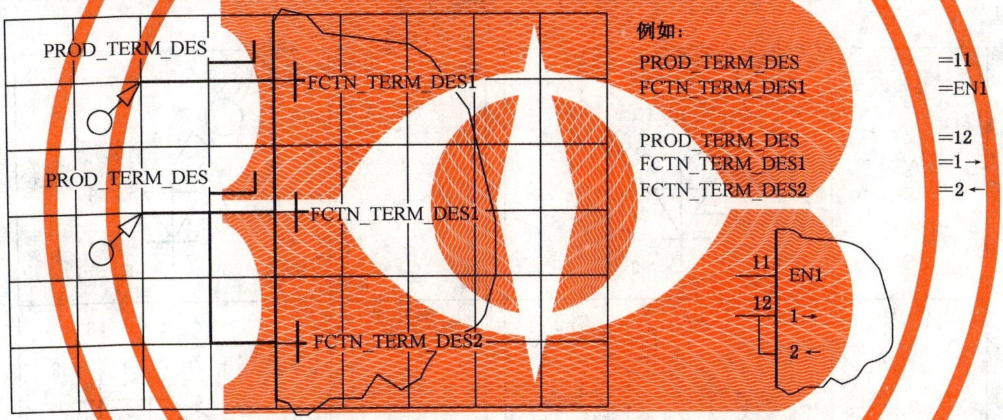

图 18　产品和功能端子代号文本区布置示例

6.9　基准符号的基准点

基准符号中的所有几何信息(图线、文本区位置、示意性连接点位置等)均应以基准点为基准。基准点可视为与符号有关的二维笛卡尔坐标系的原点。基准点应位于作为基准符号设计基础的 1M 网格的网格线交点上。对于提供示意性连接点的基准符号,其基准点应为按以下优先顺序确定的变式 A 的示意性连接点(见图 19)。

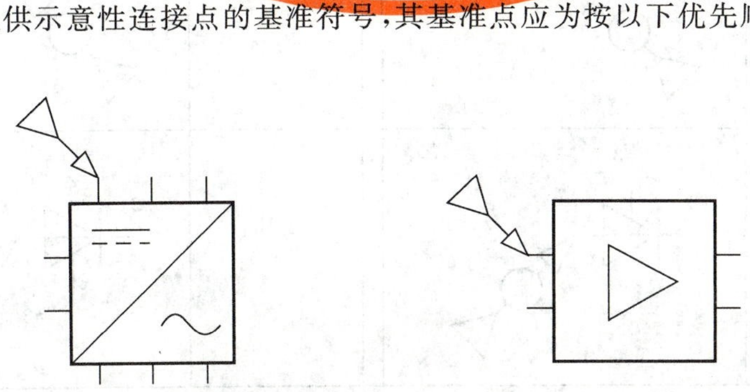

图 19　符号基准点

a)　顶部位置;

b) 左边位置。

对于所有其他变式，其基准点应保留在该示意性连接点上。

6.10 示意性连接点标识

示意性连接点标识（即其名称）应使用一组序号（＃1、＃2、…＃nn）标识。在确定序号时，应在变式A中以基准点为起点，按顺时针方向围绕符号，以＃1、＃2、…＃nn形式，逐一标识每个示意性连接点。在该图形符号的所有其他变式中，连接点标识应保持不变（见图20和图21）。

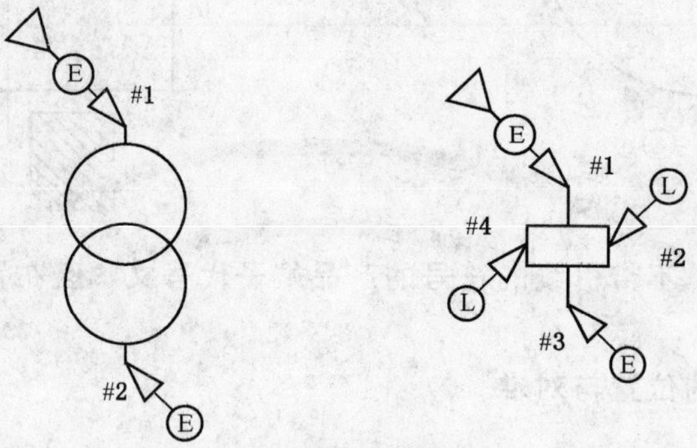

图 20 连接点标识

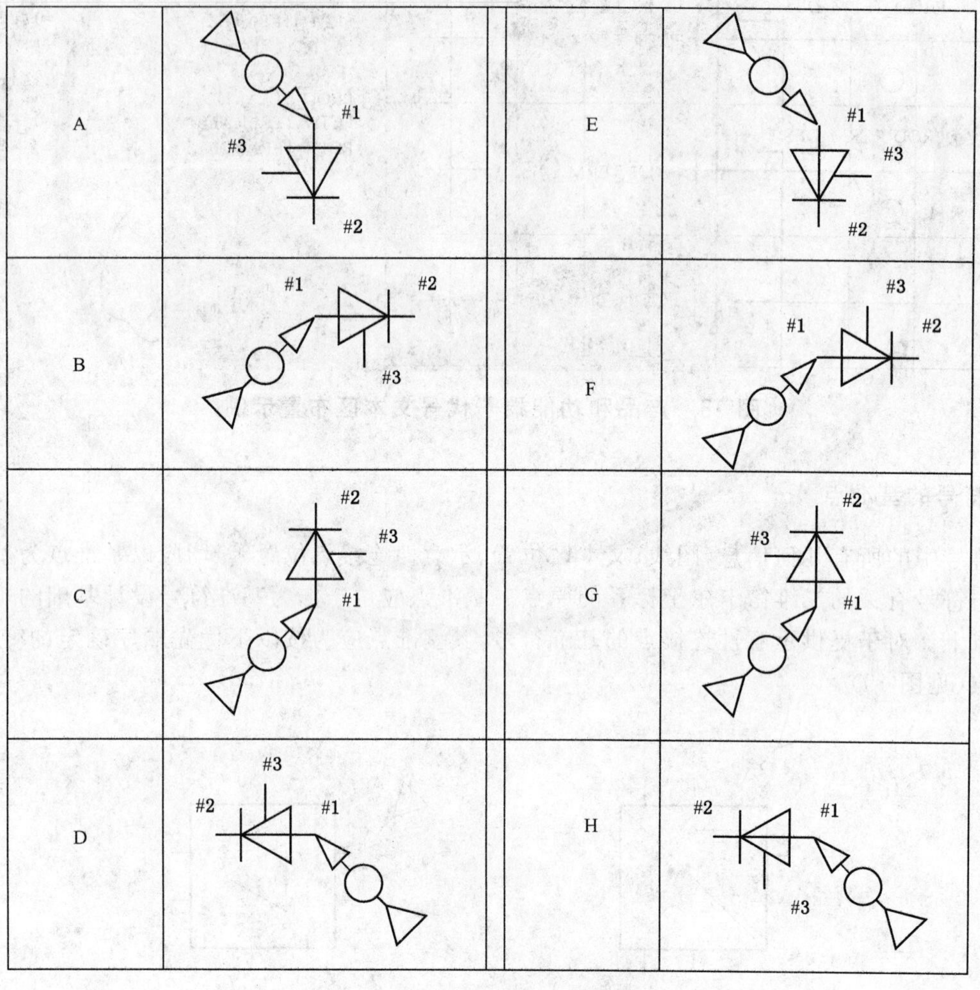

图 21 示意性连接点标识

注：序号（连接点名称）不能与所用项目的产品端子代号相同。连接点名称以编号标识符（＃）为标志。

6.11 符号的安排与布置

6.11.1 总则

设计图形符号时，应将图形符号上所有表示从外部进入端子的连接点置于图形符号连续轮廓线之外或边沿(见 GB/T 16901.1)，亦即连接线无需越过符号轮廓线的原则。

依据上述原则，6.11 所述的方法支持图形符号的连接线和位置的自动布置。

6.11.2 图形符号嵌入区

为便于计算机辅助工具支持图形符号在简图中的自动布置，应为基准符号提供其嵌入区。嵌入区应确定为一个与坐标轴平行的多边形或圆。见图 22。

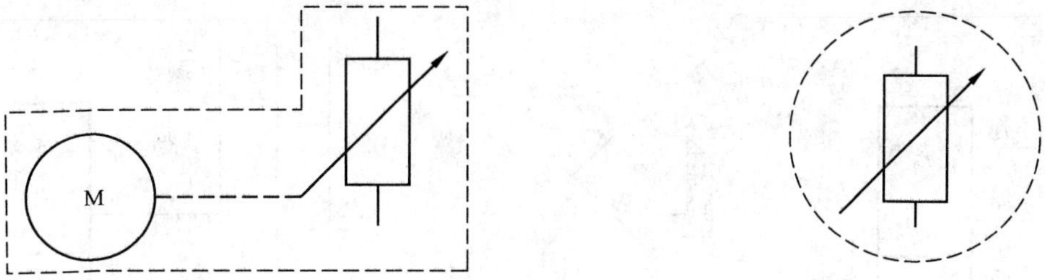

图 22　嵌入区示例

为了简图和基准符号库的交换，应传递所确定的嵌入区，见附录 C。

6.11.3 示意性连接点的连接线绘制方向

为便于计算机辅助工具支持连接线在简图中的自动布置，基准符号的每个示意性连接点宜配备有许可示意性连接点的连接线绘制的方向信息。许可方向应确定为一个或多个示意性连接点的连接线可绘制的扇区(见图 23)。扇区应依据图形符号变式 A 的基本方向来确定(如图 23 所示)。基于实际制图的考虑，扇区应以所述参照系为基准按 45°的倍数确定。每个扇区应以逆时针方向为基础的起始角度和终止角度描述。

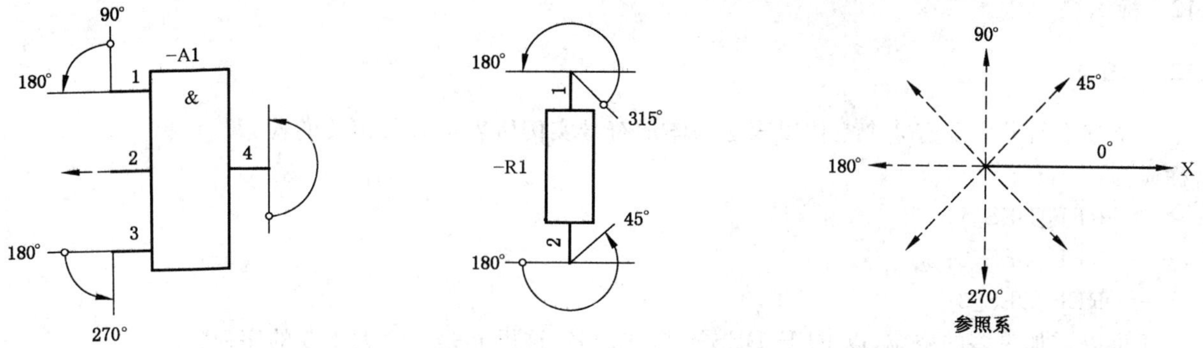

图 23　示意性连接点的连接线绘制所用扇区示例

为了简图和基准符号库的交换，应传递确定示意性连接点的连接线的绘制方向的扇区，见附录 C。

6.11.4 示意性连接点的图形交换

为便于计算机辅助工具支持连接线在简图中的自动图形布置，每个符号可与一个或多个示意性连接点联合体相关联。这些联合体中的每一个联合体均包含了一列示意性连接点，该列示意性连接点可与另一列示意性连接点进行图形交换。只有属于同一连接点分类的连接点之间才允许进行交换。

图 24 和图 25 给出了这种交换的结果示例。

a) 交换前　　　　b) 交换后

图 24 示意性连接点图形交换示例

a) 交换前　　　　b) 交换后

图 25 示意性连接点图形交换示例

为了简图和基准符号库的交换，应传递可能交换的联合体，见附录 C。

注：产品符号上的示意性连接点的图形交换能反映一个相应的产品端子交换，而功能符号上的示意性连接点的图形交换则能反映一个相应的功能端子交换。

6.12 标识块

6.12.1 空位

一个基准符号应配有 3 个空位以表达与图形符号实例所表示对象相关的检索代号集。3 个空位的名称应为：

——REF_DES_1；

——REF_DES_2；

——REF_DES_3。

还可以增加更多的空位，以 REF_DES_n 形式命名，这里 n 是一个大于 3 的序列数。

6.12.2 文本区的缺省次序与对准

在标识块中，应按图 26 所示的缺省次序给出表达检索代号的文本区。它们应适用于沿 x 轴的水平阅读方向。

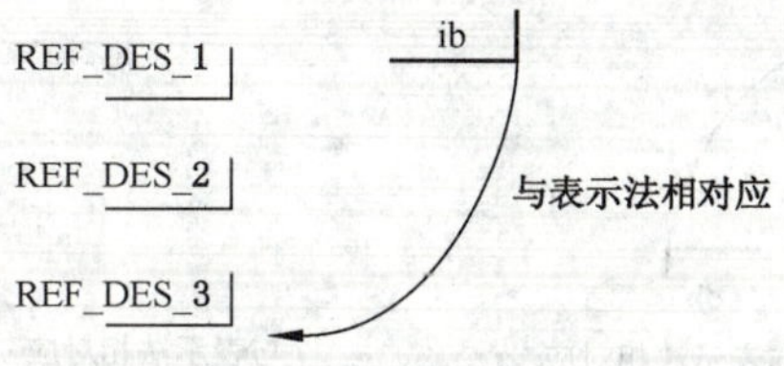

图 26　与标识块有关的文本区的次序与对准

6.13　描述数据块

6.13.1　空位

如果图形符号可能与简图中的位置相互参照有关，则该基准符号应配有一个名为 CROSS_REF 的空位。此空位供容纳从元件的分离表示法到集中表示法这样一种相互参照表达。

为了表达与图形符号实例所表示对象有关的技术数据元素类型值，该基准符号应至少配有两个空位。这两个空位命名为 TD 1 和 TD 2。还可以进一步增加空位，以 TD_n 形式命名，这里 n 是一个大于 2 的序列数。

技术数据元素类型宜按 GB/T 17564.1 规定的方法。IEC 61360-4 列出了有效的数据元素类型的 IEC 基准集。

为了表达与图形符号实例所表示对象有关的文本，该基准符号应配有 4 个空位。这 4 个空位命名为 TX 1、TX 2、TX 3 和 TX 4。还可以进一步增加空位，以 TX_n 形式命名，这里 n 是一个大于 4 的序列数。

附录 D(提示的附录)描述了关于产品标识包含相关 EXPRESS G 模型的可能性。

如果图形符号可能与简图中的产品标识有关，为表达这样一个标识，该基准符号则应配育一个名为 PROD_ID 1 的空位，该标识：

——容纳了通用产品代码(EAN/UPC)；

——或者容纳了组织的产品标识号(PROD ID NO)。

为了实现世界范围内明确的产品标识而使用组织标识，可选用下面一种方式标识组织：

——一个组织标识代码；

——一个纯正文的组织标识。

组织标识代码由供应商代码(SUPPLIER _ CODE)组成。供应商代码由符合 ISO/IEC 6523 的国际代码指示符(ICD) (4 个阿拉伯数字)后跟符合 ISO/IEC 6523 的组织代码(14 个字符)组成，其间没有任何分隔符。

注：供应商代码的实际定义与 GB/T 17645.26[10]所确定的定义一致。

纯正文的组织标识由组织名称(ORG_NAME)、可任选的两个字母的国家代码(COUNTRY_CODE)(符合 GB/T 2659)和可任选的地址组成。

如果为了进一步标识产品而需要增加空位，这些空位应命名为 PROD_ID_n、各自的 SU PPLIER_CODE_n、各自的 ORG_NAME_n，这里 n 是一个大于 1 的序列数。

注 1：在相关应用中，未使用的空位可以省略。

注 2：欲了解更多有关产品标识的详细信息，见附件 D。

6.13.2　文本区的缺省次序和对准

在描述块中，表示数据的文本区的缺省次序如图 27 所示。它们应适用于沿 z 轴的水平阅读方向。

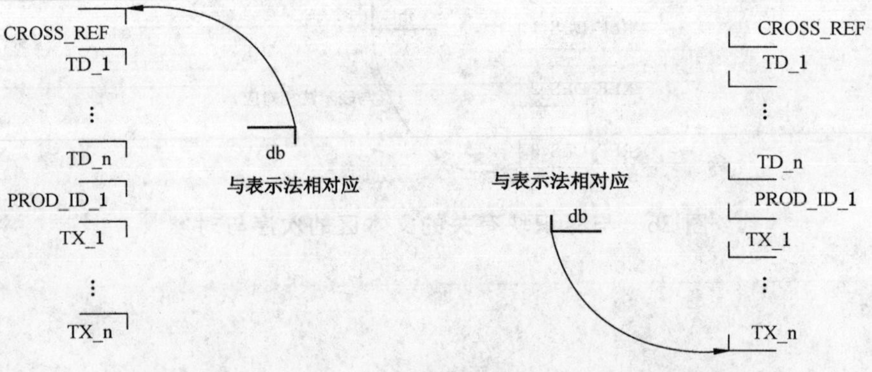

图 27　与描述块有关的文本区的对准和次序

6.14　标识和描述块的缺省位置

下列规则适用于标识或描述块文本区基准点的定位和文本区对准(见图 28)：

——每个文本区的基准点应位于 1/10M 的网格交点上。

——基准符号的嵌入区与标识块的文本区之间的最小间距为 0.3M。

——标识和描述块文本区的字符串框与预期连接线之间的最小间距为 0.3M。

——标识和描述块文本区的字符串框与端子代号的字符串框之间的最小间距为 0.3M。端子代号文本区的位置优先确定。

——每个标识和描述块文本区的基准点应有一个共同的 x 坐标或 y 坐标，并按 GB/T 6988.1 定位。

——标识和描述块最好对称布置。

——标识块与描述块之间的最小间距为 0.8M。

——应反基准符号方向对准文本区。

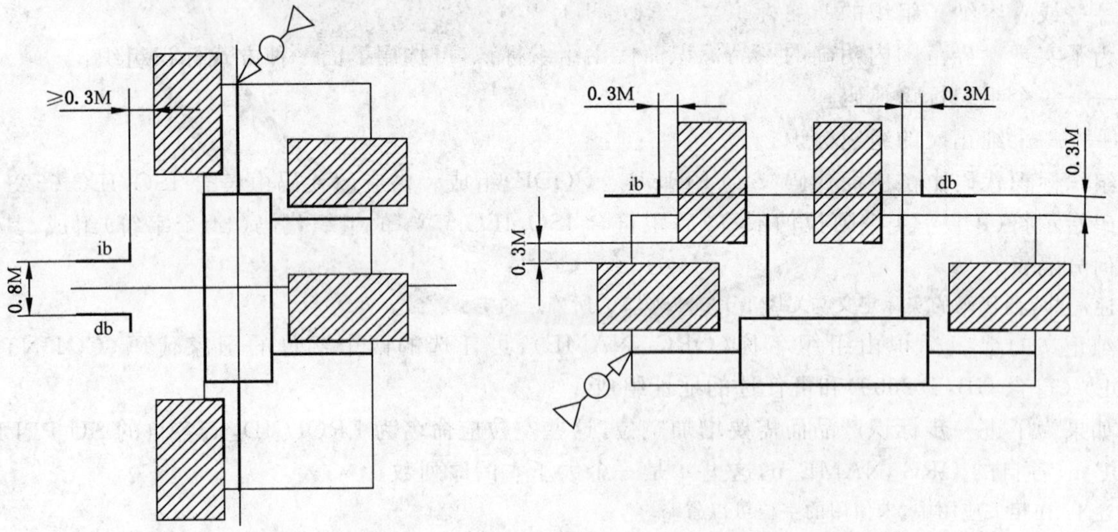

图 28　ib、db 和产品端子代号文本区的缺省位置示例

6.15　未列入 GB/T 4728 和 ISO 14617 中的基准符号的制作

如果简图中的图形符号由一个或多个表示基本特性的图形符号与零个或多个提供附加信息的图形符号组合而成，此种组合可视为一个基准符号(见图 29)。

未列入GB/T 4728或其他国家标准中的基准符号应按6.18的规则给出其适当的标识代码。

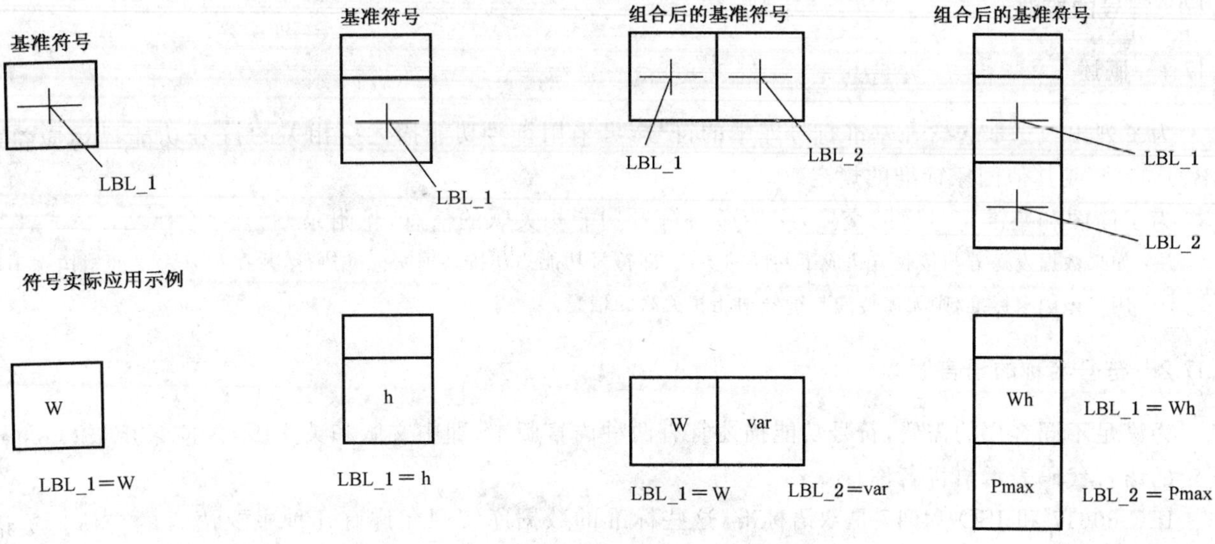

图29 取自有关记录、积算和测量仪表部分的示例

6.16 图形符号的分类

6.16.1 概述

为了在基准符号库中检索符号，可以基于各种分类模式将符号归入一个或多个符号类别中。分类模式应有效地支持目标群体的需求。

通常定义一个层次结构的分类模式。使符号可以与尽可能多的类关联。这种固定形式的搜索树虽然不能以最佳的方式满足预期用户的使用，但其优点是结构可能更容易被记忆。

另一种方法是定义几个，独立的(正交)、通常扁平结构的(只是一个层面)分类模式，这些符号的关联视情况而定。(每一个符号不一定适合所有的分类模式)。如果有合适的系统支持，用户就可以使用这些分类模式以最适合实际需要的顺序随意创建一个搜索树。

还有一种方法是用一个依赖于语言的名称和一个独立于语言的标识符来分类。用名称/描述和一个标识符/代码来明确分类模式。

每个符号用对应的分类标识符与一个或多个分类模式的集合相关联。

6.16.2 预定义的分类模式

GB/T 4728中，每个符号被关联到不同的单级分类模式中(称为在上下文中的视图)。所有模式允许多个条目。

在制定该标准时可用以下分类模式是：

——关键词(随意定义类，多个条目)；

——应用(按照符号的应用预定义文档的分类)；

——功能(按照GB/T 5094.2预定义符号的概念分类)；

——形状(预定义几何形状分类)和

——状态层次(预定义标准化的步骤工作流程分类)。

注1：此外，符号可以通过目前符号的识别号码和过去在早些时候IEC 60617的印刷出版物上的符号号码检索。

注2：进一步的信息中可以在IEC 60617的数据库找到。

为了简图和基准符号库的交换、应该传递与分类模式标识符相关联的符号类别标识符的属性。名称和分类模式的名称可以包含在内或单独传递。见附录C。

6.17 符号的描述

6.17.1 概述

为了列出或选取包含在基准符号库中的符号，可采用符号功能描述。相关的符号功能描述应符合GB/T 4728或其他国家标准的规定。

为了简图和基准符号库的交换，应传递与符号功能相关联的信息，见附录C。

注：如果数据发送方与接收方达成了共同的协议，即符号功能描述按某国家标准执行，并在符号定义的引用源中引用了该国家标准，则无需传递与符号功能相关联的信息。

6.17.2 符号名称的语言版本

为满足不同客户的需要，符号功能描述宜有两种语言版本（即中文版和英文版）。应采用ISO 639-1规定的语言代码表示语言名称。

IEC 60617和ISO 14617是双语标准，这些标准的数据库实现允许有几种主要语言的变体。英语版本是国际基本版本，名称语言应采用符合ISO 639-1的语言代码指明。

为了图形和数据库交换，语言代码应与每个图形符号一起传递。见附录C。

6.18 引用符号标识符

6.18.1 概述

在基准符号库中每个符号的标识符应唯一。

如图30，标识符应由三部分组成，通过一个连字符分隔。

——标识符的识别码域，应全球唯一不超过10个字符；

——特定的识别码内部是唯一的，不超过7个字符（I和O应该被排除在外）；

——特定的识别码的修订和版本标识符是唯一的（可选3个字符）。

标识符识别域 id	—	识别码	—	修订或版本 ID
最大10字符		最大7字符		3字符

图30 符号标识符的结构

符号标识符应当由阿拉伯数字和/或大写拉丁字母组成。

注：根据前版的标准，字符的数量被限制为12。这些字符基本考虑到了识别码和域标识。

6.18.2 识别码

识别码由标准的（例如在IEC 60617或ISO 14617）符号标识符及后跟一个大写字母构成，该大写字母表示本部分中所定义的符号变式。

为了保持符号标识的相对稳定，一个符号标识符应由没有关联意义的连续数字组成。

注1：在过去相关协会在标准文档中分类或定位时经常被用于检索，但在计算机系统支持分类检索功能属性时，这就不再需要了。

对于IEC 60617的符号标准化，符号标识号有Snnnnn格式，比如S00200（接地，通用符号）。

对于ISO 14617的符号标准，符号标识符有格式（X）nnnn，例如X3144（地震探测器）。

注2：变式的代号在制定此标准时尚未包含在IEC和ISO的符号集中。

6.18.3 识别码域

识别域的用途是使不同来源的符号存储在一个基准符号库，并使符号可以在不同的环境之间传递。

如果在应用程序中使用的符号系统，都属于相同的域，那么在这个应用程序系统中就可以省略识别码域(或不会显示给用户)，但当符号信息转移到其他系统时仍然需要。

识别码域标识在识别码之前。下面是本部分中的指定值：

IEC 60617　　　IEC 60617

ISO 14617　　　ISO 14617

CAAxxxxxxx：　　大写字母C紧随其后的国家代码符合ISO 3166-1对已发布的国家基准符号库，如果有必要后面的是7个字符，以分辨不同的集合。

Xxxxxxxxxx：　　大写字母X后跟一个其他机构发表的基准符号库，最多9个字符，例如公司或组织。精确的值必须由通信双方商定。

6.18.4 修订和版本的标识

为了符号变化受控，修订和版本的标识可附加到识别码中。

修订和版本的标识符使用是可选的。

如果变化影响符号的应用，例如节点连接有移动，则需要创建一个新的版本。

版本标识符应是一个字母(A…Z)。第一个(初版)应当确定为A。

如果符号一个微小的更改不影响其使用，可创建一个新的修订版例如编辑性质的修改。修订标识符应由两位数(01…99)构成。第一个(初版)应当确定01。

注：本部分的"修订"和"版本"两个术语的使用与文件管理中不同，使用应遵循产品管理的规定。

6.18.5 符号标识符的示例

图31给出一些参考符号的符号标识符的例子。

GB/T 4728 中的标准符号	GB/T 4728-S00200B-A01
ISO 14617 中的标准符号	ISO 14617-X3144A-A01
公司内的标准符号	CNONEK144-NO0001A-A01
符号，不是标准的，但提供了一个公司或组织	XABCDE-S04231A-A01

图31　参考符号的标识符例子

附 录 A
（资料性附录）
关于 GB/T 4728 和 ISO 14617

应用计算机辅助工具绘制和编辑简图经常依赖于已命名的符号，这些符号及其相关信息通常包含在基准符号库中：

a) 一般来说，GB/T 4728 和 ISO 14617 所给出的大多数符号仅用于建立基准符号库，而不用于绘制简图。只有按 GB/T 4728 和 ISO 14617 的规则构成的复合符号才能直接应用于简图中。这些复合符号一般不出现在上述标准中，且没有标识编号。

在 GB/T 4728 和 ISO 14617 中，那些构成基本组合块的一般符号和限定符号宜明确标识，并区别于那些作为示例的由基本组合块组合而成的复合符号。

b) 即使某处列出了复合符号，这些复合符号也通常因实际应用的需要而被改编，如：缩放、改变输入或输出的实际编号。在此情况下，所采用的编号代表了一个可能的完整复合符号族。

c) 一个单独的符号可以表示许多不同对象，这些对象包含一个功能和成千上万个实现此种功能的不同器件。虽然在某些情况下符号编号可以足够满足标识该符号的需要，但无法满足标识该符号所表示的器件或功能的需要。

d) 按照控制或过程流方向，符号可以有不同的变式。在某些情况下给出复合符号示例，只是为了举例说明其中一个可能的变式。还应认识到，计算机可读格式文件的相互交换同时也包含了符号的相互交换。这种相互交换通过将所需符号定义连同使用符号的简图一起传递而实现，或者通过发送方和接收方在其各自基准符号库中纳入所用符号的相同定义而实现。

附　录　B
（资料性附录）
简图和基准符号库的交换

B.1　总则

供应商和客户在使用CAE系统编制简图时广泛需要进行数据交换，并日益要求数据交换采用磁储存媒体、光储存媒体或数据线路传输形式，而不是纸件形式或缩微胶片形式。在不同公司之间甚至同一公司内部，发送方与接收方通常使用不同的CAE系统，因而也需要进行数据交换。但是，目前还没有一个合适的统一格式能够满足这种数据交换要求。相应的符号数据传输为基础的传输图表。为了完全传输简图，应采用以下步骤：

——从简图中选取符号并将符号从发送系统的内部格式转换成中性格式；

——将简图数据转换成中性格式；

——通过适当的方法将已中性化了的符号和简图数据传输到接收系统，例如，磁带、光盘或数据线路传输；

——将符号数据转换成接收系统的内部格式，并写入其符号数据库中；

——将简图数据转换成接收系统的内部格式。

在CAE系统中，所制作的数据均以内部文件格式存储。由于大多数CAE供应商出于保护其技术秘诀的原因而未开放各自的内部文件格式的结构和内容，因此这种内部文件格式只是一种专用文件格式。若要进一步处理数据，则通常只能使用同一CAE系统甚至同一版本的系统软件制作或阅读这些数据。鉴于此，不同CAE系统间的数据互不兼容。

B.2　数据传输的可能性

数据传输存在以下可能性，如图B.1所示：

——直接交换使用特殊的转换项目；

——使用中性格式交换。

如果采取直接交换方式，如图B.1a)所示，则每对系统（如：A-B、A-C、B-C）间需要特殊的转换程序。当这些系统的任何一个系统发布了一个新的版本，转换程序必须同时更新。

考虑到直接交换方式的缺点和经济上的原因，推荐使用中性格式。在中性格式中，要素应像CAE系统所使用的那样被详细说明。

在使用中性格式进行数据交换时，每个系统应建立以下两种转换程序：

——将发送系统的内部格式转换成中性格式的写处理程序；

——将中性格式转换成接收系统的内部格式的读处理程序。

当使用中性格式时，数据将被转换两次。

除中性格式外，还应考虑所传输的数据语义。在直接交换中，通常将一个语义定义转换表集成到每个转换程序之中。为了进一步的数据处理，系统对之间还需要双向一致。在没有所传输数据的共同语义定义的情况下使用中性格式时，同样也需要在系统对之间达成双向一致。

为保证数据交换的完整性和经济性，应对简图中的对象所用语义标准化。

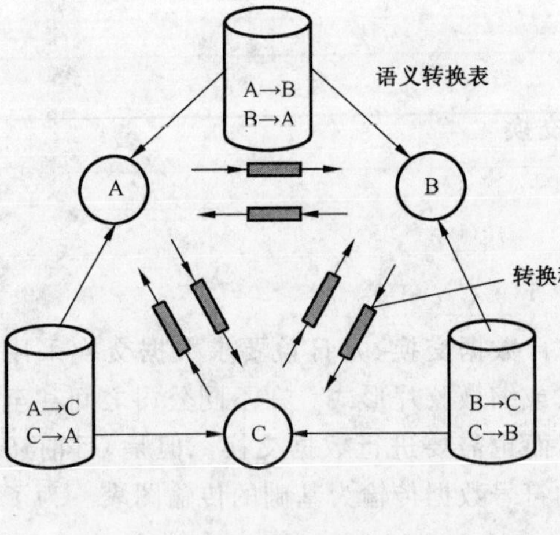

a) 转换程序

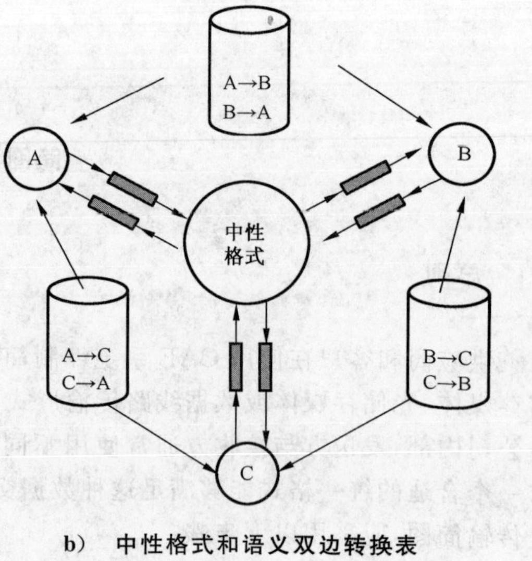

b) 中性格式和语义双边转换表

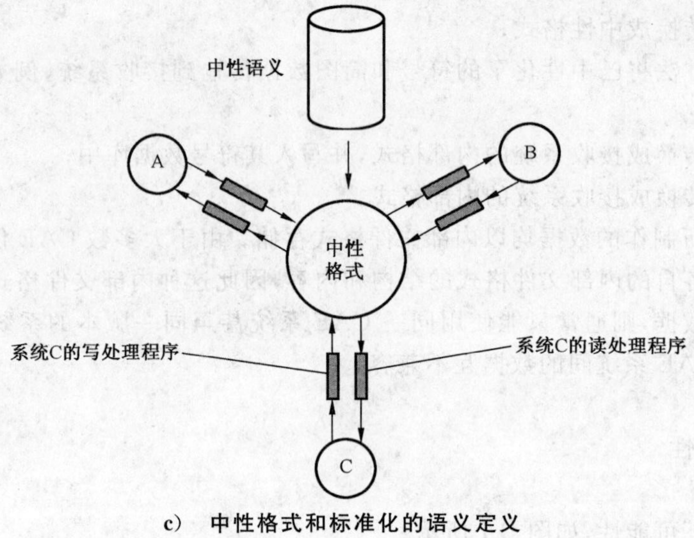

c) 中性格式和标准化的语义定义

图 B.1 数据交换

B.3 交换层面

在使用交换格式工作时，至少认可两个交换层面：

a) 简图的图像交换，即从人的视觉角度来说，某简图不管是在发送系统中还是在接收系统中，看起来都应相同。只要能达到此目的，可使用任何类型的格式，例如，位图格式(如用于电传或扫描仪系统中)，或者任何结构化的更高级的图形交换格式，如 POSTSCRIPT、PDF(可移植文档格式)或 CGM(计算机图形元文件)。

b) 在文件中包含其图形表示法的产品模型交换，例如 GB/T 16656 中(首字母缩写词 STEP-产品模型数据交换标准)对此作了规定。

有必要允许接收系统作进一步的处理，如准备连接文件或实际设计印刷线路板布局图的硬件。

B.4 系统功能性

不同的系统具有不同的描述符号和简图的能力与方法。发送系统应尽其所能表达原始信息,接收系统同样也应尽其所能在保持原始信息不变的前提下将其转换成自己的内部信息。

B.5 未协调符号的交换

简图连同符号一起进行交换,意味着在接收系统中这些符号仅仅分派给被传递的相应简图。接收许多简图(可能来自多方面),可导致多个基准符号库在一个接收系统中的聚集,甚至在一个项目中的聚集。在随后的编辑过程中,用户可能会发现,在不同的基准符号库中,同一名称对应不同的符号或不同的名称对应相同的符号。如果接收系统对版本和基准符号库的配置管理留有余地,那么这些问题将更容易处理。

与简图一起传递符号的优点在于,发送方和接收方可以避免发送和接收系统的基准符号库之间在符号定义上无意识的差别。

当基准符号库元素的定义是易变的,或者对发送和接收系统的基准符号库元素定义无管理权限时,这种方法是最合适的。

B.6 协调符号的交换

为获得对协调的基准符号库的信赖,则需要

——协调与维护跨组织和公司的基准符号库;

——协调机构或组织;

——保存所有过去的基准符号库版本(如果需要)。

当基准符号库元素的定义相对稳定不变,或对发送和接收系统双方的基准符号库元素定义拥有单独的管理权限时,这种方法是最合适的。

在实践中,未协调符号和协调符号能够混合使用。

GB/T 4728 和 ISO 14617 中的符号可以形成稳定的通用于跨系统和跨行业的“组合块”库的基础。当存储某项目的完整数据时,无论使用未协调符号的交换还是协调符号的交换,建议存储该项目所用基准符号库的全套数据或者基准符号库相关部分的全部数据。

附 录 C
（资料性附录）
应用参考模型

C.1 总则

本附录为 GB/T 16901.2 提供了应用参考模型，见图 C.1～图 C.5。应用参考模型是本附录所确定的应用对象的结构和约束的一种图形表示。应用参考模型的图形形式展现在 EXPRESS-G 中。应用参考模型独立于任何实现方法。

EXPRESS-G 是 GB/T 16656.11 规定的一种图形数据建模语言。为便于表述，完整的模型被分为几个部分。

通过尽可能地使用合适的现行 GB/T 16656 系列标准的应用参考模型子集，如 GB/T 16656.201 的应用参考模型(缩写为 ARM)，应用参考模型描述了本部分所提出的一些要求。

注 1：GB/T 16656.201 一直被用来建立该模型。可是 GB/T 16656.201 的现行版本并不包含与本部分确定的图形符号的工业应用有关的所有要求。

注 2：为了在以 GB/T 4728 和 ISO 14617 的应用数据库为基础设计的网络上下载图形符号，ISO 10303-212 和 GB/T 16656.21 可作为合适的标准使用。

注 3：有关 EXPRESS-G 的介绍，见参考文献中的条目[13]。

注 4：本附录的实体和属性仅适合用英语描述。为便于阅读本附录，在每个实体和属性第一次出现时，本附录给出了相应的中文对应词，这些中文对应词仅供参考。

C.2 EXPRESS-G 模型

EXPRESS-G 模型如图 C.1。

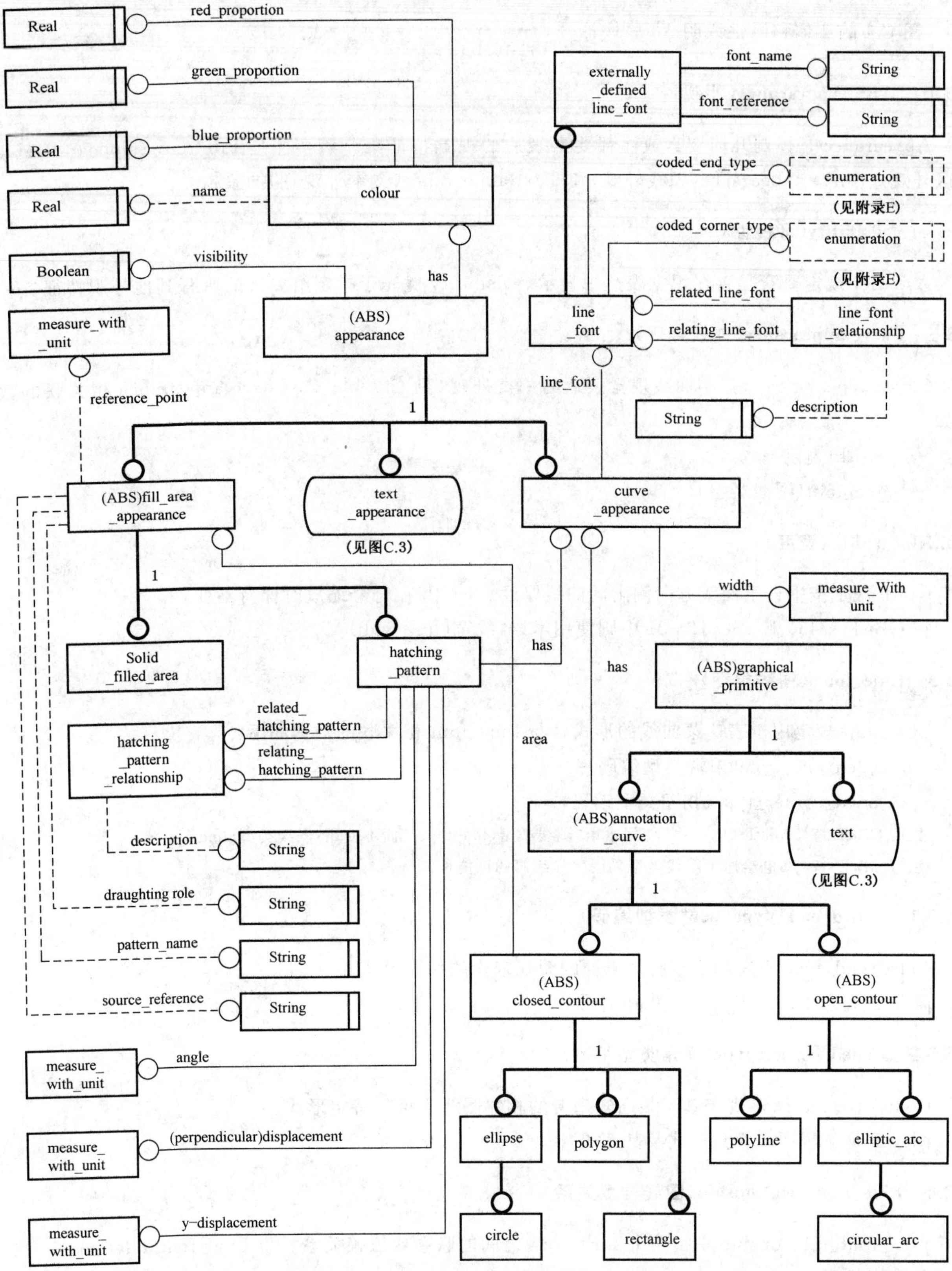

图 C.1 符号图形部分的 EXPRESS-G 模型

C.3 图 C.1 的实体和属性说明

C.3.1 (ABS)Appearance(外观)

Appearance 是控制几何要素或注释要素表达的视觉特征集。该实体是 Fill area appearance(填充区外观)、Curve appearance(曲线外观)和 Text appearance(文本外观)的抽象超类。

C.3.1.1 visibility(可视性)

visibility 规定要素是否在视觉表达中显示。visibility 优先于指定给要素的所有其他外观特征。

C.3.2 Curve appearance(曲线外观)

Curve appearance 是控制曲线视觉表达的一类外观(见 C.3.1)。与 Curve appearance 相关联的数据如下:

——width(宽度);

——line_font(图线类型)。

C.3.2.1 width (宽度)

width 规定按垂直于曲线方向测出的曲线厚度。width 在符号缩放时保持不变。

在 GB/T 17450 和 ISO 128-21 中则使用术语"线宽(line width)"。

C.3.3 Line_font (图线类型)

Line_font 规定用于表达菜曲线的形式。与 Line_font 相关联的数据如下:

——coded_end_type(末端类型编码);

——coded_corner_type(拐角类型编码)。

注 1:GB/T 17450 和 ISO 128-21 使用术语"图线类型(line type)"而不使用"图线类型(line font)"。

注 2:GB/T 17450 也给出了图线类型采用序号编码的可能性。

C.3.3.1 Coded_end _type(末端类型编码)

coded_end_type 规定基于某已知来源的图线末端的特定形式。

附录 F 规定了图线末端类型及其编码。

C.3.3.2 Coded_corner_type(拐角类型编码)

Coded_corner_type 规定基于某已知来源的相邻图线连接的特定形式。

附录 F 详细说明了拐角形式及其编码。

C.3.4 Line_font_relationship(图线类型关系)

Line_font_relationship 是指两个 Line_font 之间的联系或依赖关系。与 Line_font_relationship 相关联的数据如下:

——related_line_font (被关联图线类型);

——relating_line_font(关联图线类型);

——description(描述)。

C.3.4.1 Related_line_font(被关联图线类型)

Related_line_font 规定作为其他 Line_font 的组成要素或被其他 Line_font 所依赖的 Line_font。

C.3.4.2 relating _line_font(关联图线类型)

relating_line_font 规定由其他一个或多个 Line_font 组合而成,或依赖于其他 Line_font 的 Line_font。

C.3.4.3 description(描述)

description 规定对有关的 Line_font_relationship 进行详细说明的可被人所理解的文本字符串。无需为特定的 Line_font_relationship 确定 description。

C.3.5 Externally_defined_line_font(外部定义的图线类型)

Externally_defined_line_font 是指对控制图线类型视觉表达的已知来源的参照。与 Externally_defined_line_font 相关联的数据如下:

——font_name(图线类型名称);

——font_reference(图线类型引用)。

C.3.5.1 font_name(图线类型名称)

font_name 规定已知来源中某特定 Line_font 的标识。

C.3.5.2 font_reference(图线类型引用)

font_reference 规定包含一套 Line_font 的已知来源,所用 Line_font 来自于该套 Line_font 之中。

C.3.6 (ABS) Fill_area_apperance(填充区外观)

Fill_area_apperance 是控制填充区视觉表达的一类外观(见 C.3.1)。该实体是 Solid_filled_area(填实区)和 Hatching_pattern(剖面线图案)的抽象超类。与 Fill_area_apperance 相关联的数据如下:

——source_reference(引用源);

——pattern_name(图案名称);

——draughting_role(制图职能);

——reference_point(基准点)。

C.3.6.1 source_reference(引用源)

source_reference 规定包含一套 Fill_area_apperance 的已知来源,所用 Fill_area_apperance 来自于该套 Fill_area_apperance 之中。无需为特定的 Fill_area_apperance 确定 source_reference。

C.3.6.2 pattern_name(图案名称)

pattern_name 规定已知来源中某特定 Fill_area_apperance 的标识。无需为特定的 Fill_area_apperance 确定 pattern_name。

C.3.6.3 draughting_role(制图职能)

draughting_role 规定图案内某特定 Fill_area_apperance 的目的。无需为特定的 Fill_area_ apperanc 确定 draughting_role。

C.3.6.4 Reference_point(基准点)

Reference_point 规定填充区内用于确定填充区外观位置和起始位置的某一点。Reference_point 确立了一个点,剖面线图案的某图线通过该点或填实区的原点位于该点。Reference_point 还确立了一个点,图线类型的初始可见线段起始于该点,该线段用作剖面线图案的曲线外观。无需为特定的 Fill_area_apperance 确定 reference_point。

注意,当可-displacement(*y* 轴位移)为零时应予以说明。

C.3.7 Solid_filled_area(填实区)

Solid_filled_area 是由均匀填满外观所占区域的单一颜色确定的一种 Fill_area_apperance 类型。

C.3.8 Hatching_pattern(剖面线图案)

Hatching_pattern 是由多条图线均匀隔开而构成的单一几何图案。剖面线图案的主要要素是一条无线延伸的重复穿过填充区内部并截止于填充区边界的直线。曲线外观适用于基于截短图线的注释曲线。与 Hatching_pattern 相关联的数据如下:

——(hatch) angle[(剖面线)角度];

——(perpendicular) displacement[(垂直)位移];

——y-displacement(*y* 轴位移)。

C.3.8.1 (hatch) angle[(剖面线)角度]

(hatch) angle 规定剖面线图案的曲线以其所在坐标系的 x 轴方向为起始方向按逆时针旋转而测定的旋转角度。

C.3.8.2 (perpendicular) displacement[(垂直)位移]

(perpendicular) displacement 规定确定剖面线图案当前图线相对于相邻图线位置的矢量。

C.3.8.3 y-displacement(*y* 轴位移)

y-displacement 规定确定剖面线图案的基线相对于其所在坐标系可轴上的某特定点位置的矢量(见图 C.2)。

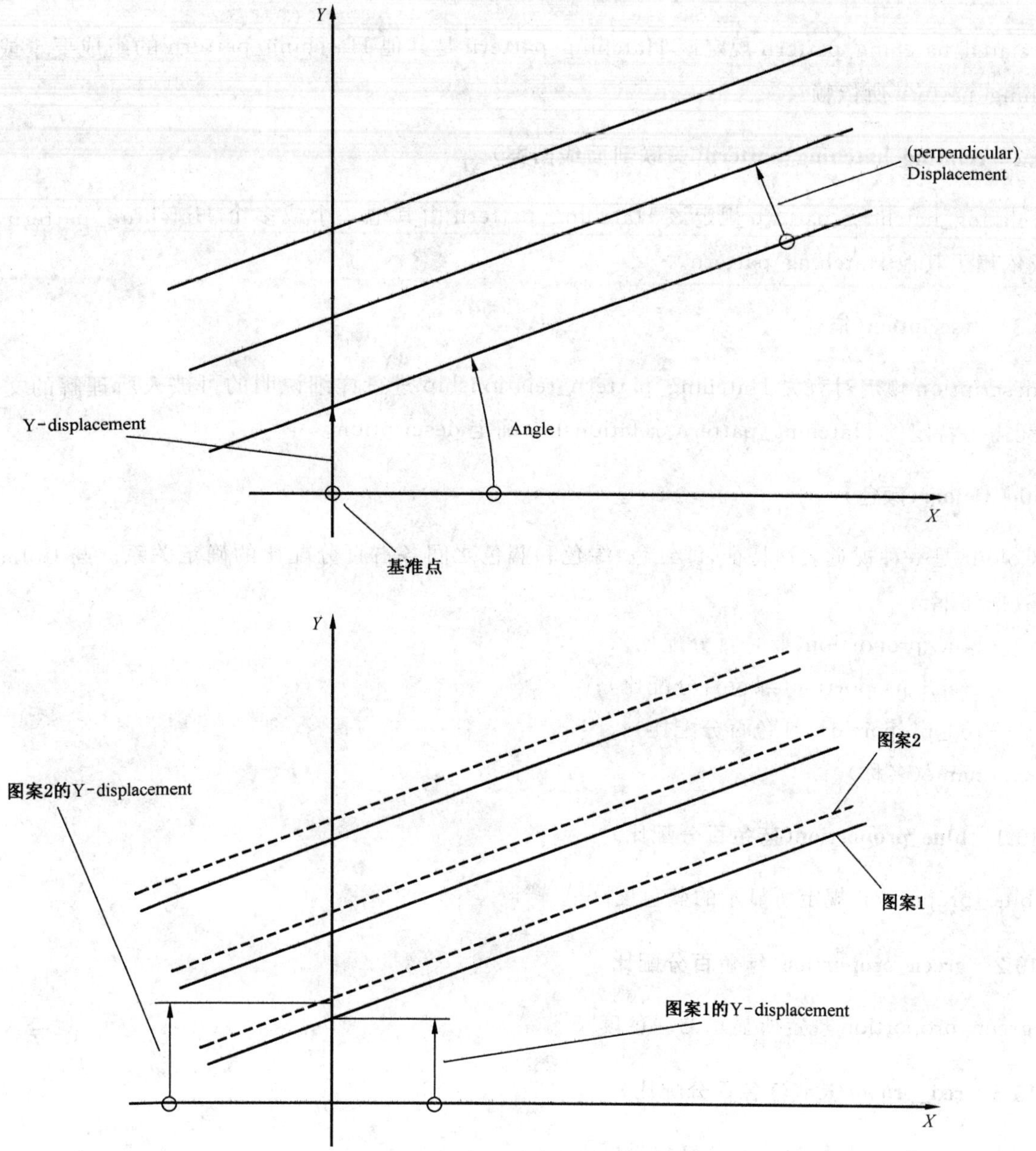

图 C.2 剖面线图案

C.3.9 Hatching_pattern_relationship(剖面线图案关系)

Hatching_pattern_relationship 是指两个 Hatching_pattern 之间的联系或依赖关系。与 Hatching_pattern_relationship 相关联的数据如下：

——related_hatching_pattern(被关联剖面线图案)；

——relating_hatching_pattern(关联剖面线图案)；

——description(描述)。

C.3.9.1　**related_hatching_pattern(被关联剖面线图案)**

related_hatching_pattern 规定该 Hatching_pattern 是其他 Hatching_pattern 的组成要素或被其他 Hatching_pattern 所依赖。

C.3.9.2　**relating_hatching_pattern(关联剖面线图案)**

relating_hatching_pattern 规定该 Hatching_pattern 由其他一个或多个 Hatching_pattern 组合而成,或依赖于其他 Hatching_pattern。

C.3.9.3　**description(描述)**

description 规定对有关 Hatching_pattern_relationship 进行详细说明的可被人所理解的文本字符串。无需为特定的 Hatching_pattern_relationship 确定 description。

C.3.10　**Colour(颜色)**

Colour 是一种视觉表达特征,即红色、绿色和蓝色之间各占百分配比的确定关系。与 Colour 相关联的数据如下:

——blue_proportion(蓝色百分配比);
——green_proportion(绿色百分配比);
——red_proportion(红色百分配比);
——name(名称)。

C.3.10.1　**blue_proportion(蓝色百分配比)**

blue_proportion 规定所显示的蓝色度[5]。

C.3.10.2　**green_proportion(绿色百分配比)**

green_proportion 规定所显示的绿色度[5]。

C.3.10.3　**red_proportion(红色百分配比)**

red_proportion 规定所显示的红色度[5]。

C.3.10.4　**name(名称)**

name 规定某特定的用户定义颜色的标识。name 无需被确定[5]。

C.3.11　**(ABS)Graphical_primitive(图元)**

Graphical_primitive 是几何要素或注释要素的集合。该实体是 Annotation_curve (注释曲线)或 Text (文本)的抽象超类。

C.3.12　**(ABS) Annotation_curve (注释曲线)**

Annotation_curve 是几何要素的集合。该实体是 Closed_contour(封闭轮廓)和 Open_contour(开放轮廓)的抽象超类。

C.3.13 (ABS) Closed_contour(封闭轮廓)

Closed_contour 是几何要素的集合。该实体是 Ellipse(椭圆)、Polygon(多边形)、Circle(圆)和 Rectangle(矩形)的抽象超类。

C.3.14 (ABS) Open_contour(开放轮廓)

Open_contour 是几何要素的集合。该实体是 Polyline(折线)、Elliptic arc(椭圆弧)的抽象超类。

C.3.15 Circular_arc(圆弧)

Circular_arc 是 Elliptic_arc 的子类。

C.4 图 C.3 中的实体和属性说明

C.4.1 Text_appearance(文本外观)

Text_appearance 是控制文本视觉表达的一类外观(见 C.3.1)。与 Text_appearance 相关联的数据如下:

——character_style(字符式样);
——character_slant_angle(字符倾斜角度);
——width(宽度);
——character_aspect_ratio(字符外观比);
——character_spacing_factor(字符间距因子);
——character_height(字符高度);
——character_rotation_angle(字符旋转角度);
——character_justification(字符对准)。

C.4.1.1 character_style(字符式样)

character_style 规定所指定的字符集中的字符是宽度可变(比例字体)还是宽度不变(表式字体)。

C.4.1.2 character_slant_angle(字符倾斜角度)

character_slant_angle 规定单个字符的中线与字符基线的垂直线之间按顺时针方向测定的角度。

C.4.1.3 (line) width[(图线)宽度]

(line) width 规定按垂直于曲线方向测出的曲线厚度。width 在曲线缩放时保持不变。

C.4.1.4 character_aspect_ratio(字符外观比)

character_aspect_ratio 规定字符宽度与字符高度之比。

C.4.1.5 character_spacing_factor(字符间距因子)

character_spacing_factor 规定相对于字符高度的相邻字符框间的距离(见 ISO/IEC 7942)。

C.4.1.6 character_height(字符高度)

character_height 规定文本字符串内字符的高度。

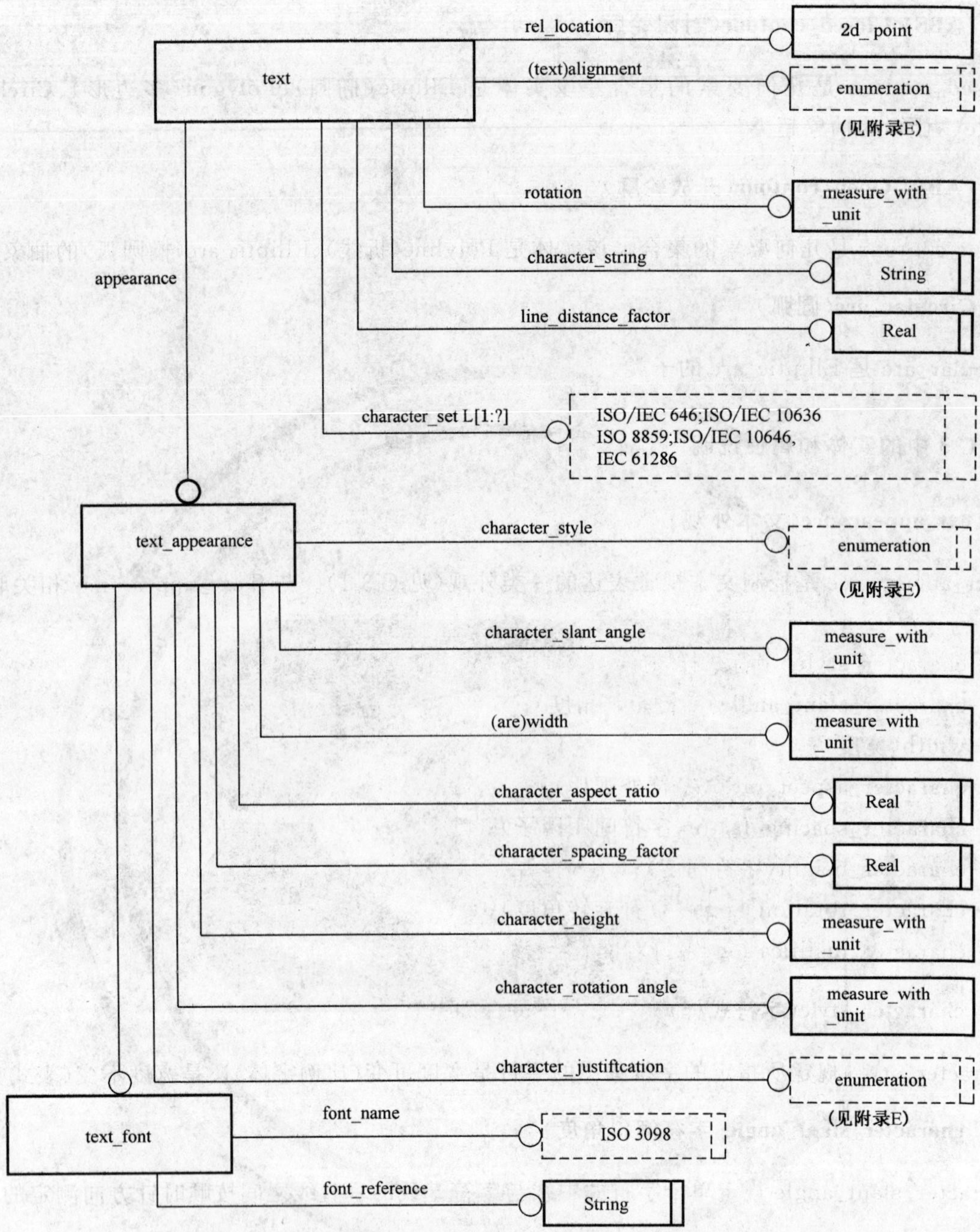

图 C.3 关于文本要求的 EXPRESS-G 模型

C.4.1.7 character_rotation_angle(字符旋转角度)

character_rotation_angle 规定每个字符在文本字符串内按逆时针方向旋转的角度。旋转点位于每个字符的基线与左线的交点。

C.4.1.8 character_justfication(字符对准)

character_justfication 规定用子在字符框内对齐该字符的基准点。character_justfication 可居左、居中或者居右(GB/T 17151.1)。

C.4.2 Text_font(文本字型)

Text_font 是指某字符集中单个字符的准确物理描述,包括字符形式和空间特征描述。与 Text_font 相关联的数据如下:

——font_name(字型名称);

——font_reference(字型引用)。

C.4.2.1 font_name(字型名称)

font_name 规定已知来源内某特定字型的标识。

C.4.2.2 font_reference(字型引用)

font_reference 规定包含某套字型的已知来源,所选字型出自于该套字型之中。

C.4.3 Text(文本)

Text 是一种 Graphical_primitive,即一种传递人类可理解信息的字符集合。与 text 相关联的数据如下:

——rel_location(相对位置);

——augnment (对齐);

——rotation (旋转);

——character_string(字符串);

——line_distance_factor (行间距因子);

——character_set(字符集)。

C.4.3.1 rel_location(相对位置)

rel_location 规定相对于图形符号基准点的文本相对位置。

C.4.3.2 (text) alignment[(文本)对齐]

(text) alignment 规定用于对齐多行连续文本的基准点。

C.4.3.3 rotation(旋转)

rotation 规定文本基线与文本所在坐标系的水平轴线之间按逆时针方向测定的角度。

C.4.3.4 character_string(字符串)

character_string 规定组成文本串的字符列。

C.4.3.5 line_distance_factor (行间距因子)

line_distance_factor 规定相对于字符字母高度的文本相邻基线之间的距离。

C.4.3.6 character_set (字符集)

character_set 提供用于文本串内字符表达的编码字符集的枚举。

C.5 图 C.4 的实体和属性说明

C.5.1 Symbol_definition(符号定义)

Symbol_definition 是某类特征的集合,该类特征确定了与其符号变式无关的符号定义。与 Symbol_definition 相关联的数据如下:

——has(存在);

——node_association(节点联系);

——symbol_type(符号类型);

——symbol_name(符号名称);

——user_def_name(用户定义名称);

——source_reference (引用源);

——scaling_factor (比例因子);

——symbol_function(待号功能);

——module_size (模数尺寸);

——reference_point(基准点);

——belongs_to(所属);

——associated_with (相关)。

C.5.1.1 has(存在)

关系 has 规定了与 Symbol_definition 相关联的一组 Schematic_connect_node。

C.5.1.2 node_association(节点联系)

node_association 规定访问与特定 Symbol_definition 相关联的(示意性)连接意之间的互换性(交换)信息。此种交换与 Symbol_definition 的所有变式无关。

C.5.1.3 symbol_type(符号类型)

symbol_type 规定已知来源内特定符号的分类。

图形符号分类属性的使用,是为了在 CAE 系统中简化符号管理,此属性允许给予具体的赋值(如,分开表示法、集中表示法、一般符号、辅助符号等)。见 3.7.6。

C.5.1.4 symbol_name(符号名称)

symbol_name 规定已知来源内特定 Symbol_definition 的标识。

符号名称宜按照 N2 的规定不表明符号变式。

C.5.1.5 user_def_name(用户定义名称)

user_def_name 规定已知来源内特定符号的一个附加标识。无需给出 user_def_name (见 6.18.5)。

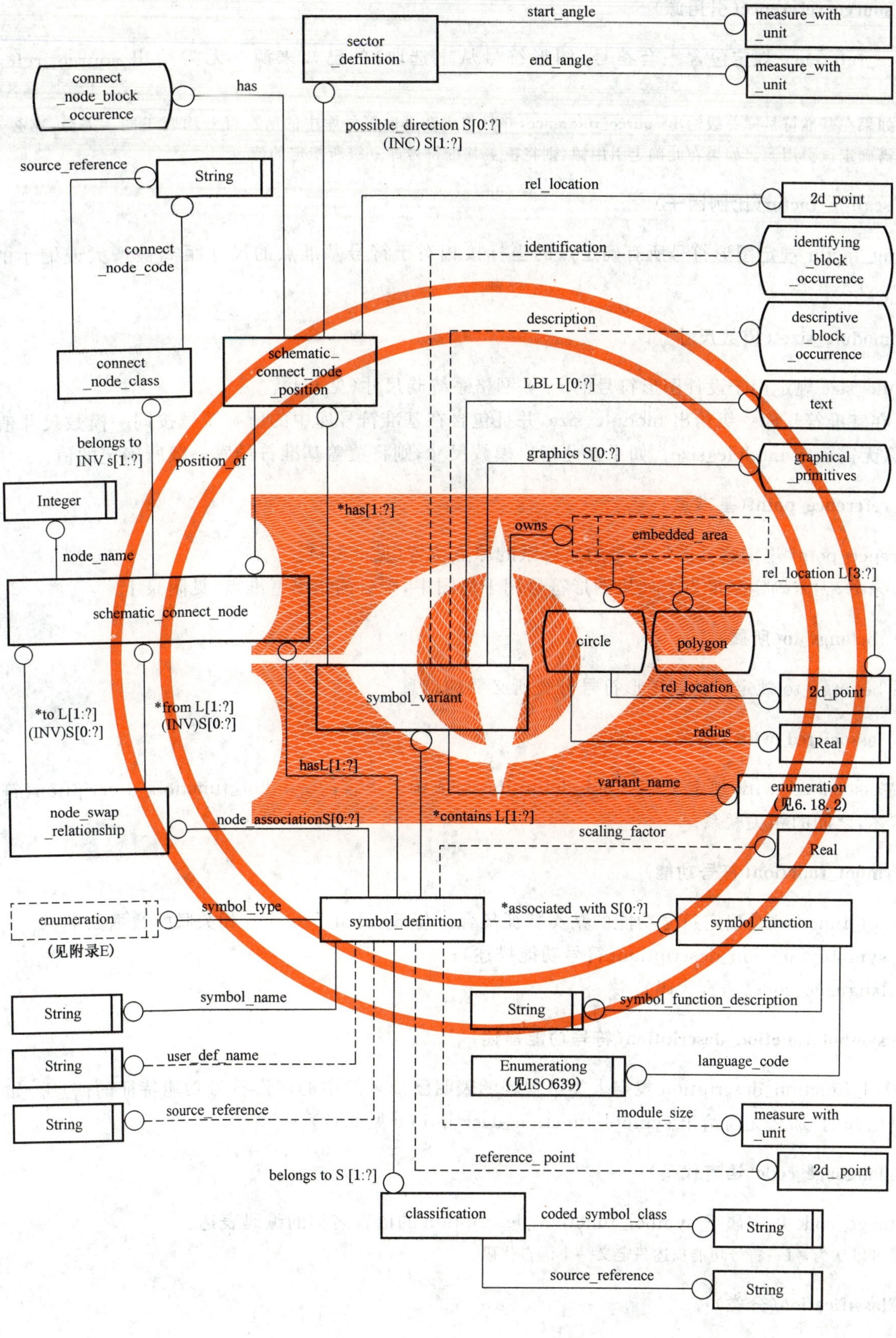

图 C.4　EXPRESS-G 符号部分

C.5.1.6 source_reference(引用源)

source_reference 规定包含一套符号(图形符号从中选取)的已知来源。无需给出 source_reference。

注：如果在基准符号库一级给出 source_reference,并且包含在基准符号库中的所有符号均属于同一来源,那么无需确定该引用源。如果在此确定引用源,则将覆盖基准符号库一级所指定的值。

C.5.1.7 scaling_factor(比例因子)

scaling_factor 规定图形符号所有确定点的坐标按相对于符号基准点的尺寸距离被增大或缩小的关系(见 6.3)。

C.5.1.8 module_size (模数尺寸)

module_size 规定用于设计图形符号的 x/y-网格系统旳尺寸(见 6.4)。

如果在基准符号库一级给出 module_size,并且包含在基准符号库中的所有符号按同一模数尺寸值设计,那么无需确定 module_size。如果在此指出模数尺寸,则将覆盖基准符号库一级所确定的值。

C.5.1.9 reference_point(基准点)

reference_point 规定定义图形符号的坐标系的原点位置(见 6.8.4)。

本部分中,无需确定基准点。如果图形符号用于简图中,则必须指出基准点,见附录 J。

C.5.1.10 belongs_to(所属)

关系 belongs_to 规定了访问图形符号分类所必要的信息。

C.5.1.11 associated_with (相关)

关系 associated_with 规定了 Symbol_definition 与依赖于语言的 symbol_function_description(符号功能描述)之间的相关联系。

C.5.2 Symbol_function(符号功能)

Symbol_function 是确定符号功能的某类特征集合。与 Symbol_function 相关联的数据如下：

——symbol_function_description(符号功能描述);

——language_code(语言代码)。

C.5.2.1 symbol_function_description(符号功能描述)

symbol_function_description 规定人类可理解的表明已知来源中的图形符号功能特征的信息。如果来源是已知的,那么无需给出 symbol_function_description(见 6.17)。

C.5.2.2 language_code(语言代码)

language_code 规定属于 symbol_function_description 的语言名称的编码表达。

注：可以认为,每一符号功能描述只定义一个语言代码。

C.5.3 Classification(分类)

Classification 是指确定类别的某类特征集合,它与 Symbol_definition 相关联(见 6.16)。与 Classification 相关联的数据如下：

——coded_symbol_class(符号分类代码);

——source_reference(引用源)。

C.5.3.1 coded_symbol_class(符号分类代码)

coded symbol_class 规定按照已知来源 Symbol_definition 所属的类别。

C.5.3.2 source_reference(引用源)

source_reference 规定包含一套类别的已知来源,所选类别来自于该套类别之中。

C.5.4 Symbol_variant(符号变式)

Symbol_variant 是确定 Symbol_definition 变式的某类特征集合。与 Symbol_variant 相关联的数据如下:

——variant_name(变式名称)。

C.5.4.1 variant_name(变式名称)

variant_name 规定 Symbol_definition 的特定变式标识。

C.5.4.2 identification(标识)

identification 规定对特定 Symbol_variant 中所用 Identifying_block_occurrence(标识块实例)的引用。

C.5.4.3 description(描述)

description 规定对特定 Symbol_variant 中所用 Descriptive_block_occurrence(描述块实例)的引用。

C.5.4.4 LBL (Label)(标号)

LBL 规定对特定 Symbol_variant 中所用 Descriptive_block_occurence 的引用。

C.5.4.5 graphics(图形)

graphics 规定对需要形象化表达某一概念的 Symbol_variant 图形部分的引用。

C.5.4.6 has(存在)

关系 has 规定了访问与连接点有关信息的表达所必要的信息。

C.5.4.7 0wns(拥有)

关系 owns 规定了描述 Embedded_area(嵌入区)所必要的信息。

C.5.5 Schematic_connect_node_position(示意性连接点位置)

Schematic_connect_node_position 是某类特征集合,该类特征确定访问与某连接点形象化表达有关信息。与 Schematic_connect_node_position 相关联的数据如下:

——rel_location (相对位置);

——possible_direction(可能的方向);

——has:

——position_of(定位于)。

C.5.5.1 rel_location(相对位置)

rel_location 规定相对于图形符号变式的基准点的 Schematic_connect_node(示意性连接点)的相关位置。

C.5.5.2 possible_direction(可能的方向)

possible_direction 规定访问与确定位置上的示意性连接点有关的 sector_definition(扇区定义)。

C.5.5.3 has(存在)

关系 has 规定了引用与特定的 Schematic_connect_node_position 有关的 Connect_node_block_occurrence(连接点块实例)。

C.5.5.4 position_of(定位于)

position_of 规定用 Schematic_connect_node 连接 Schematic_connect_nod_position。

C.5.6 Sector_definition(扇区定义)

Sector_definition 规定某类特征集合,该类特征确定了与连接点的二维形象化表达有关的(连接线的)访问扇区(见 6.11.3)。与 Sector_definition 相关联的数据如下:

——start_angle(起始角度);

——end_angle(终止角度)。

C.5.6.1 start_angle(起始角度)

start_angle 规定按逆时针方向测定、起始于扇区所在坐标系的水平轴、终止于确定的扇区起始角的角度。

C.5.6.2 end_angle(终止角度)

end_angle 规定按逆时针方向测定、起始于扇区所在坐标系的水平轴、终止于确定的扇区截止角的角度。

C.5.7 Embedded_area(嵌入区)

Embedded_area 提供了访问所选信息,该信息用于描述图形符号的一个嵌入区(见 6.11.2)。

C.5.8 Circle(圆)

Circle 是抽象超类 Closed_contour 的一个子类。

C.5.8.1 rel_location(相对位置)

rel_location 规定圆心相对于 symbol_variant 图形基准点的相对位置。

C.5.8.2 radius(半径)

圆的 radius,它应大于零。

C.5.9 Polygon(多边形)

Polygon 是抽象超类 Closed_contour 的一个子类。

C.5.9.1 **rel_location(相对位置)**

rel_location 规定多边形的每个顶点相对于 symbol_variant 图形基准点的相对位置。

C.5.10 **Schematic_con_nect_node(示意性连接点)**

Schematic_connect_node 是指某类特征集合,该类特征确定访问连接点信息。与 Schematic_connect_node 相关联的数据如下:

——node_name(节点名称);

——belongs_to。

C.5.10.1 **node_name(节点名称)**

node_name 规定与图形符号相关联的节点标识(见 6.10)。

C.5.10.2 **belongs_to(所属)**

关系 belongs_to 规定了访问与 Schematic_connect_node 有关的 Connect_node_class(连接点分类)。

C.5.11 **Connect_node_class(连接点分类)**

Connect_node_class 是指某类特征集合,该类特征确定访问连接点分类。与 Connect_node_class 相关联的数据如下:

——connect_node_code(连接点代码);

——source_reference(引用源)。

C.5.11.1 **connect_node_code(连接点代码)**

connect_node_code 规定按照已知来源连接点所属的类别代码。

C.5.11.2 **source_reference(引用源)**

source_reference 规定包含一套连接点分类代码的已知来源,所选 connect_node_code 来自于其中。

C.5.12 **Node_swap_relationship(节点交换关系)**

就示意性连接点图形交换来说,Node_swap_relationship 规定了不同 Schematic_connect_node 之间的关系(见 6.11.4)。

C.5.12.1 **from(从)**

关系 from 规定了从连接点到该连接点所涉及的 Node_swap_relationship 的访问。

C.5.12.2 **to(至)**

关系 to 规定了对 Node_swap_relationship 中的连接点的访问,Node_swap_relationship 中涉及该连接点。

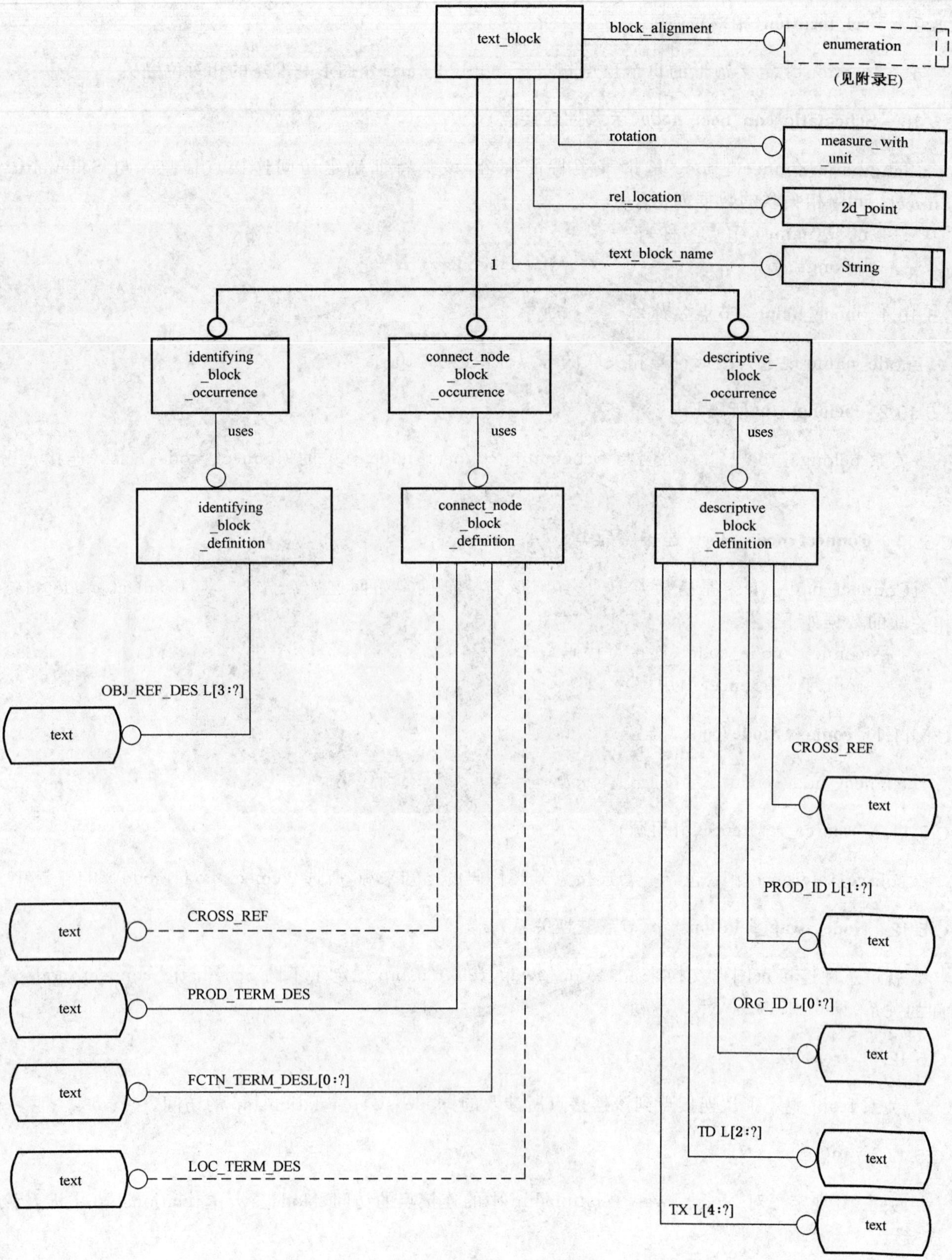

图 C.5　符号变式文本块部分

C.6 图 C.5 中的实体和属性说明

C.6.1 Text_block（文本块）

Text_block 是被命名的空位的某类集合，这些空位用于表达与图形符号相关联的、被认为是一个单元的信息。该实体是 Identifying_block（标识块）、Connect_block（连接块）和 Descriptive_block（描述块）的抽象超类。与 Text_block 相关联的数据如下：

——block_alignment（块对齐）；

——rotation（旋转）；

——rel_location（相对位置）；

——text_block_name（文本块名称）。

C.6.1.1 block_alignment（块对齐）

block_alignment 规定了排成组的连续文本的相对位置。block_alignment 确定了一个基准点，该基准点用于从整体上对齐一组文本。

C.6.1.2 rotation（旋转）

rotation 规定按逆时针方向测定的、文本块基线与文本块所在坐标系的水平轴线之间的角度。

C.6.1.3 rel_location（相对位置）

rel_location 规定相对于 symbol_variant 图形基准点的文本块位置。

C.6.1.4 text_block_name（文本块名称）

text_block_name 规定已知来源内特定文本块标识。

C.6.2 Identifying_block_occurrence（标识块实例）

Identifying_block_occurrence 是一种 Text_block，该类 Text_block 用于注释随所关注对象的图形符号表达一道的标识信息。

C.6.2.1 uses（使用）

关系 uses 规定了 Identifying_block_definition（标识块定义）。

C.6.3 Descriptive_block_occurence（描述块实例）

Descriptive_block_occurrence 足一种 Text_block，该类 Text_block 用于注释随所关注对象的图形符号表达一道描述信息。

C.6.3.1 uses（使用）

uses 关系规定了 Descriptive_block_definition（描述块定义）。

C.6.4 Connect_node block_occurence（连接点块实例）

Connect_node block_occurrence 是一种 Text_block，该类 Text_block 用于注释与具体连接点的表达有关的信息。

C.6.4.1 uses（使用）

关系 uses 规定了 Connect_node_block_definition（连接点块定义）。

C.6.5 Identifying_block_definition（标识块定义）

Identifying_block_definition 是被命名空位的某类集合，这些空位用于表达与图形符号有关的标识信息。6.12 中规定了与 Identifying_block_definition 相关联的数据。

C.6.6 Connect_node_block_definition（连接点块定义）

Connect_node_block_definition 是被命宅空位的某类集合，这些空位用于表达与图形符号的（示意性）连接点有关的标识和描述信息。6.8.3 中规定了与 Connect_node_block_definition 有关的数据。

由于不同类别连接点的存在，每类连接点如电气、光学、机械联结、材料等，均可将其自身的空位集合指定给 Connect_node_block_defin_ition。见 IEC 81714-3。

C.6.7 Descriptive_block_definition（描述块定义）

Descriptive_block_definition 是被命名空位的某类集合，这些空位用于表达与图形符号有关的描述信息。6.13 中规定了与 Descriptive_block_definition 相关联的数据。

由于不同类别图形符号的存在，每类图形符号如电阻器、转炉、测量等，均可将其自身的空位集合指定给 Descriptive_block_definition 。

附 录 D
（资料性附录）
产 品 标 识

在2000版标准中该附录包含关于产品标识的描述和EXPRESS模型。这部分内容被认为更多的是一些概要介绍，因此该附录内容已删掉。具体目的见未来的出版物“标识原则”（PWI3-2）。

附　录　E
（资料性附录）
数据类型、值格式、推荐长度、缺省值

E.1　综述

本附录所推荐的数据长度并不限制发送方完整地写和传输数据的能力，也不限制接收方完整地读数据的能力。

E.2　文本区描述

表 E.1 列出了那些按 6.12.1、6.13.1 和 6.8.3 规定的用于图形符号制作的文本区，同时给出了在本部分范围内有关通讯和数据库存储的推荐最大长度。

表 E.1　文本区数据类型和长度

属性名称	值域	数据类型	长度	缺省值
E1.1 Identifying block (name :ib ;见 6.12.1)(标识块)				
REF　DES		String	25	
REF　DES　2		String	25	
REF　DES　3		String	25	
E1.2 Descriptive block (name:db;见 6.13.1)(描述块)				
CROSS REF		String	35	
TD		String	50	
UPC		String	15	
COUNTRY CODE		String	2	
SUPPLIER_CODE		String	18	
ORG NAME		String	25	
PROD ID NO		String	15	
TX		String	25	
E1.3 Connect node block (name:cb;见 6.8.3)(连接点块)				
PROD TERM DES		String	25	
FCTN TERM DES		String	25	
LOC TERM DES		String	25	
CROSS REF		String	35	

注 1：工业调查表明，两个技术数据元素（即 TD_1、TD_2）的空位足够指定给那些宜具备此类数据元素的基准符号。

注 2：工业调查表明，四行自由文本的空位足够指定给那些宜具备此类文本的基准符号。此四行文本可以通过一个单独的文本字符串（亦即出现在四行文本中的 TX_1，四行文本中的每一行含 25 个字符）来表示，或者通过四个单独的文本区（亦即 TX_1…TX_4，每个文本区含 25 个字符）来表示。

注 3：E.2 属性仅适合用英语描述。

E.3 属性和缺省值

除附录 C 所示 EXPRESS-G 模型外，表 E.2 给出了本部分范围内用于图形符号设计的有关通讯和数据库存储的带有推荐的最大长度的属性及其缺省值。

表 E.2 属性及其缺省值

属性名称	值域	数据类型	长度	缺省值	单位	备注
E.3.1 Symbol_definition（符号定义）						
Reference_point		Real		0:0	mm	
Symbol_name		String	12			见 6.18
symbol_function_description		String	256			见 GB/T 4728.ISO 14617
scaling_factor (f)	>0	Real		1		$x=(f)\times M;y=(f)\times M$
module_size (M)	NIL; 2; 2.5;3.5;5;7;10;14;20	Real		2[1];NIL[2]	mm	
Symbol_type	basic ;suppl	String	25			
User_defined_ name		String	12			
Source_reference	GB/T 4728;…	String				
E.3.2 Symbol_version（符号版本）						见 6.18
version_name		String	12			
E.3.3 Classification（分类）						见 6.16
coded_symbol_class		String	5			
Class_reference		String				
E.3.4 Connect_node_class（连接点分类）						见 6.8
Connect_node_code	IEC 81714-3	String	3	E		
Source_reference	IEC 81714-3	String				
E.3.5 Text（文本）						见附录 G
Alignment	1…9	Integer	1			
Line_distance_factor	≥1.3M	Real		1.3M	mm	
rotation	0°…90°	Real			Degree	Degree 表示“度”
Rel_location		Real				
character_string		String				
character _set		String				见 6.7.4
E.3.6 Text_block（文本块）						见 6.12、6.13
block_alignment	3;6;9	Integer	1			见附录 G
rotation	0°…90°	Real				
Rel_location		Real			Degree	Degree 表示“度”
text_block_name	Ib;bb;db	String				

E.3.7 Text_appearan(文本外观)

见附录 G

character_style	P;T	String		T		
character_slant_angle	−90°<…<+90°	Real		0°	Degree	Degree 表示"度"
character_height		Real		(M)	mm	
(line)width		Real		0.1×(M)	mm	
character_aspect_ratio	0.5…1	Real		0.81		
character_spacing_factor	≥0	Real	0			
character_rotation_angle	−90°…+90°	Real	0°		Degree	Degree 表示"度"
character_justification	left (3); centre (6) ;right (9)	String	1	6		left 表示"左"centre 表示"中"right 表示"右"

E.3.8 Curve_appearance(曲线外观)

(line)width	>0	Real		0.1×(M)	mm	

E.3.9 Line_font (图线类型)

Coded_end_type	1…4	Integer				
Coded_corner_type	1;2	Integer				

E.3.10 Externally_defined_line font(外表定义的图线类型)

Font_name	1…15	String				
Font_reference	GB/T 17450	String		GB/T 17450		

E.3.11 Appearance(外观)

visibility Y;N	Boolean			Y		

E.3.12 Fill_area_appearance(填实区外观)

Source_reference		String				
Pattern_name		String				
Draughting_role		String				
reference_point		Real			mm	

E.3.13 Hatching_pattern(剖面线图案)

(perpendicular) displacement	>0	Real			mm	
Y-displacement	≥0	Real			mm	
(hatch) angle	0°≤x≤180°	Real			Degree	Degree 表示"度"

E.3.14 Colour(颜色)

red_proportion		Real		0		
green_proportion		Real		0		
blue proportion		Real		0		
name		String		black		

E.3.15 Text_font（文本字型）

Font_name		String		
Font_reference	ISO 3098	String		

E.3.16 Schematic_connect_node_position（示意性连接点位置）

Rel_location		Real	mm	

E.3.17 Sector_definition（扇区定义） 见 6.11.3

Start_angle	0°…360°	Real	Degree	Degree 表示“度”
End_angle	0°…360°	Real	Degree	Degree 表示“度”

E.3.18 Schematic_connect_node（示意性连接点）

Node_name		String		见 6.10

E.3.19 Identifying_block_definition（标识块定义） 见 E1.1

E.3.20 Descriptive_block_definition（描述块定义） 见 E1.2

E.3.21 Connect_block_definition（连接块定义） 见 E1.3

附 录 F
（资料性附录）
图线要求

F.1 综述

本附录规定了 GB/T 17450 和 ISO 128-21 中未涉及的有关图线的附加要求。

F.2 定义

F.2.1 图线末端类型 line end type

图线末端类型的描述。

F.2.2 图线末端类型编码 coded line end type

图线末端类型的编码。

F.2.3 图线类型 line type

图线的视觉表达描述(GB/T 17450)。

注：GB/T 16656.201 使用术语“图线类型(line font)”。

F.2.4 图线类型编码 coded line type

图线类型的编码(GB/T 17450)。

注：在 GB/T 17450 中,图线类型采用数字编码。

F.3 图线末端类型

图线可以不同的形状终止。如果图线末端成圆形,则圆半径应等于线宽的一半。

如果图线末端的坐标适用于与图线末端形状无关的假想点,则确定下列值及其相应代码：

——图线末端类型编码 1(圆形)：图线末端以半圆终止,半圆的圆心位于图线指定终点上,见图F.1a)；

——图线末端类型编码 2(延伸形)：图线末端按线宽值的一半延伸,见图 F.1b)；

如果图线末端的坐标用于与图线末端形状无关的边对边限定的特征,则确定下列值及其相应代码；

——图线末端类型编码 3(弧形)：图线末端按半圆的半径延伸,见图 F.1c)；

——图线末端类型编码 4(缩短形)：图线末端准确地终止于指定终点上,见图 F.1d)；

如果不特别指定,则圆形图线末端类型(图线末端类型编码 1)应为缺省类型。

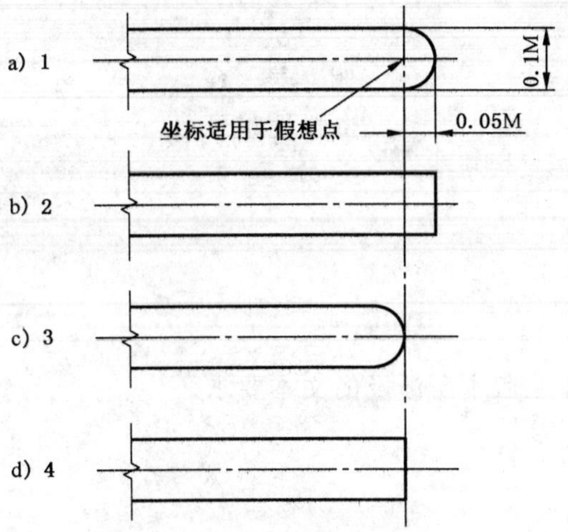

图 F.1 图线末端类型及其编码

F.4 图线拐角类型

折线可以由单个的直线组成，每两条直线间都有一对共同的坐标。每条直线可如图 F.2 所示由不同形状终止。

如果图线末端的坐标适用于与图线末端形状无关的假想点，则下列值及其相应代码被确定：

——图线拐角类型编码 1：每条图线末端以半圆终止，见图 F.2a)；

——图线拐角类型编码 2：每条图线末端按线宽值的一半延伸，见图 F.2b)。

其他图线拐角类型不应用于诸如 GB/T 4728 和 ISO 14617 中的图形符号的表达。

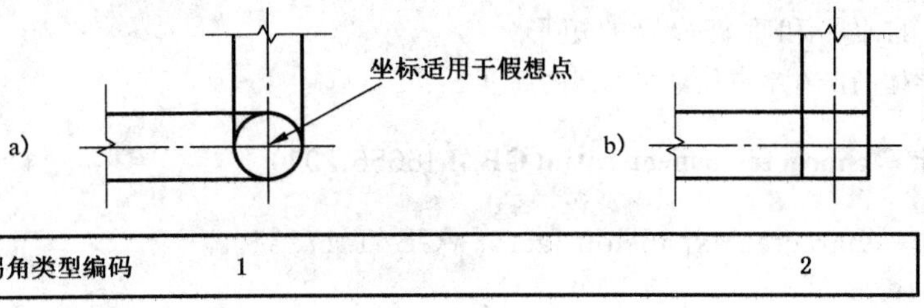

图 F.2 图线拐角类型及其编码

为便于相互交换，应传递有关图线末端类型、图线拐角类型和图线类型的信息(见附录 C)。

F.5 图线分组

GB/T 17450 规定了用于制图和图形符号的图线，这些图线需要一个分组机制管理。在此情况下，分组机制意味着图线组中的所有图线具有相等的(直线)或几乎相等的长度(曲线)。

图 F.3 表示了由三条等长线组成的图线组示例。

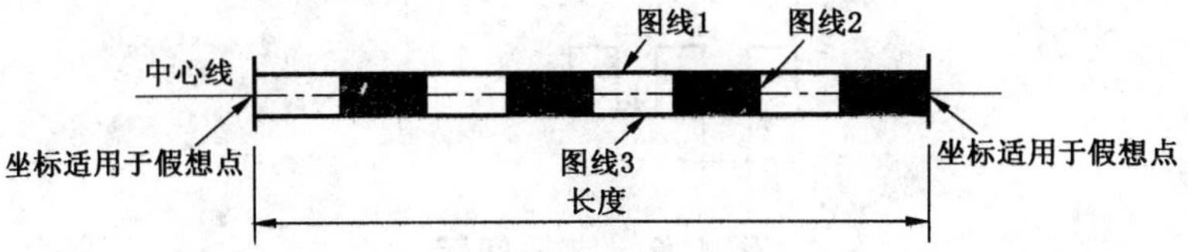

图 F.3 图线分组

附 录 G
（资料性附录）
文本要求

G.1 综述

本附录规定了ISO 3098未来版本所涉及的文本要求。

G.2 定义

G.2.1 字符倾斜角度 character slant angle

单个字符的中线与字符基线的垂直线之间按顺时针方向测定的角度。(GB/T 16656.201)

注：图G.1图解说明了GB/T 16656.201中规定的字符倾斜角度的概念。

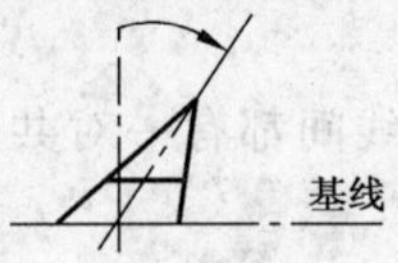

图 G.1 字符倾斜角度

G.2.2 字符框 character body

定义单个字符的水平和垂直边界的矩形。

注：同一铅字字体的所有字符框具有相同的高度。

G.2.3 字符外观比 character aspect ratio(GB/T16656.201)

字符扩展因子 character expansion factor (GB/T 17151.1)

字符框的宽高比。

G.2.4 字符对准 character justification

字符在其字符框内的对齐(GB/T 17151.1)。

注1：ISO 3098-10介绍了在字符框内居中并对齐的所有字符。

注2：字符对准代码见G.2。

G.2.5 字符间距因子 character spacing factor

相邻字符框之间的间距(GB/T 17151.1)。

注：用于修改字符间距的系数，它与字体高度有关(见ISO/IEC 7942-1和图G.2)。

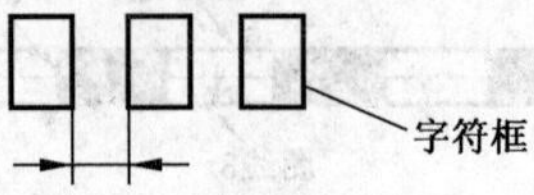

图 G.2 字符间距

G.2.6 表式字体 tabular lettering

所有字符的字符框具有统一宽度的字符字体。

注：字符框的宽度由其宽高比（宽/高（b/h））确定。

图 G.3 表式字体

G.2.7 比例字体 proportional lettering

各字符的字符框具有各自宽度的字符字体。

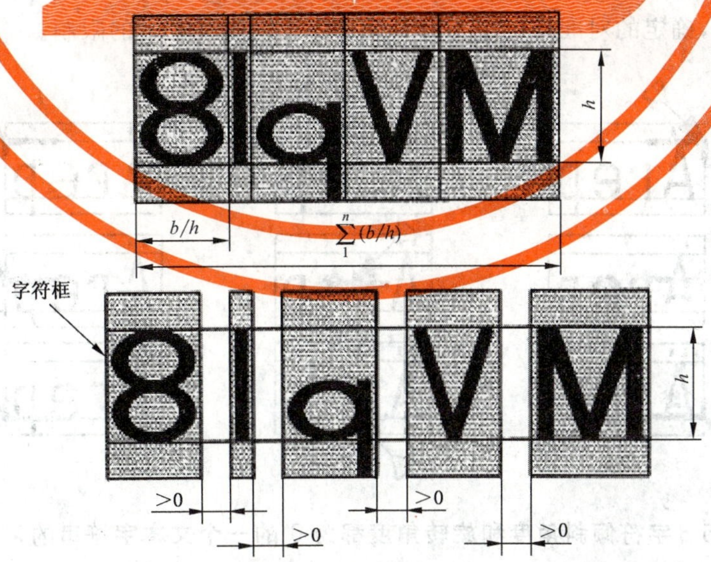

注1：字符框宽度由字符的外观所确定。

注2：数据传递时，只要传递所用字符集中所有字符的字符扩展因子平均值就足够了。

图 G.4 具有不同字符间距的比例字体示例

G.2.8 行间距因子 line distance factor

确定相邻文本基线间距相对于字符的字体高度的因子。

G.2.9 文本区 textfield

包含文字,字母、数字或特殊字符的字符串。

G.2.10 文本区对准 textfield justification

相对于文本区基准点的字符串对齐。

G.2.11 文本基准点 text reference point

用于文本表达的坐标系原点。

G.2.12 可视性 visibility

表明所关注对象(如文本或图线)是否可视。

G.2.13 旋转 rotation

文本基线与文本所在坐标系的水平轴线之间按逆时针方向测定的角度。

G.3 对齐

图 G.5 列出了 9 种不同的对齐及其代码。

——左上 (1) 中上 (4) 右上 (7)

——左中 (2) 中中 (5) 右中 (8)

——左下 (3) 中下 (6) 右下 (9)

在文本字符串中,确定的对准保持不变而不受书写方向和行数量的限制。

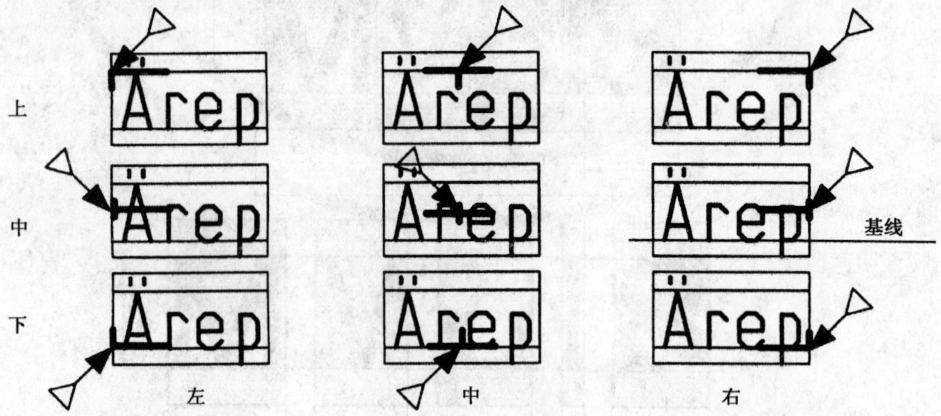

图 G.5 字符倾斜角度和旋转角度都为 0°的一个文本字符串的可能对齐

附　录　H
（规范性附录）
图案定义示例

表 H.1 列出的图案示例使用 GB/T 17450 规定的图线类型，并分为不同的剖面线图案组。每个图案通过其图案名称标识，并与其制图职能相关。

表 H.1　图案定义示例

图案名称	图案	制图职能	图案名称	图案	制图职能
S	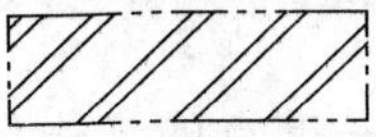	硬质材料	SN22		顺木纹方向的木制材料
SN5	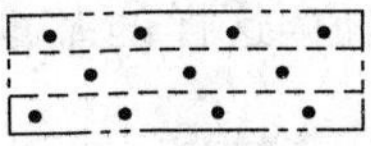	沙子	SN41	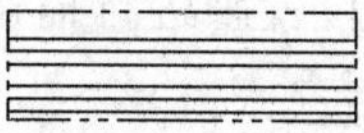	砖石工程、砖块
SN6	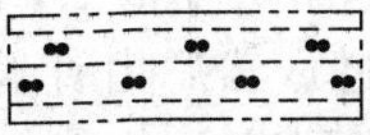	滤料	SN42		增强的砖石工程
SN7	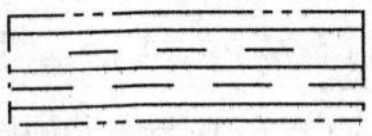	黏土	SN43		砖石工程、轻质砖块
SN8		泥煤、腐殖质	SN44	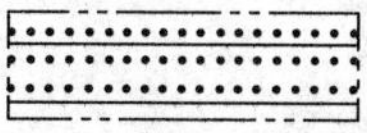	砖石工程、轻石料
SN9		泥浆	SN45	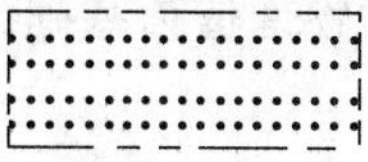	灰泥（石膏）
SN10		煤	SN46	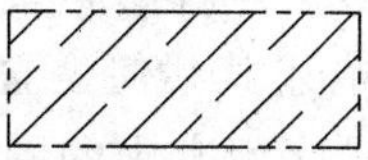	钢筋混凝土
SN12		砂石	SN50	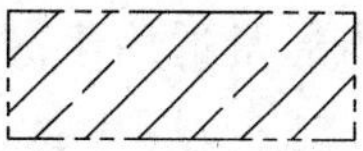	混凝土
SN21	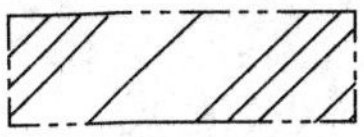	垂直木纹方向的木制材料	SN53	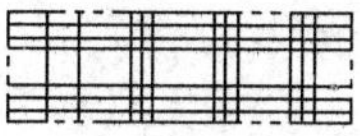	陶瓷制品
SN54	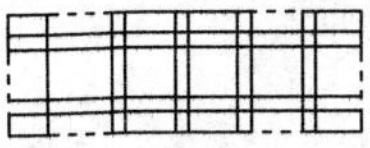	瓷器	SP	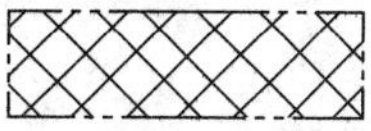	塑料制品
SN58	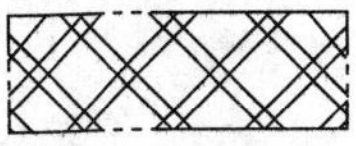	绝缘材料	SP2	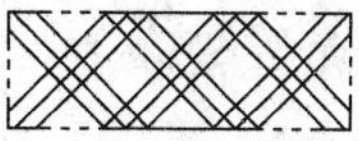	丢洛塑料
SN59	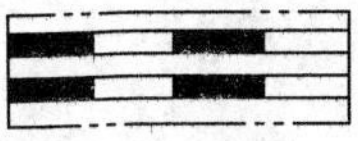	密封材料	L1	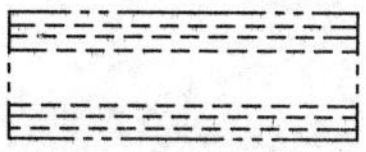	水
SM	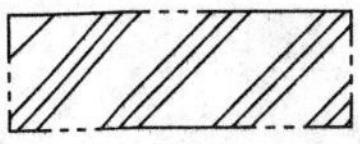	金属	L2		油
SM	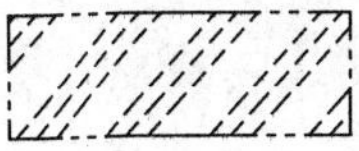	合金	L4		汽油

附 录 I
（规范性附录）
基准符号库版本——一致性要求

I.1 综述

以本部分为基础按下述两种形式建立的两种不同基准符号库版本符合本部分的要求。

I.2 基于模数 M 的参数化基准符号库版本

所有包含位置的图形实体，例如，带有一列二维坐标点的折线、带有基准点的文本区，通过以模数 M 的倍数所表示的相对位置来进行描述，模数 M 没有被赋予具体的物理值，这样的基准符号库版本称为参数化基准符号库版本。

包含在此种基准符号库版本中的图形符号不能立即用于对象表达，如用于屏幕上、纸件上。当需要使用这些参数化的符号进行表达时，就必须赋予模数 M 一个具体的物理值，然后由计算机辅助设计系统的函数性计算出图形符号最终表达的实际几何位置(如图形符号呈现在屏幕上时的几何位置)。

此种基准符号库版本可以作为支持参数化设计的某系统的一个基准符号库而提供服务，也可以作为一个主要的基准符号库通过对模数肘赋予确定的物理值(例如，2 mm 或 2.5 mm)而提供不同的基准符号库版本为某组织服务。

I.3 以模数 M 赋予具体物理值为基础的基准符号库

所有包含位置的图形实体，例如，带有一列二维坐标点的折线、带有基准点的文本区，通过给模数 M 赋予具体的物理值而描述其几何位置。这样的基准符号库版本称为显式基准符号库版本。

包含在此种基准符号库版本中的图形符号可以立即用于对象表达。

此种基准符号库版本通常适用于简图的实际制作和不支持参数化设计的计算机辅助设计系统。

附 录 J
（规范性附录）
基准符号库中有关全局定义的要求

J.1 有关图形符号的全局定义

为减少所传递数据的数量，只有在传递完整基准符号库定义的情况下，某些数据才可以采用全局定义：

a) 若基准符号库仅包含基于一个单独的比例因子值的符号定义，赋予符号定义的比例因子值则可以一次性采用全局定义；

b) 若基准符号库仅包含基于一个单独的模数尺寸值的符号定义，赋予符号定义的模数尺寸值则可以一次性采用全局定义；

c) 若基准符号库仅包含符号定义，且所有这些定义均引用相同的国家标准或国家标准系列的相同部分，所有符号定义的引用源则可以一次性采用全局定义；

d) 若基准符号库仅包含符号版本，且所有这些版本均引用相同的基准点值，通常赋予基准点的值则可以一次性采用全局定义；

e) 若基准符号库仅包含符号描述，且所有这些描述引用相同的语言代码，通常按照 GB/T 4880 赋予语言代码的值则可以一次性采用全局定义。

注：对于按本部分而建立的基准符号库，图形符号版本的基准点与图形符号设计时所在局部坐标系原点坐标(0;0)有关。

对于所有其他情况，则需联合考虑与附录 C 所示的母个图形符号定义或图形符号版本有关的数据。

注：若使用全局定义，且为一个单独的定义赋予一个相同或不同的值，所赋予的值则将覆盖相应的全局定义。

J.2 基准符号库管理数据

应至少提供下列数据作为管理数据：

——版权(制作该基准符号库组织的版权)，例如，国家标准化管理委员会保留所有版权(1992…2004)；

——引用源(图形符号源于或依据的国际或国家标准的引用源)，例如，GB/T 4728；

——出版年限(图形符号源于或依据的国际或国家标准的出版年限)，例如，2004；

——产品标识号(该组织所拥有产品标识号)，例如，3TH485-612。

对于组织标识，应提供下列内容：

——组织名称，例如，中国标准；

——(可选的)国家代码，例如，CN；

——(可选的)地址(组织所在位置的地址)，例如，中国北京市海淀区马甸东路 9 号 100088 作为组织名称、国家代码和地址的替代，供应商代码(见 6.13.1 和附录 D)可用于组织标识；

——供应商代码，如，DDDDCCCCCCCCCCCCCC。

另外还应提供进一步的数据：

——联系人(提供产品的组织内的人员)，例如，×××先生；

——日期和时间[所提供文件的制作日期和时间，日期和时间书写方式按 UTC(通用时间表达式)

规定],如,YYYY-MM-DD/hh:mm:ss;

——应用范围(文件用途),例如,模拟;

——字符代码(用于文件制作),例如,GB/T 4728.1;

——文件名称,例如,gb4728.xyz;

——文件格式,例如,GB/T 1988,IRV;

——语句格式,例如,GB/T 16656—21:1994;

——按 GB/T 4880 规定的语言代码,例如,en;

——(可选的)描述(文件内容描述),例如,图形符号;

——(可选的)制作系统,例如,IECAD;

——(可选的)制作界面,例如,STEP212.1;

——(可选的)操作系统,例如,UNIX。

附 录 K
（规范性附录）
数据元素类型规定

K.1 综述

本附录包含了与 6.7.8 中的示例有关的数据元素类型规范。在此详细列出的数据元素类型拟包含在 GB/T 17564.4 的基准集中。本附录促进了新数据元素类型的应用及其维护。所有这些均以 GB/T 17564.1 所制定的要求为依据。

注：这些定义符合 GB/T 17564.1，并将被提交登记和纳入 GB/T 17564.4 中。到那时，将分配一个 DET 标识符以供引用。

K.2 颜色代码

〈Det code〉

〈Version〉

〈Revision〉

〈Pref name(en-UK)〉颜色代码

〈Short name(en-UK)〉颜色代码

〈Definition(en-UK)〉与单个对象有关的颜色指令代码

〈Remark(en-UK)〉颜色按照所传递的信息与具体的含义有关；见 IEC 60073 的示例

〈Value Format〉M…8

〈List of values〉

BK	=	black	黑色
BN	=	brown	棕色
RD	=	red	红色
OG	=	orange	橙色
YE	=	yellow	黄色
GN	=	green	绿色
BU	=	blue(inluding light blue)	蓝色(含淡蓝色)
VT	=	violet(purpie)	紫罗兰色(紫色)
GY	=	grey(slate)	灰色(暗蓝灰色)
WH	=	white	白色
PK	=	pink	粉红色
GD	=	gold	金色
TQ	=	turquoise	青绿色
SR	=	silver	银色
GNYE	=	green-and-yellow	黄绿色

BKBN	=	black-and-brown	深棕色
BKRD	=	black-and-red	深红色
BKOG	=	black-and-orange	深橙色
BKYE	=	black-and-yellow	深黄色
BKGN	=	black-and-green	深绿色
BKBU	=	black -and-blue	深蓝色
BKVT	=	black -and-violet	深紫色
BKGY	=	black-and-grey	深灰色
BKWH	=	black-and-white	黑白色
BKPK	=	black -and-pink	深粉红色
BKGD	=	black-and-gold	深金色
BKTQ	=	black-and-turquoise	深青绿色
BKSR	=	black -and-silver	深银色
BNRD	=	brown-and-red	棕红色
BNOG	=	brown-and-orange	棕橙色
BNYE	=	brown-and-yellow	棕黄色
BNGN	=	brown-and-green	棕绿色
BNBU	=	brown-and-blue	棕蓝色
BNVT	=	brown-and-violet	棕紫罗兰色
BNGY	=	brown-and-grey	棕灰色
BNWH	=	brown-and-white	棕白色
BNPK	=	brown-and-pink	棕粉红色
BNGD	=	brown-and-gold	棕金色
BNTQ	=	brown-and-turquoise	棕青绿色
BNSR	=	brown-and-silver	棕银色
RDOG	=	red-and-orange	红橙色
RDYE	=	red-and-yellow	红黄色
RDGN	=	red-and-green	红绿色
RDBU	=	red-and-blue	红蓝色
RDVT	=	red-and-violet	红紫罗兰色
RDGY	=	red-and-grey	红灰色
RDWH	=	red-and-white	红白色
RDPK	=	red-and-pink	红粉红色
RDGD	=	red-and-gold	红金色
RDTQ	=	red-and-turquoise	红青绿色
RDSR	=	red-and-silver	红银色

OGYE	=	orange-and-yellow	橙黄色
OGGN	=	orange-and-green	橙绿色
OGBU	=	orange-and-blue	橙蓝色
OGVT	=	orange-and-violet	橙紫罗兰色
OGGY	=	orange-and-grey	橙灰色
OGWH	=	orange-and-white	橙白色
OGPK	=	orange-and-pink	橙粉红色
OGGD	=	orange-and-gold	橙金色
OGTQ	=	orange-and-turquoise	橙青绿色
OGSR	=	orange-and-silver	橙银色
YEGN	=	yellow-and-green	黄绿色
YEBU	=	yellow-and-blue	黄蓝色
YEVT	=	yellow-and-violet	黄紫罗兰色
YEGY	=	yellow-and-grey	黄灰色
YEWH	=	yellow-and-white	黄白色
YEPK	=	yellow-and-pink	黄粉红色
YEGD	=	yellow-and-gold	黄金色
YETQ	=	yellow-and-turquoise	黄青绿色
YESR	=	yellow-and-silver	黄银色
GNBU	=	green-and-blue	绿蓝色
GNVT	=	green-and-violet	绿紫罗兰色
GNGY	=	green-and-grey	绿灰色
GNWH	=	green-and-white	绿白色
GNPK	=	green-and-pink	绿粉红色
GNGD	=	green-and-gold	绿金色
GNTQ	=	green-and-turquoise	绿青绿色
GNSR	=	green-and-silver	绿银色
BUVT	=	blue-and-violet	蓝紫罗兰色
BUGY	=	blue-and-grey	蓝灰色
BUWH	=	blue-and-white	蓝白色
BUPK	=	blue-and-pink	蓝粉红色
BUGD	=	blue-and-gold	蓝金色
BUTQ	=	blue-and-turquoise	蓝青绿色
BUSR	=	blue-and-silver	蓝银色
VTGY	=	violet-and-grey	紫灰色
VT WH	=	violet-and-white	紫白色

VTPK	=	violet-and-pink	紫粉红色
VTGD	=	violet-and-gold	紫金色
VTTQ	=	violet-and-turquoise	紫青绿色
VTSR	=	violet-and-silver	紫银色
GYWH	=	grey-and-white	灰白色
GYPK	=	grey-and-pink	灰粉红色
GY GD	=	grey-and-gold	灰金色
GYTQ	=	grey-and-turquoise	灰青绿色
GYSR	=	grey-and-silver	灰银色
WHPK	=	white-and-pink	白粉红色
WHGD	=	white-and-gold	白金色
WHTQ	=	white-and-turquoise	白青绿色
WHSR	=	white-and-silver	白银色
PKGD	=	pink-and-gold	粉红金色
PKTQ	=	pink-and-turquoise	粉红青绿色
PKSR	=	pink-and-silver	粉红银色
GDTQ	=	gold-and-turquoise	金青绿色
GDSR	=	gold-and-silver	金银色
TQSR	=	turquroise-and-silver	青绿银色

〈Definition source〉GB/T 13534—1992

〈Value source〉GB/T 13534—1992

M-2

K.3 光源代码

〈Det code〉

〈Version〉

〈Revision〉

〈Pref name(en-UK)〉光源代码

〈Short name(en-UK)〉灯类型

〈Definition(en-UK)〉光源类型发出的指令代码

〈Remark(en-UK)〉颜色按照所传递的信息与具体的含义有关;见 IEC 60073 的示例

〈Value Format〉M…3

〈List of values〉

Ne	=	neon	氖
Xe	=	xneon	氙
Na	=	sodium vapor	钠

Hg	=	mercury	汞
I	=	iodine	碘
IN	=	incandescent	白炽灯
EL	=	electroluminescent	电致发光的
ARC	=	arc	弧
FL	=	fluorescent	荧光的
IR	=	infra-red	红外线的
UV	=	ultra-violet	紫外线的
LED	=	light emitting diode	发光二极管

〈Definition source〉GB/T 16901.2—2000

〈Value source〉GB/T 4728—(S00965/A00174)

参 考 文 献

[1] GB/T 4026—2010 人机界面标志标识的基本和安全规则 设备端子和导体终端的标识(IEC 60445:2006,IDT Basic and safety principles for man-machine interface, marking and identification—Identification of equipment terminals and conductor terminations)

[2] GB 13000—2010 信息技术 通用多八位编码字符集(UCS)(ISO/IEC 10646: 2003,IDT Information technology—Universal multiple—Octet Coded Character Set (UCS))

[3] GB/T 16656.1—2008 工业自动化系统与集成 产品数据表达与交换 第1部分:概述与基本原理(ISO 10303-1:1994,MOD,Industrial automation systems and integration—Product data representation and exchange—Part 1: Overview and fundamental principles)

[4] GB/T 16656.11—1996 工业自动化系统与集成 产品数据表达与交换 第11部分:描述方法:EXPRESS语言参考手册(idt,ISO 10303-11:1994,Industrial automation systems and integration—Product data representation and exchange—Part 11: Description methods: The EXPRESS language reference manual)

[5] GB/T 16656.21—2008 工业自动化系统与集成 产品数据的表达与交换 第21部分:实现方法:交换文件结构的纯正文编码(ISO 10303-21:2002,IDT Industrial automation systems and integration—Product data representation and exchange—Part 21: Implementation methods: Clear text encoding of the exchange structure)

[6] GB/T 17453—2005 技术制图 图样画法 剖面区域的表示法(ISO 128-50:2001,IDT, Technical drawings—General principles of presentation—Part 50: Basic conventions for representing areas on cut and sections)

[7] GB/T 17645.26—2000 工业自动化系统与集成 零件库 第26部分:信息供应商标识(eqv,ISO 13584-26:2000,Industrial automation systems and integration—Parts library—Part 26: Information supplier identification)

[8] GB/T 20063 简图用图形符号(ISO 14617 (all parts),Graphical symbols for diagrams)

[9] GB/T 20295—2006 GB/T 4728.12 和 GB/T 4728.13 标准的应用 IEC 61734:1997, Application of IEC 617-12 and IEC 617-13 standards

[10] ISO 128-40: 2001 Technical drawings—General principles of presentation—Part 40: Basic conventions for cut and sections

[11] ISO/IEC 8859(所有部分) 信息处理 八位单字节编码图形字符集 (ISO/IEC 8859 (all parts),Information technology-8-bit single-byte coded graphic character sets)

[12] ISO 10303-212:2001 Industrial automation systems and integration—Product data representation and exchange—Part 212: Application protocol:Electrotechnical design and Installation

[13] 信息模型 以 EXPRESS-G 开始此文件以 PDF 电子格式文件形式存放于网页(WEB)上(http://tc3.iec.ch)

[14] WWW Homepage of IEC TC3 and its subcommittees (http://tc3.iec.ch)

ICS 01.080.01
A 22

中华人民共和国国家标准

GB/T 16902.3—2013

设备用图形符号表示规则 第3部分：应用导则

Rules for the presentation of graphical symbols for use on equipment—
Part 3: Guidelines for the application of graphical symbols

2013-07-19 发布　　2013-11-30 实施

中华人民共和国国家质量监督检验检疫总局
中国国家标准化管理委员会　发布

前　言

GB/T 16902 是《图形符号表示规则》系列国家标准之一。该系列国家标准的结构和名称如下：

a) GB/T 16900《图形符号表示规则　总则》。

b) GB/T 16901《技术文件用图形符号表示规则》，分为以下三个部分：

——第 1 部分：基本规则；

——第 2 部分：图形符号（包括基准符号库中的图形符号）的计算机电子文件格式规范及其交换要求；

——第 3 部分：连接点、网络及其编码的分类。

c) GB/T 16902《设备用图形符号表示规则》，分为以下四个部分：

——第 1 部分：原形符号；

——第 2 部分：箭头的形式和使用；

——第 3 部分：应用导则；

——第 4 部分：屏幕和显示器用图形符号（图标）的设计指南。

d) GB/T 16903《标志用图形符号表示规则》，分为以下三个部分：

——第 1 部分：公共信息图形符号的设计原则；

——第 2 部分：理解度测试方法；

——第 3 部分：感知性测试方法。

本部分是 GB/T 16902 的第 3 部分。

本部分按照 GB/T 1.1—2009《标准化工作导则　第 1 部分：标准的结构和编写》给出的规则起草。

本部分由全国图形符号标准化技术委员会（SAC/TC 59）提出并归口。

本部分起草单位：中国标准化研究院、机械科学研究总院。

本部分主要起草人：邹传瑜、白殿一、强毅、张亮、陈永权。

引　言

图形符号是一种视觉感知图形，其信息传递不依赖于语言。图形符号在设备领域得到广泛应用。对于用于同一个地点或者相似设备上的符号族，设计上的一致性非常重要。当这些符号的尺寸缩小时，符号的清晰性也同样重要。因此，有必要将创制设备用图形符号的原则标准化，以确保视觉清晰性和一致性，从而提高符号的可识别性。

GB/T 16902 提出了创制设备用图形符号的基本原则，包括线宽、箭头的形状和使用、否定要素和基本图型的使用等，用来作为绘制设备用图形符号的指南。这些设计原则适用于所有设备用图形符号（即 GB/T 16273 中的标准化图形符号）。

GB/T 16902 的本部分为特殊需要下设备用图形符号的创制提供了指南，以支持文件和其他国家标准的编制。

设备用图形符号表示规则
第3部分:应用导则

1 范围

GB/T 16902的本部分规定了设备用图形符号的应用导则,以保证符号应用时的视觉清晰度和总体协调性,同时规定了符号原图在设备上实际使用时允许修改的程度。

2 规范性引用文件

下列文件对于本文件的应用是必不可少的。凡是注日期的引用文件,仅注日期的版本适用于本文件。凡是不注日期的引用文件,其最新版本(包括所有的修改单)适用于本文件。

GB/T 2893.1—2004 图形符号 安全色和安全标志 第1部分:工作场所和公共区域中安全标志的设计原则(ISO 3864-1:2002,MOD)

GB/T 2893.2—2008 图形符号 安全色和安全标志 第2部分:产品安全标签的设计原则(ISO 3864-2:2004,MOD)

GB/T 4025—2010 人机界面标志标识的基本和安全规则 指示器和操作器件的编码规则(IEC 60073:2002,IDT)

GB/T 15565.1—2008 图形符号 术语 第1部分:通用

GB/T 16273(所有部分) 设备用图形符号

GB/T 16902.1—2004 图形符号表示规则 设备用图形符号 第1部分:原形符号

GB/T 16902.2 设备用图形符号表示规则 第2部分:箭头的形式和使用(GB/T 16902.2—2008,ISO 80416-2:2001,IDT)

GB/T 16902.4 设备用图形符号表示规则 第4部分:屏幕和显示器用图形符号(图标)的设计指南(GB/T 16902.4—2010,ISO 80416-4:2005,MOD)

IEC 60417 设备用图形符号(Graphical symbols for use on equipment)

ISO 7000 设备用图形符号 索引和一览表(Graphical symbols for use on equipment—Index and synopsis)

ISO 7010:2001 图形符号 安全色和安全标志 注册的安全标志(Graphical symbols—Safety colours and safety signs—Registered safety signs)

3 术语和定义

GB/T 15565.1—2008及GB/T 16902.1—2004界定的以及下列术语和定义适用于本文件。为了便于使用,以下重复列出了GB/T 15566.1—2008中的一些术语和定义。

3.1

公称尺寸 nominal size

便于图形符号复制的参考尺寸。

[GB/T 15565.1—2008,定义 3.5]

注：在设备用图形符号的符号原图上为 50 mm。

3.2

符号原图　symbol original

按照图形符号表示规则在设计模板上绘制的用来作为基准或进行复制的图形符号设计图。

[GB/T 15565.1—2008,定义 2.5.1]

4　应用领域及要求

4.1　设备

图形符号可印刷、雕刻、浮雕或者铸模于设备上。复制并将图形符号应用于设备之上的技术可能对图形符号的尺寸和表观产生影响。为了确保视觉清晰度,在不改变图形符号原有含义的前提下,可对符号原图进行修改。

4.2　屏幕和显示器

图形符号在屏幕或显示器上显示受到限制时,可修改符号原图。

注 1：GB/T 16902.4 给出了屏幕和显示器用图形符号的补充指南。

注 2：GB/T 4025—2010 给出了屏幕和显示器用人机界面的基本要求及安全原则。

4.3　支持文件

支持文件中用到的图形符号所传递的图形概念应与设备用图形符号保持一致。

4.4　其他标准

如果技术委员会制定的国家标准中含有标准化的图形符号或含有为特殊应用做过适当修改的图形符号,那么这些图形符号应同时说明其在 GB/T 16273 或 IEC 60417 中的符号编号和名称。

如引用了按照本部分的原则修改的图形符号,则应在符号编号下注明“修改”字样。

注：如国家标准中包含简图用图形符号,宜查阅 GB/T 4728 和 GB/T 20063。

5　图形符号的尺寸

基于 GB/T 16902.1 和 GB/T 16902.2 创制的符号原图,以及 GB/T 16273、ISO 7000 和 IEC 60417 中标准化的符号原图都与公称尺寸 50 mm 的视觉印象相符。因此在设备上使用的符号原图可以根据需要应用缩放后的图形符号。

复制的图形符号的最小缩小尺寸或放大尺寸 S(单位:mm),与公称尺寸(50 mm)要相符。图形符号与预期的观察距离 L(单位:mm)之间的关系可由式(1)确定：

$$S=\frac{1}{100}L \qquad \cdots\cdots(1)$$

6　符号原图的修改

6.1　基于设计要求的修改

为了与设备的设计要求相一致,符号原图可进行下述修改：

a)　改变线宽；

b） 圆滑拐角；

c） 填充区域；

d） 断开相交线。

6.2 线宽

可改变线宽，如图1所示。

a） GB/T 16273.7—2010(081)：待机　　b） 不同线宽的 GB/T 16273.7—2010(081)

图1 不同线宽示例

6.3 圆滑拐角

可圆滑拐角，如图2所示。

a） IEC 60417-5399：患者支架，绕垂直轴旋转　　b） 圆滑拐角的 IEC 60417-5399

图2 圆滑拐角示例

6.4 填充区域

可填充空白区域，如图3所示。

a） GB/T 16273.8—2010(060)：弹起　　b） 填充区域的 GB/T 16273.8—2010(060)

图3 填充区域示例

6.5 断开相交线

可断开相交线，如图4所示。

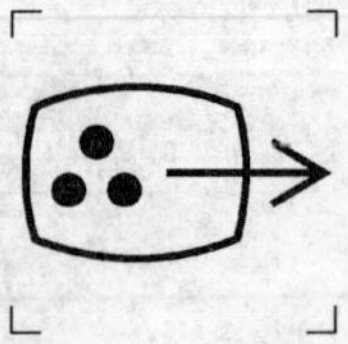

a) IEC 60417-5530:彩色视频输出

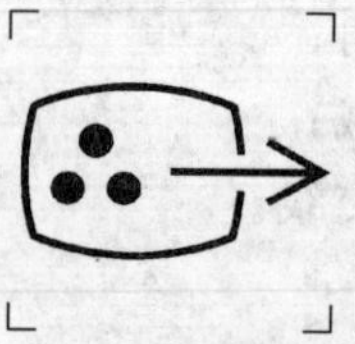

b) 断开相交线的 IEC 60417-5530

图 4 断开相交线示例

7 否定

按照 GB/T 16902.1—2004 中 6.9 的规定,可使用线宽为 2 mm 的两条斜杠所形成的直角叉形表示对图形符号含义的否定。否定叉形的斜杠应连续,如图 5 所示。作为例外,如果仅为了视觉上的清晰,两斜杠相交的角度可偏离 90°。

a) GB/T 16273.1—2008(109):印出

b) 否定的 GB/T 16273.1—2008(109):取消印出

图 5 标准图形符号的否定示例

GB/T 2893.1—2004 规定的带有红色否定斜杠的红色圆环用于安全领域,不应用作设备用图形符号的否定。

8 箭头

当符号原图中使用两个箭头表示相反方向的运动时,为了指明单一方向的运动,可省略其中一个箭头,如图 6 所示。

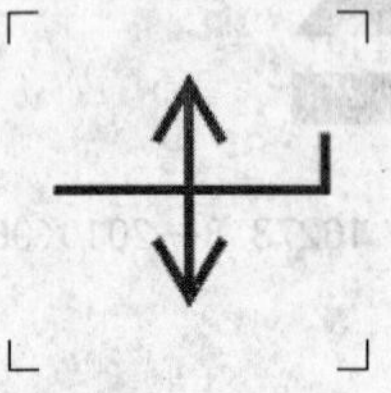

a) IEC 60417-5395:患者支架,垂直床面上下移动

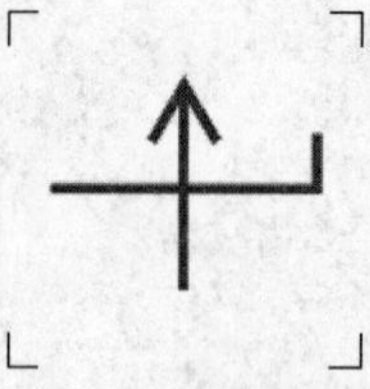

b) 单一方向运动的 IEC 60417-5395:患者支架,垂直床面向上移动

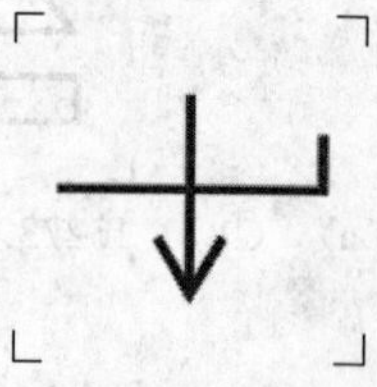

c) 单一方向运动的 IEC 60417-5395:患者支架,垂直床面向下移动

图 6 单一方向运动的示例

其他形式的箭头的使用可遵照 GB/T 16902.2 的规定。

9 图形符号方向与含义

9.1 方向

使用图形符号时宜遵循符号原图中确定的方向。但在具体使用中，在保持含义不变的前提下可取任何方向。

当图形符号的含义与方向无关时，根据设备需求或基于给定的参照系，可改变图形符号的方向，如图7所示。

a） IEC 60417-5657：混合物质　　b） 旋转的 IEC 60417-5657：混合物质

图7　含义与方向无关的图形符号示例

当图形符号的含义与方向密切相关时，图形符号应仅在该方向使用，如图8所示。

a） GB/T 16273.8—2010（138）：减；负极　　b） GB/T 16273.8—2010（001）：通（电源）

图8　方向决定含义的图形符号示例一

有时，为了表示不同含义，可改变图形符号的方向。如图9所示，根据图形符号的不同方向，GB/T 16273.8—2010（171）分别表示“快速运转”和“快速反向运转”。

a） GB/T 16273.8—2010（171）：快速运转　　b） 改变方向的 GB/T 16273.8—2010（171）：快速反向运转

图9　方向决定含义的图形符号示例二

9.2 与方向有关的应用

特殊应用环境下，当方向决定了图形符号的含义时，应避免歧义。例如，当图10中的图形符号应用于没有固定方向的设备、旋转控制杆、轮子和类似控制单元时，就可能产生歧义。

此时图形符号宜与指定方向的参考标记一同复制。例如，一种提供参考方向的方法是在图形符号的右下角打上一个圆点。

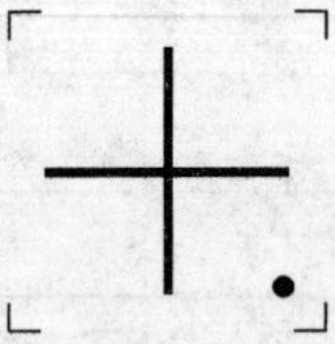

a) GB/T 16273.8—2010(139):
加:正极(带方向参考标记)

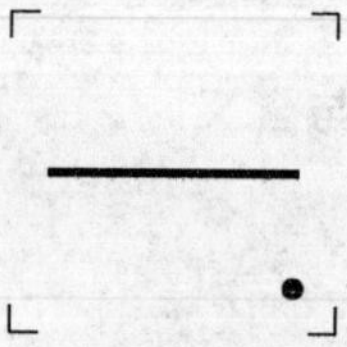

b) GB/T 16273.8—2010(138):
减;负极(带方向参考标记)

图 10 为避免歧义而带方向参考标记的图形符号示例

10 颜色

图形符号的基本含义与颜色无关。不宜随意使用颜色,颜色仅用于某些特殊目的。由于红色和黄色与安全有关(见 GB/T 2893.1—2004、GB/T 2893.2—2008、GB/T 4025—2010 和 ISO 7010:2001),因此这些颜色的使用应特别注意。

参 考 文 献

［1］ GB/T 4728(所有部分） 电气简图用图形符号
［2］ GB/T 20063(所有部分） 简图用图形符号
［3］ IEC 60617-DB,Graphical symbols for diagrams,http://domino.iec.ch/symbols
［4］ ISO 14617-1,Graphical symbols for diagrams—Part 1: General information and indexes

ICS 01.080.01
A 22

中华人民共和国国家标准

GB/T 16903.2—2013
代替 GB/T 16903.2—2008

标志用图形符号表示规则
第2部分:理解度测试方法

Rules for the presentation of graphical symbols for use on graphical signs—Part 2:Methods for testing comprehensibility

(ISO 9186-1:2007,Graphical symbols—Test methods—Part 1:Methods for testing comprehensibility,MOD)

2013-07-19 发布　　2013-11-30 实施

中华人民共和国国家质量监督检验检疫总局
中国国家标准化管理委员会　发布

前　言

GB/T 16903 是《图形符号表示规则》系列国家标准之一。该系列国家标准的结构和名称如下：

a) GB/T 16900《图形符号表示规则　总则》。

b) GB/T 16901《技术文件用图形符号表示规则》，分为以下三个部分：

——第 1 部分：基本规则；

——第 2 部分：图形符号(包括基准符号库中的图形符号)的计算机电子文件格式规范及其交换要求；

——第 3 部分：连接点、网络的分类及其编码。

c) GB/T 16902《设备用图形符号表示规则》，分为以下四个部分：

——第 1 部分：原形符号；

——第 2 部分：箭头的形式和使用；

——第 3 部分：应用导则；

——第 4 部分：屏幕和显示器用图形符号(图标)的设计指南。

d) GB/T 16903《标志用图形符号表示规则》，分为以下三个部分：

——第 1 部分：公共信息图形符号的设计原则；

——第 2 部分：理解度测试方法；

——第 3 部分：感知性测试方法。

本部分是 GB/T 16903 的第 2 部分。

本部分按照 GB/T 1.1—2009《标准化工作导则　第 1 部分：标准的结构和编写》给出的规则起草。

本部分代替 GB/T 16903.2—2008《标志用图形符号表示规则　第 2 部分：测试程序》，与 GB/T 16903.2—2008 的主要区别为：

——将标准名称更改为《标志用图形符号表示规则　第 2 部分：理解度测试方法》；

——按照 ISO 9186-1:2007 重新进行了修订。

本部分使用重新起草法修改采用 ISO 9186-1:2007《图形符号　测试方法　第 1 部分：理解度测试方法》。本部分与 ISO 9186-1:2007 相比，存在如下技术性差异：

——用与国际标准没有一致性程度关系的 GB/T 15565(所有部分)代替了原国际标准中的 ISO 17724；

——用最新国际标准 ISO 9241-302、ISO 9241-303、ISO 9241-305、ISO 9241-307、ISO 9241-400、ISO 9241-410、ISO/TS 9241-411、ISO 9241-420 替代原国际标准中的 ISO 9241-3、ISO 9241-4、ISO 9241-8；

——由于我国并未建立图形符号注册制度，因此删去原国际标准中的相关文字，如第 4 章注 4、第 5 章注 1；

——将原标准对不同国家的测试要求改为对不同地区的测试要求，如 5 h)、6.3.1。

本部分还对 ISO 9186-1:2007 做了如下编辑性修改：

——用国家标准中的图形符号代替原标准中的部分图形符号，如 A.3。

本部分由全国图形符号标准化技术委员会(SAC/TC 59)提出并归口。

本部分起草单位：中国标准化研究院、轻工业标准化研究所。

本部分主要起草人：邹传瑜、白殿一、陈永权、张亮、杨柞年。

原标准于 1990 年首次发布(标准编号为：GB/T 12103—1990)，本次为第三次修订。

引　言

由于建筑物和其他场所内、以及公共服务中越来越多地使用非语言形式作为信息表达方式，因此制定 GB/T 16903 的本部分。

跨国旅行、游览和贸易的不断增长也要求所使用的图形符号能被理解。本部分规定了评估图形符号理解度的方法。

本部分供所有负责制定行业内专用图形符号的技术委员会使用，目的是确保图形符号和含义一一对应。与规定图形符号理解度相关的任何其他组织也可使用。

标志用图形符号表示规则 第2部分：理解度测试方法

1 范围

GB/T 16903的本部分规定了图形符号理解度的测试方法，包括：

——测试图形符号方案传递预期信息的准确度时，使用的方法；

——测试最易理解的图形符号方案时，使用的方法。

编制本部分的目的是确保图形符号和图形标志易于理解，制定在没有补充文字(即说明性文字)时也能被使用者正确理解的图形符号。如果所制定的图形符号不能达到这一要求，图形符号可能需与补充文字同时使用(补充文字用潜在使用者的语言解释图形符号的含义)。

2 规范性引用文件

下列文件对于本文件的应用是必不可少的。凡是注日期的引用文件，仅注日期的版本适用于本文件。凡是不注日期的引用文件，其最新版本(包括所有的修改单)适用于本文件。

GB/T 15565(所有部分) 图形符号 术语

GB/T 18978.12 使用视觉显示终端(VDTs)办公的人类工效学要求 第12部分：信息呈现(GB/T 18978.12—2009，ISO 9241-12:1998，IDT)

ISO 9241-5 使用视觉显示终端(VDTs)办公的人类工效学要求 第5部分：工作台布置及位置要求(Ergonomic requirements for office work with visual display terminals (VDTs)—Part 5：Workstation layout and postural requirements)

ISO 9241-302 人机交互系统 第302部分：电子视觉显示器用术语(Ergonomics of human-system interaction—Part 302：Terminology for electronic visual displays)

ISO 9241-303 人机交互系统 第303部分：电子视觉显示器要求(Ergonomics of human-system interaction—Part 303：Requirements for electronic visual displays)

ISO 9241-305 人机交互系统 第305部分：电子视觉显示器光学实验测试方法(Ergonomics of human-system interaction—Part 305：Optical laboratory test methods for electronic visual displays)

ISO 9241-307 人机交互系统 第307部分：电子视觉显示器分析和符合性测试方法(Ergonomics of human-system interaction—Part 307：Analysis and compliance test methods for electronic visual displays)

ISO 9241-400 人机交互系统 第400部分：物理输入设备原则与要求(Ergonomics of human-system interaction—Part 400：Principles and requirements for physical input devices)

ISO 9241-410 人机交互系统 第410部分：物理输入设备设计准则(Ergonomics of human-system interaction—Part 410：Design criteria for physical input devices)

ISO/TS 9241-411 人机交互系统 第411部分：物理输入设备设计的评价方法(Ergonomics of human-system interaction—Part 411：Evaluation methods for the design of physical input devices)

ISO 9241-420 人机交互系统 第420部分：物理输入设备的选择(Ergonomics of human-system interaction—Part 420：Selection of physical input devices)

3 术语和定义

GB/T 15565 界定的术语和定义适用于本文件。为了便于使用,以下重复列出了 GB/T 15565.1 中的一些术语和定义。

3.1

理解度测试 comprehension test

对方案的理解程度进行量化的测试程序。

[GB/T 15565.1—2008,定义 3.26]

3.2

功能 function

图形符号所要表示的对象的用途或作用。

[GB/T 15565.1—2008,定义 3.18]

3.3

评价测试 judgement test

用于评价方案的易理解性的测试程序。

[GB/T 15565.1—2008,定义 3.27]

注:在 GB/T 15565.1—2008 中,评价测试也被称为"易理解性评价测试"。

3.4

对象 referent

图形符号所要表示的概念或事物。

[GB/T 15565.1—2008,定义 3.14]

4 总则

通过进行一次或两次测试对对象方案的易理解程度做出评估。在理解度测试中,向每位被试出示任一对象的一个符号方案并问"你认为这个图形符号表达什么含义?"。根据正确回答的百分率给每个方案记分。在评价测试中,首先要向被试提供某一对象所有方案及其预期含义的陈述文字,然后要求被试分别估计能理解各方案含义的人口百分比。通常,任一进行理解度测试的对象的方案数量不超过三个,而评价测试的结果可以用于选择理解度测试中的方案。

注1:当一个对象有四个或四个以上方案时,采用评价测试能减少理解度测试的方案数量。

注2:图形符号方案进行标准化注册时,提案者可将理解度测试的结果作为支持信息。

注3:在某些情况下,提案者可能认为评价测试的结果已经提供了足够的信息,并决定不再继续进行理解度测试。

注4:本部分采用纸质呈现或计算机屏幕显示这两种测试方式。也可利用互联网进行测试,但互联网测试应在监督下进行,以确保是按本部分中的规定进行测试,尤其要确保被试是独立完成并且正确输入了个人的详细信息和相应回答。

5 测试前需搜集的信息

对象和方案的提案者应提交以下信息:

a) 测试的方案数量;

b) 接收所提交的测试结果的相关机构的名称和具体联系方式;

c) 该机构对所提交信息的详细要求;

d) 根据标准化机构的要求，针对对象的每个方案填好的申请表。如该标准化机构并无指定的图形符号或安全标志的标准化申请表，提案者应针对每个方案都填一张申请表；

e) 有关对象含义、理解度测试的可接受答案以及使用环境的任何其他信息；

f) 确认所提交的图形符号或安全标志的设计符合相关设计原则和设计标准的要求；

注1：GB/T 16903.1 规定了 GB/T 10001 公共信息符号的标准化设计原则和设计标准；GB/T 2893.1 和 GB/T 2893.3 规定了安全标志的标准化设计原则和设计准则。

g) 根据标准化机构的要求，每个方案的 eps 格式(或 tiff 格式)的计算机文件；

h) 需要在多少地区进行测试；

i) 标准化机构是否需要某一测试得出的结果(评价测试或理解度测试)、或同时需要两个测试的结果。

注2：相关标准化技术委员会提供与 f)、g)、h)、i)相关的必要信息。

理解度测试中任何一个对象的方案都不宜超过三个。尽管评价测试和理解度测试适用于只有一个方案接受测试的情况，但是标准化机构也可对接受评价测试或理解度测试的对象的最少方案数目提出要求。

当测试要在多个地区进行时，提案者向主试提供的必要信息和材料应一致。如果采用纸质呈现方式进行测试，应确保所有的图形材料遵循同一制作标准且生产批次相同。如果使用计算机屏幕显示方式进行测试，应确保所有页面遵循同一制作标准。每个页面都应在同一个制作地点完成，然后以主试需要的格式提供相关程序和文件。

6 理解度测试

6.1 通则

在纸质呈现和计算机屏幕显示两种测试方式中，选择一种较易实施的方式。

注：在使用计算机屏幕显示的测试中，"页面"表示计算机屏幕上显示文字、图形要素的不同版面。

当使用屏幕显示时，屏幕对角线尺寸至少为 380mm，最低分辨率为 800 像素×600 像素，以确保图形符号图像显示不失真，并且能同时显示足够数量的图形符号方案。如果显示的图形符号图像的锯齿或变形比较明显，以至于图形符号图像或图像要素不能被正确理解，则应使用抗锯齿方法或提高屏幕最低分辨率的方法改善图形质量。

6.2 测试材料的准备

6.2.1 方案宜为黑图形白背景。仅当颜色有特殊含义时才宜使用颜色，例如测试安全图形符号时。当使用颜色时，图形与背景之间要有足够的对比度以确保方案易于辨认，并且在制作测试材料时应保证颜色和对比度的准确性。

一个对象的每一个方案要单独打印在一张测试单(不小于 A5)上或显示在屏幕的一个测试页面上。

在理解度测试中，用文字或图形方式向被试提供该符号可能出现的使用环境是非常重要的。这些提示宜在每一张测试页或屏幕页面上且邻近图形符号方案的位置提供。

注：使用环境可以用文字方式提供，如使用"在机场"、"在公共建筑的墙上"等字眼；也可以用图形方式提供，如用一张带有标志的实景图片(标志上有待测的符号)。

6.2.2 为每位被试提供一份说明页、一张被试个人信息页和一张示例页，均用被试所用语言编写。

在说明页上，指导被试回答"你认为这个符号表达什么含义?"，被试的回答填写在测试单或屏幕页面上图形符号下方的横线上。如果被试不能确定符号含义，则填写"不知道"。如果看到图形符号时需要被试做出特定动作，则需要指导被试回答“看到这个符号后，你要采取什么具体动作？”，被试的回答填写在符号下方第二条横线上。

注1：当测试带有颜色的符号且其颜色有特殊意义时，在说明页上进行解释。

对颜色进行解释的示例如下所示：

——底色为黄色的符号是警告符号；

——底色为绿色的符号传递安全信息；

——底色为蓝色的符号传递指令；

——带斜杠和红色圆环的符号表示禁止某种行为。

采用屏幕显示方式时，如被试不能熟练使用计算机，则让被试朗读说明页，并口头回答每张测试页面上的问题。主试负责在计算机页面上输入被试的口头答案并经被试确认。这个过程要得到被试的同意。

在被试个人信息页上，留出空白用于填写以下信息：

——测试日期；

——主试姓名；

——被试的年龄段：

1） 15岁～30岁；

2） 31岁～50岁；

3） 50岁以上；

——被试性别；

——被试教育程度；

——被试的民族背景或文化背景；

——被试是否身患残疾。如果有，残疾是否影响躯体移动、听觉或视觉。被试可以说明患有多处残疾。

注2：要求被试说明其教育程度，目的是为了区分：

——最低离校年龄离开学校的人；

——上过学但是没有学位的人；

——有大学学位或同等学力的人。

某些选项的用词根据进行测试所在地区的习俗会有所不同。给被试提供的选项宜符合所在地区习俗。

在示例页上显示一个常见的图形符号。在图形符号上方，以显著的字体（例如，粗体、大字体）显示“示例”字样。在“示例”字样下以文字或图形方式告知被试该图形符号的使用环境。在图形符号下方的方框内事先填写了符号的含义。如果看到待测图形符号时需要做出特定动作，则在示例页图形符号下方第二个方框内事先填写了宜做出的反应动作。

采用屏幕显示方式时，在示例页的底部，显示以下文字：“测试将从下一页开始。本次测试共____页。测试期间如有疑问，请重复点击‘上一页’按钮，回到说明页。”（在第二句的省略号处输入页数。）

注3：纸质测试册的例子见附录A.1～A.4。

6.2.3 针对每个对象制作一套纸质测试单或屏幕测试页面。在每张测试单或屏幕测试页面上，显示图形符号的一个测试方案，并在下方画上横线供被试回答问题。将图形符号的测试方案置于测试单或屏幕中央。除非实际使用时图形符号最大边长很可能小于28 mm，否则，采用纸质呈现测试时，待测图形符号要置于并充满尺寸不小于28 mm×28 mm的方格中。采用屏幕显示测试时，图形符号外框的尺寸不宜小于28 mm×28 mm。当实际使用的图形符号最大边长小于28 mm时，测试时方案的尺寸宜与实际的尺寸相同。

注：如果看到待测符号时需要做出特定动作，那么让被试回答“看到这个符号后，你要采取什么具体动作?”，以提高评价测试的质量。此时，这两个问题在图形符号下方的空白处同时呈现，如果采用纸质呈现测试，要为被试留

出足够空间填写回答;如果采用屏幕显示测试,要留出矩形输入框让被试填写回答,输入框的尺寸宜为:高度至少4行文本,每行至少50个字符。

6.2.4 将所有对象的不同方案分配给不同测试组(一个测试组可以测试不同对象,但应只测试给定对象的一个方案)。任一测试组中对象的数量都不超过15个。

注:对象方案的最大数目决定组数。如果每个对象的方案数不同,则各组的测试单或测试页面数量不必相同。

6.2.5 当采用纸质材料时,将每套测试整理成一个小册子。测试册中图形符号方案随机排列。每50本测试册至少有10种不同的排列顺序,即,在50本测试册中排列顺序相同的册子不应超过5本。

当采用屏幕显示测试时,图形符号方案要按不同的随机顺序出现在屏幕上。

6.2.6 当采用屏幕显示测试时,要确保工作站布局、视觉显示终端和键盘都位于GB/T 18978.12、ISO 9241-5、ISO 9241-302、ISO 9241-303、ISO 9241-305、ISO 9241-307、ISO 9241-400、ISO 9241-410、ISO/TS 9241-411和ISO 9241-420推荐的位置上。

6.2.7 每个测试组指定一个编码字母,如A、B、C等。当采用纸质材料测试时,给每本测试小册子指定一个数字作为测试册号,并将测试组字母编码和测试册编号印在每本册子的首页。当采用屏幕显示测试时,给每个测试页面单独指定一个编码(编码由测试组的字母编码和被试的数字编号组成)。

6.3 被试

6.3.1 按照方案提交者决定的地区数量进行评价测试。

当测试在超过一个地区进行时,只要可能,所选地区宜代表不同文化背景。例如,一个汉族地区、一个少数民族地区。

6.3.2 对某个特定对象的一套方案进行测试时,每个地区至少需要50名被试。已经参与了一个对象的某个测试(评价测试或理解度测试)的被试不应参与同一对象的其他测试。

6.3.3 核实被试是对待测对象有一定了解的人。

被试在年龄、性别、教育程度、文化或民族背景以及体能(如相关)等方面宜为最终使用人群的代表性抽样。当测试安全用图形符号时,宜特别注意被试要包括易受影响的人员。可以根据被试提供的信息判断抽样能否代表最终使用人群。

6.3.4 采用匹配组或者在全部抽样的被试中随机分发测试材料这两种方式来确保每一套材料的测试组在年龄、性别、职业和教育程度等方面都相近。

6.4 被试在理解度测试中的任务

给每位被试分发单独的一本测试册或一套测试页面。

指导被试遵循说明页上的说明。告诉被试安静地进行测试,并且在测试过程中不要与任何人交换意见。确认所有被试都表示已明白自己的任务。

6.5 理解度测试结果分析

分别列出每个对象各个方案的回答清单。

由于回答清单可用于解决不同地区测试结果中出现的反常情形,故宜保留回答清单。

注:回答清单还可为改善图形符号设计提供有用的信息。

6.6 结果分类

在每个地区,指定一位既不是测试的被试也不是方案提交者的人作为回答分类人,将回答清单上的每个回答分别归类到表1所示的1、2a、2b、3、4这五个标准类别中。2a和2b中的回答都属于“错误”一类(第2类),但是要把和预期含义相反的理解单独列出,并分别记录其出现频率。

注1:2b类回答要分别列出并计数,这些回答对安全用图形符号特别重要。

表 1 回答类别

回答类别	含义
1	正确
2a	错误
2b	错误且回答与预期含义相反
3	回答为“不知道”
4	未回答

向回答分类人提供被测试的图形符号和1、2a、2b各类别的回答示例。

如果被试没有填写测试册上的某页，回答分类人应将其归类为“未回答”。

“未回答”与“不知道”并不相同，当被试在该页注明了问号、横线、叉等标记，表明他不知道图形符号的含义。此时，需将这些回答归类为“不知道”。

注2：不同对象可使用不同的回答分类人。

6.7 分析回答的类别

将每个参与测试地区的结果列成表(见A.5)。每个方案对应三列，每种回答类别对应一行：1正确、2错误、3回答为“不知道”、4未回答。

对于每个方案分别统计出每个地区各个类别的回答数，并将其填入“f”(频次)列中。

把得到的频次除以方案1～3类别的回答总数然后乘以100，将其转换成百分制的得分，并将其填入“%”一列。在“cum %”(累积 百分之)一列填入百分制的累积得分。

每个方案中归为2b类“错误且回答与预期含义相反”的回答单独留出一行。分别统计每个方案各地区2b类别的回答数目，并将其填入“f”(频次)列中。将该频次除以方案1～3类别的的回答总数，再乘以100，将其转化成1～3三类回答总数的百分制得分。将百分制的得分填入“%”列中。

6.8 结果的表示

将每个对象的结果归纳到表中(见A.5)，并在一个表中列出一个对象的所有方案。在每个对象的表中，包括以下信息：

a) 对象名称；
b) 理解度测试的时间(年份和月份)；
c) 对象的功能；
d) 应用领域；
e) 被试用的说明中指定的预期使用人群；
f) 进行测试的地区；
g) 每个年龄段(15岁～30岁、31岁～50岁、50岁以上)的被试人数；
h) 每类性别的被试人数；
i) 每类教育程度的被试人数；
j) 说明身有残疾的被试人数；
k) 与测试时的颜色一致的被测图形符号方案的拷贝；
l) 测试方案时提供的使用环境信息；
m) 对每个方案颜色的口头说明；
n) 测试图像的尺寸(高度和宽度)，单位为毫米；

o) 每个方案的来源；

p) 样本大小(每个方案的被试数量)；

q) 每个方案各回答类别的频次；

r) 每个方案1~3类各回答类别的百分数；

s) 每个方案1~3类各回答类别的累积百分数；

t) 每个方案2b类回答的频次和百分数；

u) 统计各方案在1、2a、2b各类别中出现频次最高的5个回答，并将5个回答和相应的被试数量列入表中；

v) 主试或回答分类人的姓名和联系地址。

6.9 综合不同地区的测试结果

收集参加理解度测试的所有地区的测试数据。对每个方案，分别计算各回答类别(1、2、3)的回答的总频次，并将其除以方案1~3类别的回答总数，转换成百分数。在"cum %"(累积 百分之)一列填入所有回答的累积百分数。

将参与理解度测试各地区的所有对象的理解度测试数据均填入表中(见A.6中的例子)。该表包括以下信息：

a) 对象名称；

b) 理解度测试的时间(年份和月份)；

c) 对象的功能；

d) 应用领域；

e) 被试用的说明中指定的预期使用人群；

f) 进行测试的地区；

g) 每个年龄段(15岁~30岁、31岁~50岁、50岁以上)的被试人数；

h) 每类性别的被试人数；

i) 每类教育程度的被试人数；

j) 说明身有残疾的被试人数；

k) 与测试时的颜色一致的被测图形符号方案的拷贝；

l) 测试方案时提供的使用环境信息；

m) 对每个方案颜色的口头说明；

n) 测试图像的尺寸(高度和宽度)，单位为毫米；

o) 每个方案的来源；

p) 样本大小(每个方案的被试数量)；

q) 每个方案各回答类别的频次；

r) 每个方案1~3类各回答类别的百分数；

s) 每个方案1~3类各回答类别的累积百分数；

t) 每个方案2b类回答的频次和百分数；

u) 每个地区主试或回答分类人的姓名和联系地址。

6.10 确定最易理解的方案

考虑所有参与地区的综合数据。回答类别1中百分数最高的方案即为最易理解的方案。

7 评价测试

7.1 总则

在纸质呈现和计算机屏幕形式两种测试方式中，选择一种较易实施的方式。

注1：在使用计算机屏幕显示的测试中，“页面”表示计算机屏幕上显示文字、图形要素的不同版面。

采用屏幕显示方式时，符号图像显示在一个用方框划分出的独立区域内。如果符号是在安全几何形状内(例如三角形或圆形)时，则显示在相应的形状区域内。待测的安全符号所使用的几何形状和颜色应符合相关规定。

注2：6.1中关于显示的方式和质量的说明也适用于评价测试。

7.2 测试材料的准备

7.2.1 方案宜为黑图形白背景。仅当颜色有特殊意义时才宜使用颜色，例如测试安全图形符号时。当使用颜色时，确保图形与背景之间要有足够的对比度以使方案易于辨认，并且在制作被试用测试材料时应保证颜色和对比度的准确性。

将某一对象的所有方案单独印制在一张白纸上或显示在白色背景的屏幕页面上。每次至多能测试15个对象的方案。当采用纸质呈现方式时，将测试单分组编成小册子(每个对象一页)。向每位被试提供一本包含各方案测试单的小册子。

用文字或图形方式向被试提供该符号可能出现的使用环境。这些提示要在每一张测试单或屏幕页面上图形符号方案的下方提供。

注：使用环境可以用文字方式提供，如使用“在机场”、“在公共建筑的墙上”等字眼；也可以用图形方式提供，如用一张带有标志的实景图片(标志上有待测的符号)。

7.2.2 采用纸质呈现方式时，每份测试册的前两页是说明页和被试个人信息页。其中，说明页应告知被试将向他们呈现一套或几套图形符号以及关于它们预期含义的描述，同时应告知被试他们的任务(见7.4)。

注1：当测试带有颜色的符号且其颜色有特殊意义时，在说明页上进行解释。

对颜色进行解释的示例如下所示：

——底色为黄色的符号是警告符号；

——底色为绿色的符号传递安全信息；

——底色为蓝色的符号传递指令；

——带斜杠和红色圆环的符号表示禁止某种行为。

在被试个人信息页上，留出空白用于填写以下信息：

——测试日期；

——主试姓名；

——被试的年龄段：

1) 15岁～30岁；

2) 31岁～50岁；

3) 50岁以上；

——被试性别；

——被试教育程度；

——被试的民族背景或文化背景；

——被试是否身患残疾。如果有，残疾是否影响躯体移动、听觉或视觉。被试可以说明患有多处残疾。

注 2：要求被试说明其教育程度，目的是为了区分：

——最低离校年龄离开学校的人；

——上过学但是没有学位的人；

——有大学学位或同等学力的人。

某些选项的用词根据进行测试所在地区的习俗会有所不同。给被试提供的选项宜符合所在地区习俗。

采用屏幕显示方式时，每套测试页面的前两页是说明页和被试个人信息页，相关要求与纸质呈现相同。每一测试页面要有“下一页”和“上一页”按钮，以便被试能利用光标键或鼠标在页面间相互切换。

7.2.3 采用纸质呈现方式时，将同一对象的所有方案都印制在一张 A4 大小的测试单上。除非实际使用时图形符号最大边长很可能小于 28 mm，否则，采用纸质呈现测试时，待测图形符号要置于并充满尺寸不小于 28 mm×28 mm 的方格内。当实际使用的图形符号最大边长小于 28 mm 时，测试时方案的尺寸宜与实际的尺寸相同。各方案以测试单的中心为圆心，以 80 mm 为半径等间隙排列成圆形。每个方案下方划一条答题线。测试单上要说明对象的名称、功能、应用领域和任何排斥功能。

注 1：相关信息可从填好的图形符号测试和标准化表格中提取。

注 2：纸质测试单的示例见 B.1。

采用屏幕显示方式时，将同一对象的所有方案排列在一个测试页面上。每个测试页面上最多显示 12 个图形符号，图形符号的尺寸要足够大，从而保证图形符号的所有细节都易于辨认。确保图形符号的边框不小于 28 mm，最少为 60 像素。将图形符号以屏幕的中心为圆心，以 80 mm 为半径等间隙排列成圆形（白色圆背景）。可以根据需要将圆调整为椭圆，以便更好地显示符号方案，椭圆短轴长为 160 mm。在测试页面的中部，说明对象的名称、功能、应用领域和任何排斥功能。在每个方案下方设一个矩形数据输入区，输入区的下部设一条横线，并在输入区的右端设一个百分号(%)。确保在(%号前的)输入区能够放置光标以便键入答案。选中一个输入区时需提供反馈以帮助识别所选中的输入区和相应图形符号（例如，高亮显示这两个要素）。

7.2.4 无论是纸质呈现还是屏幕显示方式，不同对象（至多 15 个）的方案能在同一组被试中测试。每个对象的所有方案应印制在单独的一张测试单或测试页面上。当测试的对象超过一个时，对象的排列顺序至少要有 10 种不同的随机情况，或者每 50 个被试中不同的对象排列的随机顺序要尽可能多。

7.3 被试

7.3.1 按照方案提交者决定的地区数量进行评价测试。

当测试在超过一个地区进行时，只要可能，所选地区宜代表不同文化背景。例如，一个汉族地区、一个少数民族地区。

7.3.2 对某个给定对象的一套方案进行测试时，每个地区至少需要 50 名被试。已经参与了一个对象的某个测试（评价测试或理解度测试）的被试不应参与同一对象的其他测试。

7.3.3 核实被试是对待测对象有一定了解的人。

被试在年龄、性别、教育程度、文化或民族背景以及体能（如相关）等方面宜为最终使用人群的代表性抽样。当测试安全用图形符号时，宜特别注意被试要包括易受影响的人员。可以根据被试提供的信息判断抽样能否代表最终使用人群。

7.4 被试在评价测试中的任务

对于每个对象，指导被试阅读关于该对象的功能和应用领域的信息以及对符号可能出现的使用环境的描述，并提醒被试在评价时牢记这些信息。当对象的申请表（见 5d））中列出了有排斥功能时，要提醒被试注意这些排斥功能。

指导被试在测试前阅读测试页(或屏幕页面)上的所有方案。

对于针对一般人群的图形符号,按照下述指示语指导被试对每个方案的易理解度做出评价:

“该符号旨在向一般人群传达其含义。请写下你认为能理解该符号含义的人所占的百分比。请注意100%意味着所有人都能理解,无一例外;0%意味着没有一个人能够理解。

请记住,我们需要的是你对一般人群中可能正确理解该符号的其他人所占百分比的估计。你所写下的百分比合计不必是100。在评价过程中请勿与他人讨论,因为重要的是你的回答。”

对于针对专业人群的图形符号(如焊接工、工厂工人、建筑工人等),用一个描述目标使用人群的词(如焊接工、工厂工人、建筑工人等)代替“一般人群”。

指导被试在每个方案下方的横线上写下或输入其回答。

如有必要,当使用屏幕显示时,主试可根据被试的指示输入回答。在确认回答(例如,通过按回车键确认)之前,被试宜确认回答的准确性。

7.5 分析评价测试的结果

将每个参与测试地区的测试结果列成表(见 B.2)。每个方案对应表中一列,每个被试对应表中一行。在每一行中输入被试针对每个方案做出的回答。针对每个方案,计算回答的平均值和中值,在“平均值”和“中值”行中输入恰当的数值。

7.6 结果的表示

每个参与地区的每个对象都单独列表(见 B.3)。一个表中包括该对象所有方案在一个地区的测试数据。

在每个对象的结果表格中,包括以下信息:

a) 对象名称;
b) 评价测试的时间(年份和月份);
c) 对象的功能;
d) 应用领域;
e) 被试用的说明中指定的预期使用人群;
f) 进行测试的地区;
g) 被试总人数;
h) 每个年龄段(15岁～30岁、31岁～50岁、50岁以上)的被试人数;
i) 每类性别的被试人数;
j) 每类教育程度的被试人数;
k) 说明身有残疾的被试人数;
l) 与测试时颜色一致的被测图形符号方案的拷贝;
m) 测试方案时提供的使用环境信息;
n) 对每个方案颜色的口头说明;
o) 测试图像的尺寸(高度和宽度),单位为毫米;
p) 对象的识别编码;
q) 每个方案的来源;
r) 每个方案回答的平均值和中值;
s) 主试的姓名和联系地址。

注:一份填好的表格示例见 B.4。

7.7 综合不同地区的测试结果

收集参加测试的所有地区的测试数据。对每个方案，分别计算在参与地区所有回答的平均值和中值。

为每一个对象的结果绘制一个与7.6中所描述类似的表格，用于显示来自参加评价测试地区的所有综合数据。

7.8 评价测试后选择理解度测试方案

当一个对象有三个或三个以下方案时，可以用理解度测试代替评价测试。当一个对象有四个或四个以上方案时，宜首先进行评价测试。如果通过评价测试无法得到一个平均值或中值高于可接受得分的方案，并且有一个以上方案的平均值或中值高于进行下一步测试的最低得分，那么就要进行理解度测试。可接受得分和进行下一步测试的最低得分由相关标准化机构决定。

当根据评价测试结果遴选理解度测试方案时，要选择评价测试中平均值或中值最高的方案以及另外两个图形细节与之明显不同的平均值或中值最高的方案。

注1：如果方案的图形符号要素不同或者图形符号要素相同但相对尺寸或相对位置不同，那么方案的图形细节就明显不同。

如果两个或两个以上地区选择的三个方案相同，那么应选择这三个方案进行理解度测试。如果不同地区选择的方案不同，则选择每个地区平均值或中值最高的两个方案。

注2：使用三个方案进行理解度测试通常已足够。理解度测试用于评估被试对图形符号正确理解的程度。

附 录 A
（规范性附录）
理解度测试

A.1 理解度测试说明页示例

说明

本测试册包含符号(图像)的示例。你所写下的每个符号的含义,能帮助我们评估这些符号能否被很好地理解。

请务必写下你从符号中得到的确切信息。如果你的答案过于模糊或概括,我们将难以确定该符号是否传达了正确的信息。

本测试册每一页都会显示一个符号以及该符号可能的使用环境(如在机场、在容器上、在工厂墙上):

——在空白处写下符号的确切含义;

——在另一处空白写下看到该符号时你宜做出什么动作。

有些符号可能容易理解,有些可能难以理解。你只须尽量理解每个符号。如果你无法理解某个符号的含义,就写下**"不知道"**,而不要不填。

你务必**独自完成**测试。不要与任何人交谈或大声作出评论。

本测试**无时间限制**,但是尽量不要在每个符号上花费太多时间。一旦完成一页测试,就不要再回头修改。

记住,我们仅针对符号进行测试,而不测试你。

下一页要求你填写一些个人信息。请不要写下你的姓名。

接下来一页是示例页,示例页上有一个图形符号,符号下方写有其含义。该页给出了好的回答和不好的回答的示例。

示例页之后是测试页。

感谢你参与此次研究。

如有任何疑问,可联系______,电话:______,或电子邮件:______。

A.2 被试个人信息页

主试:__________

本测试是对符号含义的研究。如果你愿意提供关于你的一些个人信息,我们将十分感激。请**不要**给出你的姓名。这些数据完全是匿名的。

日期:____________________

年龄(请在您所处的年龄段划勾):

15 岁～30 岁 ________

31 岁～50 岁 ________

50 岁以上 ________

性别(请在你的性别处划勾):男____ 女____

教育程度(下列选项哪个最符合你的教育程度或学历,请划勾):

在一般离校年龄离开学校 ______

上过大学但是没有学位 ______

有大学学位或同等学历 ______

你的民族或文化背景是:______________________________

你是否有残疾:是______ 否______

如有,何处残疾?(请在符合处划勾):

躯体移动问题 ______

听觉问题 ______

视觉问题 ______

A.3 理解度测试示例页示例

此符号出现在机场、车站、商店、公共建筑中。

你可能在标志牌或门上看到此符号。

你认为这个符号表达什么含义?

能够照顾婴儿的地方。

看到这个符号后,你要采取什么具体动作?

如果我需要喂婴儿或给婴儿换衣服就去那里。

A.4 理解度测试的测试页示例

此符号出现在宾馆、机场、车站、市中心和旅游指南中。

你可能在标志牌、门上、墙上、或纸质的旅游指南上看到此符号。

你认为这个符号表达什么含义？

____

看到这个符号后，你要采取什么具体动作？

____

A.5 理解度测试结果汇总表

对象(含义)：　　　　　　　　　　　　年份：　　　　　　　月份：

功能：

应用领域：

预期使用人群：

地区：

被试人数

		方案 A	方案 B	方案 C
年龄	15 岁～30 岁：	____	____	____
	31 岁～50 岁：	____	____	____
	50 岁以上：	____	____	____
性别	男：	____	____	____
	女：	____	____	____
教育程度	i：	____	____	____
	ii：	____	____	____
	iii：	____	____	____
说明身有残疾的被试人数：		____	____	____
		符号	符号	符号

使用环境：

颜色：

测试图像的高度和宽度(毫米)：

来源：

样本大小

类别	f	%	cum %	f	%	cum %	f	%	cum %
1　正确									
2　错误									
3　不知道									
4　未回答									

共计

2b　错误且所给回答与预期含义相反　　-　　-　　-

第 2 页

对象(含义)：　　年份：　　月份：

地区：

出现频次最高的回答		回答频次	回答频次	回答频次
类别 1	1			
	2			
	3			
	4			
	5			
类别 2a	1			
	2			
	3			
	4			
	5			
类别 2b	1			
	2			
	3			
	4			
	5			

主试或回答分类人的姓名和联系地址：__________

A.6　参与理解度测试的地区的测试数据汇总表

对象(含义)　　年份：　　月份：

功能：

应用领域：

预期使用人群：

参与地区：

被试人数

年龄	15 岁～30 岁：			
	31 岁～50 岁：			
	50 岁以上：			

性别　　　　男：　　＿＿＿＿　＿＿＿＿　＿＿＿＿

　　　　　　女：　　＿＿＿＿　＿＿＿＿　＿＿＿＿

教育程度i：　　＿＿＿＿　＿＿＿＿　＿＿＿＿

　　　　ii：　　＿＿＿＿　＿＿＿＿　＿＿＿＿

　　　　iii：　　＿＿＿＿　＿＿＿＿　＿＿＿＿

说明身有残疾的被试人数：　　＿＿＿＿　＿＿＿＿　＿＿＿＿

方案：

符号	符号	符号

使用环境：

颜色：

测试图像的高度和宽度(毫米)：

来源：

被试人数

回答类别	f	%	cum %	f	%	cum %	f	%	cum %
1　正确									
2　错误									
3　不知道									
4　未回答									
共计									
2b　错误且所给回答与预期含义相反		-			-				-

每个地区主试或回答分类人的姓名和联系方式：

＿＿＿＿＿＿　＿＿＿＿＿＿　＿＿＿＿＿＿

附 录 B
（规范性附录）
评 价 测 试

B.1 评价测试材料示例

________________%

________________%

________________%

________________%

每个符号要表达的含义均为“瞭望点”。本符号旨在向一般人群传达其含义。

此符号出现在城市、乡村、旅游指南。

你可能在标志牌或纸质的旅游指南上看到此符号。

请评价每个符号的理解度，即写下你认为能理解该符号含义的人所占的百分比。请注意100％意味着所有人都能理解，无一例外；0％意味着没有一个人能够理解。

请记住，我们需要的是你对一般人群中可能正确理解该符号的其他人所占百分比的估计。你所写下的百分比合计无须为100。

在评价过程中请勿与他人讨论，因为重要的是你的回答。

B.2 评价测试结果的频次分析表

对象编号：					
对象名称：					
被试	方案				
	1	2	3	……	V_n 1)
1					
2					
3					
……					
……					
……					
x 2)					
平均值					
中值					

B.3 评价测试结果表

测试日期：

对象名称：

对象的功能：

应用领域：

预期使用人群：

提供数据的地区：

被试总人数：

每个年龄段的被试人数：　15岁～30岁______；31岁～50岁______；50岁以上______

每类性别的被试人数：　男______；女______；

每类教育程度的被试人数：　(i)______；(ii)______；(iii)______

有残疾的被试人数：

测试方案：

符号　　符号　　符号

使用环境：

---

1) V_n 标识第 n 个方案的编码，其中 n 为某一对象的方案数量。

2) x 为被试的数量。

颜色：
测试图像的高度和宽度(毫米)：
识别编码：
来源：
平均值：
中值：
测试方案：

符号　　符号　　符号

使用环境：
颜色：
测试图像的高度和宽度(毫米)：
识别编码：
来源：
平均值：
中值：
主试的姓名和联系地址：

B.4　评价测试结果表填写示例

对象(含义)：盆浴
测试年月：1998 年 7 月
功能：表示并确认有室内的、能以接近水平的体位浸泡身体的地点
应用领域：用于机场、火车站、宾馆、露营地、娱乐中心、医院、宾馆目录和旅游指南等处的标志
预期使用人群：公众
提供数据的地区：英国
被试总人数：60
每个年龄段的被试人数：15 岁～30 岁 __20__ ；31 岁～50 岁 __20__ ；50 岁以上 __20__
每类性别的被试人数：男 __32__ ；女 __28__ ；
每类教育程度的被试人数：(i) __31__ ；(ii) __16__ ；(iii) __13__
有残疾的被试人数：1 个说明有部分视力障碍，2 个身体有残疾(轮椅使用者)
测试方案：

使用环境：该符号出现在宾馆手册中和宾馆内部的指示牌和门上。

颜色：	黑色	黑色	黑色	黑色	黑色
测试图像的高度和宽度(mm)：	30×30	30×30	30×30	30×30	30×30
识别编码：	C	D	E	B	A
来源：	不详 ISO 7001	MSZH 20584 匈牙利 1979 年 9 月	Hanseroth Schilder fabrik，BRD	东京奥运会标志 1964	来源不详 Henry Dreyfuss 的书
平均值：	94	88	86	52	21
中值：	100	90	85	48	10

主试的姓名和联系地址：

J・Smith 博士，伯里大学人类工效学系，BL99 5ZX

注：本示例所有填写内容皆为虚构。

参 考 文 献

［1］ GB/T 2893.1 图形符号 安全色和安全标志 第1部分:安全标志和安全标记的设计原则

［2］ GB/T 2893.3 图形符号 安全色和安全标志 第3部分:安全标志用图形符号设计原则

［3］ GB/T 10001(所有部分) 标志用公共信息图形符号

［4］ GB/T 16903.1 标志用图形符号表示规则 第1部分:公共信息图形符号的设计原则

［5］ ISO 3864-1,Graphical symbols—Safety colours and safety signs—Part 1: Design principles for safety signs and safety markings

［6］ ISO 3864-3,Graphical symbols—Safety colours and safety signs—Part 3: Design principles for graphical symbols for use in safety signs

［7］ ISO 7000,Graphical symbols for use on equipment—Registered symbols［数据库可从 http://www. graphical-symbols. info/获得］

［8］ ISO 7001,Graphical symbols—Public information symbols

［9］ ISO 7010,Graphical symbols—Safety colours and safety signs—Registered safety signs

［10］ ISO 9186-2, Graphical symbols—Test methods—Part 2: Method for testing perceptual quality

［11］ ISO 17724,Graphical symbols—Vocabulary

［12］ ISO 22727,Graphical symbols—Creation and design of public information symbols—Requirements

［13］ ISO/IEC Guide 74,Graphical symbols—Technical guidelines for the consideration of consumers' needs

ICS 01.080.01
A 22

中华人民共和国国家标准

GB/T 16903.3—2013

标志用图形符号表示规则 第3部分:感知性测试方法

Rules for the presentation of graphical symbols for use on graphical signs—Part 3: Method for testing perceptibility

(ISO 9186-2:2008, Graphical symbols—Test methods—Part 2: Method for testing perceptual quality, MOD)

2013-07-19 发布　　2013-11-30 实施

中华人民共和国国家质量监督检验检疫总局
中国国家标准化管理委员会　发布

前　言

GB/T 16903 是《图形符号表示规则》系列国家标准之一。该系列国家标准的结构和名称如下：

a) GB/T 16900《图形符号表示规则　总则》。

b) GB/T 16901《技术文件用图形符号表示规则》，分为以下三个部分：

——第 1 部分：基本规则；

——第 2 部分：图形符号（包括基准符号库中的图形符号）的计算机电子文件格式规范及其交换要求；

——第 3 部分：连接点、网络的分类及其编码。

c) GB/T 16902《设备用图形符号表示规则》，分为以下四个部分：

——第 1 部分：原形符号；

——第 2 部分：箭头的形式和使用；

——第 3 部分：应用导则；

——第 4 部分：屏幕和显示器用图形符号（图标）的设计指南。

d) GB/T 16903《标志用图形符号表示规则》，分为以下三个部分：

——第 1 部分：公共信息图形符号的设计原则；

——第 2 部分：理解度测试方法；

——第 3 部分：感知性测试方法。

本部分是 GB/T 16903 的第 3 部分。

本部分按照 GB/T 1.1—2009 给出的规则起草。

本部分使用重新起草法修改采用 ISO 9186-2：2008《图形符号　测试方法　第 2 部分：感知性测试方法》。本部分与 ISO 9186-2：2008 相比，存在如下技术性差异：

——用与国际标准没有一致性程度关系的 GB/T 15565（所有部分）代替了原国际标准中的 ISO 17724；

——增加一条术语"被试"，并用 GB/T 15565 中的术语代替了原国际标准中的术语；

——由于我国尚未建立图形符号注册制度，因此删除了原标准中的相关文字，如第 4 章注 2、第 5 章注 1；

——将原标准对不同国家的测试要求改为对不同地区的测试要求，如 6.2.3、8.2；

——8.2 中增加对被试情况的记录，改为"被试的年龄、性别、受教育程度、文化或民族背景及任何残疾等情况"，以与本部分 6.2.1 的要求相一致。

本部分还对 ISO 9186-2：2008 做了如下编辑性修改：

——用国家标准中的图形符号代替原国际标准中的部分图形符号，并修改相应的文字描述，如图 B.2；

——按照相关国家标准的要求，用 lx 代替 lux 表示照度的单位。

本部分由全国图形符号标准化技术委员会（SAC/TC 59）提出并归口。

本部分起草单位：中国标准化研究院、轻工业标准化所。

本部分主要起草人：邹传瑜、白殿一、陈永权、张亮、杨柞年。

引　言

图形符号不仅需易于理解，还需有足够的感知性，使最终使用人群在实际环境中能正确识别符号要素。要使图形符号的真实含义被理解，符号要素应可识别。图1给出的例子阐明了这种可识别性的概念。看到“失物招领”符号的人员能识别该符号包含一个问号、一把雨伞和一只箱子。如果把箱子看成砖头，则说明此符号的可识别性不够。另一方面，如果是“倒三角上有一条弯曲线”这样的描述，那么认为雨伞也能被正确识别。总的来说，如果给出了准确的形状描述，或者指明了想要描绘的物体的名称，该符号要素即被视为能被正确识别。

图1　对象“失物招领”的图形符号

为了达到最佳感知性，国家标准中给图形符号的设计人员提供了图形符号设计的指导方针和要求，如GB/T 16903.1和GB/T 2893.3。

然而，遵循相关要求和准则并不能确保得到最佳的设计方案，有时可能需要凭借经验检查所提交图形符号的关键要素。这种需要可能出现在设计初期，以决定符号在视角较小的情况下(由于符号尺寸小或观察距离远)，各符号要素能否被识别；或当理解性测试结果显示一个符号难以理解，想要仔细检查该符号的符号要素以进一步改进符号时，这种需要也可能出现。GB/T 16903的本部分描述了评定符号要素的可识别性的测试方法。本测试方法的核心就是向有一定代表性的被试展示一个符号，让被试对其进行描述。被试的任务就是指出符号图像内容中的符号要素。这将有助于找出图形符号中可能导致识别困难的要素。

标志用图形符号表示规则 第3部分:感知性测试方法

1 范围

GB/T 16903 的本部分规定了图形符号感知性的测试方法,以确定图形符号的符号要素能否被最终使用人群迅速识别。

2 规范性引用文件

下列文件对于本文件的应用是必不可少的。凡是注日期的引用文件,仅注日期的版本适用于本文件。凡是不注日期的引用文件,其最新版本(包括所有的修改单)适用于本文件。

GB/T 15565.1—2008 图形符号 术语 第1部分:通用

GB/T 15565.2—2008 图形符号 术语 第2部分:标志及导向系统

3 术语和定义

GB/T 15565 界定的以及下列术语和定义适用于本文件。为了便于使用,以下重复列出了GB/T 15565.1和GB/T 15565.2 中的一些术语和定义。

3.1

可识别性 identifiability

图形符号中描绘物体或形状的符号要素能够被理解的属性。

3.2

图形符号 graphical symbol

以图形为主要特征,信息传递不依赖于语言的符号。

[GB/T 15565.1—2008,定义 2.5]

3.3

符号要素 symbol element

具有特定含义的图形符号的组成部分。

[GB/T 15565.1—2008,定义 3.6]

3.4

图像内容 image content

对图形符号中符号要素及其相对位置的描述。

[GB/T 15565.1—2008,定义 3.21]

3.5

对象 referent

图形符号所要表示的概念或事物。

[GB/T 15565.1—2008,定义 3.14]

3.6

距离因数　factor of distance

z

观察距离(l)和标志高度(h)之比。

$z=l/h$

[GB/T 15565.2—2008,定义 2.3.12]

3.7

视敏度　visual acuity

观察者能够清楚地看到具有非常小角距的细微细节的能力。

[GB/T 15565.2—2008,定义 2.3.6]

3.8

视角　visual angle

从观察者眼睛到被观看标志的最长轴两端的连线所形成的夹角。

[GB/T 15565.2—2008,定义 2.3.10]

3.9

角标　corner marking

位于基本图型最外沿四个拐角处的垂直相交线。

[GB/T 15565.1—2008,定义 3.4]

3.10

应用场所　field of application

图形符号的应用环境或范围。

[GB/T 15565.1—2008,定义 3.22]

3.11

理解度测试　comprehension test

对方案的理解程度进行量化的测试程序。

[GB/T 15565.1—2008,定义 3.26]

3.12

被试　respondent

在进行方案测试时作出反应的人。

[GB/T 15565.1—2008,定义 3.24]

4　原则

本测试方法用于评定图形符号的感知性能否使最终使用群体正确识别符号要素。被试在指导下识别图形符号要素。测试的最终结果是对所有符号要素做出正确描述的被试所占的比例(即"正确识别率")。本测试方法使用两种或两种以上的图形符号显示尺寸,其他条件不变。较大尺寸的符号用于评定符号要素的识别能否符合设计人员的预期。较小尺寸的符号可以模拟符号能正常显示的最小视角,用于评定当视角变小时符号是否可识别。

注:附录 A 中阐明了本部分所使用的术语和方法。

5　测试前准备的信息

在开始测试之前,主试应确保图形符号的提交者已经对照标准化图形符号提案的要求对所提交的信息进行了核对,这些要求是相关标准化机构或行业机构规定的。

符号提交者应提交以下信息：

——接受测试结果的相关机构名称和具体联系方式；

——该机构对提案者和主试所提交信息的详细要求；

——根据标准化机构的要求，针对每个图形符号填好的申请表。如该标准化机构并无指定的标准化图形符号申请表，提案者应按主试的要求为每个图形符号都填一张申请表。

除了填好的申请表，还宜提供以下几项：

a) 对图形符号要素及其位置等图像内容的描述；

b) 符号要素宜被识别的最小视角。最小视角的值可以根据符号尺寸和实际使用时预期的观察距离推导得出；

c) 确认所提交的图形符号的设计符合相关设计原则、设计要求或设计标准的要求；

注：GB/T 16903.1 规定了 GB/T 10001 公共信息图形符号的标准化设计原则和设计标准；GB/T 2893.1 和 GB/T 2893.3规定了安全标志的标准化设计原则和设计准则。

d) 根据标准化机构的要求，每个方案的 eps 格式(或 tiff 格式)的计算机文件。

6 测试方法

6.1 设备和测试材料

6.1.1 图形符号应打印在纸质材料上呈现给被试。注意打印材料要有足够的对比度和分辨率。如果使用办公打印机，分辨率应至少为 24 点/mm(或 600 点/in)。

6.1.2 图形符号应在(2±0.04)m 的观察距离处的垂直面上呈现给被试。被试的视线与图形符号所在平面的角度应为(90±10)°。为了确保整个测试过程中观察距离和正确的头部位置均保持不变，应指导被试采取舒适坐姿并在测试过程中保持坐姿不变。

较近些的观察距离可能更可行，但由于此时很小且不明显的头部和身体活动也会对实际观察距离产生较大的影响，所以宜避免使用。

6.1.3 在图形符号所在垂直面处测量测试的房间照度应在 95 lx 和 105 lx 之间。对测试用的照度应进行记录。测试房间内不应有日光。

注：规定的照度等级能够模拟实际应用时关键的观察条件。

6.1.4 图形符号尺寸应从以下规格中选择：80 mm×80 mm、40 mm×40 mm、28 mm×28 mm、20 mm×20 mm、14 mm×14 mm、10 mm×10 mm。如果相关标准机构或行业机构要求使用其他尺寸，则应在测试中使用规定的尺寸。应使用符号的角标作参照。

注 1：观察距离为 2 m 时，以上 6 个尺寸对应的距离因子 z 的值分别为 25、50、71、100、143 和 200；对应的视角分别为 2.30°、1.15°、0.80°、0.57°、0.40°和 0.29°。

注 2：对于安全标志，距离因子 z 的值可能要求为 40。这时可以使用 50 mm×50 mm 的符号。

6.1.5 评定可识别性应使用至少两种尺寸。每个图形符号都应使用 80 mm×80 mm 的尺寸测试，还应从 6.1.4 中给出的尺寸中选择一个或几个更小的尺寸进行测试。所选择的尺寸应使相应的视角等于或小于符号提交者提供的可识别最小视角。

注 1：对于较大的显示尺寸，该测试评定符号要素能否被识别为如设计人员预期的物体或形状。使用较小的显示尺寸的目的是为了模拟实际应用中的观察条件，以确定符号要素的可识别性。

较大和较小的显示尺寸的正确识别率可能不同。因为较大显示尺寸的观察条件更佳，因此该尺寸下的正确识别率宜较高，如 90%。较小显示尺寸的正确识别率可能会根据符号的类型而有不同程度的降低。例如，安全符号的标准可能比公共信息符号的标准更为严格。

注 2：由于无法设计出一种能模仿所有可能的实际条件的测试方法，所以在其他变量保持不变的条件下只改变显示尺寸。

6.1.6 默认图形符号应显示为黑图形白背景。但是,如果进行测试的图形符号在实际使用中总是使用一种或几种特定的颜色(如安全标志中使用的图形符号),则测试材料中也应使用同样的颜色。

6.1.7 如果向一名被试呈现两个或两个以上的图形符号,这些图形符号的尺寸应相同。如果测试两个或两个以上的符号,每名被试看到的图形符号的呈现顺序都应随机。为避免疲劳,向每名被试呈现的图形符号数量不宜超过15个。

6.1.8 被试应能记录对符号要素的描述。被试可以将描述写在纸上,也可以使用计算机键盘输入。如有必要(如被试的书写难以辨认),被试的描述可由主试记录。

6.2 被试

6.2.1 每个图形符号各尺寸的测试都应分别使用至少25名被试。被试在年龄、性别、受教育程度、文化或民族背景以及体能(如相关)等方面宜为最终使用人群的代表性抽样。当测试安全用图形符号时,宜特别注意被试要包括易受影响的人员。

注:可以根据被试提供的信息判断抽样能否代表最终使用人群。

6.2.2 除非在图形符号的使用环境中最终使用人群将不能佩戴眼镜或隐形眼镜,否则所有被试都应有正常或矫正正常的视敏度。

注:有"正常视敏度"的人能够看到视角为1分的细节。这种情况又称"20/20视力"或"6/6视力"。"矫正正常"意味着此人需要且正佩戴着眼镜或隐形眼镜以达到正常的视敏度。

6.2.3 参与测试的被试来自同一个地区即可。然而,宜考虑图形符号的图像内容或特定应用领域是否需要在不止一个地区进行测试。

6.2.4 测试前不应将图形符号呈现给被试。参与图形符号设计的人不应做被试。如果一个图形符号已经进行了评价测试或理解度测试,则参与这些测试的被试不应做感知性测试的被试。

6.3 主试

应指定经过培训且有行为实验经验的人做主试。为保持一致,主试最好是同一个人。

6.4 测试步骤

6.4.1 应评定每名被试的视敏度。宜在规定的测试光照度下,采用标准测试方法测量视觉灵敏度,如斯内伦视力表或朗多环形视力表。

6.4.2 被试的任务应对所有符号要素给出简短描述。应根据附录B向被试进行说明。

注:被试的任务来源于文献中所称的命名任务。背景信息可从参考文献[11]和[12]中找到。

6.4.3 任务进度应自行确定,即被试应能根据自身情况有足够时间完成描述。

6.4.4 在被试表示描述已记录完毕之前,图形符号应一直保持可见。

7 分析和评分

7.1 应指定一名评定人分析被试对每个图形符号的描述并进行评分。评定人应为一名行为科学家或对于进行人类学科测试和分析被试回答有相当知识和经验的人。主试(见6.3)也可做评定人。

7.2 首先,针对被试提交的对图形内容中各符号要素的描述,评定人应给每个符号要素拟定相应的正确描述。正确描述最好以对有限数量的被试进行初步试验所取得的结果为基础,或者与其他一名或几名同事共同制定。在初步试验中做被试的人不应在主测试中做被试。所列举的符号要素的正确描述应遵循以下两条原则:

a) 关于符号要素形状的任何准确描述都是正确的;

b) 描述中对图形符号所要描绘的物体进行了命名并且命名正确。

判定描述正确性的一般规则为：

——对符号要素所有相应的描述都归为正确，如“人形”、“身体”、“人”、“个人”或“男人”；

——虽然没有说出符号要素名称，但是对其有隐含解释时都归为正确，如解释“放在某物上”，而非用“桌子”；

——对物体做出抽象但明确的简要描述都归为正确。如“一串点”而非“传送带”，或“一条线”而非“地平线”；

——一个解释中涉及的几个符号要素都归为正确。如“搬运工人”而非“戴帽子的人”；

——如所指出的物体名称并非预期要描绘的物体，则归为不正确。如“手”而非“手套”。

7.3 评定人应比较被试对图形符号的描述、相应的图像内容及每个符号要素的正确描述。在比较的基础上，评定人应判定被试的描述是否包含了图像内容中的所有符号要素。

7.4 对每个显示尺寸，评定人应确定测试组中正确描述所有符号要素的被试人数。应将这个数字转化成百分比，即正确识别率。

8 结果的表示

8.1 应记录测试符号处的垂直照度[单位为勒克斯(lx)]。

8.2 对于每组被试，应记录以下信息：

——被试人数；

——进行测试的地区；

——被试的年龄、性别、受教育程度、文化或民族背景及任何残疾等情况。

8.3 对于每个测试符号，应记录以下信息：

——图形符号的对象或含义、功能、应用领域、最终使用人群；

——测试的尺寸和这些尺寸的图形符号的拷贝；

——图像内容以及符号要素可供选择的正确描述；

——对于每个符号要素，给出做出正确描述的被试人数、不正确回答列表和相应频次以及没有提到该符号要素的被试人数；

——所调查的每个显示尺寸的正确识别率。

附 录 A
（资料性附录）
术语和方法说明

A.1 概述

本附录用于说明 GB/T 16903 的本部分所使用的术语和采用的方法。为此，给出了一个图形符号示例(图 A.1)。

A.2 图形符号

图 A.1 给出了表示机场观看区的一个图形符号示例。

图 A.1 可能的图形符号示例

A.3 对象或含义

机场观看区。

A.4 功能

表示机场中人们能观看到飞机和跑道的位置。

A.5 应用领域

给公众的信息，尤其是在机场航站楼。

A.6 最终使用人群

飞机乘客、送行人员以及在机场航站楼的其他人。

A.7 图像内容

一人形向一架起飞的飞机挥手，一条地平线。

A.8 符号要素

举起胳膊的人形、飞机、地平线。

A.9 符号要素的其他描述

对“人形”的同义解释也是正确的，如“人”、“男人”等。

“举起胳膊的人形”被描述成“挥手的人形”也是正确的。

“线条”、“横杆”等对“地平线”的抽象描述是正确的，但是，如果指出前景和背景，如“前景中有一个挥手的人形，背景中有一架起飞的飞机”，则认为缺少对“地平线”这一要素的描述，所以不正确。这样的回答应视为不正确，因为不能确定被试看到了线条要素；此回答也可能是基于人形和飞机的相对尺寸。

A.10 预期的最小视角

图形符号应用于导向系统的最小尺寸为300 mm×300 mm，观察距离为20 m。

因此，预期的最小视角是0.86°，相当于距离因子 $z=66$。

附 录 B
（规范性附录）
被试用测试说明

B.1 主试应告知被试，其任务是简明描述构成图形符号的所有符号要素。对符号要素的描述可以是抽象的（如“方形”或“圆形”），也可以将符号要素解释成物体（如“手提箱”或“汽车”）。主试应强调被试的任务不是用一个词指出图形符号的名称或给出其含义。被试不应被告知图形符号的使用环境。

B.2 仅仅通过口头描述对被试的任务进行指导还不够。主试应使用图 B.1 到图 B.5 中给出的 5 个符号作为示例。这些符号应在（2±0.04）m 的观察距离处逐个呈现给被试，符号尺寸应为 80 mm×80 mm。

图 B.1 描述示例：站立的女性和男性的正面人像，中间有一条直线。

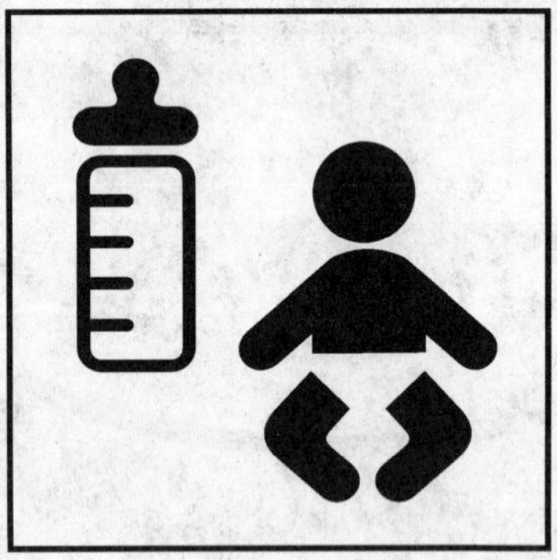

图 B.2 描述示例：一个婴儿的人体正面图以及一个奶瓶的轮廓。

图 B.3　描述示例：一个人体侧面图和带行李的人体侧面图，两人握手

图 B.4　描述示例：没有给出该符号的描述示例

主试和被试进行的讨论应得出如下描述：坐着轮椅的人形。
“人形”的其他正确说法：人、个人、男人。
“轮椅”的其他正确说法：椅。
“轮椅”的不正确描述：球。
“坐着轮椅的人形”的不正确描述：玩跳跳球的小孩。

图 B.5　描述示例：没有给出该符号的描述示例

主试和被试进行的讨论应得出如下描述：一把钥匙和在柜子里的一个手提箱。
“手提箱”的其他正确说法：一件行李、提包、包。
“柜子”的其他正确说法：方形。
“在柜子里的一个手提箱”的不正确描述：行李寄存办公室、包。

B.3 对于前三个符号,应向被试显示或提及相应的描述示例。第四个和第五个符号的描述经过被试和主试讨论确定。必要时对每一个符号都应向被试重复解释其任务。只有当被试完全明白自己的任务时才能结束指导。

B.4 当测试安全标志的可识别性时,需要对被试进行更加详细的指导。宜解释要描述的是符号要素而不是安全形状(表示禁止标志的红色斜杠、红色圆环或表示警告标志的黑色三角形)。图 B.6 和图 B.7中的示例符号宜根据需求使用。

图 B.6 描述示例:没有给出该符号的描述示例

主试和被试进行的讨论应得出如下描述:波浪以及在滑水板上手持牵引绳的人形。

“波浪”的其他正确说法:水、两条波浪线。

“人形”的其他正确说法:人、个人、男人。

“牵引绳”的其他正确说法:水平直线和一小段垂直线。

“牵引绳”的不正确描述:花剑。

图 B.7 描述示例:没有给出该符号的描述示例。

主试和被试进行的讨论应得出如下描述:波浪以及在滑水板上手持牵引绳的人形。

“波浪”的其他正确说法:水、两条波浪线。

“人形”的其他正确说法:人、个人、男人。

“牵引绳”的其他正确说法:水平直线和一小段垂直线。

“牵引绳”的不正确描述:花剑。

参 考 文 献

[1] GB/T 2893.1 图形符号 安全色和安全标志 第1部分:安全标志和安全标记的设计原则

[2] GB/T 2893.3 图形符号 安全色和安全标志 第3部分:安全标志用图形符号设计原则

[3] GB/T 10001(所有部分) 标志用公共信息图形符号

[4] GB/T 16903.1 标志用图形符号表示规则 第1部分:公共信息图形符号的设计原则

[5] ISO 3864-1, Graphical symbols—Safety colours and safety signs—Part 1: Design principles for safety signs and safety markings

[6] ISO 3864-3, Graphical symbols—Safety colours and safety signs—Part 3: Design principles for graphical symbols for use in safety signs

[7] ISO 7001, Graphical symbols—Public information symbols

[8] ISO 7010, Graphical symbols—Safety colours and safety signs—Registered safety signs

[9] ISO 17724, Graphical symbols—Vocabulary

[10] ISO 22727, Graphical symbols—Creation and design of public information symbols—Requirements

[11] MCDOUGALL, S. J., CURRY, M. B. and DE BRUIJN, O. Measuring symbol and icon characteristics: Norms for concreteness, complexity, meaningfulness, familiarity, and semantic distance for 239 symbols. *Behavior Research Methods, Instruments, & Computers*, 31, 1999, pp. 487—519

[12] SNODGRASS, J. G. and VANDERWART, M. A standardized set of 260 pictures: Norms for name agreement, image agreement, familiarity, and visual complexity. *Journal of Experimental Psychology*: Human Learning and Memory, 6, 1980, pp. 174-215

ICS 19.080
K 40

中华人民共和国国家标准

GB/T 16927.2—2013
代替 GB/T 16927.2—1997

高电压试验技术　第2部分:测量系统

High-voltage test techniques—Part 2:Measuring systems

（IEC 60060-2:2010,MOD）

2013-02-07 发布　　　　2013-07-01 实施

中华人民共和国国家质量监督检验检疫总局
中国国家标准化管理委员会　发布

前　言

GB/T 16927《高电压试验技术》已经或计划发布以下部分：

——第1部分：一般定义及试验要求；

——第2部分：测量系统；

——第3部分：现场试验的定义及要求。

本部分为GB/T 16927的第2部分。

本部分按照GB/T 1.1—2009给出的规则起草。

本部分代替GB/T 16927.2—1997《高电压试验技术　第2部分：测量系统》。

本部分与GB/T 16927.2—1997相比，除编辑性修改外主要技术变化如下：

——增加并修改了与高电压测量相关的术语，特别是冲击电压测量系统的术语；

——对测量系统的使用和性能试验程序(包括周期)提出了更加明确的要求；

——对认可测量系统及其组件的校核提出了更细的要求，增加了软件处理的内容；

——对测量系统及其组件的不确定度分量及其确定方法给出了具体方法；

——删除了冲击电流测量系统的内容；

——删除了1997版标准中的附录A；增加了新的附录A，给出了不确定度及其分量的确定方法；

——删除了1997版标准中附录B，增加了新的附录B，给出了认可测量系统不确定度计算示例；

——对附录C，阶跃响应测量进行了修订；

——删除了1997版标准中附录D，增加了新的附录D，用阶跃响应测量确定动态性能的卷积法；

——删除了1997版标准中附录F，将这些内容放在相关标准条款中叙述。

本部分修改采用IEC 60060-2：2010《高电压试验技术　第2部分：测量系统》。本部分与IEC 60060-2：2010的技术性差异及其原因如下：

——按照我国实验室认可测量系统不确定度的计算惯例，收集实验室高电压测量数据，给出高压(交流、冲击、雷电冲击)测量系统不确定度计算示例(见附录B)；

——对于测量系统的性能校验程序的工作条件，考虑到我国高压测量仪器设备以及实验室的具体情况，增加“设备委员会可规定更长标定工作时间”的说明(见4.5)。

本部分还做了下列编辑性修改：

——对图3校准不确定度分量中图示公式有误处作出相应修改；

——对图C.1a)　单位阶跃响应 $g(t)$ 的有关定义中符号有误处作出相应修改。

本部分与IEC 60060-2：2010的上述主要差异涉及的条款已通过在其外侧页边空白位置的垂直单线(|)进行了标示。

请注意本部分的某些内容可能涉及专利。本部分的发布机构不承担识别这些专利的责任。

本部分由中国电器工业协会提出。

本部分由全国高电压试验技术和绝缘配合标准化技术委员会(SAC/TC 163)归口。

本部分负责起草单位：西安高压电器研究院有限责任公司、国网电力科学研究院。

本部分参加起草单位：国家高压电器质量监督检验中心、国家绝缘子避雷器质量监督检验中心、清华大学、西安交通大学、南方电网科学研究院、深圳电气科学研究院、陕西电力科学研究院、江西省电力科学研究院、沈阳变压器研究院、昆明电器科学研究院、西安西电开关电气有限公司、西安西电变压器有限责任公司、保定天威保变电气股份有限公司、山东电力研究院、湖北省电力公司电力试验研究院、北京华天机电研究所有限公司、四川省绵竹西南电工设备有限责任公司、江苏盛华电气有限公司、桂林电力电容器有限责任公司、北京兴迪仪器有限责任公司、湖北省电力公司生产技术部、苏州华电电气股份有限责任公司。

本部分主要起草人：王建生、雷民、崔东、冯建强、戚庆成、张艳、李前、李彦明、危鹏。

本部分参加起草人：王亭、肖敏英、李世成、陈绍义、黄天顺、艾晓宇、廖学理、赵磊、周琼芳、汪涛、王琦、高永利、赵富强、薄海旺、蒲路、王军、李银行、邓永辉、周春荣、张健、黄永祥、肖传强、卢军、余青。

本部分所代替标准的历次版本发布情况为：

——GB/T 311—1964；

——GB 311.4—1983；

——GB 311.5—1983；

——GB/T 16927.2—1997。

高电压试验技术　第2部分：测量系统

1　范围

GB/T 16927 的本部分适用于在实验室和工厂试验中用于测量 GB/T 16927.1 规定的直流电压、交流电压、雷电和操作冲击电压的测量系统及其组件。现场试验测量见 GB/T 16927.3。

本部分规定的测量不确定度的限值适用于 GB 311.1 规定的试验电压，但其原则也适用于更高试验电压，此时不确定度可能较大。

本部分包含以下内容：

a）定义所使用的术语；

b）给出高压测量不确定度的估算方法；

c）规定测量系统应当满足的要求；

d）给出测量系统的认可方法及其组件的校核方法；

e）给出测量系统满足本部分要求的程序，包括测量不确定度的限值。

2　规范性引用文件

下列文件对于本文件的应用是必不可少的。凡是注日期的引用文件，仅注日期的版本适用于本文件。凡是不注日期的引用文件，其最新版本(包括所有的修改单)适用于本文件。

GB 311.1　绝缘配合　第1部分：定义，原则和规则(GB 311.1—2012，IEC 60071-1，MOD)

GB/T 311.6　电压测量标准空气间隙(GB/T 311.6—2005，IEC 60052，MOD)

GB/T 7354　局部放电测量(IEC 60270，IDT)

GB/T 16896.1　高电压冲击测量仪器和软件　第1部分：对仪器的要求(IEC 61083-1，MOD)

GB/T 16896.2　高电压冲击测量仪器和软件　第2部分：软件的要求(IEC 61083-2，MOD)

GB/T 16927.1　高电压试验技术　第1部分：一般定义和试验要求(IEC 60060-1，MOD)

GB/T 16927.3　高电压试验技术　第3部分：现场试验的定义及要求(IEC 60060-3，MOD)

JJF 1059　测量不确定度评定与表示

3　术语和定义

下列术语和定义适用于本文件。

3.1　测量系统　Measuring systems

3.1.1

测量系统　measuring system

用于进行高电压测量的整套装置。用于获取或计算测量结果的软件也是测量系统的一部分。

注1：测量系统通常包括以下组件：

- 带引线的转换装置，该引线是指转换装置与试品或回路的连接以及接地连接；
- 连接转换装置的输出端到测量仪器(并附有衰减、终端匹配阻抗或网络)的传输系统；

- 带有电源线的测量仪器;仅由以上某些组件组成或基于非传统原理的测量系统,只要符合本部分规定的不确定度要求也是可以接受的。

注2:测量系统所处的环境,如与带电体和接地物体的净距、周围电场或磁场等都可能明显影响测量结果及其不确定度。

3.1.2

性能记录　record of performance

使用者建立并保存的测量系统的详细记录,是说明系统和表明系统达到标准所列要求的证明文件。

注:文件中应包含初始性能试验结果和历次性能试验,性能校核结果以及相应性能试验(校核)的周期。

3.1.3

认可测量系统　approved measuring system

满足本部分给出的一组或几组要求的测量系统。

3.1.4

标准测量系统　reference measuring system

通过校准可溯源到相关国家和/或国际基准,且具有足够的准确度和稳定性的测量系统。在进行特定波形和特定电压范围内的比对测量中,该系统用于认可其他的测量系统。

注:满足本部分要求的标准测量系统可作为认可测量系统使用,但认可测量系统不能作为标准测量系统使用。

3.2　测量系统组件　Components of a measuring system

3.2.1

转换装置　converting device

将被测量转换成测量仪器可记录或显示的量值的装置。

3.2.2

分压器　voltage divider

由高压臂和低压臂组成的转换装置。输入电压加到整个装置上,而输出电压则取自低压臂。

注:两个臂的元件通常是电阻、电容或两者的组合体。装置的名称取决于元件的类型及布置(例如,电阻、电容或阻容)。

3.2.3

电压互感器　voltage transformer

包含有一变压器的转换装置,在正常使用条件下,其二次电压基本正比于一次电压;对正确的连接方式,其相位差近似为零。

3.2.4

电压转换阻抗　voltage converting impedance

承载与施加电压成比例的电流的转换装置。

3.2.5

电场探头　electric-field probe

测量电场幅值和波形的转换装置。

注:当测量不受电晕或空间电荷的影响时,电场探头可用来测量产生电场的电压波形。

3.2.6

传输系统　transmission system

将转换装置的输出信号传输到测量仪器的一套装置。

注1:传输系统一般由带终端阻抗的同轴电缆组成,还可包括转换装置与测量仪器之间所连接的衰减器、放大器或其他装置,例如,光纤系统包括光发射器、光缆和光接收器以及相应的放大器。

注2:传输系统可全部或部分地归入转换装置或测量仪器中。

3.2.7

测量仪器 measuring instrument

单独或与外加装置一起进行测量的装置。

3.3 刻度因数 scale factor

3.3.1

测量系统的刻度因数 scale factor of a measuring system

与测量仪器的读数相乘便得到整个测量系统的输入量值的因数。

注1：对不同的标定测量范围、不同的频率范围或不同的波形，一个测量系统可有多个刻度因数。

注2：直接显示输入量值的测量系统，其标称刻度因数为1。

3.3.2

转换装置的刻度因数 scale factor of a converting device

与转换装置的输出量值相乘便得到其输入量值的因数。

注：转换装置的刻度因数可以是无量纲的(例如分压器的分压比)，也可以是有量纲的(例如电压转换阻抗的阻抗)。

3.3.3

传输系统的刻度因数 scale factor of a transmission system

与传输系统的输出量值相乘便得到其输入量值的因数。

3.3.4

测量仪器的刻度因数 scale factor of a measuring instrument

与仪器的读数相乘便得到其输入量值的因数。

3.3.5

标定刻度因数 assigned scale factor

F

最近一次性能试验所确定的测量系统的刻度因数。

注：一个测量系统可有多个标定刻度因数。例如，若系统有几个测量范围和/或标称时段(见3.5.4)，每个范围或标称时段可有不同的刻度因数。

3.4 额定值 rated values

3.4.1

工作条件 operating conditions

规定的条件范围，在此条件范围内测量系统能在规定的不确定度范围内工作。

3.4.2

额定工作电压 rated operating voltage

测量系统可适用的具有规定频率或波形的最大电压水平。

注：额定工作电压可高于标定测量范围的上限。

3.4.3

标定测量范围 assigned measurement range

用单一刻度因数来表征的具有规定频率或波形的测量系统可能工作的电压范围。

注1：标定测量范围限值可由使用者选定，并经本部分规定的性能试验加以验证。

注2：对于含有多个刻度因数的测量系统可有多个标定测量范围。

3.4.4

标定工作时间 assigned operating time

对直流或交流电压，测量系统能在标定测量范围上限工作的最长时间。

3.4.5

标定施加频次　assigned rate of application

测量系统能在标定测量范围上限工作，并在规定的时间间隔内所能承受的规定冲击电压的最大次数。

注：该次数通常以每分钟施加次数以及以数分钟或数小时为时间间隔内的施加次数来表示。

3.5　有关动态特性的定义　definitions related to the dynamic behaviour

3.5.1

测量系统的响应　response of a measuring system

G

当系统的输入端施加规定的电压时的输出，该输出是时间或频率的函数。

3.5.2

幅-频响应　amplitude-frequency response

$G(f)$

当输入为正弦波时，测量系统的输出和输入之比值与频率 f 的关系(见图 1)。

3.5.3

阶跃响应　step response

$G(t)$

当输入为一个阶跃波时，测量系统的输出与时间的关系。

注：关于阶跃响应和阶跃响应参数的详细信息参见附录 C。

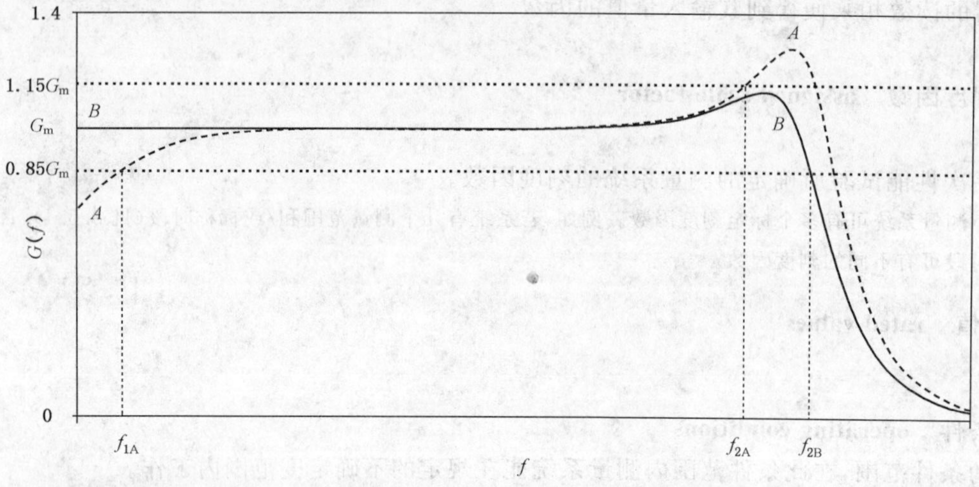

说明：曲线 A 示出了上、下限频率；曲线 B 为一个下限直到直流的恒定的响应。

图 1　幅-频响应及限值频率(f_1、f_2)示例

3.5.4

标称时段(仅对冲击测量)　nominal epoch(impulse voltage only)

τ_{N1}

测量系统被认可的相关冲击电压时间参数最小值(t_{min})和最大值(t_{max})之间的间隔。

注 1：相关的时间参数是：

- 全波和波尾截断雷电冲击的波前时间 T_1；
- 波前截断雷电冲击的截断时间 T_C；
- 操作冲击的峰值时间 T_P。

注 2：对于不同的波形，一个测量系统可能有一个以上的标称时段。例如，一个特定的测量系统可以认可如下标称时段：

- 对全波或波尾截断的雷电冲击，标定刻度因数 F_1 被认可的标称时段 τ_{N1} 为 $T_1=0.8\ \mu s\sim1.8\ \mu s$；
- 对波前截断的雷电冲击，标定刻度因数 F_2 被认可的标称时段 τ_{N2} 为 $T_C=0.5\ \mu s\sim0.9\ \mu s$；
- 对操作冲击，标定刻度因数 F_3 被认可的标称时段 τ_{N3} 为 $T_p=150\ \mu s\sim500\ \mu s$。

注 3："波前截断冲击"是指冲击截断发生在波前 0.5 μs 到峰值时间的范围内，以区别于截断时间大于峰值时间的"波尾截断冲击"。

3.5.5

限值频率　limit frequencies

f_1 和 f_2

幅-频响应近似恒定范围的频率的下限和上限(见图 1)。

注：该上、下限是响应第一次偏离恒定值某一数值(例如±15%)的位置。容许的偏离与测量系统可接受的不确定度有关。

3.6　有关不确定度的定义　definitions related to uncertainty

3.6.1

容差　tolerance

测量值与规定值之间的允许差值。

注 1：此差值应区别于测量不确定度。

注 2：测得的试验电压应在规定试验电压的给定容差范围内。

3.6.2

误差　error

被测量值与参考量值之差。

3.6.3

(测量)不确定度　uncertainty(of measurement)

表征合理地赋予被测量之值的分散性，与测量结果相联系的参数。

注 1：不确定度是不带符号的正数。

注 2：电压测量的不确定度不应与规定试验电压的容差相混淆。

注 3：更多信息参见附录 A 和附录 B。

3.6.4

标准不确定度　standard uncertainty

u

以标准偏差表示的测量结果的不确定度。

注 1：标准不确定度与被测值的估计值有关，与被测值有相同的量纲。

注 2：某些情况下，可以使用测量的相对标准不确定度，测量的相对标准不确定度是标准不确定度除以被测值，因此是无量纲值。

3.6.5

合成标准不确定度　combined standard uncertainty

u_c

当测量结果是由若干个其他分量的值求得时，测量值的标准不确定度等于各分量的方差或协方差总和的平方根的正值。计算时需依据各分量对测量结果的影响权重。

3.6.6

扩展不确定度　expanded uncertainty

U

确定测量结果区间的量，合理赋予被测量之值分布的大部分可望含于此区间。

注 1：扩展不确定度非常接近本部分较早版本中的"总不确定度"。

注 2：由于覆盖概率小于 100%(见 3.6.7)，不可知的试验电压的真值可能落在不确定度的限值之外。

3.6.7

覆盖因子(包含因子)　coverage factor

k

为求得扩展不确定度,与合成标准不确定度相乘的数字因子。

注:对 95%覆盖概率和正态(高斯)概率分布,覆盖因子约为 $k=2$。

3.6.8

(不确定度的)A 类评定　Type A evaluation(of uncertainty)

对一系列观测值进行统计分析来评定标准不确定度的方法。

3.6.9

(不确定度的)B 类评定　Type B evaluation(of uncertainty)

对一系列观测值进行非统计分析来评定标准不确定度的方法。

3.6.10

可溯源性　traceability

通过一条具有规定不确定度的不间断的比较链,使测量结果或测量的标准值能够与规定的参考标准,通常是与国家测量基准或国际测量基准联系起来的特性。

3.6.11

国家计量研究机构　National Metrology Institute

由国家指定的对一个或多个量的国家测量基准进行开发和维护的科研机构。

3.7　有关测量系统试验的定义　Definitions related to tests on measuring systems

3.7.1

校准　calibration

在规定条件下,为确定测量仪器或测量系统所指示的量值,或实物量具或参考物质所代表的量值,与对应的由标准所复现的量值之间关系的一组操作。

3.7.2

型式试验　type test

在一套(台)或多套(台)典型测量系统或测量装置上进行的符合性试验。

注:测量系统的型式试验可理解为,对相同设计的整套测量系统或单个组件在工作条件下检测其性能的试验。

3.7.3

例行试验　routine test

每个单套测量系统或其组件加工期间或加工后进行的符合性试验。

注:例行试验可理解为对每个整套测量系统或每个组件在工作条件下检测其性能的试验。

3.7.4

性能试验　performance test

对整套测量系统在工作条件下检测其性能的试验。

3.7.5

性能校核　performance check

验证最近一次性能试验所确定的结果是否仍有效所进行的简化试验。

3.7.6

参考记录(仅对冲击测量)　reference record(impulse measurements only)

性能试验中规定的条件下得到的记录,可用来与将来进行的相同条件下试验或校核所得的记录进行比较。

参考记录经常被称作“指纹”,用于表征动态特性。冲击电压测量经常从阶跃响应测量中提取参考记录。

4 测量系统的使用和性能校验程序

4.1 概述

每个认可测量系统在其整个使用寿命期间均需经初始试验、性能试验(周期性的,见4.2)及其性能校核(周期性的,见4.3)。初始试验包括型式试验(在相同设计的单个组件或系统上进行)和例行试验(在每个组件或系统上进行)。

性能试验和性能校核应证明测量系统可对拟测量试验电压进行测量,且应满足本部分给出的不确定度要求,而且该测量可溯源到相应的国家或国际测量基准。只有在其性能记录中包含系统布置和工作条件的情况下,测量系统才能被认可。

测量系统的转换装置、传输系统、测量仪器的主要要求是在规定的工作条件范围内应稳定,保证测量系统的刻度因数在长时间内保持恒定。

标定刻度因数通过性能试验校准确定。使用者应采用本部分规定的试验来评定其测量系统。当然,使用者也可选择由国家计量机构或有资质的校准实验室来进行性能试验。不论采取何种方式,使用者应将试验数据存入性能记录中。

任一校准应溯源到国家和/或国际基准。使用者应保证每次自行校准是由能胜任的人员使用标准测量系统和合适的操作程序进行。

注:由国家计量机构或有资质的校准实验室进行的校准及其出具的报告、证书可以认为是已溯源到国家和/或国际基准。

4.2 性能试验周期

为保持测量系统的性能,应定期重复性能试验以确定其标定刻度因数。性能试验周期应基于以往测量系统的稳定性评估。建议性能试验应每年重复一次,最大时间间隔不应超过5年。

注:性能试验的周期加长会增加测量系统变化未被发现的风险。

测量系统经过大修后以及回路布置超出性能记录中给出的使用范围时均应进行性能试验。

由于性能校核中发现标定刻度因数不再有效而必须进行性能试验时,在性能试验前应先研究发生变化的原因。

4.3 性能校核周期

应根据性能记录中记录的测量系统稳定性的时限进行性能校核。与最近性能试验或性能校核的时间间隔不应超过1年。

对新的或检修过的系统应缩短其性能校核的时间间隔以确定其稳定性。

由于性能校核的准确度要求低于性能试验的要求,因此对性能校核不规定标准方法。

4.4 对性能记录的要求

4.4.1 性能记录的内容

所有试验和校核结果包括获取这些结果的条件均应保存在由使用者建立并保存的性能记录中(根据地方法规和质量体系允许由纸质文件或电子文档储存),性能记录应包含测量系统的每个组件,而且保证测量系统的性能完整连续可查。

性能记录至少包括以下信息:

——测量系统的一般说明;

——转换装置、传输系统和测量仪器、测量系统(如果已进行的)的型式试验和例行试验结果;

——测量系统的每次性能试验结果；

——测量系统的每次性能校核结果。

注：测量系统的一般说明通常由测量系统的主要指标和功能组成，比如：额定工作电压、波形、净距范围、工作时间、或电压最大施加频次。对许多测量系统而言传输系统以及高压和接地布置的信息是重要的。如果需要，测量系统的组件说明还应包括测量仪器的型号和相关文件。

4.4.2 例外情况

对本部分1997版公布前制造的测量系统或组件，所要求的型式试验和例行试验有些部分证明文件可能无法获得。按较早版本的标准进行性能试验和校核，只要表明刻度因数是稳定的，就认为是足够了，但这些早期校核记录结果应录入性能记录中。

由几件可互换使用的装置组成的认可测量系统应包括各种最少重复组合的单独性能记录，即每一装置应单独记录，而传输系统和测量仪器可综合记录。

4.5 工作条件

认可的电压测量系统应直接与试品两端相连，或使试品两端和测量系统间的电压差可被忽略。连接时应使试验和测量回路之间的杂散耦合减至最小。

注1：杂散耦合还需进一步研究。

在性能记录给出的整个工作和环境条件范围内，认可测量系统的不确定度应当在本部分所规定的范围内。

对交、直流电压应规定测量系统的标定工作时间。

注2：推荐最短标定工作时间为1 h。有关设备委员会可规定更长的标定工作时间。[1)]

对冲击电压应规定最大施加频次。

注3：推荐最大施加频次的最小值为1次/min或2次/min，且应根据转换装置的尺寸来规定。

应当注明测量系统组件满足本部分要求的环境条件范围。

4.6 不确定度

按本部分进行的所有测量的不确定度应依据JJF 1059规范进行评定。

评定不确定度的程序可按JJF 1059规范以及本部分给出的方法进行。本部分第5章中给出的简化程序对高电压试验中常用的仪表设备和测量布置已足够了。但是，使用者也可从JJF 1059规范中选取其他合适的程序，附录A和附录B简要给出了这些程序。

通常，被测量需要考虑的是测量系统的刻度因数。但是在某些情况下还应考虑其他量值，例如冲击电压的时间参数及其误差。

注1：对特殊的转换装置其他量是常用的。例如，分压器是由使用范围内的分压比及其不确定度进行表征，电压互感器则由变比误差、相位差和相应的不确定度进行表征。

依据JJF 1059，测量的不确定度由A类和B类(见5.10、5.11和附录A)合成不确定度确定。应从测量结果、制造商手册、校准证书以及测量期间影响因素的合理估算值中获得。例如，第5章中所述的影响因素包括温度影响和邻近效应；其他的如测量仪器的有限分辨率也应包括在内(如果需要)。

注2：测量仪器的分辨率，如记录仪的位数较低，可能是不确定度的重要影响因素。

实际电压试验期间，除了校准证书中所述刻度因数的校准不确定度，通常需要考虑附加的影响因素，以获得试验电压值的测量不确定度。

第5章及附录A和附录B中给出了需要考虑的不确定度分量及其合成不确定度的确定导则。不确定度应以覆盖概率近似为95%的扩展不确定度给出，在正态分布的假定下，覆盖因子$k=2$。

1）采标说明：根据我国实际情况，增加此说明。

本部分中，刻度因数的不确定度和电压测量的不确定度（5.2～5.10）是用相对不确定度来表示的，而不是JJF 1059规范通常考虑的绝对不确定度。在5.11以及附录A和附录B中，对时间参数直接采用JJF 1059规范并以绝对不确定度来表示。

5 对认可测量系统及其组件的试验和试验要求

5.1 一般要求

应依据规定的性能试验进行校准来确定测量系统的标定刻度因数。对标定的测量范围，标定刻度因数是唯一值。如果需要，不同的标定测量范围可规定不同刻度因数。

对冲击测量系统，性能试验还应表明其动态特性足以满足规定的测量要求，而且其任意干扰水平未超出规定范围。

因为设备的大尺寸和实际环境条件，校准应尽量在现场通过与标准测量系统的比对来进行。

较小尺寸的测量系统或其组件可送到其他实验室按其工作条件布置进行校验。但是，干扰试验（如果规定），应在使用者实验室进行。

如果转换装置对邻近效应是敏感的，则应确定有效标定刻度因数对应的净距范围，且应保存在性能记录中。每一净距范围对应的标定刻度因数均应验证。

应当在标定测量范围内确定测量系统的刻度因数，最好是通过与标准测量系统的比对来确定。但是，高电压的标准测量系统很难获得，比对可在大于或等于20%标定测量范围内进行，前提是已证明从该电压至标定测量电压范围最高值是线性的。

所有用于确定测量系统刻度因数的设备应可溯源至国家和/或国际基准的校准。

注：由国家计量机构或有资质的校准实验室进行的校准及其出具的报告、证书可以认为是已溯源到国家和/或国际基准。

对认可测量系统的校准结果有重要影响的条件应包含在性能记录中。

5.2 校准—确定刻度因数

5.2.1 通过与标准测量系统比对进行校准（优选方法）

5.2.1.1 比对测量

整套测量系统的刻度因数是通过与标准测量系统的比对确定的。

用于校准的输入电压应与被测电压具有相同类型、频率或波形。如不满足此条件，应估算相关不确定度分量。

对溯源至国家计量机构的比对标准测量系统，应与被校测量系统并联连接。应采取措施避免转换装置和测量仪器间的接地环路。两个系统应同时读数。由标准测量系统读到的每次测量的输入量除以被校测量系统仪器的相应读数求得该次测量的刻度因数 F_i 值。重复该测量 n 次求取被校测量系统在某一电压水平 u_g 下的刻度因数平均值 F_g。平均值由式(1)给出：

$$F_g = \frac{1}{n}\sum_{i=1}^{n} F_{i,g} \qquad \cdots\cdots(1)$$

F_g 的相对标准偏差 s_g 由式(2)给出：

$$s_g = \frac{1}{F_g}\sqrt{\frac{1}{n-1}\sum_{i=1}^{n}(F_{i,g} - F_g)^2} \qquad \cdots\cdots(2)$$

平均值 F_g 的A类相对标准不确定度 u_g 由式(3)求得（参见附录A）：

$$u_g = \frac{s_g}{\sqrt{n}} \quad \cdots\cdots (3)$$

注 1：通常独立读数 $n=10$ 已足够。

注 2：对交、直流电压的测量，独立读数可通过施加试验电压读取 n 个读数或施加 n 次电压读取每次读数来求得。对冲击电压则是施加 n 次冲击。

有多个标定测量范围(例如有几个低压臂的分压器)或采用不同传输系统的测量系统应当对每个范围或每个传输系统进行校准。有二次衰减器的测量系统，只要能够通过其他试验证明对所有设置该转换装置的输出负载是不变的，可仅在一个设置上校准，这种情况应分别校准二次衰减器的所有范围。

刻度因数应在整个标定测量范围由以下 5.2.1.2(优选)、5.2.1.3 和 5.2.2 所述方法之一确定。

5.2.1.2 全部标定测量范围内进行比对

该试验包括标定刻度因数的确定和线性度的确定，应在标定测量范围的最小和最大值之间直接与标准测量系统进行比对来确定刻度因数，而且还应在至少 3 个近乎相等间隔的中间值下进行比对(见图 2)。标定刻度因数即为 h 个电压水平下记录到的所有刻度 F_g 因数的平均值见式(4)：

$$F = \frac{1}{h}\sum_{g=1}^{h} F_g \text{，其中 } h \geqslant 5 \quad \cdots\cdots (4)$$

取各个 A 类标准不确定度中的最大值[见式(5)]作为标定刻度因数 F 的标准不确定度(见图 3)。

$$u_A = \max_{g=1}^{h} u_g \quad \cdots\cdots (5)$$

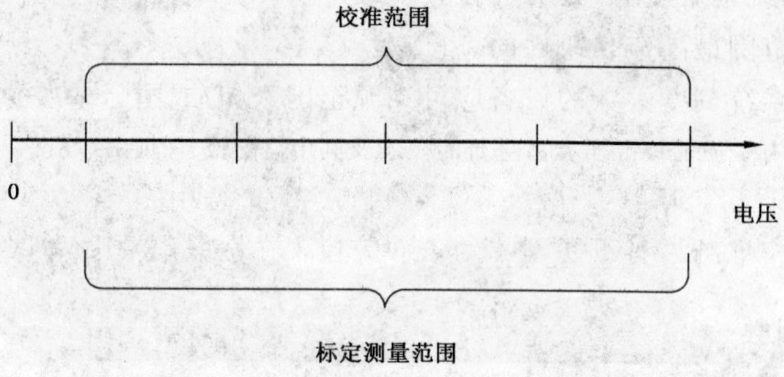

图 2 全电压范围内比对的校准

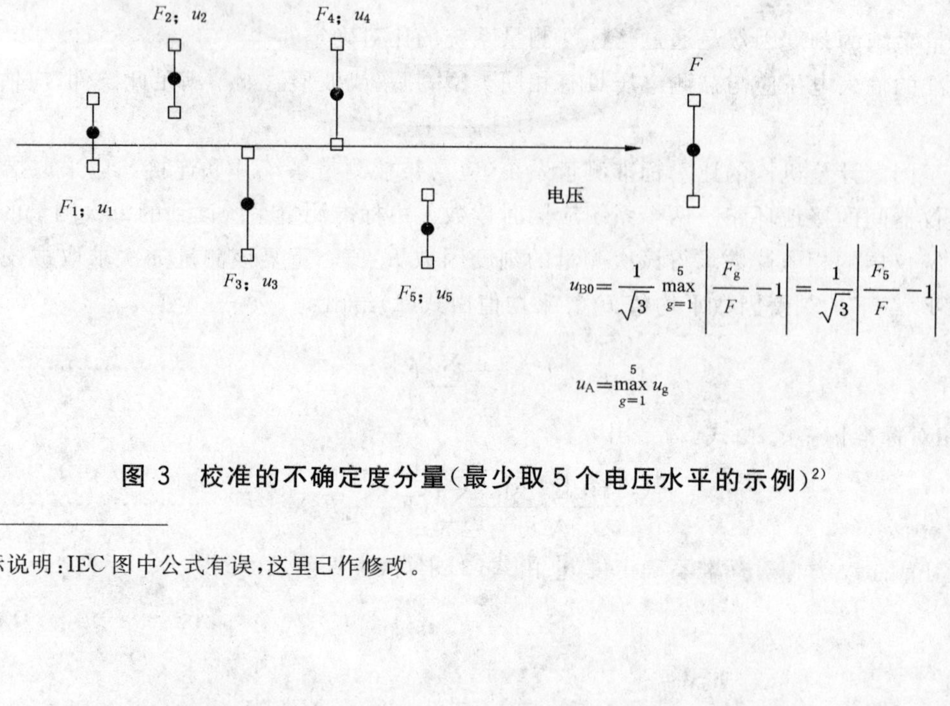

图 3 校准的不确定度分量(最少取 5 个电压水平的示例)[2)]

---

2) 采标说明：IEC 图中公式有误，这里已作修改。

F 中非线性度的影响估计为一个 B 类标准不确定度，由式(6)表示：

$$u_{B0}=\frac{1}{\sqrt{3}}\max_{g=1}^{h}\left|\frac{F_g}{F}-1\right| \quad\cdots\cdots(6)$$

注 1：在评估刻度因数的扩展不确定度时，如果将修约值 F_0 和 F 的差值作为 B 类不确定度的分量来考虑，可将 F_0 作为标定刻度因数。

注 2：应在校准证书中给出 h 个电压水平下对应的每个刻度因数及其不确定度。

5.2.1.3 有限电压范围内的比对

在标定测量范围超过标准测量系统测量范围的情况下，应比对至标准测量系统最高电压来确定刻度因数。应在不低于标定测量范围 20％的电压下进行比对(见图 4)。

应依据 5.3 补充进行线性度试验。使用测量系统时，计算测量不确定度时应考虑与线性度有关的不确定度分量，见 5.10.3。

与标准测量系统比对在 $a\geqslant 2$ 个电压水平下进行，最高电压水平等于标准测量系统的最高电压值。所需的线性度试验在 $b\geqslant 2$ 个电压水平下进行，其中一个电压水平应等于比对最高电压水平(见 5.3)。所选取的电压水平至少包括标定测量范围的最大、最小值，因此，

$$a+b\geqslant 6$$

标定刻度因数 F 即为标准测量系统记录的刻度因数的平均值见式(7)：

$$F=\frac{1}{a}\sum_{g=1}^{a}F_g \quad\cdots\cdots(7)$$

刻度因数 F 的标准不确定度由以下两个分量构成：

A 类标准不确定度，即为单个标准不确定度 u_g 的最大值见式(8)：

$$u_A=\max_{g=1}^{a}u_g \quad\cdots\cdots(8)$$

和校准值中的非线性分量见式(9)：

$$u_{B0}=\frac{1}{\sqrt{3}}\max_{g=1}^{a}\left|\frac{F_g}{F}-1\right| \quad\cdots\cdots(9)$$

注：在评估刻度因数的扩展不确定度时，如果将修约值 F_0 和 F 的差值作为 B 类不确定度的分量来考虑，可将 F_0 作为标定刻度因数。

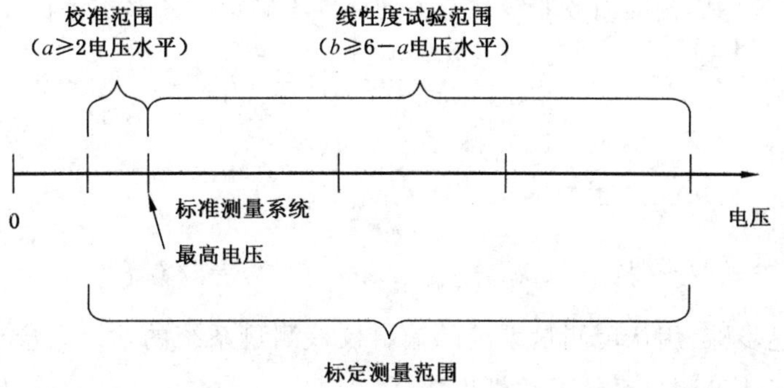

图 4 有限电压范围比对和附加线性度试验的校准

5.2.2 由测量系统组件刻度因数确定测量系统刻度因数(替代方法)

测量系统的标定刻度因数应为其转换装置、传输系统、二次衰减器以及测量仪器的刻度因数的乘积。

对转换装置和传输系统或它们的组合，其刻度因数应由以下方法之一进行测量。对仅以电缆组成的传输系统不要求单独试验。测量仪器的刻度因数的确定是依据相关标准(见第2章，特别是GB/T 16896.1和GB/T 16896.2)或依据第5章实施校准和试验。

组件刻度因数可通过以下方法之一进行确定：

——与标准组件比对(例如：分压器与标准分压器比对)或采用精确的低压校准器；

——同步测量其输入输出量；

——电桥法或精确的低压下的变比测量；

——基于所测阻抗的计算。

注1：应当采取措施确保测量中包括了杂散电容或耦合电容的影响以及组件间的相互影响。

对测量系统的每一组件，应估算A类和B类不确定度分量(5.2～5.9)，确定每一组件的合成不确定度时应考虑校准中使用的测量装置的不确定度分量。

注2：组件校准法中不确定度分量的估算要求对每一组件在全范围条件内，如电压、温度、邻近效应等对结果的影响，这种分析比较复杂，需要对测量过程有深入的了解。

应根据JJF 1059规范(见附录A和附录B，尤其是B.2示例)，通过将各组件合成不确定度的组合来求取电压测量的扩展不确定度。

时间参数测量不确定度的估算应按5.11进行，与电压测量的原则相同。

5.3 线性度试验

5.3.1 应用

该试验仅是为了依据5.2.1.3进行校准的最大电压的刻度因数提供一个扩展的有效范围，即扩展至标定测量范围的最高限值(见图4)。

测量系统的输出应与线性度已被认可或其被推测在全电压范围是线性的装置或系统进行比对(见5.3.2)。使用该方法得到的不满足要求的线性度不一定意味着系统非线性。在这种情况下可选择其他适合线性度测量的试验。应按5.2.1.1从标定测量范围的最高限值到确定刻度因数的电压值范围中给出b个不同电压值内测量系统与比对装置或系统的读数之比值(见图4)。

线性度的评估是基于b个测量电压和对应比对装置电压之比值R_g与平均值R_m的最大偏差。该最大偏差作为与在扩展电压范围内刻度因数非线性有关的标准不确定度的B类评估u_{B1}[见式(10)、图5]：

$$u_{B1}=\frac{1}{\sqrt{3}}\max_{g=1}^{b}\left|\frac{R_g}{R_m}-1\right| \quad\cdots\cdots\cdots\cdots(10)$$

5.3.2 替代方法

5.3.2.1 与认可测量系统的比对

应依据5.3.1所述步骤，用认可测量系统的输出校核测量系统的输出。应已按5.2给出的校准的优选标准方法予以验证认可测量系统的线性度。

5.3.2.2 与线性高压发生器的输入电压比对

考虑5.3.1所述电压水平，用高压发生器的输入电压校核测量系统的输出。

注1：此方法尤其适用于多级冲击电压发生器充电电压或多级直流电压发生器的交流输入。

注2：应当注意电压发生器所有级的均匀充电。必须让发生器所有级有足够的时间充电后再触发。

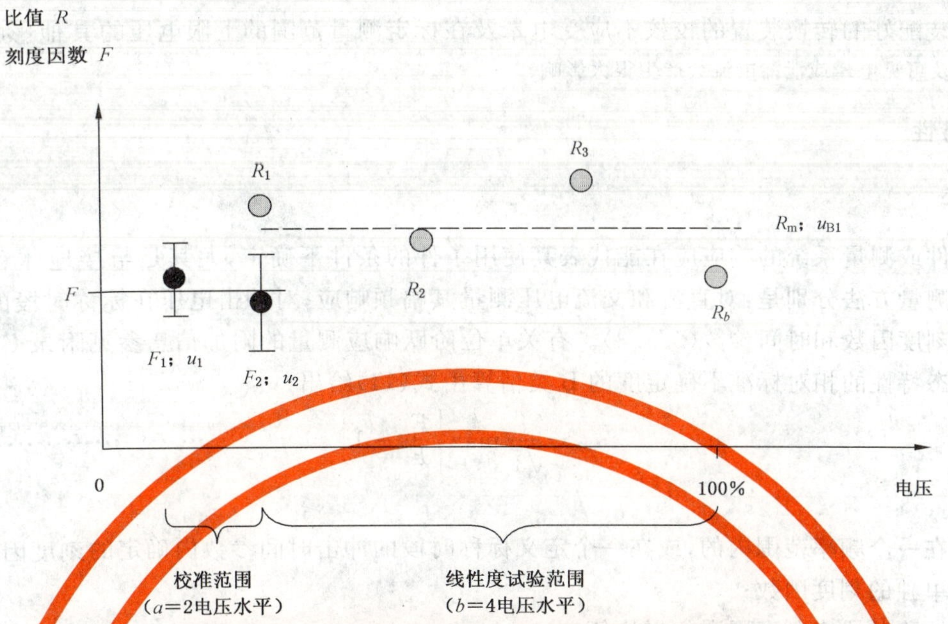

说明：

F_1,F_2 ——由标准分压器在校准范围内确定的刻度因数；

u_1,u_2 ——刻度因数 F_1 和 F_2 的标准不确定度；

F ——F_1 和 F_2 的平均值；

$R_1 \cdots R_b$ ——仅是在扩展电压范围内线性度试验确定的比值；

R_m ——在扩展电压范围内线性装置确定的比值的平均值；

u_{B1} ——扩展电压范围内刻度因数非线性引起的B类标准不确定度。

图5 用线性装置在扩展电压范围内进行测量系统的线性度试验

5.3.2.3 与电场测量仪器输出比对(电场探头)

可用相关的电场测量系统校核测量系统，该电场探头放置在某一正比于被测电压的电场中并测量电场。

电场测量系统应当对被测电压类型有足够的响应。

注1：该方法可用于测量电晕起始电压(见GB/T 7354)。

注2：此方法适用于测量交流电压和冲击电压。

5.3.2.4 与GB/T 311.6推荐的标准空气间隙比对

可用球隙校核交流、雷电冲击或操作冲击电压测量系统。对直流电压测量系统应使用棒-棒间隙。两种情况下的比对均应依据GB/T 311.6给出的方法进行。

整个线性度试验应当在大气条件不改变且由此不需进行大气修正的短时间内进行。否则，须依据GB/T 16927.1进行大气条件的修正。

5.3.2.5 多级转换装置(分压器)的方法

对一个由几个相同高压单元组成的转换装置，应进行以下试验：

——在一个等效的完整转换装置(安装了电极)上进行第6章～第9章规定的型式试验。

——在5个均等间隔的电压下测量每一个高压单元的电容和/或电阻值。由测得的值和低压臂值计算对应电压下的刻度因数(类似于 5.2.1.2 的规定)。

——对装配好的转换装置的校核不应受电晕及在标定测量范围的上限电压的其他影响。

注：可视及可见电晕或泄漏电流会产生很大影响。

5.4 动态特性

5.4.1 概述

一个组件或测量系统的响应应在能代表其使用条件的条件下确定，尤其是与接地体和带电体的距离。优选的测量方法分别是：对直流和交流电压测量其幅频响应；对冲击电压在标称时段的上限和下限分别确定其刻度因数和时间参数(5.4.3)。有关单位阶跃响应测量的附加信息参见附录 C。

有关动态特性的相对标准不确定度的 B 类估算由式(11)给出：

$$u_{B2}=\frac{1}{\sqrt{3}}\max_{i=1}^{k}\left|\frac{F_i}{F}-1\right| \qquad \cdots\cdots(11)$$

式中：

k ——在一个频率范围内的，或在一个定义标称时段的冲击时间参数内确定的刻度因数的次数；

F_i ——单独的刻度因数；

F ——标称时段内刻度因数的平均值。

5.4.2 幅频响应的确定

向系统或组件施加一已知幅值的正弦输入，测量其输出，该试验通常是在低电压下进行。测量在一个合适的频率范围内重复进行，刻度因数的偏差应按式(11)进行计算。

5.4.3 冲击电压测量系统的标准方法

用校准刻度因数(见 5.2)时得到的冲击电压的记录来确定标称时段的限值，应按式(11)对电压及时间参数的不确定度分量进行计算。

注：有关单位阶跃响应测量和计算参见附录 C。

5.5 短时稳定性

在适当的预期使用时间内，对测量系统连续施加标定测量范围的最大电压(对冲击则以标定最大施加频次)，在刚刚达到最大电压时，立即测量刻度因数，并在电压降低前立即重复测量。

注 1：短时稳定性试验应包括转换装置的自热效应。

注 2：电压施加时间不能长于标定工作时间，但可限制到一个足以达到平衡的时间。

试验结果是在电压施加时间内刻度因数变化的一个估算值，在这段时间内，可获得一 B 类估算的标准不确定度分量见式(12)：

$$u_{B3}=\frac{1}{\sqrt{3}}\left|\frac{F_{after}}{F_{before}}-1\right| \qquad \cdots\cdots(12)$$

式中：

F_{before} ——短时稳定性试验前的刻度因数；

F_{after} ——短时稳定性试验后的刻度因数。

5.6 长期稳定性

应对刻度因数在一段时间内的稳定性进行考虑和评估。通常是以在一个预定的使用时间段 T_{use}(一般至下一次校准)内不确定度分量的有效性来评估，评估可以采用制造商提供的数据或以一系列性能试验结果为基础。评定的结果是刻度因数变化的一个估算值。评估产生一个以 B 类估算的标准不确定度分量见式(13)：

$$u_{B4}=\frac{1}{\sqrt{3}}\left|\frac{F_2}{F_1}-1\right|\cdot\frac{T_{use}}{T_2-T_1} \quad\cdots\cdots(13)$$

式中：F_1 和 F_2 分别是在时间 T_1 和 T_2 进行的两个连续的性能试验的刻度因数。

在可得到许多性能试验结果的情况下，长期稳定性可由A类分量的形式来表征，见式(14)：

$$u_{B4}=\frac{T_{use}}{T_{mean}}\sqrt{\frac{\sum_{i=1}^{n}\left(\frac{F_i}{F_m}-1\right)^2}{n-1}} \quad\cdots\cdots(14)$$

式中：

F_i ——刻度因数；

F_m ——刻度因数平均值；

T_{mean}——平均时间间隔。

重复的性能试验结果为刻度因数 F_i 及其平均值 F_m 和重复的平均时间间隔 T_{mean}。

注：长期稳定性通常规定以一年为周期。

5.7 环境温度影响

测量系统的刻度因数可能受环境温度影响，这可以通过在不同环境温度下确定刻度因数来定量，或基于组件的特性计算来确定。试验或计算的详细资料应存入性能记录中。

试验和计算的结果是由于环境温度变化引起的刻度因数变化的一种估算。

其B类标准不确定度由式(15)给出：

$$u_{B5}=\frac{1}{\sqrt{3}}\cdot\left|\frac{F_T}{F}-1\right| \quad\cdots\cdots(15)$$

式中：

F_T ——所关注的温度下的刻度因数；

F ——校准时温度下的刻度因数。

注1：如果 F_T 与 F 的偏差大于1%，建议对刻度因数进行校正。

注2：自热效应包含在短时稳定性试验中。

注3：当环境温度在一个很宽的温度范围内变化时，可对刻度因数使用温度修正系数。任何温度修正应在性能记录中列出。一旦使用了温度修正系数，可将温度修正系数的不确定度 u_{B5} 作为不确定度分量。

5.8 邻近效应

由邻近效应而引起装置的刻度因数或参数的变化，可通过装置距一接地墙或一个带电体的不同距离所进行的测量来确定。

试验的结果是刻度因数的变化，其B类标准不确定度分量估算由式(16)给出：

$$u_{B6}=\frac{1}{\sqrt{3}}\cdot\left|\frac{F_{max}}{F_{min}}-1\right| \quad\cdots\cdots(16)$$

式中：

F_{max}——距其他物体最长距离时的刻度因数；

F_{min}——距其他物体最短距离时的刻度因数。

注1：不同的距离范围可得出不同的 u_{B6} 值。

注2：一些试验场所可能只选择对单组距离或几组距离或某些距离范围来认可其测量系统。

5.9 软件处理

若测量数据是由软件处理的，则必须评估因软件处理产生的不确定度。这可以通过让软件对一组已有的参考试验数据进行处理来进行评估，对冲击电压见 GB/T 16896.2。

评定结果是一个对数据处理影响的估算，由此获得一 B 类相对标准不确定度分量 u_{B7}。

5.10 刻度因数的不确定度计算

5.10.1 概述

这里给出了确定一个测量系统的标定刻度因数的扩展不确定度的简单程序。这基于很多假定，这些假定在许多情形下是真实的。但是应该在每一独立的情形下予以验证。主要假定如下：

a) 测量量之间没有相关性；

b) 用 B 类方法评定的标准不确定度分量假定具有矩形分布；

c) 最大的三个不确定度分量具有近似相等的幅值。

这些假定提供了一个刻度因数 F 的扩展不确定度的评定程序，该刻度因数 F 既适用于校准状况也适用于认可测量系统在测量中的应用。

校准的扩展不确定度 U_{cal} 是由标准系统的校准不确定度和在本条款中阐明的其他量的影响估算得到的，例如，标准测量系统稳定性和校准期间的环境参数等。

一个试验量的测量值的扩展不确定度 U_M 是由认可测量系统的刻度因数的校准不确定度和在 5.10.3 条中讨论的其他量的影响估算求得，例如，测量系统的稳定性，校准证书中没有考虑的测量过程中的环境参数。

评估不确定度的其他方法在 JJF 1059 规范中给出，同时也在附录 A 和附录 B 中给出。

5.10.2 校准的不确定度

刻度因数校准的相对扩展不确定度 U_{cal} 是由标准测量系统的不确定度和所阐述的 A 类和 B 类不确定度计算而来的，见式(17)：

$$U_{cal} = k \cdot u_{cal} = 2\sqrt{u_{ref}^2 + u_A^2 + \sum_{i=0}^{N} u_{Bi}^2} \qquad \cdots\cdots(17)$$

式中：

$k=2$——覆盖因子，对应于约 95% 的覆盖概率，且为正态分布；

u_{ref} ——标准测量系统在其校准时的刻度因数的合成不确定度；

u_A ——在刻度因数确定中统计的 A 类不确定度；

u_{B0} ——在刻度因数校准过程中确定的标准不确定度的非线性分量；

u_{Bi} ——由第 i 个影响量产生的刻度因数的合成标准不确定度分量，以 B 类分量估算(参见附录 A)。

这些分量和标准测量系统相关，由非线性、短时和长期不稳定性等因素产生。根据 5.3～5.9，既可由附加测量确定也可由其他数据源估算确定，如果校准期间其他量，如其短时稳定性、测量的分辨率，对认可测量系统的影响是重要的，则必须考虑在内。

注：如果校准是在整个标定测量范围内进行(5.2.1.2)，则不需要进行单独的线性度试验(5.3)。

在以上假定不成立的情况下，可采用附录 A 给出的程序，或如果需要，可采用 JJF 1059 规范中给出的程序。

B 类不确定度分量的个数 N 可因不同类型的试验电压(第 6 章～第 9 章)而不同，更多的有关 B 类不确定度分量的信息在相关条款中给出。

如果测量系统的标定刻度因数是由其组件的刻度因数(5.2.2)计算得到的，则组件校准的标准不确定度必须结合测量系统的其他条件和环境条件来综合考虑(参见附录 A)。

5.10.3 使用认可测量系统的测量不确定度

使用者应进行试验电压值测量的扩展不确定度的估算。然而，可以结合校准证书，在测量条件的某一限定范围内给出其估算。

测量试验电压值的相对扩展不确定度 U_M 由认可测量系统的校准中确定的标称刻度因数的合成标准不确定度和所阐述的B类不确定度分量计算得出，见式(18)：

$$U_{\mathrm{M}}=k\cdot u_{\mathrm{M}}=2\sqrt{u_{\mathrm{cal}}^{2}+\sum_{i=0}^{N}u_{\mathrm{B}i}^{2}} \qquad (18)$$

式中：

$k=2$ ——覆盖因子，对应于约95%的覆盖概率，且为正态分布；

u_{M} ——使用认可测量系统测量的合成标准不确定度，在预定的使用时间(例如一个校准时间间隔)内有效；

u_{cal} ——在校准中确定的认可测量系统的刻度因数的合成标准不确定度；

$u_{\mathrm{B}i}$ ——由第 i 个影响量产生的认可测量系统合成标准不确定度的分量，以B类分量估算。这些分量和认可测量系统的正常使用有关，由非线性，短时和长期不稳定性等因素产生，根据5.3～5.9，既可由附加测量确定，也可由其他数据源估算确定，还应考虑其他重要影响因素，如认可测量系统仪器的显示分辨率等。

注：校准证书可包含校准不确定度 u_{cal} 的信息及当在规定条件下使用时认可测量系统的试验电压值的相对扩展测量不确定度 U_{M} 的信息。

在上述5.10.1提及的假定不成立的情况下，可采用附录A给出的程序，或如果需要，可采用JJF 1059规范中给出的程序。

B类不确定度分量个数 N 可随测量量类型的不同而不同(第6章～第9章，电压和时间参数)。

5.11 时间参数测量的不确定度计算(仅对冲击电压)

5.11.1 概述

当冲击电压的时间参数在规定的范围内时，冲击电压的认可测量系统应能在规定的不确定度限值内准确测量时间参数(T_1，T_2，T_p，T_c)。对波前时间，该规定范围通常是指标称时段。可通过比对法或组件法来给出实验论据，还可以在实验阶跃响应的基础上用卷积的方法以计算给出论据(附录C和附录D)。

以由比对方法确定的波前时间 T_1 为例(参见附录B.3示例)，对估算时间参数及其不确定度的一般程序进行了描述。该方法同样也适用于其他时间参数。

注：时间参数不确定度估算得出的是绝对不确定度值。

5.11.2 时间参数校准的不确定度

n 次冲击电压的波前时间 T_1 应和被校测量系统(标记为X)以及标准测量系统(标记为N)同时评估，可以假定忽略标准系统的误差，则波前时间的平均误差见式(19)：

$$\Delta T_1=\frac{1}{n}\sum_{i=1}^{n}(T_{1\mathrm{X},i}-T_{1\mathrm{N},i}) \qquad (19)$$

实验标准偏差见式(20)：

$$s(\Delta T_1)=\sqrt{\frac{1}{n-1}\sum_{i=1}^{n}(\Delta T_{1,i}-\Delta T_1)^2} \qquad (20)$$

式中：

$\Delta T_{1,i}$——系统X和系统N测量的第 i 次波前时间的差。

注1：通常需要不大于 $n=10$ 次的独立的读数。

注2：通常，波前时间是由系统X和系统N用于确定峰值刻度因数的相同记录来求取。

由 $s(\Delta T_1)$，可算出A类标准不确定度，见式(21)：

$$u_A = \frac{s(\Delta T_1)}{\sqrt{n}} \quad \cdots\cdots (21)$$

比对在一个合适的电压下进行，至少需用两个波前时间，包括测量系统认可的标称时段的最小和最大 T_1 值。在标称时段中间，可增加一个另外的 T_1 值，时间参量的 A 类标准不确定度可从不同的 T_1 值确定的单个不确定度中的最大值来求得。对每个不同的 T_1 值，可按上述方法计算平均误差 $\Delta T_{1,j}$，对 $m \geqslant 2$ 平均误差的总平均见式(22)：

$$\Delta T_{1m} = \frac{1}{m}\sum_{j=1}^{m}\Delta T_{1,j} \quad \cdots\cdots (22)$$

用单个 $\Delta T_{1,j}$ 值与其平均值 ΔT_{1m} 之最大差值来确定 B 类不确定度 u_B，见式(23)：

$$u_B = \frac{1}{\sqrt{3}}\max_{j=1}^{m} \left| \Delta T_{1,j} - \Delta T_{1m} \right| \quad \cdots\cdots (23)$$

注：更一般地，标准测量系统 N 可由如同其校准证书中标明的标称时段一样，也可用同样的方式由其波前时间的平均误差 ΔT_{1ref} 来表征。被校系统 X 本身引起的波前时间测量结果误差为：$\Delta T_{1cal} = \Delta T_{1m} + \Delta T_{1ref}$。

时间参数校准的扩展不确定度等于求得的平均误差 ΔT_{1cal} 的扩展不确定度，由式(24)求得：

$$U_{cal} = k \cdot u_{cal} = 2\sqrt{u_{ref}^2 + u_A^2 + u_B^2} \quad \cdots\cdots (24)$$

式中：

u_{cal} ——被校测量系统的平均波前时间误差 ΔT_{1cal} 的合成标准不确定度；

$k=2$——覆盖因子，对应于约 95% 的覆盖概率，且为正态分布；

u_{ref} ——标准测量系统平均波前时间的误差 ΔT_{1ref} 的合成标准不确定度；

u_A ——被校测量系统平均波前时间误差 ΔT_{1m} 的 A 类标准不确定度；

u_B ——被校测量系统平均波前时间误差 ΔT_{1m} 的 B 类标准不确定度。

在特殊情况下，扩展不确定度的其他分量可能很重要，应加以考虑。

5.11.3 使用认可测量系统的时间参数测量的不确定度

使用者应进行时间参数测量的扩展不确定度的估算，然而可以结合校准证书，在测量条件的某一限定范围内给出其估算。

注：如果时间参数校准的扩展不确定度比本部分规定的时间参数测量的扩展不确定度低 70%，则通常可假定所用认可测量系统时间参数测量的不确定度 U_M 等于 U_{cal}。

时间参数测量的扩展不确定度 U_M 应按式(25)进行计算：

$$U_M = k \cdot u_M = 2\sqrt{u_{cal}^2 + \sum_{i=1}^{N} u_{Bi}^2} \quad \cdots\cdots (25)$$

式中：

u_{cal} ——被校测量系统平均波前时间误差的合成标准不确定度；

$k=2$——覆盖因子，对应于约 95% 的覆盖概率，且为正态分布；

u_{Bi} ——由第 i 个影响量产生的认可测量系统冲击时间参数的合成标准不确定度的分量，以 B 类分量估算。这些分量和认可测量系统的正常使用有关，由例如长期不稳定性，软件影响等因素产生，也可由不理想的冲击波形产生。依据 5.3～5.9，既可由附加测量确定，也可由其他数据源估算确定，在某些情况下，还应考虑其他影响，例如，认可测量系统的显示分辨率；

u_M ——用认可测量系统测得的冲击电压时间参数的合成标准不确定度，在一个预定的使用期间内有效。

在特殊情况下，计算 U_M 时应考虑到扩展不确定度的其他分量可能很重要，如在冲击电压波前叠加振荡的情况。

注：当用认可测量系统测量无振荡的冲击电压时，可用在校准时确定的相关时间参数结果误差 ΔT_{1cal} 来修正所测得的时间参数 T_{1meas}：

$$T_{1corr} = T_{1meas} - \Delta T_{1cal}$$

该程序也适用于其他时间参数。修正后的时间参数 T_{1corr} 的扩展不确定度应参见附录 B 中 B.3 示例给出。

5.12 干扰试验(对冲击电压测量的传输系统和仪器)

试验应在测量系统上进行，在不改变电缆或传输系统接地连接的状况下，把电缆和传输系统解开，置于惯常的位置，并将其输入端短路。采用高压试验中具有典型的冲击电压幅值、波形和可能放电瞬时的冲击电压，以破坏性放电在测量系统输入端来产生干扰，并由仪器记录其输出。

注：为了防止转换装置(电压分压器)的过电压输出，建议将分压器的输出端短路。

干扰比应由被测干扰的最大幅值除以测量系统测量该试验电压的输出幅值来确定。

测得的干扰比应小于 1%，如果能够表明其干扰不影响测量，则干扰比大于 1%是允许的。

5.13 转换装置的耐受试验

转换装置应通过具有规定电压值、要求频率或波形的电压的干耐受试验。

注 1：建议耐受试验电压为额定工作电压的 110%，耐受试验的试验程序见 GB/T 16927.1。

耐受试验应在测量系统工作电压的单个极性或两个极性下进行。

当规定要进行湿试验和污秽试验时，应作为型式试验进行。

注 2：认可测量系统的任一组件的设计和结构应能保证承受发生在试品上的破坏性放电不会使其特性发生改变。

6 直流电压测量

6.1 对认可测量系统的要求

6.1.1 概述

一般要求是按照 GB/T 16927.1 测量试验电压值(算术平均值)的扩展不确定度为 $U_M \leqslant 3\%$。

当纹波幅值在 GB/T 16927.1 中规定的限值以内时，不确定度极限值不应超过上述规定。

注：应注意可能出现交流电压耦合到测量系统并影响测量仪器的读数。

6.1.2 不确定度分量

对直流电压测量系统，测量的扩展不确定度 U_M 应按照 5.10.3 以 95%覆盖概率进行评定，如果需要，还可参见附录 A 或附录 B 进行评定。为评定不确定度分量所需进行的试验在表 1 中给出。某些情况下，其他分量可能显得重要时，应另外加以考虑。

6.1.3 对转换装置的要求

用于直流电压的转换装置，通常是一个电阻分压器或一个电压测量阻抗(高压电阻)，该转换装置应能确保绝缘外表面的泄漏电流对测量不确定度的影响可以忽略。

注：为保证泄漏电流的影响可以忽略，在额定电压时，测量电流可能需要达到 0.5 mA。

6.1.4 测量电压变化的动态特性

对按照以每秒试验电压的 1%的规定速率上升或下降的直流电压的测量，高压测量系统的时间常数应不大于 0.25 s。

注 1：实际测量时，可使用实验阶跃响应时间 T_N 来代替时间常数。

注 2：通常，用于测量试验电压值(即算术平均值)的仪器不受纹波的影响。然而，如果使用了具有快速响应的仪器时，有必要保证测量不受纹波的不利影响。

当需要测量污秽试验中的瞬时电压跌落时,测量系统的时间常数应小于瞬态电压上升时间的三分之一。

6.2 认可测量系统的试验

为了鉴定测量系统及其组件的资格以及评估测量系统的扩展不确定度,依据第5章,必须进行表1中的试验。例外情况见4.4.2。

型式试验和例行试验结果可以从制造商的数据获得,例行试验应在每一个组件上进行。

6.3 性能校核

6.3.1 概述

一个认可测量系统的刻度因数可通过下述方法之一进行校核。

表1 直流电压认可测量系统要求的试验

试验类型	型式试验	例行试验	性能试验	性能校核
刻度因数校准			5.2	
刻度因数校核				6.3
线性度,见注2		5.3	5.3(若适用)	
动态特性	5.4			
短时稳定性		5.5		
长期稳定性	5.6		5.6(若适用)	
环境温度影响	5.7			
邻近效应(见注3)	5.8(若适用)		5.8(若适用)	
软件影响	5.9(若适用)			
转换装置的干耐受试验	5.13	5.13(若适用)		
转换装置的湿或污秽耐受试验	5.13(若适用)			
转换装置的刻度因数	5.2.2	5.2.2		
除电缆外的传输系统刻度因数	5.2.2	5.2.2		
测量仪器的刻度因数	5.2.2	5.2.2		
责任	组件由制造商负责		系统由使用者负责(见注1)	
推荐重复率	仅1次(型式试验和例行试验)		推荐每年1次,但至少每5年1次	视其稳定性,但至少每年1次

注1:如果性能试验是按照替代方法(见5.2.2)进行的,上表所列试验也适用于单个组件。为了得到认可测量系统的测量不确定度,组件的测量不确定度必须按照附录B示例说明进行合成。

注2:只有当校准不能在整个标称测量范围内(5.2.1.2)进行比对时,才需要按照5.3进行线性度试验。

注3:邻近效应可能由电晕和相关的空间电荷效应产生的,只有当型式试验数据不充分时,才需要在性能试验中进行邻近效应的试验研究。

6.3.2 与认可测量系统比对

可按照5.2的程序与另一个认可测量系统进行比对,或按照GB/T 311.6与一个棒-棒间隙进行比对。如果两个系统被测量值之间的差值(绝对值)不大于3%,则认为标定刻度因数仍然有效;如果该差值超出3%,应按5.2中描述的性能试验(校准)确定标定刻度因数的新值。

6.3.3 组件的刻度因数的校核

应使用扩展不确定度不大于1%的内部或外部校准器来校核每个组件的刻度因数,如果每一个组件的刻度因数与其先前的值之差值(绝对值)不大于1%,则认为该标定刻度因数仍然有效;如果该差值超出1%,则应按5.2中描述的性能试验(校准)来确定标定刻度因数的新值。

6.4 纹波幅值的测量

6.4.1 要求

纹波幅值测量的扩展不确定度应不大于纹波幅值的10%或不大于直流电压算术平均值的1%,取两者中较大者。

可以使用独立的纹波测量系统测量电压的平均值和纹波幅值或使用带有两台独立仪器的同一转换装置来测量电压的平均值和纹波幅值。

纹波测量系统的幅频响应的−15%上限频率应大于纹波基波频率 f 的5倍;而−15%下限频率应小于纹波基波频率 f 的0.5倍。

注:在许多情况下,可用电源电压的频率来检验对下限频率的要求。

6.4.2 不确定度分量

对于纹波电压测量系统,不确定度应参考附录A进行估算,另外,应考虑条款5.3~5.9中提及的其他不确定度分量。更详细的情况也可参见交流电压测量(第7章)的相关条款,在个别情况下,其他不确定度分量可能显得重要。这里给出的信息仅作参考。

6.4.3 纹波电压认可测量系统的校准和试验

表2中规定的试验只适用于纹波幅值测量系统。

可通过在具有相同设计的一个装置上的试验或由制造商提供的数据来验证其满足型式试验的要求。例行试验应在每一个组件上进行,例外情况见4.4.2。

在个别情况下,其他不确定度分量可能显得重要,这里给出的信息仅作参考。

表2 纹波测量不确定度分量要求的试验

试验类型	型式试验	例行试验	性能试验	性能校核
测量系统的刻度因数校准			5.2	
刻度因数校核				6.4.6/7.4
纹波动态特性		6.4.5	6.4.5	
长期稳定性	5.6			
环境温度影响	5.7			
责任	组件由制造商负责		系统由使用者负责	
推荐重复率	仅1次(型式试验和例行试验)		推荐每年1次,但至少每5年1次	视其稳定性,但至少每年1次

6.4.4 纹波频率下刻度因数的测量

纹波测量系统的刻度因数应在纹波基波频率 f 下确定，其扩展不确定度不应大于3%。也可以由组件的刻度因数的乘积来确定测量系统刻度因数。

6.4.5 由幅频响应确定动态特性

向测量系统输入一已知幅值的正弦波(通常为低电压)，测量其输出，在0.5倍～7倍的纹波基波频率的频率范围内重复这种测量，测得的电压的差应在3 dB以内。

6.4.6 纹波测量系统的性能校核

认可测量系统的刻度因数可通过7.4中描述的交流电压测量系统的方法之一进行校核。

7 交流电压的测量

7.1 对认可测量系统的要求

7.1.1 概述

一般要求是按照GB/T 16927.1在其额定频率下测量试验电压值(峰值/$\sqrt{2}$或r.m.s值)的扩展不确定度为 $U_M \leqslant 3\%$。

7.1.2 不确定度分量

对于交流电压测量系统，扩展不确定度 U_M 应按照5.10.3以95%覆盖概率进行评定，如果需要，可参考附录A和附录B进行评定。为评定不确定度分量所需进行的试验在表3中给出。有些情形下，其他分量可能显得重要，则应另外加以考虑。

7.1.3 动态特性

打算工作在单一基频 f_{nom} 下的测量系统的幅频响应应处在由不确定度要求求得的图6中标明区域内，图中成对的数字为归一化频率(对数刻度)和限值线拐点处对应的偏差。测量系统从在 f_{nom} 至 $7f_{nom}$ 范围内的特性应由试验或回路分析来检验，此区域外的幅频响应仅作为信息给出。

测量系统也可在一段基波频率范围内进行认可(如依据GB/T 16927.1在45 Hz～55 Hz范围内)，这种情况下，从最低基波频率 f_{nom1} 至最高基波频率 f_{nom2}，刻度因数应稳定在1%以内。在 f_{nom1} 至 $7f_{nom2}$ 范围内的幅频响应应处于图7中表明的区域内，图中成对的数字为归一化频率和限值线拐点处对应的偏离理想响应的允许偏差。应由试验或回路分析来证明测量系统从 f_{nom1} 至 $7f_{nom2}$ 之间的特性，此区域外的幅频响应仅作为信息给出。

动态特性的特殊要求由相关的技术委员会具体规定。

注1：满足上述要求的测量系统可认为其频率响应适合测量试验电压的谐波总失真度(THD)。

注2：对标明区域外的频率响应，虽然不做要求，但其的确很好地代表了实际情况。

注3：若交流电源(例如串联谐振系统)能够证明它在所有运行条件下试验电压峰值与r.m.s.的比值为 $\sqrt{2}\pm1\%$ 内，则用于这种交流电源的测量系统可以不做幅频响应测试。

注4：在某些情况下，有必要测量叠加在交流电压上的瞬态电压，对这一点，这里没有给出要求，但可参考第8章中的一些指导。

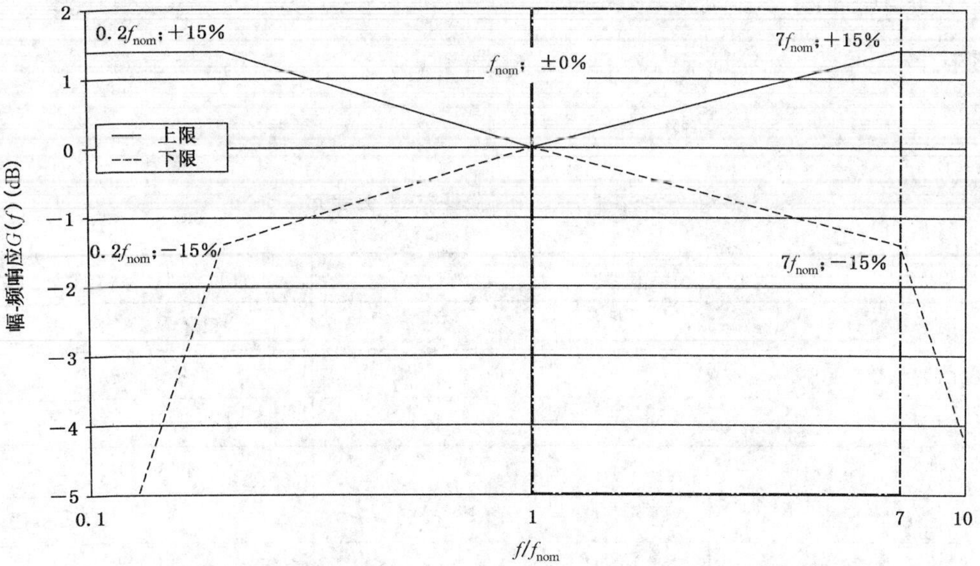

图 6 用于单个基波频率 f_{nom}（试验频率为 f_{nom}～7f_{nom}）的测量系统的可接受的归一化幅频响应阴影区域

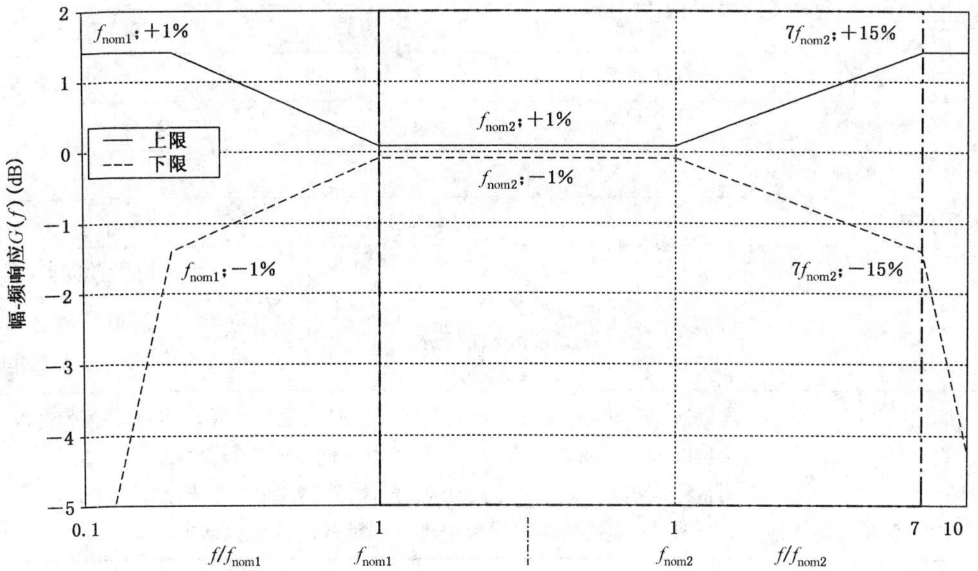

图 7 用于基波频率 f_{nom1} 至 f_{nom2} 范围（试验频率为 f_{nom1}～7f_{nom2}）的测量系统的可接受的归一化幅频响应阴影区域

7.2 认可测量系统的试验

为了鉴定测量系统及其组件的资格以及评估测量系统的扩展不确定度，依据第 5 章，必须进行表 3 中的试验。例外情况见 4.4.2。

型式试验和例行试验结果可以从制造厂的数据中获得，例行试验应在每一单元上进行。

7.3 动态特性试验

为了确定动态特性，向测量系统输入一已知幅值（通常为低电压）的正弦波，测量其输出。在 1 倍至

7倍的测试频率范围内重复这种测量。结果应符合7.1.3要求。

7.4 性能校核

7.4.1 概述

表3 交流电压认可测量系统要求的试验

试验类型	型式试验	例行试验	性能试验	性能校核
刻度因数校准			5.2	
刻度因数校核				7.4
线性度(见注2)		5.3	5.3(若适用)	
动态特性	5.4/7.3		5.4	
短时稳定性		5.5		
长期稳定性	5.6		5.6(若适用)	
环境温度影响	5.7			
邻近效应(见注3)	5.8(若适用)		5.8(若适用)	
软件影响	5.9(若适用)			
转换装置的干耐受试验	5.13	5.13(若适用)		
转换装置的湿或污秽耐受试验	5.13(若适用)			
转换装置的刻度因数	5.2.2	5.2.2		
除电缆外的传输系统的刻度因数	5.2.2	5.2.2		
测量仪器的刻度因数	5.2.2	5.2.2		
责任	组件由制造商负责		系统由使用者负责(见注1)	
推荐重复率	仅1次(型式试验和例行试验)		推荐每年1次,但至少每5年1次	视其稳定性,但至少每年1次

注1:如果性能试验是按照替代方法(见5.2.2)进行的,上表所列试验也适用于单个组件。为了获得认可测量系统的测量不确定度,这些组件的测量不确定度应按附录B中示例说明进行合成。

注2:只有当校准不能在整个测量范围内(5.2.1.2)进行比对时,才需要按照5.3进行线性度试验。

注3:只有当型式试验数据不充分时,才需要在性能试验中进行邻近效应的实验研究。

认可测量系统的刻度因数可通过下述方法之一进行校核。

7.4.2 与认可测量系统比对

可按5.2的程序与另一认可测量系统进行比对,或按GB/T 311.6与一球隙进行比对,如果两个系统测量值之间的差值(绝对值)在3%以内,则认为标定刻度因数仍然有效;如果该差值超出3%,则应按5.2中描述的性能试验(校准)来确定标定刻度因数的新值。

7.4.3 组件刻度因数的校核

应使用扩展不确定度不大于1%的内部或外部校准器来校核每个组件的刻度因数。如果每一组件的刻度因数与其先前值的差值(绝对值)不大于1%,则认为该标定刻度因数仍然有效;如果该差值超出1%,则应按5.2中描述的性能试验(校准)来确定标定刻度因数的新值。

8 雷电冲击电压的测量

8.1 对认可测量系统的要求

8.1.1 概述

一般要求是：

——按照 GB/T 16927.1 测量全波或波尾截断冲击的试验电压值的扩展不确定度为 $U_{M1} \leqslant 3\%$；

——测量波前截断（$0.5\ \mu s < T_c < 2\ \mu s$）冲击的峰值的扩展不确定度为 $U_{M2} \leqslant 5\%$；

——按照 GB/T 16927.1 测量规定波形的时间参数的扩展不确定度为 $U_{M3} \leqslant 10\%$；

——测量可能叠加在冲击波上的振荡，应保证振荡不超过 GB/T 16927.1 给出的允许值。

注：对于电压跌落的测量不给出建议，因为设备委员会在这方面还没有规定要求。

8.1.2 不确定度分量

对于雷电冲击电压测量系统，测量的扩展不确定度 U_M 应按照 5.10.3、5.11.3 以 95%覆盖概率进行评定。如果需要，可参考附录 A 和附录 B 进行评定。为评定不确定度分量所需进行的试验在表 4 中给出，有些情况下，其他分量可能显得重要，应另外加以考虑。

8.1.3 对测量仪器的要求

测量仪器应满足 GB/T 16896.1 和 GB/T 16896.2 的要求。

8.1.4 动态特性

如果满足下列条件，则对于测量性能记录中所规定的波形，测量系统的动态特性能满足标称时段内的峰值电压和时间参数的测量：

——刻度因数在下列限值内是恒定的：

- 对冲击全波和波尾截断的冲击在±1%以内。
- 对波前截断的冲击在±3%以内。

——测量系统的时间参数的测量扩展不确定度不大于 10%。

注 1：为了在记录曲线上重现可能叠加在冲击波上的振荡，测量系统的上限频率可达数兆赫，若测量系统的响应参数 T_α 等于或小于数十纳秒，则认为可满足要求（见附录 C）。这些限值仍在考虑中。

注 2：最好是一个测量系统能够测量所有要求的量，例如峰值、时间参数和振荡。然而，许多测量系统可用于测量峰值和时间参数但却不能用于测量振荡。在这种情况下，则需认可一个测量系统用于测量峰值和时间参数，而认可一个辅助系统用于测量振荡。

8.1.5 与试品的连接

应将转换装置直接接到试品的端子上，不应将转换装置接在电源和试品之间，连接转换装置的引线应仅承载流入测量系统的电流，转换装置的位置应使得试验回路和测量回路间的耦合可忽略不计。

注：可能的例外是联合电压试验（见 GB/T 16927.1）。

8.2 认可测量系统的试验

为了鉴定雷电冲击电压测量系统及其组件的资格以及评估测量系统的扩展不确定度，依据第 5 章，必须进行表 4 中的试验。例外情况见 4.4.2。

型式试验和例行试验的结果可以从制造厂的数据获得，例行试验应在每一单元上进行。

表 4　雷电冲击电压认可测量系统要求的试验

试验类型	型式试验	例行试验	性能试验	性能校核
刻度因数和时间参数的校准			5.2 5.11/8.3	
刻度因数校核				8.5
线性度(见注 2)		5.3	5.3(若适用)	
动态特性	5.4/8.4		5.4/8.4	8.5
长期稳定性	5.6		5.6(若适用)	
环境温度影响	5.7			
邻近效应(见注 3)	5.8(若适用)		5.8(若适用)	
软件影响	5.9(若适用)			
干扰试验			5.12	5.12
转换装置的干耐受试验	5.13	5.13(若适用)		
转换装置的湿或污秽耐受试验	5.13(若适用)			
转换装置的刻度因数、时间参数	5.2.2	5.2.2		
除电缆外的传输系统的刻度因数、时间参数	5.2.2	5.2.2		
测量仪器的刻度因数、时间参数	5.2.2(GB/T 16896)	5.2.2(GB/T 16896)		
责任	组件由制造商负责		系统由使用者负责(见注 1)	
推荐重复率	仅 1 次(型式试验和例行试验)		推荐每年 1 次，但至少每 5 年 1 次	视其稳定性，但至少每年 1 次

注 1：如果性能试验是按照替代方法(见 5.2.2)进行的，上表所列试验也适用于单个组件。为了获得认可测量系统的测量不确定度，这些组件的测量不确定度应按附录 B 中示例说明进行合成。

注 2：只有当校准不能在整个测量范围内(5.2.1.2)进行比对时，才需要按照 5.3 进行线性度试验。

注 3：只有当型式试验数据不充分时，才需要在性能试验中进行邻近效应的实验研究。

8.3　测量系统的性能试验

8.3.1　标准方法(优选)

应按 5.2 中给出的方法，通过与标准测量系统的比对来确定测量系统的标定刻度因数和动态特性，建议在两个测量系统间设置一个模拟试品。

应采用两种不同波形的冲击来验证标称时段 t_{min} 至 t_{max} 范围内的性能：

对于全波和波尾截断的冲击：

——t_{min} 等于最短波前时间 $T_{1\ min}$；

——t_{max} 等于最长波前时间 $T_{1\ max}$。

——两种波形都应近似地具有测量系统要求认可的最长半峰值时间 $T_{2\ max}$。

对于波前截断的冲击：

——t_{min} 等于最短截断时间 T_{cmin}；

——t_{max} 等于最长截断时间 T_{cmax}。

8.3.2 附加阶跃响应测量的替代方法

首先,按5.2通过与标准测量系统比对测量来确定标定刻度因数,采用一种全波冲击,其波前时间T_{1cal}在$T_{1\,min}$和$T_{1\,max}$范围内,半峰值时间约等于测量系统需认可的最长半峰值时间。也可选用由组件的刻度因数来确定标定刻度因数(5.2.2)。

对用于测量波前截断冲击的测量系统,校准冲击的截断时间T_{ccal}应在T_{cmin}和T_{cmax}之间。

然后,按照附录C进行测量系统的阶跃响应的测量,在下列时刻被试测量系统的阶跃响应值与参考电平时段内的参考电平的差值(绝对值)应不大于:

——在T_{1cal}时刻,对全波和波尾截断的冲击为1%;

——在T_{ccal}时刻,对波前截断的冲击波为1%。

在参考电平时段$0.5T_{1\,min}$~$2T_{1\,max}$内(附录C),阶跃响应与参考电平的偏离应不大于2%,而在$2T_{1\,max}$~$2T_{2\,max}$范围内阶跃响应与基准电平偏离应不大于5%,这里,$T_{2\,max}$是系统需被认可的冲击波的最长半峰值时间。

8.4 动态特性试验

8.4.1 与一个标准测量系统比对(优选)

可以采用8.3.1的试验中获取的相同记录,两个系统均应测量计算被测冲击的相关时间参数,同时应评定被试测量系统测量的时间参数的不确定度(见5.11)。

注:对于需要认可一组冲击波形的情形,t_{min}可以从一种冲击波形中选取,t_{max}可以从另一种冲击波形中选择取,对这种情况半峰值时间应取所有冲击波形中最长的半峰值时间。

8.4.2 基于阶跃响应参数的替代方法(附录C)

给系统输入一个电压阶跃波,记录其输出,其值的计算见附录C。

注:测量系统的性能可以使用卷积技术进行研究,测量系统的刻度因数可通过任何合适的方法确定。用于确定刻度因数的波形在附录D中描述的卷积法覆盖范围之内。

动态特性由测量系统的阶跃响应(按附录C记录)以及所记录的阶跃响应与需认可的归一化标称波形的卷积确定。通过卷积,可以估算由于测量系统对不同波形产生的误差(附录D),在基准电平时段内,刻度因数的变化应在±1%以内。

8.5 性能校核

8.5.1 与认可测量系统比对

可按照5.2的程序与另一个认可测量系统(或标准测量系统)进行比对,对峰值比对可与满足GB/T 311.6标准的球隙进行。

若两个测量系统测得的峰值的差值(绝对值)不大于3%,则认为标定刻度因数仍然有效;如果该差值超出3%,则应进行性能试验重新确定标定刻度因数的新值。

每个时间参数值与另一测量系统所测值相应的差值(绝对值)应在10%以内。若差值超出10%时,则应进行性能试验重新确定标称时段。

8.5.2 组件刻度因数的校核

应使用扩展不确定度不大于1%的内部或外部校准器来校核每个组件的刻度因数。如果每一组件的刻度因数与其先前值的差值(绝对值)不大于1%,则认为该标定刻度因数仍然有效;如果差值超出1%,则应确定标定刻度因数的新值。

8.5.3 用参考记录进行动态特性校核

若需要用测量系统的阶跃响应进行性能校核，则应按照附录C的方法记录测量系统的阶跃响应。结果应包括在性能记录的记录中以作为一个参考记录（“指纹”），用于检测以后性能校核中动态特性的是否变化的判据。

9 操作冲击电压的测量

9.1 对认可测量系统的要求

9.1.1 概述

一般要求是：

——按照GB/T 16927.1测量操作冲击试验电压值的扩展不确定度为$U_{M1} \leqslant 3\%$；

——按照GB/T 16927.1测量规定波形的时间参数的扩展不确定度为$U_{M3} \leqslant 10\%$。

9.1.2 不确定度分量

对于操作冲击电压测量系统，测量的扩展不确定度U_M应按照5.10.3，5.11.3以95%覆盖概率进行评定，如果需要，可参考附录A和附录B进行评定。为评定不确定度分量所需进行的试验在表5中给出。有些情况下，其他分量可能显得重要，应另外加以考虑。

9.1.3 对测量仪器的要求

测量仪器应满足GB/T 16896.1和GB/T 16896.2的要求。

9.1.4 动态特性

如果满足下列条件，则测量系统的动态特性是满足的，

——在性能记录中规定的冲击波波形范围内，刻度因数稳定在±1%以内；

——在波形范围内，所测时间参数的扩展不确定度不大于10%。

9.1.5 与试品的连接

认可测量系统应直接接到试品的端子上，与雷电冲击电压测量（见8.1.5）不同的是，测量系统可以接在电源和试品之间。试验回路和测量回路间的耦合可忽略不计。

9.2 认可测量系统的试验

为了鉴定操作冲击电压测量系统及其组件的资格以及评估测量系统的扩展不确定度，依据第5章，必须进行表5中的试验。例外情况见4.4.2。

型式试验和例行试验的结果可以从制造厂的数据中获得。例行试验应在每一单元上进行。

9.3 测量系统的性能试验

9.3.1 标准方法（优选）

应按5.2中给出的方法，通过与标准测量系统的比对来确定测量系统的标定刻度因数和动态特性。用如下两种不同波形的冲击来验证标称时段t_{min}至t_{max}范围内的性能：

——t_{min}等于最短峰值时间T_{pmin}；

——t_{max} 等于最长峰值时间 T_{pmax}；

——两种波形都应近似地具有测量系统要求认可的最长的半峰值时间 $T_{2\,max}$（或 90%峰值以上时间或回零值时间）。

9.3.2 附加阶跃响应测量的替代方法

首先，按 5.2 通过与标准测量系统的比对测量来确定标定刻度因数。采用一种全波冲击，其峰值时间 T_{pcal} 在 T_{pmin} 和 T_{pmax} 范围内，半峰值时间（或 90%峰值以上时间或回零值时间）近似等于测量系统要求认可的最长半峰值时间（或 90%峰值以上时间或回零值时间）。也可选用由组件的刻度因数来确定标定刻度因数（5.2.2）。

然后，按照附录 C 进行测量系统的阶跃响应的测量，在 T_{pcal} 时刻被试测量系统的阶跃响应与参考电平时段内的参考电平的差值（绝对值）应不大于 1%。

被试测量系统在 T_{pmin} 至 T_{2max}（或 90%峰值以上时间或回零值时间）范围内，阶跃响应的变化应不大于 5%。

9.4 动态特性的比对试验

可以采用 9.3.1 的试验中获取的相同的记录，两个系统均应测量计算被测冲击的相关时间参数，同时，应按 5.4（表 5）评定被试测量系统测量的时间参数的不确定度。

注：对于需要认可一组冲击波形的情形，t_{min} 可以从一种冲击波形中选取，t_{max} 可从另一种冲击波形中选取，对这种情况半峰值时间应取所有冲击波形中最长的半峰值时间。

表 5 操作冲击电压认可测量系统要求的试验

试验类型	型式试验	例行试验	性能试验	性能校核
刻度因数和时间参数的校准			5.2 5.11/9.3	
刻度因数校核				9.5
线性度（见注 2）		5.3	5.3（若适用）	
动态特性	5.4/9.4		5.4/9.4	9.5
短时稳定性		5.5		
长期稳定性	5.6			
环境温度影响	5.7			
邻近效应（见注 3）	5.8（若适用）		5.8（若适用）	
软件影响（GB/T 16896）	5.9（若适用）			
干扰试验			5.12	5.12
转换装置的干耐受试验	5.13	5.13（若要求）		
装换装置的湿或污秽耐受试验	5.13（若要求）			
转换装置的刻度因数、时间参数	5.2.2	5.2.2		
除电缆外的传输系统的刻度因数、时间参数	5.2.2	5.2.2		
测量仪器的刻度因数、时间参数	5.2.2(GB/T 16896)	5.2.2(GB/T 16896)		
责任	组件由制造商负责		系统由使用者负责（见注 1）	

表 5（续）

试验类型	型式试验	例行试验	性能试验	性能校核
推荐重复率	仅 1 次（型式试验和例行试验）		推荐每年 1 次，但至少每 5 年 1 次	视其稳定性，但至少每年 1 次
注 1：如果性能试验是按照替代方法（见 5.2.2）进行的，上表所列试验也适用于单个组件。为了获得认可测量系统的测量不确定度，这些组件的测量不确定度应按附录 B 中示例说明进行合成。 注 2：只有当校准不能在整个测量范围内（5.2.1.2）进行比对时，才需要按照 5.3 进行线性度试验。 注 3：只有当型式试验数据不充分时，才需要在性能试验中进行邻近效应的实验研究。				

9.5 性能校核

9.5.1 与认可测量系统比对

可按 5.2 的程序与另一个认可测量系统（或标准测量系统）进行比对，对峰值比对可与满足 GB/T 311.6 标准要求的球隙进行。

若两个测量系统测得的峰值的差值（绝对值）不大于 3%，则认为标定刻度因数仍然有效；如果该差值超出 3%，则应进行性能试验重新确定标定刻度因数的新值。

每个时间参数值与另一测量系统所测值相应的差值（绝对值）应在 10% 以内，若差值超出 10% 时，则应进行性能试验重新确定标称时段。

9.5.2 组件刻度因数的校核

应使用扩展不确定度不大于 1% 的内部或外部校准器来校核每个组件的刻度因数。如果每一组件的刻度因数与其先前值的差值（绝对值）不大于 1%，则认为该标定刻度因数仍然有效；如果差值超出 1%，则应确定标定刻度因数的新值。

9.5.3 用参考记录进行动态性能校核

若需要用测量系统的阶跃响应进行性能校核，应按照附录 C 的方法记录测量系统的阶跃响应。结果应包括在性能记录的记录中以作为一个参考记录（“指纹”），用于检测以后性能校核中动态特性的是否变化的判据。

10 标准测量系统

10.1 对标准测量系统的要求

10.1.1 直流电压

对直流电压测量，标准测量系统在其使用范围内的扩展不确定度为 $U_M \leqslant 1\%$。不确定度不应受纹波系数最高达 3% 的纹波的影响。

10.1.2 交流电压

对交流电压测量，标准测量系统在其使用范围内的扩展不确定度为 $U_M \leqslant 1\%$。

10.1.3 雷电全波和雷电截波以及操作冲击电压

对全波和波尾截断的冲击电压峰值的测量，标准测量系统在其使用范围内的扩展不确定度为

$U_{M1} \leqslant 1\%$；对波前截断的冲击电压峰值的测量，标准测量系统在其使用范围内的扩展不确定度为 $U_{M2} \leqslant 3\%$。对时间参数的测量，标准测量系统在其使用范围内的扩展不确定度为 $U_{M3} \leqslant 5\%$。

注：应能准确记录振荡和/或过冲(见 8.1.4)。

10.2 标准测量系统的校准

10.2.1 概述

应通过 10.2.2 的试验表明标准测量系统满足本部分 10.1 给出的相关要求。也可用 10.2.3 的可选试验。

10.2.2 标准方法：比对测量

应通过与较高级标准测量系统在相关试验电压下进行比对测量的校准来证明标准测量系统的性能符合要求，此较高级标准测量系统可溯源到国家计量机构的基准。

对冲击电压，应施加能覆盖标称时段的两个或更多不同波前时间的波形。

注：对较高级的标准测量系统的要求是：对电压的扩展不确定度 $U_{M1} \leqslant 0.5\%$；对时间参数(仅对冲击电压)的扩展不确定度 $U_{M3} \leqslant 3\%$。

10.2.3 对冲击电压的替代方法：刻度因数的测量和阶跃响应参数的计算

首先，标准测量系统的刻度因数应对一种冲击电压波形来确定，其方法可通过与较高级的标准测量系统在相关试验电压下进行比对。然后，按照附录 C 测得的响应参数应满足表 6 的要求，而且在冲击电压参数对应时刻被校的测量系统的阶跃响应值与参考电平时段内定的参考水平的差值(绝对值)不应大于 0.5%。

表 6 冲击电压标准测量系统响应参数的推荐值

电压	推荐值		
	全波和波尾截断雷电冲击	波前截断雷电冲击	操作冲击
实验响应时间 T_N	≤15 ns	≤10 ns	
稳定时间 t_s	≤200 ns	≤150 ns	≤10 μs
部分响应时间 T_α	≤30 ns	≤20 ns	

10.3 标准测量系统的校准周期

校准周期应按照国家规定确定，如果没有规定，建议至少每五年重复一次校准，但前提是定期的性能校核表明标准测量系统是稳定的。

10.4 标准测量系统的使用

建议标准测量系统仅用于性能试验的比对测量，然而，标准测量系统也可用于其他测量，包括例行的日常使用，不过，需表明此种应用不会影响它们的性能(本部分中规定的性能校核足以验证这一点)。此外，只要满足相关标准的要求允许用等效的测量仪器予以替换。

附 录 A
（资料性附录）
测量不确定度

A.1 概述

第5章描述了在适用于和完全满足高压测量的通常条件下评定测量不确定度的一个简化程序。然而，在有些情况下，有必要或期望用一个更复杂的方法来评定不确定度。

附录A给出了针对这些状况如何进行处理的说明，附录B给出了3个应用例子。

每个量的测量都会存在一些不足，测量的结果只是测量量“真”值的一个近似（“估算”）。测量不确定度对测量给出了一个清楚的说明。它能够使使用者去比较和权衡处理结果，例如从不同的实验室获得的处理结果。它提供了例如测量结果是否在标准规定的限值内这样的信息。目前，JJF 1059 规范是我国估算测量不确定度的标准。

JJF 1059 作为一个导则，提供在各种不确定度水平下的测量的宽频谱范围内的不确定度的评定和表达的一般规则，因此有必要从 JJF 1059 中提炼出一套特殊规则，用于处理高电压测量的这个特殊领域和准确度水平以及各种复杂状况。与 JJF 1059 的基本原理一致，不确定度按照其评定方法分为两类。两种方法都基于影响测量的量的概率分布和基于以方差或标准偏差定量表示的标准不确定度，允许对两类不确定度和对被测量的合成标准不确定度的评定进行统一处理。在本部分的范围内，扩展不确定度对应的覆盖概率约为95%。

本附录给出了 JJF 1059 的基本原理和在高压测量中如何去确定不确定度的示例。这里给出的公式和示例对于经常出现在高电压测量中的非相关输入量是有效的。

A.2 补充定义

A.2.1

可测量的量 measurable quantity

现象、物体或材料可以定性辨识和定量确定的特征。

A.2.2

量值 value of a quantity

一般由一个数乘以测量单位所表示的特定量的大小。

A.2.3

被测量 measurand

作为测量对象的特定量。

A.2.4

方差 variance

在其预期的可能性意义上，随机变量的偏差的平方期望值。

A.2.5

相关性 correlation

两个或几个随机变量在其分布范围内相互的关系。

A.2.6

覆盖概率　coverage probability

数值分布的百分率，通常是大百分率，作为理应属于被测量的测量结果。

A.3　模型函数

每一测量可以用一个函数关系 f 描述见式(A.1)：

$$Y=f(X_1,X_2,\cdots,X_i,\cdots,X_N) \qquad \cdots\cdots(A.1)$$

式中，Y 是被测量，X_i 是编号从1到 N 的不同的输入量。在JJF 1059规范中，函数模型 f 包含所有的测量值、影响量、修正值、修正系数、物理常数和任何可能对 Y 值和其不确定度有重要影响的其他数据。此模型函数可以以一个单项的或多项的解析式或数字表达式表示，或是它们的组合，通常，输入量 X_i 是随机变量，以具有指定概率分布的观测值 x_i(输入估计值)表示，并与A类和B类的标准不确定度 $u(x_i)$ 相关联。两种类型的不确定度按照JJF 1059规范进行合成产生输出估算量 y 的标准不确定度 $u(y)$。

注1：式(A.1)中的模型函数也分别对于输入和输出估算值 x_i 和 y 有效。

注2：在一系列观测值中，第 k 个 X_i 量的观测值用 x_{ik} 表示。

A.4　标准不确定度的A类评定

A类评估方法适用于在相同的测量条件下获得的 n 个独立观测值所构成的随机变量。通常，可假定 n 个观测值 x_{ik} 具有正态(高斯)概率分布(图A.1)。

注1：X_i 可以是用一系列观测值 x_{ik} 表示的刻度因数，试验电压值或时间参数。

n 个观测值 x_{ik} 的算数平均值 $\bar{x}_i$ 定义如式(A.2)：

$$\bar{x}_i=\frac{1}{n}\sum_{k=1}^{n}x_{ik} \qquad \cdots\cdots(A.2)$$

该式认为是 X_i 的最佳估算值。其A类标准不确定度等于实验标准偏差平均值，见式(A.3)：

$$u(\bar{x}_i)=s(\bar{x}_i)=\frac{s(x_i)}{\sqrt{n}} \qquad \cdots\cdots(A.3)$$

式中：

$s(x)$——各观测值的实验标准偏差，见式(A.4)。

$$s(x_i)=\sqrt{\frac{1}{n-1}\sum_{k=1}^{n}(x_{ik}-\bar{x}_i)^2} \qquad \cdots\cdots(A.4)$$

方值 $s^2(x_i)$ 和 $s^2(\bar{x}_i)$ 分别称为样本方差和平均方差，观测数 n 应至少10次，即 $n\geqslant10$，否则，A类标准不确定度的可靠性须用有效自由度来校核(见A.8)。

注2：某些情况下，有可能由以往很明确的条件下得到的大量观测来综合估算方差 s_p^2，然后再由少量的 $n(n=1,2,3,\cdots)$ 个类似的测量，用 $u(\bar{x}_i)=s_p/\sqrt{n}$ 来估算标准不确定度，这种方法优于用式(A.3)进行的估算。

A.5　标准不确定度的B类评定

B类评估方法适用于除一系列观察的统计分析以外的所有事项。B类不确定度由科学判断进行评定，这种判断基于具有观测值 x_i 的输入量 X_i 的可能变化的所有可用的信息，如：

1)　量的估算方法；

2)　测量系统及其组件的校准不确定度；

3） 分压器和测量仪器的非线性；

4） 动态特性，如刻度因数随频率或冲击波形的变化；

5） 短时稳定性，自热；

6） 长期稳定性，漂移；

7） 测量期间的环境条件；

8） 周围物体的邻近效应；

9） 仪器或计算结果采用的软件的影响；

10） 数字仪器的有限分辨率、模拟量仪器的读数。

输入量和不确定度信息可从以下方面获得，如：实际的或以前的测量、校准证书、手册中数据、标准、制造商规范以及相关仪器或材料特性的知识等。以下情况的不确定度的B类评定可认为是确定的：

a） 常常已知单个输入值 x_i 及其标准不确定度 $u(x_i)$，如单个测量值、修正值或从参考文献查到的参考值。该值(x_i)及其不确定度可用于模型函数式(A.1)。若 $u(x_i)$ 为未知，则须从其他相关不确定度数据计算求得或根据经验估算。

b） 可将标准不确定度与覆盖因子 k 的乘积作为装置的不确定度。如校准证书中的数字电压表的扩展不确定度 U(见 A.7)。当电压表用于复杂的测量系统时，其不确定度分量见式(A.5)：

$$u(x_i)=\frac{U}{k} \qquad \cdots\cdots\cdots\cdots(\text{A.5})$$

式中：

k——覆盖因子。可用置信度表述，如 68.3%、95.45% 或 99.7% 代替扩展不确定度和覆盖因子的表述。通常可以假定如图 A.1 所示的正态分布，则上述置信度的表述分别对应覆盖因子 $k=1$、$k=2$ 或 $k=3$。

c） 输入量 X_i 的估算值 x_i 落在具有一定概率分布 $p(x_i)$ 的 a_- 至 a_+ 区间内。通常，没有 $p(x_i)$ 的详细知识，可假定其可能值为矩形分布(图 A.2)，那么 X_i 的期望值即为该区间的中间点 $\bar{x}_i$ 见式(A.6)：

$$\bar{x}_i=\frac{(a_-+a_+)}{2} \qquad \cdots\cdots\cdots\cdots(\text{A.6})$$

相关的标准不确定度见式(A.7)

$$u(x_i)=\frac{a}{\sqrt{3}} \qquad \cdots\cdots\cdots\cdots(\text{A.7})$$

式中：

$a=(a_--a_+)/2$。

某些情况下，采用其他概率分布可能更适合，如四边形、三角形或正态分布。

注 1：对三角形分布，标准不确定度为 $u(x_i)=\frac{a}{\sqrt{6}}$；对正态分布，$u(x_i)=\sigma$。也就是说，矩形分布的标准不确定度比其他分布的标准不确定度要大。

JJF 1059 规范指出，如果特殊影响已在A类不确定度中考虑了，则B类不确定度不应二次计算。而且，不确定度的评定应该是实际的并依据标准不确定度来进行，以避免因个人因素或其他安全保险原因求得比按 JJF 1059 规范方法求得的还要大的不确定度。通常输入量 X_i 应予以调整或修正以减小幅值的系统影响，如根据温度和电压的关系。但是，仍应考虑与该修正相关联的不确定度 $u(x_i)$。

注 2：当使用数字记录仪进行重复冲击测量时，可能会出现不确定度分量二次计算的情况，如刻度因数的校准。N 个测量值的分散性产生A类不确定度分量，但这种分散性可能部分地是由记录仪的分辨率不够或其内部噪声造成的，可不必再次考虑分辨率的全部影响，仅需在B类不确定度中考虑很小的一部分即可。但是，如果数字记录仪在冲击电压试验期间测得一个测量值，则分辨率不够这一因素应在B类不确定度中考虑。

注3：B类不确定度评定要求相关的物理关系、影响量和测量技术的广博知识和经验。由于评估本身不是可导致单一解答的严谨科学，有经验的试验工程师可能用不同的方式判断测量过程，得到不同的B类不确定度，这种情况很常见。

A.6 合成标准不确定度

用A类或B类评定的每一输入量 X_i 的估算值 x_i 的相应标准不确定度 $u(x_i)$，对输出量的标准不确定度的影响见式(A.8)：

$$u_i(y)=c_i u(x_i) \qquad \text{(A.8)}$$

式中，c_i 为敏感系数，其意义为输入量 x_i 的微小变化影响输出量 y 的程度，其值可从模型函数 f 进行偏微分直接求得(见A.9)。也可用等效数值法或实验的方法求得。c_i 的符号可正可负。若输入量是不相关量，则不必考虑其符号，因为只有标准不确定度的方值才会在下一步骤中[式(A.9)]用到。

$$c_i=\left.\frac{\partial f}{\partial X_i}\right|_{X_i=x_i}=\frac{\partial f}{\partial x_i} \qquad \text{(A.9)}$$

N 个标准不确定度 $u_i(y)$[见式(A.8)]对输出量的合成不确定度的关系遵循“不确定度传递定律”：

$$u_c^2(y)=u_1^2(y)+u_2^2(y)+\cdots+u_N^2(y)=\sum_{i=1}^{N}u_i^2(y) \qquad \text{(A.10)}$$

由式(A.10)，$u_c(y)$ 为平方根的正值，即：

$$u_c(y)=\sqrt{\sum_{i=1}^{N}u_i^2(y)}=\sqrt{\sum_{i=1}^{N}[c_i u(x_i)]^2} \qquad \text{(A.11)}$$

若输出量 Y 是输入量 X_i 的积或商，可用类似的表达式如式(A.10)和式(A.11)求得相对不确定度 $u_c(y)/|y|$ 和 $u_c(x_i)/|x_i|$。“不确定度传递定律”也适用于不相关输入量模型函数的两种类型(A类和B类)。

注：对存在相关性的情况，在“不确定度传递定律”中将出现线性项，并且敏感系数也有相应的符号了。例如用同一台仪器测量两个或多个输入量的场合就会出现相关性。为避免复杂的计算，以适当的修正和不确定度在模型函数 f 中增添附加的输入量可消除相关性。某些情况下，相关输入量的存在甚至会减小合成不确定度，因此，对于复杂不确定度的分析，为达到非常精确的不确定度评估，基本上必须考虑相关性。本部分中不再讨论相关性问题。

A.7 扩展不确定度

在高电压和大电流测量领域，如同大多数其他工业应用一样，要求相应于约95%覆盖概率的不确定度已足够了。可将合成标准不确定度 $u_c(y)$ 乘以覆盖因子 k 来求取，见式(A.12)。

$$U=ku_c(y) \qquad \text{(A.12)}$$

式中，U 为扩展不确定度。覆盖因子 $k=2$ 用在 y 属于正态分布和 $u_c(y)$ 有足够的可靠度，即 $u_c(y)$ 的有效自由度足够大(见A.8)的场合，否则应取 $k>2$ 以使 $p=95\%$。

注1：在某些老标准中采用术语“总不确定度”，大多数情况下，该术语解释为覆盖因子 $k=2$ 的扩展不确定度。

注2：由于不确定度定义为正值，U 的符号总是正的。当然，在用 U 表示不确定度区间时，将 k 表述为 $\pm U$。

A.8 有效自由度

通常，假定扩展不确定度具有正态分布在如下场合可以满足：具有类似的数值和很明确的概率分布(高斯、矩形等)的几个不确定度分量(如 $N>3$)组成合成标准不确定度的场合；以及A类不确定度是依

据 $n \geqslant 10$ 个重复观测值估算的场合。对电压测量系统的校准，这些条件均满足。若正态分布的假定不合理，需采用 $k>2$ 的值以使覆盖概率达到约 95%。适当的覆盖因子可依据标准不确定度 $u_c(y)$ 的有效自由度 ν_{eff} 来确定，见式(A.13)。

$$\nu_{eff}=\frac{u_c^4(y)}{\sum_{i=1}^{N}\frac{u_i^4(y)}{\nu_i}} \qquad \text{(A.13)}$$

式中：

$u_i(y)$ ——由式(A.8)给出，$i=1,2,\cdots N$；

ν_i ——为相应的自由度，其可靠值如下：

$\nu_i=n-1$ ——适用于由 n 个独立观测得到的 A 类不确定度；

$\nu_i \geqslant 50$ ——适用于由校准证书给出的 B 类不确定度，且表明覆盖概率不小于 95%的情形；

$\nu_i=\infty$ ——假定在区间 a_- 至 a_+ 之间为矩形分布的 B 类不确定度。

据此，可按式(A.13)计算有效自由度，而覆盖因子则由表 A.1 中选取。表中数值是依据 t 分布且覆盖概率为 95.45%确定的。若 ν_{eff} 不是整数，则可用 ν_{eff} 插值或截尾为下一个较低的整数。

也可用式(A.14)由 ν_{eff} 计算 k：

$$k=1.96+\frac{2.374}{\nu_{eff}}+\frac{2.818}{\nu_{eff}^2}+\frac{2.547}{\nu_{eff}^3} \qquad \text{(A.14)}$$

表 A.1 有效自由度 ν_{eff} 对应的包含因子 k(P=95.45%)

ν_{eff}	1	2	3	4	5	6	7	8	10	20	50	∞
k	13.97	4.53	3.31	2.87	2.65	2.52	2.43	2.37	2.28	2.13	2.05	2.00

A.9 不确定度预算

一个测量的不确定度预算是依据模型函数 f 对不确定度所有因素及数值的详细分析，应以与表 A.2 相同或类似的表格形式将相关数据进行保存以备复查。最后一行说明测量结果 y 的值，合成不确定度 $u_c(y)$ 以及有效自由度 ν_{eff}。

A.10 测量结果表述

在校准证书以及测试报告中，测量量 Y 的结果应表示为 $y \pm U$，并注明覆盖概率(或置信限)约为 95%，扩展不确定度 U 应修正到不超过 2 位有效数字。若修正后使数值减小超过 $0.05U$，则应向上修正(四舍五入原则)。y 数值应修正到可能受扩展不确定度影响的最少有效数字。

注 1：作为例子，电压测量结果可用下列方式之一表述：

(227.2±2.4)kV；

227.2×(1±0.011)kV；

227.2×(1±1.1 ×10^{-2})kV。

并应加注说明覆盖概率 P 以及覆盖因子 k。

注 2：作为例子，推荐采用下列完整表述(括号中内容适用于 $\nu_{eff}<50$，即 $k>2.05$(见表 A.1)的场合：

"被报告的扩展不确定度表述为测量不确定度乘以覆盖因子，$k=2$($k=XX$)，相应于覆盖概率约为 95%的正态分布(t 分布，且有效自由度 $\nu_{eff}=YY$)。测量的标准不确定度是按 GB/T 16927.2 的方法确定的"。

表 A.2 不确定度预算的示意

量 X_i	值 x_i	标准不确定度 分量 $u(x_i)$	自由度 ν_i/ν_{eff}	敏感系数 c_i	合成标准不确定度 分量 $u_i(y)$
X_1	x_1	$u(x_1)$	ν_1	c_1	$u_1(y)$
X_2	x_2	$u(x_2)$	ν_2	c_2	$u_2(y)$
⋮	⋮	⋮	⋮	⋮	⋮
X_N	x_N	$u(x_N)$	ν_N	c_N	$u_N(y)$
Y	y		ν_{eff}		$u_c(y)$

注：有效软件可从商业市场获取，也可由使用者从通用软件自行开发，以使由模型函数 f 中对本表的量进行自动计算。

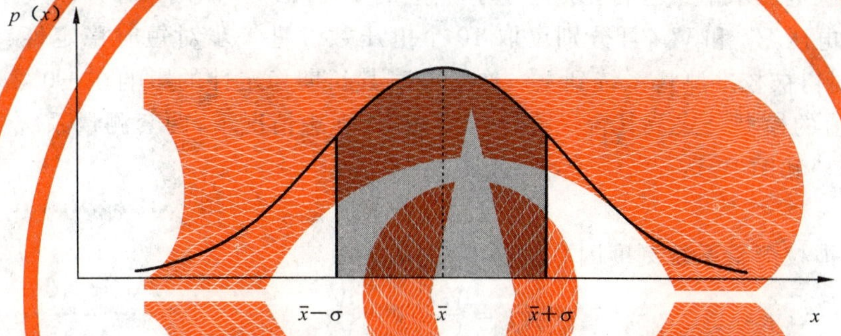

注：阴影区域表示标准不确定度高于或低于 $\overline{x_{i_i}}$。

图 A.1 正态概率分布 $p(x)$

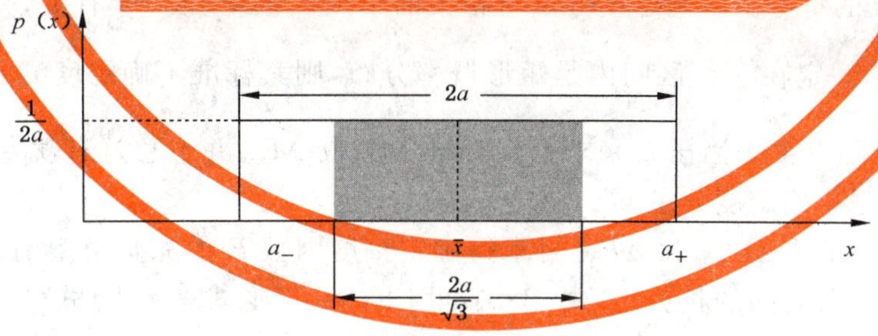

注：阴影区域表示标准不确定度高于或低于 $\overline{x_{i_i}}$。

图 A.2 矩形概率分布 $p(x)$

附 录 B
（资料性附录）
高电压测量不确定度计算示例[3)]

B.1 示例1：交流测量系统的刻度因数（比对法）

由一认可的校准实验室在客户实验室对一型号为OWF200-500额定电压为200 kV的交流测量系统（记为X）进行校准。校准是与标准测量系统（记为N）进行比对，最高电压为$V_{Xmax}=200$ kV（见图B.1）。两套系统均有分压器和数字电压表，分别在分压器输出端显示电压值V_N和V_X。标准测量系统N的刻度因数和扩展不确定度为：25 ℃下，$F_N=1\ 056$，$U_N=0.33\%(k=2)$，包括温度变化和长期稳定性不确定度分量的估算值。

比对测量在5个电压水平下进行，分别约为V_{Xmax}的20%、40%、60%、80%以及100%，在每一个电压水平上同时读取电压V_N和V_X，且分别读取10个电压数。进一步对短时稳定性、温度差异等试验。根据制造商数据资料，被校准测量系统到下一次校准时其长期稳定性的影响在±0.3%以内。

用于计算F_X值的模型公式及其合成不确定度如下，理想情况下，两套测量系统显示的交流电压V的值相同，见式（B.1）和图B.1：

$$V=F_NV_N=F_XV_X \qquad \text{(B.1)}$$

由此导出计算被校测量系统刻度因数的基本式（B.2）：

$$F_X=\frac{V_N}{V_X}F_N=\frac{V}{V_X} \qquad \text{(B.2)}$$

正如上述，两套系统的刻度因数均会受到多个参量的影响，如漂移、温度等，它们会影响刻度因数值及其不确定度。这些影响因素分别记为：对标准测量系统，为ΔF_{N1}，ΔF_{N2}，…；对被校测量系统，为ΔF_{X1}，ΔF_{X2}，…。通常，影响刻度因数F_N和F_X的每一分量包括误差和标准不确定度。用误差来修正刻度因数，修正具有相反的符号。不确定度分量与相关的刻度因数F_N或F_X有关，其评定方法与A.5中所述的方法类似，即若假定在$\pm a_i$区间内是矩形概率分布，则其标准不确定度$u_i=\frac{a_i}{\sqrt{3}}$；或者，用被校组件的扩展不确定度U除以覆盖因子k来求得。分量ΔF_N或ΔF_X并不总是有误差（或假定误差很小可以忽略），因此仅需考虑不确定度分量u_i。

基本式（B.2）加上分量$\Delta F_{N,m}$和$\Delta F_{X,i}$可求得确定刻度因数F的完整模型函数及其合成标准不确定度。由于可忽略影响量之间的相关性，式（B.2）可用下述一般形式表示，见式（B.3）：

$$F_X-\sum_i \Delta F_{X,i}=\frac{V_N}{V_X}\left(F_N-\sum_m \Delta F_{N,m}\right) \qquad \text{(B.3)}$$

注1：根据定义，加入等式两边的误差项带负号，定义为ΔF=显示值－正确值。

对有些场合，交流测量系统的刻度因数F_X可表示为式（B.4）：

$$F_X=\frac{V_N}{V_X}(F_N-\Delta F_N)+\sum_{i=1}^{5}\Delta F_{X,i} \qquad \text{(B.4)}$$

式中：

ΔF_N ——标准测量系统在较低温度下产生的分量；

$\Delta F_{X,1}$ ——商的非线性产生的分量；

$\Delta F_{X,2}$ ——被校系统温度变化产生的分量；

3） 采标说明：这里给出我国高压（交流、冲击、雷电冲击）测量系统不确定度计算示例。

$\Delta F_{X,3}$ ——被校系统短时稳定性产生的分量；

$\Delta F_{X,4}$ ——被校系统长期稳定性产生的分量；

$\Delta F_{X,5}$ ——被校系统其他影响因素产生的分量。

注 2：本示例中，ΔF_N 由刻度因数 F_N 的修正值及其不确定度分量组成，项 $\Delta F_{X,1}$～$\Delta F_{X,5}$ 仅对刻度因数 F_X 有影响。为了方便，不确定度分量 $\Delta F_{X,1}$～$\Delta F_{X,5}$ 直接与 F_X 相关联，即已经考虑了这些输入量的敏感系数。

标准系统 N 与测量系统 X 在单个电压下的比对测量产生 10 对测量值 V 和 V_X，由此可计算 V/V_X 之商值，相应的平均值以及实验标准偏差 $s(V/V_X)$。商 V/V_X 和标准偏差 $s(V/V_X)$ 是针对 200 kV 以内 5 个电压等级下求得的。

表 B.2 中 5 个商 V/V_X 的平均值为 1 000.9，为保守起见，V/V_X 的 A 类标准不确定度由标准偏差最大值 $s_{max}=2.3$ 进行估算：

$$u_A=\frac{s_{max}}{\sqrt{n}}=\frac{2.3}{\sqrt{10}}=0.73$$

表 B.1　比对测量结果

次数	20%电压值			40%电压值			60%电压值		
	V_X/V	V/kV	V/V_X	V_X/V	V/kV	V/V_X	V_X/V	V/kV	V/V_X
1	40.1	40.05	998.8	80.3	80.35	1 000.6	121.4	121.60	1 001.6
2	39.9	39.72	995.5	79.4	79.63	1 002.9	121.4	121.72	1 002.6
3	40.2	40.19	999.8	80.5	80.48	999.8	120.9	120.96	1 000.5
4	40.1	40.21	1 002.7	79.8	79.90	1 001.3	120.5	120.95	1 003.7
5	40.3	40.12	995.5	79.9	80.28	1 004.8	120.3	120.41	1 000.9
6	39.8	39.81	1 000.3	80.3	80.17	998.4	120.1	120.02	999.3
7	40.2	40.19	999.8	79.4	79.48	1 001.0	120.3	120.27	999.8
8	40.1	40.02	998.0	79.1	79.31	1 002.7	120.7	120.98	1 002.3
9	39.9	39.87	999.2	80.4	80.37	999.6	121.3	121.45	1 001.2
10	39.8	39.64	996.0	80.2	80.24	1 000.5	121.8	121.82	1 000.2
V/V_X 平均值			998.6	—	—	1 001.2	—	—	1 001.2

次数	80%电压值			100%电压值					
	V_X/V	V/kV	V/V_X	V_X/V	V/kV	V/V_X			
1	160.9	161.08	1 001.1	199.6	199.62	1 000.1			
2	160.7	160.62	999.5	199.6	200.36	1 003.8			
3	160.9	161.29	1 002.4	200.3	200.52	1 001.1			
4	159.7	160.26	1 003.5	199.3	200.02	1 003.6			
5	160.3	160.48	1 001.1	199.4	199.76	1 001.8			
6	161.1	161.38	1 001.7	199.3	199.33	1 000.2			
7	159.5	160.15	1 004.1	200.1	200.67	1 002.8			
8	159.9	160.32	1 002.6	200.1	200.32	1 001.1			
9	160.5	160.52	1 000.1	199.4	200.35	1 004.8			
10	161.0	161.12	1 000.7	200.7	200.84	1 000.7			
V/V_X 平均值			1 001.7	—	—	1 002.0			

表 B.1 中，商 V/V_X 与其平均值的偏差表征系统 X 的非线性特性，在 20% V_{Xmax} 下其最大偏差为 $a_1=2.3$（见表 B.2），由非线性产生的 V/V_X 的 B 类标准不确定度。由此求得 B 类不确定分量：

$$u_{B0}=\frac{1}{\sqrt{3}}\max_{g=1}^{h}|F_g-F|=\frac{1}{\sqrt{3}}\times 2.3=1.3$$

表 B.2　$h=5$ 个电压水平（$V_{Xmax}=200$ kV）下结果汇总

电压等级数 g	电压水平 V_{Xmax} 的百分数	F_g	$s(V/V_X)$
1	20	998.6	2.3（$=s_{max}$）
2	40	1 001.2	1.9
3	60	1 001.2	1.4
4	80	1 001.7	1.5
5	100	1 002.0	1.7
平均值 F		1 000.9	

制造商提供的分压器温度变化参数为 0.02%/℃，分压器使用温度范围为 5 ℃～35 ℃，比对时的环境温度为 25 ℃。工作温度偏差最大值为 $\Delta T=25-5=20$ ℃。所以最大温度变化带来的刻度因数的最大变化为：

$$\Delta F=0.02\%\times 20\times 1\,000.9=4.0;$$

$$u_{B1}=\frac{1}{\sqrt{3}}\Delta F=\frac{1}{\sqrt{3}}\times 4.0=2.3$$

表 B.3 短时稳定性测试，在分压器系统施加 199.5 kV 电压，持续 1 h，耐压前后分别比对其刻度因数。

表 B.3　短时稳定性试验结果

	V_X/V	V/kV	V/V_X
施加电压前	199.1	199.32	1 001.1
施加电压后	199.0	199.50	1 002.5

刻度因数的最大变化量为 1 002.5－1 001.1＝1.4，所以短时稳定性带来的刻度因数的不确定度分量为：

$$u_{B2}=\frac{1}{\sqrt{3}}\Delta F=\frac{1}{\sqrt{3}}\times 1.4=0.81$$

长期稳定性的不确定度为：

$$u_{B3}=\frac{1}{\sqrt{3}}\Delta F=\frac{1}{\sqrt{3}}\times 3.0=1.7$$

对于其他的影响因素的不确定度用以下 u_{B4} 估算值为：

$$u_{B4}=0.2\%\times F_X=2.0$$

把所有输入量的数值及其标准不确定度代入模型公式（B.4）的右侧，用附录 A 中给出的公式对模型公式进行手工计算，也可借助于适用于计算不确定度的专业软件进行计算。计算结果见表 B.4，表中最后一行给出了标定刻度因数 F_X 的合成标准不确定度及其有效自由度，$\nu_{eff}=1\,730$ 表示 F_X 可能值属正态分布,因此 $k=2$ 是有效的(见附录 A 中表 A.1)。

最后,认可测量系统校准的不确定度为:

$$u=\sqrt{u_A^2+u_{B0}^2+u_{B1}^2+u_{B2}^2+u_{B3}^2+u_{B4}^2+u_{ref}^2}=4.2$$

扩展不确定度为:

$$U=k\cdot u=8.4$$

最后,认可测量系统校准的完整结果由其标定刻度因数及其扩展不确定度表示:

$F_X=1\,000.9\pm8.4=1\,000.9(1\pm0.008\,4)$,25 ℃,覆盖概率不小于 95%($k=2$)。

表 B.4 标定刻度因数 F_X 的不确定度预算

量	值	标准不确定度分量	自由度	敏感系数	合成标准不确定度分量
F_N	1 056	0.003 3/2[a]	50	1 000.9	1.65
ΔF_N	0	0	∞	0	0
V/V_X	1 000.9	0.73[a]	9	1	0.73
$\Delta F_{X,1}$	0	1.3[b]	∞	1	1.3
$\Delta F_{X,2}$	0	2.3[b]	∞	1	2.3
$\Delta F_{X,3}$	0	0.81[b]	∞	1	0.81
$\Delta F_{X,4}$	0	1.7[b]	∞	1	1.7
$\Delta F_{X,5}$	0	2.0[b]	∞	1	2.0
F_X	1 000.9		1 730		4.2

[a] 正态分布;
[b] 矩形分布。

标定刻度因数的相对扩展不确定度 $U=0.84\%$。由于该数值已考虑了长期稳定性引起的不确定度分量,只要在直到下一次校准之前中间进行的性能校核(见 4.3)结果表明其刻度因数是稳定的,那么上述 F_X 值可作为该认可测量系统在下次校准之前的试验电压的扩展不确定度。

B.2 示例 2:冲击电压测量系统的刻度因数(比对法)

冲击电压测量系统包括额定电压为一台 4.8 MV 的冲击分压器(实际使用最大参数为 3 MV)、一台 12 位数字记录仪和一根 50 米长的同轴电缆。

比对过程使用一个 800 kV 的标准冲击测量系统,标准测量系统 N 的刻度因数和扩展不确定度为:23 ℃下,$F_N=82\,100$,$U_N=0.56\%$($k=2$),包括温度变化和长期稳定性不确定度分量的估算值。

标准冲击电压测量系统的电压最高只能达到 800 kV,所以对校准冲击测量系统只能进行 20% 电压到 800 kV 之间进行比对。其比对数据见表 B.5。

表 B.5 正极性冲击电压比对

次数	约+20%电压值			约+800 kV 电压值		
	V_X/V	V/kV	V/V_X	V_X/V	V/kV	V/V_X
1	165.9	625.22	3 768.7	211.3	795.27	3 763.7
2	164.8	623.18	3 781.4	210.4	795.43	3 780.6

表 B.5（续）

次数	约+20%电压值			约+800 kV 电压值		
	V_X/V	V/kV	V/V_X	V_X/V	V/kV	V/V_X
3	165.5	624.8	3 775.2	211.1	797.35	3 777.1
4	165.1	622.51	3 770.5	211.4	795.86	3 764.7
5	165.7	623.23	3 761.2	211.4	797.62	3 773.0
6	166.1	624.32	3 758.7	210.9	793.92	3 764.4
7	165.8	625.29	3 771.4	211.3	793.87	3 757.1
8	165.2	623.74	3 775.7	211.3	798.84	3 780.6
9	165.3	621.12	3 757.5	211.2	796.27	3 770.2
10	165.8	623.43	3 760.1	211.2	794.89	3 763.7
V/V_X 平均值			3 768.0	—	—	3 769.5

表 B.6 负极性冲击电压比对

次数	约−20%电压值			约−800 kV 电压值		
	V_X/V	V/kV	V/V_X	V_X/V	V/kV	V/V_X
1	161.4	608.09	3 767.6	210.5	790.08	3 753.3
2	160.9	603.65	3 751.7	210.9	795.85	3 773.6
3	161.2	606.85	3 764.6	210.5	792.96	3 767.0
4	161.3	607.61	3 767.0	210.4	791.46	3 761.7
5	161.3	606.08	3 757.5	210.7	790.32	3 750.9
6	161.1	607.82	3 772.9	210.3	792.96	3 770.6
7	161.2	605.65	3 757.1	210.5	791.55	3 760.3
8	161.5	608.82	3 769.8	210.5	790.26	3 754.2
9	161.4	607.56	3 764.3	210.1	791.57	3 767.6
10	160.8	603.32	3 752.0	210.4	790.28	3 756.1
V/V_X 平均值			3 762.5	—	—	3 761.5

表 B.7 各电压水平下结果汇总

电压等级数 g	电压水平/kV	F_g	$s(V/V_X)$
1	600	3 768.0	8.3(= s_{max})
2	800	3 769.5	8.1
3	−600	3 762.5	7.4
4	−800	3 761.5	7.9
平均值 F		3 765.4	

表 B.7 中 4 个商 V/V_X 的平均值为 3 765.4，为保守起见，V/V_X 的 A 类标准不确定度按下式由标准偏差最大值 $s_{max}=8.3$ 进行估算：

$$u_A=\frac{s_{max}}{\sqrt{n}}=\frac{8.3}{\sqrt{10}}=2.6$$

校准在 800 kV 下其最大偏差为 $a_1=4.1$（见表 B.6），由非线性产生的 V/V_X 的 B 类标准不确定度分量为：

$$u_{B0}=\frac{1}{\sqrt{3}}\max_{g=1}^{h}|F_g-F|=\frac{1}{\sqrt{3}}\times 4.1=2.4$$

扩展范围的非线性试验采用冲击发生器充分充电，确保输出电压波形没有明显变化情况下的发生器效率变化。试验数据见表 B.8。

表 B.8 扩展范围的非线性试验

序号	校准系统测量电压/kV	发生器单级充电电压/kV	输出电压/充电电压 R_g	$\|R_g-R\|$
1	786.5	33.3	23.62	0.11
2	1 756	74.5	23.57	0.06
3	2 438	103.8	23.48	0.03
4	3 014	128.9	23.38	0.13(=max)
平均值 R	—	—	23.51	

扩展范围的非线性 B 类不确定分量：

$$u_{B1}=\frac{1}{\sqrt{3}}\times\frac{F_X}{R}\times\max_{g=1}^{b}|R_g-R|=12.0$$

制造商提供的分压器温度变化参数为 0.02%/℃，分压器使用温度范围为 5 ℃～35 ℃，比对时的环境温度为 23 ℃，工作温度偏差最大值为 $\Delta T=23-5=18$ ℃。所以最大温度变化带来的刻度因数的最大变化为：

$$\Delta F=0.02\%\times 18\times 3\ 765.4=13.56$$

$$u_{B2}=\frac{1}{\sqrt{3}}\Delta F=\frac{1}{\sqrt{3}}\times 13.56=7.9$$

短时稳定性测试，在对冲击测量系统 3 000 kV，30 次（0.5 次/分）耐压前后分别比对其刻度因数。

刻度因数的最大变化量为 3 756.1－3 744.5＝11.6（见表 B.9），所以短时稳定性带来的刻度因数的不确定度分类为：

$$u_{B3}=\frac{1}{\sqrt{3}}\Delta F=\frac{1}{\sqrt{3}}\times 11.6=6.8$$

表 B.9 短时稳定性测试

	V_X V	V kV	V/V_X
施加电压前	210.4	790.28	3 756.1
施加电压后	205.5	768.36	3 744.5

根据制造商数据资料，到下一次校准时其长期稳定性的影响在±0.3%以内。

长期稳定性的不确定度分量为：

$$u_{B4}=\frac{1}{\sqrt{3}}\Delta F=\frac{1}{\sqrt{3}}\times 11.3=6.5$$

对于其他的影响因素的不确定度用以下 u_{B5} 估算值为：

$$u_{B5}=0.2\%\times F_X=7.5$$

采用类似于示例1的标定刻度因数 F_X 的不确定度预算方法见表B.10。

表 B.10 标定刻度因数 F_X 的不确定度预算

量	值	标准不确定度分量	自由度	敏感系数	合成标准不确定度分量
F_N	82 100	0.005 6/2[a]	50	3 765.4	10.5
ΔF_N	0	0	∞	0	0
V/V_X	3 765.4	2.6[a]	9	1	2.6
$\Delta F_{X,1}$	0	2.4[b]	∞	1	2.4
$\Delta F_{X,2}$	0	12.0[b]	∞	1	12.0
$\Delta F_{X,3}$	0	7.9[b]	∞	1	7.9
$\Delta F_{X,4}$	0	6.8[b]	∞	1	6.8
$\Delta F_{X,5}$	0	6.4[b]	∞	1	6.5
$\Delta F_{X,6}$	0	7.5[b]	∞	1	7.5
F_X	3 765.4		907		21.8

[a] 正态分布；

[b] 矩形分布。

表中：

ΔF_N ——标准测量系统在较低温度下产生的分量；

$\Delta F_{X,1}$——商的非线性产生的分量；

$\Delta F_{X,2}$——被校系统扩展范围的非线性产生的分量；

$\Delta F_{X,3}$——被校系统温度变化产生的分量；

$\Delta F_{X,4}$——被校系统短时稳定性产生的分量；

$\Delta F_{X,5}$——被校系统长期稳定性产生的分量；

$\Delta F_{X,6}$——被校系统其他影响因素产生的分量。

表中最后一行给出了标定刻度因数 F_X 的合成标准不确定度及其有效自由度，$\nu_{eff}=907$ 表示 F_X 可能值属正态分布，因此 $k=2$ 是有效的(见附录A中表A.1)。

最后，认可测量系统校准的不确定度为：

$$u=\sqrt{u_A^2+u_{B0}^2+u_{B1}^2+u_{B2}^2+u_{B3}^2+u_{B4}^2+u_{B5}^2+u_{ref}^2}=21.8$$

扩展不确定度为：

$$U=k\cdot u=2\times 21.8=43.6$$

最后，认可测量系统校准的完整结果由其标定刻度因数及其扩展不确定度表示：

$F_X=3\ 765.4\pm 43.6=3\ 765.4(1\pm 0.012)$，23 ℃，覆盖概率不小于95%($k=2$)。

标定刻度因数的相对扩展不确定度 $U=1.2\%$。由于该数值已考虑了长期稳定性引起的不确定度分量，只要在直到下一次校准之前中间进行的性能校核(见4.3)结果表明其刻度因数是稳定的，那么上述 F_X 值可作为该认可测量系统在下次校准之前的试验电压的扩展不确定度。

B.3 示例3：雷电冲击电压的波前时间

用一包括分压器和数字记录仪(12位，采样率为100 MS/s)的2 MV冲击电压测量系统X与一标准测量系统N在约500 kV的雷电冲击电压下进行比对校准波前时间(见图B.1)。系统N在标称时段测量波前时间的系统平均误差为 $\Delta T_{1N}=0.01\ \mu s$，扩展不确定度为 $U_N=0.02\ \mu s(k=2)$。

通过比对，两套系统同时记录了10对具有规定波前时间的雷电冲击电压。由系统N记录的第 i 次冲击电压的实际波前时间由式(B.5)确定：

$$T_{1N,i}=\frac{(t_{90}-t_{30})}{0.6} \qquad \cdots\cdots\cdots\cdots (B.5)$$

式中，t_{30} 和 t_{90} 分别为系统N确定的峰值幅值的30%和90%对应的时刻；由系统X记录的同一冲击电压的波前时间 $T_{1X,i}$ 也是按相同方法计算的。

根据系统X和系统N测得的 $n=10$ 个对应波前时间的差，由式(B.6)确定波前时间偏差的平均值：

$$\Delta T_1=\frac{1}{10}\sum_{i=1}^{n}(T_{1X,i}-T_{1N,i}) \qquad \cdots\cdots\cdots\cdots (B.6)$$

比对在标称时段的最小、最大和中间值三种不同的波前时间下进行，即 $T_1\approx0.8\ \mu s$、$T_1\approx1.6\ \mu s$ 和 $T_1\approx1.2\ \mu s$。对每个 T_1 值均计算平均偏差 $\Delta T_{1,j}$，三个 $\Delta T_{1,j}$ 值的总平均见式(B.7)：

$$\Delta T_{1m}=\frac{1}{3}\sum_{j=1}^{3}\Delta T_{1,j} \qquad \cdots\cdots\cdots\cdots (B.7)$$

换句话说，ΔT_{1m} 表示系统X相对于系统N在 $T_1\approx0.8\ \mu s\sim1.6\ \mu s$ 内的平均波前时间误差。

经标准系统N的误差 ΔT_{1N} 修正后，系统X的误差的模型函数见式(B.8)：

$$\Delta T_{1cal}=\Delta T_{1m}+\Delta T_{1N} \qquad \cdots\cdots\cdots\cdots (B.8)$$

表B.11列出了由校准获得的单个数值、误差和偏差并另外在图B.2中显示。

表B.11 波前时间 T_1 和偏差的校准结果

		值		
$T_{1N,j}$	μs	0.80	1.20	1.60
$T_{1X,j}$	μs	0.73	1.17	1.61
$s_j(T_{1X,j})$	μs	0.015	0.01	0.01
$\Delta T_{1,j}$	μs	−0.07	−0.03	0.01
ΔT_{1m}	μs	−0.03		

由三个 $T_{1X,j}$ 值的最大标准偏差计算A类标准不确定度见式(B.9)：

$$u_A(T_{1X})=\frac{1}{\sqrt{10}}\max_{j=1}^{3}s_j=\frac{0.015\ \mu s}{\sqrt{10}}=0.004\ 7\ \mu s \qquad \cdots\cdots\cdots\cdots (B.9)$$

由于在模型函数中没有直接提及 T_{1X}，因此在不确定度预算中(表B.7)，$u_A(T_{1X,j})$ 单独列出。

由平均值 ΔT_{1m} 中的三个单独 $T_{1X,j}$ 值的最大偏差给出B类标准不确定度见式(B.10)：

$$u_B(T_{1m})=\frac{1}{\sqrt{3}}\max_{j=1}^{3}|\Delta T_{1,j}-\Delta T_{1m}|=\frac{0.04\ \mu s}{\sqrt{3}}=0.023\ 1\ \mu s \qquad \cdots\cdots (B.10)$$

把所有输入量的数值及其标准不确定度代入模型公式(B.6 和 B.7)的右侧,用附录 A 中给出的公式对模型等式进行手工计算,也可借助于适用于计算不确定度的专业软件进行计算。计算结果见表 B.12,表中最后一行给出了平均误差 ΔT_{1cal}、合成标准不确定度及其有效自由度,$\nu_{eff}=1\ 700$ 表示 ΔT_{1cal} 的可能值属正态分布,因此 $k=2$ 是有效的(见附录 A 中表 A.1)。

表 B.12 波前时间偏差 ΔT_{1cal} 的不确定度预算

量	值/μs	标准不确定度分量/μs	自由度	敏感系数	合成标准不确定度分量/μs
ΔT_{1N}	0.01	0.01[a]	50	1	0.01
ΔT_{1m}	−0.03	0.017 3[b]	∞	1	0.023
$u_A(T_{1X})$	0.0	0.004 74[a]	9	1	0.004 7
ΔT_{1cal}	−0.020 μs		1 700		0.025 6 μs

[a] 正态分布;

[b] 矩形分布。

最后,完整校准结果可表示为:

$$\Delta T_{1cal}=-0.020\ \mu s\pm 0.051\ \mu s,\text{覆盖概率不小于 }95\%(k=2)。$$

换句话说,系统 X 在标称时段测得的波前时间误差太小,只有 −0.02 μs,当用系统 X 测量冲击电压时,波前时间修正值只需将所测值 T_{1meas} 加上 0.02 μs 即可。如果波前时间没有别的不确定度分量需要考虑,则 T_{1cor} 的扩展不确定度为 0.051 μs($k=2$)。

附加不确定度分量可能因系统 X 中用的数字记录仪与在比对时用的量程不同产生的。应估算其对 t_{30} 和 t_{90} 的影响,可根据式(B.6)计算 T_1 的合理偏差,由此在不确定度预算中引入了相应的 B 类标准不确定度。

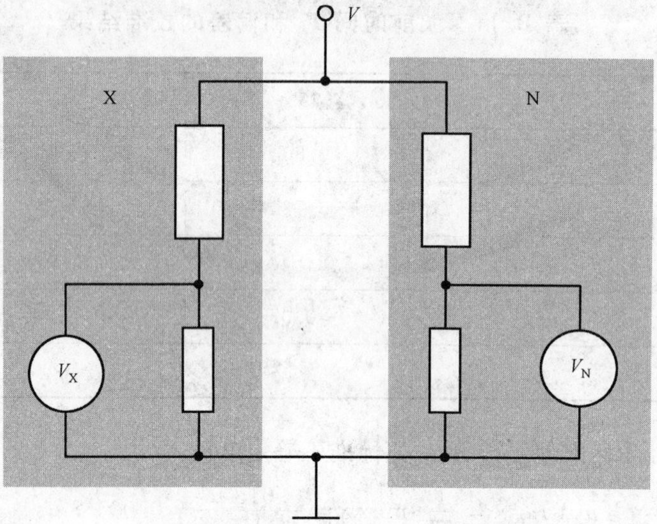

图 B.1 被校系统 X 与标准系统 N 的比对

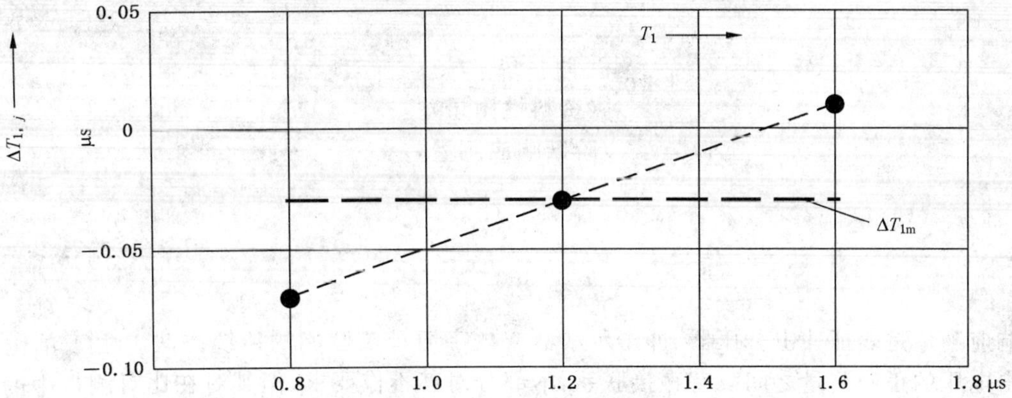

图 B.2　T_1≈0.8 μs～1.6 μs 内系统 X 相对于标准系统 N 的波前时间偏差 $\Delta T_{1,j}$ 及其平均值 ΔT_{1m}

对于直流测量系统可以参照 B.1 交流测量系统和 B.2 冲击测量系统的例子进行分析。

附 录 C
(资料性附录)
阶跃响应测量

C.1 概述

阶跃响应测量是表征冲击分压器、冲击示波器或数字记录仪性能的传统方法。由于单位阶跃响应参数与冲击电压的正确测量之间没有直接联系,本部分对其不作要求,但其对在比对测量中的动态特性仍有重要意义,特别是对分压器和仪器的研制十分有用,而且它仍适用于动态特性的性能校核(见 8.5.3 和 9.5.3)。

C.2 补充定义

C.2.1

参考电平(仅对冲击测量) reference level

l_R

在基准水平时段[见 C.2.10 和图 C.1a)]内取得的阶跃响应的平均值 l_R,该时段为 $0.5t_{min}$ 至 $2t_{max}$。

注:一个测量系统可以具有一个以上的基准水平。例如,由于响应水平(见 3.5.4 和图 C.1)的变化,对不同的波形可具有不同的刻度因数。

C.2.2

阶跃响应原点 origin of a step response

O_1

响应曲线在(单位)阶跃响应[见图 C.1a)]的零电平处的噪声幅值之上的首次开始单调上升的瞬间。

注 1:某些情况下,单位阶跃响应起始部分有畸变(见图 C.2),原点 O_1 确定为由阶跃响应单调上升部分向下延伸线与零线的交点。起始畸变部分可由参数 T_0(称为起始畸变时间)来表征,它是零线与阶跃响应至 O_1 之间的那部分区域。

注 2:所有时间值(T_0 除外)均从原点 O_1 开始测量。

C.2.3

单位阶跃响应 unit step response

$g(t)$

以基准水平为单位值和零电平为零[图 C.1a)],经归一化后的阶跃响应。

注:对每一个基准水平,测量系统就有一个单位阶跃响应。阶跃响应的原点 O_1 同单位阶跃响应的原点相同。

C.2.4

阶跃响应积分 step response integral

$T(t)$

1 减去单位阶跃响应 $g(t)$ 的差从 O_1 至 t 的积分[图 C.1b)]。

$$T(t)=\int_{O_1}^{t}[1-g(\tau)]\mathrm{d}\tau \qquad \text{(C.1)}$$

C.2.5

实验响应时间 experimental response time

T_N

在 $2t_{max}$ 时刻阶跃响应的积分值。

$$T_N = T(2t_{max}) \tag{C.2}$$

C.2.6

部分响应时间　partial response time

T_α

在 $t \leqslant 2t_{max}$ 内的阶跃响应积分的最大值[见图 C.1b)]，它等于图 C.1a)中的阴影区域。

注：通常，$T_\alpha = T(t_1)$，这里 t_1 是 $g(t)$ 首次到达单位幅值的时间[图 C.1a)]。

C.2.7

剩余响应时间　residual response time

$T_R(t_i)$

在某一特定的时间 $t_i(t_i \leqslant 2t_{max})$ 实验响应时间 T_N 减去阶跃响应的积分值。

$$T_R(t_i) = T_N - T(t_i) \tag{C.3}$$

C.2.8

单位阶跃响应的过冲　overshoot of the unit step response

β_{rs}

$g_{max}(t)$ 的最大值减去 1 的百分数(图 C.1a)：

$$\beta_{rs} = 100\%(g_{max}(t) - 1) \tag{C.4}$$

C.2.9

稳定时间　settling time

t_s

使剩余响应时间 $T_R(t)$ 达到且保持小于 $2\%t$ 的最短时间，即：

$$|T_N - T(t)| < 0.02t \tag{C.5}$$

t 的所有值应在 O_1 至被测冲击电压最长半峰值时间 T_{2max} 的时间段内[图 C.1b)]。

C.2.10

参考电平时段(仅对冲击电压)　reference level epoch

确定阶跃响应的参考电平时段，其下限等于 0.5 倍的标称时段的下限值($0.5t_{min}$)，其上限等于 2 倍的标称时段的上限值($2t_{max}$)。

C.3　阶跃响应测量回路

应在性能记录中说明测量阶跃响应所采用的回路布置，并应尽可能的接近实际使用条件。

图 C.3 给出了合适的回路，优选的回路为图 C.3a)。在回路中，阶跃波发生器放置在金属墙上或放置在宽度至少为 1 m 的金属导体板上，该金属导体板用做地回路。

为产生阶跃波，可用一缓慢上升的脉冲或直流电压施加到测量系统上，然后用继电器或间隙截断[图 C.3d)]，可采用下述截断方法：

——利用汞润触点继电器，提供达几百伏的阶跃波。

——利用大气压下的最大至几毫米均匀场空气间隙，提供达几千伏的阶跃波。

——利用增加气压下的、最大至几毫米的均匀场间隙，提供达几十千伏的阶跃波。

当使用重复式的发生器产生阶跃波时，应对阶跃波的持续时间和阶跃波之间的间隔时间进行选择，以期不产生和单次脉冲有关的附加误差。

C.4　对组件阶跃响应的要求

对组件(通常为一个转换装置或一个记录测量仪器)施加一个阶跃电压，测量其输出，所施加的阶跃的上升时间应小于部分响应时间 T_α 的 1/5。建议对阶跃响应的记录数据进行适当的平滑处理，以减小叠加在阶跃响应上的小的振荡和噪声的影响。

在选定的参考电平时段内的单位阶跃响应与单位值的偏离应不大于±2%。如果用于标定刻度因数测量的相应电压波形的时间 t_f 落在标称时段之外，则在 t_f 处的单位阶跃响应与参考电平的偏离也不应大于±1%。当用雷电冲击电压全波来确定标定刻度因数时，$t_f=2T_1$，也就是说是冲击电压波前时间的两倍；当用波前截断的冲击确定标定刻度因数时，$t_f=2T_C$；也就是说是冲击截断时间的两倍；当用操作冲击确定标定刻度因数时，$t_f=T_p$，即为冲击的到达峰值的时间；当用直流电压确定标定刻度因数时，$t_f=100$ ms；当用交流电压确定标定刻度因数时，$t_f=1/4$ 电压周期。对冲击电压标准测量系统阶跃响应的要求，见 10.2.3。

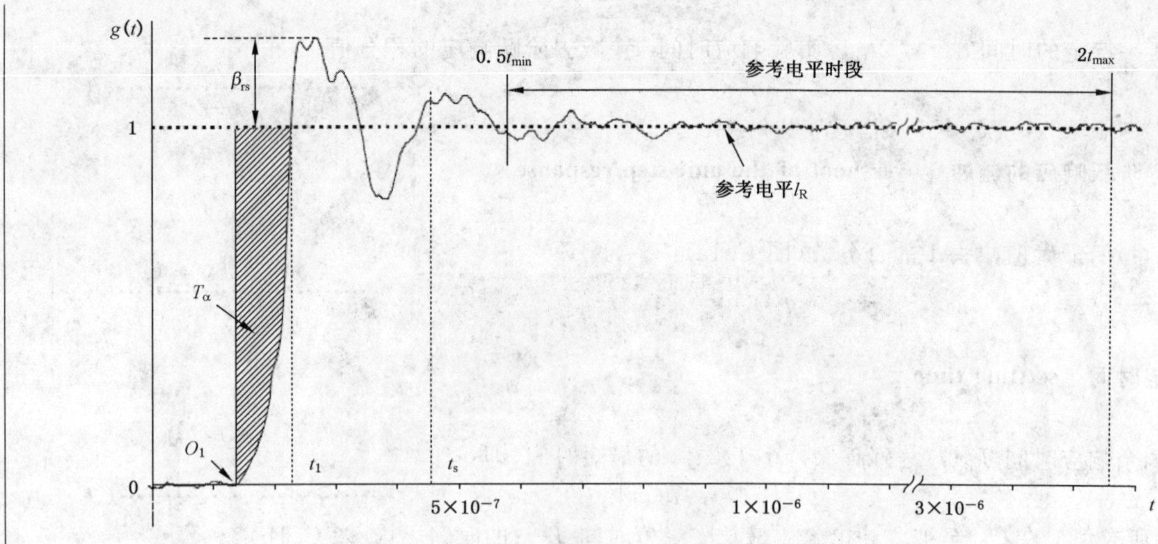

a) 单位阶跃响应 $g(t)$ 的有关定义[4)]

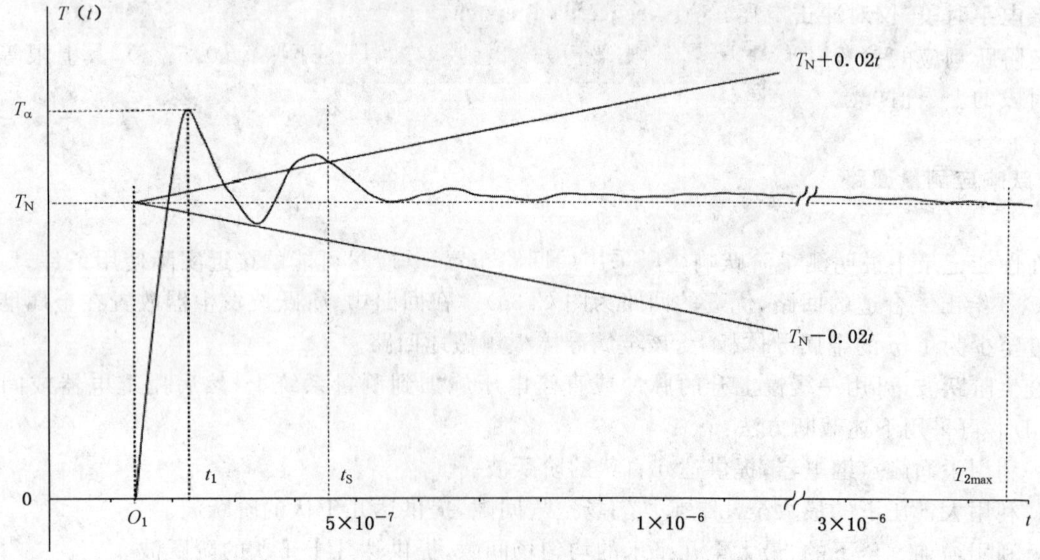

b) 阶跃响应积分 $T(t)$ 的有关定义

图 C.1 响应参数的定义

4) 采标说明：IEC 图中时间参数符号有误，这里已作修改。

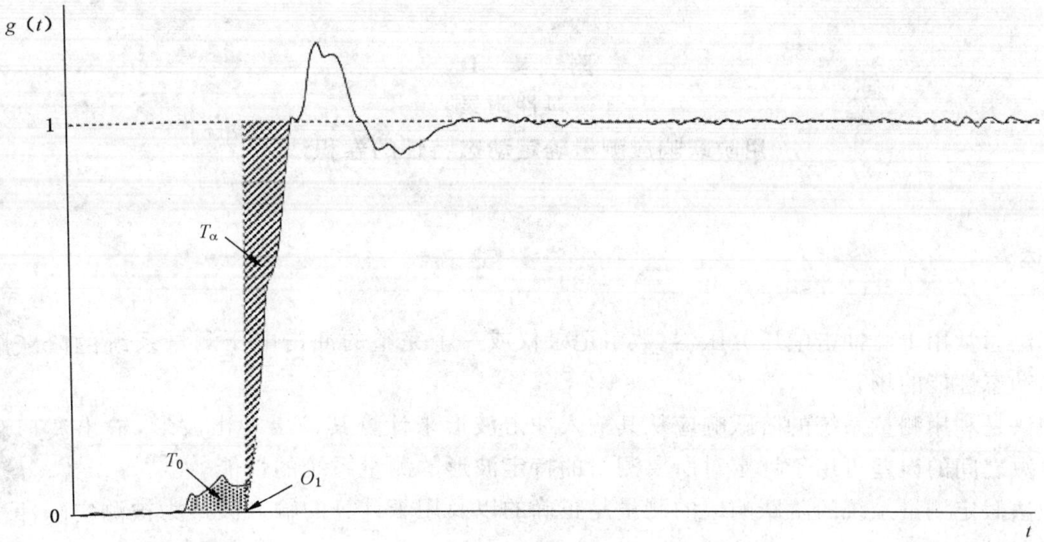

图 C.2　带有起始畸变时间 T_0 的单位阶跃响应 $g(t)$

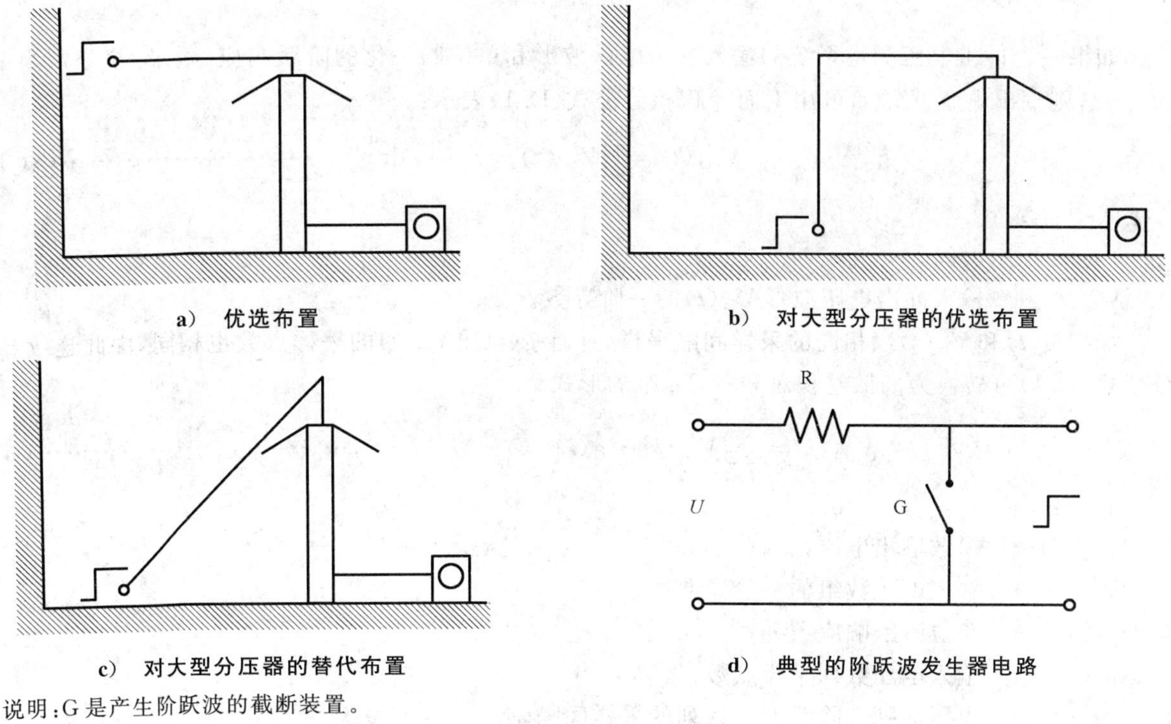

说明:G 是产生阶跃波的截断装置。

图 C.3　阶跃响应测量的适用电路

附 录 D
（资料性附录）
用阶跃响应测量确定动态特性的卷积法

D.1 概述

卷积法通常用于由冲击电压分压器、数字记录仪或一个完整的冲击电压测量系统的阶跃响应来确定它们的动态性能的场合。

卷积法是利用测量系统的阶跃响应从其输入冲击波形来计算其输出冲击波形，输出波形和输入波形冲击参数之间的误差可用于评定对所要测量的特定波形的测量系统的性能。

卷积法假定测量系统的阶跃响应的测量是正确的以及用于计算的输入波形为被测实际冲击波形的典型波形。

D.2 卷积的方法

如果一个冲击电压测量系统的输入冲击电压波形和单位归一化的阶跃响应（附录 C）分别为 $V_{in}(t)$ 和 $g(t)$，则输出电压 $V_{out}(t)$ 可用下面卷积积分公式（D.1）表示：

$$V_{out}(t)=\int_0^t V'_{in}(\tau)\,g(t-\tau)\,d\tau \quad \cdots\cdots(D.1)$$

式中：

t ——时间；

$V'_{in}(t)$ ——输入冲击电压波形 $V_{in}(t)$ 的一阶导数。

如果 $g(t)$ 和 $V_{in}(t)$ 以相同的采样间隔采样，并且 $g(t)$ 和 $V_{in}(t)$ 的采样点数也相同，由此连续卷积积分公式（D.1）可转换为离散卷积总和式（D.2）的形式。

$$V_{out}(i)=\sum_{k=0}^{i} V'_{in}(k)\cdot g(i-k)\cdot \Delta t \quad i=0,\cdots,n-1 \quad \cdots\cdots(D.2)$$

式中：

$V_{out}(i)$ ——离散输出电压数列；

$V'_{in}(i)$ ——输入电压数组的一阶导数；

$g(i)$ ——单位阶跃响应数列；

n ——输入电压数列采样点数；

Δt ——电压数列和阶跃响应数列的采样间隔。

D.3 进行卷积计算的程序

这个程序是基于公式（D.2）描述的离散卷积积分和，通常用于利用数字冲击波形来辅助计算的计算机，此程序用于估算冲击测量系统的输出和输入冲击参数的误差，这里给出的程序描述了计算的主要步骤，这些步骤是：

a） 获取输入冲击波形数组 $V_{in}(i)$，$i=0,\cdots,n-1$，并计算其冲击参数。

b） 输入冲击波形的采样率应与单位阶跃响应的采样率相同，且采样点数等于单位阶跃响应的采样点数（见步骤 3），输入波形应为平滑波形，其噪声最高频率已减小至远低于奈奎斯特频率

(冲击数列的采样频率的一半)。平滑的输入波形数列和它的冲击参数可用下列方法之一获得:

1) 由冲击的解析表达式(如一双指数函数)产生。该波形的冲击参数既可以由解析表达式获得,也可以由被测冲击测量系统的冲击计算软件求得。

2) 已由一精密低通数字滤波器或用一分段三次样条拟合算法进行平滑后得到的实际记录波形。波形的冲击参数可由被测冲击测量系统的冲击计算软件求得。

c) 通过数值计算的方法获得输入冲击波形 $V_{in}(i)$ 的一阶导数 $V'_{in}(i)$,$i=0,\cdots,n-1$。

d) 获得单位阶跃响应数组 $g(i)$,$i=0,\cdots,m-1$,$m=n+j$,j 是所记录的阶跃响应原点 O_1 之前的数据点数。

1) 把所测阶跃响应进行归一化后求得单位阶跃响应(附录 C)。为了进行卷积,可把数个阶跃响应记录取平均来获得低噪声的单位阶跃响应,如果公式(D.2)用于卷积计算且冲击数列 $V_{in}(i)$ 已经平滑,则单位阶跃响应数列 $g(i)$ 的平滑便不太关键了。

2) 把阶跃的开始前记录的阶跃响应数列 $s(i)$ 的采样值取平均来获得阶跃响应的零电平 l_0。

3) 把某一时间范围内记录的阶跃响应数列 $s(i)$ 的采样值取平均来获得阶跃响应的基准水平 l_R。该时间范围是从测量系统需测的最短波前时间至确定转换装置刻度因数是所取频率的等效时间。

用式(D.3)把阶跃响应数列 $s(i)$ 归一化为临时单位阶跃响应数列 $g_0(i)$。

$$g_0(i)=\frac{s(i)-l_0}{l_R-l_0} \quad \cdots\cdots\cdots\cdots (D.3)$$

4) 求取阶跃开始前 $g_0(i)$ 数列的采样值的标准偏差来求得零电平处噪声幅度。再反回去从头搜索 $g_0(i)$,找出大于三倍的标准偏差 d_0 的采样值。把这个采样值的时间标定为 $g_0(i)$ 的原点 O_1,并把采样值的下标标为 j。

5) 除去原点前 $g_0(i)$ 的采样值,由此构建从原点开始的单位阶跃相应 $g(t)$:

$$g(i-j)=g_0(i) \quad i=j,\cdots,m+j-1 \quad \cdots\cdots\cdots\cdots (D.4)$$

注:临时的单位阶跃响应 $g_0(i)$ 的记录有 $m+j$ 个点。除去原点 O_1 之前的 j 个点后,单位阶跃响应 $g(i-j)$ 有 $n=m$ 个点。

e) 求取输出数列及其冲击参数:

1) 在时域或频域用等式(D.2)计算获取输出冲击波形数列 $V_{out}(i)$。

2) 用冲击测量系统的冲击计算软件计算 $V_{out}(i)$ 的冲击参数。

3) 计算 $V_{out}(i)$ 和 $V_{in}(i)$ 的冲击参数之差作为 $V_{out}(i)$ 的误差。

D.4 不确定度分量

原则上,由卷积计算的误差值可用来修正被算的参数,然而,这种修正要求具有波形的臆断认识,也就是说,除非冲击具有已知的规则形状,否则修正是不可靠的。不同波形的误差及分散性可用作有关参数测量的合成不确定度的一个分量。不确定度计算应按 JJF 1059 规范进行,也可参考附录 A 及附录 B 中的示例。

D.5 冲击参数计算误差的讨论

D.5.1 峰值误差

单位阶跃响应的单位电平不总是恒定的。因此,尽管它与峰值电压要求的测量不确定度相比可能较小的,但是峰值电压的计算误差与卷积数值误差相比往往是较大的。

峰值电压计算的相对误差应等于在输入冲击 $V_{in}(i)$ 的波前时间 T_1 大约 2 倍的时刻($2T_1$)处 $g(i)$ 值与单位 1 之间的相对差值。在峰值电压的计算误差可与单位阶跃响应作比较以验证卷积计算是否正确。

D.5.2 波前时间误差

卷积计算可以揭示出由测量系统性能引起的冲击波形上的改变,因此可揭示出波前时间误差的大小,而阶跃响应响应本身显示不出这误差。由于阶跃响应较慢结果,输出冲击波前时间变得较长。然而,波前时间也受阶跃响应的过冲和负冲的影响,根据过冲和负冲在阶跃响应上的时间位置,冲击波形的波前部分可能被改变成不同的形状,导致波前时间增加或减少。

D.5.3 半峰值时间误差

半峰值时间 T_2 主要受被算冲击大约 $2T_1$ 时的 $g(i)$ 值和等于 T_2 时 $g(i)$ 值之间的差值的影响,可以用卷积的计算来估算 T_2 误差的大小,而用阶跃响应本身是无法直接求得的。

参 考 文 献

[1] IEC 60050(300):2001, International Electrotechnical Vocabulary(IEV)—Electrical and electronic measurements and measuring instruments—Part 311: General terms relating to measurements—Part 312: General terms relating to electrical measurements—Part 313 Types of electrical measuring instruments—Part 314: Specific terms according to the type of instrument

[2] IEC 60050(321):1986, International Electrotechnical Vocabulary(IEV)—Chapter 321; Instrument transformers

[3] IEC 60051, Direct acting indicating analogue electrical measuring instruments and their accessories

[4] IEC 60060-3:2004, High-voltage test techniques—Part 3: Definitions and requirements for on site testing

[5] IEC 60071-1:2006, Insulation co-ordination—Part 1: Definitions, principles and rule

[6] IEC 60270: High-voltage test techniques—Partial discharge measurements

[7] IEC 62475:2011 High-current test techniques: Definitions and requirements for test currents and measuring systems

[8] ISO/IEC 17025:2005, General requirements for the competence of testing and calibration laboratories(Metrology in short: Euromet ISBN 87-988154-1-2)

[9] JCGM 200:2008, International vocabulary of metrology—Basic and general concepts and associated terms(VIM), http://www. bipm. org/en/publications/guides

[10] J. G. Proakis and D. G. Manolakis, Introduction to Digital Signal Processing. Macmillan Publishing Company, New York, 1988.

[11] Y. Li, J. Rungis and A. Pfeffer, The Voltage and Time Parameter Measurement Uncertainties of a Large Damped Capacitor Divider due to its Non-ideal Step Response. Proceedings of 15 International Symposium on High Voltage Engineering, Ljubljana, 2007.

ICS 91.140.50
P 63

GB

中华人民共和国国家标准

GB/T 16934—2013
代替 GB/T 16934—1997

电能计量柜

Electric energy metering cubicle

2013-10-10 发布　　2014-02-01 实施

中华人民共和国国家质量监督检验检疫总局
中国国家标准化管理委员会　发布

前　言

本标准按照 GB/T 1.1—2009 给出的规则起草。

本标准代替 GB/T 16934—1997《电能计量柜》。

本标准与 GB/T 16934—1997 相比，主要变化如下：

——按 GB/T 1.1—2009 的规定，对标准的语言表述和格式做了修改；

——高、低压分体式电能计量柜的电压适用范围，由“0.38～220 kV”改为“0.38 kV～750 kV”；

——增加“电能信息采集终端”术语和定义，去掉了“计量用电流互感器”“计量用电压互感器”“特种电能表”“失压计时器”“适用于Ⅰ(Ⅱ、Ⅲ、Ⅳ)类用户的电能计量柜”等术语；

——明确了型号的表示方法和含义；

——将技术要求、结构要求及试验方法分开表述；

——依据 GB 3906 和 DL/T 593，使用条件的相对湿度中去掉了“40 ℃时，不应高于 50%”的要求，海拔高度中将“不应超过 2 000 m”改为“不应超过 1 000 m”；

——依据 JJG 1021，以规定电压互感器、电流互感器的下限负荷，取代选择额定负荷；

——温升限值，增加了使用地点海拔变化的修正值；

——整体式电能计量柜和计量互感器器柜的额定电压增加了 20 kV 电压等级和相应的要求；

——电流互感器额定一次电流去掉 160 A、315 A 和 630 A，10 kV、20 kV 等级电流互感器额定一次电流增加了 10 A，35 kV 等级电流互感器额定一次电流增加了 600 A、750 A、800 A 和 1 000 A，与此对应增加了其他要求；

——增加了互感器误差相互影响要求；

——按适用的电压等级，结构要求分通用要求、整体式电能计量柜和分体式电能计量柜。整体式电能计量柜和 6 kV～35 kV 电能计量箱增加预留电能信息采集终端位置的要求；

——增加了综合误差限值的计算公式，修订了综合误差限值规定值，增加了评估综合误差的试验方法和计算公式；

——修改了试验分类，细化了试验项目。

本标准由中国电力企业联合会提出并归口。

本标准起草单位：华北电力科学研究院有限责任公司、国网电力科学研究院、西安宏泰互感器制造有限公司、安徽巢湖供电公司、江苏淮安供电公司、陕西渭南供电公司、北京煜邦电力技术有限公司、湖北武汉供电公司。

本标准主要起草人：丁恒春、王晓琪、杜新纲、刘安彦、周明涛、高振龙、白宇峰、于全成、刘以礼。

本标准所代替标准的历次版本发布情况为：

——GB/T 16934—1997。

电 能 计 量 柜

1 范围

本标准规定了电能计量柜的技术和结构要求、试验项目和试验方法等。

本标准适用于交流 50 Hz、额定电压 0.38 kV～35 kV、额定电流 20 A～1 000 A 与供电设备配合使用的相同金属结构型式的高、低压整体式电能计量柜和 0.38 kV～750 kV 的高、低压分体式电能计量柜。

2 规范性引用文件

下列文件对于本文件的应用是必不可少的。凡是注日期的引用文件，仅注日期的版本适用于本文件。凡是不注日期的引用文件，其最新版本(包括所有的修改单)适用于本文件。

GB/T 191 包装储运图示标志

GB 1207 电磁式电压互感器

GB 1208 电流互感器

GB 3906 3.6 kV～40.5 kV 交流金属封闭开关设备和控制设备

GB 4208 外壳防护等级(IP 代码)

GB/T 4703 电容式电压互感器

GB 7251(所有部分) 低压成套开关设备和控制设备

GB 17201 组合互感器

GB/T 17215.301 多功能电能表 特殊要求

GB/T 17215.321 交流电测量设备 特殊要求 第 21 部分：静止式有功电能表(1 级和 2 级)

GB/T 17215.322 交流电测量设备 特殊要求 第 22 部分：静止式有功电能表(0.2S 级和 0.5S 级)

GB/T 17215.323 交流电测量设备 特殊要求 第 23 部分：静止式无功电能表(2 级和 3 级)

GB/T 50063 电力装置的电气测量仪表装置设计规范

DL/T 448 电能计量装置技术管理规程

DL/T 593 高压开关设备和控制设备标准的共用技术要求

JB/T 3085 电力传动控制装置的产品包装与运输规程

JB/T 5777.2 电力系统二次电路用控制及继电保护屏(柜、台)通用技术条件

JJG 596 电子式电能表检定规程

JJG 1021 电力互感器检定规程

3 术语和定义

下列术语和定义适用于本文件。

3.1

用电计量装置 electric energy metering device

计量电能的所有电气设备、电气部件及机械结构体的组合的通称。

3.2

电能计量柜 electric energy metering cubicle

专用柜型式的用电计量装置，分为整体式和分体式两大系列。

3.3

电能信息采集终端 electro energy data acquire terminal

负责各信息采集点的电能信息的采集、数据管理、数据传输以及执行或转发主站下发的控制命令的设备。电能信息采集终端按应用场所可分为厂站采集终端、专变采集终端、公变采集终端和低压集中抄表终端(包括低压集中器、低压采集器)等类型。

3.4

整体式电能计量柜 integrated electric energy metering cubicle

将计量单元及辅助单元所有电气设备及部件装设在一个(或几个并列构成一体的)金属封闭柜(箱)体内的计量柜。为了与相邻的电源进线柜(箱)的外形和功能协调配合，整体式电能计量柜又分为固定式和移开式两种结构。

3.4.1

固定式电能计量柜 fixed electric energy metering cubicle

柜中所有电气设备及部件均为固定安装的电能计量柜。

3.4.2

移开式电能计量柜 movable electric energy metering cubicle

柜中部分电气设备及部件装在可移开的手车上或抽屉中，当检修或试验时，可将小车或抽屉抽出或脱离柜体的电能计量柜。

3.5

分体式电能计量柜 separate electric energy metering cubicle

将计量互感器与电能表分别安装于不同场所的计量柜(户外互感器不设柜)。分体式电能计量柜分为计量互感器柜和计量仪表柜。

3.5.1

计量互感器柜 metering transformers cubicle

柜内只安装计量电流互感器、计量电压互感器、主电路电气设备及部件，而不装设电能表等的电能计量柜。

3.5.2

计量仪表柜 metering instrument cubicle

柜内只安装电能表、试验接线盒、电能信息采集终端等的电能计量柜。

3.6

计量单元 metering unit

用以完成电能计量及数据传输等功能的所有电气、机械设备及部件的组合。

3.7

辅助单元 auxiliary unit

完成操作、信号报警、现场调试及工作状态监控等辅助性功能的所有电气、机械设备及部件的组合。

3.8

试验接线盒 test terminal block

用以进行现场检验或轮换时，不致影响计量单元各电气设备正常工作的专用部件。

3.9

电能表夹具 watt hour meter fixture

用以固定各种不同尺寸电能表的可调整夹具。

3.10

环境温度　ambient air temperature

在规定的试验条件下，测得的电能计量柜的空气温度。

3.11

主电路　main circuit

用以输电的导电体（如母线，但不包括电压互感器的一次绕组的引接线）电路。

3.12

计量电路　metering circuit

用以承担电能计量功能的二次电路。

3.13

辅助电路　auxiliary circuit

用以控制、信号报警、工况监视、调试及检查的二次电路。

3.14

额定短时耐受电流　rated short-time withstand current

在规定的使用和性能条件下，主电路在规定的时间内能够承载的电流的有效值。

3.15

额定峰值耐受电流　rated peak withstand current

在规定的使用和性能条件下，主电路能够承载的额定短时耐受电流的第一个大半波的电流峰值。

3.16

额定电压因数　rated voltage factor

与额定一次电压值相乘的一个系数，以确定互感器必须满足规定时间内的有关热性能要求并满足有关准确级要求的最高电压。

3.17

破坏性放电　disruptive discharge

在电场作用下伴随绝缘破坏而发生的放电现象。此时放电完全跨接了绝缘，使电极之间的电压降到零或接近于零。破坏性放电在固体介质中会导致永久丧失绝缘强度（非自恢复绝缘），而在液体和气体介质中可能仅是暂时丧失绝缘强度（自恢复绝缘）。

破坏性放电，发生在气体或液体介质中时，称为“火花放电”；发生在气体或液体介质中的固体介质表面时，称为“闪络”；贯穿于固体介质时，称为“击穿”。

3.18

互感器合成误差　composite error of metering transformer

以不同接线方式与电能表相连接的电流互感器、电压互感器的比值差和相位差引起的计量误差。

3.19

综合误差　overall error

电能表误差、互感器合成误差、电压互感器二次回路压降引起的计量误差，三者的代数和。

4　型号

电能计量柜的型号应按图1方法编制。

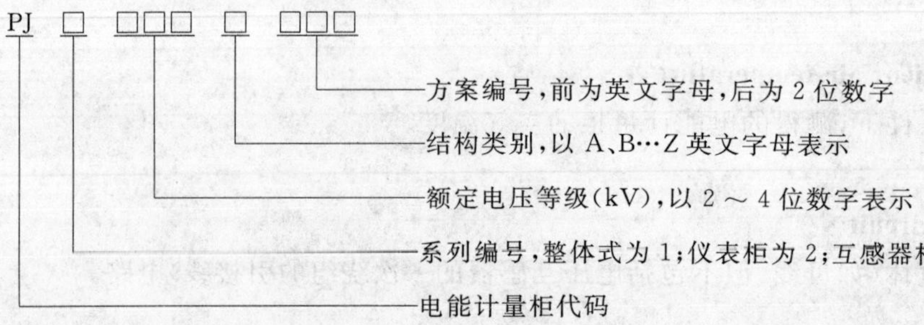

注 1：电压等级如 35，代表 35 kV；038 代表 380 V，010 代表 100 V。

注 2：PJ1 型电能计量柜应用场合电压等级为 0.38 kV～35 kV。

注 3：PJ2 型电能计量柜内仅装设电能计量仪表及其相应的二次辅助设备，即分体式计量仪表柜。采用该型式电能计量柜，必须配套装设相应的计量用电流、电压互感器或者计量专用二次绕组，其额定电压等级固定为 100 V。当电流、电压互感器及其相应的隔离、保护电器配装在一个单独的柜内时，称这种与 PJ2 型分体式电能计量柜配套的互感器柜为计量互感器柜，并以 PJ2H 命名，计量互感器柜一般用于 6 kV～35 kV 电压等级，并采用成套开关柜配电装置的情况下。

图 1　电能计量柜型号编制方法

电能计量柜的分类、电压等级和结构类别代码的具体规定见表 1。

表 1　电能计量柜的分类、电压等级和结构类别代码

分类	电压等级 kV	结构类别 代码	结构特点
1	35	A	与 GBC 开关柜配合
		B	与 JYN_1 开关柜配合
	6～10	A	与 GC-IA(F)开关柜配合，上(下)进线，下(上)出线
		B	与 GC-IA(F)开关柜配合，上进线，上出线
		C	与 JYN_2 移开式开关柜配合
		D	与 GC-IA(F)开关柜配合，仪表和互感器混合组装
		E	与 KGN 开关柜配合
		F	与 KYN 开关柜配合
	0.38		
2	0.1	A	与 PK 控制屏配合
		B	与 BSL 配电屏配合
		C	与 BFC 配电屏配合
		D	与 PGL 配电屏配合
		E	单独安装使用(立屏)
		X	单独安装使用(嵌入式)

5　技术要求

5.1　常规使用条件

a)　环境温度：－5 ℃～40 ℃，且 24 h 内平均温度不应超过 35 ℃；

b) 相对湿度：20 ℃时，不应高于 90%；

c) 海拔高度：0.38 kV～35 kV 整体式电能计量柜，不应超过 1 000 m；

d) 倾斜度：柜(箱)壳体不应超过 3°，电能表不应超过 1°。

5.2 特殊使用条件

下列任一情况均作为特殊使用条件，订货时应向制造厂提出：

a) 环境温度和空气压力剧变时，在柜内、外会出现异常凝露；

b) 有可能被尘埃、烟雾、盐雾、水蒸气、腐蚀性(放射性微粒)气体严重污染；

c) 易受霉菌或微生物浸蚀；

d) 安装在有可能受火灾、爆炸、剧烈震动、外力冲击的危险场所和地震烈度为 7 度及以上的地区。

5.3 额定电压

a) 整体式电能计量柜和计量互感器柜，以其主电路的额定电压标示。有 0.38 kV、6 kV、10 kV、20 kV、35 kV。

b) 计量仪表柜，以电压互感器的额定二次电压(100 V)标示。

c) 辅助单元控制、信号额定电压：交流 220 V；直流 48 V、110 V、220 V。

5.4 额定频率

为 50 Hz。

5.5 额定电流

a) 整体式电能计量柜和计量互感器柜，以其主电路的额定电流标示，分 630 A、800 A、1 000 A 三档。

b) 计量仪表柜，以计量电流互感器的额定二次电流标示，1 A 或 5 A。

5.6 额定短时耐受电流和额定峰值耐受电流

装配完整的电能计量柜，其主电路的额定短时耐受电流和额定峰值耐受电流不应小于表 2 的规定值。0.38 kV 电能计量柜，三相短路电流不大于 10 kA 时可免除此项要求。

试验后，电能计量柜达到环境温度后应满足如下要求：

a) 支柱绝缘子、套管不得发生变形或损坏，断路器、隔离开关的动、静触头不得有烧熔现象且能再分、合闸各 3 次；

b) 退磁前后，电流互感器误差变化量(运行变差)不得超过相应准确级误差限值的 50%，且仍然满足相应准确度误差限值；

c) 一次回路能够耐受 90%的短时工频耐受电压 1 min；

d) 浇注式电流互感器增加局部放电试验，$1.2\,Um/\sqrt{3}$下局部放电量不大于 20 pC；

e) 互感器误差特性相互影响满足 5.14 的要求。

表 2 额定短时耐受电流和额定峰值耐受电流

额定电压 kV	电流互感器额定一次电流 A	额定短时耐受电流及持续时间		额定峰值耐受电流 (峰值) kA
		额定短时热电流(有效值) kA	持续时间 s	
0.38	800	15	1	31.5
10、20	10、20	5	2	12.5
	30、40	8	2	20
	50、60	10	2	25
	75	16	2	40
	100、150、200	20	2	50
	300、400、500	25	4	62.5
	600、750、800	31.5	4	80
	1 000	40	4	100
35	50	8	2	20
	100	16	2	40
	150、200	20	2	50
	300、400、500	25	4	62.5
	600、750、800	31.5	4	80
	1 000	40	4	100

5.7 温升限值

主回路通以额定电流、互感器带有对应的额定输出负荷，电能计量柜各部位的温升不应超过表 3 所列限值。且在柜内温度和电压允许变化的范围内仍能正常工作。

表 3 以 5.1 使用条件为基础。如果在海拔 1 000 m 以上地区使用，而试验在海拔 1 000 m 以下处进行，则表 3 中所列的温升限值应以 1 000 m 为基准，使用地点海拔每增加 100 m 减去 0.5%。

表 3 温升限值

额定电压 kV	试验部位		最高允许温度 ℃	周围空气温度为+40 ℃时的允许温升 K
0.38	母线固定联接处	裸铜或裸铜合金，裸铝或裸铝合金	90	50
		铜搪锡	100	60
		铝搪锡	95	55
		操作手柄	55(65)	15(25)
		可接触外壳	70	30

表 3（续）

额定电压 kV	试验部位		最高允许温度 ℃	周围空气温度为+40 ℃时的允许温升 K
6～35	用螺栓或其他等效方式连接的导体结合部分	裸铜或裸铜合金，裸铝或裸铝合金	90	50
		铜搪锡或铝搪锡	105	65
		镀银或镀镍	115	75
	触头	裸铜或裸铜合金	75	35
		镀锡	90	50
		镀银或镀镍	105	65
注：括号中的数值仅用于绝缘材料的手柄。				

5.8 绝缘水平

5.8.1 绝缘电阻

a) 一次回路相间、同相进出线断口、一次回路与二次回路间及对地的绝缘电阻不应小于 2 500 MΩ；

b) 电流、电压互感器二次绕组间及对地绝缘电阻不应小于 100 MΩ；

c) 其他二次电路对地绝缘电阻不应小于 100 MΩ。

5.8.2 额定绝缘水平

a) 相间、同相进出线断口、主电路与二次电路及地的绝缘水平由额定短时工频耐受电压和雷电冲击耐受电压确定，按表 4 选择；

b) 电流、电压互感器二次绕组间及对地以及其他二次回路的绝缘水平由二次回路额定短时工频耐受电压确定，按表 4 选择。

表 4 额定绝缘水平

单位为千伏

额定电压 （有效值）	设备最高电压 （有效值）	雷电冲击耐受电压 （峰值）		额定短时工频耐受电压 （有效值）		二次回路额定短时工频耐受电压 （有效值）
		对地、相间	隔离断口	对地、相间	隔离断口	
0.38	0.4	—	—	3	3	3
6	7.2	60	65	32	38	
10	12	75	85	42	48	
20	24	125	140	65	68	
35	40.5	185	220	95	118	

5.8.3 局部放电

局部放电要求适用于 $Um \geq 7.2$ kV 的计量柜，其测量电压应符合表 5 的规定，局部放电水平不应超过表 5 规定的限值。

表 5 局部放电测量电压及允许水平

局部放电测量电压 (有效值) kV	局部放电允许水平 pC	
	互感器的绝缘型式	
	液体浸渍或气体	固体
$1.2\,U\mathrm{m}/\sqrt{3}$	5	20

5.9 计量电流互感器

电流互感器应符合 GB 1208、GB 17201 的规定,具体要求如下:

a) 额定二次电流优先选用 1 A;

b) 计量绕组准确度等级为 0.2 S 级或 0.5 S 级;

c) 额定二次负荷不宜大于实际负荷 2 倍;

d) 误差特性检测时,二次额定电流为 1 A 的下限负荷取值 1 VA;二次额定电流 5 A 的下限负荷取值 3.75 VA;

e) 整体式电能计量柜或计量互感器柜采用的电流互感器,其额定一次电流标准值为 10 A、20 A、30 A、40 A、50 A、60 A、75 A、100 A、150 A、200 A、300 A、400 A、500 A、600 A、750 A、800 A 或 1 000 A。

5.10 计量电压互感器

电压互感器应符合 GB 1207、GB 17201 或 GB/T 4703 的规定,具体要求如下:

a) 额定二次电压标准值为 100 V 或 $100/\sqrt{3}$ V;

b) 额定二次负荷不宜大于实际负荷 2 倍;

c) 计量绕组准确度等级为 0.2 级或 0.5 级;

d) 误差特性检测时,最小下限负荷值为 2.5 VA;

e) 整体式电能计量柜,电压互感器的额定一次电压标准值为 0.38 kV、6 kV、10 kV、20 kV 或 35 kV;分体式电能计量柜,电压互感器的额定一次电压标准值为 0.38 kV、6 kV、10 kV、20 kV、35 kV、66 kV、110 kV、220 kV、330 kV、500 kV 或 750 kV。

5.11 电能表

a) 推荐采用静止式电能表,技术性能指标应符合 GB/T 17215.301、GB/T 17215.321、GB/T 17215.322、GB/T 17215.323,接线和配置应符合 GB/T 50063 和 DL/T 448 的要求。

b) 直接接入式的最大电流选用:10 A、20 A、30 A、40 A、60 A、80 A;经电流互感器接入式电能表的额定电流选用 0.3 A、1 A、1.5 A、3 A、5 A。

5.12 计量互感器与电能表准确度等级的配合

电能计量柜的分类参照 DL/T 448 对电能计量装置的分类,各类电能计量柜配置的计量互感器与电能表的准确度等级不应低于表 6 的规定。

表 6 计量互感器与电能表准确级的配合

电能计量柜类别	准确级别			
	有功电能表	无功电能表	电压互感器	电流互感器
Ⅰ	0.2 S或0.5 S	2.0	0.2	0.2 S或0.2
Ⅱ	0.5 S或0.5	2.0	0.2	0.2 S或0.2
Ⅲ	1.0	2.0	0.5	0.5 S
Ⅳ	2.0	3.0	0.5	0.5 S

5.13 二次电路

a) 二次回路负载不应超过电流互感器和电压互感器的额定负荷，且不应低于下限负荷。

b) 计量电压互感器二次回路电压降应符合表7的规定。

表 7 计量电压互感器二次回路电压降限值

电能计量柜类别	Ⅰ或Ⅱ		Ⅲ或Ⅳ	
	分体式	整体式	分体式	整体式
相对额定二次电压的百分数/%	0.2	0.1	0.5	0.2

5.14 互感器相互影响

组装在计量柜内的电流、电压互感器应考虑其相互的电磁影响所带来的误差。电能计量柜通以额定电流和额定电压的情况下，电压互感器和电流互感器的误差均应符合其准确度等级的要求。

5.15 综合误差

电能计量柜的综合误差的限值按式(1)计算。按表6配置的电能计量柜，施加额定电压、额定(基本)电流～最大电流，功率因数为1.0时，其综合误差不应大于表8的规定。

$$\begin{aligned}\varepsilon_{m} &= \pm\sqrt{\varepsilon_{wm}^{2}+f_{TA}^{2}+f_{TV}^{2}+f_{rm}^{2}+(0.029\,1\tan\varphi)^{2}(\delta_{TA}^{2}+\delta_{TV}^{2}+\delta_{rm}^{2})}\,(\%)\\ &= \pm\sqrt{\varepsilon_{wm}^{2}+f_{TA}^{2}+f_{TV}^{2}+(0.029\,1\,\mathrm{tg}\varphi)^{2}(\delta_{TA}^{2}+\delta_{TV}^{2})+0.5(\Delta U/U_{2N})^{2}[1+(\tan\varphi)^{2}]}\,(\%)\end{aligned} \quad\cdots\cdots\cdots\cdots(1)$$

式中：

ε_m ——电能计量柜综合误差限值(%)；

ε_{wm} ——电能表误差限值(%)；

f_{TA}，δ_{TA}——电流互感器比差(%)和相位差(′)限值；

f_{TV}，δ_{TV}——电压互感器比差(%)和相位差(′)限值；

f_{rm}，δ_{rm}——电压互感器二次回路压降引起的比差(%)和相位差(′)限值；

ΔU ——电压互感器二次回路压降限值，单位为伏(V)；

U_{2N} ——电压互感器额定二次电压，单位为伏(V)；

φ ——功率因数角，单位为度(°)。

表 8　电能计量柜的综合误差限值

电能计量柜的类别	$\Delta U/U_{2N}$/(%)	综合误差限值/%
Ⅰ	0.2(0.1)	±0.4(0.3)
Ⅱ	0.2(0.1)	±0.60
Ⅲ	0.5(0.2)	±1.2
Ⅳ	0.5(0.2)	±2.1
注：Ⅰ类时，有功电能表为 0.2 S 级。		

5.16　主电路电阻

6 kV～35 kV 电能计量柜，在温升试验和机械寿命试验前后，按 DL/T 593 的规定，分别进行主电路、隔离开关、触头的电阻测量，且在温升试验和机械寿命试验前、后的电阻差值不应超过试验初始时测量值的 20%。

5.17　接地保护电路

电能计量柜中有可能出现超过安全电压的接地部分应测量其与主接地点间的直流电阻，其值不应大于 1 000 μΩ，接地保护电路应有效。

5.18　机械性能

a)　机械操作

隔离开关、断路器应能承受分闸、合闸操作；手车应能承受抽出、插入操作，各部件不应有任何损伤。

b)　联锁装置

联锁装置处联锁状态，对隔离开关、断路器、手车进行误操作试验，隔离开关、断路器、手车不能被误操作，柜门不能被误开启，且试验前后的操作力基本相同，而联锁装置仍能正常工作。

c)　机械寿命

为验证电能计量柜在规定的机械性能、空载操作次数和不更换零部件的条件下，承受机械操作的稳定性，主电路、隔离开关和联锁装置应进行多次分闸、合闸操作。移开式柜，其主、辅电路的触头、触头罩以及联锁装置应能承受手车从工作位置至抽出位置，又从抽出位置再推入工作位置的多次操作。且操作前后，在工作、断开、试验位置时手车与固定骨架上总接地螺栓间的接触电阻值不应大于 1 000 μΩ，各部件不应有任何损伤。

6　结构要求

6.1　通用要求

6.1.1　主要部件及母线材料

电能计量柜内安装的一次母线、互感器及其他主要部件(如避雷器、隔离开关、熔断器、支柱绝缘子、套管、高压表等)，应是国家许可生产的产品，符合设计、制造工艺和技术要求，且具有检验合格证。

一次回路母线规格分 630 A、800 A 和 1 000 A 三种。

一次回路母线和支持绝缘件应无裂纹、锤痕、破损，母线颜色、标志和相序的布置应符合表 9 的规定。母线(含辅助母线)的截面积应符合短时耐受电流、峰值耐受电流和温升限值的要求。

表 9 主电路母线颜色及相序排列

相别	颜色	母线安装相互位置(从柜正面看)		
		垂直排列	水平排列	引下线
A	黄色	上	远	左
B	绿色	中	中	中
C	红色	下	近	右
中性线	淡蓝色	最下	最近	最右
接地线	黄和绿双色	—	—	—

6.1.2 柜体

a) 壳体及漆膜表面应平整均匀,无明显流痕起缝、透底漆、刷痕、擦伤及机械杂物且焊缝无夹渣、焊裂、焊穿。

b) 柜体结构不应松动和变形,标准紧固件及零部件不应松动或脱落。

c) 柜体尺寸应符合图纸设计参数要求,柜体的高度、深度尺寸偏差不应超过 3 mm,宽度尺寸偏差不应超过$\pm^{0}_{3}$ mm,前后、左右侧面、底面对角线尺寸偏差的绝对值不应超过 3 mm。

d) 柜门、面板的凹凸度,在每 1 000 mm 范围内不应超过 3 mm,相邻两个平行边尺寸的偏差绝对值不应超过 3 mm。

e) 柜内供电与用户两部分的区分、隔离防护应符合规定;柜门、铅封设施及防误操作安全联锁装置应完备、好用。

f) 观察窗的尺寸应满足抄表和监视要求,应采用厚度不小于 4 mm 的无色透明玻璃;边框应采用铝合金型材或具有足够强度的工程塑料构成,应具有良好的密封性能。

g) 柜中各单元之间宜以隔板或以箱(盒)组件区分和隔离。

h) 柜式结构的电能计量柜顶部应设置吊装用挂环或起吊角、起吊板。

i) 壳体和机械组件应具有足够的机械强度,在运输、安装、操作、检修时不应发生有害的变形。

6.1.3 二次回路

a) 计量单元电流电路的铜导线截面积不应小于 4 mm^2,电压电路的铜导线截面积不应小于 2.5 mm^2。

b) 辅助单元的控制、信号等导线截面积不应小于 1.5 mm^2。

c) 二次回路导线外皮颜色应采用:A 相为黄色;B 相为绿色;C 相为红色;中性线为淡蓝色;接地线为黄和绿双色。

d) 二次电路接线应有回路编号标志,导线的敷设及捆扎应符合规定。

e) 二次回路导线的线中间不应有接头,多股导线的端头应搪锡。

f) 一次系统为双母线接线时,电压互感器二次回路应安装专用自动电压切换装置;一次系统为单母线分段接线时,电压互感器二次回路应安装电压并列装置。

6.1.4 电气安全距离允许最小值

电气安全距离允许最小值应符合表 10 的规定。

表 10　电气安全距离允许最小值

单位:mm

测试项目	额定电压/kV			
	0.38	6	10	35
相间、相对地	20	100	125	300
各相对门及侧板	—	130	155	400
各相对网门或对封板	—	200	225	500

6.1.5　二次设备安装

a) 电能表、电能信息采集终端应分别安装在固定夹具上;
b) 电能表、电能信息采集终端距地面不应低于 600 mm;
c) 电能表与电能表、电能信息采集终端之间的水平距离不应小于 80 mm;
d) 试验接线盒、电能表、电能信息采集终端与壳体之间的距离不应低于 60 mm;
e) 电能表、电能信息采集终端与试验接线盒之间的垂直距离不应小于 40 mm;
f) 电能表、电能信息采集终端之间的水平距离不应小于 80 mm。

6.1.6　接地和安全防护

电气接地应符合 GB 3906、GB 7251 及 JB/T 5777.2 的规定。

电气安全防护距离应满足 GB 3906、GB 7251、JB/T 5777.2 和 6.1.4 的规定。

6.1.7　信号灯和按钮的颜色

合闸为红色,分闸为绿色。

6.1.8　防护等级

户内安装的,防护等级不应低于 GB 4208 规定的 IP20 级;户外安装的,防护等级不应低于 GB 4208 规定的 IP54 级。

6.2　整体式电能计量柜

计量柜应装设在电源进线柜之后,由互感器、计量单元和控制单元等部分组成,各单元之间宜保持相对的独立和隔离。

6.2.1　6 kV～35 kV 整体式电能计量柜

a) 户内落地式安装。
b) 外壳应采用金属材料的封闭性结构。其外形尺寸应与其相邻的高压开关成套设备协调配合,保持等高和等深。
c) 柜内进线侧宜安装避雷器。采用硬母排进出线时,进出线处应装设绝缘穿墙套管;采用电缆方式柜底出线时,相应位置应装设电缆固定夹和密封橡皮圈。
d) 柜内靠近主电路出线侧,宜装设断路器或负荷开关,其性能参数应满足相关规定。
e) 主电路宜装设提供辅助工作电源的专用电压互感器,其应有足够的输出容量。若有外部辅助供电回路,应实现外部电源和电压互感器供电间的自动切换,保证供电可靠。
f) 控制单元应装设防止误操作的安全联锁装置。

g) 计量单元应有足够空间安装电能表、电能信息采集终端、试验接线盒及信号接线盒等元件。观察窗不应能从外部拆卸,窗体透明度高、耐磨损,尺寸适中,保证仪表显示居中,距地面高度不宜低于 1.5 m。

h) 电能表和电能信息采集终端宜平行排列,电流、电压线分别通过相应的试验接线盒接线,信号线、控制线通过信号接线盒连接。

i) 设置观察和检修用照明灯。观察窗应采用内栓螺丝方式进行安装,正面不应看见安装螺丝或螺丝孔,宜采用高强度的无色透明聚碳酸酯材料。

j) 应预留通讯和控制等信号线、缆的上、下行通道,以保证通讯和控制的畅通。

k) 固定式电能计量柜内控制机构的位置不应影响互感器的装设和维护。

l) 电能计量柜的所有柜门均应可加锁加封。固定式的宜采用连锁机构分级加封控制,计量单元加封应作为一级总加封,连锁机构作为二级加封,互感器单元可作为三级加封。移开式的计量单元应可独立加封。非法开启柜门应通过电能信息采集终端报警。

6.2.2 0.38 kV 整体式电能计量柜(箱)

a) 柜式应落地安装,箱式可采用壁挂或嵌墙安装。

b) 户外安装,应满足温湿度要求,防雨、防晒、防雷击、防电磁干扰。

c) 柜式外壳采用金属材料的封闭性结构,其外形及结构应与其相邻的低压开关成套设备匹配,保持等高和等深;箱式外壳采用金属材料或非金属材料,材料应保证满足足够的机械强度、耐高温、耐老化等性能。

d) 进线侧应装隔离刀闸,出线侧应装断路器。

e) 柜式的进线和互感器一次应采用硬母排,互感器一次排应为单排形式,排间距离应保证不同外型尺寸互感器的安装。箱式的一次进、出应有固定和密封措施,按照进线、互感器、仪表、控制的顺序顺向排列布局计量箱结构分布。

f) 宜预留互感器固定支架,互感器采用穿心式或母排式。

g) 柜内应提供高可靠的辅助工作电源。

h) 控制单元应可自由操作不受限,宜安装控制负荷的开关。

i) 柜或箱的所有门应可加封加锁,计量单元应单独封闭,并可独立加封,非法开启柜门可通过电能信息采集终端报警。

j) 同 6.2.1 的 g)、h)和 j)。

6.3 分体式电能计量柜

6.3.1 6 kV~750 kV 电能计量屏

6 kV~750 kV 分体式电能计量柜的电能计量屏(即计量仪表柜)在满足 6.1 相关条款的基础上,还应符合以下要求:

a) 外形结构应与相邻的控制屏等协调配合。

b) 前门采用单开钢化玻璃门,后门采用双开钢门结构,柜门应可加锁加封。

c) 柜内设置交流或直流辅助工作电源,用以给电能表等设备供电。

d) 1 只电能表配备 1 个专用试验接线盒,屏内接线端子具备分表位独立加封条件,屏面按 6 只电能表或终端布置。

e) 屏内接线端子选用阻燃型电流电压的试验端子,额定电压不应小于 500 V。端子应按二次端子、信号控制端子分别排列,对地距离应大于 300 mm。二次端子顺序应按正相序自左向右或自上向下排列。

f) 柜内应预留通讯、控制上行和下行通道，以保证通讯和控制的畅通。

g) 屏内宜安装检修电源插座和照明灯，照明开关采用手动或自动。

6.3.2 6 kV～35 kV 电能计量箱

6 kV～35 kV 电能计量柜的电能计量箱(即计量仪表柜)在满足 6.1 相关条款的基础上，还应符合以下要求：

a) 材质可选用金属或非金属材料，采用金属材料时，箱内应设置接地螺栓。

b) 户外安装，必须满足地区环境对电能表的温度条件，防雨、防晒、防雷击、防电磁干扰。

c) 箱内应能放置 1 只电能表和 1 只电能信息采集终端、2 个试验接线盒和 1 个信号接线盒，具有辅助工作电源等。

d) 箱体为单门全封闭式，可加锁加封，非法开启箱门可通过电能信息采集终端报警。

e) 柜内应预留通讯、控制上行、下行通道，以保证通讯和控制的畅通。

6.3.3 6 kV～35 kV 计量互感器柜

a) 户内落地式安装。

b) 外壳应采用金属材料的封闭性结构。其外形尺寸应与其相邻的高压开关成套设备协调配合，保持等高和等深。

c) 柜内进线侧宜安装避雷器。采用硬母排进出线时，进出线处应装设绝缘穿墙套管；采用电缆方式柜底出线时，相应位置应装设电缆固定夹和密封橡皮圈。

d) 柜内靠近主电路出线侧，宜装设断路器或负荷开关，其性能参数应满足相关规定。

e) 主电路宜装设提供辅助工作电源的专用电压互感器，其应有足够的输出容量。若有外部辅助供电回路，应实现外部电源和电压互感器供电间的自动切换，保证供电可靠。

f) 控制单元应装设防止误操作的安全联锁装置。

g) 设置观察和检修用照明灯。观察窗应采用内栓螺丝方式进行安装，正面不应看见安装螺丝或螺丝孔，宜采用高强度的无色透明聚碳酸酯材料。

h) 柜内控制机构的位置不应影响互感器的装设和维护。

i) 柜门均应可加锁加封。

6.3.4 0.38 kV 分体式电能计量柜

分为互感器箱和表箱两种。

a) 互感器箱，应采用具有抗冲击、耐老化、耐高温等性能的非金属材料。箱内设置互感器固定支架，采用穿心式或母排式互感器。互感器一次可采取进、出线硬母排过度式连结或直接连结式，连结点位于箱内。所有箱门应可加封加锁。

b) 电能表箱，分为经互感器接入式电能表表箱和直通式电能表表箱。经互感器接入式电能表表箱基本要求同 6.3.2，同时预留 1 只电能表安装位置。直通式电能表表箱除无互感器和试验接线盒要求外，其余同 6.2.2 要求。

7 试验分类

7.1 试验条件

一般试验条件为：环境温度为 20 ℃±15 ℃；相对湿度小于 90%。

7.2 例行试验

每台电能计量柜均应进行以下试验项目：

a) 主要部件及母线材料检查；

b) 外观检查；

c) 接线正确性和安装可靠性检查；

d) 机械操作试验；

e) 绝缘电阻测量；

f) 一次回路短时工频耐压试验；

g) 二次回路短时工频耐压试验；

h) 局部放电试验；

i) 互感器误差、电能表误差及电压互感器二次回路压降检验；

j) 通电操作检验。

7.3 型式试验

对每种型式的电能计量柜所进行的试验，用以验证电能计量柜的电气、机械性能以及制造工艺是否符合本标准的要求。试验应由制造厂家提请国家指定的检验部门进行，全部试验项目应在同一台样品上做。

型式试验除上述例行试验项目外，还应进行以下试验项目：

a) 主电路电阻测量；

b) 温升试验；

c) 联锁装置试验；

d) 机械寿命试验；

e) 接地保护电路有效性试验；

f) 电气安全距离测量；

g) 雷电冲击耐受电压试验；

h) 短时耐受电流和峰值耐受电流试验；

i) 互感器相互影响试验；

j) 综合误差试验；

k) 操作震动试验；

l) 其他试验。

有下列情况之一，应再次做型式试验：

a) 产品转厂生产；

b) 停产三年后再次生产；

c) 成批大量生产时每隔五年做定期抽验；

d) 设计制造工艺或采用的电气设备部件以及结构材料已作了较大的修改，有可能影响产品性能时，按情况之不同再次做全部项目或个别项目的型式试验。

7.4 特殊试验

特殊试验是对于有特殊功能的电能计量柜，可以增加特殊功能试验项目，如“计量电路故障自动断电并报警”，试验要求及试验方法由制造厂与用户协商制定。

8 试验方法

8.1 一般检查

8.1.1 主要部件及母线材料检查

检查电能计量柜内部主要部件、母线材料的相关资质文件及明细表，应满足6.1.1中的规定。

8.1.2 外观检查

以目测和用平台直尺进行检查电能计量柜体及产品铭牌等，应满足6.1.1、6.1.6、6.1.7、6.1.8的规定。

8.1.3 接线正确性和安装可靠性检查

按照设计图纸检查一次回路、二次回路连接线是否连接正确，各部件及连接导线是否安装牢固、可靠，一次通电后各显示仪表指示是否正常，应符合6.1.1、6.1.3、6.1.5、6.2及6.3的规定。

8.2 主电路电阻测量

测量应采用直流电压降法，在载流导体的温度与环境温度相同的条件下进行，测量电流宜采用100 A。

主回路电阻测量不包括电压互感器一次绕组的引接线。

在温升试验和机械寿命试验前后所测得的电阻值应符合5.16的规定。

8.3 温升试验

试验条件：

a) 电能计量柜应置于无阳光照射、无热辐射影响、无外来气流干扰、空气流速不大于150 mm/s且有一定空间的试验室内，装上侧板、隔板，关闭柜门，使之处于正常工作条件。

b) 选择一个或几个符合额定分散系数规定且能获得有代表性的最高温升试验回路，通以三相50 Hz，频率变化范围+2%～+5%，电流偏差不大于+2%，波形失真不大于5%的正弦波额定工作试验电流下测定环境温度。

c) 试验环境低于10 ℃时，温升读数可以采用气温每降低1 K增加4‰的近似线性关系对试验结果作修正，但不得在0 ℃～40 ℃范围外的条件下进行试验。

d) 试验时，电能计量柜两端主电路导体的试验连接导线不应对柜有明显传入或导出热量。连接导线的长度不应小于2 000 mm，主母线的材质、规格、尺寸应记入试验报告中。

e) 对裸露的涂、镀触头的表面，应在寿命试验后再做一次温升试验。

试验方法：

a) 主回路宜采用热电偶测量温升，测点位置宜选择在各部件温度最高或裕度最小的部位。

b) 为加速试验，在不影响试验结果和电能计量柜结构允许强度下可以采用大于规定的试验电流将试品预热。预热进行至全部测点中的任何一点首先达到预期温升的80%左右为止。

c) 在试验电流保持不变下，如各部分温升在3 h内的变化不超过2 K则可以认为温升已稳定。试验只进行至温升稳定为止。

8.4 机械试验

a) 机械操作试验

试验时施加正常操作力，试验过程中不允许对电能计量柜内部设备和联锁装置进行调整；隔离开关、断路器应进行分闸、合闸试验各 50 次；手车应进行抽出，插入试验各 25 次，应能满足 5.18a)的要求。

电能计量柜在规定的操作条件下，隔离开关，断路器、手车的操作性能应正常、可靠。

b) 联锁装置试验

联锁装置处于联锁状况，对断路器隔、离开关进行试验 50 次及对手车进行 25 次的误操作试验，应能满足 5.18 b)的要求。

c) 机械寿命试验

试验前，操作结构等按产品技术文件的规定进行润滑，试验过程中不应再作机械调整和维护，否则应重新计次数。如机械寿命试验前所做的机械操作试验后未再作调整，则其试验次数可累计入机械寿命试验次数中。

试验次数：对主电路隔离开关和联锁装置应能经受分、合闸操作各 2 000 次；可移开式柜，应能经受手车从工作位置至抽出位置又从抽出位置再推入至工作位置的操作各 500 次。

在试验中及试验后应能正常操作并具有承受规定的额定电流、额定绝缘水平电压、短时热电流和额定动稳定电流的能力，且试验中不应出现拒合、拒分；试验后不应出现零部件过度磨损、脱落或永久性变形；主电路电阻应符合 5.16 的规定；接触电阻等应符合 5.18c)的规定。若达不到以上规定要求，则应作调整后再次进行试验。

8.5 绝缘试验

8.5.1 绝缘电阻测量

0.38 kV 电压等级柜体使用 500 V 的兆欧表，6 kV～35 kV 电压等级柜体使用 2 500 V 的兆欧表，施加电压 1 min 以上，以下各绝缘电阻应符合 5.8.1 的规定。

a) 断路器、隔离开关处于合闸位置，测量一次回路相间、一次回路与二次回路及地(包括金属外壳，二次辅助单元，电度表，监测仪表等)之间的绝缘电阻；

b) 断路器、隔离开关处于分闸位置，测量断口间的绝缘电阻；

c) 电压互感器及电流互感器的二次绕组间之间及对地的绝缘电阻。

8.5.2 一次回路短时工频耐压试验

试验应在绝缘电阻测量后进行，且过压保护装置的功能解除。

各相一次回路工频耐压试验可以单相对地之间进行，非试验相、二次回路(包括互感器二次回路、电度表、辅助电路)等与柜体金属外壳接地。

断路器、隔离开关断口短时工频耐压试验时，一端接试验电源的高压端，另一端接地。

如果电压互感器磁密不能满足短时工频耐压试验时，可以采用倍频电源进行试验，试验方法见 GB 1207。

试验电压见表 4 的规定，50 Hz 试验时间 1 min，倍频试验时间按照 GB 1207 中要求计算。

8.5.3 二次回路短时工频耐压试验

在没有特殊要求情况下，将计量、监控、辅助等二次回路相联结，电流互感器二次绕组应短路、电压互感器二次绕组应开路并与地脱开。试验电压施加在二次回路对柜体金属外壳及地之间，试验时间 1 min，试验电压见表 4 的规定。

8.5.4 雷电冲击耐受电压试验

过电压保护元件解除，电流互感器二次绕组应短路并接地。

冲击电压发生器的接地端应与柜内总接地端相联接，将高压端电压分别施加于主电路的相间、相对地间和断口间，在标准大气压下使之承受正极性全波 1.2/50 μs 的冲击试验电压 15 次。

一次设备自恢复绝缘放电次数不超过 2 次，非自恢复绝缘不得发生击穿，并通过 90％工频耐压试验。

试验电压应符合表 4 的规定值。

8.5.5 局部放电试验

局部放电试验在全部绝缘试验项目结束后进行。

如果按照 GB 1208、GB 1207 等相关标准，单独对电流互感器、电压互感器等一次设备试验，则柜体可以不进行局部放电试验。

如果对柜体进行局部放电试验，可单相进行，此时非试验相接地，预防电压为短时工频耐受电压的 80％，测量电压及局部放电允许水平应符合表 5 的规定。

8.6 短时耐受电流和峰值耐受电流试验

将电能计量柜按正常工作条件放置，以 50 Hz(允许偏差±10％)适当电压的三相试验电源，按表 2 规定对其主电路的进线端施加试验电流。

额定短时耐受电流和额定峰值耐受电流试验联合进行时，其 I^2t 值和峰值 I_p 不应小于表 2 的规定值，且 I^2t 与规定值之差不应大于 10％，I_p 值与规定值之差不应大于 5％。

试验连接导线和短路导线应具有足够的机械强度和截面积，联接后对柜内任何部件不应产生附加应力。

若能够提供有效期(5 年)内同类型、同变比且试验参数高于表 2 的电流互感器的型式试验报告，试验时可以短接电流互感器一次绕组。

8.7 电气安全距离测量

检测柜内一次设备裸露带电导体相互间以及它与外壳等结构件间的电气安全距离。

移开式柜还应检测手车不同位置时的电气间隙距离。

考虑到外壳、部件、内部屏蔽物的外形在其他试验工程中有可能发生变化，本项测量应在短时耐受电流和峰值耐受电流试验之后进行。

电气安全距离应符合表 10 的规定。

8.8 接地保护电路有效性试验

测量电能计量柜中各种设备接地部分、活动门、面板、操作把手等与主接地点间的直流电阻，其阻值等应符合 5.17 的规定。

对可移开式柜，应试验其固定部分与手车间的接地是否良好，其直流电阻值应符合 5.17 的规定。

0.38 kV 柜体，如果中性线母线与三相母线不是分离布置，如中性线母线与三相母线并排布置，应将中性线与它最近的一条母线间进行短路耐受电流试验，接地直流电阻应符合 5.17 的规定且短路电流未引起连续性损坏。

可用电桥以直流电压降法测量。

8.9 计量单元准确度试验

a) 电压互感器、电流互感器的误差和相互影响试验方法，按 JJG 1021 和 5.14 的要求执行；

b) 电能表的误差试验，参照 JJG 596 等技术标准；

c) 利用电压互感器二次回路压降测试仪测量电压互感器二次回路电压降的比值差和相位差；

d) 按下述公式计算电能计量柜的综合误差 ε。

1) 单相电路计量方式时，按式(2)计算：

$$\varepsilon=[\varepsilon_w+f_I+f_U+f_r+0.029\,1(\delta_I-\delta_U-\delta_r)\tan\varphi](\%) \quad \cdots\cdots(2)$$

2) 三相四线计量方式时，按式(3)计算：

$$\varepsilon=\{\varepsilon_w+\frac{1}{3}(f_{Ia}+f_{Ib}+f_{Ic}+f_{Ua}+f_{Ub}+f_{Uc}+f_{ra}+f_{rb}+f_{rc})+0.009\,7[(\delta_{Ia}+\delta_{Ib}+\delta_{Ic})-(\delta_{Ua}+\delta_{Ub}+\delta_{Uc})-(\delta_{ra}+\delta_{rb}+\delta_{rc})]\tan\varphi\}(\%) \quad \cdots\cdots(3)$$

3) 三相三线计量方式时，按式(4)计算：

$$\varepsilon=\{\varepsilon_w+0.5(f_{Uab}+f_{rab}+f_{Ia}+f_{Ucb}+f_{rcb}+f_{Ic})+0.0084(\delta_{Ucb}+\delta_{rcb}-\delta_{Ic}-\delta_{Uab}-\delta_{rab}+\delta_{Ia})-0.288\,7(f_{Uab}+f_{rab}+f_{Ia}-f_{Ucb}-f_{rct}-f_{Ic})\tan\varphi-0.014\,5(\delta_{Uab}+\delta_{rab}-\delta_{Ia}+\delta_{Ucb}+\delta_{rcb}+\delta_{Ic})\tan\varphi\}(\%) \quad \cdots\cdots(4)$$

式中：

f_U、f_{Ua}、f_{Ub}、f_{Uc}、f_{Uab}、f_{Ucb}——电压互感器的比差(%)；

δ_U、δ_{Ua}、δ_{Ub}、δ_{Uc}、δ_{Uab}、δ_{Ucb}——电压互感器的相位差(′)；

f_I、f_{Ia}、f_{Ib}、f_{Ic}——电流互感器的比差(%)；

δ_I、δ_{Ia}、δ_{Ib}、δ_{Ic}——电流互感器的相位差(′)；

f_r、f_{ra}、f_{rb}、f_{rc}、f_{rab}、f_{rcb}——电压互感器二次回路压降引起的比值差(%)；

δ_r、δ_{ra}、δ_{rb}、δ_{rc}、δ_{rab}、δ_{rcb}——电压互感器二次回路压降引起的相位差(′)；

φ——负载功率因数角。

8.10 操作震动试验

将电能计量柜按正常工作条件固定，在其二次回路中施加额定电压，主电路中通以额定电流后操作隔离开关分、合闸各 15 次。在操作过程中计量单元、监控单元及辅助单元的电气设备及部件不应发生异常。

8.11 通电操作检验

给电能计量柜体施加三相电压，检查其各项操作和功能。

9 标志

9.1 产品铭牌上应标示下列项目：

a) 制造厂名及注册商标；

b) 产品名称；

c) 型号及类别；

d) 额定电压、额定电流和互感器变比；

e) 重量；

f) 出厂编号；

g) 出厂日期。

9.2 产品包装箱应标示下列项目：

a) 制造厂名；

b) 产品名称；

c) 型号及适用于电力客户的类别；

d) 收货单位名称、地址及运输到站名称；

e) 包装箱尺寸及运输重量；

f) 按 GB/T 191 的规定绘写运输用图形和文字标志。

10 装箱文件

装箱文件资料应一式两份，随箱提交给用户。项目为：

a) 装箱清单；

b) 安装使用说明书；

c) 电气原理图和安装接线图；

d) 例行检验单和检验合格证。

11 运输和储存

应按 JB/T 3085 的规定进行。

ICS 29.080.30
K 30

中华人民共和国国家标准化指导性技术文件

GB/Z 16935.2—2013/IEC/TR 60664-2-1:2011

低压系统内设备的绝缘配合 第2-1部分:应用指南 GB/T 16935系列应用解释, 定尺寸示例及介电试验

Insulation coordination for equipment within low-voltage systems—Part 2-1: Application guide—Explanation of the application of the IEC 60664 series, dimensioning example and dielectric testing

(IEC/TR 60664-2-1:2011,IDT)

2013-12-17 发布　　2014-04-09 实施

中华人民共和国国家质量监督检验检疫总局
中国国家标准化管理委员会　发布

前　言

GB/T 16935《低压系统内设备的绝缘配合》分为以下5个部分：

——第1部分：原理、要求和试验；

——第2-1部分：应用指南——GB/T 16935系列应用解释，定尺寸示例及介电试验；

——第3部分：利用涂层、灌封和模压进行防污保护；

——第4部分：高频电压应力考虑事项；

——第5部分：不超过2 mm的电气间隙和爬电距离的确定方法。

本部分为GB/T 16935的第2-1部分。

本部分按照GB/T 1.1—2009给出的规则起草。

本部分使用翻译法等同采用IEC 60664-2-1:2011《低压系统内设备的绝缘配合应用指南——IEC 60664系列应用解释，定尺寸示例及介电试验》。

本部分由中国电器工业协会提出。

本部分由全国低压设备绝缘配合标准化技术委员会(SAC/TC 417)归口。

本部分起草单位：上海电器科学研究院。

本部分主要起草人：章建兵、吴庆云、包革。

引　言

本部分提供与绝缘配合相关的信息，GB/T 16935 系列标准对绝缘配合进行了描述，本部分将使技术委员会及制造商受益。本部分包含了确定设备电气间隙、爬电距离及固体绝缘的一般信息。

本部分的目的在于当技术委员会及制造商应用 GB/T 16935 系列标准时，突出该系列标准的应用，增进对该系列标准的理解。

设备绝缘配合意味着估算电气间隙、爬电距离及固体绝缘的最小必要尺寸以确保设备在其使用寿命内的安全性，并考虑可预见的环境条件影响。

理解 GB/T 16935 系列标准所需考虑的主要因素包括：

——所需耐受的最大电压应力以避免在电气间隙上发生闪络；

——考虑电痕化的固体绝缘特性及环境条件。GB/T 16935.3 给出了改善爬电距离处微观环境的方法；

——穿过固体绝缘的电场应力，其与局部放电及节电损耗危险有关，介电损耗可导致由于过热产生的击穿危险。尤其是当跨过绝缘材料的最大峰值电压超过 700 V，且电场强度峰值超过 1 kV/mm 时，技术委员会及制造商应考虑局部放电试验。由于随着频率上升，局部放电现象与介电损耗的重要程度随之上升，一项专门的标准——GB/T 16935.4 适用于超过 30 kHz 的频率。

注：GB/T 16935.4 给出了频率超过 30 kHz 时电气间隙、爬电距离、固体绝缘及试验的信息。

——需耐受的长时最大电压应力以避免绝缘材料表面发生电痕化；

——除电痕化外，在较高湿度环境条件下，闪络的重要性也随着爬电距离的减小而上升。GB/T 16935.5 引入了湿度水平对湿度对不超过 2 mm 的电气间隙和爬电距离的影响进行分级。

其他应力，如热、振动、机械冲击、辐射等也可影响使用中的绝缘材料的性能。技术委员会及制造商在对使用在特殊场合设备的试验进行规定时应考虑与此类应力相关的危险。

低压系统内设备的绝缘配合 第2-1部分:应用指南 GB/T 16935系列应用解释, 定尺寸示例及介电试验

1 范围

本部分规定了GB/T 16935系列应用解释,定尺寸要求时的应用指南。

需考虑的重要事项如下:

a) 标称系统电压或额定绝缘电压;

b) 产品过电压类别(OV cat.);

c) 任意类型过电压;

d) 电压频率;

e) 固体绝缘材料特性;

f) 污染等级与湿度水平。

2 规范性引用文件

下列文件对于本文件的应用是必不可少的。凡是注日期的引用文件,仅注日期的版本适用于本文件。凡是不注日期的引用文件,其最新版本(包括所有的修改单)适用于本文件。

GB/T 16895.10—2010 低压电气装置 第4-44部分:安全防护 电压骚扰和电磁骚扰防护(IEC 60364-4-44:2007,IDT)

GB/T 16935.1—2008 低压系统内设备的绝缘配合 第1部分:原理、要求和试验(IEC 60664-1:2007,IDT)

GB/T 16935.3—2005 低压系统内设备的绝缘配合 第3部分:利用涂层、罐封和模压进行防污保护(IEC 60664-3:2003,IDT)

GB/T 16935.4—2011 低压系统内设备的绝缘配合 第4部分:高频电压应力考虑事项(IEC 60664-4:2005,IDT)

GB/T 16935.5—2008 低压系统内设备的绝缘配合 第5部分:不超过2 mm的电气间隙和爬电距离的确定方法(IEC 60664-5:2007,IDT)

GB/T 17045—2008 电击防护 装置和设备的通用部分(IEC 61140:2001,IDT)

IEC 60085:2007 电气绝缘 耐热性评估与指定(Electrical insulation—Thermal evaluation and designation)

IEC 60112:2003 固体绝缘耐电痕化指数和相比电痕化指数的测定方法(Method for the determination of the proof and the comparative tracking indices of solid insulating materials)。

修正件1(2009)

IEC 60216 (all parts) 电气绝缘材料 耐热特性(Electrical insulating material—Property of thermal endurance)

3 术语和定义

下列术语和定义适用于本文件。

注：所有定义均可在 GB/T 16935 系列中的各个部分中找到，如下所示。

3.1

近似均匀电场 approximately homogeneous field

当某一电场的频率超过 30 kHz，且其导电部分的弯曲半径大于或等于电气间隙的 20%，则该电场被视为近似均匀电场。

[GB/T 16935.4—2011，定义 3.1]

3.2

基材 base material

一种绝缘材料，在这种材料上可形成导电图形。

[GB/T 16935.3—2005，3.1]

3.3

基本绝缘 basic insulation

设置在危险的带电部件上，提供基本保护的绝缘。

[GB/T 16935.1—2008，3.17.2]

注：本概念不适用于专门用作功能目的之绝缘。

3.4

电气间隙 clearance

两导电部件之间在空气中的最短距离。

[GB/T 16935.1—2008，3.2]

3.5

涂层 coating

组件表面的例如清漆或干膜绝缘材料。

[GB/T 16935.3—2005，3.5]

注：涂层和印制板的基材构成了具有类似固体绝缘特性的绝缘系统。

3.6

导体 conductor

导电图形中的单条导电路径。

[GB/T 16935.3—2005，3.3]

3.7

爬电距离 creepage distance

两导电部件之间的沿固体绝缘材料表面的最短距离。

[GB/T 16935.1—2008，3.3]

3.8

双重绝缘 double insulation

由基本绝缘和附加绝缘两者组成的绝缘。

[GB/T 16935.3—2005，3.17.4]

3.9

电击穿 electrical breakdown

当放电完全跨接绝缘时在电应力下绝缘失败，导致电极间的电压下降至接近零。

[GB/T 16935.1—2008,3.20]

3.10

电场强度

单位长度上的电压梯度,通常表示为 kV/mm。

[GB/T 16935.4—2011,3.7]

3.11

环境　environment

可能影响设备或系统性能的周围情况。

注:如气压、温度、湿度、污染、辐射和振动。

[GB/T 16935.1—2008,3.12]

3.12

闪络　flashover

在气体或液体介质中沿着固体绝缘表面的电击穿。

[GB/T 16935.1—2008,3.20.2]

3.13

功能绝缘　functional insulation

导电部件之间仅适用于设备特定功能所需要的绝缘。

[GB/T 16935.1—2008,3.17.1]

3.14

均匀电场　homogeneous filed

电极之间的电压梯度基本恒定的电场(一致电场),例如两个球之间每一球的半径均大于两者之间的距离的电场。

[GB/T 16935.1—2008,3.14]

3.15

冲击耐受电压　impulse withstand voltage

在规定的条件下,不造成绝缘击穿、具有一定形状和极性的冲击电压最高峰值。

[GB/T 16935.1—2008,3.8.1]

3.16

非均匀电场　inhomogeneous field

电极间的电压梯度基本上不恒定的电场(非一致电场)

注1:关于电压耐受能力,尖端对平面电极结构的非均匀电场条件是最差的情况,被称为情况 A,它可以由一个具有半径为 30 μm 的点电极和一个 1 m×1 m 的平面电极来代表。

注2:频率超过 30 kHz 时,导电部分的弯曲半径小于电气间隙的 20%,则电场被视为非均匀电场。

[GB/T 16935.1—2008 3.1.5 修正,及 GB/T 16935.4—2011,3.2]

3.17

绝缘　insulation

电工产品中用于分离具有不同电势的导电部件。

[GB/T 16935.1—2008,3.17]

3.18

绝缘配合　insulation coordination

考虑了预期微观环境及其他影响作用的情况下电气设备绝缘特性的相互关系。

[GB/T 16935.1—2008,3.1 修正]

3.19

宏观环境　macro-environment

设备安装或使用的房间或其他场所的环境。

[GB/T 16935.1—2008,3.12.1]

3.20

微观环境　micro-environment

特别会影响爬电距离尺寸的绝缘附近的环境。

[GB/T 16935.1—2008,3.12.2]

3.21

过电压　overvoltage

峰值大于在正常运行条件下最大稳态电压的相应峰值的任何电压。

[GB/T 16935.1—2008,3.7]

3.22

过电压类别　overvoltage category

用数字表述瞬时过电压条件。

[GB/T 16935.1—2008,3.10 修正]

3.23

局部放电　partial discharge

PD

部分桥接绝缘两端的放电。

[GB/T 16935.1—2008,3.18]

3.24

局部放电起始电压　partial discharge inception voltage

U_i

当试验电压上升至高于未发生放电的下限值,而视在电荷大于规定的放电量的试验电压最小峰值。

注:对于交流试验,可用有效值。

[GB/T 16935.1—2008,3.18.4]

3.25

污染　pollution

使绝缘的电气强度和表面电阻率下降的外来物质(固体、液体或气体)的任何组合。

[GB/T 16935.1—2008,3.11]

3.26

污染等级　pollution degree

用数字表征微观环境受预期污染的程度。

[GB/T 16935.1—2008,3.13]

3.27

印制板　printed board

对完全加工过的印制电路和印制线路结构的通称。

注:印制板包括具有刚性、挠性以及刚挠性混合基材的单面、双面和多层板。

[GB/T 16935.3—2005,3.2]

3.28

保护　protection

可以减小环境影响的任何方式。

[GB/T 16935.3—2005,3.4]

3.29

有效值耐受电压 r.m.s withstand voltage

在规定的条件下，不造成绝缘击穿的电压的最高有效值。

[GB/T 16935.1—2008,3.8.2]

3.30

额定冲击电压 rated impulse voltage

制造商对设备或其部件规定的冲击耐受电压值，以表征其绝缘规定的耐受瞬时过电压的能力。

[GB/T 16935.1—2008,3.9.2]

3.31

额定绝缘电压 rated insulation voltage

制造商对设备或其部件规定的耐受电压有效值，以表征其绝缘规定的(长期)耐受能力。

注：额定绝缘电压不一定等于设备的额定电压。而额定电压主要与设备的操作性能有关。

[GB/T 16935.1—2008,3.9.1]

3.32

额定再现峰值电压 rated recurring peak voltage

制造商对设备或其部件规定的再现峰值耐受电压值，以表征其绝缘规定的耐受再现峰值电压的能力。

[GB/T 16935.1—2008,3.9.3]

3.33

额定暂态过电压 rated temporary overvoltage

制造商对设备或其部件规定的暂时耐受过电压值，以表征其绝缘规定的短时耐受交流电压的能力。

[GB/T 16935.1—2008,3.9.4]

3.34

额定电压 rated voltage

制造商对元件、电器或设备规定的电压值，它与运行(包括操作)和性能等特性有关。

注：设备可由一个以上的额定电压或可具有额定电压范围。

[GB/T 16935.1—2008,3.9]

3.35

再现峰值电压 recurring peak voltage

U_{rp}

由于交流电压畸变或由于叠加在直流电压上的交流分量使电压波形发生周期性偏移的最大峰值电压。

注：随机的过电压(例如：由于偶然操作产生的过电压)不认为是再现峰值电压。

[GB/T 16935.1—2008,3.6]

3.36

再现峰值耐受电压 recurring peak withstand voltage

在规定的条件下，不造成绝缘击穿的再现电压的最高峰值。

[GB/T 16935.1—2008,3.8.3]

3.37

加强绝缘 reinforced insulation

设置在危险的带电部分上，提供与双重绝缘相等的电击防护等级的绝缘。

注：加强绝缘可由多层组成，而这些层次不能按基本绝缘或附加绝缘单独地进行试验。

[GB/T 16935.1—2008,3.17.5]

3.38

常规试验 routine test

对每个电器在制造中和/或制造后进行的试验,以判断其是否符合某些准则。

[GB/T 16935.1—2008,3.19.2]

3.39

抽样试验 sampling test

从一批电器中随即抽取若干个电器所进行的试验。

[GB/T 16935.1—2008,3.19.3]

3.40

固体绝缘 solid insulation

插在两个导电部件之间的固体绝缘材料。

注:当印制板带有涂层时,固体绝缘包含印制板本身和涂层。其他情况下,固体绝缘则指密封材料。

[GB/T 16935.3—2005,3.6]

3.41

间距 spacing

电气间隙、爬电距离和通过绝缘的绝缘距离的任意组合。

[GB/T 16935.3—2005,3.7]

3.42

规定的放电量 specified discharge magnitude

根据本部分规定的作为极限值的视在电荷量。

注:应计算最大幅度的脉冲。

[GB/T 16935.1—2008,3.18.2]

3.43

附加绝缘 supplementary insulation

除了用于故障保护的基本绝缘外,另外再设置的独立绝缘。

[GB/T 16935.1—2008,3.17.3]

3.44

暂态过电压 temporary overvoltage

持续相对长时间(对应于瞬时过电压)的工频过电压。

[GB/T 16935.1—2008,3.7.1]

3.45

暂时耐受过电压 temporary withstand voltage

在规定条件下,不造成绝缘击穿的暂态过电压的最高有效值。

[GB/T 16935.1—2008,3.8.4]

3.46

试验 test

按照规定的程序,用于确定已给定产品、过程或服务的一个或多个特性值的技术操作。

注:对某一实体施加一组环境和操作条件和/或要求进行试验,以此对该实体的特性或性质进行测量或分类。

[GB/T 16935.1—2008,3.19]

3.47

瞬时过电压 transient overvoltage

振荡的或非振荡的、通常为高阻尼的持续时间只有几毫秒或更短的时间过电压。

[GB/T 16935.1—2008,3.7.2]

3.48

型式试验　type test

对按某一设计而制造的一个或多个电器进行试验,以表明这一设计符合某些规范。

[GB/T 16935.1—2008,3.19.1]

3.49

峰值　peak value

U_{peak}

跨接在绝缘层两端的任一类型的周期性峰值电压的峰值。

[GB/T 16935.4—2011,3.3]

3.50

吸水性　water absorption

绝缘材料吸附其表面水分的能力。

[GB/T 16935.5—2008,3.1]

3.51

耐受电压　withstand voltage

在规定的试验条件下施加在样品上的电压,该电压不会引起样品的击穿和/或闪络。

[GB/T 16935.1—2008,3.8]

3.52

工作电压　working voltage

在额定电压下,在设备的任何特定绝缘两端可能产生的交流电压或直流电压的最高有效值。

注 1:不考虑瞬时现象。

注 2:开路和正常运行两种情况都要考虑。

[GB/T 16935.1—2008,3.5]

4 GB/T 16935 系列标准用于确定低压设备绝缘尺寸的原则和实际应用

4.1 基本原则

绝缘配合指的是按照设备的应用场合及其所处环境选择电气绝缘特性。

绝缘配合只有在设备的设计是以设备在其预期使用寿命内电压及微观环境条件下所可能遭遇到的应力为基础的前提下方可实现。

对于电压,应考虑以下因素:

——低压电源系统内存在的电压,包括工作电压(有效值及峰值),暂态过电压(峰值)及冲击电压(峰值);

——由设备自身生成的电压(可能对低压电源系统内的其他设备形成不利影响);

——稳态电压的频率。不超过 30 kHz 时,GB/T 16935.1 充分适用,若频率超过 30 kHz,则也应考虑 GB/T 16935.4;

——所需的供电状态连续性水平;

——人身财产安全。由电压应力导致的不利事件不致产生不可接受的损失。

绝缘配合适用于连接到公共低压系统上的设备,但建议对所有其他的未连接到公共低压系统上的设备使用相同准则,在此类情形下,其他过电压类别及暂态过电压可适用于设备。

注:使用 GB/T 16935 系列标准的技术委员会在应用此系列标准时宜确定可能发生的适合的最大冲击电压。包括电压源性质、电压源分布、地理位置(户内、户外)及线缆长度。应特别注意在非电源系统中的冲击耐受电压并

不一定取决于上述最大冲击电压。技术委员会应考虑独立于最大冲击电压的一个最小冲击耐受电压。

绝缘配合也适用于受特殊保护的区域(如 GB 3826 中描述的区域),在此情形下,可规定一些附加要求,尤其是有关过电压类别和环境条件的要求。

4.2 设备内过电压类别配合

对于直接由电网供电的设备,适用以下对产生自电网的瞬态过电压的配合规定:

——对于直接由电源线供电的电路:设备的过电压类别适用于定尺寸;

——若电路由隔离变压器次级(此变压器次级绕组接地)供电,或为电路供电变压器在初级与次级之间采用了接地屏蔽,则此不认为此电路直接由电网供电,可使用比 GB/T 16935.1—2008 中 4.2.3 中的优选额定冲击电压序列低一级的冲击耐受电压。

注 1:可在过电压类别的数序内,或在 GB/T 16935.1—2008 中表 F.1 的排列内考虑一个层次。

注 2:选择过电压类别时不考虑变压器的传输比。

若使用浪涌保护电器(SPD)使非直接由电网供电而是在设备内获取电源的电路适用较低过电压类别,则应通过适当的试验检验电路是否具有正确性能,试验中使用具有 2 Ω 虚拟阻抗的混合发电机。

注 3:浪涌保护电器(SPD)的正确功能取决于相关电路内的串联阻抗。因此,要求在相关电路内对 SPD 进行试验。

4.3 使用 GB/T 16935 系列用于电气间隙尺寸确定的实际应用

4.3.1 概述

GB/T 16935.1 或 GB/T 16935.5 中的数值均为最小数值,在设备整个寿命期内都应维持这些数值,且应考虑制造允差。此外,对于一些特殊场合,如大型设备现场安装,当现场添加接线或保护性导电外壳时,应考虑必要的允差。

注 1:在确定对绝缘材料的可触及表面的电气间隙的数值时,假定此表面覆有金属箔。更详尽规定可由各技术委员会提出。

对于设定在 GB/T 16935.1 中的情况 A 及情况 B 数值之间的电气间隙,在任意情形下均应进行电压试验以确定此电气间隙不发生任意闪络。若试验在成套设备内以冲击电压下进行,需要一个极低阻抗的发电机。为此,可使用一个具备 2 Ω 虚拟阻抗的混合发电机。然而,在任意情形下,均应测量直接施加在电气间隙上的试验电压的准确数值。

注 2:建议在设计中采用情况 A。若不适用,则必须进行脉冲试验。

注 3:在实际应用中,一些设计情形可介于情况 A 及情况 B 之间,在此情况下,各技术委员会应注意 GB/T 16935.1—2008 中 6.1.2.2.1.2。

注 4:情况 A 是最不理想情形,在此情形下,尖针与水平平面之间的电场绝对不均匀;情况 B 是最理想情形,在此情形下,两个水平平面间的电场完全均匀。此情形在现实中不可能达到。

4.3.2 GB/T 16935.1—2008 中表 F.2 及 F.7 用于电气间隙尺寸确定的实际应用

4.3.2.1 概述

电气间隙应具备适合尺寸以承受规定的冲击耐受电压,可通过以下选项之一满足要求:

——要求尺寸数值不小于情况 A 数值,或

——要求通过脉冲试验(见 GB/T 16935.1—2008 中 6.1.2.2.1.2)进行检验。

基本绝缘及附加绝缘的电气间隙数值各自按 GB/T 16935.1—2008 中表 F.2 规定进行确定,并对应:

——GB/T 16935.1—2008 中 4.3.3.3 或 4.3.3.4.1 中的额定冲击电压,或

——GB/T 16935.1—2008 中 4.3.3.4.2 中的冲击耐受电压要求。

加强绝缘的电气间隙数值按 GB/T 16935.1—2008 中表 F.2 确定,并对应额定冲击电压,但其在

GB/T 16935.1—2008 中 4.2.3 的优选序列数值比基本绝缘数值高一阶。

若按 GB/T 16935.1—2008 中 4.3.3.4.2 确定的基本绝缘的冲击耐受电压与从优选序列中取出的数值不同，则加强绝缘条件下的电气间隙应可耐受基本绝缘冲击耐受电压的 160%。

注 1：GB/T 16935.1—2008 中表 F.1 规定的额定冲击电压取决与适合的过电压类别。过电压类别 I 不适用于任何直接由主线供电的电路。

注 2：直流电压情形下，额定冲击电压也可从 GB/T 16935.1 中表 F.1 中选取。过电压类别的选择可遵循与技术委员会用在交流系统中的同样的规则。

对于直接连接到电源主电路的设备，要求的冲击耐受电压即为基于 GB/T 16935.1—2008 中 4.3.3.3 的额定冲击电压。电气间隙应按 GB/T 16935.1—2008 中表 F.7a 确定，应可承受稳态电压（直流或 50/60 Hz）峰值，暂态过电压或再现峰值电压。对按 GB/T 16935.1—2008 中表 F.7 及表 F.2 确定的数值进行比较，并考虑污染等级影响，取其较大电气间隙数值。

注 3：按 GB/T 16935.1—2008 中表 F.7 确定尺寸时建议留出一个安全尺寸，因为表 F.7 给出的是在稳态电压条件下的最小尺寸值。

建议技术委员会考虑直流低压系统中闪络的影响以确定是否有必要引入适当的安全举措。

注 4：直接由电网供电的设备可为直接连接到电网上的固定设备或通过插头插座由电网供电的普通的插拔式设备。

注 5：从以下适用于大部分使用在直接连接到 230/400 V 三相系统中的电气安装环境中的设备的示例中可得出设备承受的最高过电压为 GB/T 16935.1—2008 中表 F.1 给定的额定冲击电压，并可得出基本绝缘的下电气间隙的适合的尺寸。

——示例 A：直接连接到中性线 230 V 电网的，额定电压为 250 V 的单相设备，在过电压类别 III 情况下应可按 GB/T 16935.1—2008 中表 F.1 要求承受 4 kV 的额定冲击电压。电气间隙应按 GB/T 16935.1—2008 中表 F.2 情况 A 要求为 3 mm。

——在此特例中，稳态电压峰值与再现峰值电压数值相同，即为电网峰值电压 350 V，由此，按 GB/T 16935.1—2008 中表 F.7 情况 A 要求电气间隙为 0.013 mm。

——GB/T 16935.1—2008 中 5.3.3.2.3 给出了短时暂态过电压情形下的暂态过电压数值：$U_n+1\ 200$ V，峰值电压则为 2.050 kV，电气间隙按 GB/T 16935.1—2008 中表 F.7 情况 A 要求为 1.27 mm。

——基本绝缘的电气间隙长度则为按照额定冲击电压确定。

污染等级对电气间隙的定尺寸无较大影响。从 GB/T 16935.1—2008 表 F.2 中可看出，在一定的最小数值之上，对于选取的任意污染等级，电气间隙的数值均相同。但对于一些较小的电气间隙，固体颗粒、粉尘及空气凝结可跨接空气间隙，故不可忽视污染等级。

注 6：有关小于 2 mm 的电气间隙的定尺寸的详细细节可见 GB/T 16935.5，其中考虑了湿度的效应。示例可见本部分第 7 章。

对于稳态电压、再现峰值电压及暂态过电压，加强绝缘下的电气间隙按 GB/T 16935.1—2008 中表 F.7a 规定进行，应可耐受基本绝缘下耐受电压的 160%。

注 7：应注意，加强绝缘下的电气间隙应耐受基本及附加绝缘下的暂态过电压的 160%，但检验加强绝缘下电气间隙的试验电压应为基本及附加绝缘下试验电压的两倍。

4.3.2.2 超过 2 000 m 高海拔考虑

电气间隙定尺寸中应选取可在不同电压水平上两个部件间空气间隙上承受最大峰值电压的空气间距。根据帕邢定律（Paschen's Law），空气间距耐受最大电压值的特性与气压有关。GB/T 16935.1—2008 中表 F.2 及表 F.7 中的海拔高度最高至 2 000 m。针对超过 2 000 m 的海拔高度的修正系数在 GB/T 16935.1—2008 表 A.2 中给出。当采用上述修正系数确定电气间隙尺寸时，也应对进行冲击电压试验的试验电压进行相应修正。从而，应通过对 GB/T 16935.1—2008 中表 A.2 进行插值并运用 GB/T 16935.1—2008 中 6.1.2.2.1.3 中的运算公式来确定冲击电压试验中试验电压的数值。

4.3.3 GB/T 16935.5—2008 中表 2 及表 3 用于电气间隙定尺寸的实际应用

对基本绝缘下的要求不超过 2 mm 的电气间隙,GB/T 16935.5 中给出的定尺寸方法比 GB/T 16935.1 中给出的方法更精确。但若不要求 GB/T 16935.5 中给出的定尺寸精度,也可使用 GB/T 16935.1 中的方法。

电气间隙上的闪络是由跨过电气间隙的最大电压的峰值引发的。从而应按制造商声明,在额定条件下选取可能在电气间隙上发生的最大电压的峰值。直接由低压电网供电的电路所要求的冲击电压可直接从 GB/T 16935.1—2008 中表 F.1 读取。

污染等级的选取应与设备在宏观环境的正常使用相适应。

对于污染等级,湿度是一个影响参数。对于不超过 2 mm 的间距,GB/T 16935.5 着重于可导致导电性及可能的闪络的湿度。本部分中 4.4.3 在按 GB/T 16935.5—2008 中表 5 进行与闪络相关的爬电距离确定时考虑了以上影响。

注 1:GB/T 16935.5—2008 中表 1 给出了湿度水平与微观环境的相对湿度之间的关系。

GB/T 16935.5—2008 中表 2 给出了与瞬时过电压相关的电气间隙的定尺寸方法。GB/T 16935.1—2008 中表 F.2 中适用于污染等级 2,3(及 4)的最小电气间隙数值已被删去,以本部分中 4.4.3 中描述的与并联爬电距离上可能发生的闪络(可见 GB/T 16935.5—2008 表 5)相关的更精确的定尺寸方法替代之。

对于与稳态电压相关的电气间隙的定尺寸,制造商应评估稳态电压的最大峰值、暂态过电压或再现峰值电压,并从 GB/T 16935.5—2008 中表 3 选取适合的数值。

注 2:对 GB/T 16935.1—2008 中 5.1.3 的表 F.2 及 GB/T 16935.5—2008 中表 2 情况 A 及情况 B 的考虑也适用于本表。

注 3:在按 GB/T 16935.5—2008 中表 3 定尺寸时,建议留出一个安全空间,原因在于此表给出的与稳态电压相关的最小尺寸。

将此数值与按 GB/T 16935.5—2008 中表 2 的适用程序确定的数值进行比较。

4.4 GB/T 16935 系列用于爬电距离定尺寸的实际应用

4.4.1 概述

GB/T 16935.1 中的定尺寸数值未考虑最小绝缘电阻影响。从而,出于功能原因,应要求采用较大的定尺寸数值或改善爬电距离上的微观环境,尤其是在电子设备内。GB/T 16935.5—2008 中表 A.1 及表 A.2 给出了与最小绝缘电阻相关的定尺寸信息。

对于仅使用在污染等级 1 及污染等级 2 下的印制线路材料的爬电距离,按照 GB/T 16935.1,缩小的定尺寸数值适用。应注意由于部件造成的爬电距离缩减或形成其他路径的爬电距离。

在按 GB/T 16935.5 对不超过 2 mm 的爬电距离进行定尺寸,考虑到材料表面发生了电痕化或闪络时,定出的距离可被缩减。

4.4.2 GB/T 16935.1—2008 中表 F.4 及 GB/T 16935.5—2008 中表 4 用于爬电距离定尺寸的实际应用

一般认定材料表面的干燥污染物不具导电性。但若材料表面存在水分,则其将改变污染物的导电性。更高的导电性使得材料表面的上的电流或在导电部件之间或在导电部件与地之间进行流动。此类电流称作电痕化电流。在干燥过程中,电痕化电流将中断,从而致使材料表面产生火花,此过程中产生的高温(约 1 200 ℃)是造成绝缘材料表面劣化的根源。此过程即为电痕化。

注:显然污染等级 4 不可用于爬电距离的定尺寸,原因在于污染等级 4 表面是连续导电的。

某些材料,如陶瓷及玻璃,不会发生电痕化,其原因在于火花不会破坏此类材料表面的化学键。经验显示具有相对较高的电痕化性能的材料在相对电痕指数(CTI)方面也具有近似相同的等级。

IEC 60112 给出了测量 CTI 的方法。

出于实用目的，GB/T 16935.1 中引入了 4 个不同材料组别：

——材料组别 I： 600≤CTI；

——材料组别 II： 400≤CTI＜600；

——材料组别 IIIa： 175≤CTI＜400；

——材料组别 IIIb： 100≤CTI＜175。

基于以上阐述，可按以下步骤使用 GB/T 16935.1—2008 中表 F.4：

——步骤 1：根据设备的正常使用选取最适合的污染等级；

——步骤 2：选取一种绝缘材料，并根据其 CTI 将其归类至某一材料组；

——步骤 3：估算跨过爬电距离的长时方均根电压的最高数值。若设备具有多个额定电压，则上述最高数值可为工作电压抑或最高额定电压。在直流额定电压情况下，等效的额定方均根电压从 GB/T 16935.1—2008 中表 F.4 选取；

——步骤 4：读取选取的纵栏与横排交叉处的数值；

爬电距离或是大于关联的电气间隙或是小于关联的电气间隙，在此需考虑两种情形：

——若爬电距离大于关联的电气间隙，则无需进行进一步试验；

——若爬电距离小于要求的电气间隙，且电场介于均匀电场及非均匀电场情形之间（介于 GB/T 16935.1—2008 中表 F.2 及表 F.7 中情况 A 及情况 B 之间），应按 GB/T 16935.1—2008 中 6.1.2 对关联的电气间隙进行试验，以确定在关联的电气间隙上不会发生闪络（见 GB/T 16935.1—2008中 5.2.2.6）。其解释如下：当电场为均匀电场时（情况 B），GB/T 16935.1—2008 中表 F.2 及表 F.7 给出了可承受规定电压的最小电气间隙。从而不可将爬电距离降至比从 GB/T 16935.1—2008 中表 F.2 及表 F.7 中读取的电气间隙数值更低的数值。因此，在实际应用中电场一般为非均匀电场，但非均匀程度不至如 GB/T 16935.1—2008 中表 F.2 及表 F.7 情况 A。所以，对于与爬电距离关联的电气间隙，上述的电场条件可使得受试设备可承受最大电压应力。应通过冲击电压试验检验上述结论。

4.4.3 GB/T 16935.5—2008 中表 5 用于爬电距离定尺寸的实际应用

在潮湿条件，一种被称作“吸水”的表面现象可在绝缘材料表面吸纳水分，从而形成较高的发生闪络的危险。可按绝缘材料吸水性对其进行分类。GB/T 16935.5—2008 中附录 B 给出了一个可按绝缘材料吸水性对材料进行分类的试验。材料存在 4 类吸水组(WAG)。

表面的水分情况取决于 WAG 及湿度水平(HL)。绝缘材料表面的爬电距离上发生闪络的危险性随着湿度水平及材料吸水性的增加而升高。

对于 HL1，由于水分的影响不致显著提高闪络危险，故可使用 GB/T 16935.5—2008 中表 2 及表 3 的电气间隙定尺寸方法。

对于 HL2 及 HL3，GB/T 16935.5—2008 中表 5 给出了考虑“WAG(吸水组别)”的爬电距离的定尺寸方法，以避免发生闪络。由于表面闪络发生在空气中，故 GB/T 16935.5—2008 对于不超过 2 000 m 的海拔高度有效。若海拔超过 2 000 m，则应使用 GB/T 16935.1 中给出的修正系数。

爬电距离应选取 GB/T 16935.5—2008 中表 4 及表 5 中的较大值。对于均匀电场条件，显然，在任何情况下，爬电距离都不可小于关联的电气间隙。对于非均匀电场条件，比 GB/T 16935.5—2008 中表 2 要求的关联电气间隙小的爬电距离仅可适用于 HL1 及 HL2 情形。

注 1：上述定尺寸应通过冲击电压试验进行检验。

注 2：在直流电压情况下，GB/T 16935.5—2008 中表 5 选取的峰值即为跨过爬电距离的最大直流电压。

4.4.4 GB/T 16935.1—2008 用于检验与承受电压应力时间相关的爬电距离定尺寸的实际应用

GB/T 16935.1—2008 中表 F.4 给出的爬电距离用于预期承受长时连续电压应力的绝缘类型。

注 1：若负责的设备的绝缘仅需承受短时电压应力，则技术委员会可考虑允许使用比 GB/T 16935.1 中表 F.4 给出的爬电距离数值更小的爬电距离值。

基本绝缘及附加绝缘的爬电距离值从 GB/T 16935.1—2008 中表 F.4 中选取，用于：

——GB/T 16935.1—2008 中表 F.3a 的第 2 及第 3 纵栏及 GB/T 16935.1—2008 中表 F.3b 中的第 2、第 3 及第 4 纵栏中的合理化电压值，对应低压电网电源的标称电压；

——GB/T 16935.1—2008 中 4.3.2.2.1 的额定绝缘电压；

——GB/T 16935.1—2008 中 4.3.2.2.2 中规定的电压。

注 2：对于附加绝缘，其污染等级、绝缘材料、机械应力及使用环境条件可与基本绝缘下不同。

加强绝缘下的爬电距离是 GB/T 16935.1—2008 中表 F.4 中基本绝缘下爬电距离的两倍。

4.4.5 GB/T 16935.3—2005 用于受限微观环境下的爬电距离定尺寸的实际应用

对导体间的间隙定尺寸取决于环境条件。对于电痕化，污染等级的选择与微观环境条件相关。

宏观环境对绝缘材料表面处的微观环境具有影响。在不具备任何保护措施情况下，微观环境条件即与宏观环境条件相同。

可按 GB/T 16935.3 描述使用涂层、灌封和模压改善绝缘材料表面上的微观环境。此种保护措施可形成更为有利的微观条件，可降低电气间隙及爬电距离数值。

注 1：GB/T 16935.3 主要阐述在印制线路板(PWB)上使用涂层的评估和试验，此标准也涵盖了通过灌封或模压实现保护时的评估和试验。对于后一种情况，技术委员会应审慎地考虑 GB/T 16935.3 中描述的验证和试验程序的相关性。可能需对验证和试验程序进行修改以反映具体应用情况。

GB/T 16935.3 描述了 2 种适用于所有受保护印制板的永久保护方法的要求及试验步骤，受保护印制版区域可包括多层板的内层表面、底层及类似受保护组合。

两种类型的保护如下所示：

类型 1：该保护类型改善受保护部件的微观环境。在被保护情况下，对电气间隙及爬电距离的定尺寸执行 GB/T 16935.1 或 GB/T 16935.5 中对污染等级 1 的距离要求。在两个导电部件之间，要求其中一个或全部两个导电部件，连同导电部件之间的所有间隙均受保护。

类型 2：该保护类型被视为类同于固体绝缘。在此保护类型下，GB/T 16935.1 中规定的固体绝缘要求适用，间隙不得小于 GB/T 16935.3—2005 中表 1 规定的值。GB/T 16935.1 或 GB/T 16935.5 中电气间隙及爬电距离要求不适用。在两个导电部件之间，要求全部两个导电部件，连同导电部件之间的所有间隙均受保护，以确保在保护性材料与导电部件及印制版之间不存在任何空气间隙。

注 2：频率 30 kHz 以上时，GB/T 16935.4 中对固体绝缘的附加要求适用于类型 2 保护。

4.5 GB/T 16935 系列用于固体绝缘定尺寸的实际应用

4.5.1 概述

在某些场合，固体绝缘是按照绝缘材料制造商提供的击穿数据设计的。在使用此类数据时，应考虑到该数据是在特殊及相当理想化的条件下获取的：

——通常使用的是均匀电场分布；

——在试验中使用的通常是环境室温；

——通常进行的是短时试验；

——在许多场合下，使用了直流电压进行试验。

试验时间对击穿电压的总体影响如图 1 所示。

时域对工频电压适用。

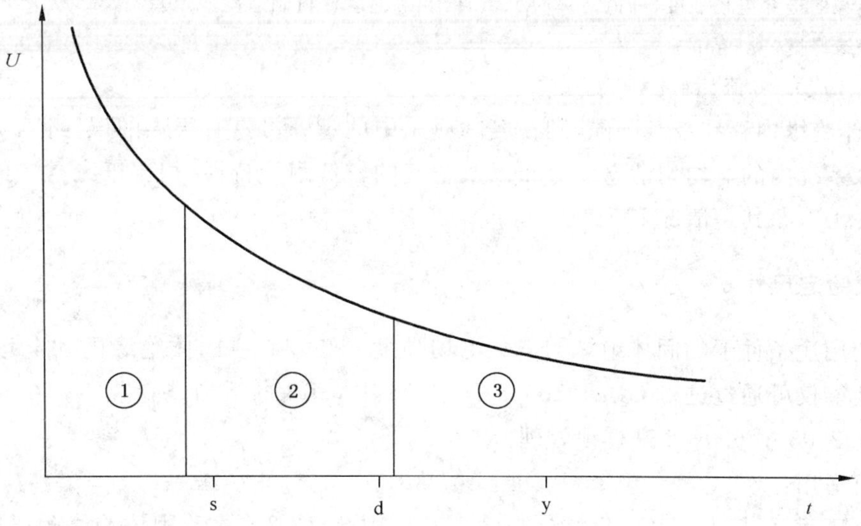

说明：

s 秒；d 天；y 年；t 时间；U 电压。

区段① 电气击穿；

区段② 过热造成的击穿；

区段③ 老化造成的击穿（如通过局部放电）。

图 1　取决于电压应力时间的固体绝缘的击穿电压

与实际设备内条件相比较，该数据与此绝缘的长时耐受特性之间的偏差可达几个数量级。从而，不可直接采用此数据进行固体绝缘定尺寸。

对于 GB/T 16935.1 中描述的绝缘配合，总体上，只有在以下情况下方可按照厚度和相关击穿电场强度设计固体绝缘：

——电场为均匀分布，且在绝缘系统内不存在任何缝隙或空气间隙（见应用于高频电压应力的 GB/T 16935.4）；或

——电场强度足够低，以至于没有局部放电发生。

4.5.2　电气间隙及固体绝缘配合

在许多场合下，电气间隙与固体绝缘承受相同的电压应力，在此情况下，在定尺寸过程中宜考虑到：与固体绝缘不同，电气间隙可自行恢复。从而电气间隙的耐受能力宜低于固体绝缘，以使得电气间隙的击穿发生在固体绝缘被破坏之前。

4.5.3　检查固体绝缘定尺寸正确性的实用信息

4.5.3.1　根据击穿电场强度定尺寸

原则上，固体绝缘定尺寸可基于击穿电场强度数据。然而，此种做法需要预先知晓实际使用条件中

的数据，如长时电压应力及累积效应的额外影响(如上升的环境温度、湿度及机械应力)。即使可获取此类数据，则也仅可在固体绝缘内的电场分布为近似均匀分布条件下方可运用简易定尺寸规则。否则，固体绝缘内的电场强度将不可计算。

例：

E_{peak} 固体绝缘的击穿电场强度(峰值)：45 kV/mm。(由绝缘材料制造商规定)；

d 固体绝缘厚度：0.1 mm；

U_{peak} 最高电压应力(峰值)：4.5 kV。

然而，若固体绝缘内存在空气间隙，则在实际应用中此步骤可具有很强的误导性，见 4.5.3.4.2。

这是由绝缘系统内的非均匀的电压分布以及空气的较低耐受特性(相比于无空气间隙的固体绝缘)造成的(见 4.5.3.4.2，尤其是情况 b))。

4.5.3.2 根据试验定尺寸

若对于预期用途条件下的固体绝缘的击穿电场强度未知，和/或固体绝缘内的电场分布未知，则固体绝缘的准确性能仅可通过进行 GB/T 16935.1—2008 中 6.1.3 的适当试验获知。在此过程中，要求按 GB/T 16935.1—2008 中 6.1.3.2 进行预处理。

以下试验可适用：

a) 冲击电压耐受试验(见 GB/T 16935.1—2008 中 6.1.3.3)，检验固体绝缘耐受额定冲击电压的能力(见 GB/T 16935.1—2008 中 5.3.3.2.2)。

b) 交流电压试验(见 GB/T 16935.1—2008 中 6.1.3.4)，检验固体绝缘耐受以下类别的最高电压值的能力：

——短时暂态过电压(见 GB/T 16935.1—2008 中 5.3.3.2.3)；

——最高稳态电压；

——再现峰值电压(见 GB/T 16935.1—2008 中 5.3.3.2.4)。

若交流试验电压的峰值等于或大于额定冲击电压，交流电压试验也涵盖冲击电压试验。

若电压应力持续上升，则固体绝缘相比电气间隙具有不同的耐受特性。一般情况下，耐受能力将显著下降。从而不可用冲击电压试验替代检验固体绝缘耐受能力的交流电压试验。

c) 局部放电试验(见 GB/T 16935.1—2008 中 6.1.3.5)，检验固体绝缘内在以下情况下不存在任何持续的局部放电：

——在最高稳态电压下；

——在长时暂态过电压下(见 GB/T 16935.1—2008 中 5.3.3.2.3)；

——在再现峰值电压下(见 GB/T 16935.1—2008 中 5.3.3.2.4)。

d) 高频电压试验(见 GB/T 16935.1—2008 中 6.1.3.7)，按 GB/T 16935.1—2008 中 5.3.3.2.5 检验不致因介电发热而失败。

对于连接到不同低压电网的设备，若为简化目的不进行局部放电试验及高频电压试验，则以下试验电压可适用。

额定电压 100 V 和 230 V 及过电压类别 II 举例见表 1。

表 1 额定电压 100 V 和 230 V 及过电压类别 II 举例

绝缘 (GB/T 16935.1—2008 中 5.1.6)	冲击电压 V (GB/T 16935.1—2008 中 6.1.3.3)			涵盖冲击电压试验 交流电压 V (r.m.s.)[c]			用于 GB/T 16935.1—2008 中 6.1.3.1[b] 中的提及的最高电压值 GB/T 16935.1—2008 中 6.1.3.4 的交流电压 V(r.m.s.)		
	额定电压		时间	额定电压		时间	额定电压		时间
	100 V[e]	230 V		100 V	230 V		100 V	230 V	
基本及附加绝缘	800 (1 500)	2 500	a	800 (1 500)	1 768	60 s[d]	1 300	1 430	60 s[d]
加强绝缘	1 500 (2 500)	4 000		1 500 (2 500)	2 828		2 600	2 860	

[a] 间隔至少 1 s 的单个极性的 5 个脉冲。

[b] 电压为短时暂态过电压、最高稳态电压及再现峰值电压。两个纵栏里的数值是针对短时暂态过电压规定的，此通常为最严酷要求。

[c] 此类电压峰值与额定冲击电压相等。

[d] 若短时暂态过电压确可导致最严酷要求，则试验持续时间可降至 5 s。

[e] 圆括号内的数值应用于日本。见 GB/T 16935.1—2008 中表 F.1 脚注 5)。

4.5.3.3 电气间隙与爬电距离的串联连接

4.5.3.3.1 概述

可存在三种情况。

在第一种情况中，电气间隙与爬电距离的串联连接是出于产品设计。在这种情形下，通常使用相当大的电气间隙。

在第二种情况中，电气间隙与爬电距离的串联连接是出于绝缘系统的特定设计，如使用数层薄膜绝缘材料。

在第三种情况中，电气间隙与爬电距离的串联连接是出于固体绝缘(包括与导电部件之间的界面)的制造缺陷。

在后两种情况中，存在极小的空气间隙或小的气泡与固体绝缘串联连接。所有三种情况下都应按照相应阻抗计算跨过串联连接绝缘体的电压分布。

对于直流电压，上述阻抗是取决于绝缘电阻。在空气中，绝缘电阻近于无穷大，空气间隙的阻抗远远大于固体绝缘体。从而，几乎整个直流电压是施加在电气间隙上。

对于交流电压，串联绝缘体的阻抗取决于其电容。对于 GB/T 16935.1 中考虑的极低频率，通常在计算电压分布式不需考虑介电损耗。从而固体绝缘的介电常数对电压分布具有决定性影响。

为便于计算电容性电压分布，电容被设想为面对面电容，且具有均匀电场分布。此情形如图 2 描述：

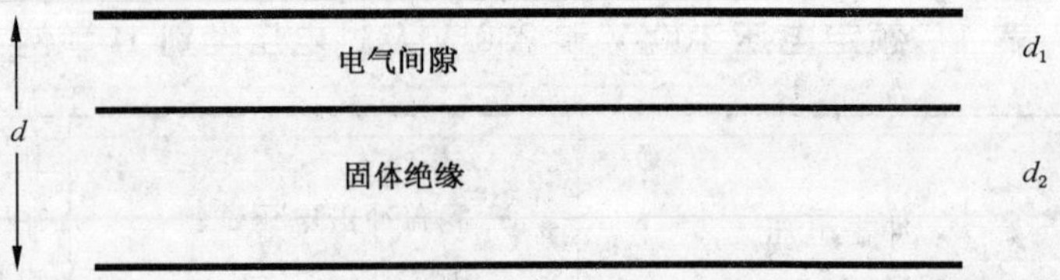

说明：

d ——总距离；

d_1——电气间隙；

d_2——固体绝缘厚度。

图 2　电气间隙与爬电距离的串联连接

根据图 3，C_1 和 C_2 形成了一个电容性分压器，施加的交流电压 U_0 按照公式(2)及公式(3)分为 U_1 及 U_2。

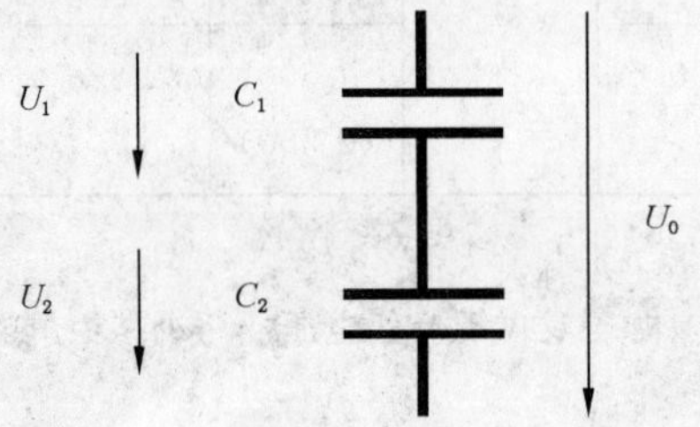

说明：

U_0——施加的交流电压；

C_1——电气间隙电容；

U_1——跨过电气间隙的电压；

C_2——固体绝缘电容；

U_2——跨过固体绝缘的电压。

图 3　电容性分压器

$$U_0 = U_1 + U_2 \quad \cdots\cdots(1)$$

$$U_1 = U_0 \frac{C_2}{C_1 + C_2} \quad \cdots\cdots(2)$$

$$U_2 = U_0 \frac{C_1}{C_1 + C_2} \quad \cdots\cdots(3)$$

电容 C_1 及 C_2 由公式(4)及公式(5)给出：

$$C_1 = \varepsilon_0 \frac{A}{d_1} \quad \cdots\cdots(4)$$

$$C_2 = \varepsilon_0 \varepsilon_r \frac{A}{d_2} \quad \cdots\cdots(5)$$

式中：

A ——面对面电容器 C_1 及 C_2 的面积；

ε_0 ——为空气介电常数；

ε_r ——为固体绝缘介电常数。

对于分压，公式(6)给出的电容比率具有相关性。

$$C_1 = C_2 \frac{d_2}{d_1} \frac{1}{\varepsilon_r} \quad \cdots\cdots(6)$$

电气间隙的击穿电场强度(E_1)可用过交流击穿电压及GB/T 16935.1—2008中表A.1中的对应电气间隙计算。为简化计算,本部分中给出的示例基于均匀电场条件。固体绝缘击穿电场强度(E_2)宜由材料制造商规定。

准确计算电场分布要比上述过程复杂的多,以上的公式在考虑均匀电场条件情况下仅作为一种近似结果。对于不超过0.1 mm的小间隙,上述近似结果相当精确。对于较大间隙,此近似计算不合适。

4.5.3.3.2 设计电气间隙与固体绝缘串联连接

以下的示例是有关设计于设备内部的电气间隙与固体绝缘的串联连接。

4.5.3.3.3 用于直流电压设计的电气间隙与固体绝缘的串联连接

对于直流电压,如前所述几乎全部电压施加在电气间隙上,从而电气间隙被设计单独承受此电压。在电气间隙发生闪络情况下,全部电压将被施加到固体绝缘上。

规则:为防止固体绝缘在此情形下劣化,固体绝缘也被设计可承受全部电压。

4.5.3.3.4 用于交流电压设计的电气间隙与固体绝缘的串联连接

对于交流电压,电压分布按照相关的电容进行计算。在以下的示例中,尺寸设定是按照最常见的情形,即较大的电气间隙与固体绝缘薄层串联连接。

以下示例相比4.5.3.1中的实例对上述情形给出更具现实意义的描述。

示例:

$d_1=3$ mm,$d_2=0.1$ mm

$\varepsilon_r=4.5$

运算公式(6)得出的结果为:$C_1=0.007\ 4\ C_2$

运算公式(2)得出的结果为:$U_1=0.993\ U_0$

运算公式(3)得出的结果为:$U_2=0.007\ U_0$

结果显示几乎全部的电压施加在电气间隙上。从而电气间隙应具有可单独承受此电压的尺寸。在电气间隙发生闪络情况下,全部电压施加至固体绝缘上。

规则:为确保在此情形下固体绝缘不致劣化,固体绝缘也应被设计可承受全部电压。

4.5.3.4 由空气间隙或气泡形成的电气间隙与固体绝缘的串联连接

以下的实例是有关由于绝缘系统的特殊设计(如使用数层薄膜绝缘材料),和/或由于固体绝缘(包括导电部件之间的界面)的存在缺陷的制造形成的电气间隙与爬电距离的串联连接。在此情形下,较小的空气间隙或小的气泡被串联连接至电气间隙。

4.5.3.4.1 直流电压情形下的由空气间隙或气泡形成的电气间隙与固体绝缘的串联连接

对于直流电压,相关阻抗是由绝缘电阻决定的。在空气中绝缘电阻近于无穷大,空气间隙的阻抗远远大于固体绝缘。从而几乎全部的直流电压被施加在电气间隙上,这会导致电气间隙内发生局部放电,其将导致邻近的固体绝缘发生劣化。然而,上述局部放电的重复频率很低,其原因是跨过电气间隙的电压的再次充电所需的时间很长。因此,固体绝缘发生劣化的潜在可能相当低,发生绝缘击穿的时间相当长。

由于重复频率很低,对于直流电压应力进行局部放电试验相当困难。

4.5.3.4.2 交流电压情形下的由空气间隙或气泡形成的电气间隙与固体绝缘的串联连接

对于交流电压,电压分布按照相关的电容进行计算。在以下的示例中,尺寸设定是按照最常见的情形即较小的电气间隙与相对较厚的固体绝缘层串联连接。

以下示例相比 4.5.3.1 中的实例对上述情形给出更具现实意义的描述。

示例：

$d=0.1$ mm

$\varepsilon_r=4.5$

$E_{2peak}=45$ kV/mm

情况 a)

$d_1=0.01$ mm，$d_2=0.09$ mm

$E_{1peak}=33$ kV/mm

注 1：考虑 GB/T 16935.1—2008 表 A.1 中 $d_1=0.01$ mm 的均匀电场分布条件下的相关交流击穿电压峰值。

运算公式(6)得出的结果为：$C_1=2C_2$

运算公式(2)得出的结果为：$U_1=0.333\ U_0$

运算公式(3)得出的结果为：$U_2=0.666\ U_0$

电气间隙的击穿场强 E_1 为：

$$E_{1peak}=\frac{U_1}{d_1}=0.333\frac{U_{0peak}}{d_1}=33\ \frac{kV}{mm}$$

从而，电气间隙的击穿发生在：

$$U_{0peak}=\frac{E_{1peak}d_1}{0.333}=33\ \frac{0.01}{0.333}\ kV=0.99\ kV$$

这可能是局部放电起始电压。交流电压应力下，局部放电的重现频率至少等于电压频率。因此发生劣化的潜在可能比在直流电压情形下大得多，击穿可在短得多的时间内发生。为避免击穿，在此绝缘系统内不得存在任何大于 0.99 kV 的稳态电压峰值。

根据 4.5.3.1 中的示例，应要求击穿电压峰值 4.5 kV，具有显著提升性能的固体绝缘。

结论是：对于绝缘系统的每一设计，包括由于使用数层薄膜绝缘材料和/或由于固体绝缘的缺陷制造而产生的空气间隙，都应检验其不存在局部放电危险。

情况 b)

$d_1=0.05$ mm，$d_2=0.05$ mm

$E_{1peak}=11.2$ kV/mm

注 2：对于 $d_1=0.05$ mm，计算时采用 GB/T 16935.1—2008 中表 A.1 的均匀电场分布条件下的相关交流击穿电压峰值。

运算公式(6)得出的结果为：$C_1=0.222\ C_2$

运算公式(2)得出的结果为：$U_1=0.818\ U_0$

运算公式(3)得出的结果为：$U_2=0.182\ U_0$

电气间隙的击穿电场强 E_1 为：

$$E_{1peak}=\frac{U_1}{d_1}=0.818\frac{U_{0peak}}{d_1}=11.2\ \frac{kV}{mm}$$

从而，电气间隙的击穿发生在：

$$U_{0peak}=\frac{E_{1peak}d_1}{0.818}=11.2\ \frac{0.05}{0.818}\ kV=0.685\ kV$$

这可能是局部放电起始电压。从而，在此绝缘系统内不得存在任何大于 0.685 kV 的稳态电压峰值。

注 3：应将此 685 V 的数值与 GB/T 16935.1—2008 中 6.1.3.1 给出的作为局部放电要求的 700 V 的数值进行比较。

根据 4.5.3.1 中的示例，应要求击穿电压峰值 4.5 kV，具有显著提升性能的固体绝缘。这表明较大的空气间隙尤其会导致此类绝缘极差的性能。

结论是:对于绝缘系统的每一设计,包括由于使用数层薄膜绝缘材料和/或由于固体绝缘的缺陷制造而产生的空气间隙,都应检验其不存在局部放电危险。

4.6 GB/T 16935 系列用于功能绝缘设计的实际应用

4.6.1 概述

GB/T 16935 系列标准中为固体绝缘规定的最小电气间隙、最小爬电距离及最低要求也可适用于功能绝缘。出于功能原因,对于如最小绝缘电阻(见 GB/T 16935.5—2008 中附录 A)等方面,可能需要适用其他附加要求。

然而,对功能绝缘的耐受电压要求可与基本绝缘下的要求不同。

4.6.2 功能绝缘的定尺寸及试验,与基本绝缘进行比较

功能绝缘定尺寸的原则在 4.1 中给出。

对于功能绝缘的电气间隙,要求的耐受电压是在设备的额定条件下(尤其是额定电压及额定冲击电压下)的可能发生的跨过电气间隙最大冲击电压(见 GB/T 16935.1—2008 中表 F.2)或稳态电压(参考 GB/T 16935.1—2008 中表 F.7)或再现峰值电压(见 GB/T 16935.1—2008 中表 F.7)。

功能绝缘的爬电距离是按照 GB/T 16935.1—2008 中表 F.4 有关规定进行定尺寸,GB/T 16935.1—2008 中表 F.4 中应对应跨过考虑的爬电距离的工作电压。

若使用 GB/T 16935.5,则功能绝缘的爬电距离应按照 GB/T 16935.5—2008 中表 4 及电痕化相关工作电压和 GB/T 16935.5—2008 中表 5 有关避免发生闪络的最高峰值电压确定,取其较大值。

当使用工作电压定尺寸时,允许对中间电压进行插值。在此情况下,使用线性插值,数值被圆整化至与从上述各表中取出的数值的相同的位数。

对于仅在较短时间内承受电压应力的设备,功能绝缘下的爬电距离可具有缩减的尺寸,如可比 GB/T 16935.1—2008 中表 F.4 中的电压规定低一阶。

对功能绝缘的试验同样遵循 GB/T 16935.1—2008 中 6.1 规定的程序。但试验电压可与基本绝缘下试验电压不同。

4.7 GB/T 16935 系列用于受电压频率影响的定尺寸的实际应用

4.7.1 频率对耐受特性的总体影响

在 GB/T 16935.1 范围内,通过在最高不超过 30 kHz 的频率下给出的最小数值的方式考虑了电压频率的影响。对于更高的频率,应考虑各绝缘类型的耐受能力的下降的效应,并在定尺寸过程中对此效应予以考虑。

对于超过 30 kHz 而不超过 10 MHz 的电压频率,应配合使用 GB/T 16935.4 及 GB/T 16935.1 或 GB/T 16935.5。

4.7.2 频率对电气间隙耐受特性的影响

GB/T 16935.4 范围内的电压耐受能力仅受周期电压频率影响。对于瞬态过电压,定尺寸按照 GB/T 16935.1 或 GB/T 16935.5 足可满足要求。

在 GB/T 16935.4 范围内的超过 30 kHz 的频率下,电气间隙的电压耐受能力在均匀或近似均匀电场分布条件下最高可降低 20%。频率超过 30 kHz 时,若导电部分的弯曲半径大于或等于电气间隙的 20%,则认为存在近似均匀电场。

在近似均匀电场分布条件下定尺寸过程中，应考虑GB/T 16935.1—2008中表F.7或GB/T 16935.5—2008中表3的情况A电气间隙耐受电压的125%。不要求进行耐受电压试验。

对小于近似均匀电场分布条件下尺寸(GB/T 16935.1—2008中表F.7或GB/T 16935.5—2008中表3中的情况A数值)的定尺寸过程中，要求按照GB/T 16935.1—2008中6.1.2或GB/T 16935.5进行耐受电压试验。但电气间隙最小不得小于按GB/T 16935.1—2008中表F.7或GB/T 16935.5—2008中表3中情况B电气间隙耐受电压的125%确定的电气间隙数值。

频率超过30 kHz时，若导电部分的弯曲半径小于电气间隙的20%，则认为存在非均匀电场。在非均匀分布电场条件下，电气间隙的电压耐受能力的下降幅度将大得多。非均匀电场情况下定尺寸应选取GB/T 16935.4—2011中表1在所要求的耐受电压下的电气间隙。不要求进行耐受电压试验。

非均匀电场条件下，对高电压应力(>1 kV)进行定尺寸将使得定出的尺寸非常不符合实际，故在此情况下应优先考虑选取可改善电场分布(转为近似均匀电场分布)的设计方案。

4.7.3 频率对爬电距离耐受特性的影响

电压频率超过30 kHz时，除电痕化外，对于爬电距离的耐受能力还应考虑热效应。定尺寸过程中应同时按GB/T 16935.1—2008中表F.4的爬电距离的耐受电压有效值，及GB/T 16935.4—2011表2中的峰值耐受电压进行，此峰值耐受电压应为跨过爬电距离的任意周期电压峰值的最高数值。两者中取其较大距离。

在GB/T 16935.4—2011表2中，允许对频率进行插值。GB/T 16935.4—2011表2中数值适用于污染等级1。适用于污染等级2及污染等级3的爬电距离数值可通过对污染等级1数值分别使用乘数因子1.2及1.4获取。

对于所有可受热效应破坏的绝缘材料，均可按GB/T 16935.4—2011表2进行定尺寸，包括用于印制线路板的环氧树脂制成的典型基础材料。对于不受热效应影响且不会发生电痕化的绝缘材料，按4.7.2描述的电气间隙要求进行定尺寸即可满足要求。

4.7.4 频率对固体绝缘耐受特性的影响

频率超过30 kHz时，在定尺寸过程中也应考虑固体绝缘耐受能力的下降。固体绝缘耐受能力的下降是由两种不同的效应造成的。第一种效应是由于介电损耗导致的固体绝缘材料的发热量增大，这对于一些诸如层压纸之类的具有高损耗因子的材料尤为突出。第二种效应是由于高频局部放电引起的材料加速劣化。因此，在正常工作条件下不允许任何局部放电现象发生。此外，应考虑到随着频率上升，局部放电起始电压出现下降。

出于上述原因，对固体绝缘进行准确定尺寸需要进行高频电压试验，但进行此试验较为困难且需要专门设备。为此，GB/T 16935.4—2011中也提出了一个简化的固体绝缘定尺寸方法。

此简化定尺寸方法可用于替代GB/T 16935.4—2011中第7章的高频试验，此方法适用于最高10 MHz的电压频率，前提是场强近似均匀且不超过公式(7)中规定的数值或图4中的数值，且固体绝缘间不存在任何孔穴或空气间隙。在此背景下，若与场强平均数值之间的偏差小于±20%，则认为电场近似均匀。

对于固体绝缘厚层$d_1 \geqslant 0.75$ mm，场强E的峰值应小于或等于2 kV/mm。对于固体绝缘薄层$d_2 \leqslant 30$ μm，场强E的峰值应小于或等于10 kV/mm。对于$d_1 > d > d_2$，则使用公式(7)对某一厚度d进行插值(也可见图4)：

$$E = \left(\frac{0.25}{d} + 1.667\right)\frac{\text{kV}}{\text{mm}} \qquad \cdots\cdots(7)$$

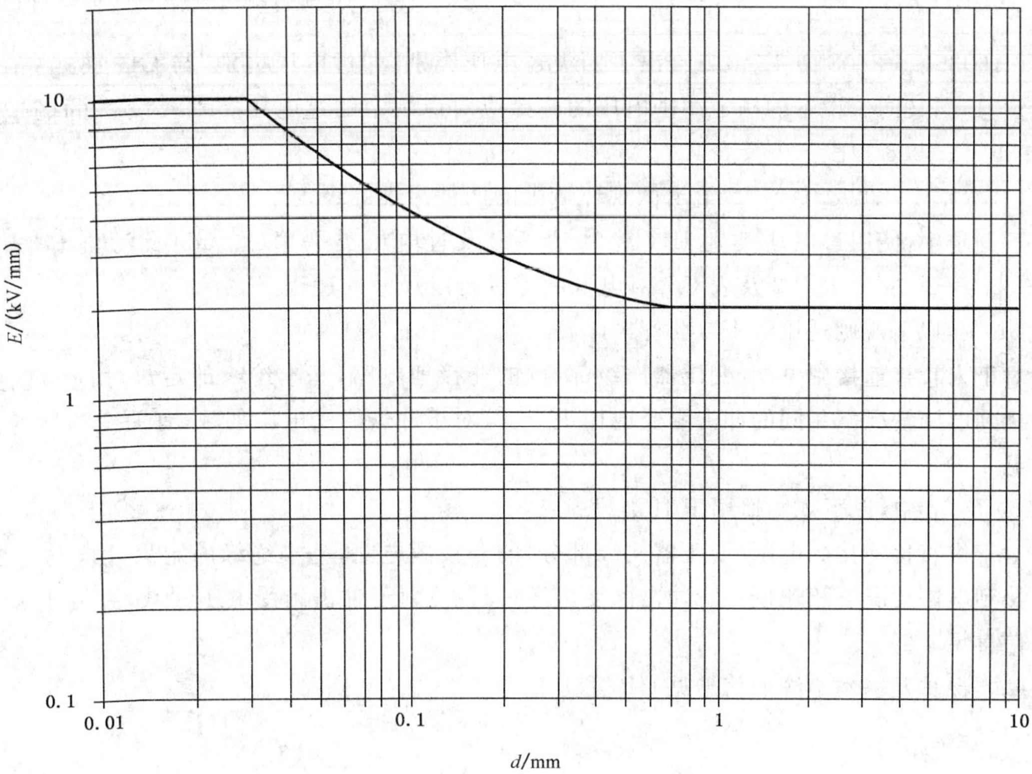

说明：

E ——场强；

d ——厚度。

图 4 按公式(7)进行固体绝缘定尺寸允许的场强

要在固体绝缘定尺寸中使用场强数值需要电场分布为近似均匀，且固体绝缘间无孔穴或空气间隙。若电场强度无法计算(由于电场为非均匀)，或场强峰值大于公式(7)或图 4 中数值，或无法排除孔穴或空气间隙，或频率超过了 10 MHz，则要求进行高频电压耐受试验或局部放点试验。根据 GB/T 16935.1—2008，电压耐受试验适用于短时应力；局部放电试验适用于长期应力。

在 GB/T 16935.3 中，使用了两种类型的保护以实现较小的绝缘尺寸。类型 2 保护被认为类似于固体绝缘。由于 GB/T 16935.3 是建立于 GB/T 16935.1 基础之上，其频率范围相应地也限制至 30 kHz。因此，若类型 2 保护预备用于超过 30 kHz 的频率，则 GB/T 16935.4 中的附加要求适用于固体绝缘。

5 进行恰当的设备内绝缘定尺寸的四个示例

5.1 概述

图 5a 至图 5d 给出了 4 个电气间隙定尺寸的示例，每一图中分别阐释了影响电气间隙定尺寸的最重要因素，包括：额定电压、稳态耐受电压，冲击耐受电压，过电压类别，污染等级及绝缘类型。

一些产品标准没有规定由安全特低电压(SELV)供电的电路的电气间隙数值。图 5a 至图 5d 显示电气间隙是建立在自电网电压确立的过电压类别基础上,其冲击耐受电压水平比变压器低一级。详细信息见 4.2。

GB/T 16935.1—2008 中 4.3.3.2 给出了四类过电压类别。"过电压类别"与 GB 16895.10 中的"冲击耐受类别"是同义词。设备的额定冲击电压的选择应对应规定的过电压类别及设备的额定电压。见 GB/T 16935.1—2008 中表 F.1 及表 F.2。

GB/T 16935.1—2008 中 4.6.2 给出微观环境中的四种污染等级。

在以下例子中,使用过电压类别 III(图 5b 及 5c)及过电压类别 II(图 5d)及污染等级 2 阐述按 GB/T 16935.1—2008 中表 F.2 及表 F.7 对电气间隙进行定尺寸的过程。

在图 5b 中,以下规则适用于 I 类设备:

——对于未直接连接到电网(变压器次级部分)的非接地电路,基本绝缘的定尺寸应与电路直接连接到电网情况下相同的冲击耐受电压进行。(对于冲击耐受电压削减,有关变压器的详细信息见 4.2)

在图 5c 及 5d 中,以下规则适用于 II 类设备:

——对于未直接连接到电网(变压器次级部分)的非接地电路,基本绝缘的定尺寸应与电路直接连接到电网情况下相比低一阶冲击耐受电压进行。(对于冲击耐受电压削减,有关变压器的详细信息见 4.2)

有关基本保护及基本绝缘的信息见 GB/T 17045。

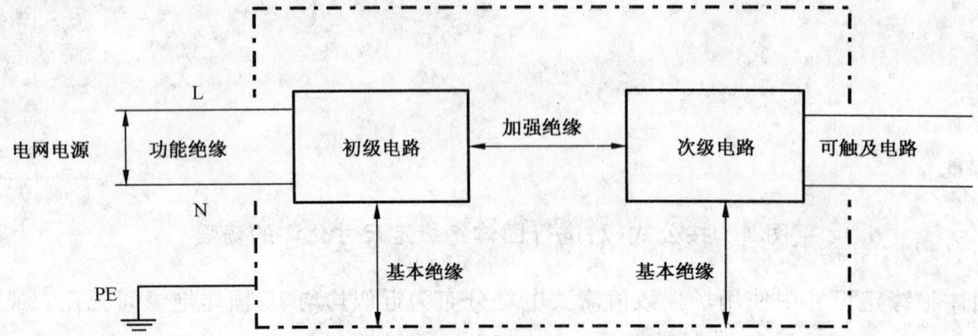

说明:

L ——线导体;

N ——中性导体;

PE——保护导体。

图 5a 示例 1——适用于 I 类设备的包含功能绝缘,基本绝缘及加强/双重绝缘的绝缘系统的简单图例

5.2 按 GB/T 16935.1 对 I 类设备进行电气间隙定尺寸示例

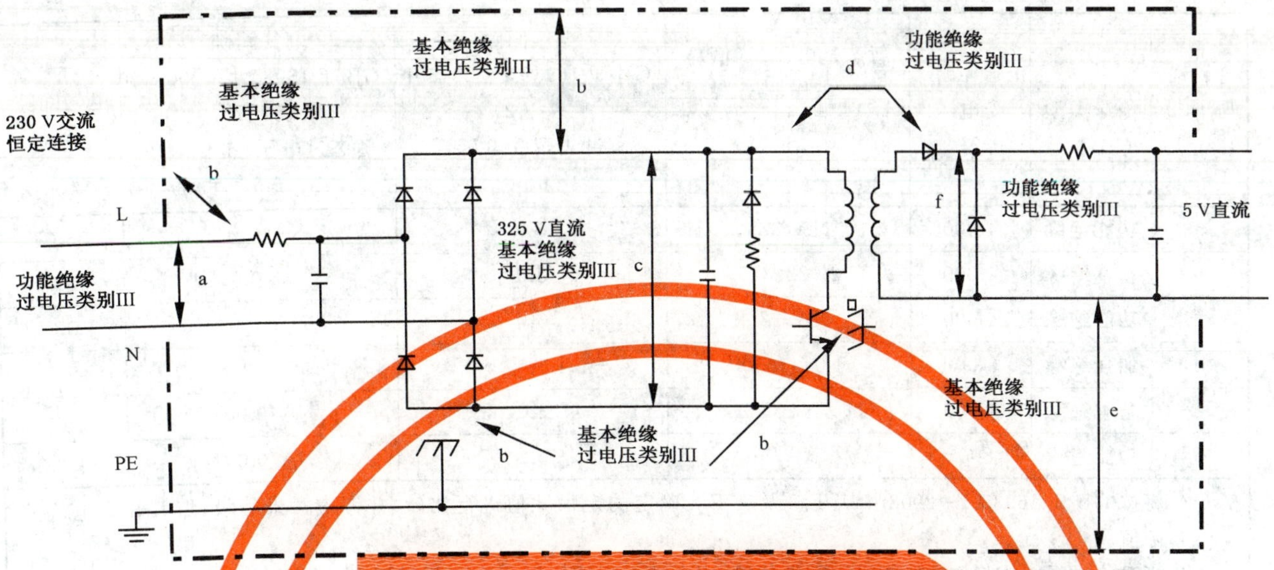

说明：

— · — 通过将导电性外壳连接到保护性接地(PE)对直接接触进行防护。

图 5b 示例 2——基于过电压类别 III，对 I 类设备电气间隙定尺寸

表 2 示例 2——按 GB/T 16935.1—2008 中表 F.2(污染等级 2)对电气间隙定尺寸(见图 5b 示例 2)

示例 2	绝缘类型[a]	冲击耐受电压 V	电气间隙 mm
a	功能绝缘	4 000	3.0
b	基本绝缘	4 000	3.0
c	功能绝缘	4 000	3.0
d	加强绝缘	6 000	5.5
e	基本绝缘	4 000	3.0
f	功能绝缘	800[b]	0.2[b]

[a] 可对 TN 系统适用。

[b] 依据相线对中性线电压 50 V。

对于以浪涌保护电器的方法防护过电压的电路，功能绝缘的电气间隙(a 及 c)可取比 GB/T 16935.1—2008 中表 F.2 情况 A 规定的数值更小的值。

然而在此情形下，仍应以规定的冲击耐受电压进行冲击耐受试验。脉冲试验中的发电机应具有 2 Ω 的低阻抗。

加强绝缘下电气间隙的定尺寸应基于 GB/T 16935.1—2008 中表 F.2 情况 A 规定，应选取高一水平的冲击电压(优选数值)。

表 3　示例 2——在 GB/T 16935.1—2008 中 5.3.3.2.3 的暂态过电压(U_n＋1 200 V)下按 GB/T 16935.4—2011 中表 F.2 及表 F.7a 对电气间隙定尺寸(见图 5b 示例 2)

示例 2	绝缘类型	脉冲耐受电压 V	暂态过电压(峰值)/工作电压(峰值)[b] V[d]	电气间隙 (GB/T 16935.1—2008 中表 F.2) (冲击耐受电压) mm	电气间隙 (GB/T 16935.1—2008 中表 F.7) (暂态过电压/工作电压) mm[c]	电气间隙[a] mm
a	功能绝缘	4 000	NA/325	3.0	NA/0.01	3.0
b	基本绝缘	4 000	2 022/325	3.0	1.3/0.01	3.0
c	功能绝缘	4 000	NA/325	3.0	NA/0.01	3.0
d	加强绝缘	6 000	4 044/650[f]	5.5	3.9/0.078[f]	5.5
e	基本绝缘	4 000	NA/5	3.0	NA/0.001	3.0
f	功能绝缘	800[e]	NA/5	0.2	NA/0.001	0.2

[a] 将按 GB/T 16935.1—2008 中表 F.7 及表 F.2 确定的定尺寸值进行比较,并考虑污染等级,取其较大电气间隙值。

[b] 当对绝缘系统从工作电压方面进行评估时,应考虑再现峰值电压。在此示例中,认为再现峰值电压可忽略,仅考虑正弦电网电压峰值。

[c] 定尺寸基于暂态过电压峰值。

[d] 使用暂态过电压峰值用作定尺寸。

[e] 依据 50 V 的线对中性点电压。

[f] 宜注意:虽然加强绝缘下的电气间隙定尺寸中考虑基本绝缘及附加绝缘下暂态过电压的 160%,但用于检验加强绝缘电气间隙的试验电压则为检验基本绝缘及附加绝缘电气间隙试验电压的两倍。

5.3　按 GB/T 16935.1 对 II 类设备进行电气间隙定尺寸示例

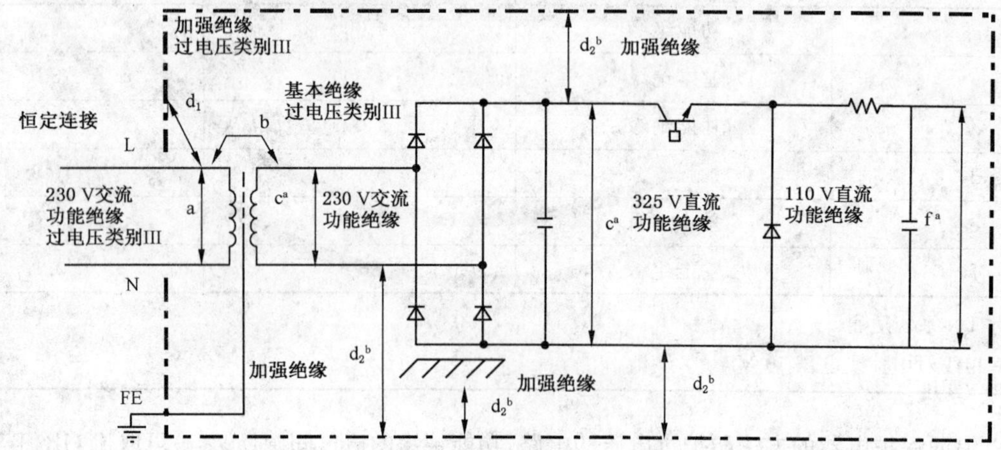

说明：

— · — 通过采用非导电性外壳(固体绝缘)或可提供加强绝缘的电气间隙对直接接触进行防护。

FE——功能接地导体。

注：变压器执行 4.2 规定。

图 5c　示例 3——电气间隙定尺寸(II 类设备)

表 4 示例 3——按 GB/T 16935.1—2008 中表 F.2(污染等级 2)对电气间隙定尺寸(见图 5c 示例 3)

示例 3	绝缘类型	冲击耐受电压 V	电气间隙 mm
a	功能绝缘	4 000	3.0
b	基本绝缘	4 000	3.0
c[a]	功能绝缘	2 500	1.5
d_1	加强绝缘	6 000	5.5
d_2 [b]	加强绝缘	4 000	3.0
f[a]	功能绝缘	2 500	1.5

[a] 电气间隙基于自电网电压(230 V 交流,过电压类别 III)确定的过电压类别,其冲击耐受电压比变压器低一水平。经过整定后的实际直流水平不影响用于绝缘系统设定的冲击耐受电压。

[b] 加强绝缘电气间隙基于自电网电压(230 V 交流,过电压类别 III)确定的过电压类别,其冲击耐受电压比变压器低一水平。详细信息见 4.2。

表 5 示例 3——在 GB/T 16935.1—2008 中 5.3.3.2.3 的暂态过电压(U_n + 1 200 V)下按 GB/T 16935.1—2011 中表 F.2 及表 F.7a 对电气间隙定尺寸(见图 5c 示例 3)

示例 3	绝缘类型	脉冲耐受电压 V	暂态过电压(峰值)/工作电压(峰值)[b] V	电气间隙 (GB/T 16935.1—2008 中表 F.2) (冲击耐受电压) mm	电气间隙 (GB/T 16935.1—2008 中表 F.7) (暂态过电压/工作电压) mm[c]	电气间隙[a] mm
a	功能绝缘	4 000	NA/325	3.0	NA/0.01	3.0
b	基本绝缘	4 000	2 022/325	3.0	1.3/0.01	3.0
c	功能绝缘	2 500	NA/325	1.5	NA/0.01	1.5
d_1	加强绝缘	6 000	4 044/650[d]	5.5	3.9/0.078[d]	5.5
d_2	加强绝缘	4 000	4 044/650[d]	3.0	3.9/0.078[d]	3.9
f	功能绝缘	2 500	NA/110	1.5	NA/0.004	1.5

[a] 将按 GB/T 16935.1—2008 中表 F.7 及表 F.2 确定的定尺寸值进行比较,并考虑污染等级,取其较大电气间隙值。

[b] 当对绝缘系统从工作电压方面进行评估时,应考虑再现峰值电压。在此示例中,认为再现峰值电压可忽略,仅考虑正弦电网电压峰值。

[c] 定尺寸基于暂过电压峰值。

[d] 应注意:虽然加强绝缘下的电气间隙定尺寸中考虑基本绝缘及附加绝缘下暂态过电压的 160%,但用于检验加强绝缘电气间隙的试验电压则为检验基本绝缘及附加绝缘电气间隙试验电压的两倍。

5.4 按 GB/T 16935.5 对 II 类设备进行电气间隙定尺寸示例

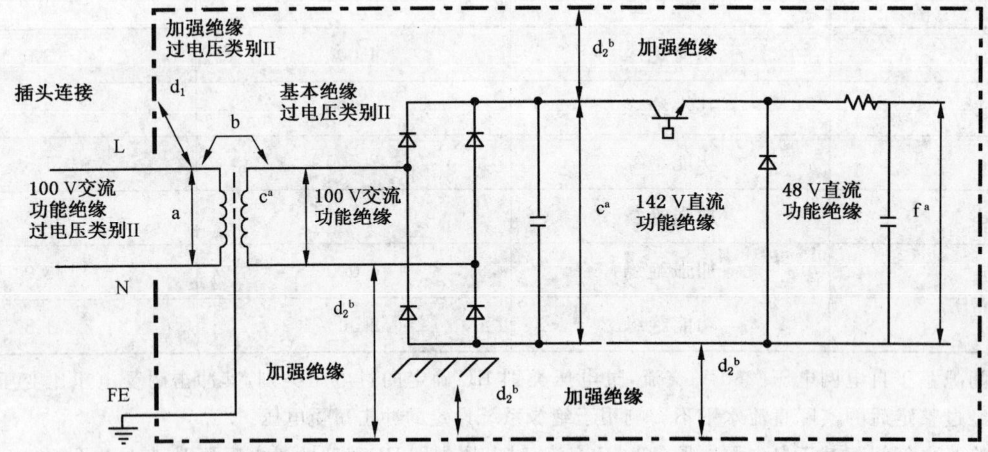

说明：

— · — 通过采用非导电性外壳(固体绝缘)或可提供加强绝缘的电气间隙对直接接触进行防护。

注：变压器执行 4.2 规定。

图 5d　示例 4——电气间隙定尺寸(II 类设备)

表 6　示例 4——按 GB/T 16935.5—2008 中表 2 对电气间隙定尺寸(见图 5d 示例 4)

示例 4	绝缘类型	冲击耐受电压[c] V	电气间隙[c] mm
a	功能绝缘	800(1 500)	0.1(0.5)
b	基本绝缘	800(1 500)	0.1(0.5)
c[a]	功能绝缘	500(800)	0.04(0.1)
d_1	加强绝缘	1 500(2 500)	0.5(1.5)
d_2[b]	加强绝缘	800(1 500)	0.1(0.5)
f[a]	功能绝缘	500(800)	0.04(0.1)

[a] 电气间隙基于自电网电压(100 V 交流，过电压类别 II)确定的过电压类别，其冲击耐受电压(kV)比变压器低一水平。经过整定后的实际直流水平不影响用于绝缘系统设定的冲击耐受电压。

[b] 加强绝缘电气间隙基于自电网电压(100 V 交流，过电压类别 III)确定的过电压类别，其冲击耐受电压(kV)比变压器低一水平。详细信息见 4.2。

[c] 圆括号中数值在日本使用。见 GB/T 16935.1—2008 中表 F.1 中脚注 5)。

表7　示例4——在GB/T 16935.1—2008中5.3.3.2.3的暂态过电压(U_n+1 200 V)下按GB/T 16935.5—2008中表2及表3对电气间隙定尺寸(见图5d示例4)

示例4	绝缘类型	脉冲耐受电压[d] V	暂态过电压(峰值)/工作电压(峰值)[b] V	电气间隙[d] (GB/T 16935.5—2008中表2) (冲击耐受电压) mm	电气间隙 (GB/T 16935.5—2008中表3) (暂态过电压/工作电压) mm	电气间隙[ad] mm
a	功能绝缘	800 (1 500)	NA/141	0.1 (0.5)	NA/0.05	0.1(0.5)
b	基本绝缘	800 (1 500)	1 838/141	0.1 (0.5)	1.1[c]/0.005	1.1
c	功能绝缘	500 (800)	NA/141	0.04 (0.1)	NA/0.005	0.04(0.1)
d_1	加强绝缘	1 500(2 500)	3 676/282[e]	0.5(1.5)	3.4[e]/0.01[e]	3.4
d_2	加强绝缘	800 (1 500)	3 676/282[e]	0.1(0.5)	3.4[e]/0.01[e]	3.4
f	功能绝缘	500(800)	NA/48	0.04(0.1)	NA/0.001	0.04(0.1)

[a] 将按GB/T 16935.5—2008中表2及表3确定的定尺寸值间进行比较，取其较大电气间隙值。

[b] 当对绝缘系统从工作电压方面进行评估时，应考虑再现峰值电压。在此示例中，认为再现峰值电压可忽略，仅考虑正弦电网电压峰值。

[c] 通过在GB/T 16935.1—2008中F.7a(情况A)中进行插值确定。

[d] 圆括号中数值在日本使用。见GB/T 16935.1—2008中表F.1中脚注5)。

[e] 宜注意：虽然加强绝缘下的电气间隙定尺寸中考虑基本绝缘及附加绝缘下暂态过电压的160%，但用于检验加强绝缘电气间隙的试验电压则为检验基本绝缘及附加绝缘电气间隙试验电压的两倍。

6　特定情况下GB/T 16935系列标准的实际应用

6.1　概述

本部分中第4章给出了有关功能绝缘、基本绝缘、附加绝缘、双重绝缘和加强绝缘下的电气间隙、爬电距离和固体绝缘的定尺寸的信息，其定尺寸过程是基于包括跨过绝缘的再现峰值电压、暂态过电压及瞬态过电压的工作电压。本章给出了一些典型的示例阐述如何在一些典型应用场合下对电气间隙和固体绝缘进行试验。

本章未给出有关爬电距离试验的信息，其原因在于此试验在一般情况下无法进行。对爬电距离进行试验的更为现实的方式是对有效距离进行评估。

6.2　在有部件跨接基本绝缘情况下对成套设备进行试验

应首先对设备进行处理，按GB/T 16935.1—2008中6.1.4.1要求断开所有可跨接基本绝缘的部件，如浪涌保护电器。随后，在产品标准给定的条件或限制内按GB/T 16935.1—2008中6.1.4进行试验。

应保证可跨接基本绝缘，且已在试验基本绝缘的冲击电压试验中断开的部件，不致破坏设备正常使用时基本绝缘的特性和安全性。

将已断开连接的部件重新连接到设备，按以下步骤对设备进行试验，并引入一个交流试验，其目的是检查可跨接基本绝缘的部件在考虑短时暂态过电压时不致降低安全性。

试验电压频率为50/60 Hz。对于基本绝缘，试验电压的有效值与短时暂态过电压的值相等，为1 200 V+U_n，U_n为线与中性线之间的标称电压。试验持续时间的描述可见GB/T 16935.1—2008中

6.1.3.4.1。

注 1：作为一个示例，对于一个具有额定电压 U_n＝250 V 的设备，基本绝缘下的交流试验电压值为 1 200 V＋250 V，从而试验电压有效值为 1 450 V。

注 2：若无法进行交流试验，可考虑采用直流试验，直流试验中的电压值等于或高于交流峰值电压。

注 3：发电机的短路输出电流不小于 200 mA 。对于超过 3 kV 的试验电压，试验设备的额定功率不小于 600 VA 即足可满足要求。应将发电机的脱扣电流调制 100 mA，或在试验电压超过 6 kV 情况下，调制可能的更高数值。

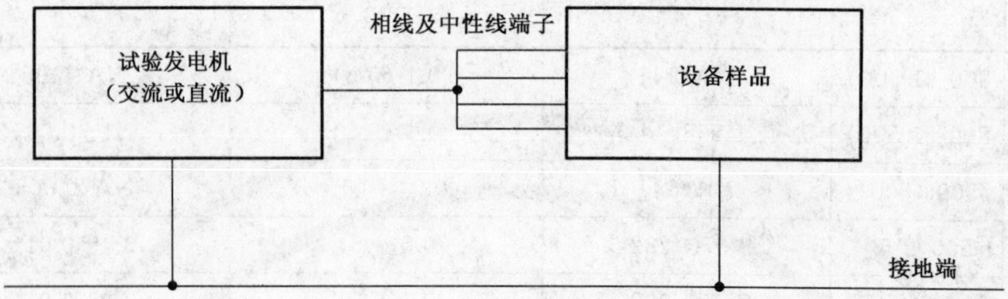

图 6　交流（或直流）电压试验框图

在 GB/T 16935.1—2008 中 6.1.3.4.1 中给定的时间内充分地施加电压。

交流（或直流）电压试验图见图 6。

试验合格判别准则：对设备进行可视化检查，可跨接基本绝缘的部件没有任何可视变化。设备按制造商手册连接到电网。设备应按其用途正常工作。

注 4：在设备连接到电网之间，允许更换熔断器或类似的保护设施。若保护浪涌抑制器的熔断器断已损坏，则亦允许更换浪涌抑制器。

6.3　在有部件跨接基本绝缘情况下对完整设备进行试验

6.3.1　概述

若设备的连接到电网的带电部件之间包含了可跨接功能绝缘的部件，则应按 6.3.2 及 6.3.3 描述进行冲击试验。

6.3.2　检验电气间隙及爬电距离

检验绝缘距离的定尺寸是否准确，首先是在不存在跨接绝缘的部件下进行试验。对设备进行处理，按 GB/T 16935.1—2008 中 6.1.4 断开所有可对导电部件之间的绝缘造成削减的部件，如浪涌保护电器。

随后在产品标准给定的条件或限制内按 GB/T 16935.1—2008 中 6.1.4 进行试验。

注：发电机的短路输出电流不小于 200 mA。对于超过 3 kV 的试验电压，试验设备的额定功率不小于 600 VA 即足可满足要求。应将发电机的脱扣电流调制 100 mA，或在试验电压超过 6 kV 情况下，调制可能的更高数值。

6.3.3　检验跨接绝缘的部件

为检查在 6.3.2 试验中已断开的部件的安全特性，将部件重新连接到设备，并在同等条件下对设备进行二次试验。

注 1：若可跨接功能绝缘的部件仅用于 EMC（如浪涌保护电器），则允许使用一个具有最高 500 Ω 内阻的发电机。

试验合格判别准则：对设备进行了可视化检查，可跨接功能绝缘的部件没有任何可视变化。然后设备按制造商手册连接到了电网。设备应按其用途正常工作。

注 2：若跨接功能绝缘的部件仅用于 EMC（如浪涌保护电器），则允许在将设备连接到主电路之前更换熔断器或类似保护器件。若在 6.3.2 试验中保护浪断开部件已损坏，则亦允许更换此部件。

6.4 对设备的具有隔离功能的部件的绝缘距离定尺寸

6.4.1 概述

对低压设备的电气间隙定尺寸的一般规则在4.1中给出。

对设备内的断开触头上的电气间隙或设备内的可移动部件(如开关的极)之间的电气间隙定尺寸时,应遵循与基本绝缘下一致的要求。

注:如:可见IEC 60947-1:2011中7.2.3.1,IEC 60669-1:1998中7.1.2或IEC 62019:1999。

6.4.2 对与声明适用于隔离的设备关联的电器定尺寸

若电器与声明适用于隔离的设备关联,或作为其辅助部件,则该辅助部件的移动块之间的电气间隙的最低要求遵循基本绝缘下的最低要求(见GB/T 16935.1—2008中5.1.7及GB/T 17045中8.3.2)。技术委员会应考虑对专用于遥控指示的电路的最低要求。

6.4.3 对与未声明适用于隔离的设备关联的电器定尺寸

若电器与未声明适用于隔离的设备关联,或电器为独立设备且未声明适用于隔离,技术委员会可引入低于基本绝缘的要求。但设备应相应地进行标识。

注:例如,GB 16915.1或GB/T 20640要求在电器上标以“m”。

6.5 高频电压应力下的试验

原则上,本部分中4.7.1～4.7.4也适用于GB/T 16935.4中规定的电压频率。

但应考虑到在频率影响下,电气间隙及爬电距离的击穿场强强度均出现下降。

对于本部分中4.7.2中的描述,应考虑到试验电压的频率与施加的电压频率相同。如同工频交流电压试验下的规定,试验最短持续时间为60 s。某些情况下,尤其是对具有高介电损耗的材料(且由于介电损耗导致的过多发热是导致设备故障的决定性因素),可要求更长的试验持续时间。

对于在高频电压下进行的试验,由试品造成的容性负载是一个十分重要的因素。使用的试品应允许至少100 pF的容性负载,且其在输出上的压降可忽略,其对频率的影响可忽略。在更大型的装配组合或成套设备情形下,有必要仅在关键部件上进行试验。在此情形下,对成套设备进行的试验是通过使用工频电压进行的。

6.6 以交流或直流试验代替冲击耐受试验情形下的实用信息

6.6.1 概述

冲击耐受试验的目的是检验电气间隙是否可耐受规定的瞬态过电压。冲击耐受试验是以一个具有1.2/50 μs波形,且具有GB/T 16935.1—2008中表F.5中的规定数值的电压进行的。

由于冲击电压试验结果的离散特征,应至少对每一极性的3个脉冲进行试验,脉冲间的间隔应至少为1 s。

技术委员会可为特殊设备规定交流或直流电压试验,以代替冲击电压试验。

注:技术委员会应意识:虽然峰值与GB/T 16935.1—2008中表F.5规定的冲击试验电压相同交流及直流电压试验可检验电气间隙的耐受能力,其也增加了固体绝缘的应力,其原因是施加电压的持续时间更长,其可对某些固体绝缘造成过载和损坏。从而,技术委员会在规定替代GB/T 16935.1—2008中6.1.2.2.1的冲击电压试验的交流或直流试验时应考虑上述影响。

6.6.2 替代介电试验的冲击耐受试验的交流电压的特征

特征如下:

——正弦工频试验电压的波形为充分的正弦形。若峰值与有效值之间的比例为$\sqrt{2}\pm3\%$,即认为满足要求。

——峰值与GB/T 16935.1—2008中表F.5中的冲击试验电压相等,且在交流试验电压的3个周期内施加。

注:若试验持续时间超过3个周期,则将无法降低交流电压试验的峰值电压。

6.6.3 替代介电试验的冲击耐受试验的直流电压的特征

特征应如下:

——直流试验电压应充分无波纹。若电压峰值与平均值之间的比例为1.0±3%,即认为满足要求;

——直流试验电压平均值与GB/T 16935.1—2008中表F.5中的冲击试验电压相等,且在交流试验电压的3个周期内施加,在每一极性中10 ms内施加10次。

7 定尺寸表单示例(基于GB/T 16935.1—2008中情况A)

7.1 GB/T 16935.1—2008用于直接或非直接连接到电网的设备中电路

该示例是基于这样的假设:最严酷的定尺寸要求得自冲击耐受电压。

表8 GB/T 16935.1中影响因素与规范性条目的关系

影响因素	选择依据	GB/T 16935.1—2008中条款	表中数值
电气间隙			
电压或额定绝缘电压	设备过电压类别	表F.1(见注)	表F.2
爬电距离			
电压	额定电压或额定绝缘电压	表F.3a及表F.3b	表F.4
污染	污染等级(微观环境)	4.6.2	表F.4
绝缘材料	相比电痕化指数	4.8.1.3	表F.4
注:若电路未直接连接至电网,则冲击耐受电压可由技术委员会规定,否则应由制造商进行评估。技术委员会应考虑4.2中内容。			

应采取以下步骤:

步骤1:选择过电压类别;

步骤2:选择冲击电压(表F.1);

步骤3:建立最小电气间隙(cl)数值(表F.2),若具有电气间隙的设备使用在海拔超过2 000 m的场合,使用海拔修正系数(表A.2);

步骤4:选择爬电距离的额定电压(表F.3a及表F.3b);

步骤5:自GB/T 16935.1—2008中4.8.1中确定污染等级及相比电痕化指数(CTI);

步骤6:建立最小爬电距离(cr)数值(表F.4);

步骤7:当cr<cl时:

——若污染等级为3,绝缘材料间隙满足cl数值,见GB/T 16935.1—2008中5.2.2.6。

——若污染等级为 1 或 2,如果绝缘材料间隙可耐受检验电气间隙的冲击耐受电压,则绝缘材料间隙可为 cr 数值。

GB/T 16935.1 中影响因素与规范性条目之间的关系见表 8。

7.2 GB/T 16935.5—2008 用于直接或非直接连接至电网电源的设备中电路

该示例是基于这样的假设:最严酷的定尺寸要求得自冲击耐受电压。

表 9 GB/T 16935.1 或 GB/T 16935.5 中影响因素与规范性条目的关系

影响因素	选择依据	GB/T 16935.1—2008 或 GB/T 16935.5—2008 中条款	GB/T 16935.5—2008 表中数值
电气间隙			
电压或额定绝缘电压	设备过电压类别	GB/T 16935.1 中表 F.1(见注)	表 2
爬电距离			
考虑电痕化定尺寸			
电压	额定电压或额定绝缘电压	GB/T 16935.1 中表 F.3a 及表 F.3b	表 4
污染	污染等级(微观环境)	GB/T 16935.1 中 4.6.2	表 4
绝缘材料	相比电痕化指数	GB/T 16935.1 中 4.8.2.3	表 4
考虑闪络定尺寸			
最大峰值电压	由制造商评估(可能在电路中产生的瞬态过电压或最高峰值电压)		表 5
微观环境	湿度水平 信息可见 GB/T 16935.5 中表 1	GB/T 16935.5 中 4.6.4	表 5
绝缘材料	WAG(吸水组别)	GB/T 16935.5 中 4.8.6	表 5
注:若电路未直接连接至电网,则冲击耐受电压可由技术委员会规定,否则应由制造商进行评估。技术委员会应考虑 4.2 中内容。			

应采取以下步骤:

步骤 1:选择过电压类别;

步骤 2:选择冲击电压(GB/T 16935.1—2008 表 F.1);

步骤 3:建立最小电气间隙(cl)数值(GB/T 16935.5—2008 中表 2),若具有电气间隙的设备使用在海拔超过 2 000 m 的场合,使用海拔修正系数(GB/T 16935.1—2008 中表 A.2)。

考虑电痕化对爬电距离定尺寸:

步骤 4:选择爬电距离的额定电压(GB/T 16935.1—2008 中表 F.3a 及表 F.3b);

步骤 5:自 GB/T 16935.1—2008 中 4.8.1 中确定污染等级及相比电痕化指数(CTI);

步骤 6:建立最小爬电距离(cr)数值(GB/T 16935.5—2008 中表 5)。

考虑闪络对爬电距离定尺寸：

步骤 7:评估可能在电路中产生的最大峰值电压；

步骤 8:建立湿度水平(HL) 及吸水组别(WAG)；

步骤 9:建立最小爬电距离(cr)数值(GB/T 16935.5—2008 中表 5)；

步骤 10:选择考虑电痕化及闪络的较大的爬电距离(cr)数值；

步骤 11：在 cr < cl 处：

——若污染等级为 3,绝缘材料间隙满足 cl 数值,见 GB/T 16935.5—2008 中 5.3.2.6。

——若污染等级为 1 或 2,如果绝缘材料间隙可耐受检验电气间隙的冲击耐受电压,则绝缘材料间隙可为 cr 数值。

GB/T 16935.1 或 GB/T 16935.5 中影响因素与规范性条目之间的关系见表 9。

7.3 GB/T 16935.4—2011 用于直接或非直接连接至电网电源的设备中电路

表 10 GB/T 16935.1 或 GB/T 16935.4 中影响因素与规范性条目的关系

影响因素	选择依据	GB/T 16935.1—2008 或 GB/T 16935.4—2011 中条款	表中数值
电气间隙			
电压或额定绝缘电压	设备过电压类别	GB/T 16935.1 中表 F.1(见注)	GB/T 16935.1 中表 F.2
最大稳态电压峰值	由制造商评估	GB/T 16935.1 中表 F.7a 或 GB/T 16935.4 中表 1,(取决于电场分布)	取决于电场分布
爬电距离			
考虑电痕化定尺寸			
电压	额定电压或额定绝缘电压	GB/T 16935.1 中表 F.3a 及表 F.3b	GB/T 16935.1 中表 F.4
污染	污染等级(微观环境)	GB/T 16935.1 中 4.6.2	GB/T 16935.1 中表 F.4
绝缘材料	相比电痕化指数	GB/T 16935.1 中 4.8.1.3	GB/T 16935.1 中表 F.4
考虑热效应定尺寸			
最大稳态电压峰值	由制造商评估		GB/T 16935.4 中表 2
微观环境	污染等级(微观环境)	GB/T 16935.1 中 4.6.2	GB/T 16935.4 中表 2
绝缘材料	此类定尺寸数据对所有可能受热效应破坏的材料适用	GB/T 16935.4 中第 5 章	GB/T 16935.4 中表 2
频率	由制造商评估	GB/T 16935.4 中第 5 章	GB/T 16935.4 中表 2
注：若电路未直接连接至电网,则冲击耐受电压可由技术委员会规定,否则应由制造商进行评估。			

应采取以下步骤：

步骤1：选择过电压类别；

步骤2：选择冲击电压（GB/T 16935.1中表F.1）；

步骤3：建立最小电气间隙（cl）数值（GB/T 16935.1—2008中表F.2），若具有电气间隙的设备使用在海拔超过2 000 m的场合，使用海拔修正系数（GB/T 16935.1—2008中表A.2）。

步骤4：评估最大稳态电压峰值；

步骤5：评估电场分布；

步骤6：建立最小电气间隙（cl）数值（GB/T 16935.1—2008中表F.7a中对应最大稳态电压峰值的125%的数值，或GB/T 16935.4—2011中表1对应最大稳态电压峰值的数值）；

步骤7：选择考虑瞬态过电压或稳态电压的较大电气间隙（cl）数值。

考虑污染对爬电距离定尺寸：

步骤8：选择爬电距离的额定电压（GB/T 16935.1—2008中表F.3a及表F.3b）；

步骤9：自GB/T 16935.1—2008中4.8.1中确定污染等级及相比电痕化指数（CTI）；

步骤10：建立最小爬电距离（cr）数值（GB/T 16935.1—2008中表F.4）；

考虑热效应对爬电距离定尺寸：

步骤11：评估可能在电路中产生的稳态电压最大峰值；

步骤12：自GB/T 16935.1中确立污染等级；

步骤13：评估电压频率；

步骤14：建立最小爬电距离（cr）数值（GB/T 16935.4—2011中表2）；

步骤15：选择考虑电痕化及热效应的较大爬电距离（cr）数值。

GB/T 16935.1或GB/T 16935.4中影响因素与规范性条目之间的关系见表10。

7.4 基于情况A条件（基本绝缘，设备使用场所海拔最高2 000 m）按GB/T 16935.1及GB/T 16935.5对电气间隙及爬电距离定尺寸对比示例

从以下示例中，可推论出：

——对于印制线路板，GB/ 16935.1允许更小的间距；

——对于印制线路板及在GB/T 16935.5范围内的等效结构，取决于材料组别特性（CTI及WAG），GB/T 16935.5可提供更小的定尺寸数值。

注1：在此类示例中，为简化目的选取污染等级2及湿度水平HL 2。然而，湿度水平（HL）可不同于污染等级。

注2：GB/T 16935.3中的措辞“印制板”包括印制线路板。

7.4.1 未直接连接到电网电源的电路

7.4.1.1 按GB/T 16935.1对电气间隙及爬电距离定尺寸

按GB/T 16935.1对电气间隙及爬电距离定尺寸示例见表11。

表 11　按 GB/T 16935.1 对电气间隙和爬电距离定尺寸示例

电气间隙			
冲击电压	1 500 V	电气间隙	0.5 mm
爬电距离(电痕化)			
污染等级	2		
绝缘材料	CTI GR III		
额定电压	200 V	爬电距离	印制线路材料上 0.63 mm 对于其他结构 2.00 mm
注：在电气间隙与爬电距离无法区分的场所(如印制线路材料)，采用较大间隙值。从而在印制线路材料上，最小电气间隙及爬电距离数值为 0.63 mm，在其他结构中为 2.0 mm。			

7.4.1.2　按 GB/T 16935.5 对电气间隙及爬电距离定尺寸

按 GB/T 16935.5 对电气间隙及爬电距离定尺寸的示例见表 12。

表 12　按 GB/T 16935.5 对电气间隙和爬电距离定尺寸示例

电气间隙			
冲击电压	1 500 V	电气间隙	0.5 mm
爬电距离(电痕化)			
污染等级 绝缘材料	2 CTI GR III		
额定电压 (交流有效值或直流) 见注 2	200 V	爬电距离	0.63 mm
爬电距离(闪络)			
最大峰值电压	1 500 V		
湿度水平	2		
吸水组别	WAG1	爬电距离	0.93 mm
	WAG2		1.02 mm
	WAG3		1.11 mm
	WAG4		1.2 mm
注 1：在电气间隙与爬电距离无法区分的场所(如印制线路材料)，采用较大间隙值。从而，取决于绝缘材料吸水特性，最小电气间隙及爬电距离数值为 0.93 mm，在其他结构中为 1.20 mm。 注 2：在直流供电情形下，技术委员会应在对爬电距离定尺寸过程中仔细考虑关联的电气间隙的定尺寸以避免闪络，其原因在于直流电路中闪络造成的后果比在交流电路中严重的多。			

7.4.2 未直接连接到电网电源的电路

7.4.2.1 按 GB/T 16935.1 对电气间隙及爬电距离定尺寸

按 GB/T 16935.1 对未直接连接至电网电源的电路的电气间隙和爬电距离定尺寸的示例见表 13。

表 13 按 GB/T 16935.1 对未直接连接至电网电源的电路的电气间隙和爬电距离定尺寸示例

电气间隙			
冲击电压	1 500 V	电气间隙	对于其他结构 0.20 mm 对于印制线路材料 0.04 mm
爬电距离(电痕化)			
额定电压	50 V	爬电距离	印制线路材料上 0.04 mm 对于其他结构 1.20 mm
污染等级	2		
绝缘材料	CTI GR III		
注：在电气间隙与爬电距离无法区分的场所(如印制线路材料)，采用较大间隙值。从而在印制线路材料上，最小电气间隙及爬电距离数值为 0.04 mm，在其他结构中为 1.20 mm。			

7.4.2.2 按 GB/T 16935.5 对电气间隙及爬电距离定尺寸

按 GB/T 16935.5 对电气间隙及爬电距离定尺寸的示例见表 14。

表 14 按 GB/T 16935.5 对未直接连接至电网电源的电路的电气间隙和爬电距离定尺寸示例

电气间隙			
冲击电压	500 V	电气间隙	0.04 mm
爬电距离(电痕化)			
额定电压	50 V	爬电距离	0.04 mm
污染等级	2		
绝缘材料	CTI GR III		
爬电距离(闪络)			
最大峰值电压	500 V		
湿度水平	2		
吸水组别	WAG1	爬电距离	0.17 mm
	WAG2		0.18 mm
	WAG3		0.20 mm
	WAG4		0.22 mm
注 1：在电气间隙与爬电距离无法区分的场所(如印制线路材料)，采用较大间隙值。从而，取决于绝缘材料吸水特性，最小电气间隙及爬电距离数值为 0.17 mm～0.22 mm。 注 2：在直流供电情形下，技术委员会应在对爬电距离定尺寸过程中仔细考虑关联的电气间隙的定尺寸，以避免闪络，其原因在于直流电路中闪络造成的后果比在交流电路中严重的多。			

7.5 基于情况 A 条件(基本绝缘,设备使用场所海拔最高 2 000 m)按 GB/T 16935.1 及 GB/T 16935.5 对电气间隙及爬电距离定尺寸对比示例

从以下示例中,可推论出:

——若考虑周期电压的电气间隙要求在定尺寸中具有决定意义,则按 GB/T 16935.4 定尺寸始终将得出比执行 GB/T 16935.1 要求定出的尺寸值大的间隙值;

——若考虑电痕化的爬电距离要求在定尺寸中具有决定意义,则按 GB/T 16935.4 定尺寸与按 GB/T 16935.1 要求定出的尺寸值相同;此情形对极小的稳态电压适用,尤其是对除印制线路材料除外的结构。

7.5.1 未直接连接到电网电源的电路

7.5.1.1 按 GB/T 16935.1 对电气间隙及爬电距离定尺寸

按 GB/T 16935.1 对电气间隙及爬电距离定尺寸的示例见表 15。

表 15 按 GB/T 16935.1 对未直接连接至电网电源的电路中的电气间隙和爬电距离定尺寸示例

电气间隙			
再现峰值电压	1 000 V	电气间隙	0.26 mm
爬电距离(电痕化)			
稳态电压(有效值)	200 V	爬电距离	印制线路材料上 0.63 mm 对于其他结构 2.0 mm
污染等级	2		
绝缘材料	CTI GR III		

注 1:在电气间隙与爬电距离无法区分的场所(如印制线路材料),采用较大间隙值。从而,对于印制线路材料最小电气间隙及爬电距离为 0.63 mm,对于其他结构为 2.0 mm。

注 2:在直流供电情形下,技术委员会应在对爬电距离定尺寸过程中仔细考虑关联的电气间隙的定尺寸,以避免闪络,其原因在于直流电路中闪络造成的后果比在交流电路中严重的多。

7.5.1.2 按 GB/T 16935.4 对电气间隙及爬电距离定尺寸(近似均匀电场)

按 GB/T 16935.4 对电气间隙及爬电距离定尺寸示例见表 16。

表 16 按 GB/T 16935.4 对电气间隙和爬电距离定尺寸示例(近似均匀电场)

电气间隙			
再现峰值电压	1 000 V		
按 GB/T 16935.1—2008 中表 F.7a 定尺寸电压	1 250 V	电气间隙	0.48 mm
爬电距离(电痕化)			
稳态电压(有效值)	200 V	爬电距离	印制线路材料上 0.63 mm 对于其他结构 2.0 mm
污染等级	2		
绝缘材料	CTI GR III		

表 16（续）

爬电距离（热效应）			
最大稳态电压（峰值）	1 000 V		
频率	30 kHz＜f＜100 kHz	爬电距离	0.72 mm
	100 kHz＜f＜200 kHz		1.38 mm
	200 kHz＜f＜400 kHz		3.6 mm
	400 kHz＜f＜700 kHz		21.6 mm
污染等级	2	将 GB/T 16935.4—2011 中表 2 的数值与系数 1.2 相乘	
注：在电气间隙与爬电距离无法区分的场所（如印制线路材料），采用较大间隙值。从而，对于印制线路材料，在频率最高不超过 100 kHz 时，最小电气间隙及爬电距离为 0.72 mm；对于其他结构，在频率不超过 200 kHz 时，最小电气间隙与爬电距离为 2.0 mm。			

7.5.2 未直接连接到电网电源的电路

7.5.2.1 按 GB/T 16935.1 对电气间隙及爬电距离定尺寸

按 GB/T 16935.1 对电气间隙及爬电距离定尺寸的示例见表 17。

表 17 按 GB/T 16935.1 对未直接连接至电网电源的电路的电气间隙和爬电距离定尺寸示例

电气间隙			
再现峰值电压	500 V	电气间隙	对于其他结构 0.20 mm； 在印制线路材料上 0.04 mm
爬电距离（电痕化）			
稳态电压（有效值）	50 V	爬电距离	印制线路材料上 0.04 mm 对于其他结构 1.20 mm
污染等级	2		
绝缘材料	CTI GR III		
注 1：在电气间隙与爬电距离无法区分的场所（如印制线路材料），采用较大间隙值。从而对于印制线路材料最小电气间隙及爬电距离为 0.04 mm，对于其他结构为 1.20 mm。 注 2：在直流供电情形下，技术委员会应在对爬电距离定尺寸过程中仔细考虑关联的电气间隙的定尺寸，以避免闪络，其原因在于直流电路中闪络造成的后果比在交流电路中严重的多。			

7.5.2.2 按 GB/T 16935.4 对电气间隙及爬电距离定尺寸（近似均匀电场）

按 GB/T 16935.4 对电气间隙及爬电距离定尺寸示例见表 18。

表 18　按 GB/T 16935.4 对电气间隙和爬电距离定尺寸示例(近似均匀电场)

电气间隙			
再现峰值电压	500 V	电气间隙	对于其他结构 0.2 mm； 在印制线路材料上 0.069 mm
按 GB/T 16935.1—2008 中表 F.7a 定尺寸电压	625 V		
爬电距离(电痕化)			
稳态电压(有效值)	50 V	爬电距离	印制线路材料上 0.04 mm 对于其他结构 1.20 mm
污染等级	2		
绝缘材料	CTI GR III		
爬电距离(热效应)			
稳态电压(峰值)	500 V	爬电距离	
频率	30 kHz$<f<$100 kHz		0.22 mm
	100 kHz$<f<$200 kHz		0.23 mm
	200 kHz$<f<$400 kHz		0.3 mm
	400 kHz$<f<$700 kHz		0.48 mm
	700 kHz$<f<$1 MHz		1.80 mm
	1 MHz$<f<$2 MHz		24.0 mm
污染等级	2	将 GB/T 16935.4—2011 中表 2 的数值与系数 1.2 相乘	
注：在电气间隙与爬电距离无法区分的场所(如印制线路材料)，采用较大间隙值。从而，对于印制线路材料，在频率最高不超过 100 kHz 时，最小电气间隙及爬电距离为 0.22 mm；对于其他结构，在频率不超过 700 kHz 时，最小电气间隙与爬电距离为 1.2 mm。			

附 录 A
（资料性附录）
GB/T 16935.1 中要求技术委员会对事项进行确定，规定选项或要求制造商责任的章节概览

A.1 由技术委员会确定的事项

引用GB/T 16935.1时，要求技术委员会对以下条目进行确定。

表A.1 GB/T 16935.1中章节标题及由技术委员会考虑的事项

GB/T 16935.1—2008中的章节及标题	GB/T 16935.1—2008中需考虑的事项
4.3.1 概述 4.3 电压其及额定值	应规定： 电压定额依据： 根据设备预期用途确立的过电压类别，考虑设备预期连接的系统的特性
4.3.2.2.1 直接由低压电网供电的设备	选择电压的依据为： ——线对线电压，或 ——线对中性点电压。 在后一种情形中，技术委员会应规定如何告知用户设备仅用于中性点接地系统
4.3.3.2.2 直接由电网供电的设备	根据过电压类别的一般描述规定过电压类别（也可见GB/T 16895.10—2010中443条）
4.7 设备提供的资料	规定随设备提供的相关信息及提供信息的方式
4.8.2 电气强度特性	考虑绝缘材料电气强度特性，并考虑5.3.1，5.3.2.2.1及5.3.2.3.1中描述的应力
4.8.3 热特性	考虑绝缘材料热特性，并考虑5.3.2.2.2，5.3.2.3.2中及5.3.3.5中描述的应力 **注**：也可见IEC 60216系列。
4.8.4 机械和化学特性	考虑绝缘材料机械和化学特性，并考虑5.3.2.2.3，5.3.2.3.3中及5.3.2.4中描述的应力
5.3.2.2.3 机械冲击	在规定运输、贮存、安装和使用环境条件时，考虑材料的非充分冲击强度，机械冲击及削弱的冲击强度
5.3.2.4 其他应力	考虑其他应力，诸如： ——辐射，包括紫外线辐射及电离辐射； ——暴露于溶剂或活性化学剂中造成的应力裂纹或应力断裂； ——塑化剂迁移作用； ——细菌、霉菌或菌类的作用； ——机械塑性变形

表 A.1（续）

GB/T 16935.1—2008 中的章节及标题	GB/T 16935.1—2008 中需考虑的事项
5.3.3.2.1 概述 5.3.3.2 耐受电压应力	规定分配给设备的适合的电压额定值
5.3.3.2.5 高频电压	规定是否有必要按照 6.1.3.7 进行试验
5.3.3.3 承受短期热应力	规定严酷水平
5.3.3.4 承受机械应力	规定严酷水平
5.3.3.5 承受长期热应力	规定是否有必要进行试验（也可见 IEC 60085:2007 及 IEC 60216 系列）
5.3.3.7 承受其他应力	对其他应力进行声明，并规定试验方法
6.1.2.2.1.2 冲击试验电压的选择	针对试验条件，规定温度及湿度值。 考虑在型式试验之外是否需增加抽样试验或常规试验
6.1.3.1 试验选择	规定在设备内产生的应力所要求的型式试验 规定以抽样及常规试验形式进行的确保生产过程中的绝缘质量的试验。规定试验和合适的条件，所用的试验参数足以检测出故障且不会引起绝缘损坏
6.1.3.2 预处理	规定合适的预处理方法
6.1.3.4.1 试验方法	考虑是否将交流试验电压替换为与交流电压峰值相等的直流试验电压，并应考虑到直流试验的严酷程度低于交流试验
6.1.3.5.2 验证	根据试品种类，规定： ——试验电路(C.1)； ——测量设备(C.3 和 D.2)； ——测量频率(C.3.1 和 D.3.3)； ——试验程序(6.1.3.5.3)
6.1.4.5 试验结果判别	规定是否可忽略电气间隙中不发生击穿的局部放电
6.1.5.1 用于绝缘配合目的以外的试验	规定试验电压不应高于绝缘配合所要求的电压值
6.1.5.2 抽样试验和常规试验	规定用于确保产品质量的抽样试验和常规试验。 规定试验电压在任何情况下均不得高于型式试验要求的试验电压值
C.2.1 概述 C.2 试验参数	应规定： ——试验电压的频率 f_1(C.2.2)； ——规定的放电量(6.1.3.5.4.1)； ——局部放电的环境条件(C.2.3) **注**：对型式试验和常规试验，可能需要不同的规范。
C.2.2 试验电压的要求	考虑频率可能对放电量的影响

A.2 技术委员会可选的规定

引用 GB/T 16935.1 时，技术委员会应考虑以下列表中的事项，并确定选项。

表 A.2 GB/T 16935.1 中章节标题及技术委员会考虑的可选规定

GB/T 16935.1—2008 中的章节标题	GB/T 16935.1—2008 中需考虑的事项
1 范围和目的	对发生电离气体情形的特殊要求的规定
4.3.3.2.3 非直接由低压电网供电的系统和设备	规定适合的过电压类别或额定冲击电压。推荐采用 4.2.3 中的优选序列
4.5 承受电压作用的时间	考虑对功能绝缘允许削减的爬电距离值，因其仅在短期内承受电压应力，例如仅承受比表 F.4 中所列低一阶的电压
5.1.1 概述 5.1 电气间隙定尺寸	应考虑在稳态电压有效值或再现峰值电压下定尺寸过程中将导致这样的情形：即在连续施加此类电压下，不会发生击穿
5.1.6 基本绝缘、附加绝缘和加强绝缘的电气间隙的确定	在对绝缘材料的可触及表面的电气间隙定尺寸时，规定进一步信息
5.2.4 基本绝缘、附加绝缘和加强绝缘的爬电距离的确定	在对绝缘材料的可触及表面的爬电距离定尺寸时，规定进一步信息
5.3.2.3.3 机械应力	在规定长期应力试验条件时，考虑机械应力
5.3.3.1 概述 5.3.3 要求	在考虑固体绝缘可触及表面的电气应力时规定进一步信息
6.1.1 概述 6.1 试验	对于在完成型式试验后预期或被要求用于未来使用的试品，考虑按 6.1.3.5 及附录 C 合并任意高压试验及局部放电测量
6.1.2.2.1.1 概述 6.1.2.2.1 冲击电压介电试验	根据 6.1.2.2.2 规定作为替代方案的介电试验
6.1.2.2.1.1 概述 6.1.2.2.1 冲击电压介电试验	在实际应用中，对表 F.5 中的脉冲试验电压数值进行圆整化
6.1.2.2.2.1 概述 6.1.2.2.2 冲击电压介电试验的代替试验	作为对 6.1.2.2.1 中给定的冲击电压试验的替代，可对特殊设备规定一个交流或直流试验，并考虑到其可对某些固体绝缘造成过载和损坏
6.1.3.1 试验选择	在进行介电试验之前，规定考虑振动和机械冲击的试验方法
6.1.3.4.1 试验方法	当短时暂态过电压导致了对试验电压幅度的最严酷要求时，可将试验的持续时间降至最低值 5 s
6.1.3.4.1 试验方法	在较高稳态应力，包括高再现峰值电压应力下进行试验时，应对试验电压引入一个安全余额
C.4.3 局部放电试验的校准	在规定再校准的时间间隔时，应考虑：在局部放电表计不足够灵敏时，可能具有破坏性的放电可不被察觉
附录 F 表 F.4：避免由于电痕化故障的爬电距离	对于表 4 中高于 1 000 V 的数值，可根据自己经验使用最小爬电距离尺寸

A.3 要求制造商责任的章节

在具备或不具备产品标准情形下使用GB/T 16935.1时，要求制造商不仅进行所有的相关定尺寸和试验，还要进行以下列表中的项目。

表 A.3 GB/T 16935.1 中的章节标题及要求的制造商责任

GB/T 16935.1—2008 中的章节标题	要求的责任
3.9 额定电压	为作为操作和性能特性对象的部件、电器或设备分配电压值
3.9.1 额定绝缘电压	为设备或设备的某一部分分配耐受电压有效值，规定其绝缘的(长时)耐受特性
3.9.2 额定冲击电压	为设备或设备的某一部分分配冲击耐受电压，规定其绝缘抗瞬态过电压的耐受特性
3.9.3 额定再现峰值电压	为设备或设备的某一部分分配再现峰值耐受电压，规定其绝缘抗再现峰值电压的耐受特性
3.9.4 额定暂态过电压	为设备或设备的某一部分分配暂时耐受过电压，规定其绝缘抗再现峰值电压的耐受特性
5.2.2.4 爬电距离的方向和位置	如有必要，指示设备的或部件的预期方向，从而其爬电距离不受累积的污染物的不利影响
6.1.5.2 抽样和常规试验	规定用以确保生产质量的抽样试验和常规试验，试验中波形及电压水平的选取应试的可检测出故障而不致对设备(固体绝缘或部件)造成破坏

附 录 B
（资料性附录）
GB/T 16935.4 中要求技术委员会进行规定的章节概览

B.1 由技术委员会确定的事项

不适用。

B.2 技术委员会可选的规定

引用 GB/T 16935.1 时，技术委员会应考虑以下列表中的事项，并确定选项。

表 B.1 GB/T 16935.4 的章节标题与技术委员会考虑的可选规定

GB/T 16935.4 中章节标题	需考虑事项
1 范围和目的	规定发生电离气体情形下的特殊要求
7.3 预处理	规定一个试验

附 录 C
（资料性附录）
GB/T 16935.5 中要求技术委员会对事项进行确定，规定选项或要求制造商责任的章节概览

C.1 由技术委员会确定的事项

引用 GB/T 16935.5 时，要求技术委员会对以下条目进行确定。

表 C.1 GB/T 16935.5 中章节标题及由技术委员会考虑的事项

GB/T 16935.5—2008 中的章节及标题	引用 GB/T 16935.1—2008	需考虑的事项 (在引用 GB/T 16935.1—2008 情况下，需考虑 GB/T 16935.1 中的相关章节)
4.3.1 概述 4.3 电压及额定值	GB/T 16935.1 中 4.3.1 适用	应规定电压定额依据： 根据设备预期用途确立的过电压类别，考虑设备预期连接的系统的特性
4.3.2.2.1 直接由低压电网供电的设备		选择电压的依据为： ——线对线电压，或 ——线对中性点电压。 在后一种情形中，技术委员会应规定如何告知用户设备仅用于中性点接地系统
4.3.3.2.2 直接由电网供电的设备	GB/T 16935.1 中 4.3.3.2.2 适用	根据过电压类别的一般描述规定过电压类别(也可见 GB 16895.10—2010 中 443 条)
4.7 设备提供的资料	GB/T 16935.1 中 4.7 适用	规定随设备提供的相关信息及提供信息的方式
4.8.1 概述 4.8 绝缘材料		按其 CTI 值将绝缘材料分为不同的组别 考虑绝缘材料的电气强度特性、热、机械、化学和吸水特性
4.8.3 电气强度特性	GB/T 16935.1 中 4.8.2 适用	考虑绝缘材料电气强度特性，并考虑 5.3.1，5.3.2.2.1 及 5.3.2.3.1 中描述的应力
4.8.4 热特性	GB/T 16935.1 中 4.8.3 适用	考虑绝缘材料电气强度特性，并考虑 5.3.2.2.2，5.3.2.3.3 中及 5.3.3.5 中描述的应力。 注：也可见 GB/T 11026 系列。
4.8.5 机械和化学特性	GB/T 16935.1 中 4.8.4 适用	考虑绝缘材料机械和化学特性，并考虑 5.3.2.2.3，5.3.2.3.3 中及 5.3.2.4 中描述的应力
5.4.2.2.3 机械冲击	GB/T 16935.1 中 5.3.2.2.3 适用	在规定运输、贮存、安装和使用环境条件时，考虑材料的非充分冲击强度，机械冲击及削弱的冲击强度

表 C.1（续）

GB/T 16935.5—2008 中的章节及标题	引用 GB/T 16935.1—2008	需考虑的事项 （在引用 GB/T 16935.1—2008 情况下，需考虑 GB/T 16935.1 中的相关章节）
5.4.2.4 其他应力	GB/T 16935.1 中 5.3.2.4 适用	考虑其他应力，诸如： ——辐射，包括紫外线辐射及电离辐射； ——暴露于溶剂或活性化学剂中造成的应力裂纹或应力断裂； ——塑化剂迁移作用； ——细菌、霉菌或菌类的作用； ——机械塑性变形
5.4.3.2.1 概述 5.3.3.2 耐受电压应力	GB/T 16935.1 中 5.3.3.2.1 适用	规定分配给设备的适合的电压额定值
5.4.3.2.5 高频电压		规定是否有必要按照 6.1.3.7 进行试验
5.4.3.3 承受短期热应力	GB/T 16935.1 中 5.3.3.3 适用	规定严酷水平
5.4.3.4 承受机械应力	GB/T 16935.1 中 5.3.3.4 适用	规定严酷水平
5.4.3.5 承受长期热应力	GB/T 16935.1 中 5.3.3.5 适用	规定是否有必要进行试验（也可见 IEC 60085:2007 及 IEC 60216 系列）
5.4.3.7 承受其他应力	GB/T 16935.1 中 5.3.3.7 适用	对其他应力进行声明，并规定试验方法
6.1.2.2.1.2 冲击试验电压的选择		针对试验条件，规定温度及湿度值。 考虑在型式试验之外是否需增加抽样试验或常规试验
6.1.3.1 试验选择		规定在设备内产生的应力所要求的型式试验 规定以抽样及常规试验形式进行的确保生产过程中的绝缘质量的试验。规定试验和合适的条件，所用的试验参数足以检测出故障且不会引起绝缘损坏
6.1.3.2 预处理	GB/T 16935.1 中 6.1.3.2 适用	规定合适的预处理方法
6.1.3.4.1 试验方法		考虑是否将交流试验电压替换为与交流电压峰值相等的直流试验电压，并应考虑到直流试验的严酷程度低于交流试验
6.1.3.5.2 验证		根据试品种类，规定： ——试验电路(C.1)； ——测量设备(C.3 和 D.2)； ——测量频率(C.3.1 和 D.3.3)； ——试验程序(6.1.3.5.3)
6.1.4.5 试验结果判别	GB/T 16935.1 中 6.1.4.5 适用	规定是否可忽略电气间隙中不发生击穿的局部放电

表 C.1（续）

GB/T 16935.5—2008 中的章节及标题	引用 GB/T 16935.1—2008	需考虑的事项 （在引用 GB/T 16935.1—2008 情况下，需考虑 GB/T 16935.1 中的相关章节）
6.1.5.1　用于绝缘配合目的以外的试验	GB/T 16935.1 中 6.1.5.1 适用	规定的试验电压不应高于绝缘配合所要求的电压值
6.1.5.2　抽样试验和常规试验	GB/T 16935.1 中 6.1.5.2 适用	规定用于确保产品质量的抽样试验和常规试验。 规定的试验电压在任何情况下均不得高于型式试验要求的试验电压值
	C.2.1　概述 C.2　试验参数	应规定： ——试验电压的频率 f_1(C.2.2)； ——规定的放电量(6.1.3.5.4.1)； ——局部放电的环境条件(C.2.3) 注：对型式和常规试验，可能需要不同的规范。
	C.2.2　试验电压的要求	考虑频率可能对放电量的影响

C.2　技术委员会可选的规定

引用 GB/T 16935.5 时，技术委员会应考虑以下列表中的事项，并确定选项。

表 C.2　GB/T 16935.5 中章节标题及技术委员会考虑的可选规定

GB/T 16935.5 中的章节标题	引用 GB/T 16935.1—2008	需考虑的事项 （在引用 GB/T 16935.1—2008 情况下，需考虑 GB/T 16935.1 中的相关章节）
4.3.3.2.3　非直接由低压电网供电的系统和设备	GB/T 16935.1 中 4.3.3.2.3 适用	规定适合的过电压类别或额定冲击电压。推荐适用 4.2.3 中的优选序列
5.2.1　概述 5.2　电气间隙定尺寸		应考虑在稳态电压有效值或再现峰值电压下定尺寸过程中将导致这样的情形：即在连续施加此类电压下，不会发生击穿
5.2.6　基本绝缘、附加绝缘和加强绝缘的电气间隙的确定		在对绝缘材料的可触及表面的电气间隙定尺寸时，规定进一步信息
5.3.2.3.2　确定维持绝缘电阻的尺寸		在规定了设备带电部件之间或带电部件与可触及表面之间的最大泄漏电流情形下，应考虑定尺寸的绝缘电阻
5.3.4　基本绝缘、附加绝缘和加强绝缘的爬电距离的确定		在对绝缘材料的可触及表面的爬电距离定尺寸时，规定进一步信息

表 C.2（续）

GB/T 16935.5 中的章节标题	引用 GB/T 16935.1—2008	需考虑的事项 （在引用 GB/T 16935.1—2008 情况下，需考虑 GB/T 16935.1 中的相关章节）
5.4.2.3.3　机械应力	GB/T 16935.1 中 5.3.2.3.3 适用	在规定长期应力试验条件时，考虑机械应力
5.4.3.1　概述 5.4.3　要求	GB/T 16935.1 中 5.3.3.1 适用	在考虑固体绝缘可触及表面的电气应力时规定进一步信息
6.1.1　概述 6.1　试验		对于在完成型式试验后预期或被要求用于未来使用的试品，考虑按 6.1.3.5 及附录 C 合并任意高压试验及局部放电测量
6.1.2.2.1.1　概述 6.1.2.2.1　冲击电压介电试验		根据 6.1.2.2.2 规定作为替代方案的介电试验
6.1.2.2.1.1　概述 6.1.2.2.1　冲击电压介电试验		在实际应用中，对表 F.5 中的脉冲试验电压数值进行圆整化
6.1.2.2.2.1　概述 6.1.2.2.2　冲击电压节点试验的代替试验		作为对 6.1.2.2.1 中给定的冲击电压试验的替代，可对特殊设备规定一个交流或直流试验，并考虑到其可对某些固体绝缘造成过载和损坏
6.1.3.1　试验选择		在进行介电试验之前，规定考虑振动和机械冲击的试验方法
6.1.3.4.1　试验方法		当短时暂态过电压导致了对试验电压幅度的最严酷要求时，可将试验的持续时间降至最低值 5 s
	C.4.3　局部放电试验的校准	在规定再校准的时间间隔时，应考虑：在局部放电表计不足够灵敏时，可能具有破坏性的放电可不被察觉
	附录 F 表 F.4　避免由于电痕化故障的爬电距离	基于表 F.4 数值对超过 10 000 V 电压定尺寸

C.3　要求制造商责任的章节

在具备或不具备产品标准情形下使用 GB/T 16935.1 时，要求制造商不仅进行所有的相关定尺寸和试验，还要进行以下列表中的项目。

表 C.3 GB/T 16935.5 中的章节标题及要求的制造商责任

GB/T 16935.5—2008 中章节标题	引用 GB/T 16935.1—2008	要求的责任 (在引用到 GB/T 16935.1—2008 时, 需考虑 GB/T 16935.1—2008 中的相关条款)
	3.9 额定电压	为作为操作和性能特性对象的部件、电器或设备分配电压值
	3.9.1 额定绝缘电压	为设备或设备的某一部分分配耐受电压有效值,规定其绝缘的(长时)耐受特性
	3.9.2 额定冲击电压	为设备或设备的某一部分分配冲击耐受电压,规定其绝缘抗瞬态过电压的耐受特性
	3.9.3 额定再现峰值电压	为设备或设备的某一部分分配再现峰值耐受电压,规定其绝缘抗再现峰值电压的耐受特性
	3.9.4 额定暂态过电压	为设备或设备的某一部分分配暂时耐受过电压,规定其绝缘抗再现峰值电压的耐受特性
5.3.2.4 爬电距离的方向和位置	GB/T 16935.1 中 5.2.2.4 适用	如有必要,指示设备的或部件的预期方向,从而其爬电距离不受累积的污染物的不利影响
6.1.5.2 抽样和常规试验	GB/T 16935.1 中适用	规定用以确保生产质量的抽样试验和常规试验,试验中波形及电压水平的选取应试的可检测出故障而不致对设备(固体绝缘或部件)造成破坏

附 录 D
（资料性附录）
超过 1 000 V 直流电压下对电气间隙和爬电距离定尺寸

D.1 导论

GB/T 16935.1—2008 的对象是低压系统内设备的绝缘配合，额定电压直流不超过 1 500 V。GB/T 16935.1—2008 中未给出任何有关超过 1 000 V 而不超过 1 500 V 的直流电压的详细数值。本附录 D 修正了 GB/T 16935.1—2008 中的附录 F。

D.2 直接由低压电网供电的设备的额定冲击电压

表 D.1 在使用中可作为 GB/T 16935.1—2008 中表 F.1 提供的信息的补充。

表 D.1 设备额定冲击电压

基于 GB/T 156 电源系统的标称电压	从直流标称电压导出 线对中性点的电压/V （小于或等于）	额定冲击电压			
		过电压类别[a]			
单相 V		I V	II V	III V	IV V
引用 GB/T 16935.1—2008 中表 F.1	最高 1 000 V，引用 GB/T 16935.1—2008 中表 F.1	引用 GB/T 16935.1—2008 中表 F.1			
1 500 直流[b]	1 500	6 000	8 000	10 000	15 000

[a] 过电压类别的解释可见 GB/T 16935.1—2008 中 4.3.3.2.2。

[b] 对于应用于铁路中的相关信息，应检查与 SAC/TC 205 之间的协调性。

D.3 对基本绝缘、附加绝缘及加强绝缘的电气间隙定尺寸

基本绝缘和附加绝缘的电气间隙分别按照 GB/T 16935.1—2008 中表 F.2 规定进行。

考虑冲击电压，加强绝缘的电气间隙的定尺寸应按如 GB/T 16935.1—2008 中 5.1.6 中的要求进行。

D.4 爬电距离定尺寸

对于超过 1 000 V 的直流电压的爬电距离定尺寸，可见 GB/T 16935.1—2008 中表 F.4。

参 考 文 献

[1] GB 14048.1—2012 低压开关设备和控制设备 第1部分:总则

[2] GB/T 16915.1 家用和类似用途固定式电气装置的开关 第1部分:通用要求

[3] GB/T 20640 电气附件家用断路器和类似设备 辅助触头组件

[4] IEC 60050-151, *International Electrotechnical Vocabulary—Part 151: Electrical and magnetic devices*

[5] IEC 60050-212, *International Electrotechnical Vocabulary—Part 212: Electrical insulating solids, liquids, and gases*

[6] IEC 60050-604, *International Electrotechnical Vocabulary—Part 604: Production, transport et distribution de l'énergie électrique—Exploitation*

[7] IEC 60050-826, *Electrical installations*

[8] IEC 60038, *IEC standard voltages*

[9] IEC 60079 (all parts), *Explosive atmospheres*

[10] IEC 60194, *Printed board design, manufacture and assembly—Terms and definitions*

[11] IEC 60669-1:1998, *Switches for household and similar fixed-electrical installations—Part 1: General requirements* Amendment 1 (1999), Amendment 2 (2006)

[12] IEC 60947-1:2007, *Low-voltage switchgear and controlgear—Part 1: General rules*

[13] IEC 62019: 1999, *Electrical accessories—Circuit-breakers and similar equipment for household use—Auxiliary contact units* Amendment 1 (2002)

[14] ISO/IEC Guide 2, *Standardization and related activities—General vocabulary*

ICS 59.080.01
W 04

GB

中华人民共和国国家标准

GB/T 16988—2013
代替 GB/T 16988—1997

特种动物纤维与绵羊毛混合物含量的测定

Quantitative determination for mixtures of special animal fibre and wool

2013-12-17 发布　　2014-11-01 实施

中华人民共和国国家质量监督检验检疫总局
中国国家标准化管理委员会　发布

前　言

本标准按照 GB/T 1.1—2009 给出的规则起草。

本标准代替 GB/T 16988—1997《特种动物纤维与绵羊毛混合物含量的测定》。

本标准与 GB/T 16988—1997 相比主要技术变化如下：

——增加了范围中对特种动物纤维的描述(本版的条款 1)；

——增加了一个规范性引用文件(本版的条款 2)；

——修改了使用的仪器与工具(1997 版的条款 4；本版的条款 4)；

——修改了试验使用的试剂(1997 版的条款 5；本版的条款 5)；

——增加了绒条试样的取样数量(本版的 7.2.2)；

——修改了深色试样的处理方法(1997 版的条款 9、附录 B；本版的 10.3 及附录 B)；

——修改了散纤维的样品制备方法(1997 版的 10.1；本版的 9.1)；

——增加了绒条的样品制备方法(本版的 9.2)；

——修改了机织物的取样数量和样品制备方法(1997 版的 7.2.3、10.3；本版的 7.2.5、9.4)；

——修改了试验结果中纤维平均直径的计算公式(1997 版的 12.1；本版的 11.1)；

——增加了试样平均直径的计算公式(本版的 11.3)；

——修改了原附录 A、附录 B 和附录 C。

本标准的附录 A、附录 C 为规范性附录，附录 B、附录 D 为资料性附录。

本标准由中国纺织工业协会提出。

本标准由全国纺织品标准化技术委员会毛纺织分会(SAC/TC 209/SC 3)归口。

本标准起草单位：上海市毛麻纺织科学技术研究所、北京毛纺织科学研究所、国家纺织制品质量监督检验中心。

本标准主要起草人：陈思唯、曹宪华、隋树香、张燕、苏琼、顾红。

本标准所代替标准的历次版本发布情况为：

——GB/T 16988—1997。

特种动物纤维与绵羊毛混合物含量的测定

1 范围

本标准规定了使用投影显微镜对山羊绒、兔毛、马海毛、驼绒(毛)、牦牛绒(毛)、羊驼毛等绒毛类型的特种动物纤维、绵羊毛及其混合物中各组分纤维含量的测定方法。

本标准适用于特种动物纤维、绵羊毛及其混合物。

2 规范性引用文件

下列文件对于本文件的应用是必不可少的。凡是注日期的引用文件，仅注日期的版本适用于本文件。凡是不注日期的引用文件，其最新版本(包括所有的修改单)适用于本文件。

GB/T 6529 纺织品 调湿和试验用标准大气

GB/T 8170 数值修约规则与极限数值的表示和判定

GB 9994 纺织材料公定回潮率

GB/T 10685 羊毛纤维直径试验方法 投影显微镜法

3 原理

特种动物纤维、绵羊毛混合物含量的测定，是根据特种动物纤维与绵羊毛的鳞片结构特征，在投影显微镜或显微镜成像分析仪上分辨出各类纤维，并分别记录其根数，同时测量其直径，通过公式计算出特种动物纤维、绵羊毛及其混合物的质量百分比。

4 仪器与工具

4.1 投影显微镜或显微镜成像分析仪。

4.2 哈氏切片器或双刀片。

4.3 载玻片、盖玻片、剪刀、镊子、丝绒布、表面皿等。

4.4 烘箱、天平。

5 试剂

液体石蜡(化学纯 CP)。

6 试验环境

预调湿、调湿和试验用标准大气按 GB/T 6529 规定。

7 取样

7.1 供试验用的样品，应从同一品种、同一批号中抽取。

7.2 取样数量见以下情况。

7.2.1 散纤维试样:按总批量包数的 50%,采用多点法抽取约 50 g 的测试样品。将测试样品分为两份,一份为试验的代表性样品,另一份为备样。

7.2.2 绒条试样:从总量中任意抽取不少于 10 根的绒条,然后将绒条从中间扯断成两份,每份不得短于 20 cm,一份为试验的代表性样品,另一份为备样。

7.2.3 纱线试样:从 10 个筒子纱或绞纱中间截取约 20 cm 长的纱段至少 150 根。然后将纱线从中部剪断分成两份,一份为试验的代表性样品,另一份为备样。

7.2.4 机织物试样:距布边 10 cm 处阶梯形取三块 5 cm×10 cm 的测试样品并标明经纬向(如织物按花形循环,则每块至少应取一个完整花形的整数倍)。沿经向将其从中间剪断平分成为两份,一份为试验的代表性样品,另一份为备样。

7.2.5 针织物试样:将针织物拆成纱线,截取 20 cm 长纱段至少 150 根。然后将纱线从中部剪断分成两份,一份为试验的代表性样品,另一份为备样。

8 预调湿、调湿

在第 6 章规定条件下预调湿、调湿试样。试样回潮率低于公定回潮率时可不进行预调湿。各类纤维的公定回潮率见 GB 9994。

9 样品制备

本试验共制作三个试验试样,所制样品应确保纤维的测量根数不少于 1 500 根。其中两份由两名操作者各自独立试验,若两者结果有差异时,应测试第三个试验试样。

9.1 散纤维

9.1.1 将试验代表性样品平铺于试验台上,用镊子在不同部位等量镊取至少约 500 mg 纤维(总共不少于 20 点),混合并尽量均匀地分成三份。稍加整理使纤维基本呈平行状态。

9.1.2 用哈氏切片器或双刀片在纤维中部切取 0.4 mm～0.6 mm 左右长的纤维片段,每束纤维只能切一次,不得重复切取,不得丢失。

9.1.3 将纤维片段全部置于表面皿上,滴入适量液体石蜡,用镊子搅拌,使之均匀分布在介质内。然后取适量试样放到载玻片上,盖上盖玻片。盖时应先去除多余的黏性介质混合物,保证覆上盖玻片后不会有介质从盖玻片下挤出,以免纤维流失。

9.2 绒条

9.2.1 将每根绒条沿纵向剖取 1/3 左右。

9.2.2 在绒条的中部用哈氏切片器或双刀片切取 0.4 mm～0.6 mm 左右长的纤维片段,不得重复切取,不得丢失。

9.2.3 其余操作同 9.1.3。

9.3 纱线

9.3.1 将试验代表性样品尽量均匀地分成三份。

9.3.2 每份用哈氏切片器或双刀片切取 0.4 mm～0.6 mm 左右长的纤维片段,每根纱线只能切一次,不得重复切取,不得丢失。

9.3.3 其余操作同 9.1.3。

9.4 机织物

9.4.1 对经纬向纱线有明显差异的代表性样品应先拆出经纬纱，然后分别称重（如织物按花形循环，则至少应拆分一个完整花形的整数倍）。两向各取纱段至少 150 根，尽量均匀地分成三份。如果织物经纬向纱线无明显差异，可切取一个完整正方形内的全部纱线作为一个试验试样。

9.4.2 其余操作同 9.3.2 及 9.3.3。

9.5 针织物

拆出纱线后，按 9.3 操作。

10 测量

10.1 按 GB/T 10685 试验步骤中规定的方法，观察进入视野的各类纤维，并按要求测量各类纤维的直径，每种纤维的直径测量根数不得少于 300 根。同时根据纤维的形态结构特征鉴别其类型，见附录 A，分别记录各类纤维的根数，每个试验试样共测试 1 500 根以上纤维。

注：若纤维根数已够 1 500 根，而载玻片只移动到中间，则要继续计数到边端方可停止。若上述某类纤维在混和物中的含量比例较低，试样达不到测量直径要求的根数，则量取片子上此类纤维全部根数为止。

10.2 山羊绒纤维直径大于 30 μm，牦牛绒纤维直径大于 35 μm，驼绒纤维直径大于 40 μm，兔毛纤维直径大于 30 μm 的观测纤维，分别记作山羊毛、牦牛毛、驼毛、粗兔毛，测量其直径和纤维根数。上述各类纤维的根数占样品被检根数的比例小于 0.3% 的，可忽略不计。

10.3 深色试样可在显微镜成像分析仪上使用黑白摄像头进行测量和鉴别，方法同上。若不具备该条件，则应在尽量不损伤纤维鳞片的前提下对深色试样进行褪色处理。处理方法参见附录 B。

11 试验结果计算

11.1 某组分纤维的平均直径和标准差分别按式(1)和式(2)计算：

$$D=\frac{\sum(A\times F)}{\sum F} \qquad \cdots\cdots(1)$$

$$S=\sqrt{\frac{\sum F(A-D)^2}{\sum F}} \qquad \cdots\cdots(2)$$

式中：

D ——纤维平均直径，单位为微米(μm)；

A ——组中值，单位为微米(μm)；

F ——测量根数；

S ——标准差，单位为微米(μm)。

平均直径和标准差的试验结果按 GB/T 8170 修约至两位小数。

11.2 各组分纤维质量百分比按式(3)计算：

$$P_i=\frac{N_i(D_i^2+S_i^2)\rho_i}{\sum[N_i(D_i^2+S_i^2)\rho_i]}\times 100 \qquad \cdots\cdots(3)$$

式中：

P_i ——某组分纤维质量百分比，%；

N_i ——某组分纤维的计数根数；

D_i ——某组分纤维平均直径，单位为微米(μm)；

S_i ——某组分纤维平均直径标准差，单位为微米(μm)；

ρ_i ——某组分纤维的密度，单位为克每立方厘米(g/cm^3)。

注：各种动物纤维的密度见附录C。

试验结果以两次计算结果的平均值表示，若两次计算结果的差异大于3.0%时，应测量第三个试样，最终结果取三个试样计算结果的平均值。(兔毛纤维含量百分比为细毛纤维与粗毛纤维含量百分比之和。)

含量试验结果按GB/T 8170修约至一位小数。计算实例参见附录D。

11.3 当试验样品含有两种或两种以上纤维时，可按式(4)计算其平均直径：

$$d_i = \frac{\sum(D_i \times N_i)}{\sum N_i} \quad \cdots\cdots(4)$$

式中：

d_i ——试样的平均直径，单位为微米(μm)；

D_i ——某组分纤维平均直径，单位为微米(μm)；

N_i ——某组分纤维的计数根数。

11.4 机织物中某组分纤维质量百分比可按式(5)计算：

$$P_i = \frac{P_{iT} \times W_T + P_{iW} \times W_W}{W_T + W_W} \times 100 \quad \cdots\cdots(5)$$

式中：

P_i ——机织物中某组分纤维质量百分比，%；

P_{iT} ——某组分纤维在机织物经纱中的质量百分比，%；

W_T ——机织物试样中经纱的质量，单位为克(g)；

P_{iW} ——某组分纤维在机织物纬纱中的质量百分比，%；

W_W ——机织物试样中纬纱的质量，单位为克(g)。

12 试验报告

试验报告包括以下内容：

a) 试样的品名、品号或名称；

b) 所测试样的各类纤维的名称及其含量百分比，%；

c) 试验日期、温湿度条件；

d) 仪器编号及试验人员姓名或代号。

附 录 A
（规范性附录）
常用动物纤维的表面形态特征

A.1 山羊绒

山羊绒由鳞片和皮质层组成，没有髓质层。鳞片边缘光滑，类似环状包覆于毛干，覆盖间距比羊毛大，鳞片密度为 60 个/mm～80 个/mm，鳞片较薄，紧抱于毛干，开张角较小，横截面多为规则的圆形。粗毛纤维由鳞片层、皮质层和髓质层三部分组成，在粗毛毛干下部的鳞片边缘光滑或稍有波形；近毛尖部分的鳞片边缘呈锯齿形。粗毛横截面近似圆形，也有的呈椭圆形。

A.2 兔毛

兔毛基本上都有髓质层，仅有极少数部分的细毛无毛髓，绒毛的毛髓呈断续状和单列梯状，其横截面呈不规则四边形，中间有一个空腔。粗毛的毛髓呈梯状，有双列、三列、四列，极少数的可达到十列以上，其横截面呈腰圆形或椭圆形，中间有一个至数个空腔，兔毛的鳞片多为木纹斜条形。

A.3 马海毛

马海毛为异质毛，夹杂有一定数量的有髓毛和死毛。鳞片扁平紧贴于毛干，很少重叠，表面光滑，光泽强，纤维的截面形状呈椭圆形或近似圆形。

A.4 驼绒（毛）

驼绒纤维的色泽有乳白、浅黄、黄褐、棕褐色等，主要由鳞片层、皮质层组成，有的纤维还有髓质层，表面鳞片较少，呈不完全覆盖，边缘光滑，鳞片密度为 40 个/mm～90 个/mm，其截面形状大都近似圆形。驼绒的髓质层较细，为间断型，粗毛的髓质层呈细而窄条连续分布。

A.5 牦牛绒（毛）

牦牛绒纤维鳞片呈环状，鳞片边缘整齐，紧贴于毛干，鳞片密度为 100 个/mm～130 个/mm，毛色为黑色、棕褐色。粗毛略有毛髓，外形平直，表面光滑。

A.6 羊驼毛

羊驼毛纤维鳞片比较薄，呈不完全覆盖，边缘光滑，紧贴于毛干，大多有连续的髓质层，部分髓质层呈点状，其横截面近似圆形。

A.7 绵羊毛

细羊毛的鳞片多呈环状，每个鳞片形成一个环套，套在毛干周围，一个鳞片的根部由另一个鳞片的梢部覆盖。粗毛多呈瓦状和龟裂状。细羊毛的鳞片密度约为 80 个/mm～110 个/mm，粗毛在 50 个/mm左右。鳞片厚度约为 0.5 μm～1 μm，开张角较大。截面多为椭圆形。

附 录 B
（资料性附录）
褪 色

B.1 将 0.20 g 柠檬酸盐和 0.09 g 氢氧化钠溶于 15 mL 水中，充分溶解。

B.2 取有代表性试样 0.5 g(机织样品需拆至纱线状态)，置于已配好的溶液中。

B.3 在 70 ℃±2 ℃水浴振荡器中振荡 30 min，使所有的试样充分润湿。

B.4 加入 0.6 g 固体连二亚硫酸钠，并立即密闭振摇。

B.5 将反应器载于 70 ℃±2 ℃水浴振荡器中振荡 10 min。

B.6 取出试样洗净、烘干，经调湿后即可进行试验。

附 录 C
（规范性附录）
常用动物纤维密度表

纤维种类	密度 g/cm^3
山羊绒(毛)	1.30
兔毛	1.10
粗兔毛	0.95
牦牛绒(毛)	1.32
驼绒(毛)	1.31
马海毛	1.32
羊驼毛	1.30
绵羊毛	1.31

附 录 D
（资料性附录）
计算实例

样品编号：				试验日期：
样品名称：				温度：
试验依据：				湿度：
组别 μm	组中值 A μm	测量根数 F_1 羊绒	测量根数 F_2 羊毛	检验结果
0.0～2.5	1.25			
2.5～5.0	3.75			
5.0～7.5	6.25			
7.5～10.0	8.75	3		
10.0～12.5	11.25	58	3	
12.5～15.0	13.75	107	10	
15.0～17.5	16.25	87	15	
17.5～20.0	18.75	31	12	羊绒纤维含量：95.5％ 羊毛纤维含量：4.5％
20.0～22.5	21.25	12	7	
22.5～25.0	23.75	6	3	
25.0～27.5	26.25	2	2	
27.5～30.0	28.75			
30.0～32.5	31.25			
32.5～35.0	33.75			
35.0～37.5	36.25			
37.5～40.0	38.75			
40.0～42.5	41.25			
42.5～45.0	43.75			
45.0～47.5	46.25			
47.5～50.0	48.75			$D=\frac{\Sigma(A\times F)}{\Sigma F}$
50.0～52.5	51.25			$S=\sqrt{\frac{\Sigma F(A-D)^2}{\Sigma F}}$
52.5～55.0	53.75			
55.0～57.5	56.25			$P_i=\frac{N_i(D_i^2+S_i^2)\rho_i}{\Sigma[N_i(D_i^2+S_i^2)\rho_i]}\times 100$
57.5～60.0	58.75			
60.0～62.5	61.25			
62.5～65.0	63.75			
65.0～67.5	66.25			

表（续）

<table>
<tr><td colspan="4">样品编号：</td><td>试验日期：</td></tr>
<tr><td colspan="4">样品名称：</td><td>温度：</td></tr>
<tr><td colspan="4">试验依据：</td><td>湿度：</td></tr>
<tr><td>组别
μm</td><td>组中值 A
μm</td><td>测量根数 F_1
羊绒</td><td>测量根数 F_2
羊毛</td><td>检验结果</td></tr>
<tr><td>67.5～70.0</td><td>68.75</td><td></td><td></td><td rowspan="4">$D=\frac{\Sigma(A\times F)}{\Sigma F}$
$S=\sqrt{\frac{\Sigma F(A-D)^2}{\Sigma F}}$
$P_i=\frac{N_i(D_i^2+S_i^2)\rho_i}{\Sigma[N_i(D_i^2+S_i^2)\rho_i]}\times 100$</td></tr>
<tr><td>平均直径 D/μm</td><td></td><td>15.02</td><td>17.55</td></tr>
<tr><td>标准差 S/μm</td><td></td><td>3.05</td><td>3.59</td></tr>
<tr><td>计数根数 N</td><td></td><td>1 533</td><td>52</td></tr>
</table>

试验：　　　　复核：　　　　使用仪器：

ICS 59.080.70
W 59

中华人民共和国国家标准

GB/T 16989—2013
代替 GB/T 16989—1997

土工合成材料 接头/接缝宽条拉伸试验方法

Geosynthetics—Tensile test for joints/seams by wide-width strip method

(ISO 10321:2008, MOD)

2013-10-10 发布　　2014-05-01 实施

中华人民共和国国家质量监督检验检疫总局
中国国家标准化管理委员会　发布

前　言

本标准按照GB/T 1.1—2009给出的规则起草。

本标准代替GB/T 16989—1997《土工布　接头/接缝宽条拉伸试验方法》。本标准与GB/T 16989—1997相比，主要差异如下：

——将标准名称中的土工布改为土工合成材料，文本中的部分土工布相应地改为土工合成材料；

——原引言中的部分内容并入第1章，范围中增加了不适用的产品；

——第2章中增加了GB/T 6682、GB/T 13759和GB/T 16825.1三个引用标准；

——3.3和3.4两个术语中的表示单位调整为注；

——5.1中删除了CRT拉伸试验机，增加了"符合GB/T16825.1中2级的要求"；

——将夹具单独作为5.2，并增加了图1；

——删除了原6.3试样制备；

——增加了6.3.1通则；

——将6.4的标题由"方向特征"改为"指标特征"；

——8.1中修改了量程选择要求，增加了第3段；

——删除了8.3中剔除数据的条件，增加8.4剔除准则；

——第9章中接头/接缝强度和效率的计算公式中字母符号改为GB/T 13759中规定的字母符号。

本标准修改采用ISO 10321:2008《土工合成材料　接头/接缝宽条拉伸试验方法》(英文版)。本标准与ISO 10321:2008相比，主要差异如下：

——将范围中有关试样的描述及图并入6.3.1中，图的编号由图1调整为图2；

——规范性引用文件中由相应的国家标准替代了国际标准，其中GB/T 6529代替了ISO 554。

本标准由中国纺织工业联合会提出。

本标准由全国纺织品标准化技术委员会产业用纺织品分技术委员会(SAC/TC 209/SC 7)归口。

本标准起草单位：中纺标(北京)检验认证中心有限公司、上海纺织科学研究院、水利部上海勘测设计院。

本标准主要起草人：郑宇英、董翔、迟景魁。

本标准所代替标准的历次版本发布情况为：

—— GB/T 16989—1997。

土工合成材料　接头/接缝宽条拉伸试验方法

1　范围

本标准规定了采用宽条样测定土工合成材料的接头和接缝拉伸性能的方法。

本标准适用于大多数的土工合成材料，也适用于土工格栅，但试样尺寸可能需作适当改变。本标准不适用于聚合物或沥青防渗土工膜。

本标准定量测定土工合成材料的接头或接缝的拉伸强力，能够提供数据表明可达到的接头/接缝强力。

根据接头/接缝拉伸强力和按GB/T15788测定的无接头/接缝材料的拉伸强力，能够计算接头/接缝效率。

本标准包括测定调湿的和浸湿的试样拉伸性能的两种程序。

对某些特定的土工合成材料，例如由玻璃纤维制造的高强土工网或产品，为防止其在夹具内滑移或损伤，可能需要对某些技术进行修改。

2　规范性引用文件

下列文件对于本文件的应用是必不可少的。凡是注日期的引用文件，仅注日期的版本适用于本文件。凡是不注日期的引用文件，其最新版本(包括所有的修改单)适用于本文件。

GB/T 6529　纺织品　调湿和试验用标准大气(GB/T 6529—2008，ISO 139:2005，MOD)

GB/T 6682　分析实验室用水规格和试验方法(GB/T 6682—2008，ISO 3696:1987，MOD)

GB/T 13759　土工合成材料　术语和定义(GB/T 13759—2009，ISO 10318:2005，IDT)

GB/T 13760　土工合成材料　取样和试样准备(GB/T 13760—2009，ISO 9862:2005，IDT)

GB/T 15788　土工布及其有关产品　宽条拉伸试验(GB/T 15788—2005，ISO 10319:1993，MOD)

GB/T 16825.1　静力单轴试验机的检验　第1部分：拉力和(或)压力试验机测力系统的检验与校准(GB/T 16825.1—2008，ISO 7500-1:2004，IDT)

3　术语和定义

GB/T 13759中界定的以及下列术语和定义适用于本文件。

3.1

接缝　seam

将两块或多块分开的一种或多种平面结构材料，如土工合成材料或有关产品连接起来的连续缝迹。

3.2

接头　joint

将两块或多块分开的土工合成材料，由除缝合外的其他方法连接起来的连接处。

3.3

接头/接缝强度　joint/seam strength

由连接两块或多块平面结构材料所形成的连接处的最大拉伸强度。

注：以每米千牛表示。

3.4

接头/接缝效率　joint/seam efficiency

土工合成材料的接头或接缝强度与在同方向上所测定的该材料的拉伸强度之比。

注：以百分率表示。

4　原理

将200 mm宽且含有一接头/接缝的土工合成材料试样的整个宽度夹持在拉伸试验机的夹具上，以规定的伸长速率拉伸(拉伸方向垂直于接头/接缝)，在拉伸力的作用下直至试样的接头/接缝断裂。

5　设备及材料

5.1　拉伸试验机

等速伸长型拉伸试验机，符合GB/T 16825.1中的2级要求。

5.2　夹具

应具有足够宽度以夹持试样的整个宽度，有适当的方式限制试样的滑移或损伤。每个夹钳表面的宽度应至少与试样(200 mm)同宽。

注：选择夹钳面最重要的是能限制试样的滑移，特别是对强力土工合成材料。已证明图1给出的夹具实例可获得满意的效果。

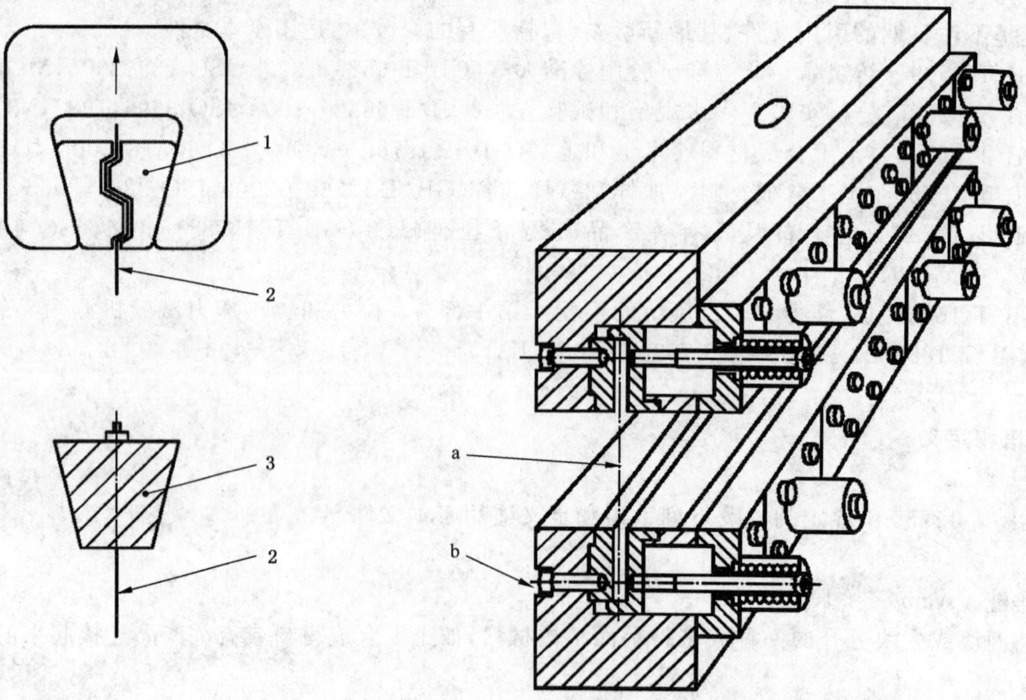

a）楔型夹具　　b）压缩块夹具

图1　土工合成材料试验用夹具示例

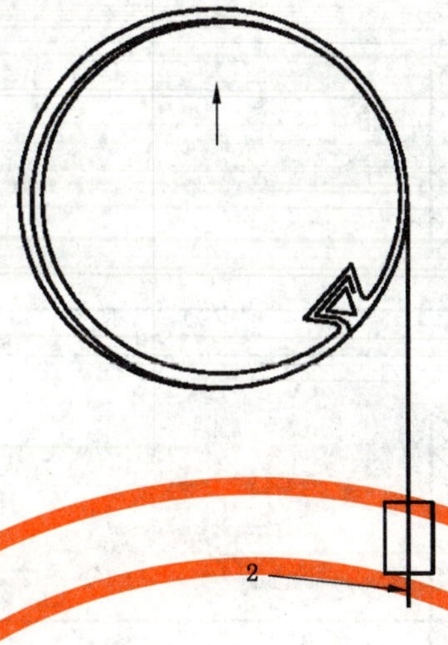

c) 绞盘夹具

说明：
1——锯齿形楔块；
2——土工合成材料；
3——环氧树脂或软金属楔块；
a——试样最大长度：0.5 mm；
b——压缩力可调至 400 kN。

图 1（续）

5.3 水

仅为浸湿试样用，符合 GB/T 6682 中规定的三级水。

5.4 非离子润湿剂

仅为浸湿试样用。

6 试样

6.1 试样数量

剪取至少 5 块试样，每块试样含有接缝或接头。

6.2 试样选取

根据 GB/T 13760 选取试样。

6.3 试样尺寸

6.3.1 通则

从连接或缝合的样品中剪取试样，每块试样应具有足够的长度以保证 100 mm 加接头或接缝宽度 b 的初始夹持长度(见图 2)，使接头或接缝位于垂直于拉力方向的试样中心线上。

作为所有土工合成材料接头或接缝的基本试验，试样宽度为 200 mm，接头或接缝处的试样两侧加宽 25 mm，保证试验过程中接头或接缝的稳定(见图 2)。

单位为毫米

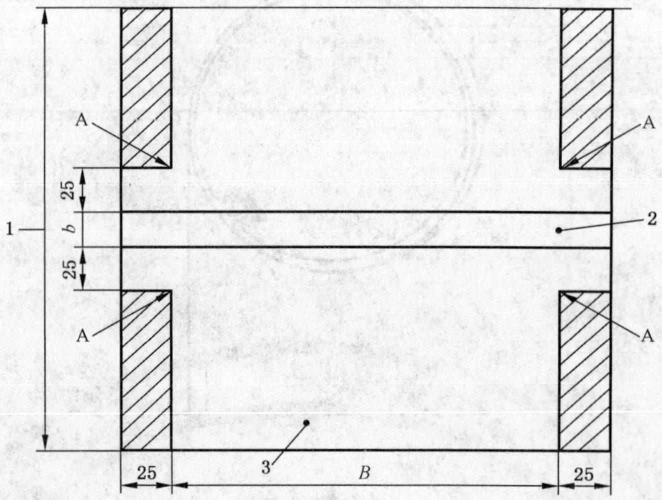

说明：

1——试样长度；

2——接头/接缝；

3——制备好的试样；

A——见 6.3.5 和 8.4 b)；

B——试样宽度；

b——接头/接缝宽度。

图 2　试样的准备

6.3.2　非织造土工布

非织造土工布按图 2 所示剪取试样，每块试样最终宽度为 200 mm，在平行于接头/接缝的两端各延长出 25mm。从试样上剪去阴影区域时，A 角应为 90°。

6.3.3　机织土工布

对于机织土工布，在离开试样中心线 25 mm 加上 $b/2$ 的距离处剪 25 mm 长的切口，以便拆去边纱得到 200 mm 的名义宽度。

6.3.4　土工格栅

对于土工格栅，试样宽度至少为 200 mm，包含不少于 5 个拉伸单元，长度应大于 100 mm 加接头宽度。试样应包含与宽条拉伸试验相同的拉伸单元，接头两侧应含有至少一排节点或交叉组织，这些节点或交叉组织不应包括被夹钳夹持住的及形成接头的节点或交叉组织。剪去离开节点至少 10 mm 处的所有肋条或交叉组织(见图 3)。

试样两侧要做成接头的交叉组织至少应比被测试的拉伸单元宽 1 个节距，以利形成接头。

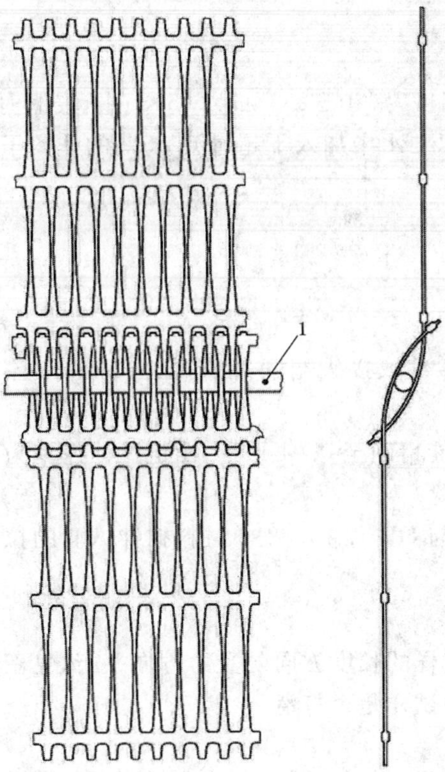

说明：
1——粗针。

图 3 土工格栅试样的示例图

6.3.5 针织土工布

对于针织土工布、土工复合材料布或其他土工材料，用刀剪切试样可能会影响其结构，此时可采用热切，但应避免损伤试样，特别是图 2 中 A 的部位。

6.3.6 湿试样

如果需要湿试验，另剪取 5 块试样。

6.4 指标特征

作为接头/接缝的指标特征试验时，接合/缝合在一起的两个单元应是同一方向(经向或纬向、纵向或横向)，接头/接缝垂直于受力方向。

7 调湿

7.1 调湿和试验用大气

试样应在 GB/T 6529 规定的标准大气，即温度为(20±2)℃，相对湿度为(65±4)%的条件下调湿和试验。当连续称量间隔不小于 2 h，试样的质量变化不超过 0.25%时，可认为达到平衡状态。

如果能从结构和高聚物类型均相同的产品得到证明，试验结果不受温度和相对湿度的影响，可不在标准大气下进行调湿和试验。该信息应在报告中说明。

7.2　湿态试验

对于湿态试验，试样应浸入温度为(20±2)℃的水(5.3)中，浸润时间应足以使试样完全润湿或者至少 24 h。为使试样完全湿润，可以在水中加入不超过 0.05%的非离子型润湿剂(5.4)。

8　步骤

8.1　设定拉伸试验机

调整夹钳间距为 100 mm+接缝或接头宽度，精确至±3 mm，土工格栅以及采用绞盘式夹具时的土工合成材料除外。

选择负荷量程使拉伸断裂力能精确至 0.01 kN。设定拉伸速率为(20±5)%/min。对于湿态试样，在从水中取出后 3 min 内进行试验。

如果测定接头/接缝效率，应与 GB/T 15788 中材料拉伸试验的拉伸速率相同。

8.2　夹持试样

将试样放入夹钳中心位置，试样的长度方向与受力方向平行(见图 4)。如果适当，夹好后在近钳口处画一直线，以便观察试验过程中试样是否打滑。

单位为毫米

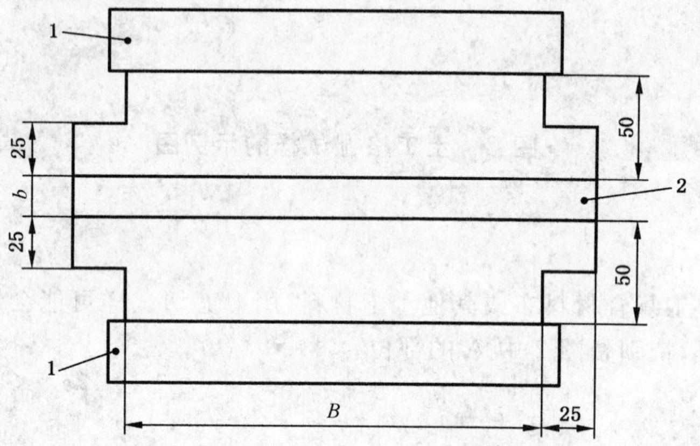

说明：

1——夹具；

2——接头/接缝；

B——试样宽度，200 mm；

b——接头/接缝宽度。

图 4　接头/接缝试样在夹具中的示例

8.3　测定接头/接缝拉伸强度

开启强力机，直至接头/接缝或材料本身断裂。记录最大强力值，精确至 0.01 kN。观察和记录断裂原因：

a)　材料断裂；

b)　缝线断裂；

c)　材料与接头/接缝滑脱；

d)　撕裂型的纱线断裂；

e) 接缝开裂；

f) 上述两种或多种组合；

g) 其他破坏形式。

8.4 剔除准则

出现下列情况时，剔除该试验结果并另取试样进行试验：

a) 单个数据大于5个试样平均值减去3倍标准偏差时；

b) 试样是从图2的A点处开始断裂；

c) 试样在夹具中滑移。

9 结果的表达

9.1 接头/接缝强度

按式(1)计算具有相同接缝试样的平均最大接头或接缝强度。

$$T_{j/s\,max}=F_{max}\times c \qquad (1)$$

式中：

$T_{j/s\,max}$——接头/接缝强度，单位为千牛每米(kN/m)；

F_{max} ——记录的最大力值，单位为千牛(kN)；

c ——由式(2)或式(3)求得。

对非织造土工布或紧密型机织土工布或类似材料：

$$c=1/B \qquad (2)$$

式中：

B——试样宽度，单位为米(m)，通常为0.2 m，见图1。

对于稀松机织土工布、土工网、土工格栅或类似材料：

$$c=N_m/n_s \qquad (3)$$

式中：

N_m ——样品1 m宽内的平均拉伸单元数；

n_s ——试样内的拉伸单元数。

9.2 接头/接缝效率

如有要求，按式(4)计算接头/接缝效率。无接头/接缝材料的拉伸强度按GB/T 15788测定，其方向应与接头/接缝试验相同。

$$\xi_{j/s}=100\times(T_{j/s}/T_{max}) \qquad (4)$$

式中：

$\xi_{j/s}$ ——接头/接缝效率，%；

$T_{j/s}$ ——平均接头/接缝强度，单位为千牛每米(kN/m)；

T_{max} ——无接头/接缝材料的平均拉伸强度，单位为千牛每米(kN/m)。

10 试验报告

试验报告应包括下列内容：

a) 本标准的编号；

b) 样品描述、接头/接缝的接合方法、宽度及方向、试样是否采用热切；

c) 试样的状态,即干态或湿态;

d) 试样数量;

e) 夹具的类型,包括夹钳尺寸和夹钳表面;

f) 采用的标准大气;如果在非标准大气下试验,应提供温湿度对试验结果影响的数据;

g) 接头/接缝强度的平均值;如果需要,提供接头/接缝强度单个测定值及其变异系数;

h) 每个试样的断裂类型;

i) 如果有要求,接头/接缝效率。

ICS 53.040.20
G 42

中华人民共和国国家标准

GB/T 17044—2013/ISO 8094:1984
代替 GB/T 17044—1997

钢丝绳芯输送带　覆盖层与带芯层粘合强度试验

Steel cord conveyor belts—Adhension strength test of the cover to the core layer

(ISO 8094:1984,IDT)

2013-06-09 发布　　2014-03-01 实施

中华人民共和国国家质量监督检验检疫总局
中国国家标准化管理委员会　发布

前　言

本标准按照 GB/T 1.1—2009 给出的规则起草。

本标准代替 GB/T 17044—1997《钢丝绳芯输送带　覆盖层与带芯层粘合强度试验方法》，与 GB/T 17044—1997相比，主要技术变化如下：

——规范性引用文件中，原标准是注日期引用，本标准是不注日期引用（见第 2 章，1997 年版的第 2 章）；

——修改了对拉力试验机的规定（见第 4 章，1997 年版的第 4 章）；

——删除了试样尺寸示意图（见 1997 年版的 5.1 中的图 1）。

本标准使用翻译法等同采用 ISO 8094:1984《钢丝绳芯输送带　覆盖层与带芯层粘合强度试验》。

与本标准中规范性引用的国际文件有一致性对应关系的我国文件如下：

——GB/T 532—2008　硫化橡胶或热塑性橡胶与织物粘合强度的测定（ISO 36:2005，IDT）；

——GB/T 12833—2006　橡胶和塑料　撕裂强度和粘合强度测定中的多峰曲线分析（ISO 6133:1998，IDT）。

本标准做了下列编辑性修改：

——用“本标准”代替“本国际标准”；

——删除国际标准的前言；

——删除了规范性引用文件 ISO 471；

——增加了规范性引用文件的引导语。

本标准由中国石油和化学工业联合会提出。

本标准由全国带轮与带标准化技术委员会输送带分技术委员会（SAC/TC 428/SC 1）归口。

本标准起草单位：浙江三维橡胶制品股份有限公司、阜新环宇橡胶（集团）有限公司、常熟大象橡胶工业有限公司、青岛新干线技术咨询有限公司、青岛科技大学。

本标准主要起草人：张国方、张春蕾、翁国忠、吕桂芹、李程程。

本标准于 1997 年首次发布，本次为第一次修订。

钢丝绳芯输送带　覆盖层与带芯层粘合强度试验

1　范围

本标准规定了测定覆盖层与带芯层之间粘合强度的试验方法。

本标准仅适用于钢丝绳芯输送带。

2　规范性引用文件

下列文件对于本文件的应用是必不可少的。凡是注日期的引用文件，仅注日期的版本适用于本文件。凡是不注日期的引用文件，其最新版本(包括所有的修改单)适用于本文件。

ISO 36　硫化橡胶或热塑性橡胶与织物粘合强度的测定(Rubber, vulcanized or thermoplastic—Determination of adhesion to textile fabrics)

ISO 6133　橡胶和塑料　撕裂强度和粘合强度测定中的多峰曲线分析(Rubber and plastics—Analysis of multi-peak traces obtained in determinations of tear strength and adhesion strength)

3　试验原理

测定采用剥离方法使覆盖层与带芯层分离所需要的力。

4　装置

带有夹持器的拉力试验机应符合 ISO 36 对该设备的要求。

5　试样

取 6 个具有下列尺寸的试样：

a)　对没有横向件，有(或没有)织物增强层的带：

长度(带的纵向)：150 mm(最小值)；

宽度：25 mm(最小值)，且包含至少 2 根钢丝绳；

厚度：带的全厚度。

b)　对有金属横向件的带：

长度(与带芯层方向一致)：150 mm(最小值)；

宽度：(25±0.5)mm；

厚度：带的全厚度。

沿与带的轴线平行的方向(在某些特殊情况下可沿与带的轴线垂直的方向)，在离带边至少 50 mm 的部位切割试样。

用刀子在试样两面紧贴着钢丝绳的上、下边缘将覆盖层剥开一段，该段应能保证试样在试验机夹持器中夹持牢固。

6 程序

6.1 在输送带制成至少 5 d 以后，按 ISO 36 的规定进行试验。

除非另有规定，试验应在温度为(23±2)℃和相对湿度为(50±5) %的条件下进行，否则应在试验报告中说明。

6.2 将 6 个试样分为 2 组(每组 3 个)，将第一组试样逐个进行试验。上覆盖层夹入一个夹持器，而不带有下覆盖层的带芯层(内含钢丝绳)夹入另一夹持器。

6.3 启动试验机，使夹持器以(100±10) mm/min 的恒定速度移动对试样进行剥离试验。

6.4 此时试验机自动记录剥离力曲线。

6.5 对第二组试样逐个进行试验。下覆盖层夹入一个夹持器，而不带有上覆盖层的带芯层(内含钢丝绳)夹入另一夹持器，按 6.3 和 6.4 进行试验。

6.6 每组试验均进行 3 次。

6.7 如覆盖层与带芯层的粘合强度大于带芯层的撕裂强度，则应记录最大力和破坏方式。

7 结果表示

7.1 按 ISO 6133 的规定根据剥离力曲线确定平均剥离力 $\overline{F}$。

7.2 对每一次试验，按式(1)计算覆盖层与带芯层的粘合强度 T，以牛顿每毫米为单位：

$$T = \frac{\overline{F}}{b} \qquad \cdots\cdots(1)$$

式中：

b ——试样宽度，单位为毫米(mm)。

7.3 按式(2)分别计算上覆盖层和下覆盖层的粘合强度试验中三个测定值的算术平均值：

$$\overline{T} = \frac{T_1 + T_2 + T_3}{3} \qquad \cdots\cdots(2)$$

7.4 将粘合强度的各单个值 T 和平均值 $\overline{T}$ 精确到 0.1 N/mm。

8 试验报告

试验报告应包含下列内容：

a) 提及按本标准进行试验；

b) 试验带的识别标记；

c) 试样宽度；

d) 按第 7 章表示的上、下覆盖层与带芯层粘合强度；

e) 本标准未规定或作为选择性事项的操作细节，以及其他可能对试验结果产生影响的情况。

ICS 11.060.10
C 33

中华人民共和国国家标准

GB 17168—2013/ISO 22674:2006
代替 GB/T 17168—2008

牙科学 固定和活动修复用金属材料

Dentistry—Metallic materials for fixed and removable restorations and appliances

(ISO 22674:2006,IDT)

2013-12-31 发布 2015-06-01 实施

中华人民共和国国家质量监督检验检疫总局
中国国家标准化管理委员会 发布

前言

本标准的全部技术内容为强制性。

本标准按照 GB/T 1.1—2009 给出的规则起草。

本标准代替 GB/T 17168—2008《牙科铸造贵金属合金》、YY 0626—2008《贵金属含量 25%～75%的牙科铸造合金》和 YY0620—2008《牙科学 铸造金合金》。

本标准使用翻译法等同采用 ISO 22674—2006《牙科学 固定和活动修复用金属材料》。

与本标准中规范性引用的国际文件有一致性对应关系的我国文件如下：

——GB/T 228.1—2010 金属材料拉伸试验 第1部分：室温试验方法(ISO 6892-1:2009,MOD)

——GB/T 6682—2008 分析实验室用水规格和试验方法(ISO 3696:1987,MOD)

——GB/T 9937(所有部分) 口腔词汇［ISO 1942 (所有部分)］

——YY 0621—2008 牙科金属 烤瓷修复体系(ISO 9693:1999,MOD)

请注意本文件的某些内容可能涉及专利。本文件的发布机构不承担识别这些专利的责任。

本标准由国家食品药品监督管理局提出。

本标准由全国口腔材料和器械设备标准化技术委员会(SAC/TC 99)归口。

本标准起草单位：北京大学口腔医学院口腔医疗器械质量监督检验中心、有研亿金新材料股份有限公司、贵研铂业股份有限公司。

本标准主要起草人：郑刚、袁慎坡、林红、白伟、孙志辉、缪卫东、张亨金、朱武勋。

引　言

本标准不包含对可能的生物学危害的定性和定量要求，但推荐在评价可能的生物学危害时，参见 ISO 10993-1 和 ISO 7405。

本标准对用于金属烤瓷修复体系中的金属部分的金属和合金的性能要求取代了原先包含在 ISO 9693中的相关要求。金属烤瓷修复体系的陶瓷和金属之间的结合性能要求仍参见 ISO 9693。

本标准中对 0 型金属材料的弹性极限应力和最小断后伸长率未做规定，但建议在检测这些性能时采用附录 A 规定的试验程序。当由 ISO/TC 106 SC 2 得到相关信息后，会将这些要求列在本标准的修订版中。

牙科学　固定和活动修复用金属材料

1　范围

本标准对用于制作牙科修复装置及修复体的金属材料，包括用于烤瓷或不用于烤瓷，或者二者皆可的金属材料进行了分类并规定了性能要求。此外，本标准规定了产品的包装和标识要求，以及提供材料使用说明书的要求。

本标准不适用于牙科银汞合金(ISO 24234)，牙科焊接材料(ISO 9333)，或正畸用金属材料(ISO 15841)(例如正畸丝、托槽、带环和螺钉等)。

2　规范性引用文件

下列文件对于本文件的应用是必不可少的。凡是注日期的引用文件，仅注日期的版本适用于本文件。凡是不注日期的引用文件，其最新版本(包括所有的修改单)适用于本文件。

GB/T 12160—2002　单轴试验用引伸计的标定(ISO 9513:1999,IDT)

GB/T 16825.1—2008　静力单轴试验机的检验　第1部分:拉力和(或)压力试验机　测力系统的检验与校准(ISO 7500-1:2004,IDT)

YY 0466—2003　医疗器械　用于医疗器械标签、标记和提供信息的符号(ISO 15223:2000,IDT)

YY/T 0528—2009　牙科金属材料　腐蚀试验方法(ISO 10271:2001,IDT)

ISO 1942(所有部分)　口腔词汇(Dentistry—Vocabulary)

ISO 3696:1987　分析实验室用水规格和试验方法(Water for analytical laboratory use—Specification and test methods)

ISO 6892　金属材料　室温拉伸试验方法(Metallic materials—Tensile testing at ambient temperature)

ISO 9693　牙科金属烤瓷修复体系(Metal-ceramic dental restorative systems)

3　术语和定义

ISO 1942 中界定的以及下列术语和定义适用于本文件。

3.1

非贵金属　base metal

除了贵金属和银以外的所有金属元素。

3.2

有害元素　hazardous element

已知可能产生生物学副作用的元素。

注：牙科合金中含有此类元素(如作为合金的添加剂或杂质)并不意味着合金本身是有害的。

3.3

金属材料　metallic material

具有合金、贵金属或非贵金属属性的材料。

注：金属材料可以是纯金属或者是合金。

3.4

铸造合金　casting alloy

用于在牙科铸模中进行铸造的金属材料。

3.5

陶瓷饰面　ceramic veneer

金属修复体上的薄层陶瓷面,用于改善外观。

3.6

金属-烤瓷　metal-ceramic

通过烧结将陶瓷饰面与金属基底材料结合在一起的牙科修复体。

注1:该名词也适用于描述此类修复体使用的金属材料。本文件中,金属-烤瓷合金是其同义词。

注2:如果制造商有推荐,此类金属材料也可以不用于烤瓷。

3.7

金属基　metallic base

合金中质量分数最高的贵金属或非贵金属。

注:若适用,该元素的名称应置于下列词中"基"字的前面,如"牙科修复体用×××基金属材料"或"牙科用×××基铸造合金"或"牙科用×××基金属-烤瓷材料"。

3.8

非贵金属合金　base-metal alloy

以非贵金属为主要成分的合金。

3.9

铸态　as-cast condition

从铸造机取出的金属材料在其固态阶段的冶金状态。

注:此状态取决于制造商推荐的冷却程序(如空气中冷却)。

3.10

空气中冷却　bench-cooling

铸件保留在包埋材中,金属顶部暴露,室温下放置于平整绝缘的平台表面,其周围空气自由流通直至铸件温度降至室温。

3.11

硬化　hardening

金属材料经热处理后产生的一种状态,其0.2%规定非比例延伸强度高于铸态。

注:如果制造商推荐在此状态下使用其产品,应在使用说明书中明确说明。

3.12

软化　softening

金属材料经热处理后产生的一种状态,其0.2%规定非比例延伸强度低于铸态。

注:如果制造商推荐在此状态下使用其产品,应在使用说明书中明确说明。

3.13

单面嵌体　one-surface inlay

该嵌体有且只有一个表面暴露于口腔环境中,用于恢复牙体形态。

3.14

饰面　veneer

用于粗糙基底材料表面的薄层材料。

4　分类

在本文件中,依据机械性能将金属材料分为6种类型。

这 6 种类型金属材料的预期用途举例如下：

——0 型：用于承受低应力的单牙固定修复体，如小贴面单面嵌体、饰面冠。

注：用电铸成型法或烧结法制作金属烤瓷冠用的金属材料属于 0 型。

——1 型：用于承受低应力的单牙固定修复体，如有贴面或无贴面的单面嵌体、饰面冠。

——2 型：用于单牙固定修复体，如冠或嵌体(不限制表面数量)。

——3 型：用于多单位固定修复体，如桥。

——4 型：用于承受极高应力的附有薄型部件的修复体，如可摘局部义齿、卡环、薄饰面冠、跨度大或横截面小的桥体、杆、附着体以及种植体的上部结构。

——5 型：用于需要高硬度和高强度的修复体，如薄的可摘局部义齿、横截面小的部位、卡环。

5 要求

5.1 化学成分

5.1.1 标示成分

制造商应声明所有含量大于 1.0%(质量分数)的成分含量[见 9.1a)]，精确至 0.1%(质量分数)。

对于含量不大于 1.0%(质量分数)但大于 0.1%(质量分数)的成分，应标出其名称或符号[见 9.1a)]。

5.1.2 声明各成分含量的允差

对于银基或贵金属合金，合金中每种成分的百分含量与包装、标签或内插页标示值的偏差不大于 0.5%(质量分数)[见 9.1a)]。

对于非贵金属合金，含量大于 20%(质量分数)的每种成分的含量与包装、标签或内插页标示值的偏差不大于 2.0%(质量分数)。含量高于 1.0%(质量分数)但不大于 20%(质量分数)的每种成分的百分含量与包装、标签或内插页标示值的偏差不大于 1.0%(质量分数)[见 9.1a)]。

5.2 有害成分

5.2.1 公认的有害成分

根据本标准的用途，将镍、镉和铍规定为有害成分。

5.2.2 有害成分镉和铍的限量值

金属材料中镉或铍的含量不大于 0.02%(质量分数)。

5.2.3 制造商标示的镍含量及其允差

如果金属材料中的镍含量大于 0.1%(质量分数)，则应在包装[见 9.1n)]随附文件中和包装、标签或内插页[见 10.2f)]上标示此含量，并精确至 0.1%(质量分数)。

镍含量的质量分数不应超过 9.1n)和 10.2f)中规定的数值。

5.3 生物相容性

生物相容性见引言中的指南。

5.4 机械性能

5.4.1 概述

应按 8.3.2 进行试验。

经过推荐的加工工艺(例如:铸造、空冷、机械加工),并经过烤瓷程序(若适用)后的金属材料应符合表 1 的要求。被推荐采用或不采用烤瓷饰面的金属材料在这两种冶金状态下都应符合要求。

如果制造商推荐进行热处理[9.2c)],则按照制造商的使用说明书使用时,热处理条件下的材料应符合此要求。

如果金属材料适用于一种以上的冶金状态(通过其中一种加工工艺制作),则可能有不同分类(根据表 1),应规定其在每种使用条件下的最高使用类型。

表 1 金属材料的机械性能

类　型	0.2%规定非比例延伸强度 $R_{p0.2}$/MPa 最小	断后伸长率/% 最小	杨氏模量/GPa 最小
0	—	—	—
1	80	18	—
2	180	10	—
3	270	5	—
4	360	2	—
5	500	2	150

5.4.2 0.2%规定非比例延伸强度

5.4.2.1 符合性的判定

参考 9.1b)中规定的分类类型。

如果第 1 组试验的 6 个试样中有 4 个、5 个或 6 个符合 0.2%规定非比例延伸强度的要求,则认为该金属材料符合要求。

如果第 1 组试验的 6 个试样中有 2 个或更少的试样符合 0.2%规定非比例延伸强度的要求,则认为该金属材料不符合要求。

注 1:制作两套试样,每套 6 个(见 7.3.1)。其中一套用于第 1 组试验。若需要,可以用第 2 套中的试样替换第 1 套的部分试样。第 2 套剩余的试样作为第 2 组试验的试样。

注 2:在本条款中,如果已测试的试样总数减去断裂后检查舍弃的试样数等于 6 个,就表示达到了完成第 1 组试验中所需 6 个试样数量的要求(即试样总数中包括替换试样)。

如果第 1 组试验的 6 个试样中有 3 个或 4 个试样根据 8.3.2 被舍弃,而用第 2 套试样替换,那么 12 个试样都需要测试。至少有 8 个试样的结果符合 0.2%规定非比例延伸强度的要求,才能认为该金属材料符合要求。

如果第 1 组试验的 6 个试样中有 3 个试样符合 0.2%规定非比例延伸强度的要求,那么第 2 套剩余的所有试样都应测试。如果第 2 组试验有 5 个或 6 个试样符合 0.2%规定非比例延伸强度的要求,则认为该金属材料符合要求。

注 3:根据此判定标准,如果第 1 组试验中根据断裂后检查(8.3.2)舍弃了 1 个试样,并用第 2 套的 1 个试样替代,那么第 2 套剩余的所有 5 个试样都应符合要求。注意:只能有 1 个试样可以用来替代第 1 组试验中的试样。

如果第1组试验的6个试样中有3个试样符合0.2%规定非比例延伸强度的要求，并且第2组试验中有4个或更少的试样符合0.2%规定非比例延伸强度的要求，则认为该金属材料不符合要求。

5.4.2.2 平均值

0.2%规定非比例延伸强度的平均值与包装随附文件[见9.1c)]所示数值的偏差不应大于10%。

5.4.3 断后伸长率

5.4.3.1 符合性的判定

参考9.1b)中规定的分类类型。

如果第1组试验的6个试样中符合0.2%规定非比例延伸强度要求的4个、5个或6个试样也符合断后伸长率的要求，则认为该金属材料符合断后伸长率的要求。

如果第1组试验的6个试样中有2个或更少的试样符合断后伸长率的要求，则认为该金属材料不符合断后伸长率的要求。

注1：制作两套试样，每套6个(见7.3.1)。其中一套用于第1组试验。若需要，可以用第2套中的试样替代第1套的部分试样。第2套中剩余的试样构成第2试验组。

注2：在本条款中，如果已测试的试样总数减去断裂后检查舍弃的试样数等于6个，就表示第1组试验中完成试验的试样数量是6个(即试样总数中包括替代试样)。

如果第1组试验的6个试样中有3个或4个试样根据8.3.2被舍弃，而用第2套试样替换，那么12个试样都需要测试。如果符合0.2%规定非比例延伸强度要求的至少8个试样也都符合断后伸长率的要求，则认为该金属材料符合断后伸长率的要求。

如果第1组试验的6个试样中符合0.2%规定非比例延伸强度要求的3个试样也符合断后伸长率的要求，那么剩余的第2套所有试样都应测试。如果第2组试验中的5个或6个试样都符合断后伸长率和0.2%规定非比例延伸强度的要求，则认为该金属材料符合断后伸长率的要求。如果第2组试验中的5个或6个试样都符合断后伸长率的要求，但不符合0.2%规定非比例延伸强度的要求，则认为该金属材料不符合断后伸长率的要求。

注3：根据此判定标准，如果第1组试验中根据断裂后检查(8.3.2)舍弃了1个试样，并用第2套的1个试样替代，那么第2套剩余的所有5个试样都应符合要求。注意：只能有1个试样可以用来替代第1组试验中的试样。

如果第1组试验的6个试样中有3个试样符合断后伸长率的要求，并且第2组试验中的4个或更少的试样符合断后伸长率的要求，则认为该金属材料不符合断后伸长率的要求。

5.4.3.2 平均值

断后伸长率的平均值应大于包装随附文件上所示数值的70% ，且不小于该类型的最小数值[见9.1d)]。

5.4.4 杨氏模量

5.4.4.1 5型材料符合性的判定，参考9.1b)中规定的分类类型。

如果第1组试验的6个试样中，符合0.2%规定非比例延伸强度和断后伸长率要求的4个、5个或6个试样也符合杨氏模量的要求，则认为该金属材料符合杨氏模量的要求。

如果第1组试验的6个试样中，有2个或更少的试样符合0.2%规定非比例延伸强度和断后伸长率的要求，即使它们符合杨氏模量的要求，也认为该金属材料不符合杨氏模量的要求。

注1：制作两套试样，每套6个(见7.3.1)。其中一套用于第1组试验。若需要，可以用第2套中的试样替代第1套的部分试样。第2套剩余的试样构成第2试验组。

注2：在本条款中，如果已测试的试样总数减去断裂后检查舍弃的试样数等于6个，就表示第1组试验中完成试验

的试样数量是 6 个(即试样总数中包括替代试样)。

如果第 1 组试验的 6 个试样中有 3 个或 4 个试样根据 8.3.2 被舍弃,而用第 2 套试样替代,那么 12 个试样都需要测试。如果符合 0.2%规定非比例延伸强度和断后伸长率要求的至少 8 个试样也都符合杨氏模量的要求,则认为该金属材料符合要求。

如果第 1 组试验的 6 个试样中,符合 0.2%规定非比例延伸强度和断后伸长率要求的 3 个试样也符合断后伸长率的要求,那么剩余的第 2 套所有试样都应测试。如果第 2 组试验中的 5 个或 6 个试样都符合杨氏模量、0.2%规定非比例延伸强度和断后伸长率的要求,则认为该金属材料符合杨氏模量的要求;否则,认为该金属材料不符合杨氏模量的要求。

注 3:根据此判定标准,如果第 1 组试验中根据断裂后检查(8.3.2)舍弃了 1 个试样,用第 2 套的 1 个试样替代,那么第 2 套剩余的所有 5 个试样都应符合要求。注意:只能有 1 个试样可以用来替代第 1 组试验中的试样。

5.4.4.2 平均值

杨氏模量平均值与包装随附文件上所示数值的偏差不应超过±10%[见 9.1e)]。

5.5 密度

金属材料的密度与包装随附文件上所示数值的偏差不应超过±5%[见 9.1f)]。

5.6 耐腐蚀性

按照 8.5 进行试验时,金属材料在(37±1) ℃下 、(7.0±0.1)d 内释放到指定溶液(见 8.5.4)中的总金属离子量不应超过 200 $\mu g/cm^2$。

金属材料在使用推荐的加工技术(例如:铸造、空冷、机械加工)并经过陶瓷烧结程序后(若适用)应符合上述要求。被推荐使用或不使用烤瓷饰面的金属材料在这两种冶金状态下都应符合此要求。

5.7 抗晦暗

在包装随附文件的“信息”中,声明具有“抗晦暗性”的产品,适用此要求。

暴露到指定的晦暗环境(见 8.6)后,如果仅有极轻微的颜色改变,并经轻轻擦刷即可很容易地去除合金上的锈蚀物,则在包装随附文件中可以描述为“抗晦暗”[见 9.1 g)]。

经过推荐的加工工艺(例如:铸造、空冷、机械加工),并经过烤瓷程序(若适用)后的金属材料应符合上述要求。被推荐采用或不采用烤瓷饰面的金属材料在这两种冶金状态下都应符合此要求。

5.8 固相线和液相线温度(合金)或熔点(商业用纯金属)

对于固相线温度小于或等于 1 200 ℃ 的合金,固相线和液相线的温度与包装随附文件上所示数值的偏差应不大于±20 ℃ [见 9.1h)]。

对于固相线温度大于 1 200 ℃ 的合金,固相线和液相线的温度与包装随附文件上所示数值的偏差应不大于±50 ℃ [见 9.1h)]。

对于熔点小于或等于 1 200 ℃ 的商业用纯金属,熔点的偏差应不大于±20 ℃ ;对于熔点大于 1 200 ℃ 的商业用纯金属,熔点的偏差应不大于±50 ℃ 。

5.9 线胀系数

此要求仅适用于金属-烤瓷修复体用金属材料。

金属材料的线胀系数与包装随附文件上所示数值的偏差应不大于 $0.5\times10^{-6}K^{-1}$[见 9.1i)]。

注:线胀系数的测量数值应与制造商用于质量控制的数值相一致。符合此要求并不能保证合金与任一特定陶瓷相匹配。

5.10 信息、说明和标识

在第9章和第10章中规定的所有要求都应予以正确介绍。如果需要详细的说明或推荐，这些说明和推荐应足以达到其目的。

6 取样

样品量应能满足7.3制备试样所需，并且所取样品应是同批次的。此外，样品和包装材料应能用于8.1规定的检查。

7 试样制备

7.1 概述

按照制造商的使用说明书(详见9.2)准备所有试样。

如果试样是铸件，应小心地分离铸道并去除所有铸瘤和毛刺等。

替换所有存在可见缺陷的试样。

7.2 热处理

7.2.1 概述

在符合样品预期用途的冶金状态下测试金属材料是否符合要求。

7.2.2 制造商的使用说明书中推荐进行热处理的金属材料

如果制造商推荐进行热处理[见9.2c)]，则应在制造商使用说明书中规定的热处理条件下进行热处理。

7.2.3 金属-烤瓷修复体用金属材料

试验在模拟以下烤瓷程序后进行。

在瓷粉被推荐的最高熔附温度下模拟氧化程序和4次烤瓷程序[见9.1k)]。每个氧化和烤瓷模拟程序后，都要取出试样并放在陶瓷板(室温)上冷却至室温。

如果该产品也被推荐不使用烤瓷饰面，则视情况在7.2.2或7.2.4规定的条件下测试该金属材料。

7.2.4 制造商的使用说明书中未推荐进行热处理的金属材料

试验在加工后的状态下进行。

对于铸造金属材料，适用条件是空气冷却状态。

7.3 试样

7.3.1 机械性能

7.3.1.1 可制作通用试样的金属材料

准备符合图1或图2的两套试样(每套6个)，试样根据7.1和7.2进行成型、加工和热处理。

如果准备将产品既用于烤瓷修复体，也用于非烤瓷修复体，则需要四套试样，每套6个。两套按照7.2.3处理，另外两套按照7.2.2或7.2.4处理(选择适用项)。

通常按照 7.1 和 7.2 处理后的试样不需要再进行抛光。但是如果根据使用说明书[见 9.2a)]，需用机械加工代替抛光铸造试样，则应记录。

附加细小的标记或者划线，确定标距的两端。

单位为毫米

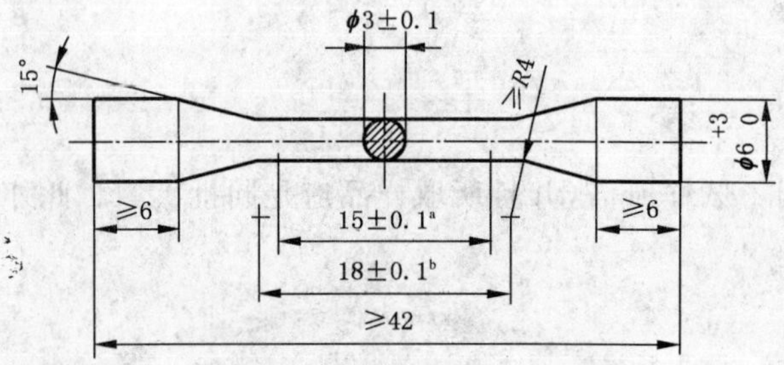

[a]——标距；

[b]——试样等截面部分的长度。

图 1　锥面过渡试样

单位为毫米

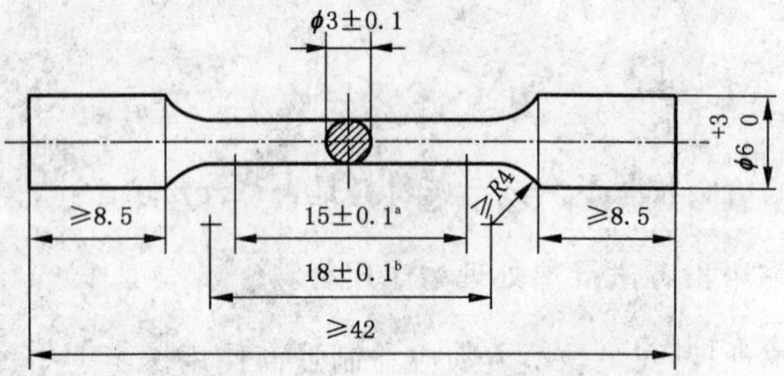

[a]——标距；

[b]——试样等截面部分的长度。

图 2　圆弧面过渡试样

7.3.1.2　不能制作通用试样的 0 型金属材料

对于加工技术不允许制作成图 1 或图 2 所示形状和尺寸试样的金属材料或半成品，请参见附录 A 指南。

7.3.2　密度测量

使用市售包装的材料，若无孔隙，不需进一步处理。

否则，按照制造商提供的使用说明书(见 9.2)加工材料，尽可能加工为规则形状(例如：棒状)的试样。对于不规则材料，应选择能看到所有外表面的样品。

7.3.3　耐腐蚀

制备两个尺寸约为 34 mm×13 mm ×1.5 mm 的矩形板状试样，并按照 7.1 和 7.2 的规定进行成型、加工和热处理。根据 9.2a)中制造商的规定进行抛光。

如果加工技术或材料本身不允许加工为尺寸约为 34 mm×13 mm×1.5 mm 的矩形板状试样，可制备表面积大约相同(10.2 cm^2)的两个试样。

对于半成品,准备表面积大约相同(10.2 cm^2)的两个试样。这些试样可以不是矩形。

如果产品既可以采用烤瓷饰面,也可以不采用烤瓷饰面,那么就需要准备两套试样,一套根据7.2.3处理,另一套根据 7.2.2 或 7.2.4 处理(选择适用项)。

7.3.4 线热膨胀

制备两个棒状或条状试样,试样要有一致的横截面和适合于所用膨胀仪的长度,横截面积不大于30 mm^2。按照 7.1 和 7.2 的步骤进行成型、加工和热处理。

7.3.5 抗晦暗

按照 8.6 进行抗晦暗试验时需要制备两个直径(10±1) mm×厚度(0.5±0.1)mm 的圆片状试样,按照 7.1 和 7.2 的步骤进行成型、加工和热处理。如果产品既可以采用烤瓷饰面,也可以不采用烤瓷饰面,那么就需要准备两套试样,一套根据 7.2.3 处理,另一套根据 7.2.2 或 7.2.4 处理(选择适用项)。

8 试验方法

8.1 信息,说明和标识

目视检查是否符合第 9 章和第 10 章的要求。

8.2 化学成分

定量分析按照 9.1a)声明的所有成分。采用一定精度和灵敏度的分析方法测量成分含量,对含量大于 0.1%(质量分数)的元素,精确到 0.1%(质量分数);对含量大于 0.1%(质量分数)的镍,精确到0.01%(质量分数)。记录每种成分使用的分析方法。以百分比的方式记录并报告每种成分的质量分数。

定量分析铍、镉和镍[如果镍没有在 9.1a)中列出]。使用有一定精确度和灵敏度的分析方法测量成分含量,精确到 0.01%(质量分数)。记录每种成分所使用的分析方法及其在合金中的百分含量(质量分数)。如果镉和铍的含量小于容许限值(5.2.2),并且镍的含量小于 0.1%(质量分数)(5.2.3),则报告为"不存在"。

如果检测到未声明的成分[见 9.1a)],并且其浓度大于或等于 1.0%(质量分数),或检测到有害成分,则应记录并报告。

如果检测到镍的含量超过 0.1%(质量分数),则应报告其测量值并精确至 0.1%(质量分数)。

8.3 机械性能

8.3.1 仪器

8.3.1.1 千分尺,量程为 25 mm,精度为 0.01 mm 。

8.3.1.2 力学试验机,载荷可以达到 10 kN(机架和力学传感器),精确度高于测量值的 1%,十字头速度可以达到 2 mm / min。使用与试样相匹配的夹具进行拉伸试验。

8.3.1.3 引伸计,与试样的标距相匹配。精度高于 1 μm。

8.3.1.4 测距显微镜,放大倍数至少为 10× ,测量范围为 25 mm ,精度为 0.01 mm 。

8.3.2 试验步骤

用千分尺(8.3.1.1)测量标距内试样的直径,精确至 0.01 mm。用测距显微镜(8.3.1.4)测量标距(精细标记或划线)，精确至 0.02 mm 。(可以使用其他精度为 0.02 mm 或更精确的仪器代替测距显微镜测量标距)。

将试样固定到力学试验机(8.3.1.2)上，十字头以(1.5±0.5) mm / min 的速度对试样施加拉力直到试样断裂。使用引伸计(8.3.1.3)测量超过引伸计预设标距的试样延伸部分，得到连续记录，该记录不受试验机的影响。也可以使用更精确的方法测量伸长率，如激光引伸计。

不使用放大镜，用正常视力检查断裂的试样，判断试样内、外部有无造成断裂的可见缺陷，以及断裂点是否位于试样上用于确定标距的标记或划线之间。可以配戴矫正眼镜(无放大作用)。如果发现可见缺陷，或断裂发生在标距以外，则舍弃试样及其结果，用第 2 套的试样替换并测试。

将断裂部分再次拼接在一起并使用测距显微镜测量标距，精确至 0.02 mm。记录此数值。

测试不得超过 12 个试样。

8.3.3 0.2%规定非比例延伸强度

8.3.3.1 0.2%规定非比例延伸强度的计算

对每一个试样，通过力-变形曲线，确定应变为 0.2%非比例延伸时所对应的力，并计算 0.2%规定非比例延伸强度 $R_{P0.2}$，计算公式为：力值÷试样标点距内的初始横截面积。也可以不绘制力-变形曲线，而是通过使用自动设备(例如：微处理器)获得此性能。

测试按照 7.3 准备的 6 个试样的 0.2%规定非比例延伸强度(第 1 试验组)。使用第 1 套试样中的 6 个试样，若需要可以测试第 2 套的部分试样(作为第 1 组试验舍弃试样的替代试样)。若需要，测试第 2 套的剩余试样(第 2 试验组)。

报告所有被测试的且在试验后没有被舍弃的试样的 0.2%规定非比例延伸强度。报告结果精确至 1MPa 。

8.3.3.2 0.2%规定非比例延伸强度平均值的计算

计算所有被测试的并且在试验后没有被舍弃的试样的 0.2%规定非比例延伸强度的平均值。报告结果精确至 5 MPa 。

8.3.4 断后伸长率

8.3.4.1 断后伸长率的计算

按照 8.3.2 试验，计算符合 0.2%规定非比例延伸强度要求的试样的断后伸长率。

以试验前后标距读数的差值所占初始标距的百分比作为断后伸长率。记录结果精确至 0.1%。

报告所有被测试并且在试验后没有被舍弃的试样的断后伸长率。

8.3.4.2 断后伸长率平均值的计算

计算所有被测试并且在试验后没有被舍弃的试样的断后伸长率平均值。报告结果精确至 1%。

8.3.5 杨氏模量

8.3.5.1 杨氏模量的计算

根据引伸计的延伸记录和试验机的应力记录计算杨氏模量。

报告所有被测试并且在试验后没有被舍弃的试样的杨氏模量。报告结果精确至 1 GPa 。

8.3.5.2 杨氏模量平均值的计算

计算所有被测试并且在试验后没有被舍弃的试样的杨氏模量平均值。报告结果精确至 5 GPa 。

8.4 密度

8.4.1 试样制备

测量金属材料的密度,按照7.3.2制样。

8.4.2 试剂

8.4.2.1 水,符合ISO 3696:1987的3级水。

8.4.2.2 乙醇或甲醇,分析纯。

8.4.3 仪器

天平、比重瓶或其他合适的容器,其口径及容量应与试样相匹配。

8.4.4 步骤

对于规则形状试样,可以通过精度满足要求的尺寸测量和称重的方法测量密度。

对于不规则形状试样,将试样浸入乙醇或甲醇(8.4.2.2)中,超声清洗2 min。用水(8.4.2.1)冲洗试样并用无水无油压缩气体吹干。清洗足够的材料以便能有5个样品可以用于测量。用精度合适的仪器(例如,比重瓶,8.4.3)和试验步骤,确定5个金属材料样品的密度,精确至0.1 g/cm^3。

报告平均值,精确至0.1 g/cm^3。

8.5 耐腐蚀

8.5.1 试样制备

使用按照7.3.3制备的试样。

8.5.2 试剂

使用YY/T 0528—2009中4.1.3规定的试剂。

8.5.3 仪器

使用YY/T 0528—2009中4.1.4规定的仪器。水-pH计的灵敏度为±0.05 pH单位。

8.5.4 试验溶液

试验时根据YY/T 0528—2009中4.1.5的规定准备新鲜的试验溶液。

8.5.5 试验步骤

测量每个试样或样品(7.3.3)的表面积,精确至0.1 cm^2。

将试样浸入乙醇或甲醇(8.5.2)并在超声波清洗池中清洗2 min。用水(8.4.2.1)冲洗试样并用无水无油压缩空气吹干,然后根据YY/T 0528—2009中4.1.7的试验步骤进行试验。

制备样品溶液的同时,制备1个空白参照溶液,以确定每种元素在空白溶液中的含量。取第3个玻璃容器并添加与样品溶液使用的溶液量大致同等量的溶液。记录使用的溶液量,精确至0.1 mL。封闭容器以防挥发。在(37±1) ℃,保持(7.0±0.1)d。

8.5.6 分析

使用有足够灵敏度的仪器分析方法(例如:AAS或ICP-OES),定量分析溶液中含有的已声明的元素[见 9.1a)]、有害成分(见 5.2.1) 以及材料化学元素分析(8.2)中发现的含量大于 1.0%(质量分数)的其他金属元素。

8.5.7 数据处理

每种金属元素的离子释放量由试验溶液中的该元素的含量减去参照溶液中的该元素的含量得到。每种金属元素的单位面积离子释放量,用测得的金属离子释放量除以试样或样品(7.3.3)的表面积得到。报告每种元素的数据,单位是“$\mu g/cm^2 \cdot 7d$”,精确至 1 $\mu g/cm^2 \cdot 7d$。将这些数值相加得到单位面积金属离子释放总量。计算并记录两个试样的平均值。

如果产品既可以用于烤瓷,也可以不用于烤瓷,则分别计算每种条件下的金属离子释放总量,并记录。

8.6 抗晦暗(硫化钠试验)

8.6.1 试剂和设备

8.6.1.1 水合硫化钠,(约 35% Na_2S),$Na_2S \cdot (7\text{-}9)\ H_2O$,分析纯。

8.6.1.2 水,符合 ISO 3696:1987 的 2 级水。

8.6.1.3 浸泡装置,每分钟将样品浸入试验溶液中 10 s～15 s 。

8.6.1.4 乙醇,分析纯。

8.6.2 试验溶液

使用前配制 0.1 mol/L 硫化钠水合溶液。将 22.3g 水合硫化钠(8.6.1.1)溶于水(8.6.1.2)中,并用水稀释至 1 000 mL 。

8.6.3 试样制备

使用根据 7.3.5 制备的试样。用树脂分别封固样品,用标准的金相制样法打磨和抛光,用 1 μm 的水基抛光膏做最终抛光。不同合金的试样制备使用单独的研磨纸和抛光膏。

将试样在酒精(乙醇)(8.6.1.4)中浸泡并超声清洗 2 min。用水(8.6.1.2)冲洗样品并用无油无水压缩空气吹干。

8.6.4 试验步骤

取 1 个按 8.6.3 制备的试样,将其固定在浸泡装置中。使用 1 000 mL 溶液并将温度保持在(23±2) ℃ 。每分钟将样品浸入试验溶液中 10 s～15 s,持续(72 ±1)h。在(24±1)h 和(48±1)h 时更换试验溶液。在(72±1)h 后从浸泡装置中取出试样。用水(8.6.1.2)彻底冲洗试样,再经乙醇(8.6.1.4)浸泡,取出后用无水无油压缩空气吹干。

注:该试验应在适当的通风橱中进行。

8.6.5 检查

检查时,检查人员应有正常的三基色视觉,可配戴矫正视力(无放大作用)的无色透镜。检查应在光照度至少 1 000 lx 和距离不超过 25 cm 的条件下进行。比较在溶液中浸泡过的试样表面和未被浸泡的试样表面。用软刷或软布轻轻地刷或擦拭表面,以评价去除试样表面晦暗的难易程度。

8.6.6 结果处理

记录并报告由于在溶液中浸泡而导致的任何颜色和反射率的差别。记录去除试样表面晦暗的容易程度。如果没有颜色改变,或者没有反射率改变,或者两者都没有,也都应记录并报告。

如果有另外一套经过不同热处理的试样,重复此试验并分别记录。

根据5.7将结果分类。

8.7 固相线和液相线温度(合金)或熔点(商业用纯金属)

使用冷却曲线方法可以确定合金的固相线和液相线温度或者商业用纯金属的熔点。对于固相线或熔点小于或等于1 200 ℃ 的金属材料,应精确至±10 ℃;对于固相线或熔点大于1 200 ℃ 的金属材料,应精确至±25 ℃ 。

也可以采用具有相同精度的其他标准试验方法。

8.8 线胀系数

使用7.3.4 规定的试样。

用经过校准的膨胀仪测量线热膨胀。

从室温开始,以(5±1) ℃/min 的速率加热至550 ℃。并连续记录作为温度函数的膨胀值。

通过线热膨胀/温度记录,计算每个试样在25 ℃～500 ℃ 的线胀系数。

报告两个试样的平均值,单位为$10^{-6}\cdot K^{-1}$,精确至$0.1\times10^{-6}\cdot K^{-1}$。

如果存在,报告与线性行为的偏差。

9 信息和使用说明书

9.1 信息

以下信息应包括在包装随附文件中:

a) 牙科金属材料的组成:质量分数大于0.1%的每种元素都应声明,质量分数大于1.0%的每种成分都应注明其质量分数,精确至0.1%;

b) 对牙科金属材料的描述,采用合适的定义3.4、3.6、3.7、3.8 并依据第4 章的分类:
- 牙科钴基铸造合金,5 型;
- 牙科铸造用钛金属,2 型;
- 用于制作牙科金属烤瓷修复体或作为牙科铸造合金的贵金属合金,3 型;

c) 0.2%规定非比例延伸强度;

d) 断后伸长率;

e) 杨氏模量;

f) 密度;

g) 产品抗晦暗的声明(见5.7),若适用;

h) 液相线和固相线温度或熔点;

i) 线胀系数,如果产品用于制作金属烤瓷修复体;

j) 推荐的铸造温度,如果产品作为铸造合金或者金属烤瓷合金;

k) 推荐的最高烧结温度,如果产品用于制作金属烤瓷修复体;

l) 推荐的钎焊、熔化焊及其他连接技术;

m) 推荐的储存条件;

n) 关于镍潜在副作用的详细信息,并标注“本产品含镍”,如果产品中的镍含量超过0.1%(质量分数)。

9.2 使用说明书

详细的使用说明书应作为包装随附文件由经销商及制造商提供给采购方。具体内容应包括：

a) 成型和加工的建议和信息；

b) 如果金属材料用于制作金属烤瓷修复体，应说明加工条件，并提供与至少一种匹配（指定）的符合 ISO 9693 的陶瓷材料达到满意结合的表面预备的说明；

c) 如果使用说明书中推荐软化或硬化，应提供热处理说明；

d) 在研磨时预防粉尘吸入的建议。

10 标识和标签

10.1 标识

铸锭上或坯料上应清楚标明制造商或供应商，以及产品名称或相应缩写（编码）。

对于小的或不规则形状（不能直接标记）的金属材料，此要求不适用，改为此信息应被打印在直接接触金属材料的包装上。

10.2 包装标签

标签或包装的内插页上至少应包括以下信息：

a) 制造商和/或分销商的名称或商标，以及地址；

b) 金属材料的商品名；

c) 根据定义 3.4、3.6、3.7、3.8 和第 4 章的分类，恰当地描述产品的用途，应该与 9.1b）中的描述相同；

d) 批号；

e) 最小净重，单位为克（或千克）；

f) 如果金属材料中镍含量大于 0.1%（质量分数），应给出符合 YY 0466—2003 中 3.4 的警告标识（三角形内有一个感叹号）；

g) 如果金属材料是装在容器包装中供货，每个包装上都应该有上述信息；包装上标示的最小净重应该是单包装中的重量。

附 录 A
（资料性附录）
预期使用厚度为 0.1 mm～0.5 mm 非铸造 0 型金属材料的拉伸试验

A.1 试样制备

A.1.1 形状，尺寸和允差

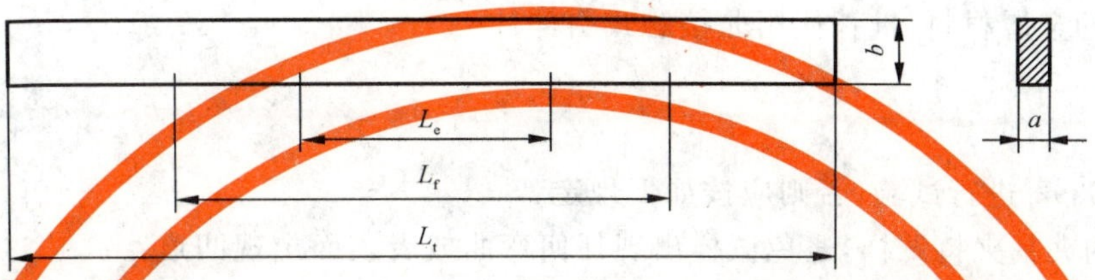

说明：

L_t ——总长度，>50 mm；

L_f ——两支点间的长度，(30±2) mm；

L_e ——引伸计的标距，(15±1) mm；

a ——试样厚度；

b ——试样宽度，(4.0±0.5) mm。

图 A.1 试样的几何形状及尺寸

厚度 a 根据生产方法 A.1.2、A.1.3 和 A.1.4 确定。

在两支点之间（即 L_f内），试样的宽度 b 和厚度 a 的最大偏差分别是 0.05 mm 和 0.01 mm 。

A.1.2 用电铸成形法制备试样

按照制造商的使用说明（见 9.2）用电铸成形法制备厚 0.2 mm～0.3 mm 的试样。使用推荐材料（例如：石膏，树脂或包埋材）制作模型。去除模型材料，分离连接材料，去除导电金属，并研磨除去任何多余的金属材料。

更换有明显缺陷的试样。

A.1.3 用烧结法制备试样

按照制造商的使用说明书（见 9.2 ）用烧结法将试验材料制备成厚度至少为 0.2 mm 的一个试样。使用推荐材料（例如：耐火包埋材）制作模型。去除模型材料，并研磨除去任何多余的金属材料。

更换有明显缺陷的试样。

A.1.4 用 CAD/CAM 技术制备试样

按照制造商的设计和加工说明（见 9.2）制备厚(0.3±0.1)mm 的试样。分离用于固定的材料，并研磨除去任何多余的金属材料。

更换有明显缺陷的试样。

A.2 试样数量

根据 A.1 规定的程序，在金属材料推荐使用的每种条件下都需要准备 6 个能有效测量的试样。

注：可能需要准备1个或多个附加试样，如果6个试样在试验后的检查中有部分被舍弃(见A.3.3)。附加样品的数量是为了使有效测量的试样数量保持为6个。

A.3 试验

A.3.1 试验设备

A.3.1.1 千分尺，精确度高于5 μm 。

A.3.1.2 万能力学试验机，根据GB/T 16825.1—2008应为1类。

A.3.1.3 引伸计，根据GB/T 12160—2002应为1类，精确度高于1 μm 。

对 $R_{P0.2}$ 较低的金属材料，推荐使用非接触式引伸计。

A.3.2 试验条件

应根据ISO 6892进行试验，否则应按如下规定：

a) 用合适的夹具夹持试样，避免试样出现任何弯曲或者表面出现凹痕；

b) 尽全力使试样被夹紧，尽可能使施加的力作用于试样的轴向上。

A.3.3 试验步骤

为确定0.2%规定非比例延伸强度 $R_{P0.2}$ 和断后伸长率 A_{15mm}，按照A.1制备试样。试验在制造商推荐的热处理(若适用)加工状态下进行(根据9.2)。

计算两夹头之间自由长度内的初始横截面积 S_0，精确至±5%。

在室温环境下进行此试验。

使用引伸计(A.3.1.3)测量试样在引伸计标距内的延伸，得到连续的记录。

将试样安装在试验机(A.3.1.2)上，十字头以(1.5±0.5)mm/min的速度对试样施加拉力，直到试样断裂。

不使用放大镜，用标准视力检查断裂的试样有无内外部可见缺陷，断裂点是否位于试样的标距之间。可以使用矫正眼镜(无放大作用)。如果发现可见缺陷或断裂发生在标距以外，则舍弃试样及其结果，用替换试样重复试验。

A.3.4 0.2%规定非比例延伸强度($R_{P0.2}$)和断后伸长率($A_{15\,mm}$)的确定

对于每个试样，从测量得到的力-延伸曲线上确定0.2%非比例延伸所对应的力值并计算 $R_{P0.2}$，计算方法是：该力值除以试样的初始横截面积 S_0(A3.3)。也可以不绘制力-延伸曲线，而使用自动设备(例如：微处理器)进行试验。

对于每个试样，标距的永久伸长值除以初始引伸计的标距(L_e，见A.1.1)就是 $A_{15\,mm}$。也可以不使用引伸计的连续记录，而使用自动设备(例如：微处理器)进行试验。或者，如果 L_e 是在试样表面用细铅笔标记，则可以直接测量长度的增加来计算 $A_{15\,mm}$。

A.3.5 评价

对于每种试验条件下(见9.2)的6个试样，计算每个试样的0.2%规定非比例延伸强度和断后伸长率。然后，计算平均值，分别精确至5 MPa和0.5%。

A.4 试验报告

试验报告至少应包括下列信息：

a) 参考本国家标准，即GB 17168—2013；

b） 试验材料的标识；

c） 试样制备的描述；

d） 试验条件的描述；

e） 每个试样的0.2％规定非比例延伸强度和断后伸长率及其平均值。

参考文献

[1] GB/T 16886.1 医疗器械生物学评价 第1部分:风险管理过程中的评价与试验(GB/T 16886.1—2011,ISO 10993-1:2009,IDT)

[2] YY/T 0268 牙科学 口腔医疗器械生物学评价 第1单元:评价与试验(YY/T 0268—2008,ISO 7405:2008,NEQ)

[3] YY 0625 牙科学 正畸产品:正畸丝(YY 0625—2008,ISO/CD 15841:2004,MOD)

[4] YY 1026—2009 牙科学 汞及银合金粉(ISO 24234:2004,IDT)

[5] ISO 9333 牙科学 钎焊材料

ICS 17.220.20
N 22

中华人民共和国国家标准

GB/T 17215.302—2013

交流电测量设备 特殊要求
第2部分：静止式谐波有功电能表

Electricity metering equipment (a.c.)—Particular requirements—
Part 2: Static harmonic meters for active energy

2013-10-10 发布　　　　2014-04-15 实施

中华人民共和国国家质量监督检验检疫总局
中国国家标准化管理委员会　发布

前　言

GB/T 17215.3《交流电测量设备　特殊要求》分为以下几个部分：

——GB/T 17215.301—2007　多功能电能表；

——GB/T 17215.302—2012　静止式谐波有功电能表；

——GB/T 17215.311—2008　机电式有功电能表(0.5、1 和 2 级)；

——GB/T 17215.321—2008　静止式有功电能表(1 级和 2 级)；

——GB/T 17215.322—2008　静止式有功电能表(0.2S 级和 0.5S 级)；

——GB/T 17215.323—2008　静止式无功电能表(2 级和 3 级)；

——GB/T 17215.352—2009　符号。

本部分为 GB/T 17215.3 的第 2 部分。

本部分按照 GB/T 1.1—2009 给出的规则起草。

本部分与 GB/T 17215.211—2006《交流电测量设备　通用要求、试验和试验条件　第 11 部分:测量设备》、GB/T 17215.321—2008、GB/T 17215.322—2008 共同构成对静止式谐波有功电能表的型式试验要求。当本部分的任何要求涉及到 GB/T 17215.211—2006、GB/T 17215.321—2008、GB/T 17215.322—2008 中的已有条款,本部分的要求优先。

请注意本文件的某些内容可能涉及专利。本文件的发布机构不承担识别这些专利的责任。

本部分由中国机械工业联合会提出。

本部分由全国电工仪器仪表标准化技术委员会(SAC/TC 104)归口。

本部分起草单位:宁波伟吉电力科技有限公司、哈尔滨电工仪表研究所、南京供电公司、中国计量科学研究院、深圳市科陆电子科技有限公司、浙江正泰仪器仪表有限责任公司、中国电力科学研究院、黑龙江省电力科学研究院、广东电网公司电力科学研究院、华立仪表集团股份有限公司、上海贝岭股份有限公司、威胜集团有限公司 、云南电力试验研究院(集团)有限公司电力研究院、浙江省计量科学研究院、江苏省计量科学研究院、深圳航天泰瑞捷电子有限公司、内蒙古电力公司、浙江省电力试验研究院、重庆市电力公司电力科学研究院、仪玛电能测量技术(北京)有限公司、杭州百富电子技术有限公司、宁波电力公司、国电南京自动化股份有限公司、丹东华通测控有限公司、宁波三星电气股份有限公司、上海纳宇电气有限公司、亚德诺半导体技术(上海)有限公司、深圳浩宁达仪表股份有限公司、漳州科能电器有限公司、德力西集团、黑龙江省电工仪器仪表工程技术研究中心有限公司、兰吉尔仪表系统(珠海)有限公司、江苏斯菲尔电气股份有限公司、江苏林洋电子有限公司、钜泉光电科技(上海)股份有限公司、深圳市友讯达科技发展有限公司、江阴长仪集团有限公司。

本部分主要起草人:陈克昌、王爱吉、王磊、陈波、雷惠博、刘得新、赵莎、袁慧昉、陆以彪、林国营、宋锡强。

本部分参加起草人:费宇航、李先怀、曹敏、周韶园、仝晨华、姚力、李万宏、程瑛颖、郭越航、韩东、龚明波、郭立煌、刘永胜、夏亚莉、王树平、芮胜骏、蔡方辉、许惠锋、姚国军、赵景炜、陈闽实、费天兰、胡惜春、张斌阳、崔涛、陈道升、高怀平、盛泉根、姚礼本、徐茂林、吴伟宗、赵伟、蒋紫松、闫书芳。

交流电测量设备　特殊要求
第2部分:静止式谐波有功电能表

1　范围

GB/T 17215的本部分规定了静止式谐波有功电能表(以下简称仪表)的分类、技术要求、准确度等级及其试验方法。

本部分仅适用于在50 Hz或60 Hz供电网络中测量并记录基波有功电能、规定的(第)2～(第)n次谐波的正向有功电能之和与反向有功电能之和的新制造的仪表,并且仅适用于其型式试验。

本部分仅适用于安装在户内或户外使用的,由测量元件和显示器装在同一表壳内的仪表。如果仪表具有其他功能单元,如:全波电能、最大需量、多费率等包封在同一表壳内,则相应的标准适用于这些功能单元。

本部分不适用于:

a)　接线跨接端电压超过600 V(多相仪表为线对线电压)的仪表;

b)　可携式仪表;

c)　标准仪表。

本部分不涉及谐间波的(测量)内容。

2　规范性引用文件

下列文件对于本文件的应用是必不可少的。凡是注日期的引用文件,仅注日期的版本适用于本文件。凡是不注日期的引用文件,其最新版本(包括所有的修改单)适用于本文件。

GB/T 4365—2003　电工术语　电磁兼容(IEC 60050(161):1990,IDT)

GB/T 11150—2001　电能表检验装置

GB/T 15284—2002　多费率电能表　特殊要求

GB/T 17215.211—2006　交流电测量设备　通用要求、试验和试验条件　第11部分:测量设备(IEC 62052-11:2003,IDT)

GB/T 17215.321—2008　交流电测量设备　特殊要求　第21部分:静止式有功电能表(1级和2级)(IEC 62053-21:2003,IDT)

GB/T 17215.322—2008　交流电测量设备　特殊要求　第22部分:静止式有功电能表(0.2S级和0.5S级)(IEC 62053-22:2003,IDT)

GB/T 17626.7—2008　电磁兼容　试验和测量技术　供电系统及所连设备谐波、谐间波的测量和测量仪器导则(IEC 61000-4-7:2002,IDT)

IEC 61000-4-7:2008　电磁兼容　试验和测量技术　供电系统及所连设备谐波、谐间波的测量和测量仪器导则　第1次修订案(Electromagnetic compatibility (EMC)—Part 4-7: Testing and measurement techniques—General guide on harmonics and interharmonics measurements and instrumentation, for power supply systems and equipment connected thereto. Amendment 1)

IEC 61000-4-30:2008　电磁兼容　第4-30部分:试验和测量技术　电能质量测量方法(Electromagnetic compatibility (EMC)—Part 4-30: Testing and measurement techniques—Power quality measurement methods)

3 术语和定义

GB/T 17215.211—2006、GB/T 4365—2003 界定的以及下列术语和定义适用于本文件。为了便于使用，以下重复列出了 GB/T 17215.211—2006、GB/T 4365—2003 中的某些术语和定义。

3.1

谐波有功电能表 harmonic meter for active energy

分别测量并记录基波有功电能和规定的(第)2～(第)n 次谐波有功电能的仪表。

3.2

全波 all components

一个周期(函数)的量。

3.3

基波[分量] fundamental (component)

一个周期量的傅里叶级数的一次分量。

[GB/T 4365—2003，定义 161-02-17]

3.4

谐波[分量] harmonic (component)

一个周期量的傅里叶级数中次数大于 1 的整数倍的分量。

注：改写 GB/T 4365—2003，定义 161-02-18。

3.5

谐波次数 harmonic number

谐波频率与基波频率的整数比。

注：谐波次数又称谐波阶数(harmonic order)

[GB/T 4365—2003，定义 161-02-19]

3.6

谐波电压[分量] harmonic voltage (component)

U_h

一个非正弦周期(函数)电压的傅里叶级数中次数大于 1 的整数倍的分量。

3.7

谐波电流[分量] harmonic current (component)

I_h

一个非正弦周期(函数)电流的傅里叶级数中次数大于 1 的整数倍的分量。

3.8

百分数误差 percentage error

百分数误差由下式给定：

$$百分数误差=\frac{仪表记录的电能-真值电能}{真值电能}\times 100$$

注：因为真值电能值不可能准确测定，可由一个带有规定不确定度的值与其近似，此值能从制造厂和用户商定的标准器或国家标准器溯源得到。

[GB/T 17215.211—2006，定义 3.5.6]

4 标准的电量值及仪表的分类

4.1 标准的电量值

仪表标准的电量值遵守 GB/T 17215.211—2006 的第 4 章的规定，当仪表的输入是正弦周期(函数)标准的电量值时,基波的电压等于仪表的参比电压,基波的电流等于仪表的参比电流。

单次谐波电压取仪表参比电压(U_n)的5%,谐波电流比(I_h/I)小于或等于40%,即谐波的最大电流为仪表的$0.4I_{max}$。

注:I——仪表能满足本部分准确度要求的(所有的)电流值。

4.2 仪表的分类

4.2.1 按接线方式

仪表按接线方式可分为单相、三相三线、三相四线。

4.2.2 按接入方式

仪表按接入方式可分为直接接入和经互感器接入。

4.2.3 按需要组合的类型

仪表的基波有功电能准确度等级分为2级、1级、0.5S级和0.2S级;

仪表的谐波有功电能准确度等级分为5级、2级和1级;

规定(个数)的谐波测量分为(第)2~(第)21次、(第)2~(第)31次、(第)2~(第)41次。

仪表可在基波有功电能准确度、谐波有功电能准确度和规定(个数)的谐波测量之间按需要组合类型。一般,谐波有功电能准确度相对于基波有功电能准确度取低一个等级指数。

示例:基波有功电能准确度取1级;谐波有功电能准确度可取2级(或5级);规定(个数)的谐波测量选取(第)2~(第)41次,从而组成一款谐波有功电能表。

5 机械要求

5.1 总则

除遵守GB/T 17215.211—2006的第5章的机械要求外,仪表还应满足下列要求。

5.2 测量值的显示

仪表的显示内容可设置。

仪表宜同屏显示多个量,当用单一显示器轮流显示多个量的情况下,仪表的显示能选择所有的存贮内容。在自动顺序显示时,以计费为目的的量的显示时间应不少于5 s。

仪表应累计显示基波有功电能、规定(个数)的谐波正向有功电能之和与反向有功电能之和。

当仪表具有扩展的谐波参量测量时,则能显示每一项。

出于试验的目的,仪表基波有功电能的显示应具有$x=10^{-6}\times m\times U_n\times I_{max}$测量单位的分辨力。

注:分辨力的公式详见GB/T 17215.211—2006。

5.3 输出装置

遵守GB/T 15284—2002的5.7和6.7规定。

仪表应具有基波有功电能、谐波正向有功电能之和、谐波反向有功电能之和的三个脉冲输出端子。

5.4 通信接口

仪表应具有通信接口(如RS-485),通信协议遵守相关标准的规定。

5.5 仪表的标志

除遵守 GB/T 17215.211—2006 的 5.12 的规定外，仪表还应标注：

a) 规定测量的(第)2～(第)n 次谐波有功电能——谐波 2～n 次；

b) 基波的、谐波的仪表常数；

c) 基波的、谐波的准确度等级指数。

6 气候条件

遵守 GB/T 17215.211—2006 第 6 章的规定。

7 电气要求

7.1 总则

如果没有另行规定，仪表的电气要求遵守 GB/T 17215.211—2006 的第 7 章的规定。

7.2 电压范围

仪表的电压范围见表 1。

表 1 电压范围

规定的工作范围	从 $0.9U_n$ 到 $1.1U_n$
扩展的工作范围	从 $0.8U_n$ 到 $1.15U_n$
极限工作范围	从 $0.0U_n$ 到 $1.15U_n$

注：在接地故障情况下的最大电压为$\sqrt{3}$倍。

7.3 功率消耗

遵守 GB/T 17215.321—2008、GB/T 17215.322—2008 的规定。

7.4 短时过电流影响

遵守 GB/T 17215.321—2008、GB/T 17215.322—2008 的规定。

7.5 自热影响试验

遵守 GB/T 17215.321—2008、GB/T 17215.322—2008 的规定。

注：本试验仅在基波电能的状态下进行。

7.6 交流电压试验

遵守 GB/T 17215.321—2008、GB/T 17215.322—2008 的规定。

7.7 电磁兼容性

电磁兼容性遵守 GB/T 17215.211—2006 的 7.5 的规定，除快速瞬变脉冲群、无线电干扰外，试验在含有谐波的状态下进行。仪表含谐波的(试验的)工作状态定义为：

——基波带一个仪表规定测量的高次谐波，例如(第)21 次或(第)31 次或(第)41 次；

——施加的电压为 $U_1=U_n$、$U_h=5\%U_n$；

——有电流时，施加的电流为 $I_1=I_b$(或 I_n)、$I_h=0.4I_b$(或 $0.4I_n$)；

——基波的功率因数、谐波的功率因数均为1；

——基波与谐波(在原点)同相。

8 准确度要求

8.1 电流改变量引起的误差极限

8.1.1 基波电流改变量引起基波电能的误差极限

仪表在8.5规定的参比条件下，基波电流改变量引起基波电能的误差极限遵守GB/T 17215.321—2008、GB/T 17215.322—2008的要求。

8.1.2 单次谐波电流改变量引起单次谐波电能的误差极限

仪表在8.5规定的参比条件下(波形畸变因数由试验条件决定)，单次谐波电能的百分数误差不应超过表2和表3中给定的相应准确度等级的极限。系数H的值由式(1)算出：

$$H=1+0.01n \qquad (1)$$

式中：

n——谐波次数。

单次谐波百分数误差值计算后四舍五入(仍取一位小数)。

示例：在n为(第)21次谐波时，$\pm 2.0H=\pm 2.0\times(1+0.21)=\pm 2.42$，四舍五入后的(第)21次谐波百分数误差极限为±2.4。

表2和表3中给定的值适用于测量双方向的电能。

注：当按表3试验时，试验电流依次加入每一测量单元。

表2 单次谐波电能的百分数误差极限(单相仪表和带平衡负载的多相仪表)

电流值		谐波功率因数	谐波有功各等级百分数误差极限		
直接接入仪表	经互感器仪表		1	2	5
$0.05I_b \leqslant I_h < 0.1I_b$	$0.02I_n \leqslant I_h < 0.05I_n$	1	$\pm 2.5H$	$\pm 3.5H$	$\pm 15.0H$
$0.1I_b \leqslant I_h \leqslant 0.4I_{max}$	$0.05I_n \leqslant I_h \leqslant 0.4I_{max}$	1	$\pm 1.0H$	$\pm 2.0H$	$\pm 5.0H$
$0.1I_b \leqslant I_h < 0.2I_b$	$0.05I_n \leqslant I_h < 0.1I_n$	0.5L	$\pm 2.5H$	$\pm 3.5H$	$\pm 15.0H$
		0.8C	$\pm 2.5H$	$\pm 3.5H$	$\pm 15.0H$
$0.2I_b \leqslant I_h \leqslant 0.4I_{max}$	$0.1I_n \leqslant I_h \leqslant 0.4I_{max}$	0.5L	$\pm 1.0H$	$\pm 2.0H$	$\pm 6.0H$
		0.8C	$\pm 1.0H$	$\pm 2.0H$	$\pm 6.0H$

表3 单次谐波电能的百分数误差极限(带有单相负载的多相仪表，电压线路加平衡的多相电压)

电流值		谐波功率因数	谐波有功各等级百分数误差极限		
直接接入仪表	经互感器仪表		1	2	5
$0.1I_b \leqslant I_h < 0.4I_{max}$	$0.5I_n \leqslant I_h < 0.4I_{max}$	1	$\pm 3.0H$	$\pm 4.5H$	$\pm 10.0H$
$0.2I_b \leqslant I_h < 0.4I_{max}$	$0.1I_n \leqslant I_h < 0.4I_{max}$	0.5L	$\pm 3.0H$	$\pm 4.5H$	$\pm 15.0H$

8.1.3 单次谐波由电流改变量引起的单次谐波电能误差极限的试验

测试单次谐波电能由电流改变量引起的误差极限，按 8.5 的规定并在下列条件下进行：

——基波电流：$I_1 = 0.5I_{max}$；

——基波电压：$U_1 = U_n$；

——基波的功率因数：1；

——对仪表规定（个数）的谐波测量中的奇、偶高次分别进行准确度试验：

- （第）20 次、（第）21 次[或（第）30 次、（第）31 次或（第）40 次、（第）41 次]的谐波电压 $U_h = 5\% U_n$；
- （第）20 次、（第）21 次[或（第）30 次、（第）31 次或（第）40 次、（第）41 次]的谐波电流 $I_h = 0.02I_n$（或 $0.05I_b$）、$0.05I_n$（或 $0.1I_b$）、$0.2I_n$（或 $0.2I_b$）、$0.2I_{max}$；

——谐波功率因数：由表 2、表 3 给出；

——基波与谐波（在原点）同相。

仪表在图 A.1 所示的试验线路中应分别测量基波电能和单次谐波电能，准确度符合8.1.1、8.1.2 的要求。

8.1.4 电流和电压谐波的试验

8.1.4.1 方波的试验

方波的试验按附录 A 的图 A.1 所示的线路进行或采用能产生所要求波形的其他试验设备进行，试验的波形由表 4 给出的数据合成，合成电流的波形（幅值）见图 A.2 所示。

试验按 8.5 的规定并在下列条件下进行：

——基波的电压 $U_1 = U_n$；

——基波的电流 I_1

- 直接接入的仪表等于 $0.931\ 5I_b$；
- 经互感器接入的仪表等于 $0.465\ 8I_n$。

仪表应记录基波有功电能、谐波的有功电能之和。基波有功电能准确度符合 8.1.1 的要求，谐波有功电能之和的准确度应符合仪表的谐波准确度等级的要求。

表 4 方波

谐波次数	电流幅值	电流初相角	电压幅值	电压初相角
1	100%	0°	100%	0°
3	30%	0°	3.8%	180°
5	18%	0°	2.4%	180°
7	14%	0°	1.7%	180°
11	9%	0°	1.0%	180°
13	5%	0°	0.8%	180°

8.1.4.2 尖顶波的试验

尖顶波的试验按附录 A 的图 A.1 所示的线路进行或采用能产生所要求波形的其他试验设备进行，试验的波形由表 5 给出的数据合成，合成电流的波形（幅值）见图 A.3 所示。

试验按 8.5 的规定并在下列条件下进行：

——基波的电压 $U_1 = U_n$；

——基波的电流 I_1

- 直接接入的仪表等于 $0.931\,5I_b$；
- 经互感器接入的仪表等于 $0.465\,8I_n$。

仪表应记录基波有功电能、谐波的有功电能之和。基波有功电能准确度符合 8.1.1 的要求，谐波有功电能之和的准确度应符合仪表的谐波准确度等级的要求。

表 5 尖顶波

谐波次数	电流幅值	电流初相角	电压幅值	电压初相角
1	100%	0°	100%	0°
3	30%	180°	3.8%	0°
5	18%	0°	2.4%	180°
7	14%	180°	1.7%	0°
11	9%	180°	1.0%	0°
13	5%	0°	0.8%	180°

8.1.5 (合成)方波的试验

(合成)方波的试验按图 A.1 所示的线路进行或采用能产生所要求波形的其他试验设备进行。在表 6 中，按顺序选取仪表规定测量的谐波电流、电压合成方波。

试验按 8.5 的规定并在下列(系数)α、β 的条件下进行：

- 规定测量(第)2～(第)21 次谐波的仪表：$\alpha_{21} = 0.908\,7U_n$；$\beta_{21} = 0.181\,7I_{max}$；
- 规定测量(第)2～(第)31 次谐波的仪表：$\alpha_{31} = 0.906\,1U_n$；$\beta_{31} = 0.181\,2I_{max}$；
- 规定测量(第)2～(第)41 次谐波的仪表：$\alpha_{41} = 0.904\,7U_n$；$\beta_{41} = 0.180\,9I_{max}$。

仪表应记录基波有功电能、规定测量的谐波有功电能之和。基波有功电能准确度符合 8.1.1 的要求，规定测量(个数)的谐波有功电能之和的准确度应符合仪表的谐波准确度等级的要求。

表 6 (合成)方波

谐波次数	电压幅值 α	电压初相角	电流幅值 β	电流初相角
1	1	0°	1	0°
3	1/3	0°	1/3	0°
5	1/5	0°	1/5	0°
7	1/7	0°	1/7	0°
9	1/9	0°	1/9	0°
11	1/11	0°	1/11	0°
13	1/13	0°	1/13	0°
15	1/15	0°	1/15	0°

表 6（续）

谐波次数	电压幅值 α	电压初相角	电流幅值 β	电流初相角
17	1/17	0°	1/17	0°
19	1/19	0°	1/19	0°
21	1/21	0°	1/21	0°
23	1/23	0°	1/23	0°
25	1/25	0°	1/25	0°
27	1/27	0°	1/27	0°
29	1/29	0°	1/29	0°
31	1/31	0°	1/31	0°
33	1/33	0°	1/33	0°
35	1/35	0°	1/35	0°
37	1/37	0°	1/37	0°
39	1/39	0°	1/39	0°
41	1/41	0°	1/41	0°

8.1.6 交流电流线路中的奇次和次谐波的试验

奇次和次谐波的试验按图 A.1 所示的线路或采用能产生所要求波形的其他试验设备在 8.5 的参比条件下进行，电流波形属性分别见图 A.4、图 A.5 和图 A.6、图 A.7 所示。基波电能准确度应符合仪表的基波准确度等级的要求。

8.1.7 交流电流线路中的直流和偶次谐波的试验(不适用于经互感器工作的仪表)

直流和偶次谐波的试验按图 A.8 所示的线路或采用能产生所要求波形的其他试验设备在 8.5 的参比条件下进行，电流波形属性见图 A.9、图 A.10。基波电能准确度应符合仪表的基波准确度等级的要求。

8.2 由其他影响量引起的误差极限

8.2.1 总则

应单独地对某个影响量引起的改变量进行测试，所有其他影响量保持为 8.5 的参比条件。

影响量的试验，可在基波带一个仪表规定测量的高次谐波的状态下同时对基波电能、谐波电能的改变量进行测试。谐波电压取 $5\%U_n$，谐波电流比应保持小于或等于 40%，基波与谐波(在原点)同相。

8.2.2 由其他影响量引起基波电能的误差极限

由其他影响量引起基波电能的误差极限见表 7(除电压改变量外，数值摘自 GB/T 17215.321—2008、GB/T 17215.322—2008)。

表 7 对基波电能的影响量

影响量		I_1 电流值（平衡的，有说明除外）直接接入仪表	I_1 电流值（平衡的，有说明除外）经互感器仪表	功率因数	各等级仪表的平均温度系数 %/K 0.2S	0.5S	1	2
环境温度变化[a]		$0.1I_b \leqslant I_1 \leqslant I_{max}$	$0.05I_n \leqslant I_1 \leqslant I_{max}$	1	0.01	0.03	0.05	0.10
		$0.2I_b \leqslant I_1 \leqslant I_{max}$	$0.1I_n \leqslant I_1 \leqslant I_{max}$	0.5L	0.02	0.05	0.07	0.15
电压改变量	$0.9U_n \leqslant U < 1.1U_n$	—	$0.05I_n \leqslant I_1 \leqslant I_{max}$	1	0.1	0.2	—	—
			$0.1I_n \leqslant I_1 \leqslant I_{max}$	0.5L	0.2	0.4		
		$0.05I_b \leqslant I_1 \leqslant I_{max}$	$0.02I_n \leqslant I_1 \leqslant I_{max}$	1	—	—	0.7	1.0
		$0.1I_b \leqslant I_1 \leqslant I_{max}$	$0.05I_n \leqslant I_1 \leqslant I_{max}$	0.5L			1.0	1.5
	$0.8U_n \leqslant U < 0.9U_n$ $1.1U_n < U \leqslant 1.15U_n$	I_b	I_n	1	0.3	0.6	1.0	1.5
	$U < 0.8U_n$	I_b	I_n	1	+10～−100			
频率改变量±2%		I_b	I_n	1	0.1	0.2	0.5	0.8
				0.5L	0.1	0.2	0.7	1.0
逆相序		$0.1I_b$	$0.1I_n$	1	0.05	0.1	1.5	1.5
电压不平衡[b]		I_b	I_n	1	0.5	1.0	2.0	4.0
辅助电压±15%[c]		—	$0.01I_n$	1	0.05	0.1	—	—
外部恒定磁感应[d]		I_b	I_n	1	2.0	2.0	2.0	3.0
外磁感应强度 0.5 mT[e]		I_b	I_n	1	0.5	1.0	2.0	3.0
高频电磁场		I_b	I_n	1	1.0	2.0	2.0	3.0
附件工作[f]		$0.05I_b$	$0.05I_n$	1	0.05	0.1	0.5	1.0
射频场感应的传导骚扰		I_b	I_n	1	1.0	2.0	2.0	3.0
快速瞬变脉冲群		I_b	I_n	1	1.0	2.0	4.0	6.0
阻尼振荡波抗扰度[g]		—	I_n	1	1.0	2.0	2.0	3.0

[a] 在整个工作范围内确定平均温度系数，工作温度范围应分成多个 20 K 宽的子范围，然后在这些范围内确定平均温度系数，在该范围中间的上 10 K 和下 10 K 进行测定。试验期间无论如何不要超出规定的工作温度范围。

[b] 有三个测量元件的多相仪表，如下面的相被断开，应在本表规定的以百分数误差表示的改变量的极限内测量和计数。

——三相四线电网中的一相或两相；

——三相三线电网中(如果仪表为此工作设计)的三相中的一相。

本要求仅包括断相，不包括诸如互感器熔丝失效的事件。

[c] 仅适用于辅助电源不在内部连接于电压测量电路的情况。

[d] 试验条件按 8.2.4。

[e] 外部 0.5 mT 的磁感应强度由施加给仪表电压相同频率的电流产生，并在对被测仪表最不利的相位和方向的条件下，仪表以百分数误差表示的改变量不应超过本表的规定值。

可使用中心能放置仪表的环形电流线圈产生该磁场。环形线圈的平均直径为 1 m，截面为矩形，并且相对直径具有较小的径向厚度。磁场强度为 400 安匝。

[f] 该附件为封装在表壳内的并且是间断通电的，如多费率计度器的电磁铁。

为能正确接线，最好标出与辅助装置的连接方法。若这种连接是插头和插座方式，则应是不可逆的。然后，在没有标志或者连接是可逆的情况下，仪表在最不利的接线下试验，其误差改变量不应超过本表规定值。

[g] 该试验仅用于经互感器仪表。

8.2.3 由其他影响量引起单次谐波电能的误差极限

由其他影响量引起单次谐波电能的误差极限见表 8。

表 8 对单次谐波的影响量

影响量		I_h 电流值（平衡的，有说明除外）直接接入仪表	I_h 电流值（平衡的，有说明除外）经互感器仪表	谐波功率因数	各等级仪表的平均温度系数 %/K 1	2	5
环境温度变化[a]		$0.1I_b \leqslant I_h \leqslant 0.4I_{max}$	$0.05I_n \leqslant I_h \leqslant 0.4I_{max}$	1	0.05	0.10	0.30
		$0.2I_b \leqslant I_h \leqslant 0.4I_{max}$	$0.1I_n \leqslant I_h \leqslant 0.4I_{max}$	0.5L	0.07	0.15	0.50
					各等级仪表百分数误差改变极限 1	2	5
电压改变量	$0.9U_n \leqslant U < 1.1U_n$	$0.05I_b \leqslant I_h \leqslant 0.4I_{max}$	$0.02I_n \leqslant I_h \leqslant 0.4I_{max}$	1	0.7	1.0	2.0
		$0.1I_b \leqslant I_h \leqslant 0.4I_{max}$	$0.05I_n \leqslant I_h \leqslant 0.4I_{max}$	0.5L	1.0	1.5	4.0
	$0.8U_n \leqslant U < 0.9U_n$	$0.4I_b$	$0.4I_n$	1	1.0	1.5	4.0
	$1.1U_n < U \leqslant 1.15U_n$						
	$U < 0.8U_n$	$0.4I_b$	$0.4I_n$	1	+10～−100		
（基波）频率改变量±2%		$0.4I_b$	$0.4I_n$	1	0.5	0.8	2.0
				0.5L	0.7	1.0	2.0
逆相序		$0.1I_b$	$0.1I_n$	1	1.5	1.5	2.0
电压不平衡[b]		$0.4I_b$	$0.4I_n$	1	2.0	4.0	6.0
外部恒定磁感应[c]		$0.4I_b$	$0.4I_n$	1	2.0	3.0	4.0
外磁感应强度 0.5 mT[d]		$0.4I_b$	$0.4I_n$	1	2.0	3.0	4.0
高频电磁场		$0.4I_b$	$0.4I_n$	1	2.0	3.0	4.0
附件工作[e]		$0.05I_b$	$0.05I_n$	1	0.5	1.0	2.0
射频场感应的传导骚扰		$0.4I_b$	$0.4I_n$	1	2.0	3.0	4.0
快速瞬变脉冲群		—	—	—	—	—	—
阻尼振荡波抗扰度[f]		—	$0.4I_n$	1	2.0	3.0	4.0

[a] 在整个工作范围内确定平均温度系数，工作温度范围应分成多个 20 K 宽的子范围，然后在这些范围内确定平均温度系数，在该范围中间的上 10 K 和下 10 K 进行测定。试验期间无论如何不要超出规定的工作温度范围。

[b] 有三个测量元件的多相仪表，如下面的相被断开，应在本表规定的以百分数误差表示的改变量的极限内测量和计数。

——三相四线电网中的一相或两相；

——三相三线电网中(如果仪表为此工作设计)的三相中的一相。

本要求仅包括断相，不包括诸如互感器熔丝失效的事件。

[c] 试验条件按 8.2.4。

[d] 外部 0.5 mT 的磁感应强度由施加给仪表电压相同频率的电流产生，并在对被测仪表最不利的相位和方向的条件下，仪表以百分数误差表示的改变量不应超过本表的规定值。

可使用中心能放置仪表的环形电流线圈产生该磁场。环形线圈的平均直径为 1 m，截面为矩形，并且相对直径具有较小的径向厚度。磁场强度为 400 安匝。

[e] 该附件为封装在表壳内的并且是间断通电的，如多费率计度器的电磁铁。

为能正确接线，最好标出与辅助装置的连接方法。若这种连接是插头和插座方式，则应是不可逆的。

然后，在没有标志或者连接是可逆的情况下，仪表在最不利的接线下试验，其误差改变量不应超过本表规定值。

[f] 该试验仅用于经互感器仪表。

8.2.4 外部恒定磁感应

遵守 GB/T 17215.321—2008、GB/T 17215.322—2008 的规定。

8.3 起动和无负载状态(潜动)试验

对这些试验,除下述规定外,影响量的条件和值按 8.5 的规定。

8.3.1 仪表的初始启动

参比电压加到仪表接线端后,5 s 内仪表应达到计量的工作状态。

8.3.2 基波电能的潜动试验

当施加电压而电流线路无电流时,仪表的测试输出不应产生多于一个的脉冲。

试验时,电流线路开路,电压线路所加基波(正弦波)电压应为仪表参比电压的 115%。

最短试验时间 Δt 见式(2):

$$\Delta t \geqslant \frac{D \times 10^6}{k \times m \times U_n \times I_{max}} [\text{min}] \qquad \cdots\cdots (2)$$

式中:

k ——仪表的脉冲常数,单位:imp/kWh;

m ——测量单元数;

U_n ——参比电压,单位:V;

I_{max} ——最大电流,单位:A。

式(2)中的 D 值见表 9 [数值摘自 GB/T 17215.321—2008、GB/T 17215.322—2008]。

表 9 基波电能潜动试验的 *D* 值

准确度等级	0.2S	0.5S	1	2
D	900	600	600	480

8.3.3 基波电能的起动

在规定的起动电流条件下(多相仪表带平衡负载)、规定的起动时间内(见式(3)),仪表应起动并连续计量。

如果该仪表为双向电能测量仪表,那么这试验用于每一个方向的电能测量。

$$t_Q = 1.2 \times \frac{60 \times 1\,000}{k \times P_Q} [\text{min}] \qquad \cdots\cdots (3)$$

式中:

t_Q ——规定的起动时间,单位:min;

k ——仪表的脉冲常数,单位:imp/kWh;

P_Q——仪表的起动功率,单位:W。

基波电能的起动电流遵守 GB/T 17215.321—2008、GB/T 17215.322—2008 的规定。

8.4 仪表常数

测试输出(脉冲)与显示器指示之间的关系,应与铭牌标志一致。

8.5 准确度试验条件

为检验准确度要求，应保持下列试验条件：

a) 被试仪表装在表壳内，并盖上表盖，所有要接地的部件接地；

b) 进行试验之前，各线路通电并达到热稳定；

c) 此外，多相仪表应该：

——符合接线图所示的相序；

——电压和电流应基本平衡，见 GB/T 17215.321—2008 的表 10、GB/T 17215.322—2008 的表 7。

d) 参比条件见 GB/T 17215.321—2008 的表 11、GB/T 17215.322—2008 的表 8。

e) 试验装置参照 GB/T 11150—2001 的规定，装置的综合误差不应大于被试仪表准确度等级的 1/3。

注：标准谐波功率表、标准谐波电能表的准确度有时以“引用误差”表示，本部分所指的准确度是“百分数误差”。

8.6 试验结果的整理

遵守 GB/T 17215.321—2008、GB/T 17215.322—2008 的规定。

9 可扩展的谐波参量的测量

本部分建议仪表能测量和显示(第)2～(第)13 次的各次谐波正、反向有功电能；建议仪表能选择(显示或通信)同一时刻的基波和各次谐波电能(或功率)值的试验状态。

当用户有需求时，仪表可扩展的谐波参量的测量有：

(第)2～(第)n 次的谐波电压；

(第)2～(第)n 次的谐波电流；

(第)2～(第)n 次的谐波功率；

(电压、电流)谐波含有率、总畸变率；

(第)2～(第)n 次的 U_h^2 或 $U_h^2 \cdot h$；

(第)2～(第)n 次的 I_h^2 或 $I_h^2 \cdot h$。

仪表可扩展的谐波参量的基本测量、准确度要求应遵守 IEC 61000-4-30:2008 和 GB/T 17626.7—2008、IEC 61000-4-7:2008 Amendment 1 的规定。

附　录　A
（规范性附录）
谐波状态下的试验

注：图中给出值仅适用于 50 Hz，对于其他频率的值应做适当的调整。

A.1　谐波试验的接线

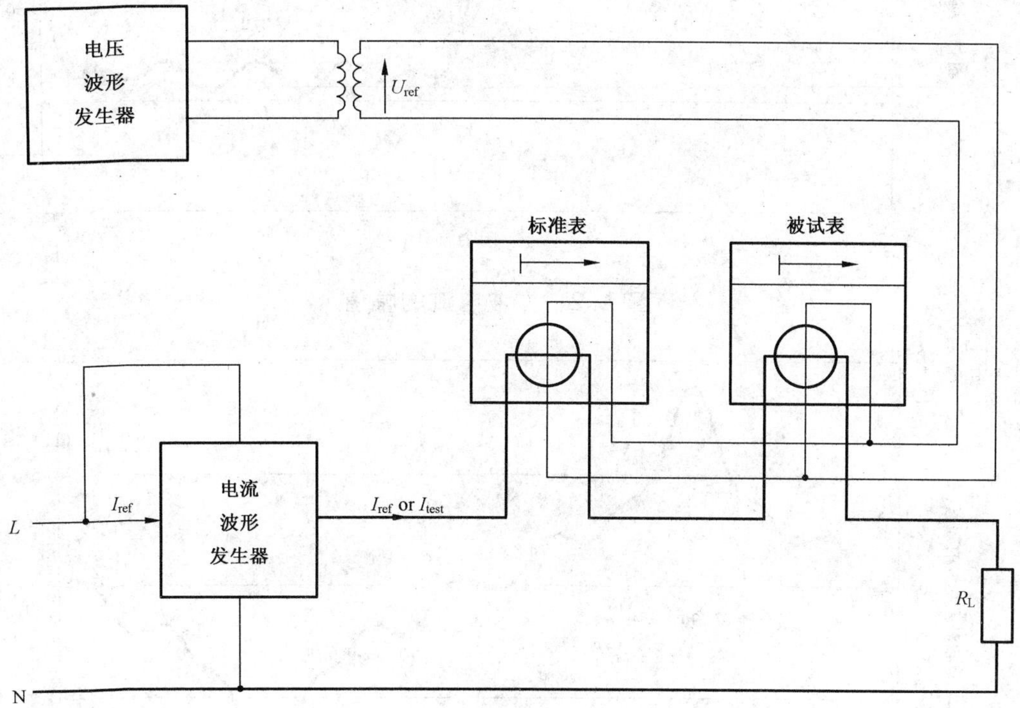

说明：
图中标准谐波电能表和被试仪表应按要求分别测量基波电能、谐波电能。

图 A.1　谐波状态下的试验接线图

A.2 谐波电流的波形

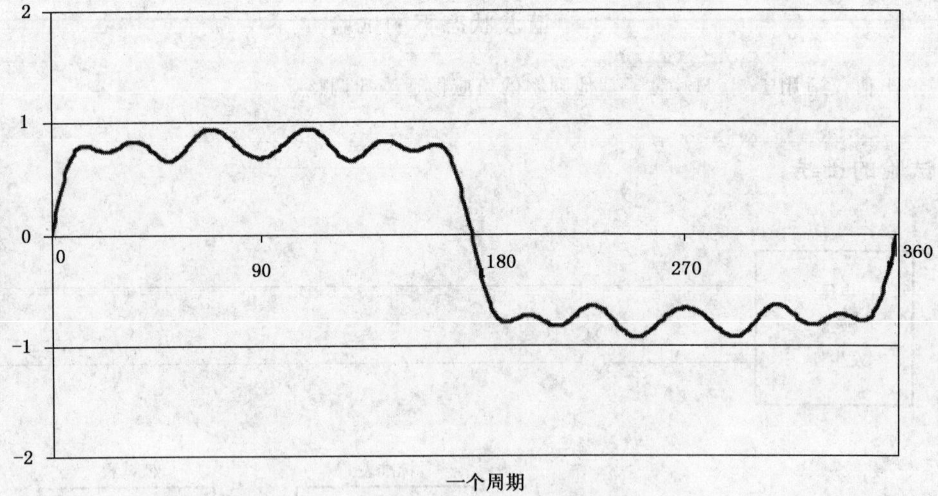

图 A.2 方波电流的幅值

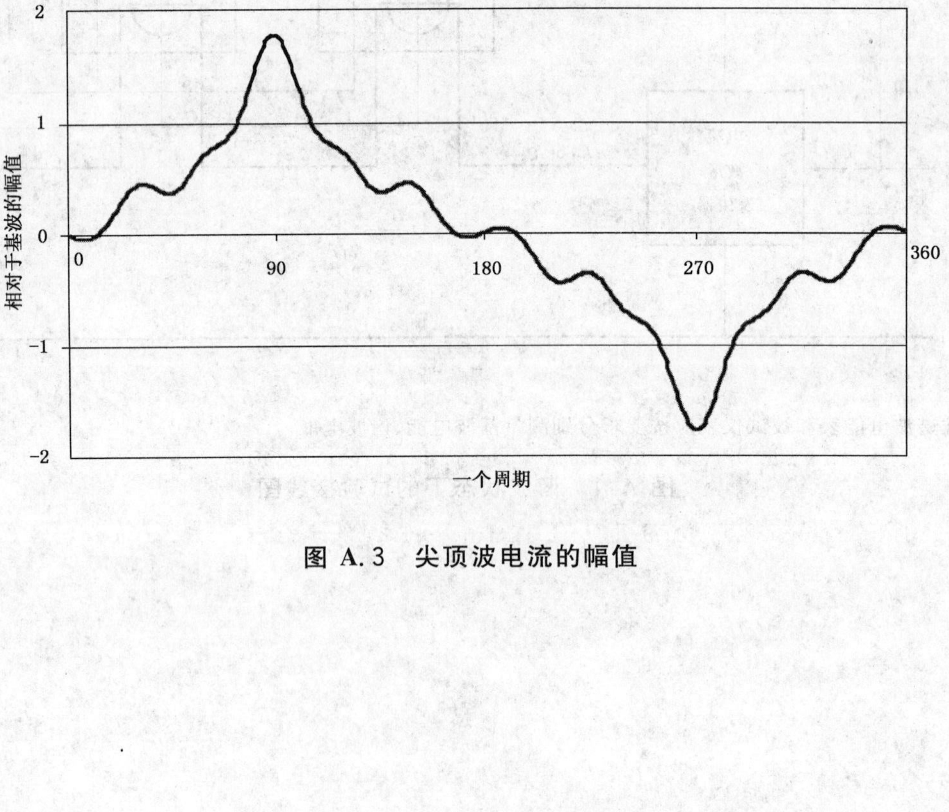

图 A.3 尖顶波电流的幅值

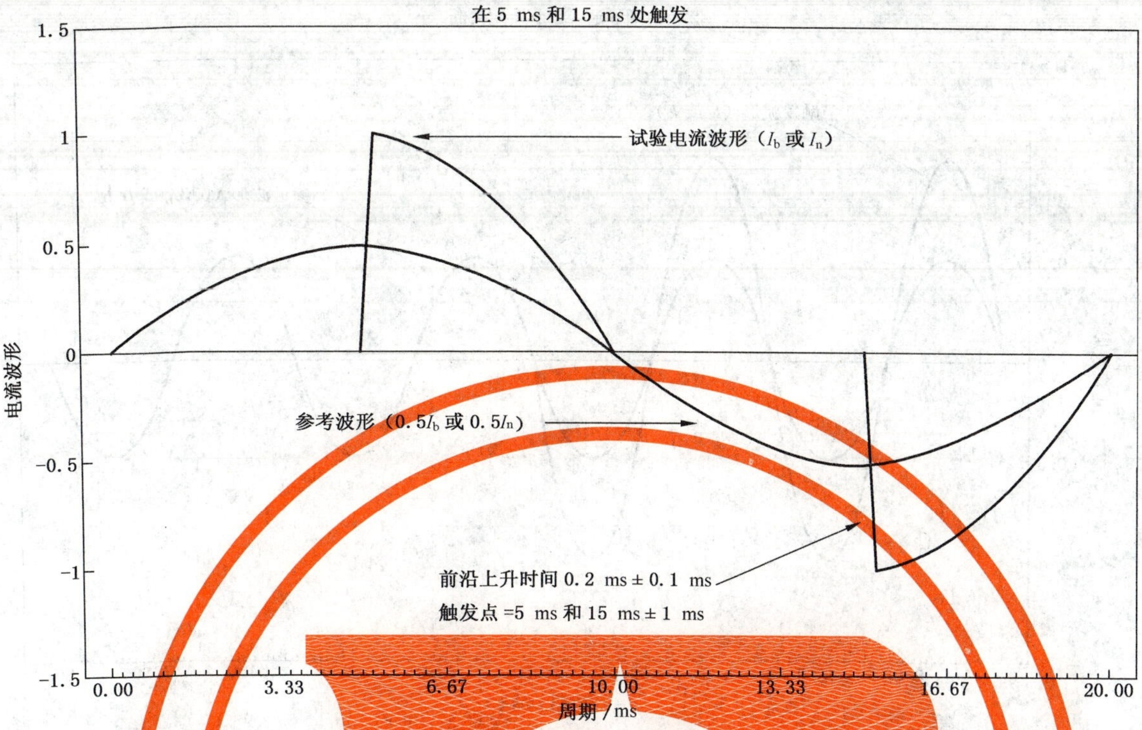

图 A.4　相位触发波形

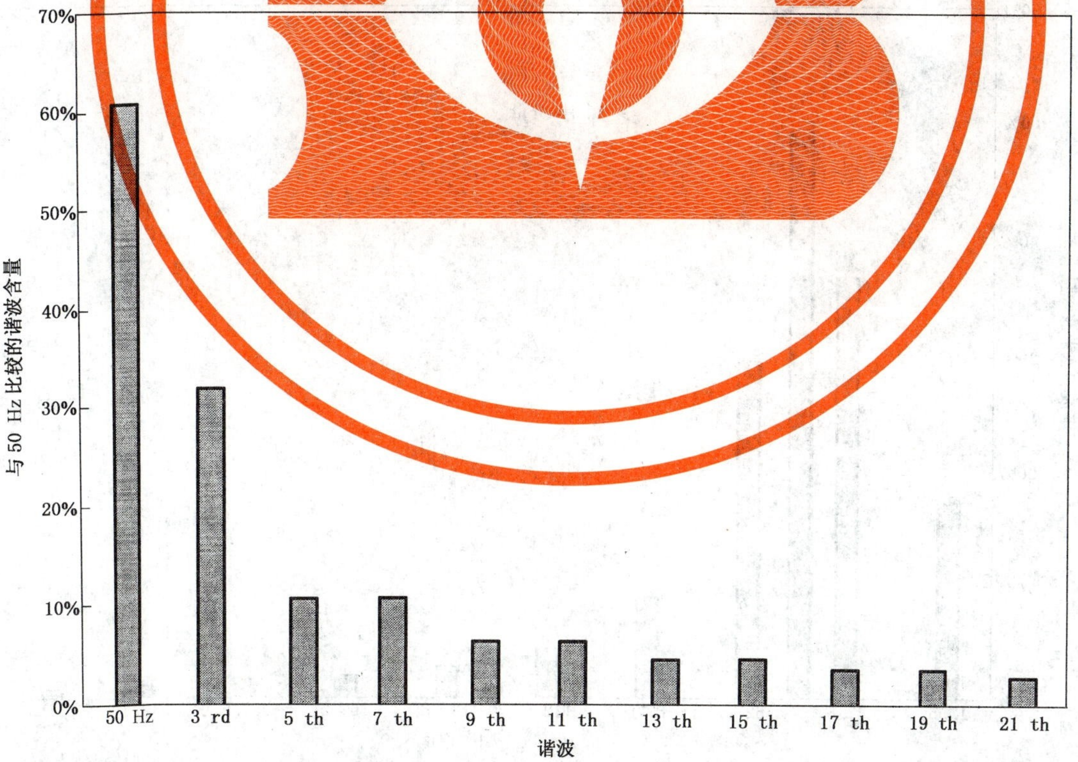

图 A.5　相位触发波形的奇次谐波含量分析(不完全的傅里叶分析)

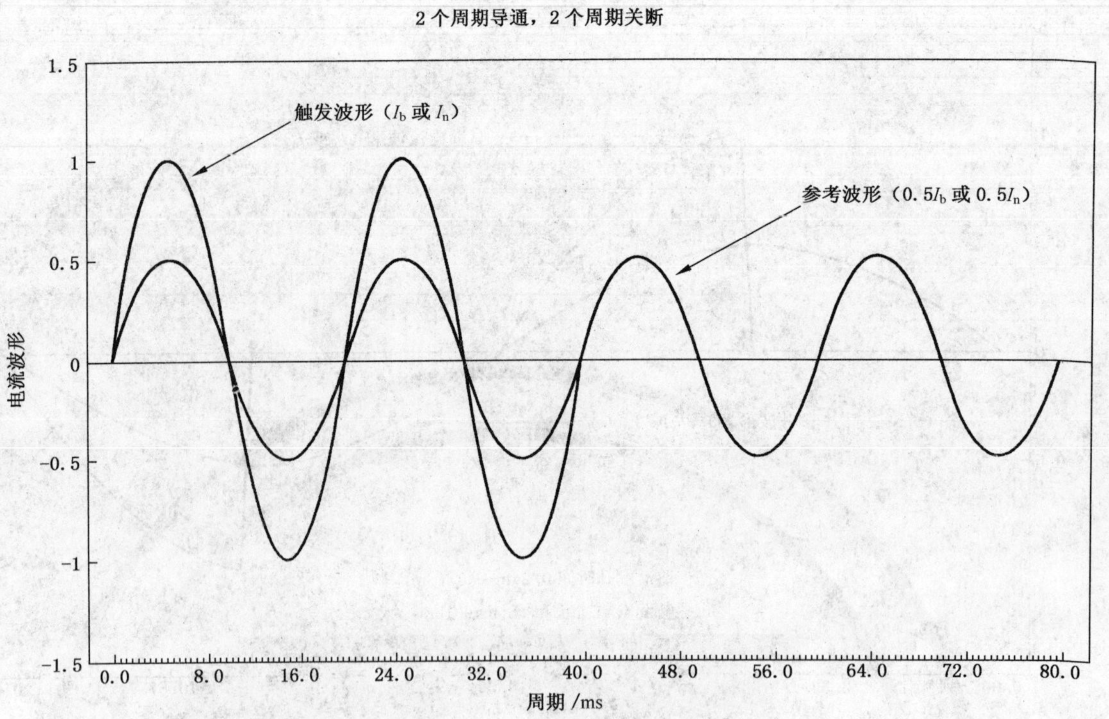

图 A.6　脉冲串触发波形

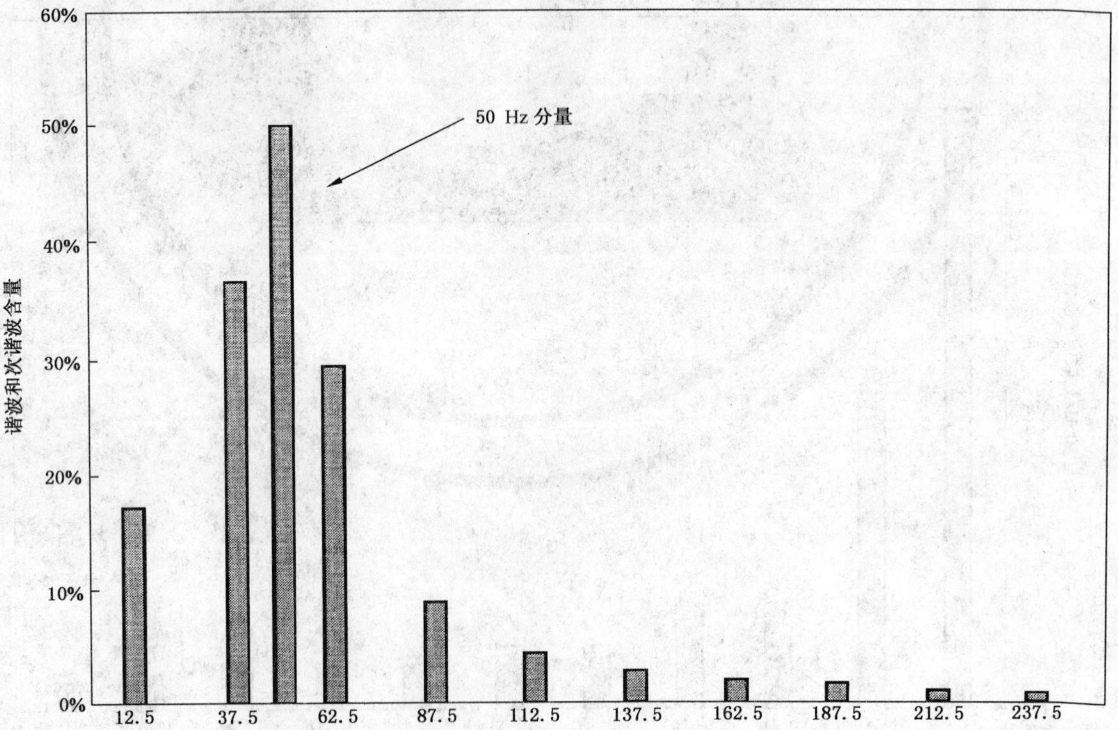

图 A.7　脉冲串触发波形的次谐波分析(不完全的傅里叶分析)

A.3 半波整流(直流和偶次谐波)

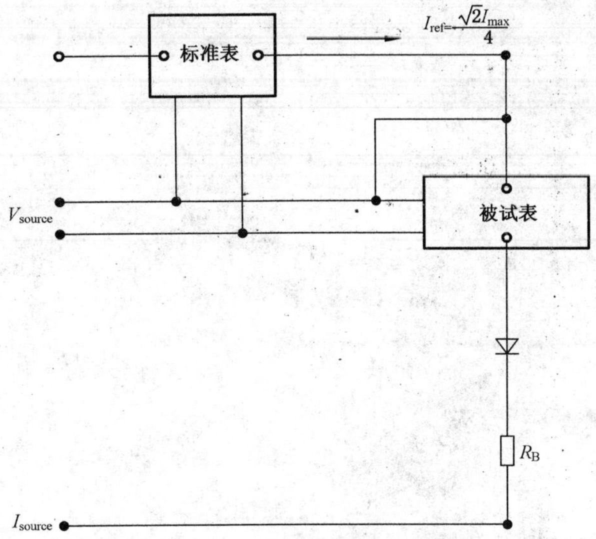

图 A.8 半波整流的试验接线图

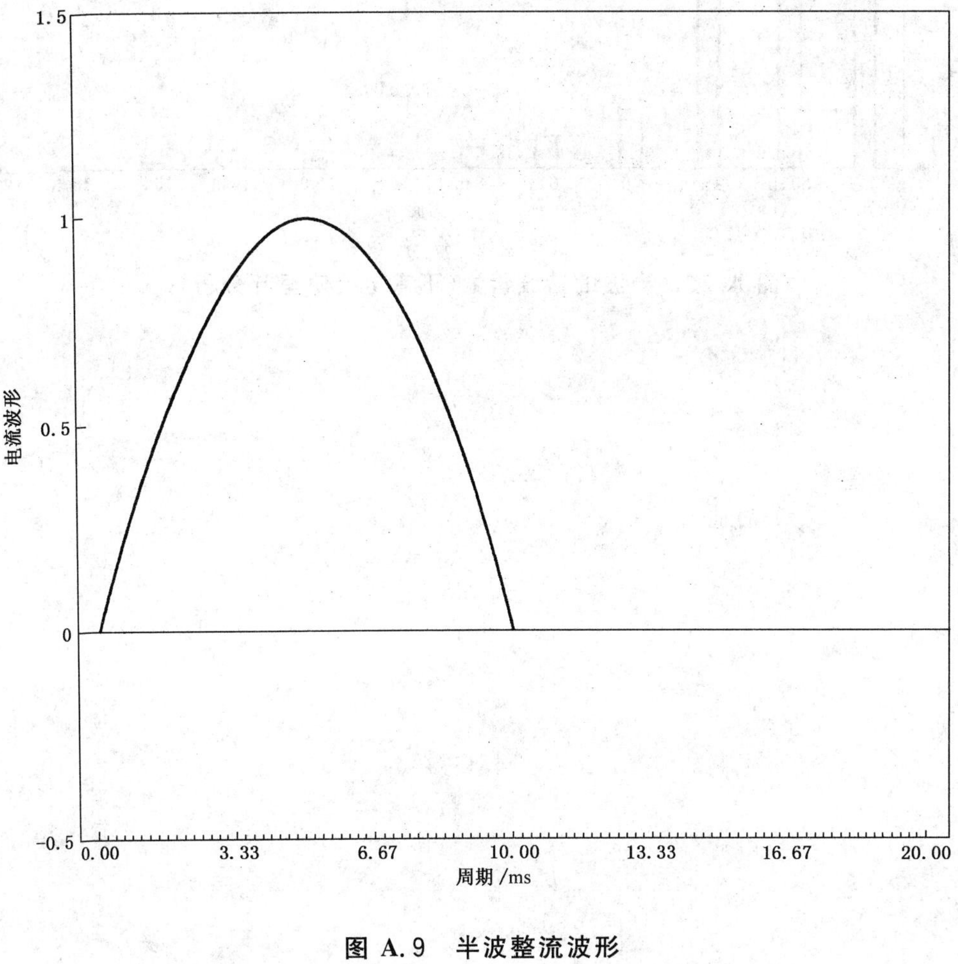

图 A.9 半波整流波形

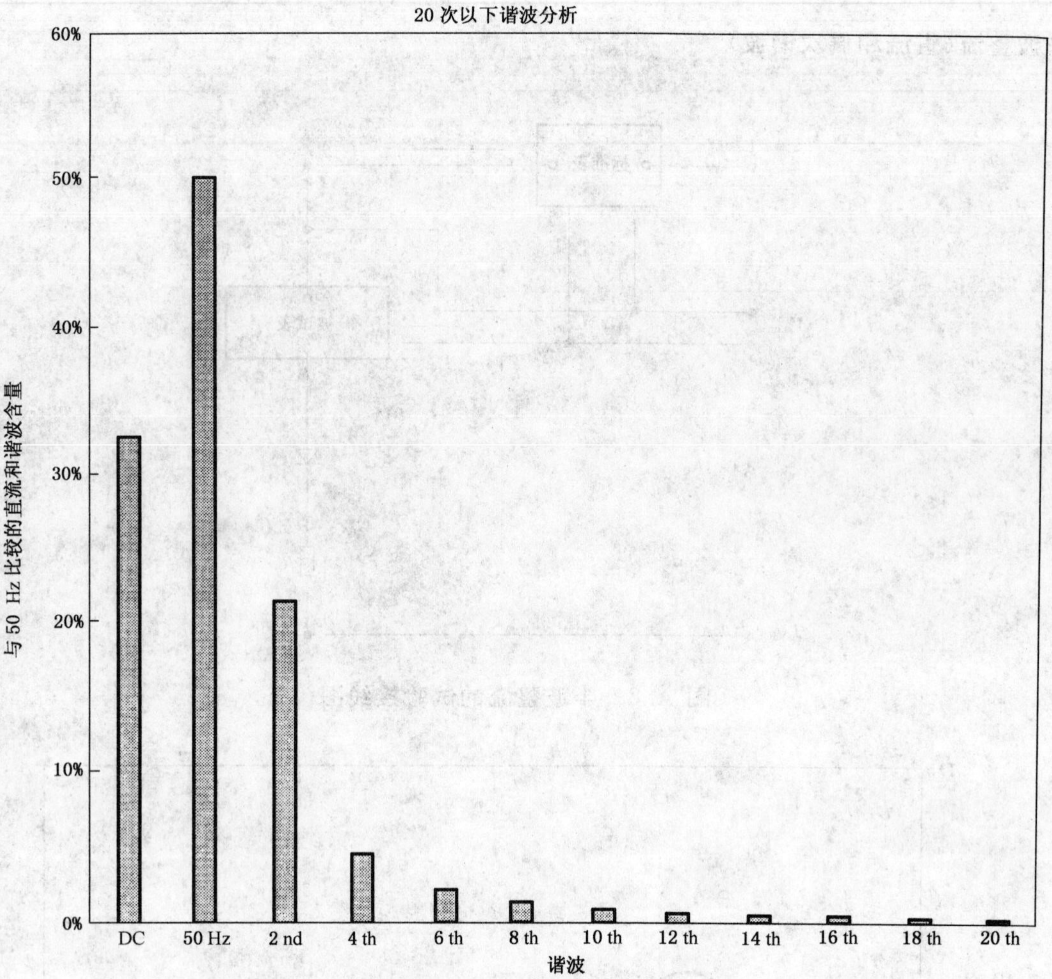

图 A.10 半波的谐波含量(不完全的傅里叶分析)

参 考 文 献

[1] GB/T 17626.13—2006 电磁兼容 试验和测量技术 交流电源端口谐波、谐间波及电网信号的低频抗扰度试验(IEC 61000-4-13:2002,IDT)

[2] GB/T 19862—2005 电能质量监测设备通用要求

[3] DL/T 1028—2006 电能质量测试分析仪检定规程

[4] 工频谐波测量仪器校准规范(讨论稿)

[5] IEC 61000-2-4:2002 电磁兼容 环境 工业企业中低频传导骚扰的兼容水平(Electromagnetic compatibility (EMC)—Part 2-4: Environment—Compatibility levels in industrial plants for low-frequency conducted disturbances)

[6] IR46 国际法制计量组织委员会草案(CD5)
OIML R 46-1 and-2
Active Electrical Energy Meters
Part 1:Metrological and Technical Requirements
Part 2:Metrological controls and performance tests

ICS 17.220.20
N 22

中华人民共和国国家标准

GB/T 17215.303—2013

交流电测量设备　特殊要求
第3部分:数字化电能表

Electricity metering equipment (a.c.)—Particular requirements—
Part 3:Digital input electricity meters

2013-12-17 发布　　2014-07-15 实施

中华人民共和国国家质量监督检验检疫总局
中国国家标准化管理委员会　发布

前言

GB/T 17215.3《交流电测量设备 特殊要求》分为以下几个部分：

——GB/T 17215.301 多功能电能表；

——GB/T 17215.302 静止式谐波有功电能表；

——GB/T 17215.303 数字化电能表；

——GB/T 17215.311 机电式有功电能表(0.5、1和2级)；

——GB/T 17215.321 静止式有功电能表(1级和2级)；

——GB/T 17215.322 静止式有功电能表(0.2S级和0.5S级)；

——GB/T 17215.323 静止式无功电能表(2级和3级)；

——GB/T 17215.352 符号。

本部分为GB/T 17215.3的第3部分。

本部分与GB/T 17215.211《交流电测量设备 通用要求、试验和试验条件 第11部分:测量设备》、GB/T 17215.321《交流电测量设备 特殊要求 第21部分:静止式有功电能表(1级和2级)》、GB/T 17215.322《交流电测量设备 特殊要求 第22部分:静止式有功电能表(0.2S级和0.5S级)》、GB/T 17215.323《交流电测量设备 特殊要求 第23部分:静止式无功电能表(2级和3级)》共同构成对数字化电能表的型式试验要求。当本部分的任何要求涉及GB/T 17215.211、GB/T 17215.321、GB/T 17215.322、GB/T 17215.323中的已有条款,本部分应优先。

本部分按照GB/T 1.1—2009给出的规则起草。

请注意本部分的某些内容可能涉及专利。本部分的发布机构不承担识别这些专利的责任。

本部分由中国机械工业联合会提出。

本部分由全国电工仪器仪表标准化技术委员会(SAC/TC 104)归口。

本部分起草单位:哈尔滨电工仪表研究所、河南省电力公司、冀北电力有限公司计量中心、河南许继仪表有限公司、国电南京自动化股份有限公司、深圳航天泰瑞捷电子有限公司、江苏省计量科学研究院、杭州百富电子技术有限公司、威胜集团有限公司、中国电力科学研究院、浙江电力科学研究院、宁波三星电气股份有限公司、浙江正泰仪器仪表有限责任公司、华立仪表集团股份有限公司、西安旌旗电子有限公司、重庆电力公司电力科学研究院、广东电网公司电力科学研究院、深圳市科陆电子科技股份有限公司、云南电力试验研究院(集团)有限公司电力研究所、德力西集团仪器仪表有限公司、深圳市龙电电气有限公司。

本部分主要起草人:胡占廷、张立华、李万宏、王慧武、袁瑞铭、黄明山、郭立煌、宦广东、徐茂林、郜波、刘忠、宋伟、颜中原、秦楠、李林、夏亚莉、程瑛颖、陈洪波、刘金权、赵伟、宋锡强、姚力、周国琦、赵言涛、曹敏、谷海明、向德春。

交流电测量设备　特殊要求
第3部分：数字化电能表

1　范围

GB/T 17215.3 的本部分规定了数字化电能表(以下简称仪表)的术语、技术要求、试验方法、检验规则、标志、包装及贮存。

本部分适用于在 50 Hz 或 60 Hz 电网中安装使用的计量信号输入为数字化采样值的新制造仪表。

本部分仅适用于安装在户内或户外使用的，由测量元件和显示器装在同一表壳内的仪表。如果仪表具有其他功能单元，如：最大需量、多费率等包封在同一表壳内，则相应的标准适用于这些功能单元。

本部分不适用于模拟量输入的电能表。

仪表的计量特性应符合相应准确度等级指数的静止式电能表的国家标准。

2　规范性引用文件

下列文件对于本文件的应用是必不可少的。凡是注日期的引用文件，仅注日期的版本适用于本文件。凡是不注日期的引用文件，其最新版本(包括所有的修改单)适用于本文件。

GB/T 2829—2002　周期检验计数抽样程序及表(适用于对过程稳定性的检验)

GB 9254—2008　信息技术设备的无线电骚扰限值和测量方法

GB/T 9969—2008　工业产品使用说明书　总则

GB/T 13384—2008　机电产品包装通用技术条件

GB/T 16720.1—2005　工业自动化系统制造报文规范　第1部分：服务定义

GB/T 16720.2—2005　工业自动化系统制造报文规范　第2部分：协议规范

GB/T 17215.211—2006　交流电测量设备　通用要求　试验和试验条件　第11部分：测量设备

GB/T 17215.301—2007　多功能电能表　特殊要求

GB/T 17215.321—2008　交流电测量设备　特殊要求　第21部分：静止式有功电能表(1级和2级)

GB/T 17215.322—2008　交流电测量设备　特殊要求　第22部分：静止式有功电能表(0.2S级和0.5S级)

GB/T 17215.323—2008　交流电测量设备　特殊要求　第23部分：静止式无功电能表(2级和3级)

GB/T 17215.352—2009　交流电测量设备　特殊要求　第52部分：符号

GB/T 17215.421—2008　交流测量-费率和负荷控制　第21部分：时间开关的特殊要求

GB/T 17215.941—2012　电测量设备　可信性　第41部分：可靠性预测

GB/T 17626.2—2006　电磁兼容　试验和测量技术　静电放电抗扰度试验

GB/T 17626.3—2006　电磁兼容　试验和测量技术　射频电磁场辐射抗扰度试验

GB/T 17626.4—2006　电磁兼容　试验和测量技术　电快速瞬变脉冲群抗扰度试验

GB/T 17626.5—2008　电磁兼容　试验和测量技术　浪涌(冲击)抗扰度试验

GB/T 17626.6—2008　电磁兼容　试验和测量技术　射频场感应的传导骚扰抗扰度

IEC 61850　变电站通信网络和系统(Communication networks and systems in substations)

3 术语和定义

GB/T 17215.211—2006 及 IEC 61850 确定的以及下列术语和定义适用本文件。

3.1

数字化电能表 digital input electricity meters

对电压、电流量化数字量进行计量的电能计量设备。

3.2

采样频率 sampling frequency

每相电压/电流每秒的采样点数。

3.3

智能电子设备 intelligent electronic device;IED

包含一个或多个处理器,可接受来自外部资源的数据和向外部资源发送数据,或进行控制的装置。

注 1:IED 具有一个或多个特定环境中特定逻辑接点行为且受制于其接口的装置,可完成控制、保护、计量、记录等功能。

注 2:IED 包括间隔层的保护、控制设备和过程层电子式等功能电能表、智能传感器、智能控制电路等。

3.4

制造报文规范 manufacturing message specification;MMS

GB/T 16720.1—2005 和 GB/T 16720.2—2005 所定义的一套用于工业控制系统的通信协议。

注:MMS 规范了工业领域具有通信能力的智能传感器、智能电子设备(IED)、智能控制设备的通信行为,使出自不同制造商的设备之间具有互操作性。

3.5

采样值 sampled value;SV

由传感器采样获得的供给测量仪器仪表和继电器或控制装置的,与电流和/或电压数据的数字编码时间相关的数组。

3.6

一致性测试 conformance test

校验通信信道上数据流与标准条件的一致性,涉及访问组织、格式、位序列、时间同步、定时、信号格式和电平、对错误的反应等。执行一致性测试,证明与标准或标准特定描述部分相一致。

4 标准的电量值

按 IEC 61850 的规定配置电参量(如电压、电流、频率等)额定值,标准电量值应符合 GB/T 17215.211—2006 的第 4 章的规定。

5 要求

5.1 功能要求

5.1.1 基本功能

GB/T 17215.301—2007 规定的功能适用于本部分。

5.1.2 网络通信功能

仪表应具有网络通信接口,具有网路通信功能。

5.1.3 采样值输入事件记录功能

仪表应能记录以下采样数据输入相关事件，事件记录应包括开始及结束时间、开始及结束时刻电量：

a) 记录采样数据输入序列不连续事件；
b) 记录采样数据输入报文存在无效通道事件；
c) 记录采样数据输入报文源地址无效事件；
d) 记录采样数据输入报文数据无效事件；
e) 记录采样数据输入报文为检修状态的事件；
f) 记录同步失效事件。

5.1.4 异常事件记录功能

仪表应能(至少)记录以下异常事件，事件记录应包括开始及结束时间、开始及结束时刻电量：

a) 工作电源异常；
b) 采样数据输入通道异常。

5.1.5 冻结功能

仪表应能(至少)实现以下冻结功能：

a) 按照设定的时刻冻结电能量数据，每日不少于3次，并可存储至少3个月的数据；
b) 按照设定的时间间隔冻结电能量数据及重要的测量数据，每小时不少于4次，并可存储至少1个月的数据；
c) 按照指令瞬时冻结当前的日期、时间、所有电能量和重要的测量数据，并可存储最近3次瞬时冻结的数据。

5.2 机械要求

GB/T 17215.211—2006的机械要求适用于本部分。

5.3 气候条件

GB/T 17215.301—2007中规定的条件适用于本部分。

5.4 电气要求

5.4.1 电源要求

工作电压在此范围内改变时或其中一路供电电源失去时，仪表应能连续正常工作，并且准确度满足等级指数要求。

a) 仪表支持直流(110 V或220 V)和交流(220 V)双路冗余供电电源接入，电压允许偏差−20%～+15%；
b) 交流电源频率为50 Hz，允许偏差±5%；
c) 交流电源波形为正弦波，谐波含量小于5%；
d) 直流电源电压纹波系数小于5%。

5.4.2 功率消耗

仪表正常工作时消耗有功功率应不大于10 W，视在功率应不大于15 VA。

5.4.3 电源电压影响

5.4.3.1 电压降落和短时中断对仪表时钟的影响

GB/T 17215.421—2008 中的规定适用于本部分。

5.4.3.2 电压长时间中断对仪表内部时钟的影响

GB/T 17215.421—2008 中的规定适用于本部分。

5.4.3.3 电压长时间中断对仪表程序和存储数据的影响

GB/T 17215.301—2007 中的规定适用于本部分。

5.4.4 绝缘

5.4.4.1 交流电压试验

GB/T 17215.301—2007 中的规定适用于本部分。

5.4.4.2 脉冲电压试验

GB/T 17215.301—2007 中的规定适用于本部分。

5.5 准确度要求

5.5.1 准确度等级

GB/T 17215.321—2008、GB/T 17215.322—2008、GB/T 17215.323—2008 中规定的要求适用于本部分。

5.5.2 基本误差

应相应符合 GB/T 17215.321—2008、GB/T 17215.322—2008、GB/T 17215.323—2008 中规定的要求。

5.5.3 潜动

应相应符合 GB/T 17215.321—2008、GB/T 17215.322—2008、GB/T 17215.323—2008 中规定的要求。

5.5.4 起动

应相应符合 GB/T 17215.321—2008、GB/T 17215.322—2008、GB/T 17215.323—2008 中规定的要求。

5.5.5 费率寄存器示值组合误差

应符合 GB/T 17215.301—2007 中规定的要求。

5.5.6 需量示值误差

在参比电压、参比频率、$\cos\varphi=1.0$ 时，当 $I=0.1I_{n}\sim I_{max}$，其需量示值误差(%)应不大于规定的准确度等级值。

5.5.7 时钟准确度

在参比温度(23 ℃)及工作电压范围内,内部时钟误差不应超过±0.5 s/d。

5.5.8 影响量

5.5.8.1 基本影响量

GB/T 17215.301—2007 的规定的影响量适用于本部分。

5.5.8.2 采样频率影响

仪表输入采样频率不低于 4 kHz 的采样值报文,仪表的误差应满足 5.5.2 的要求。

5.5.8.3 采样值数据丢失影响

在参比电压、参比电流、参比频率、$\cos\varphi=1.0$ 条件下,当采样值报文的丢失率不超过 0.01%时,仪表的计量准确度符合相应的准确度等级要求。

5.6 通信要求

5.6.1 采样数据通信接口

仪表至少具有一个与外部合并单元或者交换机可靠相连的采样值输入接口,通信协议符合 IEC 61850 的要求。

5.6.2 其他数据通信接口

仪表应至少具有 1 个网络接口或 2 个 RS485 数据通信接口。当具有两个及以上信道时,其中一个信道的损坏不得影响其他信道。通信接口的异常,不得影响仪表的计量功能。

5.7 电磁兼容要求

5.7.1 对电磁骚扰的抗扰度

仪表的设计应能保证在传导和辐射以及静电放电的电磁骚扰影响下不损坏或不受实质性影响。

注:考虑的骚扰为:

——静电放电;

——浪涌电压;

——高频电磁场;

——快速瞬变脉冲群;

——射频场感应的传导。

5.7.2 无线电干扰抑制

仪表不应发生能干扰其他设备正常运行的传导和辐射噪声。

5.8 仪表编程设置要求

GB/T 17215.301—2007 中规定的要求适用于本部分。

5.9 数据安全性要求

GB/T 17215.301—2007 中规定的要求适用于本部分。

5.10 电池要求

GB/T 17215.301—2007 中规定的要求适用于本部分。

5.11 平均寿命

仪表在本部分规定的条件下安装使用，其平均寿命(MTTF)应不低于10年，相应的平均寿命下限值(m_1)应不低于 2.19×10^4 h。

6 试验方法

6.1 功能符合性试验

6.1.1 基本功能检查

仪表通电后，目视检查显示器及发光元器件，显示是否清晰，功能是否符合5.1要求。

6.1.2 网络通信功能试验

采样值、计量值通信符合规约一致性测试。

6.1.3 采样值输入相关事件记录功能试验

向被试仪表输入设定采样值报文模拟5.1.2中的事件，检查被试仪表是否可以正确记录。

6.1.4 异常事件记录功能试验

模拟5.1.3中的事件，检查被试仪表是否可以正确识别并记录。

6.1.5 存储功能试验

向被试仪表输入设定采样值报文，检查被试仪表是否具有5.1.4要求的冻结功能。

6.2 机械试验

6.2.1 弹簧锤试验

按照 GB/T 17215.211—2006 中的 5.2.2.1 的规定进行试验。

6.2.2 冲击试验

按照 GB/T 17215.211—2006 中的 5.2.2.2 的规定进行试验。

6.2.3 振动试验

按照 GB/T 17215.211—2006 中的 5.2.2.3 的规定进行试验。

6.2.4 耐热和阻燃试验

按照 GB/T 17215.211—2006 中的 5.8 的规定进行试验。

6.2.5 防尘和防水试验

按照 GB/T 17215.211—2006 中的 5.9 的规定进行试验。

每项机械性能试验后，仪表应正常工作，信息无异变。

6.3 气候影响试验

6.3.1 高温试验

按照GB/T 17215.211—2006中的6.3.1的规定进行试验。

6.3.2 低温试验

按照GB/T 17215.211—2006中的6.3.2的规定进行试验。

6.3.3 交变湿热试验

工作电源回路施加额定电压,按照GB/T 17215.211—2006中的6.3.3的规定进行试验。

6.3.4 阳光辐射防护试验

按照GB/T 17215.211—2006中的6.3.4的规定进行试验。

6.4 电气性能试验

6.4.1 电压范围试验

仪表的工作电压在5.4.1要求的范围内进行变化,仪表应正常工作。

6.4.2 功率消耗试验

在规定的参比温度及规定的工作电源电压下,仪表的显示器处于正常显示状态下进行试验。试验设备的等级指数不应低于2级。

6.4.3 电源电压影响试验

6.4.3.1 电压降落和短时中断对仪表时钟的影响试验

按照GB/T 17215.421—2008中7.6.8的规定进行试验。

6.4.3.2 电压长时间中断对仪表内部时钟的影响

按照GB/T 17215.421—2008中的7.1.5的规定进行试验。

6.4.3.3 电压长时间中断对仪表程序和存储数据的影响

按照GB/T 17215.301—2007中的6.4.2.6的规定进行试验。

6.4.4 绝缘性能试验

6.4.4.1 交流电压试验

按照GB/T 17215.301—2007中的5.4.8.1的规定进行试验。

6.4.4.2 脉冲电压试验

按照GB/T 17215.211—2006中的7.3.2的规定进行试验。

6.5 准确度测试方法

6.5.1 基本要求

仪表在参比条件下，基本误差有功电能、潜动、起动、电能表常数、由其他影响量引起的误差极限等性能，应符合 GB/T 17215.321—2008 或 GB/T 17215.322—2008 的规定；基本误差无功应符合 GB/T 17215.323—2008 的规定。

6.5.2 基本误差

电能表基本误差测试方法分为三种，分别为数字式信号源及数字标准表法、标准数字功率源法、模拟式标准源及模拟式标准表法，具体检验方法见附录 A。

6.5.3 费率寄存器示值组合误差

按 GB/T 17215.301—2007 的规定试验、判定。

6.5.4 需量示值误差

在参比电压、参比频率、$\cos\varphi=1.0$ 时，当 $I=0.1I_n \sim I_{max}$，其需量示值误差(%)应不大于规定的准确度等级值。

需量示值误差推荐的测试点为：在参比电压、参比频率、参比温度、$\cos\varphi=1.0$ 条件下 $0.1I_n$、I_n 和 $I_{max}(1.2I_n)$。

6.5.5 计时误差

6.5.5.1 日计时误差

按 GB/T 17215.421—2008 的规定试验，仪表的日计时误差不应超过±0.5 s/d。

6.5.5.2 环境温度对时钟误差的影响

按 GB/T 17215.421—2008 的规定试验，环境温度对日计时误差的影响不应超过±0.1 s/(d·℃)。

6.5.6 采样频率改变试验

向被试仪表输入不同采样频率的采样值报文(采样频率包括 4 kHz、4.8 kHz、9.6 kHz、10 kHz、12.8 kHz)，被试仪表的电能量误差应满足 5.5.2 的要求。

6.5.7 采样值数据丢失影响试验

在参比电压、参比电流、参比频率、$\cos\varphi=1.0$ 时，仪表的输入采样值报文以 0.01%的概率丢失采样值，被试仪表的电能量误差应满足 5.5.2 的要求。

6.5.8 影响量试验

改变影响量，检验仪表的误差，误差值应满足 5.5.8 的要求。

6.6 数字采样值输入协议符合性试验

将符合 IEC 61850 协议的采样值数据包输入被试仪表，仪表能正确解析协议包中有关计量的数据项并且能正确计量，如若出现无法解析的数据帧时，仪表应该有相应的指示与报警。

6.7 电磁兼容性试验

6.7.1 一般要求

进行以下各项试验时，电能表不应有任何损坏，并能正常工作。

6.7.2 射频电磁场辐射抗扰度试验

按 GB/T 17626.3—2006 的规定，并在下述条件下进行试验：

——作为台式设备试验；

——暴露于电磁场中的电缆长度：0.5 m；

——频率范围：80 MHz～2 000 MHz；

——在 1 kHz 正弦波上以 80%调幅载波调制。

a) 有数字量输入时的试验：

——仪表在工作状态；

——工作电源通以额定电压；

——采样接口输入对应额定电压、额定电流的数字量；

——至少一个抄表接口处于通信状态；

——未调制的试验场强：10 V/m。

在试验时应不使设备的状况紊乱且误差应满足 5.5.2 的要求。

b) 无数字量输入时的试验：

——仪表在工作状态；

——工作电源通以额定电压；

——采样接口无数字量输入；

——抄表接口处于非通信状态；

——未调制的试验场强：30 V/m；

——高频电磁场的作用应不使电能表信息发生变化。

在试验中，功能或性能有短暂的降低或失去是容许的。

6.7.3 静电放电抗扰度试验

试验应按 GB/T 17626.2—2006，在下列条件下进行：

——作为台式设备试验；

——仪表在工作状态；

——工作电源通以额定电压；

——采样接口无数字量输入；

——抄表接口处于非通信状态；

——接触放电；

——试验电压：8 kV；

——放电次数：10(以最敏感的极性)；

——如因无外露金属部件而不能接触放电，则以 15 kV 试验电压作空气放电；

——静电放电作用应不使电能表信息发生改变。

在试验中，功能或性能有短暂的降低或失去是容许的。

6.7.4 电快速瞬变脉冲群抗扰度试验

试验应按 GB/T 17626.4—2006，在下列条件下进行：

——作为台式设备试验；
——仪表在工作状态；
——工作电源通以额定电压；
——采样接口输入对应额定电压、额定电流的数字量；
——抄表接口处于通信状态；
——在耦合器与EUT之间的电缆长度：≤1 m；

a) 试验电压以共模方式施加于仪表的供电电源端：
——严酷等级：4；
——试验电压：4 kV；
——试验时间：每一极性60 s。
试验时，电能表信息不发生改变，电能表应正常工作和通信，且误差应满足5.5.2的要求。

b) 用电容耦合夹将试验电压耦合至通信线路上：
——严酷等级：3；
——试验电压：±1 kV；
——试验时间：每一极性60 s。
试验时，电能表应正常工作和通信，且误差应满足5.5.2的要求。

6.7.5 射频场感应的传导骚扰抗扰度试验

试验应按GB/T 17626.6—2008，在下列条件下进行：
——作为台式设备试验；
——仪表在工作状态；
——工作电源通以额定电压；
——采样接口输入对应额定电压、额定电流的数字量；
——抄表接口处于通信状态；
——频率范围：150 kHz～80 MHz；
——电压水平：10 V。
在试验时应不使设备的状况紊乱且仪表应正常工作和通信，误差应满足5.5.2的要求。

6.7.6 浪涌(冲击)抗扰度试验

试验应按GB/T 17626.5—2008，在下列条件下进行：
——仪表在工作状态；
——工作电源通以额定电压；
——采样接口输入对应额定电压、额定电流的数字量；
——抄表接口处于通信状态；
——浪涌发生器与仪表之间的电缆长度：≤2 m；

a) 供电电源端试验
——以差模方式(线对线)试验；
——试验次数：正极性5次负极性5次；
——电压水平：2 kV
——重复速率：最大1/min。

b) 通信线路端试验
——按照GB/T 17626.5—2008中7.4及7.5配置试验；
——试验次数：正极性5次负极性5次；

——电压水平:1 kV

重复速率:最大 1/min。

试验时,仪表应正常工作和通信,且误差应满足 5.5.2 的要求。

6.7.7 无线电干扰抑制试验

试验应按 GB 9254—2008,在下列条件下进行:

——作为 B 级设备试验;

——作为台式设备试验;

——对工作电源线路与每个连接器的连接,应使用长度为 1 m 的无屏蔽电缆;

——仪表在工作状态;

——工作电源通以额定电压;

——采样接口输入对应额定电压、额定电流的数字量。

试验结果应符合 GB 9254—2008 规定的要求。

6.8 编程设置检查

按照 GB/T 17215.301—2007 中的 6.7 的规定进行试验。

6.9 仪表的数据安全性检查

按照 GB/T 17215.301—2007 中的 6.8 的规定进行试验。

6.10 电池检查

按照 GB/T 17215.301—2007 中的 6.9 的规定进行试验。

6.11 可靠性预计

可靠预计按 GB/T 17215.941—2012 规定的方法进行。

7 检验规则

7.1 检验项目

参见附录 B,其中基本误差检验方法见附录 A,可根据具体场合采用数字式信号源及数字化标准表法进行测试,测试方法见 A.1,也可采用标准数字功率源法进行测试,测试方法见 A.2,也可采用模拟式标准源及模拟式标准表法测试,详见 A.3。所采用的校验方法建议在校验报告上予以标注。

7.2 出厂检验

由制造厂质量检验部门对所生产的每个产品按本部分规定的项目进行检验。合格后应加封印,并出具质量合格证明。

7.3 型式检验

除非在相应条款中另有说明,所有试验应在参比条件下进行。

型式试验应在由制造商选择的仪表样品上进行,以确定其规定的特性并证明其与本部分要求的符合性。

若在型式试验后,对仪表所进行的调整仅影响仪表部分性能时,则只需对因调整而可能影响到的特性进行有限的试验。

下列情况应进行型式检验：

——新产品定型鉴定；

——当仪表的结构、工艺或主要材料(元器件)以及软件有重大改变时。

7.4 周期检验

正常生产时应进行周期检验，并按照 GB/T 2829—2002 规定的程序进行。

7.4.1 抽样方案

按照 GB/T 17215.301—2007 的 7.3.1 规定进行。

7.4.2 不合格分类

按照 GB/T 17215.301—2007 的 7.3.2 规定进行。

7.4.3 检验结果的判定

按照 GB/T 17215.301—2007 的 7.3.3 规定进行。

7.5 监督检验

由国家质量技术监督部门按有关规定进行。

8 标志、说明书、包装及贮存

8.1 标志

产品标志所用文字应为规范中文，可以同时使用外文。标志的汉字、数字和字母的字体高度应不小于 1.8 mm。

产品标志应清晰、牢固，易于识别。使用的符号应符合 GB/T 17215.352—2009 的规定。

仪表应有下列标志：

——名称及型号；

——制造厂名称及注册商标；

——仪表制造依据的标准编号；

——制造顺序号和年份，顺序号如标在固定于表盖的标牌上时，则也应标在底壳上或存贮在仪表的非易失存贮器中；

——制造计量器具许可证编号及标志；

——仪表电能测量准确度等级指数；

——工作电源电压、参比频率；

——仪表的常数，以 imp/kWh(kvarh)、imp/MWh(Mvarh)或 Wh(varh)/imp 形式表示；

——参比温度(不是 23 ℃时，应标出)；

——端子盖内侧应标有接线图；

——Ⅱ类防护绝缘包封的仪表，应加双方框符号。

8.2 产品使用说明书

产品应附使用说明书。产品使用说明书中应注明：

——为保证在不同的测试点上测量准确度不低于仪表准确度等级指数的 1/10 所必须的输出脉冲数(或测量时间)；

——内部时钟的时基频率测试点及采样时间；

——所有其他电参量的等级指数；

——其他需要说明的事项。

产品使用说明书的编制应符合 GB/T 9969—2008 的规定。

8.3 包装及贮存

8.3.1 包装

包装要求应符合 GB/T 13384—2008 的规定。

8.3.2 贮存

仪器仪表运输、贮存基本环境条件，应满足 GB/T 17215.301—2007 的要求。

附 录 A
（规范性附录）
数字化电能表基本误差试验方法

A.1 采用数字式信号源及数字化标准表法进行测试

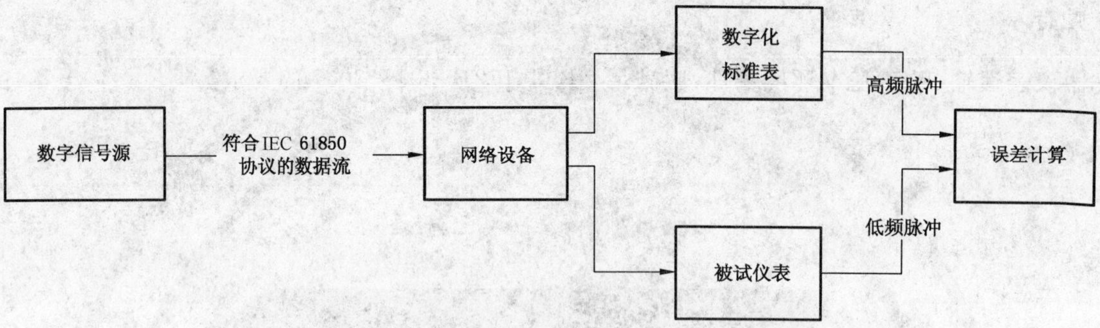

图 A.1 采用数字式信号源及数字化标准表法进行测试图

数字信号源输出遵循 IEC 61850 协议的采样值数据帧，并且该数据帧所代表的电压、电流信号的幅值和相位可以根据实际的要求设置，依据数字式标准表得到电能值 W_N，从被试仪表得到电能测量值 W_X；

按式(A.1)计算被试仪表误差：

$$\gamma=\frac{W_X-W_N}{W_N}\times 100\% \qquad \cdots\cdots(A.1)$$

式中：

γ ——被试仪表相对误差；

W_X——被试仪表所记录的电能；

W_N——实际消耗的电能。

A.2 采用标准数字功率源法进行测试

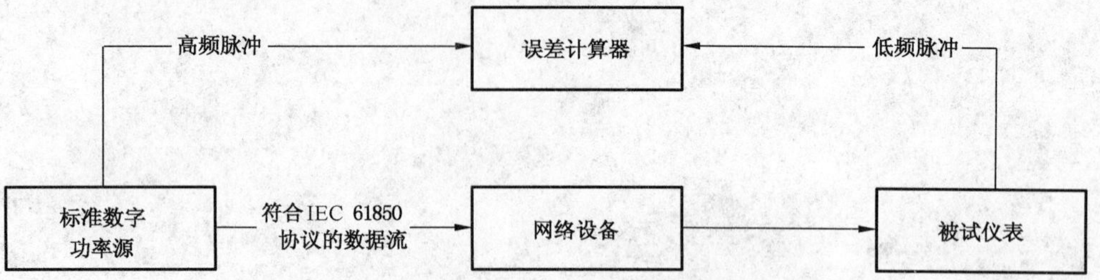

图 A.2 采用标准数字功率源法进行测试

数字信号源输出遵循 IEC 61850 协议的采样值数据帧，并且该数据帧所代表的电压、电流信号的幅值和相位可以根据实际的要求设置，依据配置的参数得到理论电能值 W_N，从被试仪表得到电能测量

值 W_X；

按式(A.2)计算被检被试仪表误差：

$$\gamma = \frac{W_X - W_N}{W_N} \times 100\% \quad \cdots\cdots\cdots\cdots (A.2)$$

式中：

γ ——被试仪表相对误差；

W_X——被试仪表所记录的电能；

W_N——理论电能值。

A.3 采用模拟式标准源及模拟式标准表法进行测试

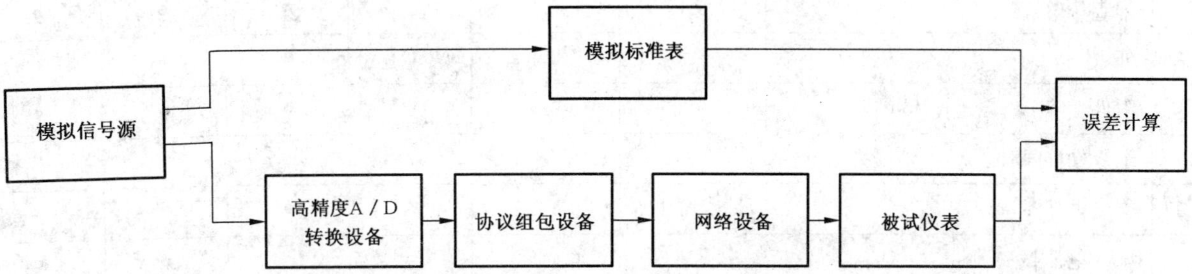

图 A.3 采用模拟式标准源及模拟式标准表法测试图

模拟信号源输出测试所需的电压、电流信号；

模拟标准表测量电流、电压信号，计算得到电能值 W_N；

电流、电压信号经过高精度 A/D 转换设备、协议组包设备得到遵循 IEC 61850 协议的采样值数据帧，协议帧经过网络设备输入被试仪表，被试仪表计算得到电能值 W_X；

按式(A.3)计算被试仪表误差：

$$\gamma = \frac{W_X - W_N}{W_N} \times 100\% \quad \cdots\cdots\cdots\cdots (A.3)$$

式中：

γ ——被试仪表相对误差；

W_X——被试仪表所记录的电能；

W_N——实际消耗的电能。

附 录 B
（资料性附录）
试验项目明细表

表 B.1 提供了试验项目、要求、方法、不合格类别及相关检验的明细。

表 B.1 试验项目明细表

序号	试 验 项 目	标准要求	试验方法	不合格类别	出厂检验	周期检验	型式检验
1	外观检查						
1.1	标志	8.1	6.1	B	●	●	●
1.2	外观	5.2	6.1	C	●	●	●
1.3	附件	6.2	6.1	C	●	●	●
2	绝缘性能试验						
2.1	交流电压试验	5.4.4.1	6.4.4.1	A	●	●	●
2.2	脉冲电压试验	5.4.4.2	6.4.4.2	A		●	●
3	功能符合性试验	5.1	6.1	A			
3.1	编程要求	5.8	6.8	C			
3.2	数据安全性试验	5.9	6.9	A	●	●	●
3.3	网络通信功能	5.1.1	6.1.1	A	●	●	●
3.4	采样值输入相关事件记录功能	5.1.2	6.1.2	A	●	●	●
3.5	异常事件记录功能	5.1.3	6.1.3	A	●	●	●
3.6	冻结功能	5.1.4	6.1.4	B		●	●
3.7	电池要求	5.10	6.10	C		●	●
4	准确度要求试验						
4.1	基本误差	5.5.2	6.5.1	A	●	●	●
4.2	潜动	5.5.3	6.5.1	A	●	●	●
4.3	起动	5.5.4	6.5.1	A	●	●	●
4.4	影响量试验	5.5.8	6.5.8	B	●	●	●
4.5	采样频率影响试验	5.5.8.1	6.5.6	B	●	●	●
4.6	采样值数据丢失影响试验	5.5.8.2	6.5.7	B	●	●	●
4.7	仪表常数试验	6.5.1	6.5.1	A	●	●	●
4.8	费率寄存器示值组合误差	5.5.5	6.5.3	C		●	●
4.9	需量示值误差	5.5.6	6.5.4	B		●	●
4.10	日计时误差	5.5.7	6.5.5.1	A	●	●	●
4.11	环境温度对时钟误差的影响	6.5.5.2	6.5.5.2	B	●	●	●

表 B.1(续)

序号	试验项目	标准要求	试验方法	不合格类别	出厂检验	周期检验	型式检验
5	电气要求试验						
5.1	功率消耗试验	5.4.2	6.4.2	C		●	●
5.2	工作电压影响试验	5.4.1	6.4.1	B		●	●
5.3	电压降落和短时中断对仪表时钟的影响试验	5.4.3.1	6.4.3.1	B		●	●
5.4	电压长时间中断对仪表内部时钟的影响	5.4.3.2	6.4.3.2	B		●	●
5.5	电压长时间中断对仪表程序和存储数据的影响	5.4.3.3	6.4.3.3	B		●	●
6	通信试验	5.6	6.6	A	●	●	●
7	电磁兼容试验						
7.1	静电放电抗扰度试验	5.7.1	6.7.3	B			●
7.2	射频电磁场抗扰度试验	5.7.1	6.7.2	B			●
7.3	电快速瞬变脉冲群抗扰度试验	5.7.1	6.7.4	B			●
7.4	浪涌(冲击)抗扰度试验	5.7.1	6.7.6	B			●
7.5	射频场感应的传导骚扰抗扰度试验	5.7.1	6.7.5	B			●
7.6	无线电干扰抑制试验	5.7.2	6.7.7	B			●
8	气候影响试验						
8.1	高温试验	5.3	6.3.1	B		●	●
8.2	低温试验	5.3	6.3.2	B		●	●
8.3	交变湿热试验	5.3	6.3.3	B			●
8.4	阳光辐射防护试验	5.3	6.3.4	B			●
9	机械试验						
9.1	防尘和防水试验	5.2	6.2.5	B			●
9.2	弹簧锤试验	5.2	6.2.1	B			●
9.3	冲击试验	5.2	6.2.2	B			●
9.4	振动试验	5.2	6.2.3	B			●
9.5	耐热和阻燃试验	5.2	6.2.4	A			●
10	可靠性验证试验	5.11	6.11	A			●

ICS 29.140.30
K 71

中华人民共和国国家标准

GB/T 17263—2013
代替 GB/T 17263—2002

普通照明用自镇流荧光灯　性能要求

Self-ballasted lamps for general lighting service—Performance requirements

2013-12-17 发布　　2014-11-01 实施

中华人民共和国国家质量监督检验检疫总局
中国国家标准化管理委员会　发布

前言

本标准按照 GB/T 1.1—2009 给出的规则起草。

本标准代替 GB/T 17263—2002《普通照明用自镇流荧光灯 性能要求》。

本标准与 GB/T 17263—2002 相比，主要技术差异如下：

——在范围中增加了“本标准的性能要求是对 GB 16844 的补充。凡是符合本标准要求的自镇流荧光灯，在额定电源电压的 92%～106%，环境温度为 −10 ℃～40 ℃之间的条件下应能启动并正常工作。”(见第 1 章)；

——增加了功率因数、型号、颜色特性、光束角、失效、早期失效、中值寿命、型式试验、型式试验样品的术语和定义，删除了平均寿命、颜色、额定颜色的定义(见第 3 章)，修改了启动时间和上升时间的定义(见第 3 章，2002 年版第 3 章)；

——修改了产品分类(见 4.1，2002 年版的 4.1)，修改了型号编写规则(见 4.2，2002 年版的 4.2)；

——修改了标志的一般要求(见 5.2.1，2002 年版，8.1)；

——修改了包装要求(见 5.2.3，2002 年版的 8.2)；

——增加了灯的外形尺寸示意图(图 1)；

——修改了启动特性的要求，增加了低温启动要求(见 5.4.1，2002 年版的 5.3)

——修改了灯功率、功率因数的要求(见 5.5，2002 年版的 5.4 和 5.5)；

——修改了光通量和初始光效的要求(见 5.6.1 和 5.6.2，2002 年版的 5.6)；

——增加了光强分布的要求(见 5.6.3)；

——修改了颜色特性的要求(见 5.7，2002 年版的 5.7)；

——修改了中值寿命的要求(见 5.8.1，2002 年版的 5.8)；

——增加了早期失效的要求(见 5.8.2)；

——修改了光通维持率的要求(见 5.8.3，2002 年版的 5.9)；

——增加了开关次数的要求(见 5.9)；

——修改了谐波的要求(见 5.10.1，2002 年版的 5.10)；

——增加了电磁骚扰限值和抗扰度要求(见 5.10.2 和 5.10.3)；

——增加了紫外辐射限值和含汞量要求(见 5.11 和 5.12)；

——修改了出厂检验和型式检验规则(见 6.1，2002 年版的 7.2 和 7.3)；

——增加了产品质量认证和监督的合格评定(见 6.2)；

——增加了光电特性、启动时间、上升时间、初始光通量、光效、光通维持率、开关次数、寿命的试验方法(见附录 A、附录 B、附录 C、附录 D、附录 E、附录 F)。

本标准由中国轻工业联合会提出。

本标准由全国照明电器标准化技术委员会(SAC/TC 224)归口。

本标准起草单位：北京电光源研究所、浙江阳光集团股份有限公司、厦门通士达照明有限公司、欧司朗(中国)照明有限公司、横店集团得邦照明有限公司、广东雪莱特光电科技股份有限公司、浙江双士照明电器有限公司、欧普照明有限公司、杭州安得电子有限公司、上海绿源电器有限公司、杭州宇中高虹照明电器有限公司、中山市亮迪照明有限公司、中山市欧帝尔电器照明有限公司、中山市名派照明电器有限公司、中山市澳克士照明电器有限公司、江门市领航照明电子电器有限公司、上海宝迪电器有限公司、浙江长兴家宝电子有限公司、中山市古镇开宇灯饰厂、国家电光源质量监督检验中心(上海)。

本标准起草人：华树明、杨小平、江姗、吴国明、张英、苏挺、廖剑波、罗能云、郑帅师、周明兴、伍兆兆、陈锋、骆海鸥、徐发石、蒋贤军、程敬远、付名越、彭继辉、李锋、荆文明、刘秤华、俞安琪、黎培辉、华桥生、钱国华。

本标准于1998年首次发布，2002年第一次修订，本次为第二次修订。

普通照明用自镇流荧光灯　性能要求

1　范围

本标准规定了普通照明用自镇流荧光灯(以下简称“灯”)的分类和型号、技术要求、验收规则等。

本标准适用于额定电压为220 V,频率为50 Hz,额定功率为60 W及以下,采用螺口式、卡口式、插脚式灯头或相关标准规定的灯头,在家庭和类似场合普通照明用的把控制启动和稳定燃点部件集成一体的自镇流荧光灯。

本标准的性能要求是对GB 16844的补充。

凡是符合本标准要求的灯,在额定电源电压的92%～106%,环境温度为－10 ℃～40 ℃之间的条件下应能启动并正常工作。

2　规范性引用文件

下列文件对于本文件的应用是必不可少的。凡是注日期的引用文件,仅注日期的版本适用于本文件。凡是不注日期的引用文件,其最新版本(包括所有的修改单)适用于本文件。

GB/T 1406.1　灯头的型式和尺寸　第1部分:螺口式灯头

GB/T 1406.2　灯头的型式和尺寸　第2部分:插脚式灯头

GB/T 1406.5　灯头的型式和尺寸　第5部分:卡口式灯头

GB/T 1483.1　灯头、灯座检验量规　第1部分:螺口式灯头、灯座量规

GB/T 1483.2　灯头、灯座检验量规　第2部分:插脚式灯头、灯座量规

GB/T 1483.5　灯头、灯座检验量规　第5部分:卡口式灯头的量规

GB/T 2828.1　计数抽样检验程序　第1部分:按接收质量限(AQL)检索的逐批检验抽样计划

GB/T 2829　周期检验计数抽样程序及表(适用于对过程稳定性的检验)

GB/T 2900.65—2004　电工术语　照明

GB/T 10682—2010　双端荧光灯　性能要求

GB 16844　普通照明用自镇流灯的安全要求

GB/T 17262—2011　单端荧光灯　性能要求

GB 17625.1—2003　电磁兼容　限值　谐波电流发射限值(设备每相输入电流≤16 A)

GB 17743　电气照明和类似设备的无线电骚扰特性的限值和测量方法

GB/T 18595　一般照明用设备电磁兼容抗扰度要求

GB/T 19658　反射灯中心光束强度和光束角度的测量方法

GB/T 22907　灯具的光度测试和分布光度学

GB/T 23113　荧光灯汞含量的测定方法

GB/T 26178—2010　光通量的测量方法

CIE 69　照度计和亮度计性能的表征方法

CIE 179:2007　测量光色的三刺激色度计特性表示方法

3　术语和定义

GB/T 2900.65—2004界定的以及下列术语和定义适用于本文件。

3.1

自镇流荧光灯　self-ballasted lamp

含有灯头、镇流器和灯管,并使之为一体的荧光灯,这种灯在不损坏其结构时是不可拆卸的。

3.2

功率因数　power factor

灯的有功功率与电源电压(有效值)和电源电流(有效值)的乘积之比。

3.3

型号　type

不考虑灯头的影响,具有相同的光度和电气特性的灯。

3.4

额定值(灯的)　rating (of a lamp)

灯的一组工作条件和额定参数值,用来表示灯的特性和标志。

[GB/T 2900.65—2004,845-07-58]

3.5

初始值　initial values

灯老炼 100 h 后测得的启动特性、电气特性、光度特性、颜色特性参数值。

3.6

启动时间　starting time

灯在规定的温度下,接通电源直到灯完全启动并维持燃点所需的时间。

3.7

上升时间　run-up time

灯接通电源后,光输出达到其稳定光输出的 60%时所需的时间。

3.8

稳定时间　stabilization time

灯接通电源后至灯的光电特性稳定时所需的时间。

3.9

颜色特性　color

灯实际颜色称为色表,灯的颜色特性是通过色(品)坐标、相关色温(CCT)、显色指数(CRI)描述的。

a) 色(品)坐标:一组三色刺激值中的每一个值与他们的总和之比。用 x、y;u、v 表示。

   [GB/T 2900.65—2004,845-03-33]

b) 相关色温:在相同的视亮度和规定的观测条件下,普朗克辐射体辐射的知觉色与给定色刺激的知觉色最接近相似时,普朗克辐射体的温度,即为该色刺激的相关色温。用 Tcp 表示,单位为开尔文(K)。

   [GB/T 2900.65—2004,845-03-50]

c) 显色指数:物体在某一光源下所呈现的心理物理色与其在基准照明体下所呈现的心理物理一致的程度的度量。用 Ra 表示平均显色指数(一组 8 块指定的试验色样的特殊显色指数的平均值)。

   [GB/T 2900.65—2004,845-02-61]

3.10

光效　lumens efficiency

灯(包括带罩灯、反射灯)发出的光通量与其消耗功率之比。单位为流明每瓦(lm/W)。

3.11

光束角　beam angle

在通过光束轴线的平面上的两条给定直线之间的夹角，这两条直线分别通过灯的正面中心和发光强度为中心光强50%的发光点。

3.12

光通维持率　lumen maintenance

在规定条件下燃点，在寿命期间内一特定时间灯的光通量与该灯的初始光通量之比，以百分数表示。

3.13

失效　failure

灯不能正常燃点或不能持续燃点，或其光通维持率低于某一规定值。

3.14

早期失效　early failure

灯在燃点至规定的时间之前失效为早期失效。

3.15

寿命(灯的)　life (of a lamp)

单只灯工作到失效时，或根据标准规定认为其已失效时的总累计时间。

注：灯寿命通常用小时表示。

[GB/T 2900.65—2004,845-07-61]

3.16

中值寿命　median life

在批量为 n 的寿命试验灯中，按灯的失效的顺序，第50%的灯的寿命为该批灯的中值寿命。$n \geqslant 10$。

3.17

型式试验　type test

为检验某一特定产品设计的合格性，按照有关标准的要求，所做的一项或多项试验。

3.18

型式试验样品　type test sample

由制造商或销售商提供的，用于型式试验的一只或几只相似的样品。

4　分类和型号

4.1　产品分类

a)　按放电管形状和数量分类，例如，双管、四管、多管、螺旋型等，其型式详见GB/T 17262—2011附录H的规定；

b)　按放电管管径分类，例如，用Φ12、Φ9、Φ6表示或T4、T3、T2表示；

c)　按是否带罩分类，分为裸灯和带罩灯(包括反射灯)。

4.2　型号编写规则

灯的型号编写规则如下。

YPZ □ / □ - □ □ □

- 带罩灯(用 Z 表示),反射灯(用 F 表示),可以用后缀形式表述附加信息。
- 灯的色调(用字母例如 RR 或色温值表示)
- 灯的管径(如用 T3 表示)
- 灯的结构型式(如用 3U 表示)
- 灯的额定电压(如用 220 V 表示)、额定功率(如用 13 W 表示)、额定频率(如用 50 Hz 表示)、工作电流(如用 0.06 A 或 60 mA 表示)
- 普通照明用自镇流荧光灯

示例:220V13W50Hz0.06A3UΦ9 型日光色普通照明用自镇流荧光灯的型号为:YPZ 220 V 13 W 50 Hz 0.06A -3U/T3·RR。

注 1:型号中第三部分螺旋型灯的结构用 S 表示。第六部分适用于带罩灯或反射灯,裸灯可省略。

注 2:灯的工作电流和管径为选标内容。

5 技术要求

5.1 安全要求

应符合 GB 16844 的要求。

5.2 标志、包装

5.2.1 标志的一般要求

灯的标志内容应符合下列要求,应清晰牢固。

制造商应按照表 1 的要求在规定的位置标出相关信息(作为 GB 16844 强制性标志的补充)。

表 1 标志的位置

标识的内容	产品	包装	产品数据表或目录
来源标志:制造厂名称或注册商标	×	×	×
电源电压(V)或标称功率(W)、频率(Hz),也可用型号描述	×	×	×
工作电流(A)	—	×	×
制造日期(年、季或月)或能追溯生产日期的生产批次	×	×	×
特殊工作条件(例如,调光)	×	×	×
非标准的工作条件(例如,温度限制)	×	×	×
低温启动温度、启动时间	—	×	×
功率因数	—	×	×
额定光通量(lm)、额定光效(lm/W)	—	×	×
反射灯光束角、峰值光强(cd)	—	×	×
显色指数 CRI	—	×	×
额定寿命(h)	—	×	×

表 1（续）

标识的内容	产品	包装	产品数据表或目录
执行标准名称或编号	—	×	×
灯的最大直径和长度尺寸/mm	—	×	×
启动时间/s(启动时间小于 1 s 的灯可不标注)、上升时间/s	—	×	×
与白炽灯的等效关系	—	×	×
液汞[a]、汞含量(mg)、灯在意外破裂时或灯在寿终时的处理说明	—	×	×
注 1：“×”为必标的内容，“—”为选标的内容。 注 2：产品宣称指标高于本标准要求的信息应标注在产品或包装上。			
[a] 对于使用液态汞控制汞蒸气压的灯，在灯的数据表或包装上应标注“液汞”字样。			

此外，如果在包装上声称灯的光通量相当于某功率的白炽灯，此等效功率(1 W 的整数)应依据灯的额定光通量按表 2 来决定。当光通量不正好是表 2 所列出数值时，等效功率从相邻的两个数值用线性内插法计算。

表 2　标称灯与白炽灯等值的最小光通量要求

宣称等同的白炽灯的功率/W	灯的最小额定光通量/lm
15	125
25	229
40	432
60	741
75	970
100	1 398
150	2 253
200	3 172

5.2.2　**标志的检验**

标志应通过以下三项内容的检验：

a)　标志的正确性：检查样品、包装、合格证及说明书的标识内容应符合本标准的规定。目视法检查内容是否完整无缺漏项。型号中的参数标志视为有效。

b)　标志的清晰度：目视检查标志是否清晰可辨识，清晰度用目视法检查。

c)　标志的牢固度：采用擦拭试验方法检查样品标志的牢固度。

用蘸水的湿布轻轻擦拭标志 15 s 后，水渍干后再用蘸有己烷的布擦拭 15 s；擦拭后，标志仍应清晰可辨。

5.2.3　**包装要求**

灯应有独立包装，每个包装应有合格证或合格印章，然后再用包装箱集装。

包装箱上应标有箱内灯的数量。

包装箱内应附有产品合格证或盖有合格印章。

包装应安全可靠。

5.3 灯的外形尺寸

灯的外形尺寸如图1所示,应符合制造商的规定。

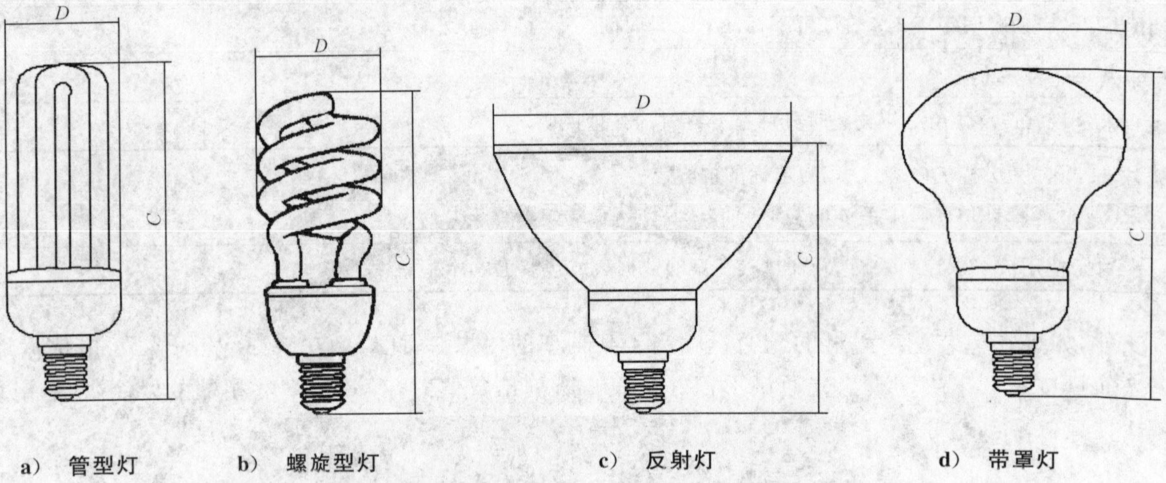

说明:

C:表示灯的最大长度(从灯头底部到灯管或灯罩的顶部的距离),单位为毫米(mm);

D:表示灯的最大直径(灯管或灯罩或塑料件的外径的最大值),单位为毫米(mm)。

图1 灯的外形尺寸示意图

所用灯头应分别符合GB 1406.1、GB 1406.2、GB 1406.5或相关标准的要求。

灯头使用GB/T 1483.1、GB/T 1483.2、GB/T 1483.5或相关标准规定的量规进行检验。

5.4 启动特性

5.4.1 启动时间

a) 常温启动

灯在常温25 ℃±1 ℃和92%额定电压下,其启动时间应不超过2 s,按附录B的规定检验其合格性。

b) 低温启动

灯在−10 ℃和92%额定电压下,其启动时间应不超过10 s。制造商宣称启动温度(宣称温度应比−10 ℃更低)和时间的灯,应在92%额定电压下,宣称的最低温度和启动时间内启动。按附录B的规定检验其合格性。

5.4.2 上升时间

使用液汞的灯的上升时间应不超过40 s,制造商应在产品包装或数据表上说明。使用非液汞的灯的上升时间应不超过120 s。

按附录C的规定检验其合格性。

5.4.3 稳定时间

灯的稳定时间应不超过30 min,按附录A的规定检验其合格性。

注: 稳定时间为不考核项目。

5.5 电特性

5.5.1 灯功率

灯在额定电压和额定频率下工作时，其实际消耗的功率与额定功率的偏差应不超过5%+0.5 W(10 W以下)和10%(10 W或以上)。按附录A的规定检验其合格性。

5.5.2 功率因数

灯在额定电压和额定频率下工作时，其实际功率因数应不比制造商的标称值低0.05。

高功率因数灯标称值应不低于0.90，低功率因数灯标称值应不低于0.55。

按附录A的规定检验其合格性。

5.6 光度特性

5.6.1 光通量

灯的光通量可由制造商标称，光通量的平均值应不低于标称值，个别灯应不低于标称值的90%。如果宣称等同于某一规格的白炽灯，其标称光通量应不低于5.2.1中表2及相关内容的规定。

5.6.2 光效

裸灯的光效应不低于表3的规定。

带罩灯的光效应不低于表3的规定值的85%；其中反射灯的光效应不低于表3的规定值的70%。

按附录D的规定检验其合格性。

表3 灯的初始光效

额定功率范围/W	光效/(lm/W)	
	颜色:RZ/RR	颜色:RL/RB/RN/RD
≤5	36	38
6～8	44	46
9～14	51	54
15～24	57	60
≥25	61	64

5.6.3 光强分布

对宣称了灯的光强分布、光束光通量、光束角的灯，则按照GB/T 19658的要求进行测量。中心光强(或峰值光强)、光束角的测量值应在宣称值的±15%以内。

按GB/T 19658的规定检验其合格性。

5.7 颜色特性

灯的颜色特性应符合表4的规定。

按附录A的规定检验其合格性。

表 4 灯的颜色特性

色调	表示符号	相关色温目标值[a]/K	色坐标目标值[b]		色容差 SDCM	平均显色指数 Ra
			x	y		
F6500(日光色)	RR	6 430	0.313	0.337	≤5	80
F5000(中性白色)	RZ	5 000	0.346	0.359		
F4000(冷白色)	RL	4 040	0.380	0.380		
F3500(白色)	RB	3 450	0.409	0.394		
F3000(暖白色)	RN	2 940	0.440	0.403		
F2700(白炽灯色)	RD	2 720	0.463	0.420		

[a] 为不考核项目。

[b] 表中的标准颜色的色坐标目标值为 GB/T 10682—2010 附录 D 中推荐的标准颜色色坐标目标值。企业可根据用户的要求制造非标准颜色的灯，但应同时给出非标准颜色色坐标的目标值，且其容差应符合本标准的要求。

5.8 寿命

5.8.1 中值寿命

管径大于 T2 的裸灯的额定中值寿命应不低于 10 000 h。

管径为 T2 的螺旋形裸灯的额定中值寿命应不低于 8 000 h。

带罩灯(包括反射灯)的额定中值寿命应不低于 6 000 h。

在 30%额定寿命之前失效的灯的数量应不超过 20%。

在 60%额定寿命之前失效的灯的数量应不超过 30%。

5.8.2 早期失效

10 只灯的样本量在 100 h 前失效的灯的数量应不超过 2 只。

5.8.3 光通维持率

当灯燃点到指定时间(包括老炼时间)时，按附录 D 规定的方法测量其光通量，并计算光通维持率。灯的光通维持率应不低于表 5 的规定。

按附录 D 规定方法进行试验。

表 5 灯的光通维持率

燃点时间/h	裸灯光通维持率/%	带罩灯光通维持率/%
2 000	85	80
40%额定寿命	80	75
70%额定寿命	70	65

5.9 开关次数

对于预热启动的灯，应能承受等于额定寿命小时数的开关次数的试验，其中额定寿命低于 10 000 h

的灯，应能承受10 000次的试验。

对于非预热启动的灯，如果不能承受等于额定寿命小时数的开关次数的试验，应在产品包装或数据表上标注“不适用于频繁开关”。

按附录E规定方法进行试验。

5.10 电磁兼容

5.10.1 灯电源电流谐波含量限值

灯按GB 17625.1—2003规定的方法进行检验，并应能满足该标准对电源电流谐波含量的限值要求。

5.10.2 灯的电磁骚扰限值

灯按GB 17743规定的方法进行检验，并应能满足该标准对无线电电磁骚扰的限值的要求。

5.10.3 灯的抗扰度要求

灯按GB/T 18595规定的方法进行检验，并应能满足该标准对无线电电磁抗骚扰特性的要求。

5.11 紫外辐射限值

灯的紫外辐射功率不超过2 mW/klm，反射灯不超过2 mW/(m^2klx)。

5.12 含汞量

灯的放电管中的含汞量要求分三个等级，见表6。含汞量按GB/T 23113的规定进行试验。

表6 灯的含汞量

单位为毫克

灯功率	合格		低汞		微汞	
	含汞量	极差	含汞量	极差	含汞量	极差
30 W及以下	2.5	1.5	1.5	1.0	1.0	0.5
30 W以上	3.5	2.0	2.5	1.5	1.5	1.0

6 验收规则

6.1 出厂检验和型式检验

为了检验灯是否符合本标准要求，制造商应对生产的产品进行出厂检验和型式检验。

6.1.1 出厂检验

出厂检验的灯应从每班生产的同一型号灯中均匀地抽取。出厂检验按照GB/T 2828.1执行，其试验项目、抽样方案、检查水平及合格质量水平按表7规定。

表 7 出厂检验项目的分组、抽样方案、检查水平和合格质量水平

<table>
<tr><th>序号</th><th>组别</th><th colspan="2">试验项目</th><th>技术要求</th><th>试验方法</th><th>抽样方案</th><th>检查水平</th><th>AQL/%</th></tr>
<tr><td>1</td><td rowspan="2">Ⅰ</td><td colspan="2">灯的外形尺寸和灯头要求</td><td>5.3</td><td>5.3</td><td rowspan="10">一次</td><td rowspan="2">S-3</td><td rowspan="2">4.0</td></tr>
<tr><td>2</td><td colspan="2">启动时间(常温)</td><td>5.4.1a)</td><td>附录 B</td></tr>
<tr><td rowspan="2">3</td><td rowspan="8">Ⅱ</td><td rowspan="2">电特性</td><td>灯功率</td><td>5.5.1</td><td rowspan="2">附录 A</td><td rowspan="8">S-2</td><td rowspan="8">6.5</td></tr>
<tr><td>功率因数</td><td>5.5.2</td></tr>
<tr><td rowspan="3">4</td><td rowspan="3">光度特性</td><td>光通量</td><td>5.6.1</td><td rowspan="2">附录 D</td></tr>
<tr><td>光效</td><td>5.6.2</td></tr>
<tr><td>光强分布</td><td>5.6.3</td><td>5.6.3</td></tr>
<tr><td rowspan="3">5</td><td rowspan="3">颜色特征</td><td>相关色温[a]</td><td rowspan="3">5.7</td><td rowspan="3">附录 A</td></tr>
<tr><td>色容差</td></tr>
<tr><td>平均显色指数</td></tr>
<tr><td>6</td><td>Ⅲ</td><td colspan="2">灯电源电流谐波含量</td><td>5.10.1</td><td>5.10.1</td><td>一次</td><td>S-3</td><td>10</td></tr>
<tr><td>7</td><td>Ⅳ</td><td colspan="2">标志、包装</td><td>5.2</td><td>5.2</td><td>一次</td><td>S-3</td><td>10</td></tr>
<tr><td colspan="9">[a] 为不考核项目。</td></tr>
</table>

6.1.2 型式检验

型式检验的灯应从出厂检验合格的灯中均匀地抽取,除寿命项目外,每半年不少于1次。每当停止生产半年以上,或当灯的设计、工艺或材料变更或可能影响灯的性能时,都应进行型式检验。

型式检验按 GB/T 2829 的判别水平Ⅰ的一次抽样方案执行,其试验项目、不合格质量水平、抽样数量和不合格判定数组按表 8 规定进行。表中样本大小和判定数组仅供参考,制造商可以根据批量比例按 GB/T 2829 规定的判别水平Ⅰ的一次正常抽样自行选择。

型式检验不合格,则应停止生产和验收,直至新的型式检验合格后,方可恢复生产和验收。

表 8 型式检验的试验项目、不合格质量水平、抽检数量和判定数组

<table>
<tr><th>序号</th><th colspan="2">试验项目</th><th>技术要求</th><th>试验方法</th><th>RQL/%</th><th>样本量</th><th>判定数组</th></tr>
<tr><td>1</td><td colspan="2">灯的外形尺寸和灯头要求</td><td>5.3</td><td>5.3</td><td rowspan="2">25</td><td rowspan="2">4
12</td><td rowspan="2">[0,1]
[2,3]</td></tr>
<tr><td>2</td><td colspan="2">标志</td><td>5.2</td><td>5.2</td></tr>
<tr><td rowspan="4">3</td><td rowspan="4">启动特性</td><td>常温启动时间</td><td>5.4.1 a)</td><td rowspan="2">附录 B</td><td rowspan="4">25</td><td rowspan="4">8
12</td><td rowspan="4">[1,2]
[2,3]</td></tr>
<tr><td>低温启动时间</td><td>5.4.1 b)</td></tr>
<tr><td>上升时间</td><td>5.4.2</td><td>附录 C</td></tr>
<tr><td>稳定时间[a]</td><td>5.4.3</td><td>附录 A</td></tr>
<tr><td rowspan="2">4</td><td rowspan="2">电特性</td><td>灯功率</td><td>5.5.1</td><td rowspan="2">附录 A</td><td rowspan="8">25</td><td rowspan="8">12</td><td rowspan="8">[2,3]</td></tr>
<tr><td>功率因数</td><td>5.5.2</td></tr>
<tr><td rowspan="3">5</td><td rowspan="3">光学特性</td><td>光通量</td><td>5.6.1</td><td rowspan="2">附录 D</td></tr>
<tr><td>光效</td><td>5.6.2</td></tr>
<tr><td>光强分布</td><td>5.6.3</td><td>5.6.3</td></tr>
<tr><td rowspan="3">6</td><td rowspan="3">颜色特性</td><td>相关色温[a]</td><td rowspan="3">5.7</td><td rowspan="3">附录 A</td></tr>
<tr><td>色容差</td></tr>
<tr><td>平均显色指数</td></tr>
</table>

表 8（续）

序号	试验项目		技术要求	试验方法	RQL/%	样本量	判定数组
7	寿命试验	中值寿命	5.8.1	附录 F	50%		
		早期失效[a]	5.8.2		20%		
		光通维持率(2 000 h)	5.8.3	附录 D	30	10	[2,3]
8	开关次数		5.9	附录 E	30	10	[2,3]
9	电磁兼容	电源电流谐波含量	5.10.1	5.10.1	50	4	[1,2]
		电磁骚扰限值	5.10.2	5.10.2			
		电磁抗扰度	5.10.3	5.10.3			
10	紫外辐射限值		5.11	5.11	50	4	[1,2]
11	含汞量限值		5.12	5.12	50	4	[1,2]

[a] 为不考核项目。

6.2 产品质量认证和监督的合格评定

适用于产品认证或质量监督检查的型式检验评定，为了检验灯是否符合本标准要求，型式检验样品应在生产或流通领域的合格样品中抽取进行检验。每项检测所需的最小样品数量见表 9 的规定。合格判定条件：采用测量平均值与规定值考核与个别值的考核相结合进行判定，个别值允许的范围在“合格条件”中说明，个别值允许出现的个数见“判定数组”。

表 9　检测样品数量和合格判定条件

检验项目		样本量	合格条件	判定数组
标志		1	样品、独立包装、合格证的标志符合 5.2 的规定	[0,1]
灯的外形尺寸和灯头要求			外形尺寸平均值符合制造商的规定；灯头符合灯头标准的规定	
启动特性	常温启动时间	6	平均值≤2 s，个别值≤2.5 s	[1,2]
	低温启动时间		平均值≤10 s，个别值≤12 s	
	上升时间		液汞灯：平均值≤40 s，个别值≤50 s； 非液汞灯：平均值≤120 s，个别值≤150 s	
	稳定时间[a]		平均值≤30 min，个别值≤40 min	
电气参数	灯功率	10	平均值与额定值的偏差不超过 5%+0.5 W(10 W 以下）和 10%(10 W 或以上）	[2,3]
	功率因数		平均值不低于标称值，个别值不低于标称值−0.05 高功率因数灯 标称值≥0.9，个别值≥0.85 低功率因数灯 标称值≥0.55，个别值≥0.50	
光特性	光通量	10	平均值不低于标称值，个别值不低于标称值 90%	[2,3]
	光效		平均值符合 5.6.2 的规定，个别值不低于规定值 90%	
	光强分布	1	中心光强、光束角不超过宣称值±15%	[0,1]

表 9（续）

检验项目		样本量	合格条件	判定数组
颜色特性	色容差	10	每个样品色坐标容差不超过 5SDCM，个别值不超过 6SDCM	[2,3]
	平均显色指数		平均值≥80，个别值≥77	
寿命试验	中值寿命	10	50%的灯的失效时间应不低于额定寿命 30%额定寿命前失效灯的数量不超过 20% 60%额定寿命前失效灯的数量不超过 30%	— [2,3] [3,4]
	早期失效		在 100 h 前失效的灯的数量不超过 2 只	[2,3]
	光通量维持率		测量平均值不低于表 5 的规定，个别值不低于规定值的 95%	[2,3]
开关次数		10	不低于额定寿命小时数 额定寿命小于 10 000 h，启动时间大于或等于 0.3 s 的灯，开关次数不低于 10 000 次	[2,3]
电磁兼容	电源电流谐波含量	$n_1=1$ $n_2=3$	符合限值要求	[0,2] [1,2]
	电磁骚扰		符合限值要求	
	抗扰度		符合抗扰度要求	
含汞量			测量的平均值和极差不超过表 6 的“合格”规定 标称“低汞”和“微汞”的测量平均值和极差不高于表 6 的规定	
紫外辐射限值			≤2 mW/klm；对于反射灯，≤2 mW/(m^2 klx)	
注：电磁兼容、含汞量、标志检验项目主要体现为电磁兼容安全、环保安全和使用安全要求，根据技术和工艺特点安排的检验样品数量相对较低。				
[a] 为不考核项目。				

附 录 A
(规范性附录)
光度和电气特性的一般测量条件及检测设备要求

A.1 灯特性的测量方法

试验前应检查所有样本的外观,如有要求,应在光度测试前清洁所有样本。

除另有说明外,所有试验均应符合下列一般要求:

a) 试验应在环境温度为(25±1)℃,相对湿度最大为65%,无对流风的环境下进行。如果制造商宣称灯在更为苛刻的环境下工作,则在这种环境下也应进行试验。空气流动应符合GB/T 22907的规定。灯在进行老炼、寿命试验和开关次数试验时,试验室环境温度应为15 ℃~40 ℃范围之间,实验室允许通风,但应将振动和碰撞降至最低。

b) 试验应采用额定电压和额定频率。若额定电压为一个范围,灯的老炼和检测应采用该电压范围平均电压。对于采用复合电压的灯,例如适用于110 V和230 V电压工作的灯,灯的老炼和检测应在高电压下进行。如高电压是一个范围,则采用该高电压范围的中值进行试验。

c) 灯进行老炼和光通维持率试验时,试验电压的允差应在2%之内。灯在稳定期间的电压允差应在±0.5%之内。测量过程中,电源电压和频率允差均应在±0.1%之内。电源电压的总谐波含量应不超过基波的3%。总的谐波量是单次谐波有效值的和,以基波为100%。

注:参见GB 17625.1—2003附录A中A.2。

d) 除制造商另有说明之外,灯进行所有试验,包括光通维持率试验,均应在无对流风条件下灯头垂直朝上燃点。如果制造商宣称灯仅适用于某特定方向燃点,则灯在进行所有试验时应按照制造商宣称要求安装。

A.2 灯的稳定

测量应在灯达到稳定时间之后进行。

注:在运输与一般操作(如灯的翻转)过程中,灯中剩余的汞可能以微粒形式分布在放电管内。当所有剩余的汞都汇集在放电管的最冷端时,则达到了适当调节。经验表明上述汇集过程初始可能需要16 h,一旦经过调整期,该灯即可进行测试。

灯进行调整和预热时可以在相对试验位置较远的位置上进行。当将灯移置试验位置上时,如果灯一直保持相同方向,没有发生振动和碰撞,也没有触摸灯的发热的玻璃部分(触摸会产生寄生的冷点),灯在试验位置稳定15 min~60 min。为避免灯的发热的玻璃部分温度下降,在将灯移动到试验位置上时应使用隔热手套或类似操作方法。电源切断的时间应尽可能短。如果不同于表A.1中的数值,则应遵守制造商规定的相关规定。

应在达到稳定之后开始测量。在最小稳定时间(表A.1)的最后15 min期间,光输出的测量应每分钟进行一次。当光输出读数的最大值和最小值之间差异小于1%时即达到稳定。如果未达到稳定,延长观察时间,直至连续15次读数达到上述要求。如果不能在30 min内达到要求,则应在测量结果中说明实际的波动。

表 A.1 调整时间、关闭时间和稳定时间

最小调整时间/h^{a}	16
最小关闭时间(移送到试验位置)/min	1
稳定时间/min	15～60
注:“^{a}”可以是老炼的一部分。	

A.3 灯老炼和寿命试验

除另有说明外,灯应在老炼台上进行规定时间的燃点。

灯进行老炼和寿命试验应重复进行开关,周期为开 2 h 45 min,关 15 min。

老炼时间及寿命时间只计算灯燃点状态的时间。

A.4 电气测量

应对电压、电流、功率和功率因数进行测量。

待试灯应经 100 h 老炼。

灯的电压或电流的测量应使用真有效值响应仪器。

功率和功率因数的测量应使用适当的功率计或功率分析仪,仪器不确定度小于或等于测量值的 0.5%。功率测量仪器应能读出一个或多个周期的平均值,带宽大于 50 kHz,并且能够测量峰值因数为 3 的波形和低至 0.3 的功率因数。

A.5 光通量测量

光通量可采用 4 种光学设备进行测量。

A.5.1 测试用测量设备

所有的仪器要经过校准,保证测量能够满足国家标准。

A.5.2 积分球

测试时应采用下述尺寸积分球:

——如灯的最大尺寸≥300 mm,积分球直径应至少为 2.0 m;

——如灯的最大尺寸<300 mm,积分球直径应至少为灯最大尺寸的 6 倍。

积分球内部应按照 GB/T 26178—2010 的 6.5.2 要求涂上无光谱选择性的漫反射涂料。

积分球的内部布置和结构应符合 GB/T 26178—2010 的 6.5.3 要求。

A.5.3 测角光度计(分布光度计)

光度计的设计应保证受试灯能够按照光度计的光轴正确安置。光度计还应能够检测安置在试验位置上的灯的发光强度和必要的角度调整。在任何情况下,安装设备都不能影响灯发射出来的光线。

光度计孔与灯的距离至少应为被测灯最大尺寸的 6 倍。

角度应在±1°内能重复调整。

测量光通量时，应使用符合 CIE 69 规定的具有下述特征的传感器来检测：

a) 光度计探头的相对光谱响应度与 $V(\lambda)$ 的误差：$f_1'<3\%$；

b) UV 响应：$u<0.2\%$；

c) IR 响应：$r<0.2\%$；

d) 线性误差：$f_3<0.2\%$；

e) 余弦修正：光度计探头的角度反应应在光度计探头的测量角度范围设计值的余弦函数的 1% 以内。

A.5.4 光谱仪（光谱辐射计）

应使用光谱仪（带有积分球和测角光度计）测量光通量和颜色。

光谱仪波长范围的波长不确定度在可见光谱（380 nm～780 nm）范围内应优于 0.5 nm（95% 可信度），波长可重复性达到 0.1 nm，杂散光小于 10^{-4}。

A.5.5 色度计

可使用三刺激色度计测量光通量和颜色。

注：CIE 179:2007 测量光色的三刺激色度计特性表示方法，推荐采用 f_1'。

测量光通量时，所使用仪器应具有下述特性：

对于 X、Y、Z 通道，$f_1'<3\%$。

A.6 时间和周期测量

测量时间的设备应能够测定下列结果：

启动时间：±0.1 s；

上升时间：±3 s；

寿命：±100 h；

光通维持率：±100 h；

老炼：±5 h；

开关周期时间：±3 s；

开关次数周期：±50 周期。

附 录 B
（规范性附录）
启动时间试验

B.1 总则

启动时间试验的灯应经过 100 h 老炼。

对于常温的启动试验，试验前灯应存放在 22 ℃～27 ℃的环境温度至少 22 h，并安置在环境温度为(25±1)℃的试验位置上至少 2 h。

对于低温启动试验，试验温度是制造商给出的额定最小启动温度，如果没有给出额定最小启动温度，试验温度应为－10 ℃。试验之前，灯应在接近试验温度条件下放置至少 20 h，另外，还要在准备试验的位置上，在试验温度±1 ℃条件下放置至少 4 h。灯应在暗室或内部黑色试验箱中放置和试验。

样品数量和合格条件见表 9。

对于启动时间试验，推荐使用 A.5.2 所述的积分球方法，因为在启动阶段灯的光照是不均衡的。

B.2 试验条件

启动试验的试验电压应为灯的额定电压的 92%，波形应为纯正弦波。如果灯的额定电压是一个电压范围，那么试验电压为该电压范围最小值的 92%，见附录 A 的说明。

图 B.1 是典型的试验装置和设备。也可使用微微安培计来存储传感器测量值。

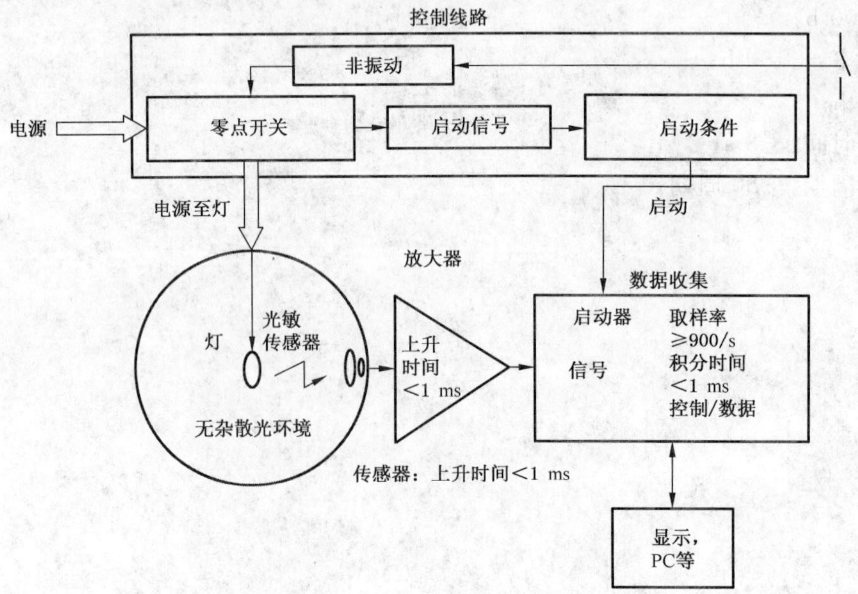

图 B.1 启动时间试验的典型装置

B.3 试验程序

对于常温启动试验,试验设备应按照图 B.1 进行连接:

a) 检测设备和测量仪器应处于灯的试验能立即开始的状态;

b) 接通灯的电源,按要求触发设备;

c) 试验应直到灯完全启动并保持燃点为止。如果经过适当的时间后,灯仍不能启动,则停止试验;

d) 随时记录光输出、环境温度和相对湿度。

对于低温启动试验:

a) 受试灯安放在暗室或内部黑色试验箱中;

b) 打开灯,用计时装置记录灯完全启动并保持燃点所需的时间;

c) 灯在规定温度下启动的性能应通过目测或其他方法确认;

d) 如果灯在 10 s 时间内不能启动,则终止试验。

B.4 计算

启动时间的确定是指从试验开始到灯完全完成启动程序(灯完全启动并保持燃点)。灯完全完成启动程序通过光输出信号包络第一个稳定时期的前沿来观察。

附 录 C
（规范性附录）
上升时间试验

C.1 总则

上升时间试验的灯应经过 100 h 老炼。

试验前灯应存放在 22 ℃～27 ℃的环境温度至少 22 h，并安置在环境温度为 25 ℃±1 ℃的试验位置上至少 2 h。

样品数量和合格条件见表 9。

对于上升时间试验，推荐使用 A.5.2 所述的积分球方法。

C.2 试验条件

上升时间试验的试验电压应等于附录 A 中规定的灯的额定电压。

图 C.1 是典型的试验装置和设备。

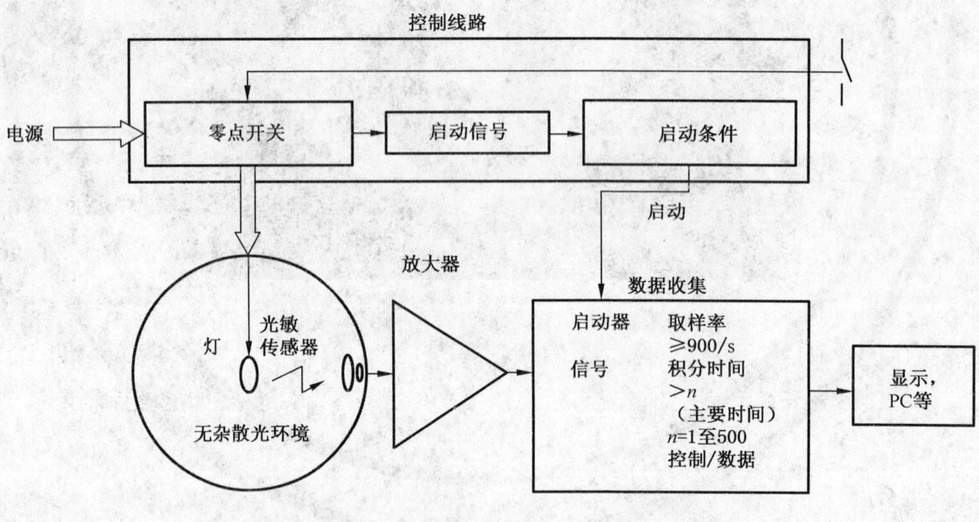

图 C.1 上升时间试验的典型装置

C.3 试验程序

试验设备连接的举例在图 C.1 中给出：

a) 检测设备和测量仪器应处于灯的试验能立即开始的状态；

b) 接通灯的电源，按要求触发设备；

c) 试验应直到灯完全启动并保持燃点为止。稳定光输出的定义见 A.2；

d) 随时记录光输出、环境温度和相对湿度。

C.4 计算

从试验数据中确定：

a) 从试验开始到灯达到初始光输出的某个固定百分比（用附录D的方法测量）所用的时间。百分比可由制造商宣称（例如稳定光输出的60%）确定；

b) 另外，制造商宣称可能要求计算固定时间（例如1 min）后达到初始光输出的百分比。

附　录　D
（规范性附录）
初始光通量、光效和光通维持率的测量

D.1　总则

光通量的测量应在经过 100 h 老炼的灯上进行。

D.2　试验条件

光通量可采用四种光学仪器测量，见附录 A.5。除反射灯之外的灯，推荐使用 A.5.2 所述积分球方法。对于反射灯，推荐使用 A.5.3 所述分布光度计的方法。

所有测量方法均应采用图 D.1 所示的电路。

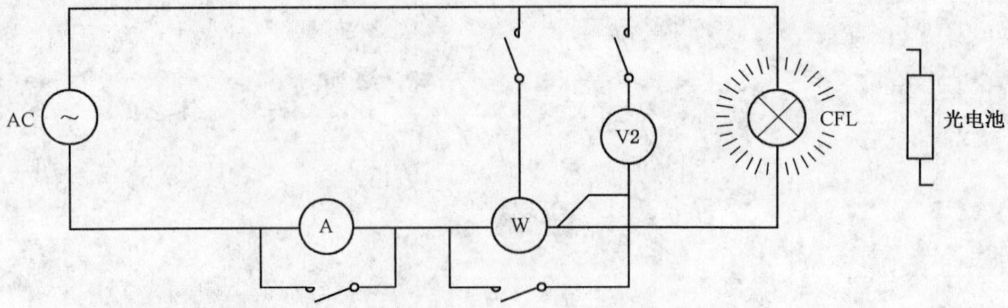

图 D.1　光通量的测量

D.2.1　方法 A1（积分球测量：使用球形分光辐射度计）和方法 A2（积分球测量：使用球形光度计）

将灯按照 A.5.2（积分球）要求安装。

D.2.2　方法 B：测角光度计（分布光度计）

将灯按照 A.5.3（测角光度计）要求安装。

被测灯的光中心（灯电弧中心），也就是放电灯管的发光区中心应放置在分布光度计的中心。

灯在测量期间不应移动。例如，灯在进行测量期间固定安置，灯旋转到下一个 γ 平面期间垂直 C 平面仅轻微移动，推荐采用 CIE 的 C 型测角光度计。

D.3　试验程序

D.3.1　总则

对于所有试验方法，灯应达到 A.2 规定的稳定条件。

在灯达到稳定状态后立即开始试验。

D.3.2 方法 A1(积分球测量:光谱光度法)和方法 A2(积分球测量:积分法)

a) 将灯按规定位置安置在积分球内,然后打开测量设备和灯的开关;

b) 按照 A.1 要求保持灯周围的温度;

c) 灯稳定之后,按照 D.4.1 或 D.4.2(取决于使用的计算方法)测量所有规定的参数并做记录。

D.3.3 方法 B:测角光度计(分布光度计)

D.3.3.1 测量用的角度和面

垂直面的角度从最低点(0°)到最高点(180°)。垂直角的间隔不超过 10°。

至少记录 36 个垂直半面的读数。也就是说水平角的间隔不超过 10°。从上往下看灯时,水平角按逆时针方向排列。

D.3.3.2 杂散光测量

应测量分布光度计工作时的杂散光,并从原始试验数据中扣除。

D.3.3.3 数据处理

所有的数据都要记录,包括:

——说明灯的光中心和初始位置与分布光度计相对应的示意图。

——检测距离(即从分布光度计中心到探测器的光程距离)。

——灯和杂散光的全部读数。

D.4 计算

D.4.1 方法 A1:积分球测量:光谱光度法

注:采用总光谱辐射通量标准的球形分光辐射度计系统的校正方法的信息,可通过国家实验室获得。

光通量(lm)可以从总的光谱辐射通量(绝对量)获得。被测光源的光通量用 F_t 表示,计算公式如下:

$$F_t = K_m \int_{880}^{780} F_s(\lambda) V(\lambda) \mathrm{d}\lambda$$

式中:

$V(\lambda)$ ——光谱光视效率;

K_m ——最大光谱光视效能,683 lm/W;

$F_s(\lambda)$——被测光源的总光谱辐射通量,以波长函数表示。

D.4.2 方法 A2:积分球测量:积分法

光通量通过下述公式计算:

$$F_t = \left(\frac{I_t}{I_s}\right) \times F_s \times K \times \alpha$$

式中:

F_t ——被测光源的光通量;

F_s ——标准光源的光通量;

I_t ——被测光源的光电流;

I_s ——标准光源的光电流。

如果被测光源的光谱能量分布和标准光源不同，应按下列公式进行颜色修正：

$$K=\frac{\int P_t(\lambda)V(\lambda)\mathrm{d}(\lambda)\times\int P_s(\lambda)\rho(\lambda)S(\lambda)\mathrm{d}\lambda}{\int P_s(\lambda)V(\lambda)\mathrm{d}(\lambda)\times\int P_t(\lambda)\rho(\lambda)S(\lambda)\mathrm{d}\lambda}$$

$$\rho(\lambda)=t(\lambda)\times\frac{\rho'(\lambda)}{1-\rho'(\lambda)}$$

式中：

K ——颜色修正系数；

$P_t(\lambda)$、$P_s(\lambda)$分别表示被测光源和标准光源相对的光谱能量分布；

$V(\lambda)$——光谱光视效率；

$\rho'(\lambda)$——球壁的光谱反射；

$t(\lambda)$ ——积分球窗玻璃的光谱透射率；

$S(\lambda)$——探测器的相对光谱灵敏度。

如果被测灯和标准光源的尺寸和形状不相同，应按下述公式进行吸收修正：

$$\alpha=\text{吸收修正系数}$$

$$\alpha=\frac{AUX_{\text{基准灯}}}{AUX_{\text{测试灯}}}$$

式中：

$AUX_{\text{基准灯}}$——实测的辅助灯光通量，基准灯安置在积分球内试验灯座上，没有点亮；

$AUX_{\text{测试灯}}$——实测的辅助灯光通量，测试灯安置在积分球内试验灯座上，没有点亮。

D.4.3 方法 B：测角光度计（分布光度计）

杂散光数据应当从原始的检测读数中扣除。光通量按照下述公式计算：

$$F_t=\int_0^{\pi}\int_0^{2\pi}E(\theta,\varphi)R^2\sin\theta\mathrm{d}\theta\mathrm{d}\varphi$$

式中：

F_t ——受试灯的光通量；

$E(\theta,\varphi)$——水平角 φ 和垂直角 θ 点的照度值；

θ ——垂直角；

φ ——水平角；

R ——测试距离。

D.5 初始光效试验

D.5.1 试验程序

试验应在经过 100 h 老炼的灯上进行。

在测量初始光通量的过程中，同时测量灯的功率并记录数据。如果光通量在延续较长时间内测量，应记录多个灯的功率读数，并计算平均值。

初始光通量和初始灯功率应在同一只灯上进行检测。

D.5.2 计算

在计算光通量之后，用下列公式计算初始光效：

光通量/灯功率 单位：lm/W

D.6 光通维持率试验

经过初始光效测试的灯或新灯应在 A.3 规定的相同的条件下进行规定时间的老炼。

应在灯工作 100 h 后测量光通量。

应记录所有测量的光通量、计算的光通维持率和计算的光效值。如果 3 只或以上的灯失效,则终止试验。

附 录 E
（规范性附录）
开关试验

试验前灯应至少老炼 2 h。

注：如果有备份的经过老炼 100 h 的灯，也可以用于此项试验。

试验条件和设备应符合寿命试验中的规定。开关试验采用的开关周期应为 3 min 关，1 min 开。

试验应一直进行到达到额定开关周期次数为止。

附　录　F
（规范性附录）
寿命试验

寿命试验样品应是新灯或是经过最长100 h老炼过的灯。

灯应按照A.3灯老炼和寿命试验规定的开关周期进行燃点。

每个灯的工作时间都应记录，直至灯失效，即灯不能启动燃点，或灯不能持续燃点或光输出低于其额定值近50%。灯不能启动燃点通过目测确定。

记录的工作时间应只包括测试周期中灯点亮的时间。工作时间包括初始的老炼时间。

试验一直进行到达到额定寿命或半数以上样品灯失效，不论哪种情况先出现，试验即可终止。

ICS 67.060
B 22

GB

中华人民共和国国家标准

GB/T 17320—2013
代替 GB/T 17320—1998

小麦品种品质分类

Quality classification of wheat varieties

2013-07-19 发布 2013-12-06 实施

中华人民共和国国家质量监督检验检疫总局
中国国家标准化管理委员会 发布

前言

本标准按照 GB/T 1.1—2009 给出的规则编写。

本标准代替 GB/T 17320—1998《专用小麦品种品质》。

本标准与 GB/T 17320—1998 相比，主要变化如下：

——修改了小麦的分类，增加了中强筋小麦；

——修改了品质指标，增加了硬度指数的要求；

——增加了小麦品种品质评价报告的要求；

——修改了实验室馒头制作及评价方法，增加了实验室面条制作及评价方法。

本标准由中华人民共和国农业部提出并归口。

本标准起草单位：黑龙江省农科院农产品质量安全研究所、农业部谷物及制品质量监督检验测试中心（哈尔滨）。

本标准主要起草人：王乐凯、程爱华、林作楫、赵乃新、兰静、戴常军。

本标准所代替标准的历次版本发布情况为：

——GB/T 17320—1998。

小麦品种品质分类

1 范围

本标准规定了小麦品种的品质类型、品质指标、检验方法和检验规则。

本标准适用于小麦品种的选育、品种(品系)的品质鉴定、品种审定和推广,也适用于加工用专用小麦品种的收购、销售和加工。

2 规范性引用文件

下列文件对于本文件的应用是必不可少的。凡是注日期的引用文件,仅注日期的版本适用于本文件。凡是不注日期的引用文件,其最新版本(包括所有的修改单)适用于本文件。

GB 1351—2008 小麦

GB 5491 粮食、油料检验 扦样、分样法

GB/T 5505 粮油检验 灰分测定法

GB/T 5506.2 小麦和小麦粉 面筋含量 第2部分:仪器法测定湿面筋

GB/T 10361 小麦、黑麦及其面粉,杜伦麦及其粗粒粉 降落数值的测定 Hagberg-Perten 法

GB/T 14611 粮油检验 小麦粉面包烘焙品质试验 直接发酵法

GB/T 14614 小麦粉 面团的物理特性 吸水量和流变学特性的测定 粉质仪法

GB/T 14615 小麦粉 面团的物理特性 流变学特性的测定 拉伸仪法

GB/T 21304 小麦硬度测定 硬度指数法

GB/T 24303 粮油检验 小麦粉蛋糕烘焙品质试验 海绵蛋糕法

NY/T 3 谷类、豆类作物种子粗蛋白质测定法(半微量凯氏法)

NY/T 1094.2—2006 小麦实验制粉 第2部分:布勒氏法 用于硬麦

NY/T 1094.4—2006 小麦实验制粉 第4部分:布勒氏法 用于软麦统粉

NY/T 1095 小麦沉淀值测定 Zeleny 法

3 品质类型

根据小麦籽粒的用途分为四类:

a) 强筋小麦:胚乳为硬质,小麦粉筋力强,适用于制作面包或用于配麦;

b) 中强筋小麦:胚乳为硬质,小麦粉筋力较强,适用于制作方便面、饺子、馒头、面条等食品;

c) 中筋小麦:胚乳为硬质,小麦粉筋力适中,适用于制作面条、饺子、馒头等食品;

d) 弱筋小麦:胚乳为软质,小麦粉筋力较弱,适用于制作馒头、蛋糕、饼干等食品。

4 品质指标

不同类型的小麦品种的品质指标应符合表1的要求。

表 1 小麦品种的品质指标

项目		指标			
		强筋	中强筋	中筋	弱筋
籽粒	硬度指数	≥60	≥60	≥50	<50
	粗蛋白质(干基)/%	≥14.0	≥13.0	≥12.5	<12.5
小麦粉	湿面筋含量(14%水分基)/%	≥30	≥28	≥26	<26
	沉淀值(Zeleny 法)/mL	≥40	≥35	≥30	<30
	吸水量/(mL/100 g)	≥60	≥58	≥56	<56
	稳定时间/min	≥8.0	≥6.0	≥3.0	<3.0
	最大拉伸阻力/EU	≥350	≥300	≥200	—
	能量/cm^2	≥90	≥65	≥50	—

5 检验方法

5.1 硬度指数

按 GB/T 21304 的规定执行。

5.2 粗蛋白质

按 NY/T 3 的规定执行。

5.3 湿面筋

按 GB/T 5506.2 的规定执行。

5.4 Zeleny 沉淀值

按 NY/T 1095 的规定执行。

5.5 吸水量、稳定时间

按 GB/T 14614 的规定执行,50 g 揉混器。

5.6 最大拉伸阻力、能量

按 GB/T 14615 的规定执行。

5.7 试验制粉

按 NY/T 1094.2—2006 或 NY/T 1094.4—2006 的规定执行。

5.8 灰分

按 GB/T 5505 的规定执行。

5.9 降落值

按 GB/T 10361 的规定执行。

5.10 面包试验

按 GB/T 14611 的规定执行。

5.11 馒头试验

按附录 A 的规定执行。

5.12 面条试验

按附录 B 的规定执行。

5.13 蛋糕试验

按 GB/T 24303 的规定执行。

6 检验规则

6.1 抽样

按 GB 5491 的规定执行，进行全项检验样品量应不低于 4 kg。

6.2 样品

6.2.1 检验样品应为种植在品种适应区域内正常成熟、收获和贮存的当年或隔年纯品种。宜选择已确定品质类型的品种同区种植，作为品质对照样品。

6.2.2 检验样品质量应符合 GB 1351—2008 中二等以上(含二等)小麦质量指标。

6.2.3 检验样品全麦粉的降落值应大于 250 s。

6.3 样品制备

6.3.1 强筋、中强筋和中筋小麦检验用小麦粉按 NY/T 1094.2—2006 规定制备样品，弱筋小麦检验用小麦粉按 NY/T 1094.4—2006 规定制备样品。

6.3.2 检验用小麦粉的出粉率为 60%～70%，灰分值应不大于 0.60%(以干基计)。

6.3.3 检验用小麦粉经混匀后装入聚乙烯袋或其他密封容器内，夏季室温放置两周，冬季室温放置三周，待小麦粉品质趋于稳定后，方可进行面团流变特性和食品加工特性的检验。

6.4 检验

6.4.1 反应小麦品种品质特性，宜采用两年或两年以上多点测定数据的平均结果来评价小麦品种品质。

6.4.2 区试品系、审定品种以及参加成果鉴定品种的检验，应包括表 1 中相应类型的全部项目，必要时，可按照 GB/T 14611、GB/T 24303、附录 A 和附录 B 的食品加工特性项目进行检验。

6.4.3 优质专用小麦品种的检验，应包括表 1 中相应类型的全部项目，同时，根据小麦品种的品质类型按照 GB/T 14611、GB/T 24303、附录 A 或附录 B 进行食品加工特性项目的检验。

6.5 判定规则

6.5.1 区试品系、审定品种以及参加成果鉴定品种的检验，其硬度指数、粗蛋白质(或湿面筋)含量、稳定时间应符合表 1 中相应类型的规定。

6.5.2 优质专用小麦品种的检验，其各项指标应符合表 1 中相应类型的规定，食品加工特性的检验评分应在80分以上。

6.6 小麦品种品质评价报告

小麦品种品质评价报告应给出小麦品种的基本信息、小麦品种品质的鉴定结果以及小麦品种品质的评价结果，其内容分别为：

a) 小麦品种的基本信息应包括品种名称、适宜的种植区域、收获的时间和地点、播种的季节和种皮的颜色等。

b) 小麦品种品质的鉴定结果应包括容重、硬度指数、粗蛋白质等籽粒品质，湿面筋、沉淀值等小麦粉品质指标，粉质曲线、拉伸曲线等面团特性指标以及食品评价结果。净麦出粉率、灰分和降落值等作为小麦品种评价的参考指标。

c) 小麦品种品质的评价结果应给出小麦品种的品质类型、小麦品种的制粉特性、小麦品种的加工特性的综合评价。

附 录 A
(规范性附录)
实验室馒头制作及评价方法

A.1 材料

干酵母,低糖型。

A.2 设备

A.2.1 搅拌机:速度可调(0 r/min～200 r/min),搅拌钵容量 100 g～500 g。
A.2.2 压片机或性能相似的压面设备。
A.2.3 恒温恒湿发酵箱:使温度保持在 37.0 ℃±1.0 ℃,相对湿度保持在 75%～80%。
A.2.4 蒸锅:直径 22 cm,单层。
A.2.5 台式天平:500 g,感量为 0.1 g。
A.2.6 卡尺:120 cm±0.01 cm。
A.2.7 软杂面板。
A.2.8 体积测量仪(菜籽置换型):1 050 mL±5 mL。

A.3 制作方法

A.3.1 按小麦粉样品的粉质仪吸水量的 75% 计算加水量,并可根据小麦粉水分作适当的调整。
A.3.2 倒入计算好的应加入小麦粉样品的水量(水温 30.0 ℃±1 ℃),溶解酵母(1.0%)。
A.3.3 称取小麦粉样品 200 g,精确到 0.1 g。倒入和面钵中,开启搅拌机,和面时间 6.0 min,面团达到面筋刚刚形成的状态,表面光滑,不沾手。
A.3.4 取出和好面团进行压片,压辊间距为 0.6 cm,压片次数为 15 次～20 次。卷成条状后均匀分割成两块面团,手工揉面达到面团光滑为止。成型后馒头高度在 7 cm 左右,放在铺有湿布的蒸屉上,送入发酵箱中,发酵 40 min。
A.3.5 将发酵后的面团置沸水锅中蒸 15 min,取出冷却。
A.3.6 测量馒头体积、馒头高度、馒头质量。

A.4 感官评价与品尝方法

A.4.1 馒头高的测定

用卡尺量取馒头底部与顶点的高度,同一样品从不同侧面测量两次,相差值小于或等于 0.2 cm 时取平均值,大于 0.2 cm 则重新测定。

A.4.2 馒头质量与体积测定

将冷却至室温的馒头称重,并用塑料薄膜包严,用体积测定仪测量体积,同一样品测定两次,相差值小于或等于 15 mL 时取平均值,大于 15 mL 则重新测定。

A.4.3 外观评价

将馒头切开，观察馒头表面色泽、表面结构、形状、内部气孔结构细密均匀程度、底部有否死烫斑，按照表 A.1 逐项打分。

A.4.4 品尝评价

取半个馒头置沸水锅中蒸 6 min～8 min，取出凉 3 min～5 min，用食指按压，评价弹柔性，掰一小块，观察是否易掉渣，放入口中，细嚼 5 s～7 s，感觉有否咬劲，是否粘牙、干硬，咀嚼一会儿能否完全化开以及气味如何，按照表 A.1 逐项打分。

A.5 评分方法

A.5.1 馒头比容计算

馒头比容按式(A.1)计算：

$$P=\frac{V}{m} \qquad \cdots\cdots(A.1)$$

式中：

P——馒头比容，单位为毫升每克(mL/g)；

V——馒头体积，单位为毫升(mL)；

m——馒头质量，单位为克(g)。

A.5.2 馒头评分项目及分数分配

见表 A.1。

表 A.1 馒头评分项目及分数分配

项目		分数	得分标准
外部	比容/(mL/g)	15	比容大于或等于 2.8 得满分 15 分； 比容小于或等于 1.5 得最低分 2 分； 比容在 2.8～1.5 之间，每下降 0.1 扣 1 分
	高/cm	5	高大于或等于 7.0 cm 得满分 5 分； 高小于或等于 5.0 cm 得最低分 1 分； 高在 7.0 cm～5.0 cm 之间，每下降 0.5 cm 扣 1 分
	表面色泽	10	白、乳白 8 分～10 分； 浅黄、黄 6 分～8 分； 灰暗 2 分～6 分
	表面结构	10	光滑 8 分～10 分； 皱缩、塌陷、有气泡、有凹点或大块烫斑 3 分～8 分
	外观形状	10	对称、挺、有球形感 7 分～10 分； 扁平或不对称 4 分～7 分
内部	结构	15	气孔细小、均匀 12 分～15 分； 气孔过于细密但均匀 8 分～12 分； 有大气孔、结构粗糙 5 分～11 分； 边缘与表皮有分离现象 8 分～12 分
	弹性	10	回弹快、能复原、可压缩 1/2 以上 7 分～10 分； 手指按压回弹弱或不回弹 3 分～7 分； 手指按压困难，感觉较硬 2 分～6 分

表 A.1(续)

项目		分数	得分标准
内部	韧性	10	咬劲强 7 分～10 分； 咬劲弱且掉渣或咀嚼干硬、无弹性或不回弹 4 分～7 分
	粘性	10	爽口不粘牙 8 分～10 分； 稍粘或粘 3 分～7 分
	气味	5	具有麦香、无异味 4 分～5 分； 味道平淡 3 分～4 分； 有异味 1 分～3 分
总分		100	—

A.5.3 结果表示

各项品评得分合计后保留至整数位。

A.5.4 判定规则

小于 70 分判定为差；70 分～79 分为一般；80 分～89 分为良好；大于或等于 90 分为优。

注 1：酵母也可使用鲜酵母，但鲜酵母活性不稳定，且不易保存。

注 2：和面时间可根据小麦粉强度稍加调整。以无生粉、面筋刚好形成（面团已光滑）为准，如继续搅拌至面筋展开，面筋的强度降低，蒸制出的馒头易回缩、塌陷。

注 3：应趁热进行馒头品尝评分，馒头冷凉后硬度增大，试样间弹揉性差异明显变小，不易评分。

附 录 B
（规范性附录）
实验室面条制作及评价方法

B.1 材料

氯化钠，食品级。

B.2 设备

B.2.1 搅拌机：速度可调（0 r/min～200r/min），搅拌钵容量 100 g～500 g。

B.2.2 轧面机：轧辊直径 120 mm，轧辊宽度 140 mm，速度范围 0 r/min～100 r/min。

B.2.3 切条机：手动或机压切条机，备有几种规格切刀（1.0 mm，2.0 mm，2.5 mm，3.0 mm，5.0 mm）。

B.2.4 恒温恒湿干燥箱：温度范围 2.0 ℃～48.0 ℃；湿度范围 0%～100%。

B.2.5 速度调整器：速度范围 0 r/min～100 r/min。

B.2.6 中间带搁板的不锈钢锅：直径 35 cm。

B.2.7 电磁炉：功率 1 800 W～2 000 W。

B.2.8 带盖塑料盒：直径 16 cm。

B.2.9 台式天平：100 g，感量为 0.1 g。

B.2.10 烧杯：500 mL。

B.2.11 量筒：100 mL。

B.2.12 秒表：1 块。

B.2.13 测厚仪：厚度范围 0 mm～15.0 mm。

B.3 制作方法

B.3.1 面条最适加水量：以和好后面团含水量作为加水量标准，如挂面的最适加水量为 28%～32%，鲜面条的最适加水量为 32%～35%。

B.3.2 10%氯化钠溶液配制：称取 10.0 g 氯化钠溶于 100 mL 蒸馏水中，备用。

B.3.3 和面：称取相当于 14%含水量的小麦粉样品 200 g±0.1 g，倒入和面钵中，启动机器，用 1 档低速搅拌，加入 20 mL 10 %氯化钠溶液和剩余蒸馏水，1 min 后停机，用刮板清理粘附在缸体和搅拌器上面的面絮，再快速搅拌 2 min，再慢速搅拌 2 min，总的和面时间为 5 min。

B.3.4 醒置：取出和好的面团放入发酵盆中，室温醒发 30 min。

B.3.5 第一次轧片：将轧面机辊间距调整为 3.5 mm，轧面机速度为 1.5 r/min±0.1 r/min，第一道轧片后，面片复合，调整轧面机速度为 2.5 r/min±0.1 r/min，再轧一遍。

B.3.6 第二次轧片：依次调整轧面机辊间距为 2.5 mm，1.8 mm，1.3 mm，1.1 mm；轧面机速度分别为 4.0 r/min，5.0 r/min，5.0 r/min，5.0 r/min±0.5 r/min，面片依次放入轧面机中，按照同一方向轧制。最后一道工序轧面机辊间距可适当调整，最终面片厚度控制在 1.45 mm±0.05 mm。

B.3.7 切条：制备好的面片切成宽 2.0 mm±0.1 mm、长 25 cm 的湿面条用于品尝评价。

B.4 品尝评价

B.4.1 烹煮时间的确定：将 50 g 面条于 500 mL 沸水中煮 3 min 后，保持微沸状态，每间隔 0.5 min 将面条捞出用载玻片切断，观察至面条无白芯时记录时间，该时间为面条的烹煮时间。

B.4.2 品尝评价：称取 100 g 鲜切面条，放入沸水锅内，煮至已确定的烹煮时间时，将面条捞出，冷水冲淋 30 s，放入白瓷盆中，5 人分别品尝，与对照样品进行色泽和表观评价，按照标准逐项打分。

B.5 评分方法

B.5.1 色泽(20 分)：白、乳白、奶黄色，光亮 18.5 分～20 分；亮度一般 16 分～18.4 分；发暗，发灰，亮度差 10 分～16 分。

B.5.2 表观状态(10 分)：细密、光滑 8.5 分～10 分；中间 6.0 分～8.4 分；粗糙、膨胀或太软 1.0 分～6.0 分。

B.5.3 硬度(20 分)：咬力适中 17 分～20 分；稍偏硬或软 12 分～17 分；太硬或太软 1.0 分～12 分。

B.5.4 粘弹性(30 分)：有咬劲、富有弹性 25 分～30 分；一般 20 分～25 分；咬劲差、口感粘、弹性不足 10 分～20 分。

B.5.5 光滑性(15 分)：光滑 10 分～15 分；中间 7.0 分～10 分；光滑程度差 1.0 分～7.0 分。

B.5.6 食味(5 分)：具麦清香味 4.3 分～5.0 分；基本无异味 3.0 分～4.3 分；有异味 1.0 分～3.0 分。

B.6 结果表示

各项品评得分合计后保留至整数位，5 人分别评分，最后结果取平均值。

B.7 判定规则

小于 70 分判定为差；70 分～79 分为一般；80 分～89 分为良好；大于或等于 90 分为优。

ICS 71.040.40
G 04

中华人民共和国国家标准

GB/T 17361—2013
代替 GB/T 17361—1998

微束分析　沉积岩中自生粘土矿物鉴定扫描电子显微镜及能谱仪方法

Microbeam analysis—Identification of authigenic clay mineral in sedimentary rock menthod by scanning electron microscope and energy dispersive spectrometer

2013-07-19 发布　　2014-03-01 实施

中华人民共和国国家质量监督检验检疫总局
中国国家标准化管理委员会　发布

前　言

本标准按照GB/T 1.1—2009给出的规则起草。

本标准代替GB/T 17361—1998《沉积岩中自生粘土矿物扫描电子显微镜及X射线能谱仪鉴定方法》。

本标准与GB/T 17361—1998相比,主要内容变化如下:

——标准名称由"《沉积岩中自生粘土矿物扫描电子显微镜及X射线能谱仪鉴定方法》"改为"《微束分析　沉积岩中自生粘土矿物鉴定扫描电子显微镜及能谱仪方法》";

——修改了应用范围(见第1章);

——删除了电子探针引用标准(见1998版第2章),增加了发布结果和样品制备的引用标准(见第2章);

——删除了部分设备(见1998版第4章);

——修改了镀膜要求(见5.7);

——删除了标准中的标样(见1998版第6章);

——修改了分析粘土矿物晶体的选择位置(见8.2);

——修改了结果的分析判断依据(见8.3);

——修改了分析结果报告的内容(见第10章);

——修改了元素成分的测定结果(见10.3);

——修改了粘土矿物的鉴定名称(见10.4);

——删除了使用标样说明(见1998版11.5);

——修改了表A.1的标题。

本标准附录A、附录B为资料性附录。

本标准由全国微束分析标准化技术委员会(SAC/TC 38)提出并归口。

本标准起草单位:中国石油勘探开发研究院、中国石油新疆油田勘探开发研究院、中国石油华北油田勘探开发研究院、中国石化胜利油田勘探开发研究院。

本标准主要起草人:朱德升、魏宝和、周文宝、刘新年、张秉顺、魏广振。

本标准所代替标准的历次版本发布情况为:

——GB/T 17361—1998。

微束分析 沉积岩中自生粘土矿物鉴定 扫描电子显微镜及能谱仪方法

1 范围

本标准规定了用扫描电子显微镜及能谱仪对沉积岩自生粘土矿物的晶体形态及化学成分进行鉴定的方法。

本标准主要用于石油、天然气沉积岩中常见自生粘土矿物鉴定分析。其他自生粘土矿物鉴定分析可参照执行。

2 规范性引用文件

下列文件对于本文件的应用是必不可少的。凡是注日期的引用文件，仅注日期的版本适用于本文件。凡是不注日期的引用文件，其最新版本(包括所有的修改单)适用于本文件。

GB/T 27025 检测和校准实验室能力的通用要求

SY/T 5118 岩石中氯仿沥青的测定 脂肪抽提气法

JJG 550 扫描电子显微镜试行检定规程

3 鉴定原理

自生粘土矿物鉴定原理是利用扫描电子显微镜的二次电子像、背散射电子像分析粘土矿物的形态特征以确定其类型。而对于形态特征相似、难以区分的粘土矿物要利用能谱仪的成分分析结果作为辅助鉴定手段。

4 仪器设备及材料

4.1 仪器设备

4.1.1 扫描电子显微镜。

4.1.2 能谱仪。

4.1.3 真空镀膜仪。

4.1.4 干燥器。

4.2 材料

4.2.1 镀膜专用碳棒或碳纤维。

4.2.2 金靶(纯度99.99%)。

4.2.3 导电胶。

4.2.4 双面胶带。

4.2.5 乳胶。

4.2.6 三氯甲烷(分析纯)。

4.2.7 纯钴或纯铜标准物质。

5 试样制备

5.1 取样

从岩样上取一块直径不大于 10 mm 的块状试样。

5.2 洗油

含油试样需用三氯甲烷抽提至 3 级荧光以下。具体洗油方法见 SY/T 5188。

5.3 选择试样分析面

把有代表性的、平整的新鲜断面作为分析面。

5.4 装样

用乳胶或导电胶把试样粘在试样桩上,分析面与试样桩上表面保持平行。

5.5 干燥

试样在室温下自然干燥。

5.6 除尘

用吸耳球吹掉试样表面碎屑及灰尘,保持试样新鲜断面清洁。

5.7 镀膜

岩石试样用真空镀膜仪镀金或镀碳,镀膜样品放入干燥器待分析。

6 分析条件的选择

6.1 扫描电子显微镜

6.1.1 加速电压的选择

加速电压一般选择为 15 kV 或 20 kV。

6.1.2 放大倍数的选择

根据粘土的形态特征,通常选择放大倍数为 300 倍～10 000 倍。

6.2 能谱分析

6.2.1 电子束的选择

选择样品电流 1.0 nA～1.5 nA,使计数率达到 2 000 cps 以上。

6.2.2 采集时间的选择

根据计数率选择活时间,一般为 50 s～100 s。

6.2.3 束斑的选择

电子束束斑直径通常选择约为 1 μm。对含 K、Na 易迁移离子的矿物，电子束斑直径可适当放大，例如 20 μm～50 μm，对无法选择电子束直径的扫描电镜，可以选择不同放大倍数的区域扫描方式，确定分析区域的大小。如果成像显示屏的尺寸为 100 mm×100 mm，放大倍数可用 2 000 倍～5 000 倍。

7 分析前的准备工作

7.1 扫描电子显微镜的准备

扫描电子显微镜开机后要稳定 30 min 以上。仪器稳定性应达到 JJG 550 的标准。

7.2 能谱仪的准备

能谱仪开机后，稳定 30 min 以上。用纯钴或纯铜等标准物质校正能谱仪峰位和增益，并检查束流稳定度。

8 分析步骤

8.1 扫描电镜观察

8.1.1 在 300 倍～500 倍下，观察粘土矿物的赋存状态并记录。

8.1.2 在 500 倍～10 000 倍下，观察粘土矿物集合体形态特征或单个晶体特征并记录照相。

8.2 能谱仪分析

8.2.1 确定要分析粘土矿物晶体的位置，通常要选择较平坦的集合体。

8.2.2 采集试样 X 射线能谱图。

8.2.3 鉴别各元素的谱峰。

8.2.4 确定成分分析元素清单。

8.2.5 根据能谱仪定量分析方法，进行校正计算，并对结果作归一化处理，得到粘土矿物成分的氧化物分析数据。

8.3 结果的分析判断

将 8.1、8.2 的观察分析结果，与附录 A、附录 B 的典型特征进行比对，并依据第 9 章的鉴定特征判定被测矿物的类型。

9 自生粘土矿物的主要鉴定特征

9.1 高岭石

9.1.1 形态特征

自生高岭石呈层片状[图 B.1a)]、蠕虫状[图 B.1b)]集合体赋存于粒间，其单晶为六方板状[图 B.1c)]。

9.1.2 成分特征

主要元素为硅(Si)、铝(Al)、氧(O)，其 SiO_2/Al_2O_3 的比值一般为 1.1～1.3[图 B.1d)]。

9.2 蒙皂石

9.2.1 形态特征

自生蒙皂石一般呈蜂窝状[图 B.2a)、b)]、片丝状[图 B.2c)]赋存于粒表或粒间，也有呈棉絮状、片状赋存于粒间。

9.2.2 成分特征

主要元素为硅(Si)、铝(Al)、氧(O)、钙(Ca)、钠(Na)，氧化钾(K_2O)含量低，通常小于 2.8%[图 B.2d)]。

9.3 伊利石

9.3.1 形态特征

自生伊利石呈丝状[图 B.3a)]或片状[图 B.3b)]，赋存于粒表和粒间，形成粘土桥[图 B.3c)]。

9.3.2 成分分析

主要元素为硅(Si)、铝(Al)、氧(O)、钾(K)，其氧化钾(K_2O)值通常大于 9.9%[图 B.3d)]。

9.4 绿泥石

9.4.1 形态特征

自生绿泥石呈绒球状[图 B.4a)]、花朵状[图 B.4b)]集合体赋存于粒间，或以叶片状、针叶状赋存于粒表[图 B.4c)]。

9.4.2 成分特征

主要元素为硅(Si)、铝(Al)、氧(O)、铁(Fe)、镁(Mg)。除硅、铝外，富含铁、镁是其主要特征[图 B.4d)]。

9.5 伊/蒙混层

9.5.1 形态特征

伊/蒙混层呈丝絮状[图 B.5a)]，片丝状[图 B.5b)]和蜂窝状[图 B.5c)]赋存于粒表和粒间。伊/蒙混层是蒙皂石向伊利石过渡的粘土矿物，形态特征是蒙皂石特征逐渐消失，伊利石特征逐渐增强。

9.5.2 成分分析

主要元素为硅(Si)、铝(Al)、氧(O)、钾(K)、钙(Ca)、钠(Na)。其成分特征主要反映在氧化钾(K_2O)含量为 2.8%～9.9%[图 B.5d)]。

9.6 绿/蒙混层

9.6.1 形态特征

绿/蒙混层呈球状[图 B.6a)]和片状、蜂窝状[图 B.6b)、c)]，是蒙皂石向绿泥石过渡的粘土矿物，具有蒙皂石和绿泥石的形态特征。

9.6.2 成分分析

主要元素为硅(Si)、铝(Al)、氧(O)、铁(Fe)、镁(Mg)、钙(Ca)。其铁、镁含量较高是主要特征[图 B.6d)]。

10 分析结果报告

分析结果除按照 GB/T 27025 的要求外,还应包括以下内容:

a) 对于石油地质样品,要说明样品相应的地区、井号、层位、岩性。

b) 说明粘土矿物的赋存状态及形态特征。

c) 粘土矿物元素成分的测定结果。

d) 粘土矿物的鉴定名称。

附　录　A
（资料性附录）
几种常见粘土矿物元素成分特征

表 A.1　几种常见粘土矿物元素成分特征参考表（归一化结果）

矿物类型	归一化定量分析结果 ω(%)								
	Na_2O	MgO	Al_2O_3	SiO_2	K_2O	CaO	MnO	FeO	TiO_2
高岭石	—	0.3	45.5	52.7	—	0.6	—	0.9	—
蒙皂石	1.6	3.3	25.4	62.2	—	3.6	—	3.9	—
伊利石	1.1	2.9	34.1	49.2	9.9	0.3	0.1	2.2	0.2
伊/蒙混层	0.6	1.6	20.4	68.2	2.8	0.8	—	5.0	0.6
绿/蒙混层	1.4	12.1	23.7	40.2	2.5	0.7	—	18.9	0.5
绿泥石	0.2	19.8	24.5	30.9	0.6	1.9	—	22.1	—

附 录 B
（资料性附录）
粘土矿物形态特征图版与能谱

B.1 粘土矿物形态特征图版与能谱见图 B.1～图 B.6。

a) 粒间层片状高岭石

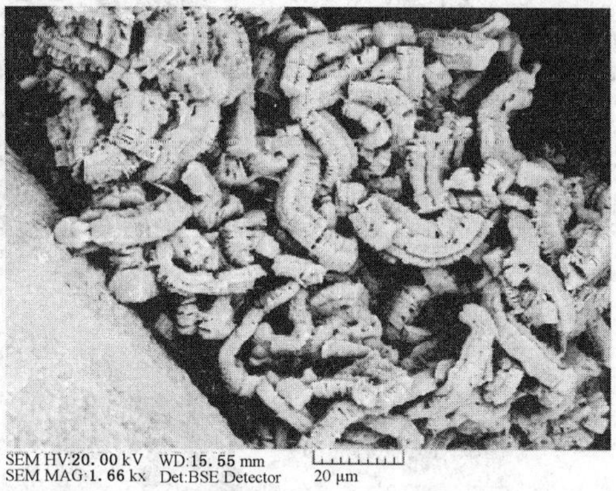

b) 粒间蠕虫状高岭石

c) 粒间六方板状高岭石

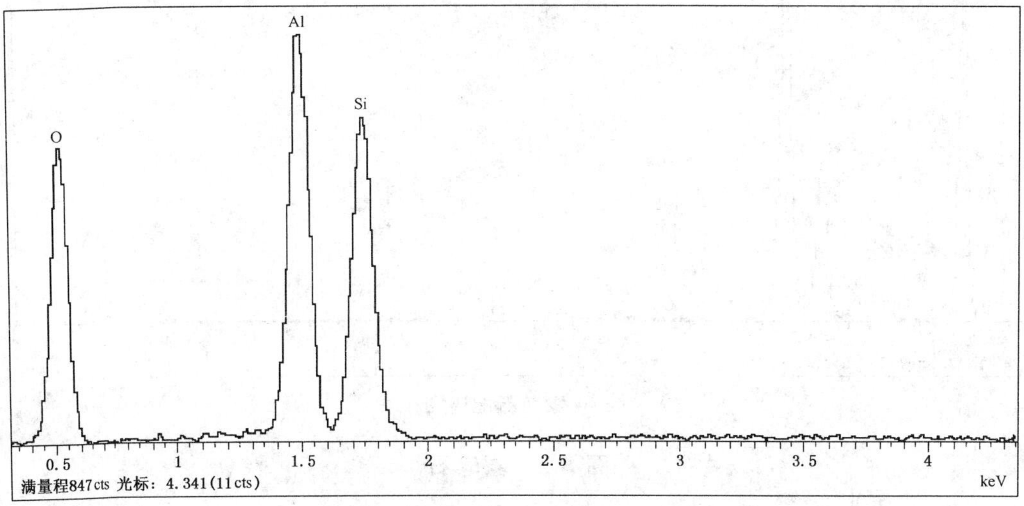

d) 高岭石能谱图

图 B.1 高岭石

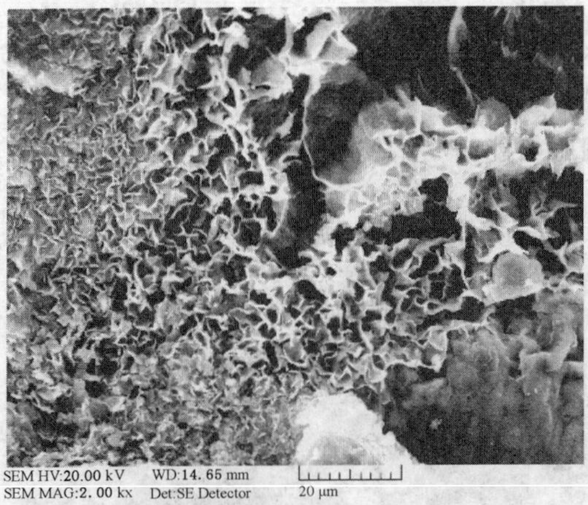

a） 粒间蜂窝状蒙皂石

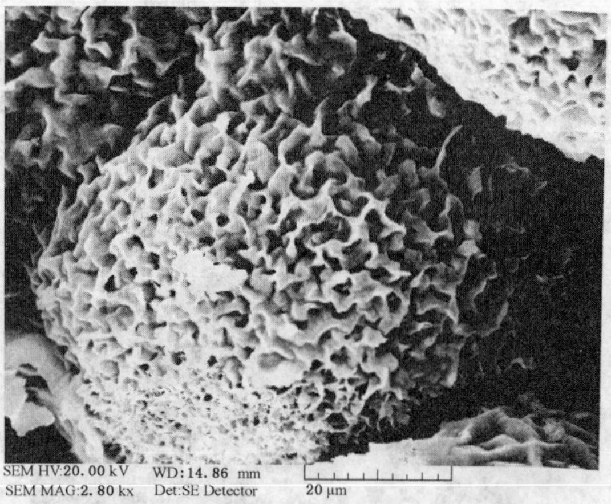

b） 粒表蜂窝状蒙皂石

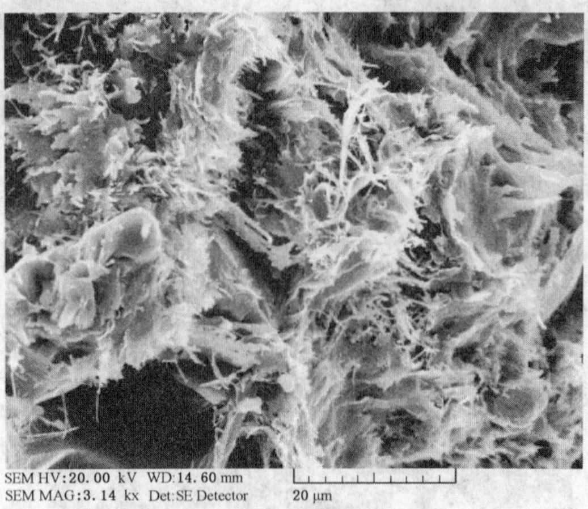

c） 粒表片丝状蒙皂石

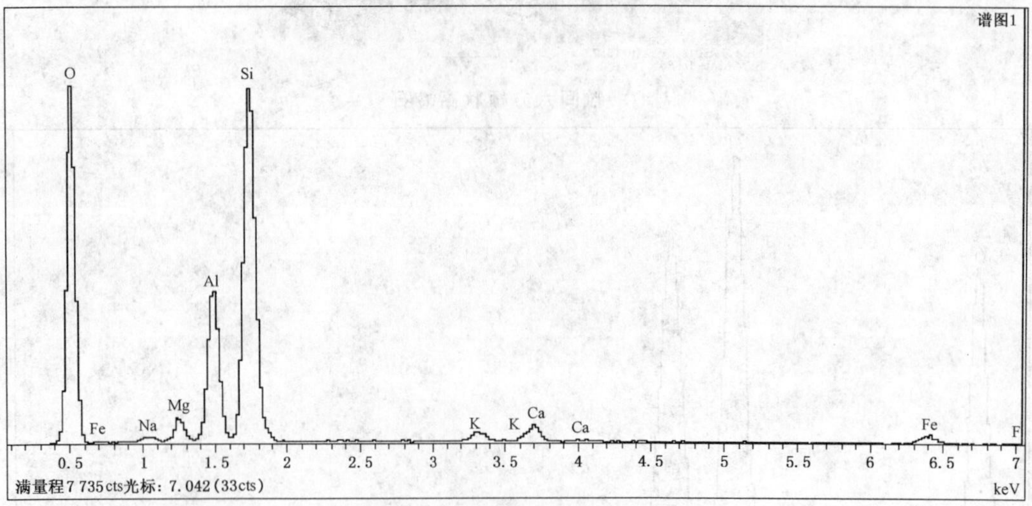

d） 蒙皂石能谱图

图 B.2 蒙皂石

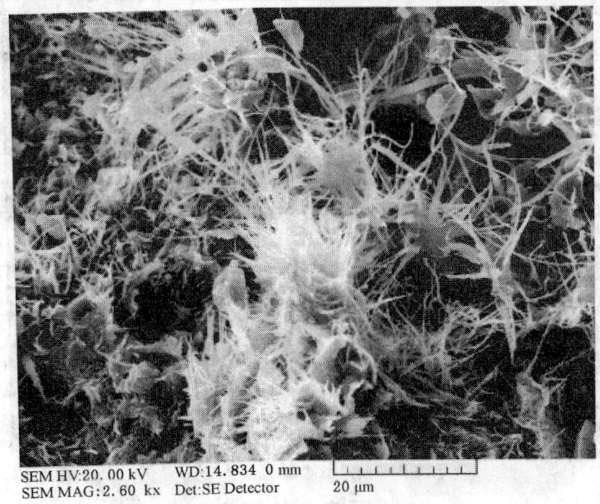

a) 粒间丝状伊利石

b) 粒表片状伊利石

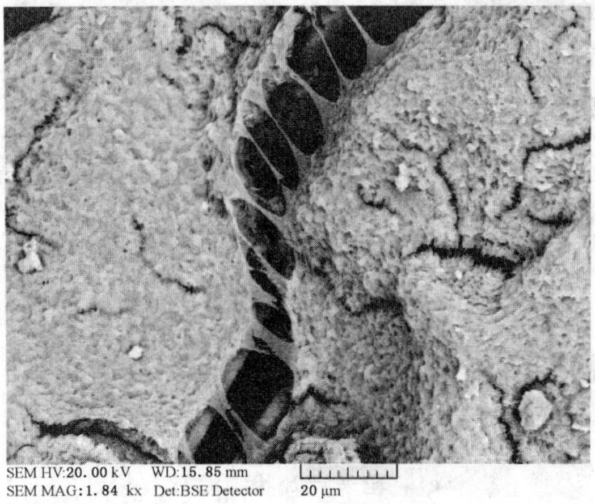

c) 粒间伊利石粘土桥

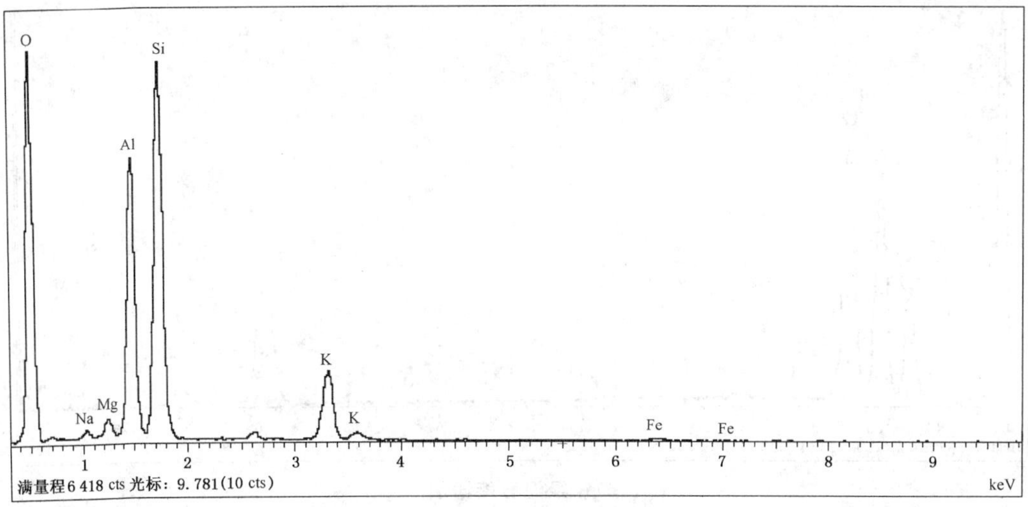

d) 伊利石能谱图

图 B.3 伊利石

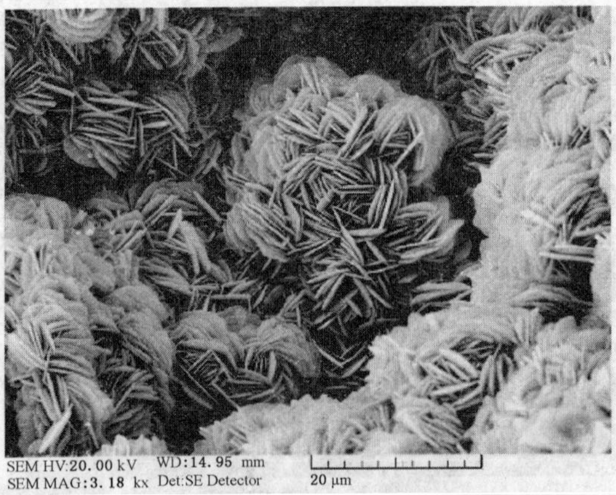

a) 粒间绒球状绿泥石

b) 粒间花朵状绿泥石

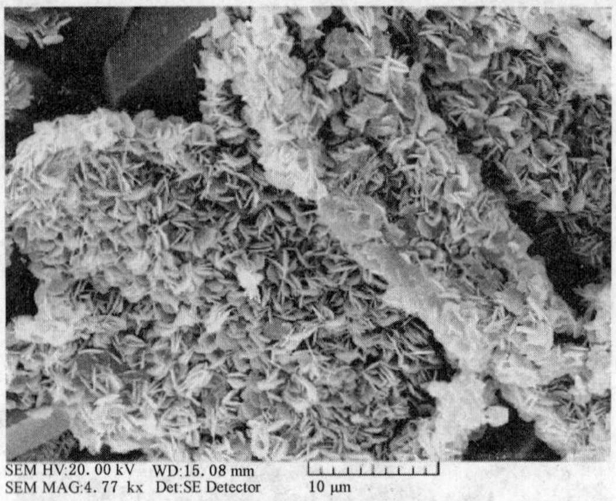

c) 粒表针叶状绿泥石

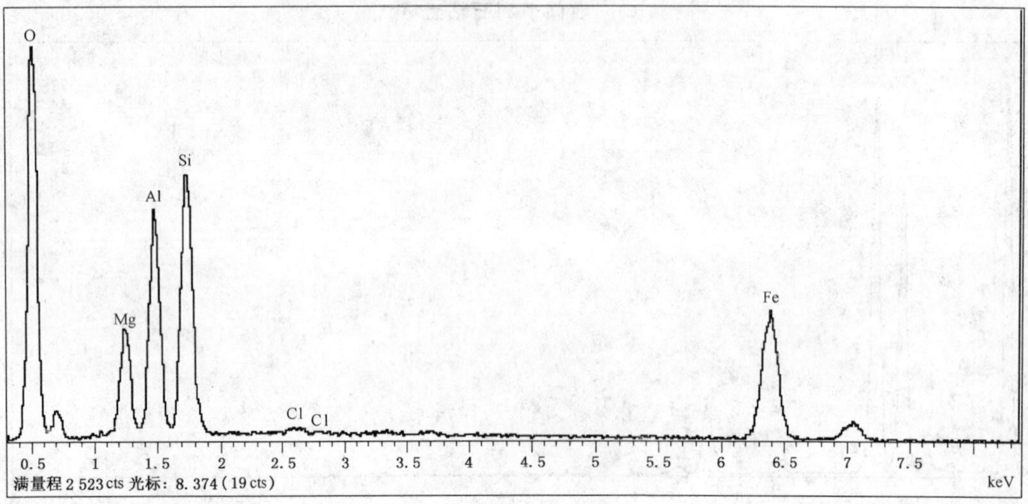

d) 绿泥石能谱图

图 B.4 绿泥石

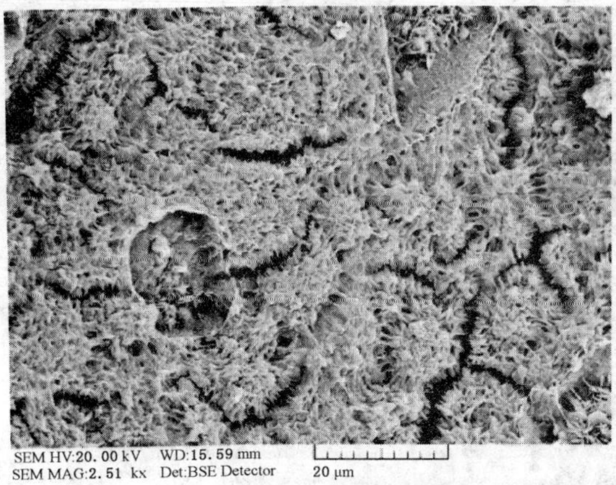

a） 粒表丝絮状伊/蒙混层

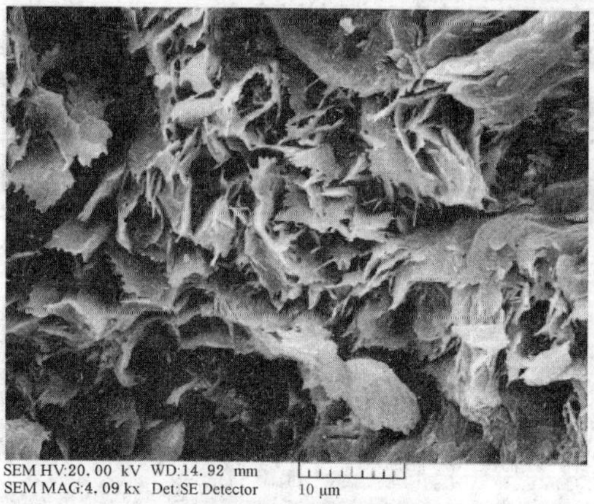

b） 粒表片丝状伊/蒙混层

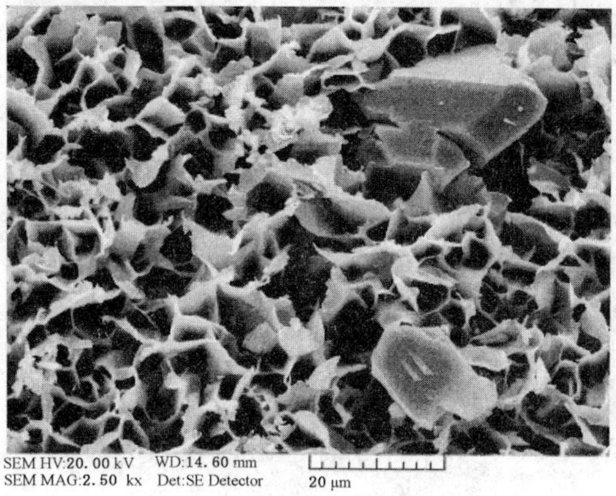

c） 粒表蜂窝状伊/蒙混层

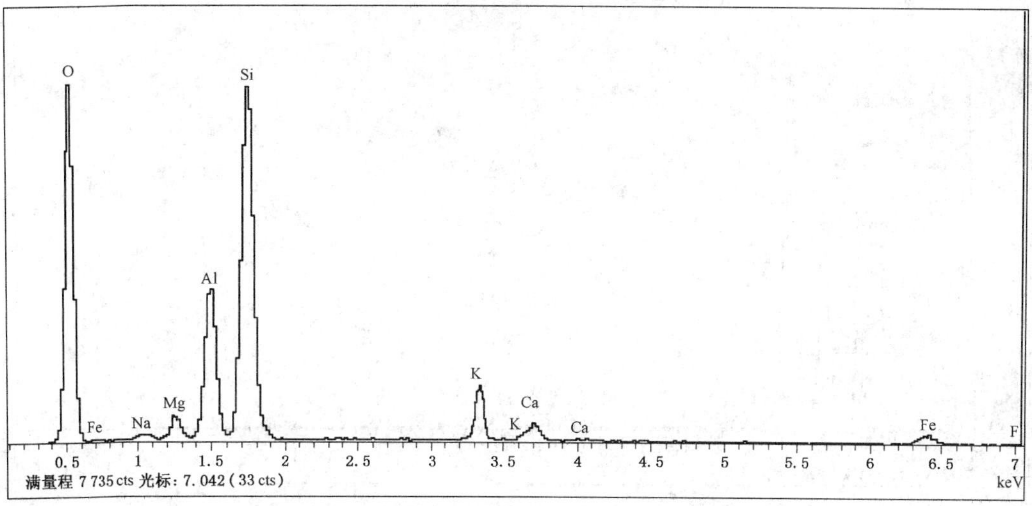

d） 伊/蒙混层能谱图

图 B.5 伊/蒙混层

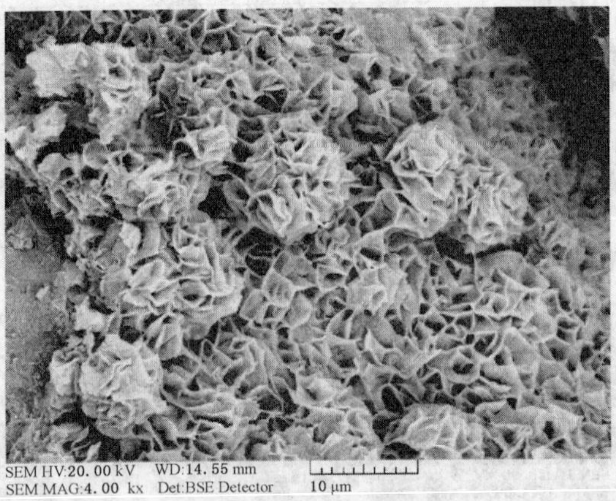

a） 粒表球状绿/蒙混层

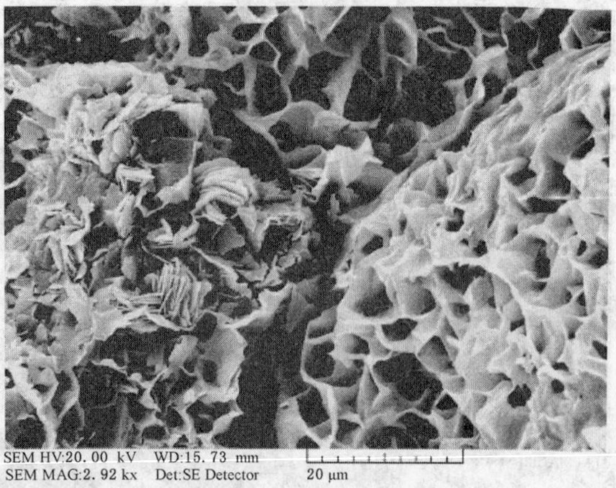

b） 粒表片状、蜂窝状绿/蒙混层

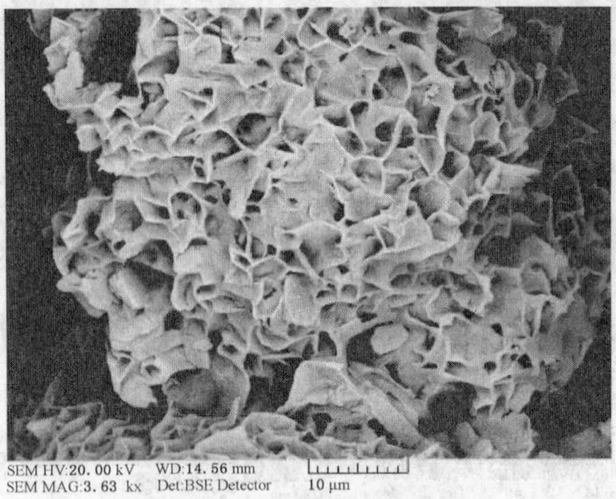

c） 粒表蜂窝状绿/蒙混层

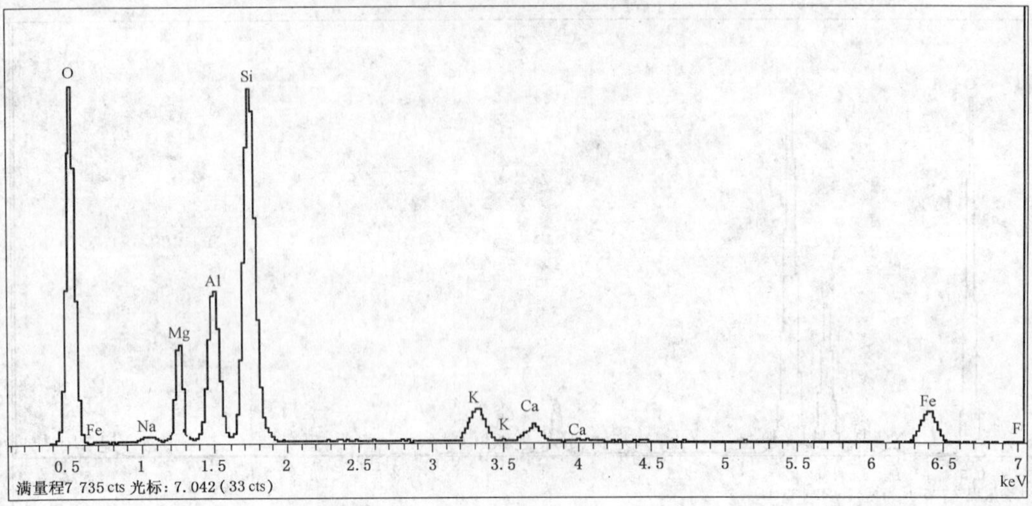

d） 绿/蒙混层能谱图

图 B.6 绿/蒙混层

参 考 文 献

[1] 陈丽华,缪昕,于众主编.扫描电镜在地质上的应用[M].科学出版社,1986年.

[2] 陈丽华,魏宝和,何锦发编著.电子探针波谱仪及能谱仪分析在石油地质上的应用[M].石油出版社,1991年.

ICS 75.180.10
E 92

GB

中华人民共和国国家标准

GB/T 17389—2013
代替 GB/T 17389—1998

潜油电泵电缆系统的应用

Recommended practice for the application of electrical submersible cable system

2013-12-31 发布　　2014-10-01 实施

中华人民共和国国家质量监督检验检疫总局
中国国家标准化管理委员会　发布

前　言

本标准按照GB/T 1.1—2009给出的规则起草。

本标准代替GB/T 17389—1998《潜油电泵电缆系统的应用》，与GB/T 17389—1998相比，主要变化如下：

——增加了“规范性引用文件”ASTM A459、ASTM B3、ASTM B8、ASTM B33、IEEE 1018、IEEE 1019、NEMA WC-Code和NFPA 70(见第2章)；

——增加了“美国线规”、“载流量”和“电介质强度”等多个术语和定义(见3.1.1、3.1.2、3.1.6、3.1.8、3.1.23、3.1.26、3.1.30、3.1.32、3.1.34、3.1.35、3.1.38、3.1.39、3.3.4、3.3.6、3.3.7和3.3.9)；

——将“乙丙烯单体”修改为“二元乙丙橡胶”(见3.1.13，1998年版的2.1.9)；

——删除了“聚偏二氟乙烯”、“哈勒”和“哈伦”等术语和定义(1998年版的2.1.26、2.3.2和2.3.3)；

——修订了GB/T 17389—1998中“图2.5.1 导体构造形式；修改了“导体构造形式和典型的电缆单元结构示意图”(见图1，1998年版的图2.5.1、图2.5.2、图2.5.3、图2.5.4、图2.5.5、图2.5.6、图2.5.7、图2.5.8和图2.5.9)；

——增加了“电缆导体尺寸公制标准”和“电缆导体尺寸英制标准”(见表1和表2)；

——删除了“电缆导体”中关于铝导体的叙述(1998年版的3.1.2、3.1.3和4.2.3)；

——将“聚丙烯适应温度范围—10 ℃至96 ℃”修改为“聚丙烯适应温度范围—35 ℃至96 ℃”(见6.2.2，1998年版的4.2.2)；

——将“……压紧多股导体的直径是同心多股绞合导体直径的98%，……”修改为“……压紧多股导体的直径是同心多股绞合导体直径的97%，……”(见5.2，1998年版的3.1.2)；

——将“蒙乃尔带”修改为“不锈钢金属合金钢带”(见9.4，1998年版的7.4)；

——增加了“电缆辅助设备”(见第10章)；

——删除了“典型的现场可装式接头”、“典型的井口和封隔器接头”和“典型的电缆头”示意图(1998年版的图8.7.2、图8.7.3和图8.7.4)；

——修改了“电缆选型时计算电流的基本方程”(见A.4，1998年版的A4)；

——删除了“美国线规号公制尺寸”和“AISI 316和AISI 409不锈钢化学成分和机械性能”(1998年版的附录C和附录D)。

本标准采用重新起草法修改采用API RP 11S5:2008《潜油电泵电缆系统应用推荐作法》(英文版)。

本标准与API RP 11S5:2008主要技术差异如下：

——删除了个别规范性引用文件；

——增加了“密耳”和“圆密耳”的定义。

为便于使用，本标准还做了以下编辑性修改：

——增加了公制单位；

——删除了API RP 11S5:2008的“特别声明”、“前言”和“目录”；

——按照中文习惯对一些编排格式进行了修改。

本标准由全国石油钻采设备和工具标准化技术委员会(SAC/TC 96)提出并归口。

本标准起草单位：大庆油田力神泵业有限公司、胜利油田胜利泵业有限责任公司、渤海石油装备中成机械制造分公司、国家电动潜油泵质量监督检验中心。

本标准主要起草人：李斌、王道军、王维、史忠武、王兆兰、王鹏、郑贵、卢晓云。

本标准所代替的标准的历次版本发布情况为：

——GB/T 17389—1998。

潜油电泵电缆系统的应用

1 范围

本标准规定了潜油电缆导体的结构形式和尺寸、潜油电缆绝缘层、护套、编制层和保护层、不锈钢带和合金钢带的应用和限制及电缆辅助设备和电缆的联接和端接方法。

本标准适用于制造厂商、销售商及用户对潜油电缆尺寸、结构、材质及辅助设备的应用。

2 规范性引用文件

下列文件对于本文件的应用是必不可少的。凡是注日期的引用文件，仅注日期的版本适用于本文件。凡是不注日期的引用文件，其最新版本(包括所有的修改单)适用于本文件。

ASTM B3　软的或退火的铜线标准规范

ASTM B8　硬、中等硬或软的同心绞捻铜导体的标准规范

ASTM B33　电气用镀锡软的或退火的铜丝的标准规范

IEEE 1018　潜油电泵电缆性能技术规定　乙烯丙烯橡胶绝缘

IEEE 1019　潜油电泵电缆性能技术规定　聚丙烯绝缘

NEMA WC-Code　电线电缆规程

3 术语和定义

下列术语和定义适用于本文件。

3.1 总则

3.1.1

美国线规　AWG-American wire gauge

规定有色金属导线的标准线规系列，随着线规号的增大，导线的直径不断减小。

3.1.2

载流量　ampacity

以安培来计量的电流量，即在使用条件下，导体能够持续传递的电流量。该电流不会导致电缆的温度超过允许的等级。

3.1.3

抗氧化剂　antioxidants

橡胶混合物中的添加材料，它可通过延缓硬化和脆裂来防止橡胶或塑料的老化。

3.1.4

混合物　compound

在基础聚合物中加入某些材料获得要求特性的机械掺合物。这些混合物通常是各制造商的专有配方，彼此间各有差异，这些差异会影响电缆的性能。

3.1.5

腐蚀　corrosion

通过氧化对金属表面的破坏。腐蚀可通过化学剂本身或者与井液共同作用而产生。

注：电蚀是由于电流在可传导的介质(如盐水)中两种不同的金属之间流动而引起的电化学反应所致。

3.1.6

交联聚乙烯　XLPE-Cross linked polyethylene

通过化学反应可以使聚乙烯的特性发生改变，硫化后可形成永久的形状。

3.1.7

硫化　cure

电缆制造过程中，硫化是改变橡胶原材料物理特性获取所要求的绝缘层或护套层材料的过程，这种变化需要硫化剂、加温和加压。

注：加硫和交联是硫化的一种形式。

3.1.8

电介质强度　dielectric strength

材料在发生击穿前所能承受的最大的电势梯度，通常以伏每毫米(V/mm)来定义。

注：电介质强度也可认为是介电强度。

3.1.9

三烯-三氟氯乙烯共聚物　ECTFE-Ethylene chlorotetrafluoroethylene

由乙烯和氯四氟乙烯构成的氟氯热塑共聚物，属于称为含氟聚合物的塑性材料系。这种材料化学上呈惰性，有良好的低电压绝缘性能。

3.1.10

弹性材料　elastomer

一种类似橡胶的材料，在轻微受力时可拉伸，解除受力时可恢复原来的形状。

3.1.11

绝缘电阻　electrical insulation resistance

指绝缘时直流电径向流动通过绝缘材料时的阻力。绝缘电阻值将随着复合材料和电缆几何尺寸的改变而改变。

注：各相的绝缘电阻值或泄漏电流值测试结果应该平衡。绝缘电阻(IR)的式(1)如下：

$$IR = E/I \tag{1}$$

式中：

IR —— 15.6 ℃时的绝缘电阻值，单位为兆欧(MΩ)；

E —— 导线和地线间施加的电压，单位为伏(V)；

I —— 直流泄漏电流，单位为微安(μA)。

3.1.12

三元乙丙橡胶　EPDM-Ethylene propylene diene monomer

由乙烯、丙烯和二烯烃组成的聚合物。这种聚合物可以使用硫或者过氧化物进行硫化。

3.1.13

二元乙丙橡胶　EPM-Ethylene propylene monomer

由乙烯和丙烯组分构成的聚合物。这种材料只能采用过氧化物硫化剂进行硫化，其使用特性与三元乙丙橡胶类似。

3.1.14

乙丙橡胶　EPR- Ethylene propylene rubber

用于描述三元乙丙橡胶(EPDM)或二元乙丙橡胶(EPM)的术语。

3.1.15

乙烯-四氟乙烯共聚物　ETFE- ethylene tetrafluoroethylene

由乙烯和四氟乙烯构成的氟化热塑共聚物，属于称为含氟聚合物的塑性材料系。这种材料化学上呈惰性，是良好的低电压绝缘体。

3.1.16

复合物　fillers，compound

一种加入到混合物中的材料，能够增强混合物的多种特性，如机械强度、耐潮湿性和电气特性。

3.1.17

物理填充料　fillers，physical

一种用于填充电缆结构内空隙的材料。常用的材料有橡胶和聚丙烯。

3.1.18

氟化乙丙烯共聚物　FEP-Fluorinated ethylene propylene

热塑氟化乙丙烯共聚物属于称为含氟聚合物中的塑性材料系。这种材料化学上呈惰性，是良好的低电压绝缘体。

3.1.19

箍紧强度　hoop strength

对抑制电缆伸张的切向阻力的量度。

注：由于内部气体压力沿径向推动，会使绝缘层和护套层的表面产生沿切向伸张或击穿的趋势。箍紧强度阻止这种趋势。如果在圆型护套层外再额外缠包护层，可以增加其箍紧强度。

3.1.20

泄漏电流　leakage current

直流电压作用于绝缘体时，流经绝缘体或其表面的电流。该值规定了在特定直流电压情况下的绝缘电阻值。

注：无论材料的介电特性如何，所有的材料都会有不同程度的泄漏电流。

3.1.21

单体　monomer

通过化学链形成聚合物的基本化学单元。

3.1.22

腈橡胶　nitrile

由丁二烯和丙烯腈单体组成的共聚物。常用名称有：丁腈橡胶(Buna N)、腈橡胶(nitrile rubber)和腈丁二烯橡胶(NBR)。通过改变丙烯腈和丁二烯的含量比，可在耐油性能或耐低温性能方面有特殊应用。

3.1.23

猪尾式引线　pigtail

连接到主电源线上的一定长度的电缆。

3.1.24

增韧剂　plasticizers

添加到复合物中用于增强挠性、易加工性和延展性的化学剂。

3.1.25

聚酰胺　polyamide

高分子聚合热塑性材料。它由含酰胺(—COHN—)基团的聚合物质构成。这种材料显示出一般程度的化学惰性和较高的拉伸强度。

3.1.26

聚酯纤维　polyester

多碱有机酸和多羟基酸通过酯化作用形成的热塑性材料，经常替代聚酰胺用于编织阻隔带，也是最常见的含氟聚合物阻隔带材料。

3.1.27

聚乙烯　PE-Polyethylene

由化学链状乙烯单体组分构成的热塑性材料。

3.1.28

聚酰亚胺　polyimide

在聚合物主链内混有酰亚胺基团完全反应的线形聚合物。

3.1.29

聚合物　polymer

多种单体通过化学反应链为一体而形成的材料。聚合物分子链由重复出现的同一结构单元组成。

注：前缀一，二，三基本组分分别用英语“homo”、“co”和“ter”表示。

3.1.30

聚苯硫醚　PPS-Polyphenylene sulfide

这种材料具有很好的耐高温性能和耐化学性能。

3.1.31

聚丙烯　PP-Polypropylene

丙烯单体通过化学链接组成的热塑材料。不同电气等级的聚丙烯通过掺入少部分的乙烯或丁烯单体后，可获得良好的低温性能。

3.1.32

聚四氟乙烯　PTFE-Polytetrafluoroethylene

一种惰性含氟化合物，实际上在所有化学品当中被认为是现存的最光滑的物质，用于在高温条件下做耐热带。

3.1.33

聚氟乙烯　PVF-Polyvinyl fluoride

由经过化学链接在一起的氟单体组分构成的含氟热塑材料，属于称为含氟聚合物的塑性材料系。

3.1.34

聚偏氟乙烯　PVDF-Polyvinylidene fluoride

由经过化学链接在一起的乙烯基氟单体组分构成的含氟热塑材料，属于称为含氟聚合物的塑性材料系。

3.1.35

端接　termination

从电缆到联接点的过渡连接，端接后可表现为电气、机械和环境的整体性。

3.1.36

热塑材料　thermoplastics

在温度升高时会软化或流变，冷却后会硬化的聚合物。例如：聚丙烯(PP)、聚乙烯(PE)、聚氯乙烯(PVF)、聚偏氟乙烯(PVDF)和聚酰胺。

3.1.37

热固材料　thermoset

一旦硫化，不能再形成交链，并且不能再重塑的聚合材料，例如三元乙丙橡胶(EPDM)和腈橡胶。

3.1.38

密耳　mil

也被称为毫英寸，是一种长度单位。

3.1.39

圆密耳　circle mil

即圆导线直径(以密耳为单位)的平方。

3.2 温度

3.2.1

环境温度　ambient temperature

电缆周围任何一点的温度。

注：在井下环境中，环境温度取决于许多变量，包括油藏温度、井下沉没设备产生的温升、井温的分布以及井液、泡沫和油气的导热性。

3.2.2

井底温度　bottom hole temperature

射孔井段中部的静态温度。

3.2.3

导体温度　conductor temperature

载流导体表面的温度。该温度是电流在导体中流动产生热量、通过材料的热量散失以及环境温度的函数。

注：由于扁电缆的非对称结构，会因其他功率损耗而产生额外的热量。

3.2.4

运行温度　operating temperature

在稳定状态运行期间导体的温度。

3.2.5

额定温度　rated temperature

电缆能够持续工作并且不产生明显的材料老化的最高导体温度。额定温度值见附录 B。

3.3 品牌[1)]

在本条中，下面仅提供作为举例，并没有形成 API 标准产品的认可。

3.3.1

蒙乃尔　Monel®

蒙乃尔是特种金属公司生产的一种不锈钢金属合金品牌。主要由镍(67%以上)、铜和一些铁及其他微量元素组成。

3.3.2

泰氟伦　Teflon®

泰氟伦是由美国杜邦公司注册生产的一种品牌，通常也指杜邦公司的含氟聚合物体系。

4 导体的构造形式和电缆的结构

4.1 范围

本章包括关于电缆结构的一些图例。

---

1) 文中提供的产品品牌是为了给本标准的使用者提供方便，并不代表对该产品的认可。如果其他等效产品具有相同的效果，则可使用这些等效产品。

4.2 说明

电缆的制造结构有很多构造形式，使它能够适合于在大多数的油井环境中使用。电缆制造商应该考虑在特殊情况下合适的电缆结构(见图1)。

1) 单股

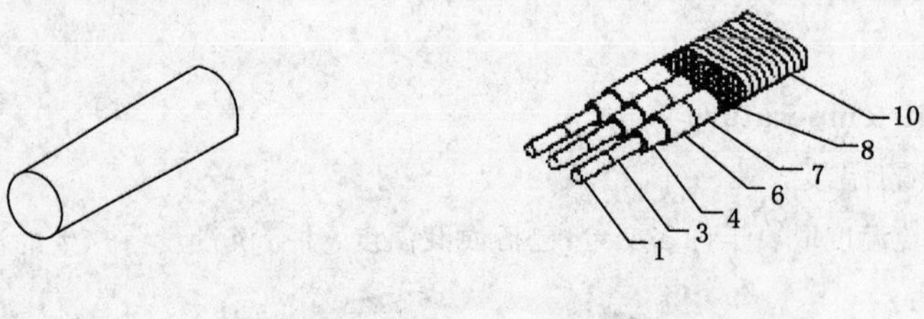

2) 同心并压紧绞合(圆)

3) 压实绞合

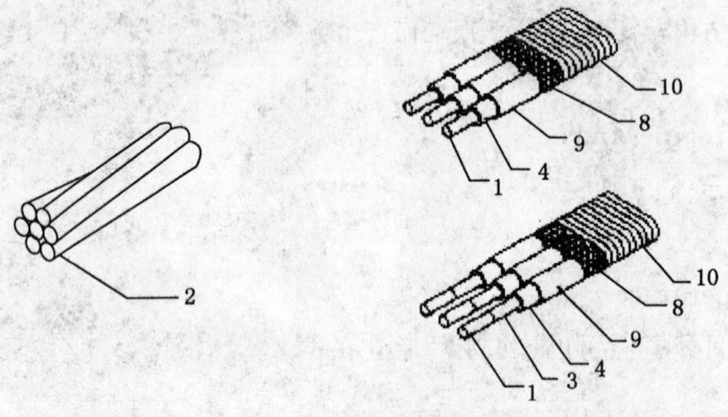

a) 导体构造形式　　　　b) 典型的电缆结构

电缆构成说明		
序号	说明	参考章条
1	导体	5
2	绞线导气箍	5
3	辅助绝缘层	6
4	基本绝缘层	6
5	物理填充料	按定义
6	护套	7
7	阻挡层	8
8	编织层	8
9	铅护套	8
10	铠装	9

图1 导体构造形式和典型的电缆单元结构

5 电缆导体

5.1 说明

铜导体可用于将交流电由地面输送至电机。

对于潜油电泵方面的应用，电缆行业导体的标准尺寸的公制和美国线规见表1和表2。

表1 电缆导体尺寸公制标准

导体尺寸	导体截面积 mm^2	公称重量 kg/km	导体公称半径 mm			导体电阻(@25 ℃) Ω/km	
			单股型	7芯绞线	7芯压实线	纯铜线	镀锡铜线
10 mm^2	10.0	88.5	3.57	—	—	1.87	1.88
6AWG	13.3	118.0	4.11	—	—	1.32	1.36
16 mm^2	16.0	140.0	4.48	—	—	1.17	1.18
4AWG	21.1	188.0	5.19	—	—	0.830	0.856
4AWG	21.1	188.0	—	5.89	5.41	0.846	0.882
25 mm^2	25.0	222.0	5.64	—	—	0.742	0.749
2AWG	33.6	306.0	6.54	—	—	0.522	0.538
2AWG	33.6	306.0	—	7.42	6.81	0.531	0.554
1AWG	42.4	386.0	7.35	—	—	0.413	0.426
1AWG	42.4	386.0	—	8.33	7.57	0.423	0.440
1/0AWG	53.5	475.0	—	9.35	8.56	0.335	0.348
2/0AWG	67.4	599.0	—	10.80		0.266	0.276

表2 电缆导体尺寸英制标准

导体尺寸	导体截面积 cmil	公称重量 lb/kft	导体公称半径 in			导体电阻(@77 ℉) Ω/kft	
			单股型	7芯绞线	7芯压实线	纯铜线	镀锡铜线
10 mm^2	19 644	59.7	0.140	—	—	0.569	0.572
6AWG	26 240	79.4	0.162	—	—	0.403	0.414
16 mm^2	31 109	95.6	0.178	—	—	0.357	0.360
4AWG	41 740	126.0	0.205	—	—	0.253	0.261
4AWG	41 740	126.0	—	0.232	0.213	0.258	0.263
25 mm^2	49 305	149.2	0.222	—	—	0.226	0.228
2AWG	66 360	206.0	0.258	—	—	0.159	0.169
2AWG	66 360	206.0	—	0.292	0.268	0.162	0.174
1AWG	83 690	260.0	0.289	—	—	0.126	0.130

表 2（续）

导体尺寸	导体截面积 cmil	公称重量 lb/kft	导体公称半径 in			导体电阻(@77 °F) Ω/kft	
			单股型	7芯绞线	7芯压实线	纯铜线	镀锡铜线
1AWG	83 690	260.0	—	0.328	0.298	0.129	0.134
1/0AWG	105 600	319.2	—	0.368	0.337	0.102	0.106
2/0AWG	133 100	402.7	—	0.414		0.081	0.084

5.2 应用

电缆的线规尺寸和构造类型要根据传导性、成本和油井环隙来选择。油管和套管之间的环隙限制了电缆最大允许直径。除非油井环隙需要扁电缆或作为引接电缆，通常情况下，选择圆形电缆。电机所需电流和可允许的电压降确定了电缆导体的最小尺寸。电缆产品的选择要考虑不同电缆规格的经济对比、井下的环境、电缆中电压损失形成的运行成本和原始成本。电力费用分析见附录A。

对于给定的导体尺寸，随着电流的增大，电力损耗和电缆运行温度将会增加。对于给定的电流，增大导体的尺寸，将会降低电力损耗和运行温度。

制造的潜油电泵电缆既有多股绞合式的，也有单股的。单股导体的直径最小。对于同一线规尺寸的导体，绞股可增加导体的直径和挠性，且更能承受外力的破坏。在尺寸较大的线芯采用绞股式电缆较为普遍，电机引接电缆通常采用单股导体。

本标准涉及的是较常见的潜油电泵电缆的构造，其他专用的潜油电泵电缆可以在特殊或极其恶劣条件下使用。当遇到特殊使用要求时，可查阅专业的潜油电泵电缆应用工程手册。一些特制的设计更适合于所遇到的特殊的服务条件。

单股导体可减小井下气体的运移，并使硫化氢引起的老化降至最小。填充气封化合物的“同轴型”、“压紧型”和“压实型”绞线电缆(见图1)，是解决这些问题很好的办法。

美国线规直径是根据同心绞线规定的。压紧多股导体的直径是同心多股绞合导体直径的97%，压实多股绞合导体的直径是同心多股导体直径的92%。

在所有导体中，单股导体是设计直径最小的导体，它整体地降低了电缆的尺寸。如果不考虑设计，各种类型的电缆应满足同一圆密耳面积，见表1和表2。

考虑到最初的成本、搬运成本(包括存货控制)、运行损耗和基于现场试验所期望的运行寿命，设计的最好的电缆是在油井中工作时，有最小的寿命损耗。

5.3 限制

铜导体的主要缺点是易受硫化氢的腐蚀。在高温环境下，通过采用连续的铅护套完全地包住绝缘层表面来解决这个问题。

准备连接端接或使用接头时需去除绝缘部分，由于铜导体已经被硬化加工，因此需要特别小心，防止在铜导体表面出现划痕。

6 电缆绝缘系统

6.1 总则

6.1.1 说明

绝缘材料将导体和其他传导材料间的电位隔离开来。绝缘层可以把导体的泄漏电流减至最小。不同种类的绝缘材料会影响其保持电隔离性能所需的空间。

6.1.2 应用

潜油电缆制造常用的材料有类似聚丙烯的热塑材料和类似三元乙丙橡胶的热固材料。

一些电缆采用主绝缘和辅助绝缘组成的复合绝缘系统。绝缘膜或挤制的薄层材料常用于作为辅助绝缘,这些材料厚度小,但有较高的介电强度(V/mm)。就整个系统而言,这些绝缘材料提供了协同效应来改善电气性能。

6.1.3 限制

提高运行温度将会缩短电缆的寿命。通常情况下,随着温度的升高,电缆的寿命呈指数下降。通常以绝缘材料的脆化(老化硬度)来描述电缆的使用寿命。局部受热区域在靠近泵和电机处。

用聚乙烯或聚丙烯热塑材料绝缘的电缆,其额定温度要低于用热固材料绝缘的电缆。绝缘层温度额定值见附录B。

绝缘材料其他形式的退化是因周期性压力下与井下化学剂接触的缘故。绝缘材料的选择受油井环境、含气类型和聚集条件等方面的影响。

电缆制造商应考虑电缆运行和工作温度限制。如果电缆在低于−17.8 ℃的温度下放置,制造商应该考虑进行特殊处理程序,电缆下入油井以前需要预热。

6.2 热塑材料

6.2.1 说明

热塑材料是一种在加热至高温时,可以制成一定的形状,降温后其形状保持不变的塑性材料。当再次增温超过其变形温度时,如果施加外力,这种材料会重新成型。变形温度随着外力的增加而降低。典型的热塑材料有聚乙烯和聚丙烯。

6.2.2 应用

聚丙烯是一种价格低廉的绝缘材料,可以在低温环境的油井中使用,它可在−35 ℃(环境温度)至96 ℃(导体温度)的温度范围内使用。

6.2.3 限制

温度适用范围是指无化学腐蚀或不受任何机械力的理想工况下的范围。用聚丙烯绝缘的电缆不应在环境温度低于−35 ℃情况下操作。在低温状态下弯曲电缆会使绝缘材料龟裂。

影响聚丙烯性能的不利井况有以下几种:

井液中二氧化碳含量超过10%会引起过早的龟裂;原油中的轻馏分和芳香烃会导致软化;在接近上限温度运行时,施加在电缆上的外力(电缆卡子、张力)会导致过早地变形。

聚丙烯直接与铜金属接触容易加速老化。加入一种专用抗老化材料可以降低这种影响。可一旦这些抗老化剂消耗后,残余的游离铜离子仍会侵蚀聚丙烯。因此大多数制造商采用锡或铅合金涂层将铜与聚丙烯隔离开来。

电缆在被弯曲后，聚丙烯允许气体在导体和绝缘层间运移。如果气体运移可能会对使用造成一定影响的情况下，导体与绝缘层间应采用气封材料加以阻止。

6.3 热固材料

6.3.1 说明

热固材料是一种经过化学反应改变性能、硫化后形成永久性形状的材料。典型的热固材料包括乙丙橡胶材料(EPR)，如三元乙丙橡胶(EPDM)、二元乙丙橡胶(EPM)和交联聚乙烯(XLPE)。

6.3.2 应用

对于潜油电泵电缆而言，三元乙丙橡胶是最常用的热固材料。

三元乙丙橡胶在环境温度很低(−50 ℃)的情况下仍具有较好的挠性，是一种适合在二氧化碳井况中应用、还可以防止多种油井处理液影响的理想材料。

三元乙丙橡胶材料一般用于高温油井中。如果电缆结构束紧合理，有些三元乙丙橡胶的复合配方在导体温度 204 ℃下仍有效。

6.3.3 限制

三元乙丙橡胶在油中会膨胀，虽然这种特性通过合理的配方可以减弱，但它仍高度依赖外部束紧层来保护其完好性。

6.4 绝缘薄膜

6.4.1 说明

绝缘薄膜一般指直接用于导体外部的薄带材料，这种绝缘薄膜被叠压螺旋缠绕在导体的外部，再经加热密封。

6.4.2 应用

绝缘薄膜通常应用于要求介电强度(V/mm)高，又能把绝缘层的厚度控制在最小的情况。这种材料适用于高温(232 ℃)情况下使用。电机头引接电缆时使用的泰氟伦带和电机绕组绝缘时使用的聚酰亚胺薄膜是绝缘薄膜最常见的应用。

6.4.3 限制

聚酰亚胺薄膜受潮会产生化学侵蚀，严重降低其绝缘特性和机械强度。价格昂贵是其最主要的问题。

6.5 挤制辅助绝缘

6.5.1 说明

目前已有几种材料用于挤制辅助绝缘。热塑材料聚偏氟乙烯(PVDF)和三烯-三氟氯乙烯共聚物(ECTFE)可用于高达 149 ℃的环境温度下使用，氟化乙丙烯(FEP)用于高达 204 ℃的环境温度下使用。

6.5.2 应用

这种材料直接挤注在导体或绝缘层的外表以提供附加的介电强度和耐化学性能。同三元乙丙橡胶相比,这种材料即使井液侵入也不易损坏。因此保护性能好,而且还可以延长电缆的使用寿命。见8.4。

6.5.3 限制

辅助绝缘不能作为单一的系统,它应同主要的热塑绝缘材料或热固绝缘材料结合使用,才能增强电气和机械性能。

热塑材料绝缘层价格昂贵。当检修或终端连接电缆时,应使用专门的联接技术。

7 护套

7.1 说明

护套是保护层,用机械屏障把绝缘层与井下环境隔离开来。

护套材料保护绝缘层免受操作时产生的机械碰撞可能会造成的影响。有些护套材料还可充当辅助绝缘。

7.2 应用

护套的使用性能取决于环境温度和井况。护套材料的温度等级可以限制电缆的额定温度。护套层温度额定值见附录B。

通过调整硫化的形式和抗氧化剂的种类可以提高复合材料的上限温度。加添增韧剂可以扩大下限温度。增加添加剂对复合材料的其他物理特性如延展性、硬度或拉伸强度等有轻微影响。

目前,有两种护套材料在潜油电泵电缆市场上占优势,它们是由腈橡胶或三元乙丙橡胶制成的。三元乙丙橡胶的耐高温能力比腈橡胶高,但腈橡胶在韧性和耐油性方面要比三元乙丙橡胶强。

复合三元乙丙橡胶护套材料可以改善其抗油浸膨胀性能。此外,在地面温度较低条件下操作和安装,三元乙丙橡胶固有的性能要比腈橡胶好。

7.3 限制

腈橡胶的上限温度是140 ℃,而三元乙丙橡胶的上限温度为204 ℃,这些限制会影响电缆的额定温度。

在高温环境下运行会缩短电缆的有效寿命。通常情况下,电缆的寿命会随着温度的升高呈指数下降。通常用护套的脆裂(老化变硬)来描述其有效寿命。局部受热区域靠近泵和电机。

护套的选择受油井环境、气体类型和气体浓度等方面的影响。一些高浓度的酸类能够使聚合物或腈橡胶护套变得易脆裂。护套其他形式的降解是因为压力变化和与井下的化学剂接触的缘故。电缆在与化学剂接触之前,化学剂供应商和电缆制造商应该考虑一些可能的不利影响。

铠装和/或束紧层对护套层的保护起着关键的作用。尤其是无铠装的情况下,三元乙丙橡胶往往会出现膨胀。比如当电缆无铠装保护情况下从井下起出或压力变化时,护套内因吸收有油和气而膨胀呈球形而破裂。

8 编织层和保护层

8.1 总则

8.1.1 说明

编织层和保护层是专为增强电缆系统的机械性能而敷设的辅助材料层。

8.1.2 应用

编织层和绕包层敷设在绝缘层的外面，也可以在护套层的任一侧。这些材料为其内部电缆材料提供附加强度和保护。

8.1.3 限制

这些材料增加了电缆的直径和成本，通过了预期的性能改善备受关注。它们对井液和井下条件的恶化很敏感。

8.2 编织层

8.2.1 说明

编织层是在绝缘导体外用合成材料编织而成的编织加强层。编织层在覆盖率或空隙度方面有所不同。

最常见的编织层材料是聚酰胺。更特殊的材料如聚偏氟乙烯或聚苯硫醚可以用于工作在高腐蚀和高温条件下的电缆。

8.2.2 应用

编织层的主要作用是泄压期间对渗入绝缘层的油气提供附加的箍紧强度。在启动运行中当井液被快速地抽空或电缆从井内起出时可能会出现泄压现象。

编织层还可以保持结构的完整性，使耐油带紧束在绝缘层外的位置不动。

圆电缆中采用编织层在电缆连接或修理时，有助于护套层和绝缘层的剥离。

8.2.3 限制

某种条件下，编织层可以提供井液运移的通道。在起出电缆后立刻进行连接，溢出的井液和油气会影响联接效果。

如果编织层不是完全的覆盖，在泄压期间可能会损坏其内敷材料。

当聚酰胺裸露在 100 ℃以上的潮湿环境中，容易产生老化。

8.3 阻挡带

8.3.1 说明

阻挡带通常直接用于绝缘层外充当油和化学物质的屏障，它通常和覆盖的编织层配合使用。阻挡带采用螺旋缠绕，每绕一圈应与前一圈重叠约 50%。

最通用的阻挡带材料有聚氟乙烯（PVF）和乙烯-四氟乙烯共聚物（ETFE）。聚氟乙烯耐化学性能好，但是它的温度极限是 149 ℃。乙烯-四氟乙烯共聚物耐化学性能差，但是温度性能较高，可达到 193 ℃。总之，在材料的选择上要从成本给予考虑。

阻挡带的厚度可以不同。对于一种特定的材料，带越厚其阻挡性能越好。

8.3.2 应用

阻挡带主要的作用是保护其内敷材料。用聚丙烯绝缘材料，低分子量油的馏分物（轻质烃）和气体会进入绝缘层，使其软化；用三元乙丙橡胶绝缘材料，因它容易吸油，会使之产生膨胀和龟裂。采用阻挡带可以阻止井液侵入其内敷材料，延长了电缆的使用寿命。

阻挡带在滞留有油井气体时，泄压期间还可以为绝缘层提供附加箍紧强度。

8.3.3 限制

采用阻挡带会略微增加电缆的成本，阻挡带通常与外敷编织层配合在一起使用。

8.4 挤制阻挡层

8.4.1 说明

挤制在绝缘层外的阻挡层可保护铜导体或作为敷设在绝缘层外的挤制阻挡层替代编织层和阻挡带的结构。

如今用于挤制阻挡层的材料有几种：聚偏氟乙烯(PVDF)和乙烯-三氟氯乙烯共聚物(ECTFE)用于温度达 149 ℃的环境，氟化乙丙烯(FEP)用于温度达 204 ℃的环境。

8.4.2 应用

阻挡层挤制在绝缘层外可增加其耐化学性、机械保护性、抗泄压性和电气强度。当阻挡层挤制在绝缘层以外时，就像阻挡带和编织层的常规设计一样无任何间隙或缝隙。见 6.5.2。

8.4.3 限制

挤制阻挡层成本非常高，因此改善后的性能应该与额外增加的覆盖层的成本同时考虑。

当修理或进行电缆终端时，应采用特殊的联接技术。

8.5 铅护套

8.5.1 说明

铅护套是一种连续的、无接缝的包敷在绝缘层外表的护套。

铅的成分在各供应商之间各有差异。一般采用含有铜、镉和锡的铅合金，以使金属护套的耐化学性和机械特性增至最强。纯铅绝对不能使用。

铅护套是通过一种挤制工艺包敷在电缆上。铅护套的几何形状可以是圆形的、方形的或八边形的。

8.5.2 应用

这种无接缝和连续的铅护套为绝缘层提供了一种极好的气液屏障。在含 H_2S 的油井中，铅也是保护铜的有效屏障。

8.5.3 限制

铅是一种软金属，容易受损。铅护套会因弯曲造成冷作硬化而产生裂纹。

铅护套电缆重量大，操作困难，使用这种类型的电缆时需要采用专门的联接技术。铅护套电缆的成本高于常用的三元乙丙橡胶电缆，因此在改善性能上和成本合理性上要有预测。

铅护套电缆由井内取出 3～5 次后，可能会因操作和弯曲受损。滑轮的尺寸和操作方式会影响其重复利用性。因此采用不同几何外形、支撑抗压结构和/或特殊的铅合金等多种设计来延长电缆的循环应用寿命。

安装扁电缆时应使用平槽滑轮，安装圆电缆时应使用包角滑轮。滑轮直径的最小尺寸应为121.9 cm。

每相导体上的电压会在铅护套内引起环流。对于长电缆而言，这种电流可能会诱发铅的腐蚀，应在每股导体的铅护套间采用衬垫层进行电气束紧连接以大幅度地减少环流。应合理地应用束紧连接防止铅的损坏。束紧连接可以是金属、半导体带材或半导体线材。

8.6 衬垫材料

8.6.1 说明

在铅包电缆的制造过程中，进行铠装时需要衬垫材料保护铅护套表面免受机械损伤。

典型的衬垫材料是聚酰胺编织层。另一种材料是三元乙丙橡胶浸渍带。

8.6.2 应用

衬垫在电缆起下作业期间起着一些保护铅护层的作用。有些衬垫材料可以填充铅挤制层上出现的小孔。如果油气渗入铅护层内，它还可以提供附加的箍紧强度。电气束紧连接包含在衬垫材料内来阻止环流。

8.6.3 限制

三元乙丙橡胶裸露在油中会膨胀。聚酰胺在温度超过 100 ℃潮湿环境中会衰变和损失强度。不过只要铠装是完好无损的，这些限制对电缆的应用无重大影响。

如果衬垫材料退化，电缆的运行寿命可能会缩短。缺少这些材料会使铠装与铅护套直接接触。

9 铠装

9.1 总则

9.1.1 说明

铠装是用于电缆安装和搬运期间提供机械保护的最外层结构。圆电缆铠装对裸露在井液中的下敷弹性材料的膨胀有限制作用。

铠装还起着一定的纵向支撑作用，支撑卡子之间电缆的重量。

铠装结构可为扁平式或联锁式钢带。有些设计是采用两层的铠装，一种特殊设计是采用螺旋状绕在导线上。

铠装的材料通常是采用镀锌钢带，对于一些特殊工况，采用不锈钢带或不锈钢金属合金带。

9.1.2 应用

铠装是在护套材料不能为电缆提供充分机械保护的情况下应用的。

在电缆总厚度受限制的条件下，可以采用扁平式铠装。

采用联锁式铠装可将铠装松脱的可能性减至最小，且不大可能妨碍起下作业。

螺旋缠绕铠装用于那些电缆纵向拉力主要依靠铠装承受的应用条件下，比如卡子之间的距离很长时。这种铠装可用在潜油电缆处于井眼较大的情况下。

当电缆下入井下时，铠装提供足够的强度来保持电缆的完好性。卡子为将电缆固定在油管上提供支撑力。

一般工业作法是在每根油管的中间安装一个卡子，在靠近接箍上方处再装第二个卡子。这些卡子支撑着电缆的重量。

9.1.3 限制

铠装的完好性受其运行所处环境的影响。腐蚀是影响材料选择的主要因素之一。

对于环境极其恶劣和成本备受关注的应用条件下，可以使用能耐多数腐蚀工况的不锈钢金属合金铠装。不锈钢铠装虽然不如不锈钢金属合金铠装有效，但其价格较低，可以替代不锈钢金属合金材料。

螺旋缠绕的扁平铠装有一条边缘外露，在安装电缆时，注意应使其外露一侧方向朝上，借以减少下井期间铠装受阻的可能。

9.2 镀锌钢带

9.2.1 说明

镀锌铠装钢带是一种外表镀锌的低碳（软）钢带。镀锌钢铠装钢带有 0.381 mm、0.508 mm、0.635 mm和 0.864 mm 这几种规格的厚度。根据 ASTM A 459，镀锌涂层可以镀多种重量的锌。一级镀层是 110 g/m^2，二级镀层 210 g/m^2，三级镀层是 300 g/m^2。由于三级镀层容易脱落且聚集腐蚀性分子，因此不建议使用。

9.2.2 应用

大多数油井环境允许采用镀锌钢带铠装电缆。也可以使用双层的铠装提供更大的保护来防止腐蚀。

9.2.3 限制

在有 H_2S、CO_2、强酸、强碱性及浓盐水环境中，镀锌钢带易受腐蚀。

随着温度的升高，腐蚀变得更加剧烈。

通常，在处于腐蚀环境中铠装加入额外的镀锌层会极大地延长铠装的使用寿命。增大铠装钢带的厚度或使用更耐腐蚀性的材料更有助于提高铠装的使用寿命。

对于一些电缆悬挂系统，有必要采用高强度钢或不锈钢钢丝来提供所需的抗拉强度。

有色金属的磁性会增加电缆内电能损耗。这是由于导体中电磁感应、钢带内产生磁滞效应和涡旋电流的缘故。扁电缆内如果相间电流不平衡，这种影响将更大。

9.3 不锈钢带

9.3.1 说明

不锈钢带是指有限含量的铬同其他合金结合在一起的钢带。用于铠装的不锈钢带有 0.381 mm、0.508 mm和 0.635 mm 三种规格的厚度。

用于制造电缆铠装的不锈钢主要标号有 316L 和 409。

9.3.2 应用

不锈钢铠装可在腐蚀性环境中使用。虽然不锈钢有一定的限制，但是比起更昂贵的替代品来还是被优先选用。

9.3.3 限制

不锈钢在有氯离子存在的环境应用会产生点蚀。300 系列不锈钢在这种环境中如温度高于 71 ℃左右会出现应力腐蚀开裂（氢脆化）。

无论 409 系列还是 316L 系列不锈钢，均不推荐在 H_2S 环境中应用。CO_2 环境对 400 系列不锈钢也有影响。400 系列不锈钢适用于在井内 CO_2 含量不大于 10%、压力不高于 21 MPa 的条件下使用。但是，在含氧的环境中，400 系列不锈钢不应再使用。

9.4 不锈钢金属合金钢带

9.4.1 说明

不锈钢金属合金是一种含镍超过 60%、含铁低于 4%、含锰 2%，其余部分是 0.381 mm 或 0.508 mm厚度的铜组成的金属合金。

9.4.2 应用

不锈钢金属合金用于最恶劣的环境中。这样的环境含 CO_2、H_2S 以及高温(大于 71 ℃)浓盐溶液。

9.4.3 限制

应该在“改善性能后的价值”与“为了保护铠装而使用金属合金钢带额外增加的成本”之间进行对比衡量。

10 电缆辅助设备

10.1 说明

电缆辅助设备是指同电缆连接的专业化运行设备。对于特殊应用或设备构造，设计时应咨询设备制造商。

10.2 井下监测传感器

为获得潜油电泵在井下更精确的工作情况，可采取安装多种传感器的方法进行测量。使用井下传感器可测量压力(吸入口/泵出口)、温度(吸入口/电机绕组)、泄漏电流、泵出口流量、电机油介电强度和振动等参数。井下传感器通过一条专用通道，即在动力电缆中嵌入单独的导线将数据传送至地面，也可用电缆的一条导线作为信号线进行传送。

10.3 回流继电器

当油管中的静压头比井底的压力大时，泵随着油管中的井液流动而反向转动，放置在控制器内的回流继电器可监测流经电缆的电流。这种回流继电器阻止电机的启动，直到泵不再反转。在这种条件下，回流继电器是防止潜油电机启动的一种安全设备，可防止因回流而引起断轴或电缆、电机的烧毁。

10.4 电缆卡子

因为电缆不能承担自身的重量，因此使用电缆卡子将电缆固定在油管的外壁上。在大多数应用中，电缆卡子是由碳钢、不锈钢或不锈钢金属合金制成的。最少的卡子安装作法是在每个油管上安装两个卡子，即一个卡子放在油管接头的中部，另一个卡子放在接箍上面 0.6 m～0.9 m 处。卡子有不同的宽度，宽卡子用在更重的电缆上(如铅护套电缆)。

当安装过程中出现电缆可能损坏的情况，如偏离了井孔，这时应该考虑使用专门的设备。当紧固电缆防止松动时，可使用专门设计的连接保护装置(电缆卡子或其他保护装置)，防止电缆同套管相接触。这种装置可重复使用。如果安装在油管中部的电缆需要额外的支撑或保护，可使用安装螺栓或电缆卡锁，这些设备也可重复使用。

10.5 电缆下井导向系统

潜油电泵机组下井时使用的是受力电缆。经过专业设计的受力电缆，应能够支撑井下设备的重量，进而用于提升和降低井孔中的电泵机组在阀座短节和坐放短节中的进出。电缆导向系统要求有专业的操作设备，在成本上比较，它通常要比只在特殊工作条件下使用的导向系统的成本要低。受力电缆的终端联接点，叫做电缆头。如果机组在坐放短节中固定不动，为使电缆恢复至不受力状态，电缆头是整个机组的易损坏点（由于使用了剪切销）。

10.6 连续油管导向系统

在运行、调试和操作连续油管导向系统时，连续油管为其提供动力支持。根据潜油电缆是固定在油管的外部还是放在连续油管的内部，决定了连续油管导向系统的一些结构。只有内部的动力连续系统允许含气油井在检修时可使用润滑剂和清洗剂。

11 联接和端接

11.1 总则

11.1.1 说明

联接和端接是指由一条电缆向另一条电缆的过渡或连接。联接和端接应达到电气、机械和环境完整性。

11.1.2 应用

当电缆对于某种应用太短或当电缆需要不同的几何尺寸应用时，需要采用联接技术。当和其他设备相连时采用端接技术。

11.1.3 限制

现场进行联接和端接的直径都将大于电缆本身的直径。电压应力趋于集中在导体接头周围的过渡区域。

11.2 工厂修理

11.2.1 说明

工厂修理是指制造过程中对绝缘层、护套层、铠装和铅护套的微小修补，不包括对导体的修补。

11.2.2 应用

制造厂商通过工厂修理可有效地修复电缆中的裂纹和其他缺陷，不会影响电缆的最终性能。最后，修复的电缆经测试应达到新电缆的技术要求。

11.2.3 限制

用户愿意使用没检修过的新电缆，而不愿意使用检修过的旧电缆。

11.3 工厂单股导体加长工艺

11.3.1 说明

单股导体的加长是指在制造过程中将两段已绝缘的单股导体连接在一起。

11.3.2　应用

有的需要延长一股或多股导体的长度达到总装尺寸要求。导体通过对焊和再次绝缘完成加长工艺。对于多股电缆，应按交错排列形式对每股分别对焊。最后，加长的导体应和未经加长的导体以同样的方式进行试验。

11.3.3　限制

用户应该清楚掌握制造商进行的各种加长情况，用户宁可用导体未经加长的电缆，也不愿意用经过加长的电缆。

11.4　联接

11.4.1　说明

联接是指两条电缆间的连接。它涉及到导体、绝缘、护套以及铠装等整个电缆的总成。

11.4.1.1　导体连接

最常见的导体连接方式是采用压接管。连接单股导体的另一种方法是对焊。

11.4.1.2　绝缘和护套的替换

三种主要的替换方法是模压、硫化和绕包。

模压联接采用热塑材料作绝缘，用高温模压工艺进行连接。

硫化联接采用可以硫化的热固带作绝缘层和护套层，用高温模压完成整个加工过程。

绕包联接可用热塑材料，硫化、非硫化或低温可硫化带作绝缘和护套，无需附加工序。

11.4.1.3　金属护层

对于铅护套电缆，把铅皮缠绕在绝缘层的外表，并与原有的铅护层搭接。用锡焊或胶带将铅皮固定。但是，用胶带固定的接头不能防止气体的侵入。

更换铠装是将铠皮螺旋缠绕在整个接头上，再将铠皮的端部与原铠皮焊接。

11.4.2　应用

电缆联接可用于加长电缆长度、修复损坏的电缆、电机引接电缆与主电缆连接、主电缆与猪尾式引线连接或在不同型号规格电缆间的过渡连接。

导体间的连接保持了它的电气连续性。

接头外敷设绝缘材料以保证绝缘性能，另外增设的附加材料可以保护绝缘材料免受井下条件的影响。绝缘材料的完好性会阻滞油气通过电缆串通。

电缆外敷设金属保护层，可增强其机械完整性和对环境的隔绝性。

11.4.3　限制

训练有素的联接人员应处理可能影响完成成品质量的各种因素。影响联接质量的因素有气候条件、可用工区条件、完成工作的紧迫程度以及联接员的技术熟练水平等。

经模压和硫化的联接接头通常可达到较好的完整性，不过进行这种联接与绕包连接相比需要较长的时间。

如有可能，应使连接部位处于油井动液面之上。

用户宁愿采用未经绕包连接的电缆，而不愿使用经过绕包连接的电缆。绕包连接后的电缆重复使用以及连接点数量的增多都会增大电缆产生故障的可能性。

11.5 端接

11.5.1 说明

动力电缆的端部采用接线柱或穿头的端接。

11.5.2 应用

端接大多在井口、潜油电机以及井下封隔器等部位。井口和封隔器的端接采用一小段称为“猪尾”引线的短电缆进行连接。

电缆与电机的联接部位称为“电缆头”。通常把“电缆头”作为与动力电缆相连的电机延伸电缆总装的一部分供货。如果电机和套管之间有足够的空间，可以把电缆头直接连接在动力电缆上。

“猪尾”式联接是指一定长度的电缆同主电缆直接相连接。另一种形式是直接安装在动力电缆上的可附端接。

11.5.3 限制

端接的尺寸和方式受井口内可用空间的限制，应该遵照井口制造商的建议进行操作。

端接材料应与主电缆的参数，如导体尺寸、金属性能、温度额定值和绝缘材料类型等相一致，以确保其最长的使用寿命。这些材料还应同井液和工况等使用要求相符合。

选择在含 H_2S 和 CO_2 的油井中应用的端接材料应与前文所述选择电缆材料需特殊考虑的问题相同。端接越多，产生故障的可能性就越大。

11.6 典型的电缆连接

图 2 所示为典型的电缆联接和端接形式，但这并无意限制或阻碍采用其他类型的结构。

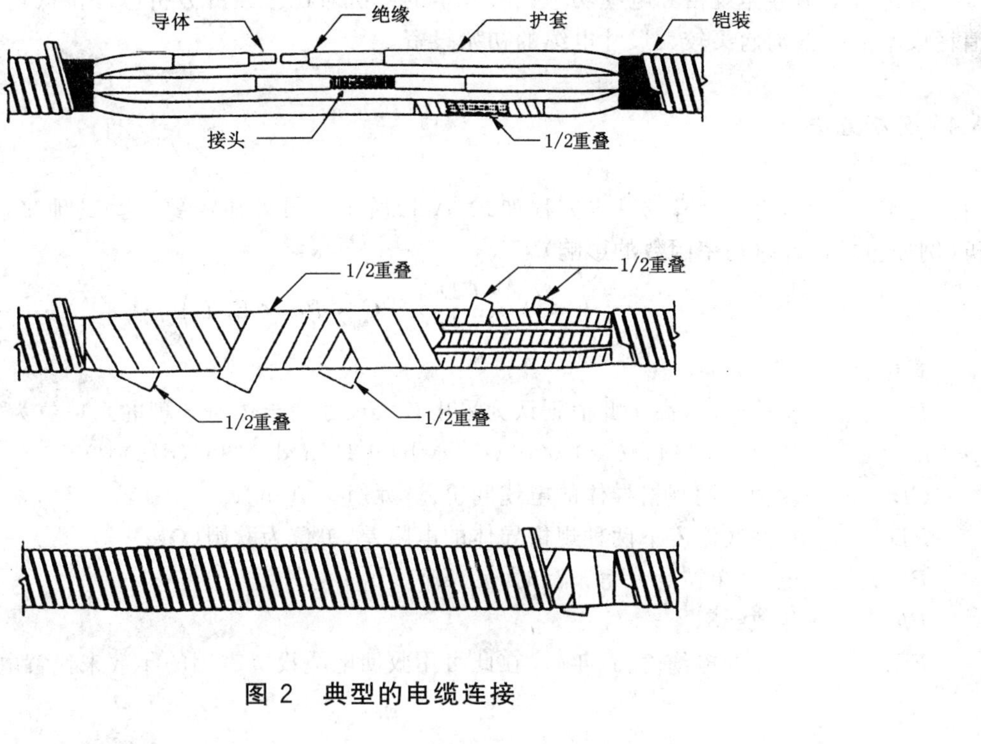

图 2 典型的电缆连接

附 录 A
（规范性附录）
电力费用分析

A.1 引言

一旦确定了潜油电泵所要求的功率，应考虑将电缆系统成本降至最低的几个因素，如电缆尺寸、电压要求和电流要求。

A.2 电压和电流

潜油电机所消耗的功率与经电缆输送至电机的电流和电压有关。因为要求功率保持相对恒定，所以系统电压越高，电机电流便会越低。电缆内的功率损耗等于电缆的阻抗、导体的数量和电流平方的乘积。对于固定尺寸的导体，高电压低电流电机减小了功率损耗。

标准 NFPA 70（美国国家电气规程）建议当电缆的最大压降不超过电机额定电压的 5%时，将能提供合理的效率。

A.3 导体尺寸

尽管工业界采用的导体规格很多，但是用于潜油电泵的电缆且已经标准化的线芯主要是美国线规的 No.4、No.2、No.1、No.1/0 和 No.2/0。对于 No.6 线芯，可在低功率的情况下使用。

如果井孔里有足够的环隙，那么应以导体承载的电流量为依据来选择导体尺寸。

应进行电缆导体规格和电缆功率损失成本的经济对比。经济分析应评价低功率电缆全寿命期间的消耗成本能否抵消购买较大尺寸电缆的初始投资。

A.4 分析方法

电缆选型时，电流计算的基本方程如式（A.1）所示。另外还需要一些其他来源的资料完成系统分析（例如包括设计时功率因数的影响）。

$$I=\left(k\times\frac{CD}{RD}\times PC\times Ph\times ECL\right)^{0.5} \qquad \cdots\cdots\cdots\cdots\text{（A.1）}$$

式中：

I ——负荷电流（高于此值则认为采用较大尺寸的导体是合理的），单位为安培（A）；

k ——常数＝0.114，{k＝1 000（wh/kwh）/［24（h/d）×365（d/a）］}；

CD ——两种不同规格导体的电缆间价差［元/1 000 m］；

RD ——在井底温度下两种规格导体的电阻差，单位为欧姆（Ω）；

PC ——电费，单位为元每千瓦时［元/kW·h］；

Ph ——相数＝3；

ECL ——估计的电缆寿命（年）。在此可用收回电缆投资需用的年数来代替电缆寿命。

附 录 B
（规范性附录）
电缆选择指南

B.1 引言

本附录将电缆的各种材料与工况条件结合在一起，可以公开使用。根据各章相对应的电缆结构划归分类指南。本附录未注明的材料可参阅其他有关文献。

B.2 温度等级

在本附录中，列举了四种温度的额定值。它们区别于电缆承受的最大运行温度。这个温度是环境温度和由于电流与机械操作引起温度变化的函数。温度标志列举如下：低（L）、中（M）、高（H）和超高（S）。

表 B.1 温度额定值（见 3.2）

温度标志	L	M	H	S
确定额定温度的材料	聚丙烯	腈橡胶	三元乙丙橡胶	铅[a]
最大导体温度/℃	96	107～193[b]	204	232

[a] 弹性材料外包铅或其他特殊结构；

[b] 根据公式的最高温度。

表 B.2 导体（见第 5 章）

温度标志	L	M	H	S
材料	铜	铜	铜	铜
涂层	镀锡	未镀锡/镀锡		
金属性能	NEMA WC-Code，ASTM B3、B8、B33			
尺寸规格	见表 1、表 2			
类型	单股、多股绞合、压实多股绞合			
尺寸/mm	6,4,2,1,1/0,2/0,10,16,25			

表 B.3 绝缘层(见第6章)

温度标志	L	M	H	S
材料	聚丙烯	三元乙丙橡胶	三元乙丙橡胶	三元乙丙橡胶
试验	IEEE 1019	IEEE 1018		
性能	IEEE 1019	IEEE 1018		
外形尺寸	IEEE 1019	IEEE 1018		
导体外膜	作为增加介电强度的需要			

表 B.4 护套层(见第7章)

温度标志	L	M	H	S
材料	腈橡胶	腈橡胶	三元乙丙橡胶	三元乙丙橡胶
试验	IEEE 1019	IEEE 1018		
特性	IEEE 1019	IEEE 1018		
外形尺寸	IEEE 1019	IEEE 1018		

表 B.5 编织层和保护层(见第8章)

温度标志	L	M	H	S
编织层	聚酰胺	聚酰胺	聚酯纤维/聚苯硫醚/乙烯四氟乙烯	
替代编织层	—	聚偏氟乙烯	—	—
铅包层	—	—	—	铅
阻挡层材料	聚氟乙烯/聚偏氟乙烯			
衬垫	—	—	—	聚酰胺/三元乙丙橡胶

注:编织层和绕包层是任选的材料,各制造商采用的材料可能有很大的差异。表中所列为最常见材料。

表 B.6 铠装(见第9章)

温度标志	L	M	H	S
标准型	镀锌钢			
特殊结构	—	—	双层镀锌	
耐腐蚀性	不锈钢合金			
尺寸	IEEE 1019	IEEE 1018		

参 考 文 献

[1] ASTM A459 镀锌扁钢铠装带标准规范
[2] NFPA 70 高性能电线和电缆截面标准

ICS 13.100
C 70

GB

中华人民共和国国家标准

GB/T 17398—2013
代替 GB/T 17398—1998

铅冶炼防尘防毒技术规程

Code of dust and poison control for lead smelting

2013-05-09 发布　　　　2014-02-01 实施

中华人民共和国国家质量监督检验检疫总局
中国国家标准化管理委员会　发布

前　言

本标准按照 GB/T 1.1—2009 给出的规则起草。

本标准代替 GB/T 17398—1998《铅冶炼防尘防毒技术规程》。

本标准与 GB/T 17398—1998 相比，主要变化如下：

——第 2 章“引用标准”改为“规范性引用文件”。

——第 3 章“术语”改为“术语和定义”。

——第 4 章“一般要求”，增加了职业卫生评价、清洁生产等内容，对具体条款进行了调整与更新。

——第 5 章“工程技术措施”，由于铅冶炼生产工艺有了新的发展变化，增加了富氧还原法、烟气制酸、电解液酸池及储运的规定，并对原标准中部分条款进行修改和调整。

——第 6 章“通风净化系统”增加了净化设备的选用与要求等内容。

——第 7 章“管理”增加了有限作业空间要求，对个人防护用品、职业危害告知、应急救援预案的编制等内容进行了补充。

本标准由国家安全生产监督管理总局提出。

本标准由全国安全生产标准化技术委员会防尘防毒分技术委员会(SAC/TC 288/SC 7)归口。

本标准起草单位：北京市劳动保护科学研究所、焦作东方金铅有限公司、株洲冶炼集团股份有限公司、广州广一大气治理工程有限公司、扬州松泉环保科技有限公司、苏州新江南环保科技有限公司。

本标准主要起草人：吴芳谷、要栋梁、张益铮、吕琳、张小虎、牛海林、王军符、冯肇霖、谢逢俊、张国辉、袁乐、谭仪文、陈虹桥、张璞、李洁、李静、吴万泉、李辉、陆昌国。

本标准所代替标准的历次版本发布情况为：

——GB/T 17398—1998。

铅冶炼防尘防毒技术规程

1 范围

本标准规定了铅冶炼防尘防毒的技术要求、措施和管理。

本标准适用于铅(包括再生铅)冶炼设计、生产、管理及铅冶炼企业防尘防毒的设计和施工。

2 规范性引用文件

下列文件对于本文件的应用是必不可少的。凡是注日期的引用文件,仅注日期的版本适用于本文件。凡是不注日期的引用文件,其最新版本(包括所有的修改单)适用于本文件。

GB/T 16758 排风罩的分类及技术条件

GB 25466 铅、锌工业污染物排放标准

GBZ 1 工业企业设计卫生标准

GBZ 2.1 工作场所有害因素职业接触限值 第1部分:化学有害因素

GBZ/T 205 密闭空间作业职业危害防护措施

3 术语和定义

下列术语和定义适用于本文件。

3.1

铅烟 lead fume

铅冶炼过程中产生的铅蒸气在空气中迅速冷凝及氧化后形成的悬浮于空气中的固体微粒,其直径不超过0.1 μm。

3.2

铅尘 lead dust

铅冶炼过程中产生的漂浮于空气中的含铅固体微粒,其直径大于0.1 μm。

4 一般要求

4.1 “三同时”管理

4.1.1 建设项目中的防尘防毒设施应符合国家标准规定,应与主体工程同时设计、同时施工、同时投入生产和使用。

4.1.2 铅冶炼企业的新建、改建、扩建建设项目和技术改造、技术引进项目,在可行性论证阶段应进行职业病危害预评价,在竣工后正式生产运行前应进行职业病危害控制效果评价。

4.2 工艺设计

4.2.1 铅冶炼生产应符合国家节能减排产业政策,满足清洁生产要求。

4.2.2 应优先采用新技术、新工艺和新设备,提高生产的密闭化、机械化、自动化水平。

4.2.3 简化工艺流程,降低物料落差。

4.2.4 引进的国外防尘防毒技术和设备应符合我国有关标准规范的要求。

4.2.5 铅冶炼车间空气中的铅烟、铅尘浓度应符合 GBZ 2.1 的规定，废气排放浓度应符合 GB 25466 的规定。

4.3 厂址选择

4.3.1 建设项目的厂址选择应位于城镇和居住区全年最小频率风向的上风侧，并远离居民区、学校、医院、水源保护区等敏感区域。

4.3.2 厂址应位于不受洪水、潮水或内涝威胁的地带。

4.3.3 应根据企业物流、人流状况，确定厂区出入口、交通运输通道和人行道及其设备设施的布置。

4.3.4 铅冶炼企业与居住区之间的卫生防护距离应符合相关标准的规定。如无明确规定，应由建设主管部门会同所在地区的安全、卫生、环保、城市规划等主管部门根据具体情况确定。

4.4 厂区布置

4.4.1 烟囱应布置在厂区全年最小频率风向的上风侧。

4.4.2 厂区布置应合理布局，减少粉状物料的运输距离和中转次数，避免不合理的交叉和往返运输。

4.4.3 生产区内部布置应避免尘毒的交叉污染。

4.4.4 厂房布置应根据缩短工艺流程和减少产尘毒点的因素而确定，并有利于建筑物通风、采光。

4.5 厂房建筑

4.5.1 厂房内的建筑物构件应减少易积尘的凹凸部分。厂房内墙及屋顶的内表面应光滑平整。

4.5.2 生产车间地面应平整，便于清扫。车间内应设防腐、防渗地沟和集水池。

4.5.3 厂房面积和厂房高度应能满足工艺布置和通风净化的要求。

5 工程技术措施

5.1 富氧熔炼

5.1.1 熔炼炉应采用全密闭式生产，微负压操作。

5.1.2 熔炼炉加料口应采用气封，出渣口和出铅口应设置密闭式排风罩并进行净化。

5.1.3 熔炼炉应采用自动控制系统，严格控制吹炼时间和熔池温度，以减少含铅烟尘的挥发量。

5.1.4 熔炼炉生产过程中产生的烟气应进入制酸系统净化回收。

5.2 烧结鼓风还原

5.2.1 圆筒冷却、返粉转运、精矿干燥、破碎与混料等工序宜采用湿式收尘，其排出的污水经处理后循环使用或补充设备冷却水。

5.2.2 烧结块、杂料、焦炭等的给料机和计量装置及料罐给料处，焦炭、原煤筛分转运处应设置排风罩并采取净化措施。

5.2.3 鼓风烧结机和点火炉应设密闭装置，机尾应采用局部排风罩，可根据工艺要求，将排出的气体返回至烧结机作为鼓风用，或进入净化装置净化后达标排放。

5.2.4 鼓风烧结机尾部的齿辊破碎机及链板输送机转运处，应设置密闭罩并采取通风净化措施。

5.3 鼓风炉熔炼

5.3.1 鼓风炉进料应采用自动控制装置。

5.3.2 鼓风炉加料口应安装排烟罩和净化装置。加料口应保持负压状态，防止烟尘外逸。

5.3.3 鼓风炉放渣口及至前床的铅渣溜槽，前床排渣口、活动溜槽，放铅口、铸锭等放散烟气的部位，应设置固定式排烟罩或可移动排烟罩，并安装净化装置。

5.3.4 渣包的倾渣点应设置排风罩和净化装置。

5.3.5 密闭鼓风炉冷凝器铅泵池上方，熔剂槽、分离槽、贮锌槽等工作门上方及冷却槽出料口等放散烟尘的部位，应设置排风罩和净化装置。

5.3.6 浮渣破碎点应设置密闭罩和净化装置。

5.3.7 鼓风炉和烟化炉水淬池冲渣入口处上方应设置排风罩和净化装置。

5.3.8 烟化炉作业场所应设机械通风装置。烟化炉加料口可采用侧吸罩。

5.3.9 粉煤制备的破碎、筛分和输送应进行尘源密闭并采取通风净化措施。

5.3.10 凡用于吊运熔融铅、高温渣的桥式吊车司机室，均应安装空调与空气净化装置。

5.4 粗铅火法精炼

5.4.1 熔铅锅和浇铸机应设密闭罩或吹吸式通风除尘净化装置，装置应满足净化要求和操作方便的要求。

5.4.2 熔铅操作应尽量减少操作人员在锅台的作业时间，装完锅后，应立即盖好烟罩。

5.4.3 向反射炉加入粉料、碎料的工艺环节，应采取措施控制粉尘逸散。

5.4.4 反射炉加料、放铅、放渣溜槽处应设通风排烟装置。

5.4.5 用于熔铅锅和反射炉作业的桥式吊车司机室，应安装空调与空气净化装置。

5.5 电解精炼

5.5.1 电解厂房应设整体全面通风换气装置。

5.5.2 电解残渣（阳极泥、碎渣）暂时堆存时，应设专门容器存放或相对封闭的场所堆放，不得放在露天，防止流失和逸散，避免造成二次污染。

5.5.3 制造硅氟酸及硅氟酸铅的设备应加盖密封，作业间设排风装置，并配置酸气净化装置。

5.5.4 冶炼车间作业场所及允许湿扫的生产设备的清扫，应采取湿扫、湿抹的方式。含铅废水应集中处理、达标排放或净化处理后循环使用。

5.5.5 制造阴极的阴极锅、电铅锅及铸锭设备均应设置排风罩和铅烟尘净化装置。

5.5.6 电解液酸池上宜加密封盖或密封膜，以减少电解液挥发。

5.6 烟气制酸

5.6.1 烟气制酸工艺应优先采用先进的工艺技术，并提高硫酸转化率。

5.6.2 制酸工艺应采用密闭化生产方式和自动化控制系统。

5.6.3 有毒气体的易泄漏点应安装有毒气体检测报警装置。

5.6.4 制酸尾气应进一步进行脱硫、脱硝等净化处理，有害气体浓度达标后方可排放。

5.7 储运

5.7.1 粉状物料宜储存在料库或料仓中。露天料场应设置逸尘围挡，并设置固定或移动喷水、喷雾装置。

5.7.2 露天料场宜设置防雨棚等设施；含铅雨水应进行收集并进行处理，以避免污染水源。

5.7.3 密闭原料仓应保证物料正常流动，严防塌料和粉尘外逸。

5.7.4 封闭结构的原料场，其桥式抓斗吊车司机室，应安装空调与空气净化装置。

5.7.5 原料输送宜采用密闭输送系统，凡有扬尘的转运点应设局部通风净化装置。

5.7.6 破碎机、振动筛、给料机等设备应设置密闭罩，并配有局部通风净化装置。

5.7.7 皮带输送机转运点及卸料口均应进行密闭,并设通风净化装置。

5.7.8 散装物料远距离运输时,应采用自动卸料的集料箱、密闭罐或其他专用运输设备。

5.7.9 散装物料厂内运输过程中应采取防止物料泄漏和飞扬的措施。

6 通风净化系统

6.1 尘毒源密闭

6.1.1 对产生尘毒物质的设备和地点应根据设备发散尘毒的特点、设备的结构和操作情况,按照GB/T 16758的要求,分别采取局部密闭、整体密闭或大容积密闭的密闭方式。

6.1.2 密闭装置的结构应牢固、严密,并便于操作、检修。

6.1.3 密闭罩上的观察窗、操作孔和检修门应开关灵活并且具有气密性,其位置应躲开气流正压较高的部位。密闭罩的吸风口应避免正对物料飞溅区,应保持罩内均匀负压。

6.1.4 收尘设备、冷却设备、烟管、排灰设备和烟尘输送系统应密闭。

6.1.5 车间内凡产生尘毒的岗位和场所均应设密闭防尘毒的控制操作室或工人值班室,宜在上述场所安装空调与空气净化装置。

6.2 系统设置

6.2.1 应根据工艺流程、设备配置、厂房条件和产生尘毒点等情况,统一设计净化系统。

6.2.2 设计净化系统时,应合理确定系统风量,管网平衡,保证罩口风速和其他技术要求。

6.2.3 含铅烟气具有一定的腐蚀性,通风净化系统应采用防腐措施,防止烟气泄漏。

6.2.4 根据作业场所不同工序和作业面铅烟、铅尘产生的特点,采用适合的铅烟、铅尘净化技术,使作业场所空气中铅烟、铅尘浓度符合GBZ 2.1职业接触限值的要求,净化设备排放浓度符合GB 25466的要求。

6.2.5 粒径小于0.1 μm的铅烟,宜采用静电、静电复合布袋或静电复合湿法净化设备。

6.2.6 粒径大于0.1 μm的铅尘,宜采用静电、布袋、静电复合布袋或静电复合湿法净化设备。

6.2.7 经净化处理后的气体不宜在车间内排放或循环,需在车间内排放时,其排放浓度应低于作业场所职业接触限值的30%。

6.2.8 收尘器收下的粉尘宜采用真空输送方式使其返回工艺系统,避免二次污染。

6.3 系统维护

6.3.1 净化设备应按其结构、原理、性能和技术要求正确使用,定期检测设备参数,及时进行维修保养,保证净化效率达到设计要求,使其处于良好的工作状态。

6.3.2 通风净化设备的维护、检修、更新改造应同时纳入企业的生产设备维护、检修、更新改造计划中,并与生产设备同时投入运行。

7 管理

7.1 企业应制定尘毒综合防治计划,并将其列入企业中、长期发展规划,逐步加以实施。

7.2 企业应制定必要的防尘防毒规章制度和个人卫生管理制度,并认真贯彻执行。

7.3 企业应根据生产规模和防尘毒的需要,配备职业健康管理人员,具体负责防尘防毒工作的实施与管理。

7.4 企业应将生产车间的尘毒治理目标列入各级经济技术考核责任制中。

7.5 企业应定期检测车间空气中的铅烟、铅尘及有毒物质浓度,并将检测结果整理归档保存并定期向职工公布。

7.6 尘毒检测的项目、采样点的位置及数量、采样时机、采样频率、采样方法、采样记录、分析方法均应按有关国家标准规定执行。

7.7 从业人员上岗、复岗前应进行职业健康培训，经考核合格后方可上岗。企业应定期对从业人员进行职业健康知识的继续教育培训，并定期组织考核。

7.8 企业应对职工进行上岗前、在岗期间和离岗时的职业健康检查，不应安排有职业禁忌症的劳动者从事与该禁忌症相关的有害作业，并对职业病患者按有关规定妥善安置或转岗。

7.9 应为接触尘毒作业人员建立健全职业健康监护档案，由专人负责管理，并按照规定的期限妥善保存。从业人员在离开时，企业应如实、无偿提供其职业健康档案复印件，并在复印件上盖章。

7.10 企业应根据 GBZ 1 的要求设置生产卫生用室（浴室、存衣室、盥洗室、洗衣房）和生活用室（休息室、食堂、厕所）。

7.11 企业应按相关国家标准和行业标准的要求，为从事尘毒作业的操作人员配备合格的个人防护用品，并要求正确使用佩戴。企业应在毒物作业场所设置相应的应急救援装备，如喷淋器、洗眼器等，并保证其正常使用功能。

7.12 工作服等个人防护用品应由企业集中清洗并及时更换。待清洗的工作服和其他个人防护用品应置于密闭容器存放，并设置警示标识。

7.13 从业人员就餐前应洗三遍手、漱三次口，严禁在作业场所吸烟、进食、饮水等；严禁穿工作服进食堂、出生产厂区；下班后应更换工作服、洗澡、漱口后方可离开。

7.14 应在生产车间显著部位设置职业病危害警示标识。

7.15 需要进入含铅设备、容器内或者狭窄封闭场所作业时，应保持作业场所良好的通风状态，设置现场监护人员，制定的防护措施应符合 GBZ/T 205 的规定；进行抢修作业时应保证密闭空间氧含量及尘毒量达标，抢修工作人员应佩戴好呼吸防护用品。

7.16 企业应建立应急救援组织机构，并针对可能发生的尘毒事故编制综合应急救援预案、专项预案和现场处置预案，定期进行演练。

ICS 31.260
L 52

中华人民共和国国家标准

GB/T 17444—2013
代替 GB/T 17444—1998

红外焦平面阵列参数测试方法

Measuring methods for parameters of infrared focal plane arrays

2013-11-12 发布 2014-04-15 实施

中华人民共和国国家质量监督检验检疫总局
中国国家标准化管理委员会 发布

前　言

本标准按照 GB 1.1—2009 给出的规则起草。

本标准代替 GB/T 17444—1998《红外焦平面阵列特性参数测试技术规范》，与 GB/T 17444—1998 相比主要变化如下：

——标准名称修改为《红外焦平面阵列参数测试方法》。

——增加了一些参数定义，如：红外焦平面阵列、像元、帧频、行频、固定图形噪声、平均峰值探测率、饱和信号电压、像元噪声等效温差。

——增加一些参数测试方法，如：固定图形噪声、读出速率、帧频。

——增加了附录 D《调制传递函数测试方法》、附录 E《非线性度测试方法》。

——修改了部分参数的名称和定义，如：积分时间、读出速率、辐照功率、辐照能量、饱和辐照功率、死像元、过热像元、噪声等效功率。

——修改了部分参数的测试方法，如：响应率、噪声电压、噪声等效温差、探测率、动态范围、相对光谱响应、串音。

本标准由中华人民共和国工业和信息化部提出。

本标准由工业和信息化部电子工业标准化研究所归口。

本标准起草单位：中国科学院上海技术物理研究所。

本标准主要起草人：丁瑞军、梁平治、唐红兰、陈洪雷、曹妩媚、殷建军、陈世军。

本部所代替标准的历次版本发布情况为：

——GB/T 17444—1998。

红外焦平面阵列参数测试方法

1 范围

本标准对红外焦平面阵列特性参数及相关量进行了定义。

本标准给出了红外焦平面阵列特性参数的测试方法及测试条件。

本标准适用于线列和面阵红外焦平面阵列。

2 术语和定义

下列术语和定义适用于本文件。

2.1

红外焦平面阵列　infrared focal plane arrays;IRFPA

对红外辐照(以下简称辐照)敏感的探测器阵列并带有读出电路的器件,简称红外焦平面。

2.2

像元　pixel

红外探测器阵列的敏感单元。

2.3

帧周期　frame period

面阵红外焦平面一帧信号积分和读出所需要的时间。

2.4

帧频　frame frequence

面阵红外焦平面在1 s时间内的信号输出帧数。

2.5

行周期　line period

红外焦平面一行信号积分和读出所需要的时间。

2.6

行频　line frequence

红外焦平面在1 s时间内的信号输出行数。

2.7

积分时间　integration time

在帧周期或行周期内,红外焦平面累积辐照产生电荷的有效时间。

2.8

读出速率　pixel rate

红外焦平面像元信号读出的速率。

2.9

电荷容量　charge capacity

红外焦平面能容纳的最大信号电荷数。

2.10

辐照功率　irradiation power

入射到一个像元上的总功率。

2.11

辐照能量　irradiation energy

辐照功率与积分时间的乘积。

2.12

饱和辐照功率　saturation irradiation power

在一定帧周期或行周期条件下，红外焦平面输出信号达到饱和时的辐照功率值。

2.13

饱和信号电压　saturation signal voltage

在一定帧周期或行周期条件下，红外焦平面输出信号不再随辐照增加而增长时的响应电压。

2.14

像元响应率　pixel responsivity

在一定帧周期或行周期条件下，红外焦平面各像元对每单位辐照功率产生的输出信号电压。

注：响应率的其他表示见附录 A，除非另有规定，响应率一般指电压响应率。

2.15

平均响应率　average responsivity

红外焦平面各有效像元响应率的平均值。

2.16

响应率不均匀性　responsivity non-uniformity

红外焦平面各有效像元响应率的均方根偏差与平均响应率的百分比。

2.17

像元总数　pixel amount

红外焦平面像元的总行数 M 与总列数 N 之乘积，记为 $M \cdot N$。

2.18

无效像元　non-effective pixel

无效像元包括死像元和过热像元。无效像元数占总像元数的百分比，称为盲元率。

2.19

死像元　dead pixel

像元响应率小于平均响应率 1/2 的像元。

2.20

过热像元　over hot pixel

像元噪声电压大于平均噪声电压 2 倍的像元。

2.21

有效像元率　operable pixel factor

红外焦平面的像元总数扣除无效像元后，称为有效像元数。有效像元数占总像元数的百分比，称为有效像元率。

2.22

像元噪声电压　pixel noise voltage

红外焦平面在恒定温度黑体辐照条件下，像元输出信号电压涨落的均方根值。

2.23

平均噪声电压　average noise voltage

红外焦平面各有效像元噪声电压的平均值。

注：噪声的其他表示见附录 B。

2.24

噪声等效功率 noise equivalent irradiation power

信噪比为1时，红外焦平面接受的辐照功率。即红外焦平面平均噪声电压与平均响应率之比值。

2.25

像元噪声等效温差 pixel noise equivalent temperature difference

噪声电压与目标温差产生的信号电压相等时，该温差称为噪声等效温差。即像元目标温差与像元信噪比之比值。

注：与噪声等效温差特性的相关量，见附录C。

2.26

平均噪声等效温差 average noise equivalent temperature difference

红外焦平面各有效像元噪声等效温差的平均值。

2.27

像元探测率 pixel detectivity

当1 W辐照，投射到面积为1 cm^2的像元上，在1 Hz带宽内获得的信噪比。即像元响应率与像元噪声电压之比，并折算到单位带宽与单位像元面积之积的平方根值。

2.28

像元黑体探测率 pixel blackbody detectivity

在一定温度黑体辐照条件下，测得的红外焦平面各像元探测率。

2.29

平均黑体探测率 average blackbody detectivity

红外焦平面各有效像元黑体探测率的平均值。

2.30

平均峰值探测率 average peak detectivity

红外焦平面各有效像元在光谱响应峰值位置探测率的平均值。

2.31

动态范围 dynamic range

红外焦平面在均匀辐照条件下，饱和辐照功率与噪声等效功率之比值。

2.32

固定图形噪声 fixed pattern noise

红外焦平面在均匀辐照条件下，各有效像元输出电压的均方根偏差。

2.33

相对光谱响应 relative spectral response

红外焦平面在不同波长、相同辐照能的单色光照射下的光谱响应与其最大值之比值。

2.34

光谱响应范围 spectral response range

相对光谱响应按规定值，所对应的入射辐照最短波长与最长波长之间的波长范围。规定值一般推荐为0.5。

2.35

串音 cross-talk

由于像元对相邻像元的串扰，相邻像元引起的信号与本像元信号的百分比，为该像元对相邻像元的串音。

2.36

调制传递函数　modulation transfer function

在奈奎斯特频率范围内，各正弦空间频率的调制辐照作用下，焦平面输出信号调制度与辐照信号调制度之比值。

注：调制传递函数测试方法见附录 D。

2.37

非线性度　non-linearity

在动态范围内，响应的实际值偏离对应拟合直线的最大偏差，一般采用百分比表示。

注：非线性度的其他表示见附录 C，非线性度测试方法见附录 E。

3　符号和单位

表 1 给出了红外焦平面参数符号、名称和单位。

表 1

符号	名称	单位
T_{frame}	帧周期	s
T_{line}	行周期	s
F_{frame}	帧频	Hz
F_{line}	行频	Hz
τ	积分时间	s
f	读出速率	Hz
Q	电荷容量	无量纲
P	辐照功率	W
E	辐照能量	J
P_{sat}	饱和辐照功率	W
V_{sat}	饱和信号电压	V
$R_{(i,j)}$	像元响应率	V/W 或 A/W
$\overline{R}$	平均响应率	V/W 或 A/W
UR	响应率不均匀性	无量纲
d	死像元	无量纲
h	过热像元	无量纲
N_{ef}	有效像元率	无量纲
$V_{N(i,j)}$	像元噪声电压	V
$\overline{V}_{N}$	平均噪声电压	V
NEP	噪声等效功率	W
$NETD_{(i,j)}$	像元噪声等效温差	K
$NETD$	平均噪声等效温差	K
$D^{*}_{bb(i,j)}$	像元黑体探测率	$cm \cdot Hz^{1/2}/W$
$\overline{D^{*}}_{bb}$	平均黑体探测率	$cm \cdot Hz^{1/2}/W$
$\overline{D^{*}}_{\lambda p}$	平均峰值探测率	$cm \cdot Hz^{1/2}/W$
DR	动态范围	dB
FPN	固定图形噪声	V
CT	串音	无量纲
$S_{r}(\lambda)$	相对光谱响应	无量纲
G	光谱因子	无量纲
MTF	调制传递函数	无量纲
NL	非线性度	无量纲

4 测试方法

4.1 方法3001:响应率和响应率不均匀性

4.1.1 测试原理

响应率的测试,可归结为两种不同温度黑体辐照条件下的响应电压测试。即黑体温度 T_0 辐照条件下的信号电压测试,及黑体温度 T 辐照条件下的信号电压测试,简称响应电压测试。在测得响应电压后,响应率等特性参数可根据定义计算得到。

4.1.2 测试框图

测试系统框图如图1所示,包括黑体源、被测器件、电子电路及计算机等部分。

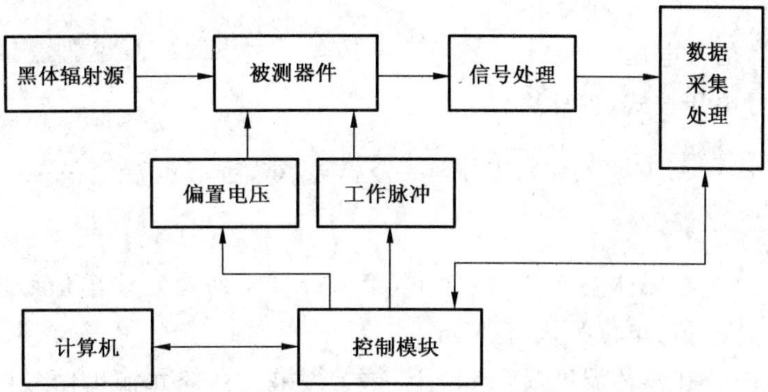

图1 测试系统框图

4.1.3 测试条件

测试条件如下:

a) 黑体温度稳定,输出不加调制;黑体辐射应保证焦平面各像元均匀辐照。

b) 采用面源黑体测试时,中波、长波红外焦平面器件测试的黑体温度 T_0、T 推荐分别取293 K、308 K,短波红外焦平面器件测试的黑体温度 T_0、T 采用规定温度。

c) 采用点源黑体测试时,黑体温度 T_0 采用环境温度,中波、长波红外焦平面器件测试的黑体温度 T 推荐取500 K,短波红外焦平面器件测试的黑体温度 T 采用规定温度。

4.1.4 测试步骤

测试步骤如下:

a) 按图1连接测试系统,进行系统预置。

b) 调节测试系统,给被测器件加上规定电压,使器件处于正常工作状态。

c) 利用图1所示的测试系统,分别在黑体温度 T_0 和黑体温度 T 下,连续采集 F 帧数据(推荐取 $F \geqslant 100$)(若被测器件为线列焦平面,则连续采集 F 行数据),得到如图2所示的2组 F 帧两维数组。在温度 T_0、T 条件下,分别测得的 F 帧两维数组为 $V_{DS}[(i,j),T_0,f]$ 和 $V_{DS}[(i,j),T,f]$。

d) 在测得如图2所示的2组 F 帧两维数组后,电压响应率、响应率不均匀性可按定义计算得到。

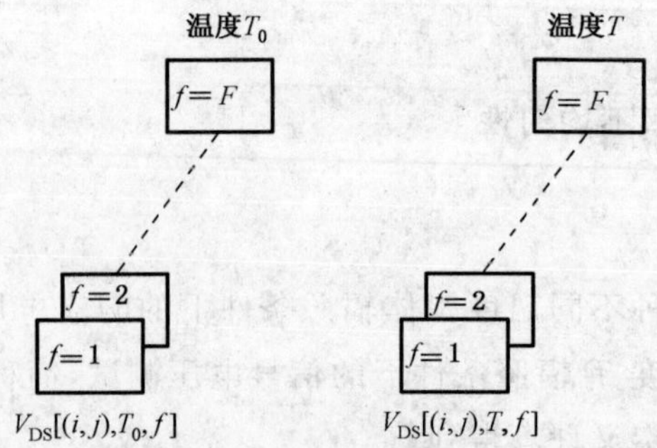

图 2　响应电压测试

4.1.5　计算

4.1.5.1　像元响应电压

a)　像元(温度 T_0)信号电压:

像元(温度 T_0)信号电压按式(1)计算:

$$\overline{V}_{DS}[(i,j),T_0]=\frac{1}{F}\sum_{f=1}^{F}V_{DS}[(i,j),T_0,f] \quad\cdots\cdots(1)$$

式中:

$\overline{V}_{DS}[(i,j),T_0]$ ——在黑体温度 T_0 条件下,第 i 行第 j 列像元输出信号电压,F 次测量的平均值,单位为伏特(V);

$V_{DS}[(i,j),T_0,f]$——在黑体温度 T_0 条件下,第 i 行第 j 列像元输出信号电压第 f 次的测量值,单位为伏特(V)。

F ——采样总帧数(或行数),不小于 100。

b)　像元(温度 T)信号电压:

像元(温度 T_0)信号电压按式(2)计算:

$$\overline{V}_{DS}[(i,j),T]=\frac{1}{F}\sum_{f=1}^{F}V_{DS}[(i,j),T,f] \quad\cdots\cdots(2)$$

式中:

$\overline{V}_{DS}[(i,j),T]$ ——在黑体温度 T 条件下,第 i 行第 j 列像元输出信号电压,F 次测量的平均值,单位为伏特(V);

$V_{DS}[(i,j),T,f]$——在黑体温度 T 条件下,第 i 行第 j 列像元输出信号电压第 f 次的测量值,单位为伏特(V)。

c)　像元响应电压

像元响应电压按式(3)计算:

$$V_S(i,j)=\frac{1}{K}\{\overline{V}_{DS}[(i,j),T]-\overline{V}_{DS}[(i,j),T_0]\} \quad\cdots\cdots(3)$$

式中:

K——系统增益(测试中放大器的放大倍数)。

上述式(1)、式(2)和式(3)的运算,可用图 3 表示。

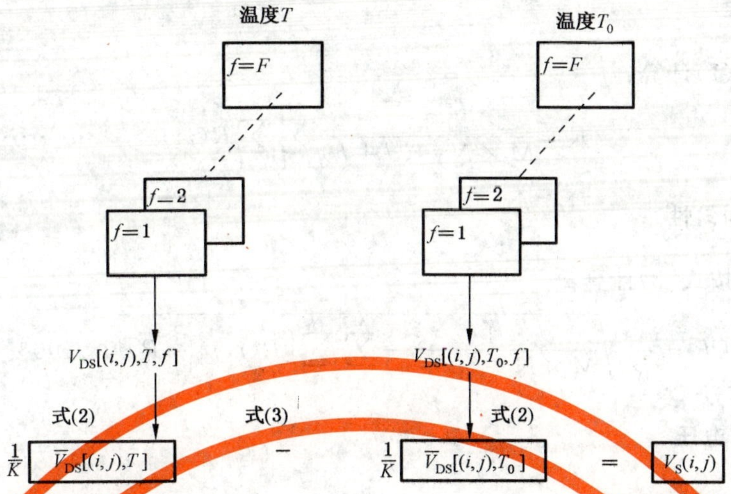

图 3　像元响应电压运算

4.1.5.2　像元电压响应率

像元电压响应率按式(4)计算：

$$R(i,j)=\frac{V_S(i,j)}{P} \quad \cdots\cdots\cdots\cdots\cdots\cdots(4)$$

式中：

$V_S(i,j)$——像元响应电压，由式(3)求得；

P　——在黑体温度 T 和 T_0 辐照条件下，入射到像元的辐照功率差值。由式(5)求得：

$$P=\frac{\sigma\times(T^4-T_0^4)\times A_D}{4\times(L/D)^2+n} \quad \cdots\cdots\cdots\cdots\cdots\cdots(5)$$

式中：

σ　——斯忒潘常数 5.673×10^{-12}[W/(cm²·K⁴)]；

T_0、T——黑体温度，单位为开尔文(K)；

D　——面源黑体测试时为冷屏圆孔径，点源黑体测试时为黑体输出孔径，单位为厘米(cm)；

A_D　——焦平面像元面积，单位为平方厘米(cm²)；

L　——面源黑体测试时为冷屏孔面至焦平面像元之间的垂直距离，点源黑体测试时为黑体输出孔径到焦平面像元之间的距离，单位为厘米(cm)；

n　——当 L/D 大于 1 时，n 取值为 1；当 L/D 小于或等于 1 时，n 取值为 0。

4.1.5.3　平均响应电压

平均响应电压按式(6)计算：

$$\overline{V}_S=\frac{1}{M\times N-(d+h)}\sum_{i=1}^{M}\sum_{j=1}^{N}V_S(i,j) \quad \cdots\cdots\cdots\cdots\cdots\cdots(6)$$

式中：

M——像元的总行数；

N——像元总列数；

d——死像元；

h——过热像元。

4.1.5.4 平均响应率

平均响应率按式(7)计算：

$$\overline{R}=\frac{1}{M\times N-(d+h)}\sum_{i=1}^{M}\sum_{j=1}^{N}R(i,j) \quad\cdots\cdots(7)$$

4.1.5.5 响应率不均匀性

响应率不均匀性按式(8)计算：

$$UR=\frac{1}{\overline{R}}\sqrt{\frac{1}{M\times N-(d+h)}\sum_{i=1}^{M}\sum_{j=1}^{N}[R(i,j)-\overline{R}]^2}\times 100\% \quad\cdots\cdots(8)$$

4.2 方法 3002：噪声电压

4.2.1 测试框图

测试框图见图 1。

4.2.2 测试条件

按 4.1.3 规定。

4.2.3 测试步骤

按 4.1.4 规定。

4.2.4 计算

4.2.4.1 像元噪声电压

根据方法 3001 测得的温度 T_0 条件下采集的 F 帧两维数组 $V_{DS}[(i,j),T_0,f]$，及由式(1)求得的两维数组 $\overline{V}_{DS}[(i,j),T_0]$ 代入式(9)，求得像元噪声电压 $V_N(i,j)$：

$$V_N(i,j)=\frac{1}{K}\sqrt{\frac{1}{F-1}\sum_{f=1}^{F}\{\overline{V}_{DS}[(i,j),T_0]-V_{DS}[(i,j),T_0,f]\}^2} \quad\cdots\cdots(9)$$

式(9)的运算，由图 4 表示。

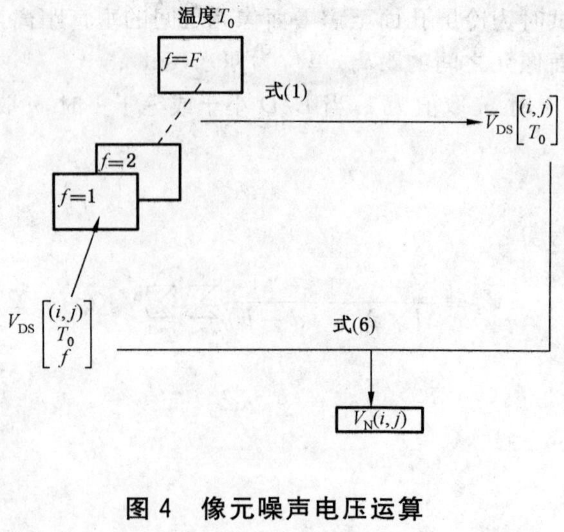

图 4 像元噪声电压运算

4.2.4.2 平均噪声电压

平均噪声电压按式(10)计算：

$$\overline{V}_{N}=\frac{1}{M\times N-(d+h)}\sum_{i=1}^{M}\sum_{j=1}^{N}V_{N}(i,j) \qquad \cdots\cdots(10)$$

4.3 方法3003：探测率

4.3.1 测试框图

测试框图见图1。

4.3.2 测试条件

按4.1.3规定。

4.3.3 测试步骤

按4.1.4规定。

4.3.4 计算

根据方法3001测得的响应率、方法3002测得的噪声电压进行计算。

4.3.4.1 像元黑体探测率

像元黑体探测率按式(11)计算：

$$D_{bb}^{*}(i,j)=\sqrt{\frac{A_{D}}{2\tau}}\times\frac{R(i,j)}{V_{N}(i,j)} \qquad \cdots\cdots(11)$$

4.3.4.2 平均黑体探测率

平均黑体探测率按式(12)计算：

$$\overline{D_{bb}^{*}}=\frac{1}{M\times N-(d+h)}\sum_{i=1}^{M}\sum_{j=1}^{N}D_{bb}^{*}(i,j) \qquad \cdots\cdots(12)$$

4.3.4.3 平均峰值探测率

平均峰值探测率按式(13)计算：

$$\overline{D_{\lambda p}^{*}}=G\times\overline{D_{bb}^{*}} \qquad \cdots\cdots(13)$$

式中：

G——光谱因子，通过方法3010测到的红外焦平面实际相对响应光谱曲线获得。

4.4 方法3004：噪声等效温差

4.4.1 测试框图

测试框图见图1。

4.4.2 测试条件

测试条件如下：

a) 采用面源黑体测试，中波、长波红外焦平面器件测试的黑体温度 T、T_0 推荐分别取308 K、

293 K，短波红外焦平面器件测试的黑体温度 T、T_0 采用规定温度，T_0 通过 $T-\Delta T$ 确定，ΔT 一般为 10 K、15 K、20 K、30 K。

b) 其他测试条件按 4.1.3 的规定。

4.4.3 测试步骤

按 4.1.4 规定。

4.4.4 计算

4.4.4.1 像元噪声等效温差

根据方法 3001 测得的像元响应电压、方法 3002 测得的像元噪声电压，像元噪声等效温差按式(14)计算：

$$NETD(i,j)=\frac{T-T_0}{[V_S(i,j)/V_N(i,j)]} \qquad (14)$$

4.4.4.2 平均噪声等效温差

平均噪声等效温差按式(15)计算：

$$NETD=\frac{1}{M\times N-(d+h)}\sum_{i=1}^{M}\sum_{j=1}^{N}NEDT(i,j) \qquad (15)$$

4.5 方法 3005：有效像元率

4.5.1 测试框图

测试框图见图 1。

4.5.2 测试条件

按 4.1.3 规定。

4.5.3 测试步骤

按 4.1.4 规定。

4.5.4 计算

根据有效像元率定义，有效像元率 N_{ef} 的计算涉及四个参数：死像元 d、过热像元 h、平均响应率 $\overline{R}$ 和平均噪声电压 $\overline{V_N}$。这四个参数，前两个分别与后两个相互牵制，即要想求出前两个，必须先知道后两个；反之，要想求出后两个，又必须先知道前两个，因此，只能采取近似算法。作为一级近似，引入响应率和噪声电压的中间平均值 $\overline{R}$ 和 $\overline{V_N}$，按下列步骤求出死像元和过热像元。若需高级近似，推荐一种算法见附录 F。

a) 死像元

按式(16)，所有像元参加运算，求得中间平均响应率：

$$\overline{R}=\frac{1}{M\times N}\sum_{i=1}^{M}\sum_{j=1}^{N}R(i,j) \qquad (16)$$

根据死像元定义，符合式(17)的像元为死像元，记为 d。

$$R(i,j)-\frac{1}{2}\overline{R}<0 \qquad (17)$$

b) 过热像元

按式(18),扣除死像元 d 后,余下的像元参加运算,求得中间平均噪声电压:

$$\overline{V_{\mathrm{N}}}=\frac{1}{M\times N-d}\sum_{i=1}^{M}\sum_{j=1}^{N}V_{\mathrm{N}}(i,j) \qquad \cdots\cdots(18)$$

根据过热像元定义,符合下列不等式的像元为过热像元,记为 h。

$$V_{\mathrm{N}}(i,j)-2\overline{V_{\mathrm{N}}}>0 \qquad \cdots\cdots(19)$$

c) 有效像元率

由式(17)和式(19)求得的死像元 d 和过热像元 h,代入式(20),可求得有效像元率 N_{ef}。

$$N_{\mathrm{ef}}=\left(1-\frac{d+h}{M\cdot N}\right)\times 100\% \qquad \cdots\cdots(20)$$

4.6 方法 3006:固定图形噪声

4.6.1 测试框图

测试框图见图 1。

4.6.2 测试条件

按 4.1.3 规定。

4.6.3 测试步骤

按 4.1.4 规定。

4.6.4 计算

根据方法 3001 测得各有效像元信号电压 $\overline{V}_{\mathrm{DS}}[(i,j),T_0]$,按式(21)和式(22)计算固定图形噪声:

$$FPN=\frac{1}{K}\sqrt{\frac{1}{M\times N-(d+h)}\sum_{i=1}^{M}\sum_{j=1}^{N}\left[\overline{V}_{\mathrm{DS}}[(i,j),T_0]-\overline{V}_{\mathrm{DS}}(T_0)\right]^2} \qquad \cdots\cdots(21)$$

式中:

$$\overline{V}_{\mathrm{DS}}(T_0)=\frac{1}{M\times N-(d+h)}\sum_{i=1}^{M}\sum_{j=1}^{N}\left[\overline{V}_{\mathrm{DS}}[(i,j),T_0]\right] \qquad \cdots\cdots(22)$$

4.7 方法 3007:噪声等效功率

4.7.1 测试框图

测试框图见图 1。

4.7.2 测试条件

按 4.1.3 规定。

4.7.3 测试步骤

按 4.1.4 规定。

4.7.4 计算

根据方法 3001 测得的平均响应率 $\overline{R}$,方法 3002 测得的平均噪声电压 $\overline{V}_{\mathrm{N}}$,按式(23)计算噪声等效辐照功率：

$$NEP = \frac{\overline{V}_N}{R} \quad \cdots\cdots (23)$$

4.8 方法 3008：饱和辐照功率

4.8.1 测试框图

测试框图见图 1。

4.8.2 测试条件

测试条件如下：

a) 被测器件要具有限定波段的滤光片。

b) 其他测试条件按 4.1.3 规定。

4.8.3 测试步骤

测试步骤如下：

a) 按图 1 连接测试系统，进行系统预置。

b) 调节测试系统，使器件处于正常工作状态。

c) 利用图 1 所示的测试系统，通过改变黑体温度，来改变黑体投射在红外焦平面像元上的辐照功率，测出各辐照功率 P 值条件下的平均响应电压 $\overline{V}_S$，得到如图 5 所示的关系曲线。

d) 按最小二乘法，分别在曲线的线性区和饱和区拟合出两条直线，两直线的交点 A 对应的横坐标 P_{sat} 为饱和辐照功率，A 对应的纵坐标 V_{sat} 为饱和信号电压。

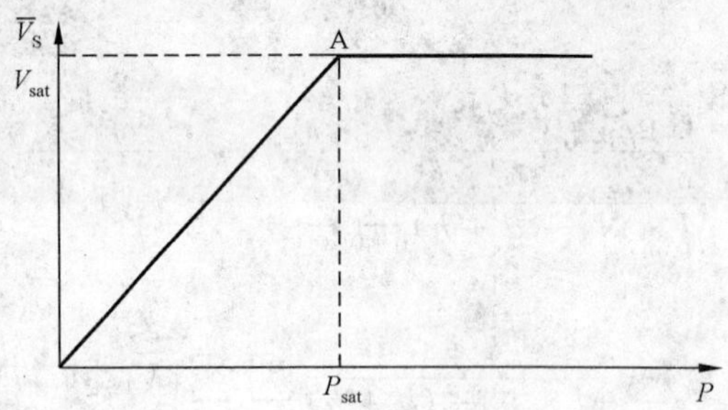

图 5 平均响应电压与辐照功率关系线

4.9 方法 3009：动态范围

4.9.1 测试框图

测试框图见图 1。

4.9.2 测试条件

按 4.1.3 规定。

4.9.3 测试步骤

按 4.8.3 规定。

4.9.4 计算

根据动态范围定义，由方法3008测得饱和辐照功率 P_{sat}、与方法3007得到噪声等效功率NEP，按式(24)计算动态范围。

$$DR = \frac{P_{sat}}{NEP} \quad \cdots\cdots(24)$$

也可由方法3008测得的饱和信号电压 V_{sat}，与方法3002得到的平均噪声电压 $\overline{V}_N$，按式(25)计算动态范围。

$$DR = 20\log\frac{V_{sat}}{\overline{V}_N} \quad \cdots\cdots(25)$$

4.10 方法3010：相对光谱响应

4.10.1 测试框图

测试框图如图6所示，整个测试系统框图由辐照源、单色仪、被测器件样品、信号处理电路及计算机系统组成。

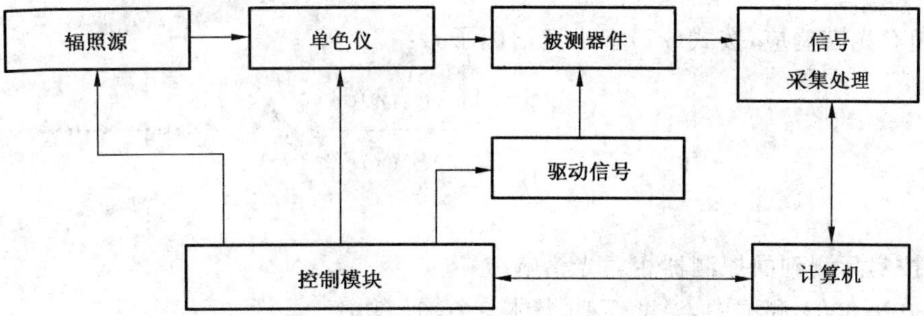

图6 光谱响应测试装置框图

4.10.2 测试条件

测试条件如下：

a) 辐射源

一般采用高温黑体或硅碳棒。

b) 单色仪

单色仪的波长鼓，由计算机控制实现波长的逐点扫描。

c) 参考探测器

一般选用热释电器件，它的相对光谱响应 $S_{0r}(\lambda)$ 是已知的。

d) 信号处理电路

焦平面的信号必须先经过采样保持，而且，信号采样处理电路只对红外焦平面接受到单色仪出射的单色光的像元中的某一元或某一区域进行采样。

4.10.3 测试步骤

测试步骤如下：

a) 按图6连接测试系统，进行系统预置。

b) 调节测试系统，使器件处于正常工作状态。

c) 选择相应的光谱测试波长范围，以及被测器件的某一像元或某一区域测试位置。

d) 单色仪的波长鼓在计算机控制下，进行波段扫描，数据采集系统测得各波长点下被测焦平面的输出信号电压 $V(\lambda)$。

4.10.4 计算

4.10.4.1 相对光谱响应

根据定义，将测到的输出信号电压 $V(\lambda)$、参考探测器的输出信号和相对光谱响应，按式(26)求出相对光谱响应 $S_r(\lambda)$：

$$S_r(\lambda)=\frac{S(\lambda)}{S_m}=\frac{1}{S_m}\left[\frac{V(\lambda)}{V_0(\lambda)}S_{0r}(\lambda)\right] \qquad \cdots\cdots(26)$$

式中：

S_m ——峰值波长处的相对响应值，即归一化基数；

$V_0(\lambda)$、$S_{0r}(\lambda)$ ——参考探测器的输出信号和相对光谱响应。

以波长为横坐标，相对光谱响应 $S_r(\lambda)$ 为纵坐标，绘制出相对光谱响应曲线，对应的前、后截至波长之间为光谱响应范围，除非另有规定，推荐相对光谱响应定为峰值的 0.5。

4.10.4.2 光谱因子

根据实际相对光谱响应，按式(27)求出光谱因子 G：

$$G=\frac{S_r(\lambda)\int_0^{\infty}P_b(\lambda)\,d\lambda}{\int_0^{\lambda_c}P_b(\lambda)S_r(\lambda)\,d\lambda} \qquad \cdots\cdots(27)$$

式中：

$S_r(\lambda)$——按实际测到的探测器相对光谱响应；

$P_b(\lambda)$——方法 3001 测试中，温度 T 时黑体单色输出功率。

4.11 方法 3011：读出速率、帧频

4.11.1 测试框图

测试框图如图 7 所示，整个测试系统框图由示波器、被测器件样品、偏置电压和工作脉冲控制模块及计算机组成。

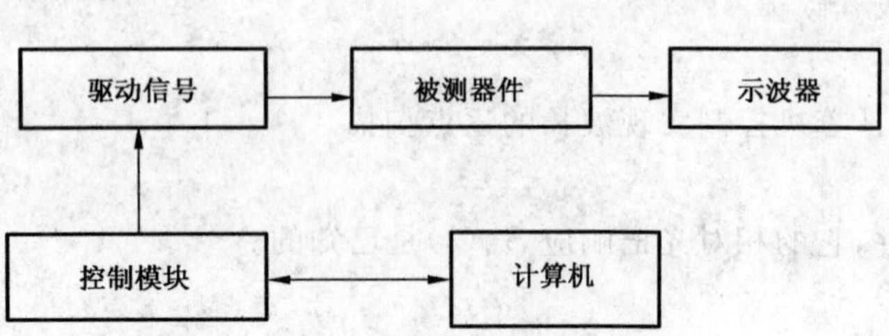

图 7 读出速率、帧频测试框图

4.11.2 测试条件

测试条件如下：

a) 工作脉冲频率可调，能输出保证器件正常工作的最大频率。

b) 示波器采样频率不小于 100 MHz 或更高。

4.11.3 测试步骤

测试步骤如下：

a) 按图7连接测试系统，进行系统预置。

b) 调节测试系统，按规定条件使器件处于正常工作状态。

c) 通过示波器测量红外焦平面一帧信号的时间，即帧周期 $T_{\rm frame}$；对于线列红外焦平面测量一行信号的时间，即行周期 $T_{\rm line}$。

d) 通过示波器测量任意一像元的读出时间。

4.11.4 计算

4.11.4.1 帧频、行频

按照定义，从帧周期的倒数得到面阵焦平面的帧频；从行周期的倒数得到线列焦平面的行频。

4.11.4.2 读出速率

测得像元读出时间取倒数，即为红外焦平面的读出速率。

4.12 方法3012：串音

4.12.1 测试框图

如图8所示，串音测试系统框图由小光点光学系统、被测器件、微动台及电子电路等部分组成。

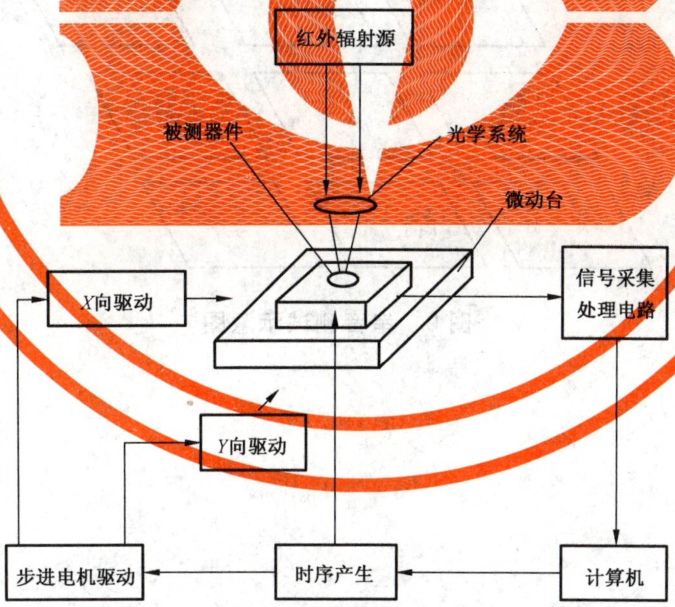

图8 串音测试系统框图

4.12.2 测试条件

测试条件如下：

a) 红外小光点只照到一个像元。当红外小光点尺寸大于像元尺寸时，可采用光点扫描等其他测试方法。

b) 微动台定位误差，需小于焦平面像元尺寸的十分之一。

4.12.3 测试步骤

测试步骤如下：

a) 按图 8 连接测试系统，进行系统预置。

b) 调节测试系统，给被测器件加上规定电压，按规定条件使器件处于正常工作状态。

c) 如图 9 所示，将红外小光点入射在第 i 行第 j 列被测像元中心，测定该像元的信号 $V_{\mathrm{LC}}(i, j)$；同时，测量该像元相邻上下左右四个像元的信号 $V_{\mathrm{NB}}(i\pm1, j)$与 $V_{\mathrm{NB}}(i, j\pm1)$。

4.12.4 计算

根据定义，计算被测像元对相邻各像元的串音，按式(28)和式(29)求出：

$$CT(i\pm1,j)=\frac{V_{\mathrm{NB}}(i\pm1,j)}{V_{\mathrm{LC}}(i,j)}\times100\% \qquad \cdots\cdots(28)$$

$$CT(i,j\pm1)=\frac{V_{\mathrm{NB}}(i,j\pm1)}{V_{\mathrm{LC}}(i,j)}\times100\% \qquad \cdots\cdots(29)$$

该像元对相邻像元的平均串音按式(30)求出：

$$CT(i,j)=\frac{1}{4}[CT(i+1,j)+CT(i-1,j)+CT(i,j+1)+CT(i,j-1)] \cdots\cdots(30)$$

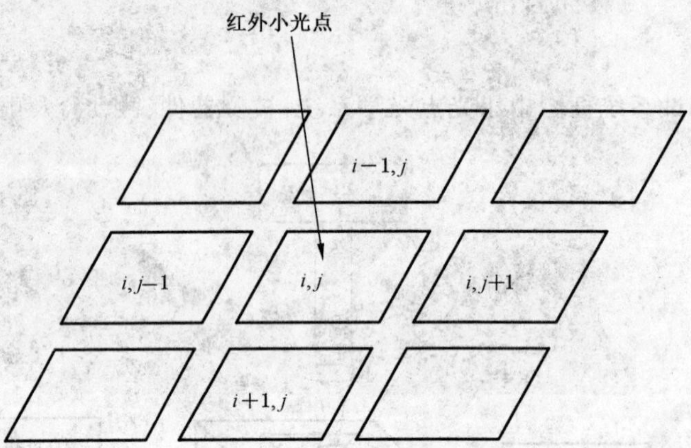

图 9 串音测试示意图

附 录 A
（规范性附录）
响应率的其他表示

A.1 像元能量响应率（pixel energy responsivity）

在动态范围内，像元每单位辐照能所产生的输出信号电压，符号为 $R_E(i,j)$，单位为伏特每焦耳（V/J）。由式（A.1）表示：

$$R_E(i,j)=\frac{V_S(i,j)}{E}=\frac{V_S(i,j)}{P\times\tau} \qquad \cdots\cdots(A.1)$$

式中：

$V_S(i,j)$——第 i 行第 j 列像元对应于辐照能量 E 的响应电压，单位为伏特（V）；

E——第 i 行第 j 列像元所受的辐照能，单位为焦耳（J）；

P——第 i 行第 j 列像元所受的辐照功率，单位为瓦特（W）；

τ——积分时间，单位为秒（s）。

A.2 像元电流响应率（pixel current responsivity）

红外焦平面在一定帧周期或行周期条件下，在动态范围内，像元每单位辐照功率所产生的信号电流，符号为 $R_A(i,j)$，单位为安培每瓦（A/W）。由式（A.2）表示：

$$R_A(i,j)=\frac{i_S(i,j)}{P} \qquad \cdots\cdots(A.2)$$

式中：

$i_S(i,j)$——第 i 行第 j 列像元对应于辐照功率 P 的响应电流，单位为安培（A）。

A.3 像元电荷响应率（pixel charge responsivity）

红外焦平面在一定帧周期或行周期条件下，在动态范围内，像元每单位辐照功率所产生的信号电荷，符号为 $R_Q(i,j)$，单位为库仑每瓦（C/W）。由式（A.3）表示：

$$R_Q(i,j)=\frac{Q_S(i,j)}{P} \qquad \cdots\cdots(A.3)$$

式中：

$Q_S(i,j)$——第 i 行第 j 列像元对应于辐照功率 P 的响应电荷，单位为库仑（C）。

附 录 B
（规范性附录）
空间噪声

B.1 空间噪声

由于焦平面像元响应的不均匀分布，在信号顺序读出时，转换为随时间的涨落，表现为噪声，这种噪声称为空间噪声。引入空间噪声后，由2.22和2.23定义的噪声均为时间噪声。焦平面的总噪声由时间噪声和空间噪声两部分构成。

B.2 空间噪声电压(spatial noise voltage)

响应率不均匀性 U_R 与平均黑体响应电压 $\overline{V}_S$ 的乘积，符号为 V_{SP}，单位为伏特(V)。由式(B.1)表示：

$$V_{SP}=U_R\times\overline{V}_S \qquad \cdots\cdots(B.1)$$

B.3 焦平面总噪声电压(focal plane total noise voltage)

平均噪声电压 $\overline{V}_N$ 与空间噪声电压 V_{SP} 的均方根和，符号为 V_{TOT}，单位为伏特(V)。由式(B.2)表示：

$$V_{TOT}=\sqrt{\overline{V}_N^2+V_{SP}^2} \qquad \cdots\cdots(B.2)$$

B.4 两维探测率(two-dimensional detectivity)

计入空间噪声的探测率为两维探测率。

平均响应率 $\overline{R}$ 与总噪声电压 V_{TOT} 之比，并折算到单位带宽与单位像元面积之积的平方根值，符号 D^{**}，单位为厘米赫兹$^{1/2}$每瓦($cm\cdot Hz^{1/2}/W$)。由式(B.3)表示：

$$D^{**}=\sqrt{\frac{A_D}{2\tau}}\times\frac{\overline{R}}{V_{TOT}} \qquad \cdots\cdots(B.3)$$

附 录 C
（资料性附录）
备用特性参数及相关量

C.1 视场角(field of view)

以焦平面像元区的中心位置为中心，像元面法线方向为轴，受圆筒形冷屏限制，所张的立体角，符号为 FOV。对于线列器件，冷屏为椭圆形、矩型等截面时，需分别标出长轴与短轴的视场角，计算等效立体角。

C.2 占空因子(fill factor)

像元光敏面积 A_D 除以相邻像元的横向中心距 D_X 与纵向中心距 D_Y 之乘积，符号为 FF。由式(C.1)表示：

$$FF=\frac{A_D}{D_X\times D_Y} \qquad \cdots\cdots(\text{C.1})$$

C.3 量子效率(quantum efficiency)

在动态范围内，像元积累的信号电荷数与入射光子数的百分比，符号为 η，单位为%。

C.4 像元非线性度 (pixel non-linearity)

在动态范围内，像元响应率 $R(i,j)$ 变化的百分数，符号为 $NL(i,j)$，单位为%。由式(C.2)表示：

$$NL(i,j)=\frac{\Delta R(i,j)}{R(i,j)}\times 100\% \qquad \cdots\cdots(\text{C.2})$$

式中：

$\Delta R(i,j)$——第 i 行第 j 列像元在动态范围内响应率的最大变化量，单位为伏特每瓦(V/W)；

$R(i,j)$ ——第 i 行第 j 列像元的响应率值，单位为伏特每瓦(V/W)。

C.5 平均非线性度(average non-linearity)

各有效像元非线性度的平均值，符号为 NL，单位为%，由式(C.3)表示：

$$NL=\frac{1}{M\times N-(d+h)}\sum_{i=1}^{M}\sum_{j=1}^{N}NL(i,j) \qquad \cdots\cdots(\text{C.3})$$

附 录 D
（资料性附录）
调制传递函数测试方法

D.1 测试系统

如图 D.1 所示，条状孔板作为目标，经标准光学系统聚焦，其像成在红外焦平面的像元上。红外焦平面输出信号由图 1 测试系统处理。

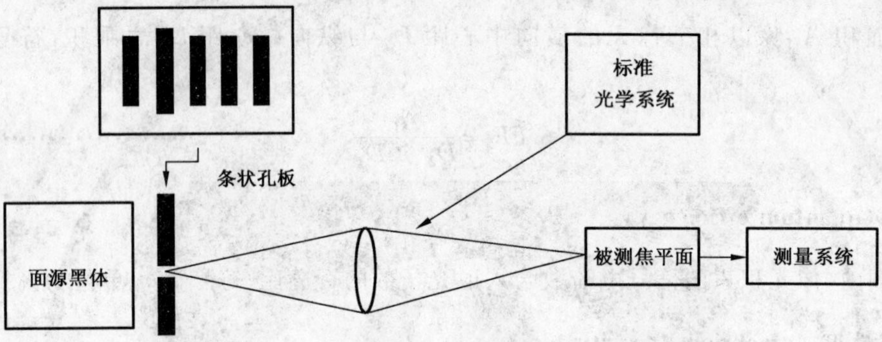

图 D.1 调制传递函数测试系统系统框图

D.2 测试条件

测试条件如下：

a) 条状孔板及面源黑体应分别进行温控。

b) 聚集在焦平面上的条状孔和条状板的像的宽度，分别为焦平面一个像元的宽度。

D.3 测试方法

条状孔板的像聚焦在焦平面上时，得到的焦平面某一行(列)相邻三像元的输出信号，如图 D.2 所示。调制传递函数按式(D.1)计算：

$$MTF=\frac{V_S-V_G}{V_S-V_0} \qquad \cdots\cdots(D.1)$$

式中：

$$V_S=\frac{V_1+V_2}{2} \qquad \cdots\cdots(D.2)$$

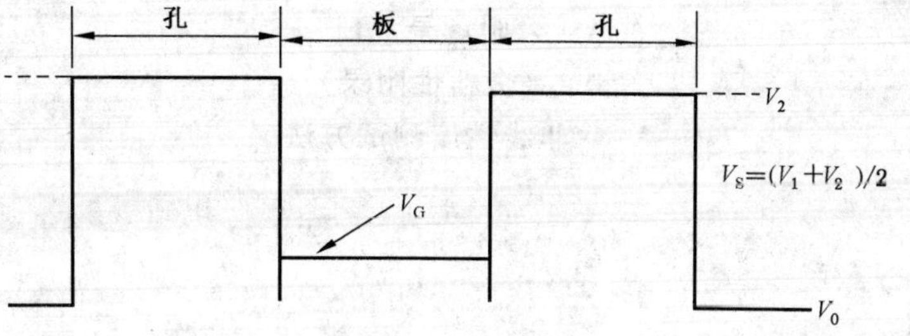

说明：

V_S——对应条状“孔”的像元信号的平均值，即对应面源黑体的平均信号；

V_G——对应条状“板”的像元信号值；

V_0——所有像元处于条状“板”状态时各像元信号的平均值。

图 D.2 红外焦平面某一行(列)相邻像元输出信号

D.4 说明

上述调制传递函数测试方法为一种近似的参考测试，反映在尼奎斯特频率下器件的 *MTF* 值。

附 录 E
（资料性附录）
非线性度测试方法

E.1 测试框图

测试框图见图 1。

E.2 测试条件

a) 黑体温度稳定，输出不加调制。
b) 黑体辐射应保证焦平面各像元均匀辐照。
c) 采用面源黑体测试时，黑体温度推荐从 5 ℃到 60 ℃变化（中波、长波红外焦平面器件），黑体温度选择采用规定温度（短波红外焦平面器件），间隔不同温度测量点不少于 16 点。
d) 采用点源黑体测试时，黑体温度选择从环境温度到规定温度变化，间隔不同温度测量点不少于 16 点。

注：测试黑体温度变化不能满足非线性度要求时，可根据输出响应信号线性区间的要求调整黑体温度范围和积分时间。

E.3 测试方法

a) 按图 1 连接测试系统，进行系统预置。
b) 调节测试系统，使器件处于正常工作状态。
c) 利用图 1 所示的测试系统，通过改变黑体温度，测出不同黑体温度条件下的平均响应响应率，得到平均响应率与不同辐照功率 P 之间相应关系，各点的(R_i，P_i)坐标线形关系，按最小二乘法，拟合出一条直线。

E.4 计算

a) 计算动态范围内各测量温度点的平均响应率 R 与对应拟合直线上得到响应率 R' 的差值 ΔR，即

$$\Delta R_i = R_i - R'_i \qquad \cdots\cdots (E.1)$$

b) 计算动态范围内各测量点的偏差百分比，取各偏差百分比中最大值为非线性度，即

$$NL = \max \frac{\Delta R'_i}{R_i} \times 100\% \qquad \cdots\cdots (E.2)$$

E.5 说明

上述非线性度测试方法为一种近似的参考测试。

附 录 F
（规范性附录）
一种推荐算法

图 F.1 为一种推荐计算死像元、过热像元及平均响应率$\overline{R}$、平均噪声电压$\overline{V_N}$的计算方法。

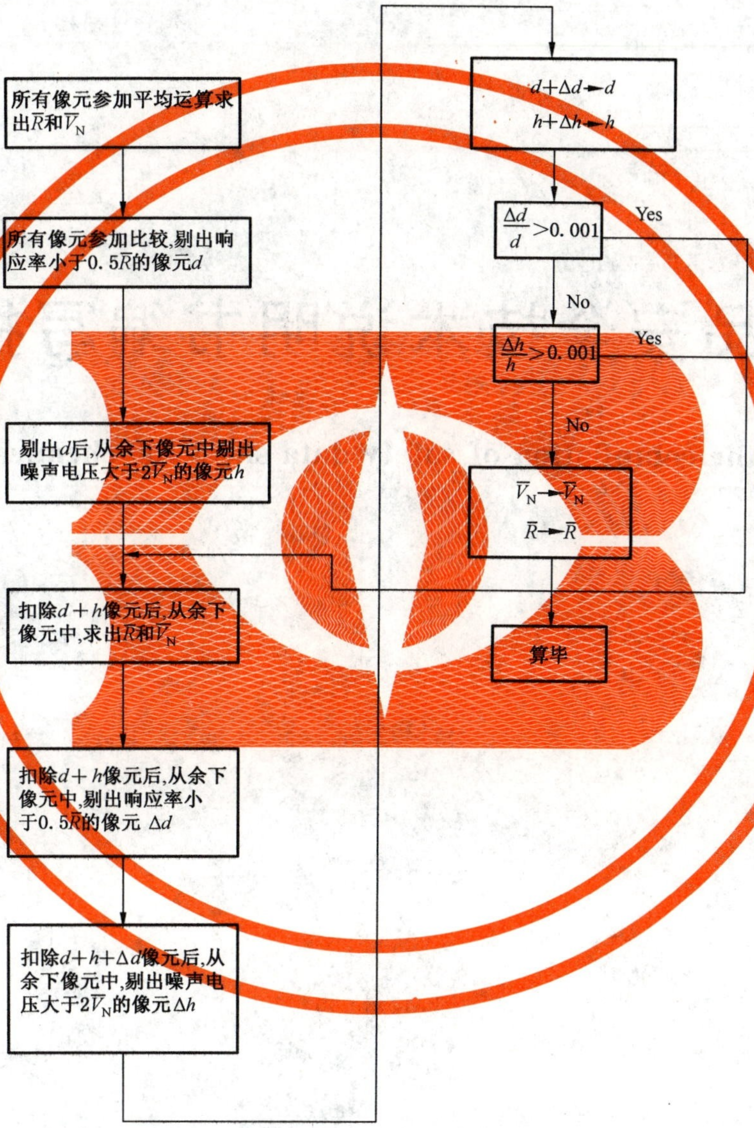

图 F.1 一种推荐算法

ICS 01.040.71;71.040.40
G 04

中华人民共和国国家标准

GB/T 17519—2013
代替 GB/T 17519.2—2003

化学品安全技术说明书编写指南

Guidance on the compilation of safety data sheet for chemical products

2013-09-06 发布　　2014-01-31 实施

中华人民共和国国家质量监督检验检疫总局
中国国家标准化管理委员会　发布

前　言

本标准按照GB/T 1.1—2009给出的规则起草。

本标准代替GB/T 17519.2—2003《化学品安全资料表 第2部分:编写细则》,与GB/T 17519.2—2003相比,主要技术变化如下:

——标准名称改为《化学品安全技术说明书编写指南》;

——对格式和书写要求进行了修改(见第4章、第5章,2003年版的第3章);

——针对化学品安全技术说明书(Safety data sheet for chemical products,SDS)16部分及其各小项内容的编写提出了更详细的要求(见第3章,2003年版的第4章);

——增加了《全球化学品统一分类和标签制度(全球统一制度)》(GHS)分类和标签要素(见3.2.2、3.2.3);

——调整了化学品安全技术说明书样例(见附录A,2003年版的附录A);

——增加了化学品安全技术说明书编写参考数据源(见附录B)。

本标准由中国石油和化学工业联合会提出。

本标准由全国化学标准化技术委员会(SAC/TC 63)归口。

本标准负责起草单位:国家安全生产监督管理总局化学品登记中心。

本标准参加起草单位:中国化工经济技术发展中心、上海化工研究院、中国石油化工股份有限公司青岛安全工程研究院、中国检验检疫科学研究院。

本标准主要起草人:李运才、杨建海、李永兴、杨一、李晞、郭宗舟、陈军、陈金合。

本标准所代替标准的历次版本发布情况为:

——GB/T 17519.2—2003。

引　言

GB/T 17519.2—2003《化学品安全资料表　第2部分:编写细则》为GB/T 17519.1—1998《化学品安全资料表　第1部分　内容和项目顺序》的配套标准,该标准规定了SDS的具体编写细则和固定格式。2008年,GB/T 16483—2008《化学品安全技术说明书　内容和项目顺序》发布实施,内容与被代替标准GB/T 17519.1—1998和GB 16483—2000《化学品安全技术说明书　编写规定》相比有较大改变,因此GB/T 17519.2—2003已不能适应GB/T 16483—2008对SDS编制的要求。本标准GB/T 17519—2013《化学品安全技术说明书编写指南》(以下简称《编写指南》)为GB/T 17519.2—2003的修订版,是GB/T 16483的配套实施标准。

本修订标准参考GHS第四修订版、欧盟化学品管理局《化学品安全技术说明书编写指南》(1.1版-2011.12)、美国国家标准ANSI Z400.1/Z 129.1—2010《工作场所有害化学品　危害评估、安全技术说明书和安全标签的编写》和日本化学工业协会《GHS应对指南　标签·化学品安全技术说明书编制指南》(2008年第2次修订版)等与编制SDS有关的国际和发达国家(地区)的法规、标准和指南文件,结合国内编制SDS的实际需要,进一步细化GB/T 16483对编制SDS提出的规定和要求,力求对SDS编制的规范性、准确性和完整性起指导作用。

化学品安全技术说明书编写指南

1 范围

本标准规定了SDS中16个部分内容的编写细则、SDS的格式、SDS的书写要求和计量单位要求。

本标准适用于SDS的编制。

2 规范性引用文件

下列文件对于本文件的应用是必不可少的。凡是注日期的引用文件,仅注日期的版本适用于本文件。凡是不注日期的引用文件,其最新版本(包括所有的修改单)适用于本文件。

GB 3100～3102 量和单位

GB 4839 农药中文通用名称

GB/T 11651 个体防护装备选用规范

GB 12268 危险货物品名表

GB 15258 化学品安全标签编写规定

GB/T 16483 化学品安全技术说明书 内容和项目顺序

GB/T 18664 呼吸防护用品的选择、使用与维护

GB 20576 化学品分类、警示标签和警示性说明安全规范 爆炸物

GB 20577 化学品分类、警示标签和警示性说明安全规范 易燃气体

GB 20578 化学品分类、警示标签和警示性说明安全规范 易燃气溶胶

GB 20579 化学品分类、警示标签和警示性说明安全规范 氧化性气体

GB 20580 化学品分类、警示标签和警示性说明安全规范 压力下气体

GB 20581 化学品分类、警示标签和警示性说明安全规范 易燃液体

GB 20582 化学品分类、警示标签和警示性说明安全规范 易燃固体

GB 20583 化学品分类、警示标签和警示性说明安全规范 自反应物质

GB 20584 化学品分类、警示标签和警示性说明安全规范 自热物质

GB 20585 化学品分类、警示标签和警示性说明安全规范 自燃液体

GB 20586 化学品分类、警示标签和警示性说明安全规范 自燃固体

GB 20587 化学品分类、警示标签和警示性说明安全规范 遇水放出易燃气体的物质

GB 20588 化学品分类、警示标签和警示性说明安全规范 金属腐蚀物

GB 20589 化学品分类、警示标签和警示性说明安全规范 氧化性液体

GB 20590 化学品分类、警示标签和警示性说明安全规范 氧化性固体

GB 20591 化学品分类、警示标签和警示性说明安全规范 有机过氧化物

GB 20592 化学品分类、警示标签和警示性说明安全规范 急性毒性

GB 20593 化学品分类、警示标签和警示性说明安全规范 皮肤腐蚀/刺激

GB 20594 化学品分类、警示标签和警示性说明安全规范 严重眼睛损伤/眼睛刺激性

GB 20595 化学品分类、警示标签和警示性说明安全规范 呼吸或皮肤过敏

GB 20596 化学品分类、警示标签和警示性说明安全规范 生殖细胞突变性

GB 20597 化学品分类、警示标签和警示性说明安全规范 致癌性

GB 20598　化学品分类、警示标签和警示性说明安全规范　生殖毒性

GB 20599　化学品分类、警示标签和警示性说明安全规范　特异性靶器官系统毒性　一次接触

GB 20601　化学品分类、警示标签和警示性说明安全规范　特异性靶器官系统毒性　反复接触

GB 20602　化学品分类、警示标签和警示性说明安全规范　对水环境的危害

GBZ 2.1　工作场所有害因素职业接触限值　第1部分：化学有害因素

GBZ/T 195　有机溶剂作业场所个人职业病防护用品使用规范

ISO 1750　农药和其他农用化学品　通用名称（Pesticides and other agrochemicals—Common names）

《关于危险货物运输的建议书　规章范本》（UN Recommendations on the Transport of Dangerous Goods—Model Regulations）（联合国危险货物运输专家委员会）

《国际海运危险货物规则》（International Maritime Dangerous Goods Code）（国际海事组织）

3　编写要点

3.1　化学品及企业标识

3.1.1　化学品标识

化学品标识的填写应遵循以下原则：

a）标明化学品的中文名称和英文名称。中英文名称应与标签上的名称一致。化学品属于物质的可填写其化学名称或常用名（俗名）；属于混合物的可填写其商品名称或混合物名称；属于农药的应填写其通用名称。建议同时标注供应商为该化学品编写的产品代码。

b）中文化学名称应按照中国化学会推荐使用的无机化学命名原则和有机化学命名原则确定；英文化学名称应按照国际纯化学和应用化学联合会（IUPAC）推荐使用的IUPAC命名法确定。英文化学名称过长可使用其缩写，但应在SDS的第3部分——成分/组成信息中给出其全称。

c）农药的中英文通用名称应分别按照GB 4839和ISO 1750填写。

3.1.2　企业标识

应详细标明供应商的名称、地址、电话号码和电子邮件地址。编写时应注意：

a）地址应完整，包括省（直辖市、自治区）、市、区（县）和街道名称，门牌号码，以及邮政编码。

b）所提供的电话号码（可同时提供传真电话号码），应为供应商SDS责任部门的电话号码。

c）所提供的电子邮件地址，应为供应商SDS责任部门的电子邮件地址。电子邮件地址宜设为专用和共用（非个人），以方便多人使用和核查（例如：SDS@companyX.com）。

3.1.3　应急咨询电话

编写本项时应注意：

a）应提供供应商的24 h化学事故应急咨询电话或供应商签约委托机构的24 h化学事故应急咨询电话。

b）对于国外进口的化学品，应提供至少1家中国境内的24 h化学事故应急咨询电话。

3.1.4　化学品的推荐用途和限制用途

本项的填写内容包括：

a）提供化学品的推荐或预期用途，包括其实际应用的简要说明，如用作阻燃剂、用作抗氧化剂等。

b）应尽可能说明化学品的使用限制，包括非法定的供应商建议的使用限制。

3.2 危险性概述

3.2.1 紧急情况概述

紧急情况概述描述在事故状态下化学品可能立即引发的严重危害，以及可能具有严重后果需要紧急识别的危害，为化学事故现场救援人员处置时提供参考。编写本项应注意的事项如下：

a) 本项应置于 SDS 第 2 部分——危险性概述的起始位置，可使用醒目字体或加边框。

b) 必要时，描述化学品的物理状态等，例如颜色、形状、气味，以及蒸气的颜色等。

c) 化学品的以下性质（但不限于），可作为事故状态下可能立即引发严重危害或具有严重后果需要紧急识别的危害列入本项：

   1) 化学品具有易燃易爆特性；
   2) 化学品具有重大或特殊的火灾或爆炸危险性（如可扩散到点火源，能够形成爆炸性混合物，可燃粉尘爆炸危险等）；
   3) 属于氧化剂、有机过氧化物、自燃物；
   4) 化学品不稳定（反应）或遇水反应；
   5) 可引发重大反应性危害（例如与水或有机物发生失控反应，自然分解等）；
   6) 在压力状态下搬运或处置化学品（例如压缩气体、液化气体等）；
   7) 化学品的使用过程产生危害（例如加热过程发生热烧伤，加工过程释放有害化学品或产生其他危害）；
   8) 属于剧毒或有毒化学品，进入人体（如吸入）后产生严重危害（如为强烈的中枢神经系统抑制剂，可引起中毒性肺水肿等）；
   9) 接触后必须立即进行特殊医疗救治（例如接触氢氟酸、氰化物中毒等）；
   10) 化学品能引起组织灼伤（例如对皮肤、眼睛和呼吸道具有腐蚀作用）；
   11) 化学品对眼和（或）皮肤有强烈刺激性；
   12) 化学品对皮肤或呼吸道有致敏性；
   13) 化学品属于确认、可能或可疑致癌物（例如 GHS 分类为类别 1A、类别 1B 或类别 2 致癌物；国际癌症研究机构（IARC）分类为 G1、G2A 或 G2B 类致癌物）；
   14) 化学品对水生生物有高毒性（例如在低浓度下能够导致鱼、藻或溞类等水生生物死亡）；
   15) 化学品具有环境持久性[例如多氯联苯（PCB）、汞等]。

示例：

紧急情况概述： 无色液体，遇水剧烈反应产生有毒和腐蚀性蒸气。对身体各部位组织有强烈腐蚀性。食入或吸入可致死。过量接触后需采取特殊急救措施和进行医疗随访。本品不燃，但可与多数金属反应产生可燃性气体。

3.2.2 危险性类别

编写本项时应注意的事项有：

a) 填写依据相关国家标准（见 GB 20576～GB 20599，GB 20601，GB 20602 等）对化学品进行危险性分类的结果。对于国家有关目录已经统一分类的化学品，其危险性分类应采用目录分类的结果。

b) 应根据危险性分类结果，标明化学品的物理、健康和环境危害的危险性种类和类别。

示例：

GHS 危险性类别：

易燃液体 类别 2
急性毒性-经口 类别 3
急性毒性-经皮 类别 3
急性毒性-吸入 类别 3
特异性靶器官系统毒性-一次接触 类别 1
对水环境的危害-急性毒性 类别 1

3.2.3 标签要素

编写本项时应注意：

a) 根据分类提供适当的标签要素。

b) 提供的标签要素应符合 GB 20576～GB 20599,GB 20601,GB 20602 及 GB 15258 等标准的相关规定。

c) SDS 标签要素的内容应与化学品安全标签上的要素内容一致。

示例：

标签要素：

象形图：

信号词：危险。

危险性说明：极易燃液体和蒸气，食入致死，对水生生物毒性非常大。

防范说明：

预防措施：

——远离热源、火花、明火、热表面。使用不产生火花的工具作业。

——保持容器密闭。

——采取防止静电措施，容器和接收设备接地、连接。

——使用防爆电器、通风、照明及其他设备。

——戴防护手套、防护眼镜、防护面罩。

——操作后彻底清洗身体接触部位。

——作业场所不得进食、饮水、吸烟。

——禁止排入环境。

事故响应：

——皮肤(或头发)接触：立即脱掉所有被污染的衣着，用水冲洗皮肤、淋浴。

——食入：催吐，立即就医。

——收集泄漏物。

——火灾时，使用干粉、泡沫、二氧化碳灭火。

安全储存：

——在阴凉、通风良好处储存。

——上锁保管。

废弃处置：

——本品或其容器采用焚烧法处置。

3.2.4 物理和化学危险

简要描述化学品潜在的物理和化学危险性，例如燃烧爆炸的危险性、金属腐蚀性等。填写本项内容时注意与 SDS 第 2 部分——危险性概述中的紧急情况概述和危险性类别项，第 9、10 等部分的相关内容相对应。

3.2.5 健康危害

编写本项时应注意的事项有：

a) 提供的信息为人接触化学品后所引起的有害健康影响(包括人接触化学品后出现的症状、体征,以及能够加重病情的原有疾患等);或外推及人很可能出现同样有害影响的非人类研究结果。支持性毒理学和流行病学等资料和数据宜在 SDS 的第 11 部分——毒理学信息中描述。

b) 本项内容宜包括以下要素：

1) 接触途径(如吸入、皮肤接触、眼睛接触、食入);
2) 接触的频率和持续时间(如一次、反复、终生);
3) 有害影响的严重程度(如轻度、中度或重度);
4) 靶器官(如肝脏、肾脏、肺、皮肤等);
5) 效应的类型(如刺激、皮肤过敏反应、出生缺陷、肿瘤、血液影响等);
6) 接触后出现的症状和体征;
7) 已知接触后能导致病情加重的疾患;
8) 能够增强毒性的与其他化学品的交互作用(例如甲基乙基酮能够增强正己烷的神经毒性)。

c) 对于混合物中能引起危害的特定成分,可在本项或 SDS 的其他部分(例如第 11 部分)中说明。

d) 如果资料表明化学品没有显著的健康影响,可在本项或 SDS 的第 11 部分内说明。

示例：

健康危害：

吸入:可经肺部迅速吸收。可引起肝、肾损害。过量吸入可引起中枢神经系统抑制,出现倦睡、意识障碍。引起心律不齐。

食入:食入无毒。

慢性影响:长期或反复过量接触,可引起肝、肾损害。动物研究显示有致癌性。IARC 列为可能致癌物(G2A)。大鼠试验未发现有显著生殖毒性。

皮肤:长期接触可引起皮肤刺激。一次或长期接触未见引起本品有害剂量的皮肤吸收。

眼睛:可引起轻度刺激。

症状和体征:眼和皮肤刺激见发红、肿胀;倦睡或意识障碍;心律不齐;肾损害可见尿量和尿液外观改变,水肿(体液蓄积);肝损害可见食欲不振、黄疸(皮肤发黄),偶见上腹疼痛。

3.2.6 环境危害

编写本项应注意的事项有：

a) 描述化学品的显著环境危害,语言简洁易懂。有关支持性资料或数据,可在 SDS 的第 12 部分——生态学信息中提供。

b) 混合物中能引起环境危害的特定成分,可在本项或 SDS 第 12 部分中说明。

c) 如果资料表明化学品没有显著的环境影响,可在本项或 SDS 第 12 部分中说明。

示例 1:

对水生生物有毒。可能对水生环境造成长期有害影响。

示例 2:

藻类试验未发现有显著毒性效应。

3.2.7 其他危害

本项应描述 GHS 危险性分类没有包括的其他危害特性(这些危害特性也可在 SDS 第 2 部分的物理和化学危险、健康危害或环境危害项中分别表述)。以下 GHS 没有包括的危险特性(但不限于),可在本项内表述：

a） 物理和化学危险：粉尘爆炸。

b） 健康危害：窒息、冻伤、交叉致敏、光毒性反应。

c） 环境危害：属于持久性、生物累积性和毒性（PBT）化学品或高持久性和高生物累积性（vPvB）化学品，内分泌干扰物，粉尘污染，恶臭污染，淬火或加工过程中产生的空气污染物，光化学臭氧生成潜势，对土壤生物的危害。

示例：

其他危害：

本品属于高持久性和高生物累积性（vPvB）物质。

3.3 成分/组成信息

3.3.1 物质

属于物质填写时应注意：

a） 按照3.1.1的要求注明物质的名称。

b） 提供物质的美国化学文摘登记号（CAS号）及其他标识符。

c） 应列明包括对该物质的危险性分类产生影响的杂质和稳定剂在内的所有危险组分的名称，以及浓度或浓度范围。

3.3.2 混合物

属于混合物填写时应注意：

a） 不必列明混合物的所有组分。

b） 如果按照GHS标准被分类为危险的组分，且其含量等于或大于浓度限值（见表1），应列出其名称、浓度或浓度范围。

表1 混合物健康及环境危害组分浓度限值

危险性种类		浓度限值 %
急性毒性		≥1.0
皮肤腐蚀/刺激		≥1.0
严重眼睛损伤/眼睛刺激性		≥1.0
呼吸或皮肤过敏		≥0.1
生殖细胞突变性	类别1	≥0.1
	类别2	≥1.0
致癌性		≥0.1
生殖毒性		≥0.1
特异性靶器官系统毒性-一次接触		≥1.0
特异性靶器官系统毒性-反复接触		≥1.0
吸入危害	类别1	≥10和运动黏度≤20.5 mm^2/s(40 ℃)
	类别2	≥10和运动黏度≤14 mm^2/s(40 ℃)
对水环境的危害		≥1.0

c) 按照3.1.1的要求提供列出组分物质的名称。

d) 按照递减顺序标注组分的质量或体积分数或浓度范围。

e) 除保密组分外,应提供列出组分的美国化学文摘登记号(CAS号)及其他标识符。

示例:

第3部分 成分/组成信息

组 分	浓度或浓度范围(质量分数,%)	CAS No.
××××××	5～10	×××-××-×
×××××	1～5	××××-××-×
×××××	1～5	×××××-××-×

f) 对于混合物中供应商需要保密的组分,根据需要保密的具体情况,组分的真实名称、CAS号可不写,但应在SDS的相关部分列明其危险性。

3.4 急救措施

3.4.1 急救措施的描述

编写本项应注意的事项有:

a) 根据化学品的不同接触途径,按照吸入、皮肤接触、眼睛接触和食入的顺序,分别描述相应的急救措施。如果存在除中毒、化学灼伤外必须处置的其他损伤(例如低温液体引起的冻伤,固体熔融引起的烧伤等),也应说明相应的急救措施。

示例:

急救:

吸入:迅速脱离现场至空气新鲜处。保持呼吸道通畅。如呼吸困难,给输氧。呼吸、心跳停止,立即进行心肺复苏术。立即就医。

皮肤接触:立即脱去污染的衣着,用大量流动清水彻底冲洗,冲洗时间至少15 min。立即就医。

眼睛接触:立即分开眼睑,用流动清水或生理盐水彻底冲洗,冲洗时间一般为5 min～10 min。立即就医。

食入:漱口,禁止催吐。立即就医。

b) 所提出的急救措施,应与SDS的第2部分中健康危害项的内容相互对应。

c) 所提出的急救措施,应与标签上描述的急救措施保持一致。

d) 急救措施应由医学专业人员根据化学品的健康危害特性,逐一评估、确定。

e) 应就以下事项(但不限于)提出建议:

1) 是否应将接触者从现场转移至空气新鲜处;

2) 是否需要脱去接触者的衣着和对污染衣着进行处置;

3) 是否需要清除身体接触的毒物,如体表污染毒物或食入毒物的清除;

4) 是否需要立即就医。

3.4.2 最重要的症状和健康影响

简要说明接触化学品后可能出现的急性和迟发性效应,应描述最重要的症状和健康影响。

3.4.3 对保护施救者的忠告

必要时,应就施救人员的自我保护提出建议。

示例:

对保护施救者的忠告:进入事故现场应佩戴携气式呼吸防护器。

3.4.4 对医生的特别提示

适当时，作为对医生的特别提示应就迟发性效应的临床检查和医学监护、特殊解毒剂的使用及禁忌证、药品禁忌、气道正压通气的使用、是否需要洗胃等作出说明。不宜使用“无特效解毒剂”等词语，以免引起中毒患者对化学品毒性的焦虑和误解。

本项内容应由医学专业人员评估、确定。

示例1：

对医生的特别提示：禁止使用肾上腺素。

示例2：

对医生的特别提示：本品无胆碱酯酶抑制作用，阿托品和肟类药物不能作为本品中毒的解毒剂使用。

3.5 消防措施

3.5.1 灭火剂

本项内容包括：

a) 适用灭火剂：使用简洁的语言标明适用的灭火剂。适用灭火剂的选用可参考有关专业书籍；部分化学品火灾适用灭火剂的选用参见 GB 17914、GB 17915 和 GB 17916。

示例1：

使用泡沫、CO_2 或干粉灭火。

b) 不适用灭火剂：注明不适用的灭火剂，包括那些可能与着火物质发生化学反应或急剧的物理变化而导致其他危害的灭火剂(如某些物质遇水反应释放出可燃或有毒气体)。建议填写灭火剂不适用的原因。

示例2：

用水灭火无效。

示例3：

避免使用直流水灭火，直流水可能导致可燃性液体的飞溅，使火势扩散。

3.5.2 特别危险性

本项应提供在火场中化学品可能引起的特别危害方面的信息。例如：

a) 化学品燃烧可能产生的有毒有害燃烧产物。

b) 遇高热容器内压缩气体(或液体)急剧膨胀，或发生物料聚合放出热量，导致容器内压增大引起开裂或爆炸。

示例：

特别危险性：燃烧产生有毒的硫或氮的氧化物气体。

3.5.3 灭火注意事项及防护措施

本项提供的信息应包括：

a) 灭火过程中采取的保护行动。例如隔离事故现场，禁止无关人员进入；消防人员应在上风向灭火；喷水冷却容器等。

b) 消防人员应穿戴的个体防护装备。包括消防靴、消防服、消防手套、消防头盔，以及呼吸防护装备(如携气式呼吸器)等。

c) 在填写本项时，应包括泄漏物和消防水对水源和土壤污染的可能性，以及减少这些环境污染应采取的措施等方面的信息。

3.6 泄漏应急处理

3.6.1 人员防护措施、防护装备和应急处置程序

包括：

a) 非应急人员穿戴的防护装备(参见 SDS 第 8 部分)。

b) 应急人员穿戴的防护装备。

c) 火源控制措施。

d) 现场警戒区的划定及人员疏散。

e) 泄漏源控制措施。

f) 泄漏物的控制等。

示例：

人员防护措施、防护装备和应急处置程序：

消除所有点火源；

根据液体流动和蒸气扩散的影响区域划定警戒区，无关人员撤离至安全区；

建议应急处理人员戴正压携气式呼吸器，穿防静电服，戴橡胶耐油手套；

作业时使用的所有设备应接地；

禁止接触或跨越泄漏物；

尽可能切断泄漏源。

3.6.2 环境保护措施

提出与化学品意外泄漏事故有关的环境保护措施建议。

示例：

环境保护措施：本品为水污染物，防止进入下水道、地表水和地下水。

3.6.3 泄漏化学品的收容、清除方法及所使用的处置材料

提出收容和清除泄漏物的方法及所使用处置材料的有关建议：

a) 收容方法：包括筑堤堵截，用防爆泵转移等。

b) 清除方法：包括中和、净化、吸附、洗消等。

c) 收容或清除设备的使用(包括使用不产生火花的工具和设备)。

d) 与泄漏处置有关的其他问题，例如不宜采用的收容或清除技术。

示例：

泄漏化学品的收容、清除方法及所使用的处置材料：

小量泄漏：用活性炭或其他惰性材料吸附。

大量泄漏：构筑围堤或挖坑收容。用泡沫覆盖，抑制蒸发。用防爆泵转移至槽车或专用收集器内，回收或运至废物处理场所处置。

3.6.4 防止发生次生灾害的预防措施

包括消除点火源，防止泄漏物进入下水道和地下室等。

3.7 操作处置与储存

3.7.1 操作处置

本项填写内容包括：

a） 就化学品安全处置的注意事项和措施提出建议。包括：

1） 防止人员接触化学品：应填写除 SDS 第 8 部分——接触控制/个体防护要求填写内容以外的防止人员接触的注意事项和措施。个体防护等措施可在此项内注明“参见 SDS 的第 8 部分”。

2） 防火防爆：应填写防止火灾、爆炸等操作处置上的注意事项和措施。

3） 局部或全面通风：填写在操作处置化学品时采用局部通风或全面通风措施的必要性。

4） 防止产生气溶胶和粉尘：填写在操作处置化学品时防止产生气溶胶和粉尘的注意事项和措施。

5） 防止接触禁配物（不相容物质或混合物）：填写防止直接接触禁配物的特殊处置注意事项。

b） 一般卫生要求建议。例如：

1） 禁止在工作场所进饮食；

2） 使用后洗手；

3） 进入餐饮区前脱掉污染的衣着和防护装备。

示例：

操作处置：

密闭操作，防止蒸气泄漏到工作场所空气中；

避免眼和皮肤的接触，避免吸入蒸气，个体防护措施参见第 8 部分；

操作处置应在具备局部通风或全面通风换气设施的场所进行；

室外操作处置尽可能在上风向进行；

远离火种、热源，工作场所严禁吸烟；

使用防爆型的通风系统和设备；

灌装时应控制流速，且有接地装置，防止静电积聚；

避免与氧化剂接触；

使用后洗手，禁止在工作场所进饮食，进入餐饮区前脱掉污染的衣着和防护装备。

3.7.2 储存

编写本项时应注意：

a） 安全储存条件：填写该化学品适合的和应避免的储存条件，应符合下列要求：

1） 所提出的安全储存条件应符合有关标准的规定。如：GB 15603、GB 17914、GB 17915 和 GB 17916 等。

2） 在具体描述安全储存条件（适合的储存条件和不适合的储存条件）时，应考虑以下各项内容：

——库房及温湿度条件，包括要求库房阴凉、通风，库房温度、湿度不得超过某一规定数值等；

——安全设施与设备，包括防火、防爆、防腐蚀、防静电以及防止泄漏物扩散的措施；

——禁配物；

——添加抑制剂或稳定剂的要求；

——其他要求：包括储存仓库（或容器）的具体设计、储存限量等。

b） 包装材料：填写适合和不适合该化学品的包装材料。

示例：

储存：

储存于阴凉、通风良好的专用库房内；

通常加有稳定剂；

远离火种、热源；

库温不宜超过 37 ℃；
应与氧化剂、酸类、碱类分开存放，切忌混储；
采用防爆型照明、通风设施；
禁止使用易产生火花的机械设备和工具；
储区应备有泄漏应急处理设备和合适的收容材料。

3.8 接触控制和个体防护

3.8.1 职业接触限值

列出物质或混合物组分的职业接触限值。编写本项时应注意以下几点：

a) 准确填写 GBZ 2.1 的工作场所空气中化学物质容许浓度值，包括最高容许浓度（MAC）、时间加权平均容许浓度（PC-TWA）和短时间接触容许浓度（PC-STEL）。

b) 对于国内尚未制定职业接触限值的物质，可填写国外发达国家规定的该物质的职业接触限值。例如美国政府工业卫生学家会议（ACGIH）的阈限值（TLV），包括阈限值-时间加权平均浓度（TLV-TWA）、阈限值-短时间接触限值（TLV-STEL）和阈限值-上限值（TLV-C）。

c) 如果预计化学品的使用过程中能够产生其他空气污染物，应列出这些污染物的职业接触限值。

d) 在填写职业接触限值时，应注意不要遗漏标识内容，以保持职业接触限值的完整性。例如 GBZ 2.1 使用的以下标识：

1) 皮——表示该物质通过完整的皮肤吸收引起全身效应；
2) 敏——表示该物质可能有致敏作用；
3) G1、G2A、G2B——国际癌症研究机构（IARC）的致癌性分级。

e) 列出职业接触限值的化学品的名称，应与 SDS 第 3 部分——成分/组成信息填写的名称一致。

f) 如有可能，注明职业接触限值的出处和发布时间。

示例 1：

职业接触限值：

组分名称	标准来源	类　型	标准值	备　注
丙烯腈	GBZ 2.1—2007	PC-TWA	1 mg/m^3	皮[a]，G2B[b]
		PC-STEL	2 mg/m^3	

[a] 皮——通过完整的皮肤吸收引起全身效应。
[b] G2B——国际癌症研究机构致癌性分级：可疑人类致癌物。

示例 2：

职业接触限值：

组分名称	标准来源	类　型	标准值	备　注
二氯乙酸	ACGIH(2009)	TLV-TWA	0.5 ppm	皮[a]，A3[b]

[a] 皮——经皮肤吸收可引起全身效应。
[b] A3——ACGIH 致癌性分类：确定的动物致癌物，但与人类的相关性未知。

3.8.2 生物限值

列出物质或混合物组分的生物限值。编写本项时应注意以下几点：

a) 准确填写国内已制定标准规定的生物限值。

b) 对于国内未制定生物限值标准的物质，可填写国外尤其是发达国家规定的该物质的生物限值。

例如 ACGIH 制定的生物限值(BEIs)。

c) 列出的具有生物限值化学品的名称,应与 SDS 第 3 部分——成分/组成信息填写的名称一致。

d) 如有可能,注明生物限值的出处和发布时间。

示例 1:

生物接触限值:

<table>
<tr><th>组分名称</th><th>标准来源</th><th>生物监测指标</th><th>生物限值</th><th>采样时间</th></tr>
<tr><td rowspan="3">甲苯</td><td rowspan="3">WS/T 110—1999</td><td>尿中马尿酸</td><td>1 mol/mol 肌酐(1.5 g/g 肌酐)或 11 mmol/L[a](2.0 g/L)</td><td>工作班末(停止接触后)</td></tr>
<tr><td rowspan="2">终末呼出气甲苯</td><td>20 mg/m^3</td><td>工作班末(停止接触后 15 min～30 min)</td></tr>
<tr><td>5 mg/m^3</td><td>工作班前</td></tr>
<tr><td colspan="5">[a] 尿校正相对密度为 1.020。</td></tr>
</table>

示例 2:

生物接触限值:

组分名称	标准来源	生物监测指标	生物限值	采样时间
二甲苯	ACGIH(2009)	尿中甲基马尿酸	1.5 g/g 肌酐	班末

3.8.3 监测方法

如有可能,提供职业接触限值和生物限值的监测方法,以及监测方法的来源。

示例:

监测方法:

空气中有毒物质测定方法:GBZ/T 160.42 中规定的溶剂解析-气相色谱法、热解析-气相色谱法、无泵型采样-气相色谱法。

生物监测检验方法:WS/T 52 中规定的尿中马尿酸的分光光度测定法;WS/T 110 附录 A 中规定的呼出气中甲苯的气相色谱测定法。

3.8.4 工程控制

编写本项时应注意以下几点:

a) 应针对 SDS 第 1 部分——化学品及企业标识所述化学品的推荐用途,列明减少接触的工程控制方法。

b) 提出的工程控制措施,应符合国家有关标准的规定。如:GBZ 1、GBZ/T 194 等。

c) 注明在什么情况下需要采取特殊工程控制措施,并说明工程控制措施的类型。例如:

  1) 使用局部排风系统,保持空气中的浓度低于职业接触限值;

  2) 仅在密闭系统中使用;

  3) 仅在喷漆房内使用;

  4) 使用机械操作,减少人员与材料的接触;

  5) 采用粉尘爆炸控制措施。

d) 该项内容是对 SDS 第 7 部分内容的进一步补充。

3.8.5 个体防护装备

个体防护装备的使用应与其他控制措施(包括通风、密闭和隔离等)相结合,以将化学品接触引起疾患和损伤的可能性降至最低。本项应为个体防护装备的正确选择和使用提出建议。编写要点如下:

a) 个体防护装备的选择,应符合国家或行业的相关标准。包括:GB/T 11651、GB/T 18664 和 GBZ/T 195 等。

b) 根据化学品的危险特性和接触的可能性,提出推荐使用的个体防护装备。包括:

1) 呼吸系统防护:根据化学品的形态(气体、蒸气、雾或尘)、危险特性及接触的可能性,具体填写类型合适的呼吸防护装备,例如过滤式呼吸器及合适的过滤元件(滤毒盒或滤毒罐);

2) 眼面防护:根据眼面部接触的可能性,具体说明所需眼面护品的类型;

3) 皮肤和身体防护:根据化学品的危险特性及除手之外身体其他部位皮肤接触的可能性,具体说明需穿戴的个体防护装备[如防护服、防护鞋(靴)]的类型、材质等;

4) 手防护:根据化学品的危害特性及手部皮肤接触的可能性,具体说明所需防护手套的类型、材质等。

示例:

个体防护装备:

呼吸系统防护:空气中浓度超标时,佩戴过滤式防毒面具;应急情况下佩戴携气式呼吸器。

眼面防护:戴防腐蚀液护目镜。

皮肤和身体防护:穿橡胶耐酸碱服。

手防护:戴橡胶耐酸碱手套。

3.9 理化特性

理化特性内容的编写应注意:

a) 对于混合物,在不能获取其整体理化特性信息的情况下,应填写混合物中对其危险性有贡献组分的理化特性。应明确注明相关组分的名称,并与 SDS 第 3 部分——成分/组成信息填写的名称保持一致。

b) 填写的各项理化特性应与 SDS 其他各相关部分核对,以确保在内容上相互对应。

c) 如果具体特性不适用或无资料,仍应将其列入 SDS,并注明“不适用”或“无资料”。

d) 除 GB/T 16483 中要求列出的理化特性外,如有与化学品安全使用有关的其他理化特性数据,也应列出。例如:

1) 放射性;

2) 体积密度;

3) 热值;

4) 挥发性有机化合物(VOC)含量;

5) 软化点;

6) 黏度;

7) 挥发百分比;

8) 饱和蒸气浓度(包括温度);

9) 升华点;

10) 液体电导率;

11) 金属腐蚀速率;

12) 粉尘粒径/粉尘分散度;

13) 最小点火能(MIE);

14) 最小爆炸浓度(MEC)。

以上列出的各项如不适用或无资料,不必列入 SDS。

e) 必要时,应提供数据的测定方法和相关条件。例如:闪点:23 ℃(闭杯);运动黏度:0.65 mm^2/s(25 ℃)。

3.10 稳定性和反应性

3.10.1 稳定性

描述在正常环境下和预计的储存和处置温度和压力条件下,物质或混合物是否稳定。说明为保持物质或混合物的化学稳定性可能需要使用的任何稳定剂。说明物质或混合物的外观变化有何安全意义。

3.10.2 危险反应

说明物质或混合物能否发生伴有诸如压力升高、温度升高、危险副产物形成等现象的危险反应。危险反应包括(但不限于)聚合、分解、缩合、与水反应和自反应等。应注明发生危险反应的条件。

3.10.3 应避免的条件

列出可能导致危险反应的条件,如热、压力、撞击、静电、震动、光照等。

3.10.4 禁配物

编写注意事项有以下几点:

a) 列出物质或混合物的禁配物。当物质或混合物与这些禁配物接触时,能发生反应而引发危险(例如爆炸、有毒或可燃物质的释放、大量热释放等)。禁配物可为某些类别的物质、混合物,或者特定物质,例如水、空气、酸、碱、氧化剂等。

b) 在确定禁配物时,应考虑在产品的储存、使用或运输中接触到的材料、容器或污染物。

c) 为避免禁配物列出过多,有些在任何情况下都不可能接触到的禁配物不必列出。有时可以使用列出物质类别(如“芳烃类溶剂”)的方法来代替列出类别中的每一种物质。

d) SDS 的第 7 部分——操作处置与储存也涉及到禁配物,描述时应注意与该部分的相关内容保持一致。

3.10.5 危险的分解产物

列出已知和可合理预计会因使用、储存、泄漏或受热产生危险分解产物,例如可燃和有毒物质,窒息性气体等。分解产物一氧化碳、二氧化碳和水除外;有害燃烧产物应包括在第 5 部分消防措施中,不必在此项中列出。

示例:

第 10 部分 稳定性和反应性

稳定性:在正常环境温度下储存和使用,本品稳定。

危险反应:遇水或接触能与本品发生反应的物质,或温度超过 177 ℃,可引起聚合反应。聚合反应过程产生大量的二氧化碳和热,热积聚和压力升高可导致密封容器破裂。

应避免的条件:潮湿空气、高热和阳光直射。

禁配物:水、胺类、强碱、醇类和铜合金等。

危险分解产物:遇高热产生氰化氢、异氰酸酯、异氰酸和其他不明化合物。

3.11 毒理学信息

编写本部分应注意的事项包括:

a) 所提供的信息应能用来评估物质、混合物的健康危害和进行危险性分类。这些信息包括：
   1) 人类健康危害资料(例如流行病学研究、病例报告或人皮肤斑贴试验等)；
   2) 动物试验资料(例如急性毒性试验、反复染毒毒性试验等)；
   3) 体外试验资料(例如体外哺乳动物细胞染色体畸变试验、Ames试验等)；
   4) 结构-活性关系(SAR)[例如定量结构-活性关系(QSAR)]。
b) 为SDS的第2部分——危险性概述中的健康危害分类提供支持性毒理学信息。
c) 对于动物试验数据，应简明扼要地填写试验动物种类(性别)，染毒途径(经口、经皮、吸入等)、频度、时间和剂量等方面的信息。对于中毒病例报告和流行病学调查信息，应分别描述。
d) 应按照不同的接触途径(例如吸入、皮肤接触、眼睛接触、食入)提供有关接触物质或混合物后引起毒性作用(健康影响)方面的信息。
e) 与物质或混合物的健康危害的危险性分类相对应，分别描述一次性接触、反复接触与连续接触所产生的毒性作用(健康影响)。迟发效应和即刻效应应分开描述。描述人接触化学品对健康的急慢性影响和症状；如不能获取人类资料，应使用动物试验资料概括说明化学品的毒性作用，但要标明试验动物的品种。应注明毒理学资料是基于人类还是动物试验资料。
f) 潜在的有害效应，应包括毒性试验值(急性毒性估计值等)，毒性试验观察到的症状，以及其他毒理学特性。
g) 提供能够引起有害健康影响的接触剂量、浓度或条件方面的信息。如有可能，接触量(包括可能引起损害的接触时间)应与出现的症状和效应相联系。例如，“接触本品浓度10 mg/m^3 出现呼吸道刺激，250 mg/m^3～300 mg/m^3 出现呼吸困难，500 mg/m^3 神志丧失，30 min后死亡”；“小剂量接触可出现头痛和眩晕，随病情进展出现昏厥或神志丧失，大剂量可导致昏迷甚至死亡。
h) 如果有关试验或调查研究的资料为阴性结果，亦应填写。例如：“大鼠致癌性试验研究结果表明，癌症的发病率没有明显增加”。
i) 在不能获得特定物质或混合物危险性数据的情况下，可酌情使用类似物质或混合物的相关数据。无论是不能获取数据或是使用类属物质或混合物的数据，都应清楚说明。
j) 如有可能，应提供物质相互作用方面的信息。
k) 不宜采用无数据支持的“有毒”或“如使用得当无危险”等一般性用语，因为这类用语易引起误解，且未对化学品的健康影响作出具体描述。如果没有获得健康影响方面的信息，应做出明确说明。应准确描述健康影响并作出相关区分，例如变应性接触性皮炎与刺激性接触性皮炎之间的区分。
l) 在物质或混合物的试验数据数量较大的情况下，宜摘要说明研究结果，例如按照接触途径。
m) 混合物毒性作用(健康影响)的描述应注意以下问题：
   1) 对于某特定毒性作用，如果有混合物整体试验(观察)数据，应填写其整体数据；如果没有混合物整体试验(观察)数据，应填写SDS第3部分——成分/组成信息中列出组分的相关数据。
   2) 各组分在体内有可能发生相互作用，致使其吸收、代谢和排泄速率发生变化。因此，毒性作用可能发生改变，混合物的总毒性可能有别于其组分的毒性。在填写时应予考虑。
   3) 应考虑每种成分的浓度是否足以影响混合物的总毒性(健康影响)。应列出相关组分的毒性作用(健康影响)信息，但以下情况除外：
      ——如果组分间存在相同的毒性作用(健康影响)，则不必将其重复列出。例如，在两种组分都能引起呕吐和腹泻的情况下，不必两次列出这些症状，总体描述这种混合物能够引起呕吐和腹泻即可。
      ——组分的存在浓度不可能引起相关效应。例如，轻度刺激物被无刺激性的溶液稀释降低到一定浓度,则整体混合物将不可能引起刺激。

——各组分之间的相互作用难以预测,因此在不能获取相互作用信息的情况下,不能任意假设,而应分别描述每种组分的毒性作用(健康影响)。

n) 对于其他健康危害,即使GHS未作分类要求,也应在SDS的本部分中提供相关信息。

3.12 生态学信息

编写本部分应注意的事项包括:

a) 应为SDS第2部分——危险性概述中的环境危害分类提供支持性信息。

b) 对于试验资料,应清楚说明试验数据、物种、媒介、单位、试验方法、试验间期和试验条件等。

c) 提供以下环境影响方面的摘要信息:

1) 生态毒性:提供水生和(或)陆生生物的毒性试验资料。包括鱼类、甲壳纲、藻类和其他水生植物的急性和慢性水生毒性的现有资料;其他生物(包括土壤微生物和大生物),如鸟类、蜂类和植物等的现有毒性资料。如果物质或混合物对微生物的活性有抑制作用,应填写对污水处理厂可能产生的影响。

2) 持久性和降解性:是指物质或混合物相关组分在环境中通过生物或其他过程(如氧化或水解)降解的可能性。如有可能,应提供有关评估物质或混合物相关组分持久性和降解性的现有试验数据。如填写降解半衰期,应说明这些半衰期是指矿化作用还是初级降解。还应填写物质或混合物的某些组分在污水处理厂中降解的可能性。

对于混合物,如有可能应提供SDS第3部分——成分/组成信息中所列出组分持久性和降解性方面的信息。

3) 潜在的生物累积性:应提供评估物质或混合物某些组分生物累积潜力的有关试验结果,包括生物富集系数(BCF)和辛醇/水分配系数(K_{ow})。

对于混合物,如有可能应提供SDS第3部分——成分/组成信息中列出组分潜在的生物累积性方面的信息。

4) 土壤中的迁移性:是指排放到环境中的物质或混合物组分在自然力的作用下迁移到地下水或排放地点一定距离以外的潜力。如能获得,应提供物质或混合物组分在土壤中迁移性方面的信息。物质或混合物组分的迁移性可经由相关的迁移性研究确定,如吸附研究或淋溶作用研究。吸附系数值(K_{oc}值)可通过K_{ow}推算;淋溶和迁移性可利用模型推算。

对于混合物,如有可能应提供SDS第3部分——成分/组成信息中所列出组分土壤中的迁移性方面的信息。

5) 其他环境有害作用:如有可能,应提供化学品其他任何环境影响有关的资料,如环境转归、臭氧损耗潜势、光化学臭氧生成潜势、内分泌干扰作用、全球变暖潜势等。

示例:

第12部分 生态学信息

生态毒性:

斑马鱼 LC_{50}:>100 mg/L(96 h),OECD 203

大型溞 EC_{50}:12.5 mg/L(48 h),OECD 202

中肋骨条藻 IC_{50}:3 230 mg/L(96 h),OECD 201

持久性和降解性:

生物降解性:0 %(28 d),OECD 302 C

潜在的生物累积性:

辛醇/水分配系数:3.43(22 ℃)

土壤中的迁移性:

泄漏到潮湿土壤中迅速降解,预计不会在土壤中发生淋溶和吸附作用。

3.13 废弃处置

SDS该部分的编写应注意：

a) 具体说明处置化学品及容器的方法，包括废弃化学品和被污染的任何包装物的合适处置方法（如焚烧、填埋或回收利用等）。

b) 说明影响废弃处置方案选择的废弃化学品的物理化学特性。

c) 应明确说明不得采用排放到下水道的方式处置废弃化学品。

d) 说明焚烧或填埋废弃化学品时应采取的任何特殊防范措施。

e) 有关从事废弃化学品处置或回收利用活动人员的安全防范措施，可参见SDS第8部分中的信息。

f) 提请下游用户注意国家和地方有关废弃化学品的处置法规。

示例：

第13部分　废弃处置

废弃处置前应参阅国家和地方有关法规。

废弃化学品：尽可能回收利用。如果不能回收利用，采用焚烧方法进行处置。焚烧本品时会产生氯化氢，应该与能够完全燃烧的溶剂、重油等燃料在焚烧炉中一起焚烧。尽可能维持高温焚烧；产生的尾气应该进行中和处理。

不得采用排放到下水道的方式废弃处置本品。

污染包装物：不得重复利用未经处置或废弃盛装过本品的空容器。如果要重复利用和废弃污染的空容器，应该彻底清洗，直到不存在本品为止；清洗液应该进行无害化处理。

3.14 运输信息

提供危险物质或混合物国际运输规定的编号与分类信息。根据需要，可区分陆运、内陆水运、海运、空运填写信息。

a) 联合国危险货物编号（UN号）：提供联合国《关于危险货物运输的建议书　规章范本》中的联合国危险货物编号（即物质或混合物的4位数字识别号码）。见GB 12268。

b) 联合国运输名称：提供联合国《关于危险货物运输的建议书　规章范本》中的联合国危险货物运输名称。见GB 12268。

c) 联合国危险性分类：提供联合国《关于危险货物运输的建议书　规章范本》中根据物质或混合物的最主要危险性划定的物质或混合物的运输危险性类别（和次要危险性）。见GB 12268。

d) 包装类别：提供联合国《关于危险货物运输的建议书　规章范本》的包装类别。包装类别是根据危险货物的危险程度划定的。见GB 12268。

e) 海洋污染物（是/否）：注明根据《国际海运危险货物规则》物质或混合物是否为已知的海洋污染物。

f) 运输注意事项：为使用者提供应该了解或遵守的其他与运输或运输工具有关的特殊防范措施方面的信息，包括：

   1) 对运输工具的要求；
   2) 消防和应急处置器材配备要求；
   3) 防火、防爆、防静电等要求；
   4) 禁配要求；
   5) 行驶路线要求；
   6) 其他运输要求。

示例：

第14部分　运输信息

联合国危险货物编号（UN号）：1307

联合国运输名称：二甲苯

联合国危险性分类：3

包装类别：Ⅲ

海洋污染物(是/否)：否

运输注意事项：

——运输时所用的槽(罐)车应有接地链，槽内可设孔隔板以减少震荡产生静电；

——装运该物品的车辆排气管必须配备阻火装置，禁止使用易产生火花的机械设备和工具装卸；

——严禁与氧化剂、食用化学品等混装混运；

——运输途中应防曝晒、雨淋，防高温，夏季最好早晚运输；

——中途停留时应远离火种、热源、高温区；

——公路运输时要按规定路线行驶，勿在居民区和人口稠密区停留；

——铁路运输时要禁止溜放；

——运输车辆应配备相应品种和数量的消防器材及泄漏应急处理设备。

3.15 法规信息

编写本部分时应注意：

a) 标明国家管理该化学品的法律(或法规)的名称，提供基于这些法律(或法规)管制该化学品的法规、规章或标准等方面的具体信息。

示例 1：

第 15 部分 法规信息

下列法律、法规、规章和标准，对该化学品的管理作了相应的规定：

中华人民共和国职业病防治法：

职业病危害因素分类目录：属氰及腈类化合物，可能导致的职业病：氰及腈类化合物中毒

职业病目录：氰及腈类化合物中毒

危险化学品安全管理条例：

危险化学品目录：列入

GB 18218—2008《危险化学品重大危险源辨识》：类别：易燃液体，临界量(t)：50

首批重点监管的危险化学品名录：列入

危险化学品环境管理登记办法(试行)

使用有毒物品作业场所劳动保护条例：

高毒物品目录：列入

化学品首次进口及有毒化学品进出口环境管理规定：

中国严格限制进出口的有毒化学品目录(2010 年)：列入

新化学物质环境管理办法：

中国现有化学物质名录：列入

b) 如果化学品已列入有关化学品国际公约的管制名单，应在 SDS 的本部分中说明。

示例 2：

本品列入《鹿特丹公约》(附件三)

c) 提请下游用户注意遵守有关该化学品的地方管理规定。

d) 如果该化学品为混合物，则应提供混合物中相关组分的与上述 a)，b)，c)项要求相同的信息。

3.16 其他信息

应提供 SDS 其他各部分没有包括的，对于下游用户安全使用化学品有重要意义的其他任何信息。例如：

a) 编写和修订信息：应说明最新修订版本与修订前相比有哪些改变。

示例 1：

本修订版 SDS 对下述部分的内容进行了修订：

第 9 部分——理化特性；

第 11 部分——毒理学信息。

示例 2：

鉴于有新的建议，对第 8 部分的个体防护要求进行了修订。

示例 3：

第 9 部分——理化特性部分增加了 pH 值。

b) 缩略语和首字母缩写：列出编写 SDS 时使用的缩略语和首字母缩写，并作适当说明。

示例 4：

缩略语和首字母缩写：

MAC：最高容许浓度（maximum allowable concentration，MAC）。指工作地点、在一个工作日内、任何时间有毒化学物质均不应超过的浓度。

PC-TWA：时间加权平均容许浓度（permissible concentration-time weighted average，PC-TWA）。指以时间为权数规定的 8 h 工作日、40 h 工作周的平均容许接触浓度。

PC-STEL：短时间接触容许浓度（permissible concentration-short term exposure limit，PC-STEL）。指在遵守 PC-TWA 前提下允许短时间（15 min）接触的浓度。

c) 培训建议：根据需要提出对员工进行安全培训的建议。

d) 参考文献：编写 SDS 使用的主要参考文献和数据源可在 SDS 的本部分中列出。

e) 免责声明：必要时可在 SDS 的本部分给出 SDS 编写者的免责声明。

示例 5：

免责声明：

本 SDS 的信息仅适用于所指定的产品，除非特别指明，对于本产品与其他物质的混合等情况不适用。

4 格式

4.1 幅面尺寸

SDS 的幅面尺寸一般为 A4（也可以是供应商认为合适的其他幅面尺寸），按竖式编排。

4.2 一般编排格式

4.2.1 首页上部

使用以下编排格式：

a) 使用显著字体排写“化学品安全技术说明书”大标题。

b) 给出编制 SDS 化学产品的名称（名称的填写应符合 GB/T 16483 的要求）。

c) 注明 SDS 的修订日期（指最后修订的日期）。

d) 注明 SDS 最初编制日期。

e) 注明本 SDS 编写依据的标准，即“按照 GB/T 16483 、GB/T 17519 编制”。

f) 如有 SDS 编号，应在此给出。

g) 如有 SDS 的版本号，应在此给出。

示例：

化学品安全技术说明书

产品名称：间二甲苯	按照 GB/T 16483、GB/T 17519 编制
修订日期：2012 年 8 月 31 日	SDS 编号：112000013600
最初编制日期：2006 年 5 月 3 日	版本：2.1

4.2.2 首页后各页上部

使用以下编排格式：

a) 首页已给出的产品名称。

b) 首页已给出的修订日期。

c) 首页已给出的 SDS 编号。

示例：

产品名称：间二甲苯　　　　SDS 编号：112000013600

修订日期：2011 年 1 月 31 日

4.2.3 页码系统及其位置

按照 GB/T 16483 规定的页码系统编写页码，印在 SDS 每一页页脚线下居中或右侧位置。

4.2.4 内文

编排要求包括：

a) 16 部分的编排要求：

   1) 16 部分的标题、编号和前后顺序不应随意变更；

   2) 16 部分的大标题排版要使用醒目字体，且在标题上下留有一定空间。

b) 16 部分中各小项的编排要求：

   1) 小项标题排版要醒目，但不编号；

   2) 小项应按 GB/T 16483 中指定的顺序排列。

5 书写要求

书写要求如下：

a) SDS 应使用规范中文汉字编制。

b) SDS 的文字表达应准确、简明、扼要、易懂、逻辑严谨，避免使用不易理解或易产生歧义的语句。

c) 在书写时应选用经常使用的、熟悉的词语。

6 计量单位

计量单位的使用应遵循以下原则：

a) 应执行 GB 3100～3102 的规定，使用法定计量单位。

b) 对于随温度或其他条件变化的参数(如：蒸气压、黏度、溶解度等)，在其数值后应指明其测量或计算该参数的条件(如温度、压力等)。

示例 1：

蒸气压 $3.922\,6\times10^{5}$ Pa(21 ℃)

c) 某些参数是无量纲参数，如相对密度，应指明测量时所使用的参比物质(水或空气)。

示例 2：

相对密度(水以 1 计)：1.732

蒸气相对密度(空气以 1 计)：3.36

附 录 A
(资料性附录)
化学品安全技术说明书样例

化学品安全技术说明书

产品名称:苯　　按照 GB/T 16483、GB/T 17519 编制
修订日期:2012 年 2 月 19 日　　SDS 编号:×××××-×××
最初编制日期:2001 年 11 月 20 日　　版本:2.1

第 1 部分　化学品及企业标识

化学品中文名:苯
化学品英文名:benzene
企业名称:××××××公司
企业地址:××省××市××区××路××号
邮　　编:××××××　　**传真:**×××-××××××××
联系电话:×××-××××××××;×××-××××××××
电子邮件地址:×××××@×××.com
企业应急电话:×××-××××××××(24 h);国家化学事故应急咨询专线(已签委托协议):0532-83889090(24 h)
产品推荐及限制用途:是染料、塑料、合成橡胶、合成树脂、合成纤维、合成药物和农药的重要原料。用作溶剂。

第 2 部分　危险性概述

紧急情况概述:

无色液体,有芳香气味。易燃液体和蒸气。其蒸气能与空气形成爆炸性混合物。重度中毒出现意识障碍、呼吸循环衰竭、猝死。可发生心室纤颤。损害造血系统。可致白血病。

产品名称:苯　　　　　　　　　　　　　　　　　　SDS 编号:×××××-×××

修订日期:2012 年 2 月 19 日

GHS 危险性类别:

易燃液体　类别 2

皮肤腐蚀/刺激　类别 2

严重眼睛损伤/眼睛刺激性　类别 2

致癌性　类别 1A

生殖细胞突变性　类别 1B

特异性靶器官系统毒性-一次接触　类别 3

特异性靶器官系统毒性-反复接触　类别 1

吸入危害 类别 1

对水环境危害-急性　类别 2

对水环境危害-慢性　类别 3

标签要素:

象形图:

警示词:危险

危险性说明:易燃液体和蒸气,引起皮肤刺激,引起严重眼睛刺激,可致癌,可引起遗传性缺陷,可能引起昏睡或眩晕,长期或反复接触引起器官损伤,吞咽并进入呼吸道可能致命,对水生生物有毒,对水生生物有害并且有长期持续影响。

防范说明:

●预防措施:

——在得到专门指导后操作。在未了解所有安全措施之前,且勿操作。

——远离热源、火花、明火、热表面。使用不产生火花的工具作业。

——采取防止静电措施,容器和接收设备接地、连接。

——使用防爆型电器、通风、照明及其他设备。

——保持容器密闭。

——仅在室外或通风良好处操作。

产品名称：苯　　　　　　　　　　　　　　　SDS 编号：×××××-×××

修订日期：2012 年 2 月 19 日

——避免吸入蒸气(或雾)。

——戴防护手套和防护眼镜。

——空气中浓度超标时戴呼吸防护器具。

——妊娠、哺乳期间避免接触。

——作业场所不得进食、饮水、吸烟。

——操作后彻底清洗身体接触部位。污染的工作服不得带出工作场所。

——应避免释放到环境中。

●事故响应：

——如食入，立即就医。禁止催吐。

——如吸入，立即将患者转移至空气新鲜处，休息，保持有利于呼吸的体位。就医。

——眼接触后应该用水清洗若干分钟，注意充分清洗。如戴隐形眼镜并可方便取出，应将其取出，继续清洗。就医。

——皮肤(或头发)接触，立即脱去所有被污染的衣着，用大量肥皂水和水冲洗。如发生皮肤刺激，就医。受污染的衣着在重新穿用前应彻底清洗。

——收集泄漏物。

——发生火灾时，使用雾状水、干粉、泡沫或二氧化碳灭火。

●安全储存：

——在阴凉、通风良好处储存。

——上锁保管。

●废弃处置：

——本品或其容器采用焚烧法处置。

物理和化学危险：易燃液体和蒸气。其蒸气与空气混合，能形成爆炸性混合物。遇明火、高热能引起燃烧爆炸。与强氧化剂能发生强烈反应。流速过快，容易产生和积聚静电。其蒸气比空气重，能在较低处扩散到相当远的地方，遇火源会着火回燃。

健康危害：

急性中毒：短期内吸入大量苯蒸气引起急性中毒。轻者出现头晕、头痛、恶心、呕吐、黏膜刺激症状，伴有轻度意识障碍。重度中毒出现中、重度意识障碍或呼吸循环衰竭、猝死。可发生心室纤颤。

产品名称:苯　　　　SDS 编号:×××××-×××

修订日期:2012 年 2 月 19 日

慢性中毒:长期接触可引起慢性中毒。可有头晕、头痛、乏力、失眠、记忆力减退;造血系统改变有白细胞减少(计数低于 4×10^9/L)、血小板减少,重者出现再生障碍性贫血;并有易感染和(或)出血倾向。少数病例在慢性中毒后可发生白血病(以急性粒细胞性为多见)。

皮肤损害有脱脂、干燥、皲裂、皮炎。

环境危害:对水生生物有毒,有长期持续影响。

第 3 部分　成分/组成信息

组分	浓度或浓度范围 (质量分数,%)	CAS No.
苯	99	71-43-2

第 4 部分　急救措施

急　救:

吸　　入:迅速脱离现场至空气新鲜处。保持呼吸道通畅。如呼吸困难,给输氧。呼吸心跳停止,立即进行心肺复苏术。立即就医。

皮肤接触:脱去污染的衣着,用肥皂水和清水彻底冲洗皮肤。如有不适感,就医。

眼睛接触:分开眼睑,用流动清水或生理盐水冲洗。如有不适感,就医。

食　　入:漱口,饮水,禁止催吐。就医。

对保护施救者的忠告:进入事故现场应佩戴携气式呼吸防护器。

对医生的特别提示:急性中毒可用葡萄糖醛酸内酯;忌用肾上腺素,以免发生心室纤颤。

第 5 部分　消防措施

灭火剂:

产品名称:苯　　　　　　　　　　　　　　　　　　SDS 编号:×××××-×××

修订日期:2012 年 2 月 19 日

用水雾、干粉、泡沫或二氧化碳灭火剂灭火。

避免使用直流水灭火,直流水可能导致可燃性液体的飞溅,使火势扩散。

特别危险性:

易燃液体和蒸气。燃烧会产生一氧化碳、二氧化碳、醛类和酮类等有毒气体。

在火场中,容器内压增大有开裂和爆炸的危险。

灭火注意事项及防护措施:

消防人员须佩戴携气式呼吸器,穿全身消防服,在上风向灭火。

尽可能将容器从火场移至空旷处。

喷水保持火场容器冷却,直至灭火结束。

处在火场中的容器若已变色或从安全泄压装置中发出声音,必须马上撤离。

隔离事故现场,禁止无关人员进入。

收容和处理消防水,防止污染环境。

第 6 部分　泄漏应急处理

作业人员防护措施、防护装备和应急处置程序:

建议应急处理人员戴携气式呼吸器,穿防静电服,戴橡胶耐油手套。

禁止接触或跨越泄漏物。

作业时使用的所有设备应接地。

尽可能切断泄漏源。

消除所有点火源。

根据液体流动和蒸气扩散的影响区域划定警戒区,无关人员从侧风、上风向撤离至安全区。

环境保护措施:收容泄漏物,避免污染环境。防止泄漏物进入下水道、地表水和地下水。

泄漏化学品的收容、清除方法及所使用的处置材料:

小量泄漏:尽可能将泄漏液体收集在可密闭的容器中。用沙土、活性炭或其他惰性材料吸收,并转移至安全场所。禁止冲入下水道。

产品名称：苯　　SDS 编号：×××××-×××

修订日期：2012 年 2 月 19 日

大量泄漏：构筑围堤或挖坑收容。封闭排水管道。用泡沫覆盖，抑制蒸发。用防爆泵转移至槽车或专用收集器内，回收或运至废物处理场所处置。

第 7 部分　操作处置与储存

操作注意事项：

操作人员应经过专门培训，严格遵守操作规程。

操作处置应在具备局部通风或全面通风换气设施的场所进行。

避免眼和皮肤的接触，避免吸入蒸气。个体防护措施参见第 8 部分。

远离火种、热源，工作场所严禁吸烟。

使用防爆型的通风系统和设备。

灌装时应控制流速，且有接地装置，防止静电积聚。

避免与氧化剂等禁配物接触(禁配物参见第 10 部分)。

搬运时要轻装轻卸，防止包装及容器损坏。

倒空的容器可能残留有害物。

使用后洗手，禁止在工作场所进饮食。

配备相应品种和数量的消防器材及泄漏应急处理设备。

储存注意事项：

储存于阴凉、通风的库房。

库温不宜超过 37 ℃。

应与氧化剂、食用化学品分开存放，切忌混储(禁配物参见第 10 部分)。

保持容器密封。

远离火种、热源。

库房必须安装避雷设备。

排风系统应设有导除静电的接地装置。

采用防爆型照明、通风设施。

产品名称：苯　　SDS 编号：×××××-×××

修订日期：2012 年 2 月 19 日

禁止使用易产生火花的设备和工具。

储区应备有泄漏应急处理设备和合适的收容材料。

第 8 部分　接触控制/个体防护

职业接触限值：

组分名称	标准来源	类　型	标准值	备　注
苯	GBZ 2.1—2007	PC-TWA	6 mg/m^3	皮[a]，G1[b]
		PC-STEL	10 mg/m^3	

[a] 皮——通过完整的皮肤吸收引起全身效应。

[b] G1——IARC 致癌性分类：确认人类致癌物。

生物限值：

组分名称	标准来源	生物监测指标	生物限值	采样时间
苯	ACGIH(2009)	尿中 S-苯巯基尿酸	25 μg/g(肌酐)	班末
		尿中 *t*,*t*-黏糠酸	500 μg/g(肌酐)	

监测方法：

工作场所空气有毒物质测定方法：GBZ/T 160.42 中规定的溶剂解析-气相色谱法、热解析-气相色谱法、无泵型采样-气相色谱法。

生物监测检验方法：ACGIH 推荐的尿中 *t*,*t*-黏糠酸的高效液相色谱法、尿中 S-苯巯基尿酸的气相色谱/质谱测定法。

工程控制：

本品属高毒物品，作业场所应与其他作业场所分开。

密闭操作，防止蒸气泄漏到工作场所空气中。

加强通风，保持空气中的浓度低于职业接触限值。

设置自动报警装置和事故通风设施。

设置应急撤离通道和必要的泻险区。

设置红色区域警示线、警示标识和中文警示说明，并设置通讯报警系统。

产品名称:苯　　SDS 编号:×××××-×××

修订日期:2012 年 2 月 19 日

提供安全淋浴和洗眼设备。

个体防护装备:

呼吸系统防护:空气中浓度超标时,佩戴过滤式防毒面具(半面罩)。紧急事态抢救或撤离时,应该佩戴携气式呼吸器。

手防护:戴橡胶耐油手套。

眼睛防护:戴化学安全防护眼镜。

皮肤和身体防护:穿防毒物渗透工作服。

第 9 部分　理化特性

外观与性状:无色透明液体,有强烈芳香味。

pH 值:无资料

熔点(℃):5.5

沸点(℃):80

闪点(℃):−11(闭杯)

爆炸上限[%(体积分数)]:8.0

爆炸下限[%(体积分数)]:1.2

饱和蒸气压(kPa):10(20 ℃)

相对密度(水以 1 计):0.88

相对蒸气密度(空气以 1 计):2.7

辛醇/水分配系数(lg P):2.13

溶解性:不溶于水,溶于醇、醚、丙酮等多数有机溶剂。

临界温度(℃):288.9

临界压力(MPa):4.92

自燃温度(℃):498

分解温度(℃):无资料

燃烧热(kJ/mol):3264.4

蒸发速率:5.1[乙酸(正)丁酯以 1 计]

易燃性(固体、气体):不适用

黏度(mPa·s):0.604(25 ℃)

气味阈值(mg/m^3):15(4.68 ppm)

第 10 部分　稳定性和反应性

稳定性:在正常环境温度下储存和使用,本品稳定。

危险反应:与强氧化剂等禁配物接触,有发生火灾和爆炸的危险。

产品名称:苯　　　　　　　　　　　　　　　　SDS 编号:×××××-×××

修订日期:2012 年 2 月 19 日

避免接触的条件:静电放电、热等。

禁配物:氯、硝酸、过氧化氢、过氧化钠、过氧化钾、三氧化铬、高锰酸、臭氧、二氟化二氧、六氟化铀、液氧、过(二)硫酸、过一硫酸、乙硼烷、高氯酸盐(如高氯酸银)、高氯酸硝酰盐、卤间化合物等。

危险的分解产物:无资料。

第 11 部分　毒理学信息

急性毒性:

大鼠经口 LD_{50} 范围为 810 mg/kg～10 016 mg/kg。大鼠使用数量较大试验的结果显示经口 LD_{50} 大于 2 000 mg/kg[1]。

兔经皮 LD_{50}:≥8 200 mg/kg[2]。

大鼠吸入 LC_{50}:44.6 mg/L(4 h)[3]。

皮肤刺激或腐蚀:

兔标准德瑞兹试验:20 mg(24 h),中度皮肤刺激[4]。

兔皮肤刺激试验:0.5 mL(未稀释,4 h),中度皮肤刺激[5]。

眼睛刺激或腐蚀:

兔眼内滴入 1～2 滴未稀释液苯,引起结膜中度刺激和角膜一过性轻度损伤[2,3]。

呼吸或皮肤过敏:

未见苯对皮肤和呼吸系统有致敏作用的报道[1,2]。从苯的化学结构分析,本品不可能引起与呼吸道和皮肤过敏有关的免疫性改变[1]。

生殖细胞突变性:

体内研究显示,苯对哺乳动物和人有明显的体细胞致突变作用。有关生殖细胞致突变的显性死试验没有得出明确的结论。根据苯对精原细胞的遗传效应的阳性数据及其毒物代谢动力学特点,苯有到达性腺并导致生殖细胞发生突变的潜在能力[1]。

致癌性:

苯所致白血病已列入《职业病目录》,属职业性肿瘤。

产品名称：苯　　　　　　　　　　　　　　　　SDS 编号：×××××-×××

修订日期：2012 年 2 月 19 日

IARC 对本品的致癌性分类：G1——确认人类致癌物[6]。

生殖毒性：

动物实验结果显示，苯在对母体产生毒性的剂量下出现胚胎毒性[7,8]。

特异性靶器官系统毒性-一次接触：

大鼠经口和小鼠吸入苯后出现麻醉作用；吸入麻醉作用的阈值约为 13 000 mg/m^3[3]。

人吸入高浓度或口服大剂量苯引起急性中毒，表现为中枢神经系统抑制，甚至死亡。急性中毒的原因主要是工业事故或为追求欣快感而故意吸入含苯产品引起。除非发生死亡，接触停止后中枢神经系统的抑制症状可逆[2,3]。

特异性靶器官系统毒性-反复接触：

大鼠吸入最低中毒浓度（TCLo）：300 ppm（每天 6 h，共 13 周，间断），白细胞减少[4]。

小鼠吸入最低中毒浓度（TCLo）：300 ppm（每天 6 h，共 13 周，间断），出现贫血和血小板减少[4]。

人反复或长期接触苯主要对骨髓造血系统产生抑制作用，出现血小板减少、白细胞减少、再生障碍性贫血，甚至发生白血病。这些毒效应取决于接触剂量、时间以及受影响干细胞的发育阶段[3]。

一项对 32 名苯中毒者的研究显示，患者吸入接触苯的时间为 4 个月～15 年，接触浓度为 480 mg/m^3～2 100 mg/m^3（150 ppm～650 ppm），出现伴有再生不良、过度增生或幼红细胞骨髓象的各类血细胞减少。其中 8 名有血小板减少，导致出血和感染[3]。

吸入危害：

液苯直接吸入肺部，可立即在肺组织接触部位引起水肿和出血[1]。

第 12 部分　生态学信息[1]

生态毒性：

鱼类急性毒性试验（OECD 203）：虹鳟（*Oncorhynchus mykis*）LC_{50}：5.3 mg/L（96 h）。

使用流水式试验系统，对苯浓度进行实时监测。

产品名称：苯　　　　　　　　　　　　　　　　　　SDS 编号：×××××-×××

修订日期：2012 年 2 月 19 日

溞类 24 h EC_{50}急性活动抑制试验（OECD 202）：大型溞（*Daphnia magna*）EC_{50}：10 mg/L（48 h）。

藻类生长抑制试验（OECD 201）：羊角月牙藻（*Selenastrum capricornutum*）ErC_{50}：100 mg/L（72 h）。使用密闭系统。

鱼类早期生活阶段毒性试验（OECD 210）：呆鲦鱼（*Pimephales promelas*）NOEC：0.8 mg/L（32 d）。

持久性和降解性：

非生物降解：苯不会水解，不易直接光解。在大气中，与羟基自由基反应降解的半衰期为 13.4 d。

生物降解性：呼吸计量法试验（OECD 301F），28 d 后降解率 82%～100%（满足 10 d 的观察期）。试验表明，苯易快速生物降解。

生物富集或生物积累性：

生物富集因子（BCF）：大西洋鲱（*Clupea harrengus*）为 11；高体雅罗鱼（*Leuciscus idus*）＜10。众多鱼类试验表明苯的生物富集性很低。

土壤中的迁移性：

有氧条件下被土壤和有机物吸附，厌氧条件下转化为苯酚；根据 K_{oc} 值估算，苯易挥发。因此，苯在土壤中有很强的迁移性。

第 13 部分　废弃处置

废弃化学品：

尽可能回收利用。如果不能回收利用，采用焚烧方法进行处置。

不得采用排放到下水道的方式废弃处置本品。

污染包装物：

将容器返还生产商或按照国家和地方法规处置。

废弃注意事项：

废弃处置前应参阅国家和地方有关法规。

产品名称：苯　　　　　　　　　　　　　　　　　　SDS 编号：×××××-×××
修订日期：2012 年 2 月 19 日

处置人员的安全防范措施参见第 8 部分。

第 14 部分　运输信息

联合国危险货物编号(UN 号)：1114

联合国运输名称：苯

联合国危险性分类：3

包装类别：Ⅱ

包装标志：易燃液体

包装方法：小开口钢桶；螺纹口玻璃瓶、铁盖压口玻璃瓶、塑料瓶或金属桶(罐)外普通木箱。

海洋污染物(是/否)：否

运输注意事项：

本品铁路运输时限使用企业自备钢制罐车装运，装运前需报有关部门批准。

铁路运输时应严格按照铁道部《危险货物运输规则》中的危险货物配装表进行配装。运输车辆应配备相应品种和数量的消防器材及泄漏应急处理设备。

严禁与氧化剂、食用化学品等混装混运。

装运该物品的车辆排气管必须配备阻火装置。

使用槽(罐)车运输时应有接地链，槽内可设孔隔板以减少震荡产生静电。

禁止使用易产生火花的机械设备和工具装卸。

夏季最好早晚运输。

运输途中应防曝晒、雨淋，防高温。

中途停留时应远离火种、热源、高温区。

公路运输时要按规定路线行驶，勿在居民区和人口稠密区停留。

铁路运输时要禁止溜放。

产品名称：苯　　　　　　　　　　　　　　　　　　　　　SDS 编号：××××××-×××

修订日期：2012 年 2 月 19 日

第 15 部分　法规信息

下列法律、法规、规章和标准，对该化学品的管理作了相应的规定：

中华人民共和国职业病防治法：

职业病危害因素分类目录：列入

可能导致的职业病：苯中毒、苯所致白血病

职业病目录：苯中毒，苯所致白血病

危险化学品安全管理条例：

危险化学品目录：列入

危险化学品重大危险源监督管理暂行规定

GB 18218《危险化学品重大危险源辨识》：类别：易燃液体，临界量(t)：50

国家安全监管总局关于公布首批重点监管的危险化学品名录的通知——附件：首批重点监管的危险化学品名录：列入

危险化学品环境管理登记办法（试行）

使用有毒物品作业场所劳动保护条例：

高毒物品目录：列入

新化学物质环境管理办法：

中国现有化学物质名录：列入

第 16 部分　其他信息

编写和修订信息：

与第一版相比，本修订版 SDS 对下述部分的内容进行了修订：

第 2 部分——危险性概述，增加了 GHS 危险性分类和标签要素。

第 9 部分——理化特性，增加了黏度数据。

第 11 部分——毒理学信息。

第 12 部分——生态学信息。

产品名称:苯　　　　　　　　　　　　　　SDS 编号:×××××-×××

修订日期:2012 年 2 月 19 日

参考文献:

[1] European Union Risk Assessment Report—BENZENE (Final version of 2008)

[2] AUSTRALIA. National Industrial Chemicals Notification and Assessment Schem (NICNAS), Priority Existing Chemical Assessment Report No. 21—Benzene

[3] International Programme on Chemical Safety(IPCS). Environmental Health Criteria (ECH) 150—Benzene,1993

[4] Symyx Technologies. Registry of Toxic Effects of Chemical Substances(RTECS), http://ccinfoweb. ccohs. ca/rtecs/search. html

[5] Canadian Centre for Occupational Health and Safety (CCOHS). CHEMINFO database, http://ccinfoweb. ccohs. ca/cheminfo/search. html

[6] International Agency for Research on Cancer (IARC). Summaries & Evaluations BENZENE VOL. : 29 (1982) (p. 93)

[7] National Toxicology Program (NTP) Technical Report Series No. 289. Toxicology and Carcinogenesis Studies of Benzene in F344/N Rats and B6C3F1 Mice (Gavage Studies),1986

[8] Agency for Toxic Substances and Disease Registry(ATSDR). Toxicological Profile for Benzene , 2007

缩略语和首字母缩写:

PC-TWA:时间加权平均容许浓度(permissible concentration-time weighted average),指以时间为权数规定的 8 h 工作日、40 h 工作周的平均容许接触浓度。

PC-STEL:短时间接触容许浓度(permissible concentration-short term exposure limit),指在遵守 PC-TWA 前提下允许短时间(15 min)接触的浓度。

IARC:国际癌症研究机构(International Agency for Research on Cancer)。

ACGIH:美国政府工业卫生学家会议(American Conference of Governmental Industrial Hygienists)。

免责声明:

本 SDS 的信息仅适用于所指定的产品,除非特别指明,对于本产品与其他物质的混合物等情况不适用。本 SDS 只为那些受过适当专业训练的该产品的使用人员提供产品使用安全方面的资料。本 SDS 的使用者,在特殊的使用条件下必须对该 SDS 的适用性作出独立判断。在特殊的使用场合下,由于使用本 SDS 所导致的伤害,本 SDS 的编写者将不负任何责任。

附 录 B
（资料性附录）
化学品安全技术说明书编写参考数据源

表 B.1 列出的 SDS 编写数据源仅供参考，并不限制其他数据源的使用。表中“√”表示编写 SDS 各部分时可重点参考的数据源，但并不限制数据源中其他数据的采用。

表 B.1 化学品安全技术说明书编写参考数据源

SDS 编写数据源	第1部分	第2部分	第3部分	第4部分	第5部分	第6部分	第7部分	第8部分	第9部分	第10部分	第11部分	第12部分	第13部分	第14部分	第15部分	第16部分
Accelrys：(美国)化学物质毒性效应登记数据库 Accelrys：Registry of Toxic Effects of Chemical Substances(RTECS) http://ccinfoweb.ccohs.ca/rtecs/search.html		√						√			√					
(美国)有毒物质与疾病登记局：(有害物质)毒理学档案 ATSDR：Toxicological Profile http://www.atsdr.cdc.gov/toxprofiles/index.asp		√									√					
(德国)BUA 报告 BUA Report http://www.hirzel.de/bua-report/download.html		√									√	√				
(美国)CAMEO 化学物质数据库 CAMEO Chemicals http://cameochemicals.noaa.gov/		√		√	√	√		√	√	√						
加拿大职业卫生与安全中心：CHEMINFO 数据库 CCOHS：CHEMINFO http://ccinfoweb.ccohs.ca/cheminfo/search.html		√		√	√	√	√	√	√	√	√	√				

表 B.1（续）

SDS 编写数据源	第1部分	第2部分	第3部分	第4部分	第5部分	第6部分	第7部分	第8部分	第9部分	第10部分	第11部分	第12部分	第13部分	第14部分	第15部分	第16部分
欧盟危险性评价报告 EU Risk Assessment Report(EU RAR) http://esis.jrc.ec.europa.eu/		√									√	√				
欧洲化学物质信息系统 European chemical Substances Information System (ESIS) http://esis.jrc.ec.europa.eu/		√									√	√				
欧洲化学品管理局已注册物质数据库 Registered substances-ECHA http://echa.europa.eu/web/guest/information-on-chemicals/registered-substances		√							√		√	√				
美国环境保护署:综合危险性信息系统 EPA:Integrated Risk Information System(IRIS) http://www.epa.gov/iris/		√									√					
美国环境保护署:高产量化学品信息系统 EPA: High Production Volume Information System(HPVIS) http://www.epa.gov/HPV/hpvis/index.html		√									√	√				
美国环境保护署:生态毒理学数据库 EPA:ECOTOXicology database (ECOTOX) http://cfpub.epa.gov/ecotox/		√										√				
应急响应指南 Emergency Response Guidebook (ERG) http://www.phmsa.dot.gov/hazmat/library/erg		√		√	√	√										

表 B.1（续）

SDS 编写数据源	第1部分	第2部分	第3部分	第4部分	第5部分	第6部分	第7部分	第8部分	第9部分	第10部分	第11部分	第12部分	第13部分	第14部分	第15部分	第16部分
环境/健康加拿大：优先管理物质评价报告 Environment Canada/Health Canada：Priority Substance Assessment Reports http://www.ec.gc.ca/substances/ese/eng/psap/final/main.cfm		√									√	√				
（德国）GESTIS-有害物质数据库 GESTIS-database on hazardous substances http://www.dguv.de/ifa/en/gestis/stoffdb/index.jsp		√														
（新西兰）有害物质和新生物法化学分类信息数据库 HSNO Chemical Classification and Information Database (CCID) http://www.epa.govt.nz/search-databases/Pages/HSNO-CCID.aspx		√														
国际化学品安全规划署：INCHEM 数据库 IPCS：INCHEM http://www.inchem.org/		√									√	√				
国际化学品安全规划署：健康和安全指南 IPCS：Health and Safety Guides (HSGs) http://inchem.org/pages/hsg.html		√									√	√				
国际化学品安全规划署：国际化学品安全卡 IPCS：International Chemical Safety Cards(ICSCs) http://www.ilo.org/dyn/icsc/showcard.home		√		√	√	√	√		√							
国际癌症研究机构 IARC http://www.iarc.fr/		√									√					

表 B.1（续）

SDS 编写数据源	第1部分	第2部分	第3部分	第4部分	第5部分	第6部分	第7部分	第8部分	第9部分	第10部分	第11部分	第12部分	第13部分	第14部分	第15部分	第16部分
国际统一化学品信息数据库 International Uniform Chemical Information Database (IUCLID) http://esis.jrc.ec.europa.eu/		√							√		√	√				
Kemi N-CLASS 环境危害分类数据库 Kemi N-CLASS Database on Environmental Hazard Classification http://apps.kemi.se/nclass/		√										√				
(美国)NTP 数据库搜索主页 NTP Database Search Home Page http://ntp-apps.niehs.nih.gov/ntp_tox/index.cfm?		√									√					
(美国)NTP 致癌性报告 NTP Report on Carcinogens http://ntp.niehs.nih.gov/?objectid=03C9B512-ACF8-C1F3-ADBA53CAE848F635		√									√					
(美国)NIOSH 化学危害袖珍指南 NIOSH Pocket Guide to Chemical Hazards http://www.cdc.gov/niosh/npg/		√		√				√	√	√						
美国医学图书馆:毒理学网络 NLM:TOXNET http://toxnet.nlm.nih.gov/index.html		√									√	√				
美国医学图书馆:有害物质数据库 NLM:HSDB http://toxnet.nlm.nih.gov/cgi-bin/sis/htmlgen?HSDB		√		√			√		√		√	√				

表 B.1（续）

SDS 编写数据源	第1部分	第2部分	第3部分	第4部分	第5部分	第6部分	第7部分	第8部分	第9部分	第10部分	第11部分	第12部分	第13部分	第14部分	第15部分	第16部分
美国医学图书馆：化学致癌研究信息系统 NLM：CCRIS http://toxnet.nlm.nih.gov/cgi-bin/sis/htmlgen? CCRIS		√									√					
美国医学图书馆：发育和生殖毒理学数据库 NLM：DART http://toxnet.nlm.nih.gov/cgi-bin/sis/htmlgen? DARTETIC		√									√					
美国医学图数馆：化学品标识数据库 NLM：ChemlDplus http://toxnet.nlm.nih.gov/cgi-bin/sis/htmlgen? CHEM		√							√							
（澳大利亚）国家工业化学品申报与评价机构：优先管理现有化学品评价报告 NICNAS：Priority Existing Chemical Assessment Reports http://www.nicnas.gov.au/publications/car/pec/default.asp		√									√	√				
（日本）国立技术与评价研究所：现有化学物质生物降解和生物浓缩数据库 NITE：Biodegradation and Bioconcentration of the Existing Chemical Substances http://www.safe.nite.go.jp/data/hazkizon/pk_e_kizon_data_input.home_list												√				
（日本）国立技术与评价研究所：化学物质综合信息系统 NITE：化学物質総合情報提供システム（CHRIP） http://www.safe.nite.go.jp/japan/db.html		√							√		√	√				
（日本）国立技术与评价研究所：GHS 分类物质一览表 NITE：GHS 分類物質一覧 http://www.safe.nite.go.jp/ghs/list.html		√														
（日本）国立技术与评价研究所：现有化学物质毒性效应数据库 NIHS：既存化学物質毒性データベース（JECDB） http://dra4.nihs.go.jp/mhlw_data/jsp/SearchPage.jsp		√									√					

表 B.1（续）

SDS 编写数据源	第1部分	第2部分	第3部分	第4部分	第5部分	第6部分	第7部分	第8部分	第9部分	第10部分	第11部分	第12部分	第13部分	第14部分	第15部分	第16部分
经济合作与发展组织:全球化学物质信息门户网站 OECD:Global Portal to Information on Chemical Substances(eChemPortal) http://www.echemportal.org/echemportal/index?pageID=0&request_locale=en		√									√	√				
经济合作与发展组织:SIDS 初步评价报告 OECD:SIDS Initial Assessment Report(SIDS Report) http://www.chem.unep.ch/irptc/sids/OECDSIDS/sidspub.html		√									√	√				
SRC 环境转归数据库 SRC Environmental Fate Data Base (EFDB) http://www.srcinc.com/what-we-do/efdb.aspx												√				
SYKE:化学物质环境特性数据库 SYKE:Data bank of environmental properties of chemicals http://wwwp.ymparisto.fi/scripts/Kemrek/Kemrek.asp?Method=MAKECHEMSEARCHFORM		√										√				
世界卫生组织/国际化学品安全规划署:环境卫生基准 WHO/IPCS:Environmental Health Criteria(EHC) http://www.inchem.org/pages/ehc.html		√									√	√				
世界卫生组织/国际化学品安全规划署:简明国际化学品评价文件 WHO/IPCS:Concise International Chemical Assessment Documents (CICAD) http://www.inchem.org/pages/cicads.html		√									√	√				

表 B.1（续）

SDS 编写数据源	第1部分	第2部分	第3部分	第4部分	第5部分	第6部分	第7部分	第8部分	第9部分	第10部分	第11部分	第12部分	第13部分	第14部分	第15部分	第16部分
（日本）环境省：化学物质生态毒性试验结果 環境省：化学物質の生態影響試験について http://www.env.go.jp/chemi/sesaku/seitai.html												√				
美国工业卫生学家会议：职业接触限值指南 ACGIH：Guide to Occupational Exposure Values								√								
Bretherick's 有害化学反应手册. P. G. Urben. 埃尔塞维尔科学技术出版公司 Bretherick's Handbook of Reactive Chemical Hazards. P. G. Urben. Elsevier's Science & Technology publishing		√							√	√						
CRC 化学物理手册. W. M. Haynes. CRC 出版社 CRC Handbook of Chemistry and Physics. W. M. Haynes. CRC Press									√							
致畸物质名录. Thomas H. Shepard，Ronald J. Lemire. 约翰斯·霍普金斯大学出版社 Catalog of teratogenic agents. Thomas H. Shepard，Ronald J. Lemire. The Johns Hopkins University Press		√									√					
商业化学品临床毒理学：急性中毒. Gosselin. 威廉姆斯和威尔金斯出版社 Clinical Toxicology of Commercial Products：Acute Poisoning. Gosselin. Williams and Wilkins		√		√							√					
化学物质危险特性综合指南. Pradyot Patnaik. 约翰·威利父子出版公司 Comprehensive Guide to Hazardous Properties of Chemical Substances. Pradyot Patnaik. John Wiley & Sons，Inc.		√							√							

表 B.1（续）

SDS 编写数据源	第1部分	第2部分	第3部分	第4部分	第5部分	第6部分	第7部分	第8部分	第9部分	第10部分	第11部分	第12部分	第13部分	第14部分	第15部分	第16部分
有机物物理化学特性及环境转归手册(第2版). Donald Mackay. CRC 出版社 Handbook of Physical-Chemical Properties and Environmental Fate for Organic Chemicals(Second Edition). Donald Mackay. CRC Press												√				
有机物物理特性手册. P. H. Howard ,W. M. Meylan. P. H. Howard ,W. M. Meylan. CRC 出版社 Handbook of Physical Properties of Organic Chemicals. P. H. Howard ,W. M. Meylan. CRC-Press									√							
危险化学品参考手册. Richard J. Lewis. 约翰・威利父子出版公司 Hazardous Chemicals Desk Reference. Richard J. Lewis. John Wiley & Sons, Inc		√							√							
有机物环境数据手册. Karel Verschueren . 约翰・威利父子出版公司 Handbook of Environmental Data on Organic Chemicals . Karel Verschueren John Wiley & Sons, Inc.												√				
环境降解速率手册. Philip H. Howard. 路易斯出版社 Handbook of Environmental Degradation Rates. Philip H. Howard. Lewis Publishers												√				
有机物环境转归和暴露数据手册. Philip Hall Howard. 路易斯出版社 Handbook of Environmental Fate and Exposure Data for Organic Chemicals. Philip Hall Howard. Lewis Press												√				
霍利简明化学辞典. Richard J. Lewis . 约翰・威利父子出版公司 Hawley's Condensed Chemical Dictionary. Richard J. Lewis . John Wiley & Sons									√							

表 B.1（续）

SDS 编写数据源	第1部分	第2部分	第3部分	第4部分	第5部分	第6部分	第7部分	第8部分	第9部分	第10部分	第11部分	第12部分	第13部分	第14部分	第15部分	第16部分
兰氏化学手册．Speight，James G. 麦格劳-希尔出版公司 Lange's Handbook of Chemistry．Speight，James G. McGraw-Hill									√							
默克索引．默克公司. Merck Index. Merck & Co.，Inc.		√							√							
美国消防协会:有害材料防火指南 National Fire Protection Association（NFPA）：Fire Protection Guide to Hazardous Materials		√			√				√	√						
帕蒂毒理学(1～9 卷)．E. Bingham，B. Cohrssen，C. H. Powell. 约翰·威利父子出版公司 Patty's Toxicology(vol. 1-vol. 9)．E. Bingham，B. Cohrssen，C. H. Powell . John Wiley & Sons Inc.		√									√					
化学防护服快速选择指南．Krister Forsberg，S. Z. Mansdorf . 约翰·威利父子出版公司 Quick Selection Guide to Chemical Protective Clothing. Krister Forsberg，S. Z. Mansdorf . John Wiley & Sons								√								
工业化学品生殖危害．Susan M. Barlow，Frank Maurice Sullivan. 学术出版社 Reproductive Hazards of Industrial Chemicals. Susan M. Barlow，Frank Maurice Sullivan. Academic Press		√									√					
萨克斯工业材料危险特性．Richard J. Lewis. 约翰·威利父子出版公司 Sax's Dangerous Properties of Industrial Materials. Richard J. Lewis. John Wiley & Sons									√	√						

表 B.1（续）

SDS 编写数据源	第1部分	第2部分	第3部分	第4部分	第5部分	第6部分	第7部分	第8部分	第9部分	第10部分	第11部分	第12部分	第13部分	第14部分	第15部分	第16部分
西蒂格有毒有害化学品和致癌物手册. Pohanish，Richard P . 威廉·安德鲁出版社 Sittig's Handbook of Toxic and Hazardous Chemicals and Carcinogens. Pohanish，Richard P . William Andrew Publishing		√									√					
眼毒理学. W. Morton Grant . 托马斯出版有限公司 Toxicology of the Eye. W. Morton Grant . Charles C Thomas Publisher		√		√							√					
威利化学不相容物质指南. Richard P. Pohanish，Stanley A. Greene . 约翰·威利父子出版公司 Wiley guide to chemical incompatibilities. Richard P. Pohanish，Stanley A. Greene . John Wiley & Sons Inc		√							√	√						
关于危险货物运输的建议书　规章范本. 联合国经济及社会理事会危险货物运输专家委员会编写														√		
国际海运危险货物规则. 国际海事组织														√		
国家危险废物名录													√		√	
GBZ 2.1《工作场所有害因素职业接触限值 第1部分:化学有害因素》								√								
化工百科全书. 化工百科全书编辑委员会编. 化学工业出版社出版	√		√						√							
化学化工大辞典. 化学化工大辞典编委会·化学工业出版社辞书编辑部编. 化学工业出版社	√		√						√							
危险化学品目录	√	√	√												√	
GB 12268《危险货物品名表》														√	√	
英汉化学化工词汇. 科学出版社名词室编. 科学出版社	√		√													
中国消防手册. 公安部消防局编. 上海科学技术出版社					√			√								
中国现有化学物质名录															√	

参 考 文 献

[1] Globally Harmonized System of Classification and Labelling of Chemicals(GHS). Fourth revised edition. New York and Geneva:UNITED NATIONS,2011

[2] COMMISSION REGULATION (EU) No. 453/2010 of 20 May 2010 Amending Regulation (EC) No. 1907/2006 of the European Parliament and of the Council on the Registration, Evaluation, Authorisation and Restriction of Chemicals (REACH)

[3] Guidance on the compilation of safety data sheets(Version 1.1-December 2011,ECHA)

[4] ANSI Z400.1/Z129.1—2010 American National Standard for Hazardous Workplace Chemicals—Hazard Evaluation and Safety Data Sheet and Precautionary Labeling Preparation

[5] Japanese Industrial Standard JIS Z 7250:2010 Safety data sheet for chemical products—Content and order of sections

[6] GHS対応ガイドライン(暫定版)・第二部:製品安全データシートの作成指針(改訂2版).日本化学工業協会,平成18年5月

[7] GBZ 1 工业企业设计卫生标准

[8] GBZ/T 194 工作场所防止职业中毒卫生工程防护措施规范

[9] GB 15603 常用化学危险品贮存通则

[10] GB 17914 易燃易爆性商品储藏养护技术条件

[11] GB 17915 腐蚀性商品储藏养护技术条件

[12] GB 17916 毒害性商品储藏养护技术条件